电力系统运行实用技术问答 （第二版）

万千云 梁惠盈 齐立新 万英 编

中国电力出版社
CHINA ELECTRIC POWER PRESS

内容提要

本书以问答形式，系统而全面地阐述了电力系统运行、操作方面的有关内容。全书共12章、600题，内容包括变压器、电力线路、高压配电装置、互感器、消弧线圈、电抗器、电容器、继电保护、潮流计算、电力系统运行、运行操作、电网调度自动化及变电站综合自动化、电网异常与事故处理等。

本书可作为变电及输配电系统运行维护人员、工程技术人员和电网调度人员的培训教材，也可作为电力系统检修试验人员、管理干部及大、中专院校有关专业师生的参考书。

图书在版编目（CIP）数据

电力系统运行实用技术问答/万千云等编．—2版．北京：中国电力出版社，2005.10（2022.7重印）
ISBN 978-7-5083-2102-8

Ⅰ．电…　Ⅱ．万…　Ⅲ．电力系统运行-问答
Ⅳ．TM732-44

中国版本图书馆 CIP 数据核字（2005）第 084399 号

中国电力出版社出版、发行
（北京市东城区北京站西街19号　100005　http://www.cepp.sgcc.com.cn）
北京雁林吉兆印刷有限公司印刷
各地新华书店经售
*
2003 年 4 月第一版
2005 年 10 月第二版　　2022 年 7 月北京第十一次印刷
787 毫米×1092 毫米　16 开本　28.25 印张　671 千字
印数 26501—27000 册　定价 96.00 元

第 二 版 前 言

　　《电力系统运行实用技术问答》一书自 2003 年 4 月出版以来，受到电力系统工程技术人员及运行维护人员的热烈欢迎，并有一些读者对本书有关内容提出了许多很好的意见，对本书的修改完善有很大帮助，在此表示衷心的感谢。

　　本书第二版的编写工作，有如下特点：一是为适应微机保护日益广泛应用的需要，重点增加了微机保护方面的内容。包括微机保护硬件结构，软件系统配置原理，输电线路、变压器、母线、电力电容器及 500kV 自耦变压器微机保护的基本原理；同时介绍了变压器微机差动保护 TA 接线特点和母线微机保护 TA 变比设置特点，以及如何采用软件实现其功能。此外，从实践和现场角度出发，较系统而深入地阐述了微机保护运行方面的技术知识和相应规定，以及人机界面的操作方法及微机保护静态实验、动态实验的主要内容等。二是补充了变压器运行方面的有关内容。包括变压器不具备并列运行条件而并列运行时后果的定性分析与定量计算，变压器无载及有载调压装置的原理、结构及动作过程，加压调压变压器的基本原理，变压器最大效率的求证、分析与计算，如何根据负荷大小合理计算确定并联变压器投入运行的台数，变压器交接实验项目及其标准，电气化铁路牵引变压器的接线原理等。三是补充了供电系统五种保护接地和接零方式（IT、TT、TN－S、TN－C、TN－C－S）方面的内容，包括接地和接零方式、功用、应用范围及运行规定等。四是删减了同步发电机运行及常规继电保护的部分内容。

　　由于编者水平有限，错谬之处恳请读者批评指正。

编　者

2004 年 11 月 15 日

前　言

　　本书以问答形式，系统而全面地阐述了电力系统运行、操作和潮流计算等方面的有关内容。

　　本书有如下特点：一是涵盖面较宽。本书内容包括同步发电机、变压器、电力线路、高压配电装置、互感器、消弧线圈、电抗器、电容器、继电保护、潮流计算、电力系统运行、运行操作、电网调度自动化、变电站综合自动化、电网异常与事故处理等，基本上涵盖了电网运行、调度、操作及事故处理等方面的主要内容。二是重点较突出。全书以运行和操作技术为中心内容进行选题和撰稿，主题鲜明突出。三是系统性较强。全书虽以问答形式阐述有关问题，但每章题目及其答案内容，由浅入深、由此及彼、有机联系、自成系统。四是有针对性地介绍了超高压电网运行的部分新设备、新技术，并结合国家新标准、新规范介绍了有关运行、监控、操作方面的技术知识和相应规定。我国计划到 2005 年除新疆、西藏、海南、台湾等省外，基本实现全国联网，到 2015 年左右将实现全国联网。为了满足迅速发展的超高压电网运行管理的需要，本书介绍了应用于 330～500kV 超高压电网（含应用于 220kV 及以下高压电网）的电容式电压互感器、电抗器、静止补偿设备（SVC）、气体绝缘金属封闭开关设备（GIS）、直流输电、集合式电容器、大型变压器在线监测系统、抗震用皮托管式气体继电器、微机保护等。五是实用性较强。本书有一定的理论深度，但更多地侧重实践。全书贯穿着以实际应用为主线的特点，有针对性地解答了电网生产实践中运行、操作、计算方面的技术问题。

　　本书力求将概念、理论、知识、技能融为一体，以便使读者在提高理论、知识水平的同时，提高电力系统运行的操作技能。

　　本书可作为发电厂、变电所及输配电系统运行维护人员、工程技术人员和电网调度人员的培训教材，也可作为电力系统检修试验人员、管理干部及大、中专院校有关专业师生的参考书。

　　本书在编写过程中，承北京供电局王淑平高级工程师及中国电力出版社张玲编辑提出了不少修改意见，谨表示衷心的感谢。

　　由于编者水平有限，错谬之处恳请读者批评指正。

编　者

2002 年 12 月

目　录

第一章　变压器的运行

第二章 电力线路的运行

第三章 高压配电装置的运行

第四章 互感器的运行

第五章 消弧线圈及电抗器的运行

第六章 并联电容器的运行

第七章　电力系统继电保护

第八章 电力系统的潮流计算

第九章 电力系统运行

第十章 运行操作

第十一章　电网调度自动化及变电所综合自动化

第十二章 电网异常及事故处理

第一章 变压器的运行

1-1 变压器的构造及各部件的功用是什么?

答：变压器主要由铁芯、绕组、油箱、油枕、呼吸器、压力释放装置、散热器以及绝缘套管、分接开关和气体继电器等组成。图 1-1 所示为某主变压器（755MVA）外形，其各部分的功用如下。

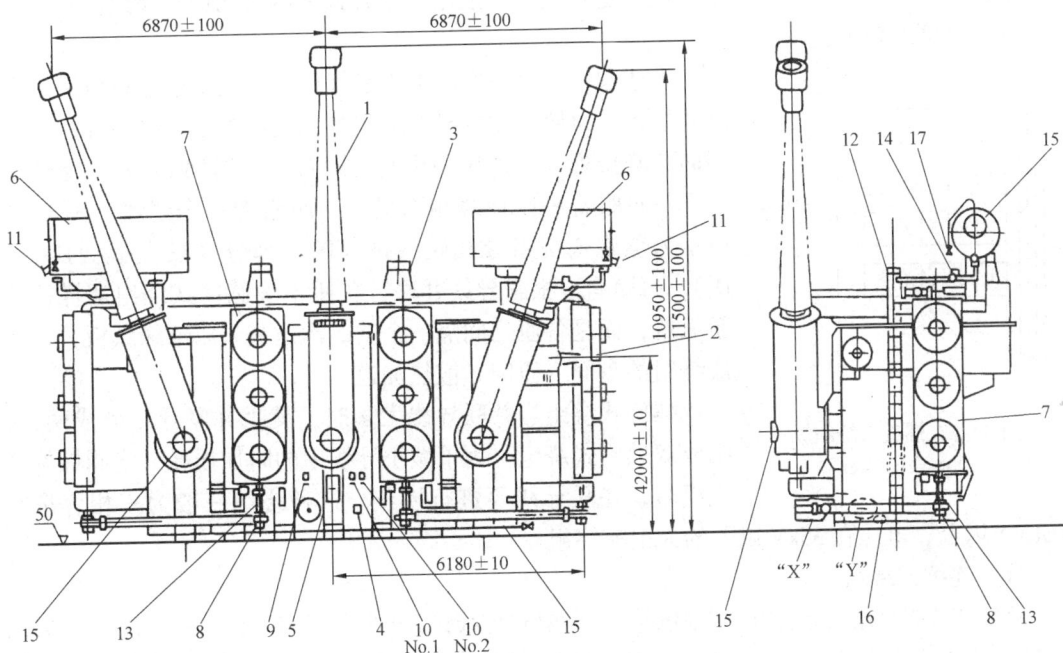

图 1-1 某主变压器（755MVA）外形

1—高压套管；2—高压中性套管；3—低压套管；4—分接头切换操作器；5—铭牌；6—油枕；7—冷却器及风扇；8—油泵；9—油温指示器；10—绕组温度指示器；11—油位计；12—压力释放装置；13—油流指示器；14—气体继电器；15—人孔；16—干燥和过滤阀（有采样塞）；17—真空阀

（1）铁芯。

铁芯是变压器的磁路部分。为了降低铁芯在交变磁通作用下的磁滞和涡流损耗，铁芯采用厚度为 0.35mm 或更薄的优质硅钢片叠成。目前广泛采用导磁系数高的冷轧晶粒取向硅钢片，以缩小体积和质量，也可节约导线和降低导线电阻所引起的发热损耗。

铁芯包括铁芯柱和铁轭两部分。铁芯柱上套绕组，铁轭将铁芯柱连接起来，使之形成闭合磁路。

按照绕组在铁芯中的布置方式，变压器又分为铁芯式和铁壳式（或简称芯式和壳式）两种。

（2）绕组。

1）绕组在铁芯上相互间的布置形式。

变压器的绕组，按其高压绕组和低压绕组在铁芯上的布置，有两种基本形式：同心式和交叠式。同心式绕组，高压绕组和低压绕组均做成圆筒形，但圆筒的直径不同，然后同轴心地套在铁芯柱上。交叠绕组，又称为饼式绕组，其高压绕组和低压绕组各分为若干线饼，沿着铁芯柱的高度交错排列着。交叠绕组多用于壳式变压器。

芯式变压器一般都采用同心式绕组。通常低压绕组装得靠近铁芯，高压绕组则套在低压绕组的外面，低压绕组与高压绕组之间以及低压绕组与铁芯之间都留有一定的绝缘间隙和散热油道，并用绝缘纸筒隔开。

同心式绕组根据绕制特点又可分为圆筒式、螺旋式、连续式和纠结式等几种型式。

（a）圆筒式绕组。

圆筒式绕组是最简单的一种绕组，它是用绝缘导线沿铁芯高度方向连续绕制，绕制完第一层后，垫上层间绝缘纸再绕第二层。这种绕组一般用于小容量变压器的低压绕组。

（b）螺旋式绕组。

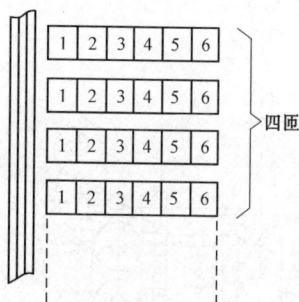

图 1-2　螺旋式绕组纵剖面导线排列

上述圆筒式绕组实际上也是螺旋式的，不过这里所讲的螺旋式绕组，每匝并联的导线数较多，是由多根绝缘扁导线沿着径向并联排列（一根压一根），然后沿铁芯柱轴向高度像螺纹一样一匝跟着一匝地绕制而成，一匝就像一个线盘。图 1-2 所示为螺旋式绕组导线匝间排列的一部分（只表示出其中 4 匝），每匝有 6 根扁导线并联，各匝不像圆筒式绕组那样彼此紧靠着，而是各匝之间隔一个空的沟道或垫以绝缘纸板，可构成绕组的盘间（匝间）散热油道。

螺旋式绕组当并联导线太多时，就把并联导线分成两排，绕成双螺旋式绕组。为了减小导线中的附加损耗，绕制螺旋式绕组时，并联导线要进行换位。这种绕组一般为三相容量在 800kVA 以上、电压在 35kV 以下的大电流绕组。

（c）连续式绕组。

连续式绕组是用扁导线连续绕制成若干线盘(也称线饼)构成，绕组各匝的排列如图1-3所示，相邻线盘间的连接是交替地在绕组的内侧和外侧，都用绕制绕组的导线自然连接，没有任何接头。这种绕组应用范围较大，一般用于三相容量为 630kVA 以上、电压为3~110kV的绕组。

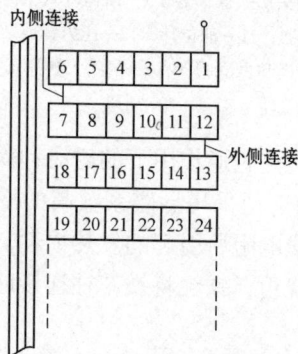

图 1-3　连续式绕组

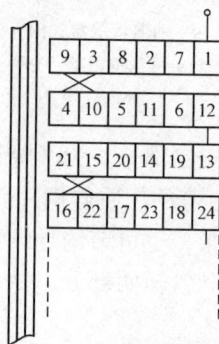

图 1-4　纠结式绕组导线排列

（d）纠结式绕组。

纠结式绕组的外形与连续式相似，主要不同的是，连续式绕组的每个线盘中电气上相邻的线匝是依次排列的，而纠结式绕组电气上相邻的线匝之间插入了绕组中的另一线匝，以使实际相邻的匝间电位差增大，如图1-4所示。纠结式绕组焊头多、绕制费时。采用纠结式绕组的目的是为了增加绕组的纵向电容，以便在过电压时，起始电压比较均匀地分布于各线匝之间。纠结式绕组一般用于电压在110kV以上的高压绕组。

绕组是变压器运行时的主要发热部件，为了使绕组有效地散热，除绕组纵向内、外侧设有油道外，对双层圆筒形绕组，在其内、外层之间，多用绝缘的撑条隔开，以构成纵向油道；对线饼式绕组，例如螺旋式、连续式、纠结式等绕组，每两个线饼之间也用绝缘板条隔开，构成横向油道。纵向和横向油道是互相沟通的。

2）绕组结构型式。

（a）普通变压器绕组结构型式。

变压器按其每相绕组数分，有双绕组、三绕组或更多绕组的型式。三绕组变压器的一般结构如图1-5所示（只画出一相），在每个铁芯柱上同心排列着三个绕组，即高压绕组、中压绕组、低压绕组。升压变压器常用于功率流向由低压绕组传送到高压电网和中压电网，其绕组布置如图1-5（a）所示，中压绕组靠近铁芯，高压绕组在最外层，低压绕组处于中压绕组与高压绕组之间。降压变压器如图1-

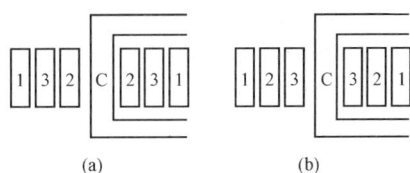

图1-5 三绕组变压器绕组布置图
（a）升压变压器；（b）降压变压器
1—高压绕组；2—中压绕组；3—低压绕组；
C—铁芯

5（b）所示，低压绕组靠近铁芯，中压绕组处于低压绕组与高压绕组之间，高压绕组仍放在最外层，常用于功率流向由高压传送至中压和低压。

600MW机组的启动兼备用变压器，当高压和两级中压（10.5kV与3kV）绕组均为Y接线时，为提供变压器三次谐波电流通路，保证主磁通接近于正弦波，改善电动势的波形，常在该变压器上设有第四个△接线的绕组，即成为四绕组的变压器。例如，北仑港电厂的启、备变压器就设有第四个△接线（即d接）的绕组（不接负荷），其接线组别为YN，yn0，yn0，（d）。

（b）分裂变压器绕组结构型式。

大容量机组（单机200MW及以上）的厂用电系统，当只采用6kV一级厂用高压时，为安全起见，主要厂用负荷需由两路供电而设置两段母线，这时常采用分裂低压绕组变压器，简称分裂变压器。它有一个高压绕组和两个低压绕组，两个低压绕组称为分裂绕组。实际上这种变压器是一种特殊结构的三绕组变压器。

分裂绕组变压器的结构特点是，绕组在铁芯上的布置应满足两个要求：①两个低压分裂绕组之间应有较大的短路阻抗；②每一分裂绕组与高压绕组之间的短路阻抗应较小，且应相等。

图1-6画出了单相和三相分裂低压绕组变压器的绕组布置图和原理图，高压绕组1采用两段并联，其容量按额定容量设计；分裂绕组2和3都是低压绕组，其容量分别按50%额定容量设计。其运行特点是，当一低压侧发生短路时，另一未发生短路的低压侧仍能维持较高的电压，以保证该低压侧母线上的设备能继续正常运行，并能保证该母线上的电动机能紧

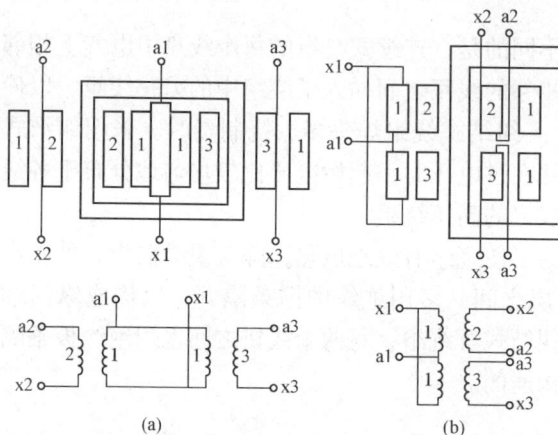

图 1-6 分裂变压器绕组布置与连接图

(a)单相分裂变压器;(b)三相分裂变压器(只画出一相)

组由电磁感应传输。

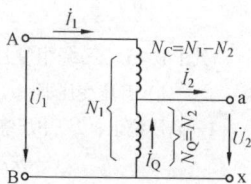

图 1-7 单相双绕组
自耦变压器

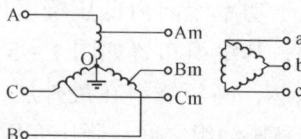

图 1-8 YN, ao, d11 连接的三相
三绕组自耦变压器

急起动,这是一般结构三绕组变压器所不及的。

(c)自耦变压器绕组结构型式。

自耦变压器常在某些大型发电厂、变电所中应用,用于连接电压级差不大的两个高压系统。

自耦变压器的工作原理与普通变压器有所不同。自耦变压器的两个绕组之间不仅有磁的联系,而且还有电路上的直接联系。其原理接线图如图1-7所示,高压绕组 N_1 由公共绕组 N_Q(低压绕组)和串连绕组 N_C 构成。通过自耦变压器传输的功率也由两部分组成,一部分是通过串联绕组由电路直接传输,另一部分通过公共绕

图 1-7 为单相双绕组自耦变压器,如果接成三相,以星型—星型连接最为经济和常用,如图 1-8A.B.C—Am.Bm.Cm 所示。但由于铁芯的磁饱和特性,在绕组的感应电动势中有三次谐波存在。为了消除三次谐波,以及减小自耦变压器的零序阻抗以稳定中性点电位,在三相自耦变压器中,除公共绕组和串连绕组外,一般还增设了一个接成三角形的第三绕组,如图 1-8 所示。第三绕组与公共绕组、串连绕组之间只有磁的联系,没有电路上的直接联系。

自耦变压器第三绕组通常制成低压 6~35kV,除用于消除三次谐波外,还可用于对附近地区供电,或者用于连接调相机或补偿电容器等。

(3)油箱。

油浸式变压器的器身(绕组及铁芯)都装在充满变压器油的油箱中,油箱用钢板焊成。中、小型变压器的油箱由箱壳和箱盖组成,变压器的器身就放在箱壳内,将箱盖打开就可吊出器身进行检修。大、中型变压器,由于器身庞大和笨重,起吊器身不便,都做成箱壳可吊起的结构。这种箱壳好像一只钟罩,当器身要检修时,吊去较轻的箱壳,器身便全部暴露出来了。

大容量变压器的油箱广泛采用全封闭结构,即主油箱与油箱顶部钢板之间或上节油箱与下节油箱之间都采用焊接焊死,不使用密封垫,以防止密封不牢靠。为便于检修,在适当部位开有人孔门或手孔门。

(4)油枕。

油枕又叫储油柜,是一种油保护装置,它是由钢板做成的圆桶形容器,水平安装在变压

器油箱盖上，用弯曲联管与油箱连接。油枕的一端装有一个油位计（油标管），从油位计中可以监视油位的变化。油枕的容积一般为变压器油箱所装油体积的8%～10%。

当变压器油的体积随着油的温度膨胀或缩小时，油枕起着储油及补油的作用，从而保证油箱内充满油。同时由于装了油枕，使变压器油缩小了与空气的接触面，减少了油的劣化速度。

大型变压器常用密封式油枕，有以下两种结构。

1）隔膜式油枕。

图1-9所示的隔膜式油枕采用薄膜（隔膜）使油与大气隔离。油枕为水平圆柱体，在中分面的法兰夹着一层薄膜，把油枕内部空间分隔成上、下两部分，薄膜以下是变压器油，薄膜以上是空气。薄膜的材料是尼龙布上覆盖着腈基丁二烯橡胶，具有极低的透气性和较高的抗油性及低温适应性（-43℃）。薄膜寿命在60℃

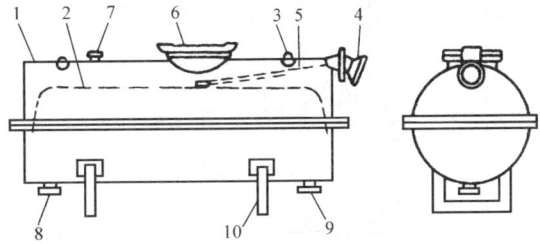

图1-9 隔膜式油枕

1—油箱；2—隔膜；3—吊环；4—油位表；5—油位计连杆；6—手孔；7—呼吸器法兰；8—接本体法兰；9—充油法兰；10—支架

油温驱动薄膜10万次后仍正常。油枕的油箱能承受全真空，因此在油枕安装好后，仍能实现真空注油。薄膜的空气侧接有一个呼吸器与大气连通。

2）胶囊式油枕。

图1-10所示的胶囊式油枕是在油枕内油的表面上侧空间使用一个合成橡胶制的容器，橡胶容器内无油，而油枕内的其余空间都充满变压器油。橡胶容器的形状使之能通过其形状变化适应油的热胀冷缩引起的油位变化。由于该橡胶容器是由有优良的耐油性和耐气候作用、机械强度高的腈系橡胶制成，所以该装置在长期运转中有足够的可靠性。在橡胶容器内，空气通过吸湿过滤式呼吸器与外界空气相通，以防止容器变质，并在橡胶容器内始终保持大气压。此外，由于橡胶容器底部被制造成与当时油量相符的水平状，所以其底部被油位计指示为油位。

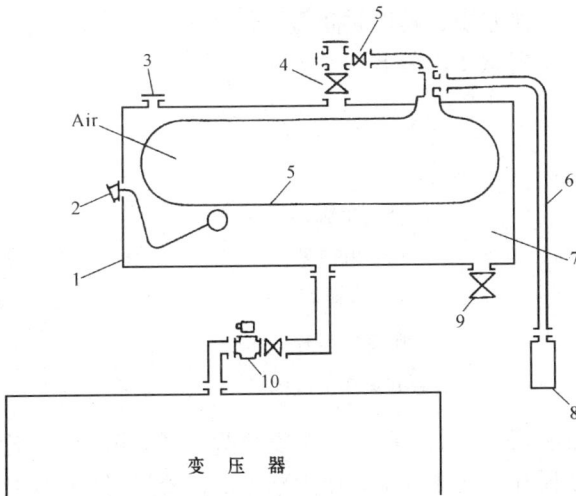

图1-10 橡胶容器式油枕

1—油枕；2—油位计；3—放气法兰；4—真空除气阀；5—真空压力均衡阀；6—换位器连接管；7—绝缘油；8—换气器；9—排放阀；10—气体继电器；

（5）呼吸器。

呼吸器又称吸湿器，通常由一根管道和玻璃容器组成，内装干燥剂（硅胶或活性氧化铝）。当油枕内的空气随变压器油的体积膨胀或缩小时，排出或吸入的空气都经过呼吸器，呼吸器内的干燥剂吸收空气中的水分，对空气起过滤作用，从而保持油的清洁。浸有氯化钴的硅胶，其颗粒在干燥时是蓝色的，但

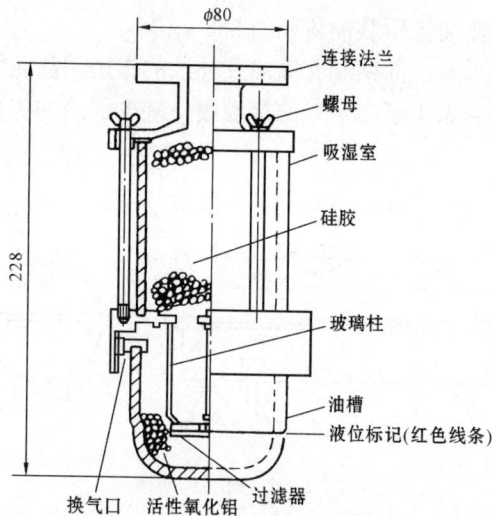

图 1-11 吸湿过滤式呼吸器

是随着硅胶吸收水分接近饱和时，粒状硅胶就转变成粉白色或红色，据此可判断硅胶是否已失效。受潮后的硅胶可通过加热烘干而再生，当硅胶颗粒的颜色变成钴蓝色时，再生工作就完成了。吸湿过滤式呼吸器结构如图 1-11 所示。

(6) 压力释放装置。

压力释放装置在保护电力变压器方面起重要作用。充有变压器油的电力变压器，如果内部出现故障或短路，电弧放电就会在瞬间使油汽化，导致油箱内压力极快升高。如果不能极快释放该压力，油箱就会破裂，将易燃油喷射到很大的区域内，可能引起火灾，造成更大破坏，因此必须采取措施防止这种情况发生。压力释放装置有防爆管和压力释放器两种，防爆管用于小型变压器，压力释放器用于大、中型变压器。

1) 防爆管（又称喷油管）。

防爆管装于变压器的顶盖上，喇叭形的管子与油枕或大气连接，管口由薄膜封住。当变压器内部有故障时，油温升高，油剧烈分解产生大量气体，使油箱内压力剧增。当油箱内压力升高至 $5 \times 10^4 Pa$ 时，防爆管薄膜破裂，油及气体由管口喷出，防止变压器的油箱爆炸或变形。

2) 压力释放器。

压力释放器与防爆管相比，具有开启压力误差小、延迟时间短（仅 2ms）、控制温度高、能重复动作使用等优点，故被广泛应用于大、中型变压器上。

压力释放器的型号含义如下：

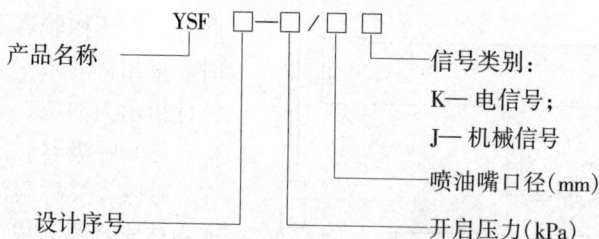

压力释放器也称减压器，它装在变压器油箱顶盖上，类似锅炉安全阀。当油箱内压力超过规定值时，压力释放器密封门（阀门）被顶开，气体排出，压力减小后，密封门靠弹簧压力又自行关闭。可在压力释放器投入前或检修时将其拆下来测定和校正其动作压力。

压力释放器动作压力的调整，必须与气体继电器动作流速的整定相协调。如压力释放器的动作压力过低，可能会使油箱内压力释放过快而导致气体继电器拒动，扩大变压器故障范围。

图 1-12 所示为一种快速动作的压力释放器。它利用一个可调节的弹簧 7 压住阀盘（盘状门）3，当油箱内部的压力高于弹簧压力时，阀盖被顶起，即排气阀打开。正常状态下，油箱内压力作用到阀盘上的总推力是阀盘内密封环 4（直径较小）的总面积上的压力。一旦阀盘起座（顶起），作用在阀盘上的总推力是阀盘外密封环 5（直径较大）的总面积上的压力，阀盘起座力更大。因此，一旦阀盘起座，就能在几毫秒之内达到全开。

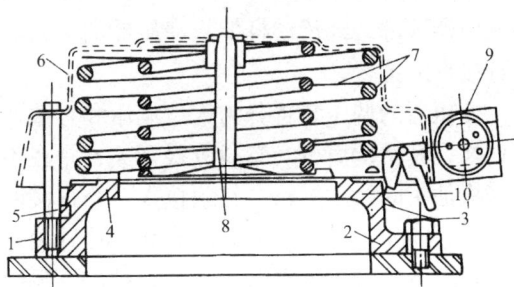

图 1-12 压力释放器

1—法兰；2—垫圈；3—阀盘；4—密封圈（内）；5—密封圈（外）；6—罩盖；7—弹簧；8—动作指示器；9—报警开关；10—手动复位器

罩盖 6 中装有编号颜色鲜明的动作指示器 8，阀盘打开时，将动作指示器上端推至露出罩外，并利用指示器套管的环将其保持在开启位置，在较远处仍清晰可见，表示它已动作。该指示器只可手动复位，方法是将其下推至落在阀盘 3 上。压力释放器动作后，其触点动作，此触点可以与气体继电器跳闸触点并联，作用于变压器跳闸，以防止压力释放器动作将压力释放以后使气体继电器拒动而发不出跳闸命令。但《电力变压器运行规程》DL/T 572—1995 规定：变压器的压力释放器触点宜作用于信号。这主要是考虑到，变压器压力释放器能反映内部压力的突变。但是，由于该装置不同于压力继电器，在结构和可靠性上还有一些问题，曾发生接跳闸后的误动，因此规程规定宜作用于信号。

压力释放器安装在油箱盖上部，一般还接有一段升高管使释放器的高度等于油枕的高度，以消除正常情况下油压静压差。

（7）散热器（又称为冷却器、散热翅）。

散热器形式有瓦楞形、扇形、圆形、排管等，散热面积越大，散热的效果就越好。当变压器上层油温与下部油温产生温差时，通过散热器形成油的对流，经散热器冷却后流回油箱，起到降低变压器温度的作用。为提高变压器的冷却效果，可采用风冷、强迫风冷和强油水冷等措施。

（8）绝缘套管。

变压器绕组的引出线从箱内穿过油箱引出时，必须经过绝缘套管，以使带电的引线绝缘。绝缘套管主要由中心导电杆和瓷套组成。导电杆在油箱内的一端与绕组连接，在外面的一端与外线路连接。

绝缘套管的结构主要取决于电压等级。电压低的一般采用简单的实心瓷套管。电压较高时，为了加强绝缘能力，在瓷套和导电杆间留有一道充油层，这种套管称为充油套管。电压在 110kV 以上，采用电容式充油套管，简称为电容式套管。电容式套管除了在瓷套内腔中充油外，在中心导电杆（空心铜管）与法兰之间，还有电容式绝缘体包着导电杆，作法兰与导电杆之间的主绝缘。

（9）分接开关（又称切换器）。

分接开关是调整变压比的装置。双绕组变压器的一次绕组及三绕组变压器的一、二次绕组一般有 3 个、5 个、7 个或 19 个分头位置。分接头的中间分头为额定电压的位置。3 个分接头的相邻分头电压相差5%，多个分头的相邻分头电压相差2.5%或1.25%。操作部分装于变压器顶部，经传动杆伸入变压器的油箱。根据系统运行的需要，按照指示的标记，来选择分接头的位置。

变压器的调压装置分为无载调压和有载调压两种方式。无载分接开关，是在不带电情况下切换，其结构简单。有载分接开关，是在不停电情况下切换，为了在切换过程中不致造成两切换抽头间线匝短路，必须接入一个过渡电路，通常利用一个电阻或电抗跨接在切换器的两抽头之间作为过渡。因此，有载分接开关包括过渡电路，结构较复杂，但其切换分接头可在带负荷下进行，故在电力系统中被广泛采用。

（10）气体继电器（又称瓦斯继电器）。

气体继电器是变压器的主要保护设施，它可以反映变压器内部的各种故障及异常运行情况，如油位下降、绝缘击穿、铁芯、绕组等受潮、发热或放电故障等，且动作灵敏迅速，结构连线简单，维护检修方便。

气体继电器装设于变压器油箱与油枕之间的连管上，继电器上的箭头方向应指向油枕，并要求有1%～1.5%的安装坡度，以保证变压器内部故障时所产生的气体能顺利地流向气体继电器。

气体继电器按保护对象分为用于变压器本体保护和用于有载调压变压器闸箱保护两种类型。

目前QJ1—80型挡板式气体继电器常用于变压器本体保护。当变压器内部出现轻微故障时，则因油分解而产生的气体聚积于继电器上部，当气体总量达到$250～300cm^3$时，继电器内轻瓦斯触点接通发出报警信号。如果变压器内部故障严重，则出现强烈的油气流，冲动继电器内挡板，使重瓦斯触点闭合，接通开关跳闸电路，切断变压器电源。

此外，还有地震时能防止误动的专用气体继电器，在地震裂度七级及以上地区的变压器中使用。

（11）净油器（又称温差过滤器）。

1－2　常用变压器有哪些种类？各有何特点？

答： 变压器的种类是多种多样的，但就其工作原理而言，都是按照电磁感应原理制成的。一般情况下，常用变压器的分类可归类如下。

（1）按用途分：

1）电力变压器，用于电力系统的升压或降压。

2）试验变压器，产生高压，对于电气设备进行高压试验。

3）仪用变压器，如电压互感器、电流互感器，用于测量仪表和继电保护装置。

4）特殊用途的变压器，冶炼用的电炉变压器、电解用的整流变压器、焊接用的焊接变压器、试验用的调压变压器等。

（2）按相数分：

1）单相变压器，用于单相负荷和三相变压器组。

2）三相变压器，用于三相系统的升、降压。

（3）按绕组形式分：

1）自耦变压器，用于连接超高压、大容量的电力系统。

2）双绕组变压器，用于连接两个电压等级的电力系统。

3）三绕组变压器，用于连接三个电压等级的电力系统，一般用于电力系统的区域变电所。

（4）按铁芯形式分：

1）芯式变压器，用于高压的电力系统。

2）壳式变压器，用于大电流的特殊变压器，如电炉变压器和电焊变压器等；或用于电子仪器及电视、收音机等电源变压器。壳式结构也可用于大容量电力变压器。

（5）按冷却介质分：

1）油浸式变压器，如油浸自冷、油浸风冷、油浸水冷、强迫油循环风冷和水内冷等。

2）干式变压器，依靠空气对流进行冷却。这类电压不太高、无油的变压器，通常采用风机进行冷却，适用于防火等场合。在600MW机组厂房内的厂用低压变压器，就出于防火要求而普遍采用干式变压器。

3）充气式变压器，用特殊气体（SF_6）代替变压器油散热。

4）蒸发冷却变压器，用特殊液体代替变压器油进行绝缘散热。

（6）《电力变压器运行规程》DL/T 572—1995将变压器按容量分为三类：

1）配电变压器，电压在35kV及以下，三相额定容量在2500kVA及以下，单相额定容量在833kVA及以下，具有独立绕组，自然循环冷却的变压器。

2）中型变压器，三相额定容量不超过100MVA或每柱容量不超过33.3MVA，具有独立绕组，且额定短路阻抗 Z 符合下式要求的变压器

$$Z \leqslant (25 - 0.1 \times 3S_N/W)\%$$

式中　　W——有绕组的芯柱数；

　　　　S_N——额定容量，MVA。

自耦变压器按等值容量考虑，等值容量计算方法如下：

三相自耦变压器等值变换

$$S_t = S_N/(U_1 - U_2)/U_1$$

$$Z_t = Z_N U_1/(U_1 - U_2)$$

自耦变压器每柱额定容量变换

$$S_t = S_N/W(U_1 - U_2)/U_1$$

$$Z_t = Z_N U_1/(U_1 - U_2)$$

式中　　U_1——高压侧主分接额定电压，kV；

　　　　U_2——低压侧额定电压，kV；

　　　　S_N——自耦变压器额定容量，MVA；

　　　　S_t——等值容量，MVA；

　　　　Z_t——相应于 S_t 的短路阻抗，%；

　　　　Z_N——相应于 S_N 的短路阻抗，%；

　　　　W——芯柱数。

3）大型变压器。三相额定容量100MVA以上，或其额定短路阻抗 Z 符合下式要求的变压器

$$Z > (25 - 0.1 \times 3S_N/W)\%$$

1-3　变压器的额定技术数据都包括哪些内容？它们各表示什么含意？

答： 变压器的额定技术数据，是变压器在运行时能够长期可靠的工作，并且有良好工作性能的技术限额。它也是厂家设计制造和试验变压器的依据。变压器的额定技术数据都标在其铭牌上，主要包括以下内容。

（1）额定容量 S_N。

额定容量是在额定条件使用时能保证长期运行的输出能力。对于单相变压器是指额定电流与额定电压的乘积，对于三相变压器是指三相容量之和。单位一般以千伏安（kVA）或兆伏安（MVA）表示。

对于双绕组变压器，一般一、二次侧的容量是相同的。对于三绕组变压器，当各绕组的容量不同时，变压器的额定容量是指容量最大的一个（通常为高压绕组）的容量，但在技术规范中都写明三侧的容量。

三绕组变压器，高、中、低压绕组容量有以下三种组合方式，即 100/100/100、100/100/50、100/50/100。早期生产，现仍在使用的变压器中，还有 100/100/66.7、100/66.7/100、100/66.7/66.7 三种组合方式。

自耦变压器的高、中、低压绕组额定容量规定为 100/100/50。

分裂变压器高压绕组与其他两侧低压绕组额定容量规定为 100/50/50。

（2）额定电压 U_N。

额定电压是由制造厂规定的变压器在空载时额定分接头上的电压，在此电压下能保证长期安全可靠地运行，单位以伏（V）或千伏（kV）表示，当变压器空载时，一次侧在额定分接头处加上额定电压 U_{1N}，二次侧的端电压即为二次侧额定电压 U_{2N}。对于三相变压器，如不作特殊说明，铭牌上的额定电压是指线电压，而单相变压器是指相电压。

（3）额定电流 I_N。

变压器各侧的额定电流是由相应侧的额定容量除以相应绕组的额定电压计算出来的线电流值，单位以安（A）或千安（kA）表示。

（4）空载损耗（也叫铁损），P_0。

空载损耗是空载时的功率损耗，单位以瓦特（W）或千瓦（kW）表示。

（5）空载电流，I_0。

空载电流是指变压器空载运行的励磁电流占额定电流的百分数。

（6）短路电压（阻抗电压百分数），U_k。

短路电压是指将变压器的二次绕组短路，在一次绕组施加电压，当二次绕组通过额定电流时，一次绕组所施加的电压与额定电压的百分比。

三绕组变压器的短路电压有：高低压绕组间、高中压绕组间和中低压绕组间三个短路电压。测量两绕组间短路电压时，第三个绕组须开路。

短路电压百分数，在数值上与变压器的阻抗百分数相等，表明变压器内阻抗的大小。

短路电压百分数是变压器的一个重要参数。它表明了变压器在满载（额定负荷）运行时变压器本身的阻抗压降大小。它对于变压器在二次侧发生突然短路时，将会产生多大的短路电流有决定性的意义，对变压器的并列运行也有重要意义。

短路电压百分数的大小，与变压器容量有关。当变压器容量小时，短路电压百分数小；变压器容量大时，短路电压百分数亦相应较大。我国生产的电力变压器，短路电压百分数一般在 4% ~ 24%的范围内。

(7) 短路损耗，P_k。

短路损耗是指将变压器的二次绕组短路，一次绕组的电流为额定电流时，变压器绕组导体所消耗的功率。单位以瓦（W）或千瓦（kW）表示。

(8) 连接组别。

用一组字母和时钟序数表示变压器低压绕组对高压绕组相位移关系和变压器一、二次绕组的连接方式。

表示变压器不同电压绕组的相位移即接线组组别，一般采用时钟序数表示。因为高低压绕组对应的线电压之间的相位差总是 30°的整数倍，这正好和钟面上小时数之间的角度一样。方法就是把一次侧线电压相量作为时钟的长针，固定在时钟的 12 点上，二次侧对应线电压相量作为时钟的短针，看短针指在几点钟的位置上，就以这一钟点作为该接线组的组别。例如：若二次侧线电压与一次侧线电压同相位，则短针也应指在 12 点钟的位置，其接线组的组别就规定为 12。若二次侧线电压超前于一次侧线电压 30°，则短针应指在 11 点钟的位置，其接线组的组别规定为 11。

(9) 额定频率，f。

我国规定标准工业频率为 50Hz，故电力变压器的频率都是 50Hz。

(10) 额定温升。

变压器内绕组或上层油的温度与变压器外围空气的温度（环境温度）之差，称为绕组或上层油的温升。在每台变压器的铭牌上都标明了该变压器的温升限值。我国标准规定，绕组温升的限值为 65℃，上层油温升的限值为 55℃，并规定变压器周围的最高温度为 40℃。因此，变压器在正常运行时，上层油的最高温度不应超过 95℃。

(11) 额定冷却介质温度。

对于吹风冷却的变压器，额定冷却介质温度，指的是变压器运行时，其周围环境中空气的最高温度不应超过 40℃，以保证变压器载额定负荷运行时，绕组和油的温度不超过额定允许值。所以，在铭牌上有对环境温度的规定。

对于强迫油循环水冷却的变压器，冷却水源的最高温度不应超过 30℃，当水温过高时，将影响冷油器的冷却效果。冷却水源温度的规定值，标明在冷油器的铭牌上。此外，还规定冷却水的进口水压，必须比潜油泵的油压低，以防冷却水渗入油中。但水压太低，水的流量太小，将影响冷却效果，因此对水的流量也有一定要求。不同容量和型式的冷油器，有不同的冷却水流量的规定。

以上这些规定都标明在冷油器的铭牌上。

1-4　何谓变压器的极性？有何意义？

答：变压器铁芯中的主磁通，在一、二次绕组中产生的感应电动势是交变电动势，没有固定的极性。这里所说的变压器绕组极性，是指一、二次绕组的相对极性，也就是当一次绕组的某一端在某一瞬间的电位为正时，二次绕组也在同一个瞬间有一个电位为正的对应端，这时我们把这两个对应端叫做变压器绕组的同极性端，或称同名端。

极性是变压器并联运行的主要条件之一，主要取决于绕组的绕向。如果极性接反，在绕组中会出现很大的短路电流，甚至把变压器烧坏。

1-5 变压器有几种冷却方式?冷却装置的安装有何具体要求?强迫冷却变压器的运行条件有何具体规定?

答: 变压器在运行当中,由于绕组通过电流将产生铁芯损耗和各种电阻损耗等,将导致变压器发热,使绝缘劣化,影响变压器的出力和寿命。所以,用提高变压器的散热能力来提高变压器的容量,已成为一个重要措施。

(1) 目前,电力变压器常用的冷却方式一般分为五种:①油浸自冷式;②油浸风冷式;③强迫油循环式(含强油风冷式和强油水冷式);④风冷式;⑤水内冷式。

油浸自冷式是以油的自然对流作用将热量带到油箱壁,然后依靠空气的对流传导将热量散发。它没有特别的冷却设备,而油浸风冷式是在油浸自冷式的基础上,在油箱壁或散热管上加装风扇,利用吹风机帮助冷却。加装风冷后,可使变压器的容量增加 30% ~ 35%。强迫油循环冷却方式,又分为强油风冷和强油水冷两种冷却方式。它是将变压器中的油,利用油泵打入油冷却器后,再复回油箱,油冷却器作成容易散热的特殊形式(如螺旋管式),利用风扇吹风或循环水作冷却介质,把热量带走。强迫油循环冷却方式,若把油的循环速度提高 3 倍,则变压器的容量可增加 30%。水内冷变压器的绕组是用空心铜线或铝线绕制成的,变压器运行时,将水打入绕组的空心导线中,借助水的循环,将变压器中产生的热量带走。风机冷却一般用于室内干式电力变压器。

(2) 变压器冷却装置的安装应符合以下要求:

1) 强油循环的冷却系统必须有两个独立的工作电源并能自动切换。当工作电源发生故障时,应自动投入备用电源并发出音响及灯光信号。

2) 强油循环变压器,当切除故障冷却器时,应发出音响及灯光信号,并自动(水冷的可手动)投入备用冷却器。

3) 风扇、水泵及油泵的附属电动机应有过负载、短路及断相保护,应有监视油泵电机旋转方向的装置。

4) 水冷却器的油泵应装在冷却器的进油侧,并保证在任何情况下冷却器中的油压大于水压约 0.05MPa,以防止万一产生泄漏时,水不致进入变压器内导致绝缘损坏。冷却器出水侧应有放水旋塞。

5) 强油循环水冷却的变压器,各冷却器的潜油泵出口应装逆止阀。

6) 强油循环冷却的变压器,应能按温度和(或)负载控制冷却器的投切。

(3) 强迫冷却变压器的运行条件,根据《电力变压器运行规程》DL/T 572—1995,有如下规定:

1) 强油循环冷却变压器运行时,必须投入冷却器。按温度和(或)负载投切冷却器的自动装置应保持正常。

2) 油浸(自然循环)风冷和干式风冷变压器,风扇停止工作时,允许的负载和运行时间,应按制造厂的规定。油浸风冷变压器当冷却系统故障,顶层油温不超过 65℃时,允许带额定负载运行。

3) 强油循环风冷和强油循环水冷变压器,当冷却系统故障切除全部冷却器时,允许带额定负载运行 20min。如 20min 后顶层油温尚未达 75℃,则允许上升到 75℃,但在这种状态下运行的最长时间不得超过 1h。

1-6 变压器并列运行应满足哪些条件？若不满足会出现哪些后果？

答：（1）变压器并列运行条件。

变压器并列运行时，理想的运行情况是：变压器已经并列运行而未带负荷时，各变压器仍与单独空载运行时一样，只有空载电流，各变压器之间没有环流存在；当带上负荷以后，各变压器能够按其容量的大小成正比例地分配负荷，即大容量的变压器多分担负荷，小容量的变压器少分担负荷，使每台变压器的容量都得到充分利用。

为达到以上要求，并列运行的变压器必须满足下述条件：

1）变比差值不得超过 ±0.5%；

2）短路电压值相差不得超过 ±10%；

3）接线组别相同；

4）两台变压器的容量比不宜超过 3∶1。

（2）不满足并列运行条件时的后果。

如果变压器不满足并列运行的条件而并列运行，将产生环流甚至短路。因此，对不满足并列运行条件的变压器并列运行，要经过严格的分析计算和论证。下面分别阐述变压器不满足并列运行条件而并列运行的情况。

1）电压比不等，其他条件满足。

为了分析方便，我们用单相变压器来分析，其结果也可以推广到三相变压器。图 1-13 为两台变比不等的变压器并列运行。

当变压器 T1 的变比 K_1 和 T2 的变比 K_2 不相等时，在相同的电压 $\dot{U}_1$ 的作用下，二次空载电压 $\dot{U}_2$ 和 $\dot{U}'_2$ 不相等。设 $K_1 < K_2$，则出现电压差 $\Delta\dot{U} = \dot{U}_2 - \dot{U}'_2$，其并联绕组内将产生环流 $\dot{I}_h$

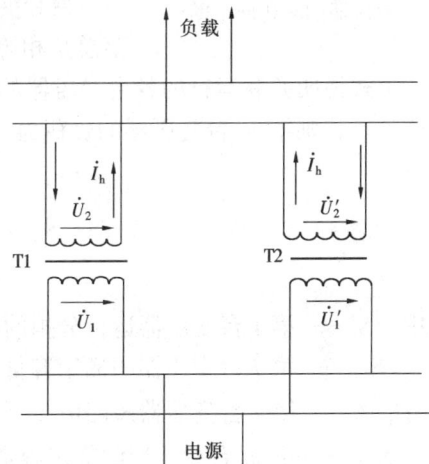

图 1-13 变比不等时变压器的并联

$$\dot{I}_h = \frac{\Delta\dot{U}}{Z_{T1} + Z_{T2}} = \frac{\dot{U}_2 - \dot{U}'_2}{Z_{T1} + Z_{T2}}$$

式中　Z_{T1}、Z_{T2}——T1 和 T2 的短路阻抗。

由于变压器的短路阻抗较小，即使 $\Delta\dot{U}$ 不大，也会在二次绕组回路中产生较大的循环电流。这个循环电流不仅占据变压器容量，增加变压器的损耗，使变压器所能输出的容量减小，而且当变比相差很大时，循环电流可能破坏变压器的正常工作。所以，变压器并联运行时，变比差值不得超过 ±0.5%。

当变压器带上负荷后，T1 和 T2 二次绕组的电流分别为

$$\dot{I}_{2T1} = \dot{I}_{T1} + \dot{I}_h$$

$$\dot{I}_{2T2} = \dot{I}_{T2} - \dot{I}_h$$

可见，当变比不等时，将使变比小的变压器（即二次侧开路电压高的变压器）负荷电流加重了。

2）短路电压不等，其他条件满足。

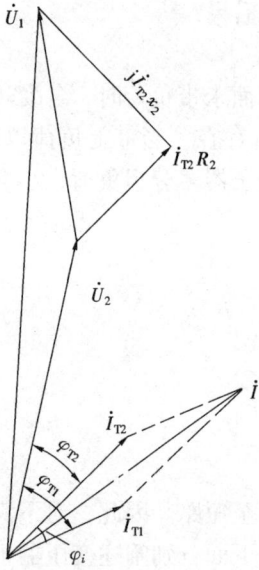

图 1-14 两台并列运行
变压器的简化向量图

变压器并列运行时，要求短路电压相等，且其电阻分量压降和电抗分量压降也分别相同。

我们先来分析短路电压数值相等，而阻抗角不相等时对变压器并联的影响。

如图 1-14 所示为两台并联运行变压器的简化向量图。因变压器的一次侧和二次侧分别接在一起，所以它们有共同的一次电压 $\dot{U}_1$ 和二次电压 $\dot{U}_2$；又由于阻抗角 φ_{T1} 不等于 φ_{T2}，故两台变压器的电流 $\dot{I}_{T1}$ 和 $\dot{I}_{T2}$ 之间必然有相位差 $\varphi_i = \varphi_{T1} - \varphi_{T2}$。显然，供给负荷的电流 $\dot{I} = \dot{I}_{T1} + \dot{I}_{T2}$ 必小于 $\dot{I}_{T1}$ 和 $\dot{I}_{T2}$ 绝对值之和。这样，两台变压器能供给负载的功率也必将小于两台变压器的总容量。一般说来，变压器的容量相差越大，φ_i 也越大，上述情况就越严重。所以并联运行的变压器容量比一般不应超过 3:1。

下面分析变压器阻抗角相等，而短路电压数值不等时并联运行的情况。

两台变压器并联运行时，不管它们的阻抗如何，其电压降落总是相等的，即：$I_1 Z_{T1} = I_2 Z_{T2}$ 或 $I_1 / I_2 = Z_{T2} / Z_{T1}$

上式说明并联运行的各台变压器的负荷电流与其短路阻抗成反比。如果有 n 台变压器并联运行，则第 m 台变压器的负荷为

$$S_m = \frac{\sum\limits_{i=1}^{n} S_i}{\sum\limits_{i=1}^{n} \dfrac{S_{Ni}}{U_{ki}\%}} \times \frac{S_{Nm}}{U_{km}\%}$$

式中　S_i——第 i 台变压器运行分担的实际负荷，kVA；

　　S_{Ni}——第 i 台变压器的额定容量，kVA；

　　$U_{ki}\%$——第 i 台变压器短路电压百分值；

　　S_{Nm}——第 m 台变压器的额定容量，kVA；

　　$U_{km}\%$——第 m 台变压器短路电压百分值；

　　$\sum\limits_{i=1}^{n} S_i$——$n$ 台并联运行变压器的总负荷，kVA；

$\sum\limits_{i=1}^{n} \dfrac{S_{Ni}}{U_{ki}\%}$——每台变压器的额定容量除以短路电压百分值之和。

并联运行变压器间的负载分配受短路电压的影响很大。有时可能出现短路电压小的变压器已经满载，甚至过载，而短路电压大的变压器仍处于欠载状态，以致变压器的容量不能合理利用。因此，要求并联运行变压器的短路电压相等，从而使各变压器能按其容量的大小成比例地分配负荷。

此外，从上式推知：

（a）若 n 台并联运行变压器的短路电压相等，即

$$U_{k1}\% = U_{k2}\% = \cdots\cdots = U_{kn}\%$$

那么，第 m 台变压器的负荷为

$$S_m = \frac{\sum\limits_{i=1}^{n} S_i}{\sum\limits_{i=1}^{n} S_{Ni}} \times S_{Nm}$$

即各变压器按其容量的大小成比例地分配负荷。

（b）若不同容量（短路电压不等）的变压器并联运行时，为了使各变压器的容量得到充分利用，大容量变压器的短路电压应小于小容量变压器的短路电压。

下面举例说明短路电压不同的变压器并联运行时的负荷分配情况。

例题：3 台具有相同变比和连接组别、而短路电压不同的三相双绕组变压器，其额定容量和短路电压分别为：1 号变压器 1000kVA，6.25%；2 号变压器 1800kVA，6.6%；3 号变压器 3200kVA，7%。将它们并联运行后带负荷 5500kVA。试分析计算各变压器负荷分配情况。

解：（a）设 S_1、S_2、S_3 分别为 1 号、2 号、3 号变压器分担的负荷，则

$$S_1 = \frac{\sum\limits_{i=1}^{3} S_i}{\sum\limits_{i=1}^{3} \frac{S_{Ni}}{U_{ki}\%}} \times \frac{S_{N1}}{U_{k1}\%} = \frac{5500}{\frac{1000}{0.0625} + \frac{1800}{0.066} + \frac{3200}{0.07}} \times \frac{1000}{0.0625}$$

$$= 0.0618 \times \frac{1000}{0.0625} = 989(kVA)$$

$$S_2 = \frac{\sum\limits_{i=1}^{3} S_i}{\sum\limits_{i=1}^{3} \frac{S_{Ni}}{U_{ki}\%}} \times \frac{S_{N2}}{U_{k2}\%} = 0.0618 \times \frac{1800}{0.066} = 1685(kVA)$$

$$S_3 = 0.0618 \times \frac{3200}{0.07} = 2825(kVA)$$

（b）设 S_{10}、S_{20}、S_{30} 分别为 1 号、2 号、3 号变压器负荷占各自额定容量的百分数，则

$$S_{10} = \frac{S_1}{S_{N1}} = \frac{\sum\limits_{i=1}^{3} S_i}{\sum\limits_{i=1}^{3} \frac{S_{Ni}}{U_{ki}\%}} \times \frac{1}{U_{k1}\%} = 0.0618 \times \frac{1}{0.0625} = 0.989$$

或

$$S_{10} = \frac{989}{1000} = 0.989$$

$$S_{20} = 0.0618 \times \frac{1}{0.066} = 0.936$$

$$S_{30} = 0.0618 \times \frac{1}{0.07} = 0.883$$

（c）具有最小短路电压的变压器（1 号变压器）达到满负荷时，3 台变压器最大可共同担负的负荷为

$$S_{max} = \frac{\sum\limits_{i=1}^{3} S_i}{S_{10}} = \frac{5500}{0.989} = 5561(kVA)$$

(d) 变压器总的设备利用率为

$$\rho = \frac{S_{\max}}{\displaystyle\sum_{i=1}^{3} S_{Ni}} = \frac{5561}{1000 + 1800 + 3200} = 0.927$$

3) 接线组别不同，其他条件满足。

(a) 变压器的接线组别。

对电力变压器来说，三相绕组的连接方式有两种基本形式，即 Y 型连接和 △ 型连接。三相绕组的连接方法、绕组的绕向和绕组端头标志这三个因素会影响三相变压器一、二次线电压的相位关系。一般用时钟法来表示变压器一、二次线电压的相位关系。变压器一、二次绕组的连结方式连同一、二次线电压的相位关系总称为变压器的接线组别。

所谓时钟表示法，即以变压器高压侧线电压的向量作为分针，并固定指向"12"，以低压侧同名线电压的向量作为时针，它所指向的时数，即为该接线组别的组号。

a) 变压器的同名端及绕组端头的标法。在变压器的一、二次绕组中，感应电势有个极性关系问题。任一瞬间，在同一主磁通作用下，一、二次绕组中感应的电势都有瞬时极性，极性相同的端点，就是同极性端，也叫同名端。极性与绕组的绕向有关，对已制好的变压器，其相对极性也就确定了，同名端也就确定了。

为了分析和使用方便起见，电力变压器绕组的首尾都有标号，标法如表 1-1 所示。

表 1-1　　　　　　　　　　变压器绕组的首、尾标号

绕组标号	单相变压器		三 相 变 压 器		
	首 端	尾 端	首 端	尾 端	中性点
高压绕组	A	X	A B C	X Y Z	O
低压绕组	a	X	a b c	x y z	o
中压绕组	A_m	X_m	A_m B_m C_m	X_m Y_m Z_m	O_m

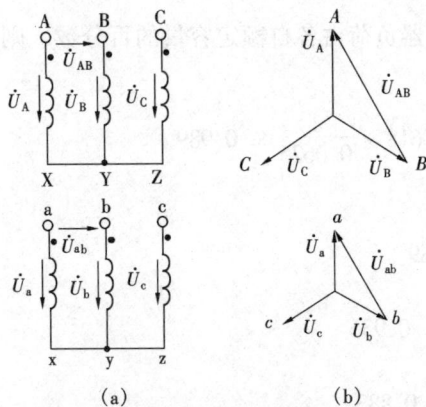

图 1-15　Yy12 连接组

b) 单相变压器的接线组别。单相变压器一、二次电压间的相位关系决定于两个因素：端头标号（假定正方向）和相对极性。当同极性端标以相同字母标号时，则两侧电压方向相同；当同极性端标以不同字母标号时，则两侧电压方向相反。

将时钟表示法用于单相变压器时，把高压侧电压向量当作分针指向"12"上，把低压侧电压向量当作时针，则单相变压器的接线组别仅有 I/I-12 型和 I/I-6 两种。

I/I-12 接线的单相变压器一、二次电压相位相同，I/I-6 接线的单相变压器一、二次侧电压相位相反。

c) 三相变压器的接线组别。对三相变压器来说，影响组别的除了极性标法以外，还有连接方式。图 1-15 (a) 为 Y/y 连接的三相变压器绕组的接线图，绕组的首尾标号及同名端示于图中。由此可以画出一、二次电压的向量图如图 1-15 (b) 所示。从向量图中我们

可以看到，如果以一次线电压为分针指向"12"，则二次同名线电压为时针也指向"12"，故该变压器的接线组别为 Yy12。

如将图 1-15（a）中的高低压绕组的不同极性端作首端，则高低压侧相电压反相，从而将得到变压器的接线组别为 Yy6。

如果变压器的接线仍按图 1-15（a）所示不变，仅将低压侧的标号进行改变，如图 1-16（a）所示。由此图可以画出一、二次电压的向量如图 1-16（b）所示。按时钟表示法，可知该变压器的接线组别为 Yy4。

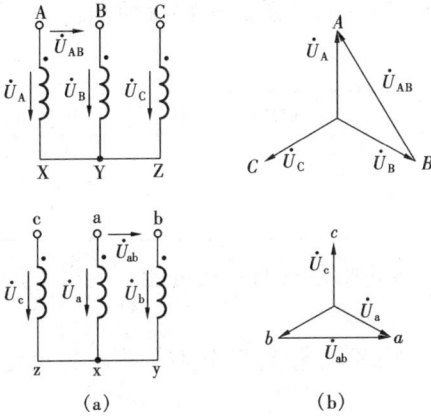

图 1-16　Yy4 连接组
(a) 接线图；(b) 向量图

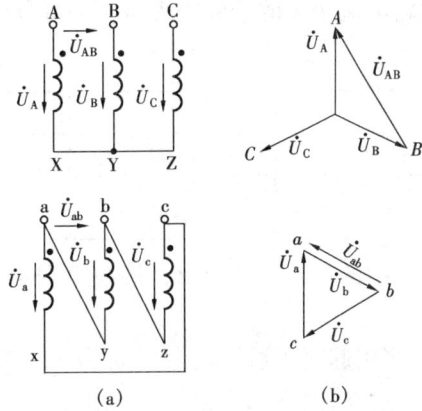

图 1-17　Yd11 连接组

用类似的方法，还可以得到 Yy8 接线组别；如用反向标法又可以得到 Yy10 和 Yy2 接线组别。总之用 Yy 或 Dd 的连接方式，只能得到偶数接线组别。

如图 1-17（a）所示为 Yd 连接的接线图，标号和同名端示于图中。由此可以画出一、二次电压的向量如图 1-17（b）所示。按时钟表示法，可知该变压器的接线组别为 Yd11。

如改变相号标志，还可得到 Yd3，Yd7 接线组别；如果取非同名端为首端，则分别可得到 Yd5，Yd9 接线组别。总之用 Yd 或 Dy 的连接方式，只能得到奇数的接线组别。

对已经连接好的，且端头已标号的变压器，用试验方法可以测定或校验其接线组别。

(b) 变压器接线组别不同时，并联运行后果分析。

变压器接线组别不同时，其二次电压必然存在相角差，同时并联回路出现电压差。如果二次电压大小相等，则该电压差为

$$\Delta U = 2U\sin\frac{\alpha}{2}$$

并联运行的环流为（对三相变压器而言）

$$I_{\text{h}} = \frac{\Delta U}{\sqrt{3}(Z_{\text{T1}} + Z_{\text{T2}})} = \frac{2U\sin\frac{\alpha}{2}}{\sqrt{3}(Z_{\text{T1}} + Z_{\text{T2}})}$$

式中　U——变压器二次侧额定电压，kV；

　　　α——变压器二次侧同名线电压之间的相角差；

Z_{T1}、Z_{T2}——并联运行两台变压器的短路阻抗，Ω。

接线组别不同的变压器并联运行，相角差至少相差 30°，最严重时相差 180°。

例如，Yy12 和 Yd11 的变压器并联运行，其相角差为 30°，电压差高达额定电压的 51.7%，即 $\Delta U = 2U\sin\dfrac{30°}{2} = 0.517U$。而 Yy12 和 Yy6 的变压器并联运行，其相角差为 180°，电压差高达额定电压的 2 倍，即 $\Delta U = 2U\sin\dfrac{180°}{2} = 2U$。

如果并联变压器的容量相同，阻抗相等，U 及 ΔU 取标么值，I_h 也可以用变压器出口三相短路电流 $I_k^{(3)}$ 的倍数来表示，进行分析比较。I_h 与 α 的关系如表 1-2 所示。

表 1-2 I_h 与 α 的关系

α	30°	60°	120°	180°
$\Delta U/U$	0.517	1	$\sqrt{3}$	2
I_h	$\dfrac{1}{4}I_k^{(3)}$	$\dfrac{1}{2}I_k^{(3)}$	$\dfrac{\sqrt{3}}{2}I_k^{(3)}$	$I_k^{(3)}$

从表中的环流可以看出，接线组别不同的变压器并联运行时，将可能产生以下严重后果：

a) 将引起变压器短路，当 α 为 120° 和 180° 时，循环电流 I_h 已分别等于两相短路电流 $I_k^{(2)}$ 和三相短路电流 $I_k^{(3)}$。

b) 将造成变压器严重过热。若变压器过流保护不动作跳闸，这样大的环流超过了允许运行时间，变压器有烧坏的危险。

c) 将可能发展为短路事故，造成用户停电。

因此，接线组别不同的变压器，不允许并列运行。

1-7 变压器油有何作用？取油化验的主要内容有哪些？

答：（1）变压器油在运行中主要起绝缘、冷却和灭弧作用。

1）绝缘作用。变压器内的绝缘油可以增加变压器内部各部件的绝缘强度。油是易流动的液体，它能够充满变压器内各部件之间的任何空隙，将空气排除，避免了部件因与空气接触受潮而引起的绝缘降低。其次，因为油的绝缘强度比空气大，从而增加了变压器内各部件之间的绝缘强度，使绕组与绕组之间、绕组与铁芯之间、绕组与油箱盖之间均保持良好的绝缘。

2）冷却作用。变压器油还可以使变压器的绕组和铁芯得到冷却。因为变压器运行中，绕组与铁芯周围的油受热后，因温度升高，体积膨胀，相对密度减小而上升，经冷却后，再流入油箱的底部，从而形成油的循环。这样，油在不断的循环过程中，将热量传给冷却装置，从而使绕组和铁芯得到冷却。

3）灭弧作用。变压器油能使木材、纸等绝缘物保持原有的化学和物理性能，使金属如铜起到防腐作用，有助于熄灭电弧。

（2）变压器油化验主要检查是否受潮和劣化。变压器油在运行中，由于可能和空气接触而受潮，同时由于长期受温度、电场及化学复分解的作用，会使油质劣化。判断变压器油是否受潮，首先检查呼吸器，因为呼吸器内有用氯化钴处理过的硅胶作为干燥剂，它能吸收变压器内空气中的水分而变色。若发现大部分硅胶由原来的蓝色变为红色或紫色（用溴化铜处理过的硅胶则由原来的黑色变为深绿色）时，则说明干燥剂已潮解失效，变压器油已受潮，需要更换经干燥处理过的硅胶。检查变压器油质是否劣化还需定期由专业化验人员取油样试验。对电压在 35kV 及以上运行中和备用的变压器每年至少取油样化验一次，对电压在 35kV 以下的变压器，则每两年至少取油样化验一次。油样化验的内容如下：

表 1－3　变压器油的绝缘标准（kV）

使用电压	新油标准	运行油标准
35kV	40	35
35～6kV	35	30
6kV 以下	25	20

1）酸价：新油不应超过 0.5mg/gKOH，运行中油不应超过 0.4mg/gKOH。

2）电气绝缘强度：在各种电压下，标准间隙的击穿电压不应低于表 1－3 中所列数值。

3）闪点：新油不低于 130℃，运行中的油不应比新油低 5℃以上，也不应比最近一次的测定值低 5℃以上。

4）游离碳：无。

5）机械混合物：无。

6）水分：无。

7）酸碱度：用 PH 值表示，若大于 4.6 为中性，在 4.1～4.5 范围内为弱酸性，小于 4 为酸性。新油一般为 5.4～5.6。

变压器油通过化验，各项指标皆符合上述标准的即认为合格。若不符合标准，要针对存在的问题进行处理。

1－8　主变压器新投入或大修后投入运行前应验收哪些项目？

答：验收项目如下：

1）变压器本体无缺陷，无渗漏油和油漆脱落等现象。

2）变压器绝缘试验合格，试验项目无遗漏。

3）各部分油位正常，各阀门的开闭位置应正确。油的简化试验和绝缘强度试验应合格。

4）变压器外壳应有良好的接地装置，接地电阻应合格。

5）各侧分接开关位置应符合电网运行要求，有载调压装置，电动手动操作均应正常，指示（包括控制盘上的指示）和实际位置应相符。

6）基础牢固稳定，轨辘应有可靠的制动装置。

7）保护测量信号及控制回路的接线正确，各种保护均应进行实际传动试验，动作应正确，定值应符合电网运行要求，保护连接片（压板）应在投入运行位置。

8）冷却风扇通电试运行良好，风扇自启动装置定值应正确，并进行实际传动。

9）呼吸器应装有合格的干燥剂，检查应无堵塞现象。

10）主变压器引线对地和线间距离应合格，各部导线接头应紧固良好，并贴有试温蜡片。

11）变压器的防雷保护应符合规程要求。

12）防爆管内部无存油，玻璃应完整，其呼吸小孔螺线位置应正确。

13）变压器的坡度应合格。

14）检查变压器的相位和接线组别，应能满足电网运行要求，变压器的二、三次侧可能和其他电源并列运行时，应进行核相工作，相色漆应标示正确、明显。

15）温度表及测温回路完整良好。

16）套管油封的放油小阀门和气体继电器放气阀门应无堵塞现象。

17）变压器上应无遗留物，邻近的临时设施应拆除，永久设施应布置完毕并清扫现场。

1－9 新变压器或大修后的变压器在正式投入运行前为什么要做冲击试验？冲击试验次数是多少？

答：（1）变压器正式投入运行前应做冲击试验的理由如下：

1）拉开空载变压器时，有可能产生操作过电压。在电力系统中性点不接地或经消弧线圈接地时，其过电压幅值可达 4～4.5 倍相电压；在中性点直接接地时，其过电压幅值可达 3 倍相电压。为了检查变压器绝缘强度能否承受全电压或操作过电压，需做冲击试验。

2）带电投入空载变压器时，会产生励磁涌流，其值可达 6～8 倍额定电流。励磁涌流开始衰减较快，一般经 0.5～1s 后即减到 0.25～0.5 倍额定电流值，但全部衰减时间较长，大容量的变压器可达几十秒。由于励磁涌流产生很大的电动力，为了考核变压器的机械强度，同时考核励磁涌流衰减初期是否造成继电保护误动，需做冲击试验。

（2）冲击试验次数：新产品投入，5 次；大修后投入，3 次。

每次冲击试验后，要检查变压器有无异音异状。

1－10 有载变压器闸箱（附加油箱）大修后重点验收什么项目？运行中为什么要重点检查附加油箱油面和有载调压装置动作记录？

答：有载调压变压器附加油箱大修后重点验收项目如下：

（1）测定变压器每个可调线圈的电压比，必须证实操作机构中所指示的分头位置及操作盘上所指示的分头位置和铭牌数据完全相符。

（2）按照使用说明书所述方法测绘工作顺序图，以确定该装置动作的正确性。在测绘工作前应手动操作调整装置，使其达到上下极限位置，以检查极限开关动作是否正确。

运行中应重点监视附加油箱的油位。因为附加油箱与主油箱不连通，油面受外温影响较大，而内装调压开关带有运行电压，操作时又要切断并联分支电流，故要求附加油箱的油位经常达到标示的位置，油的击穿电压不得小于 22kV。

运行中必须认真检查和记录有载调压装置的动作次数。调压装置每动作 5000 次，应对调压开关进行检修，假若触头烧损严重，其厚度不足 7mm 时应更换触头。在操作 1 万次以后，必须进行大修。选择开关不易磨损和出故障，对选择开关的第一次检查可在动作 10000 次以后进行，其后可视情况定期检查或定次检查。

1－11 变压器的负荷状态如何划分？变压器过负荷有何具体规定？

答：（1）正常周期性负荷：变压器在额定条件下或在周期性负荷中运行，某段时间环境温度较高或超过额定电流，可以由其他时间内环境温度较低或低于额定电流，在热老化方面能够等效补偿。变压器可以长期在这种负荷方式下正常运行。

（2）长期急救周期性负荷：要求变压器长时间在环境温度较高，或超过额定电流下运行。这种负荷方式可能持续几星期或几个月。变压器在这种负荷方式下运行将导致变压器的老化加速，虽不直接危及绝缘的安全，但将在不同程度上缩短变压器的寿命，应尽量减少出现这种负荷方式；必须采用时，应尽量缩短超额定电流运行的时间，降低超额定电流的倍数，有条件时（按制造厂规定）投入备用冷却器。当变压器有较严重缺陷或绝缘有弱点时，不宜超额定电流运行。超额定电流负荷系数 K_2 和时间可按《油浸式电力变压器负载导则》（GB/T15164—1994）的规定确定。在长期急救周期性负荷运行期间，应有负荷电流记录，并计算该运行期间的平均相对老化率。

（3）短期急救负荷：要求变压器短时间大幅度超额定电流运行。这种负荷方式可能导致绕组热点温度达到危险程度。出现这种情况时，应投入包括备用在内的全部冷油器（制造厂另有规定的除外），并尽量压缩负荷、减少时间，一般不超过 0.5h。0.5h 短期急救负荷允许的负荷系数 K_2 见表 1-4。表中 K_1＝起始负荷值/额定容量，K_2＝过负荷值/额定容量。当变压器有严重缺陷或绝缘有弱点时，不宜超额定电流运行。在短期急救负荷运行期间，应有详细的负荷电流记录，并计算该运行期间的相对老化率。

表 1-4　　　　　　　　0.5h 短期急救负载的负载系数 K_2 表

变压器类型	短期急救负载出现前的负载系数 K_1	环 境 温 度 （℃）							
		40	30	20	10	0	-10	-20	-25
配电变压器（冷却方式 ONAN）	0.7	1.95	2.00	2.00	2.00	2.00	2.00	2.00	2.00
	0.8	1.90	2.00	2.00	2.00	2.00	2.00	2.00	2.00
	0.9	1.84	1.95	2.00	2.00	2.00	2.00	2.00	2.00
	1.0	1.75	1.86	2.00	2.00	2.00	2.00	2.00	2.00
	1.1	1.65	1.80	1.90	2.00	2.00	2.00	2.00	2.00
	1.2	1.55	1.68	1.84	1.95	2.00	2.00	2.00	2.00
中型变压器（冷却方式 ONAN 或 ONAF）	0.7	1.80	1.80	1.80	1.80	1.80	1.80	1.80	1.80
	0.8	1.76	1.80	1.80	1.80	1.80	1.80	1.80	1.80
	0.9	1.72	1.80	1.80	1.80	1.80	1.80	1.80	1.80
	1.0	1.64	1.75	1.80	1.80	1.80	1.80	1.80	1.80
	1.1	1.54	1.66	1.78	1.80	1.80	1.80	1.80	1.80
	1.2	1.42	1.56	1.70	1.80	1.80	1.80	1.80	1.80
中型变压器（冷却方式 OFAF 或 OFWF）	0.7	1.50	1.62	1.70	1.78	1.80	1.80	1.80	1.80
	0.8	1.50	1.58	1.68	1.72	1.80	1.80	1.80	1.80
	0.9	1.48	1.55	1.62	1.70	1.80	1.80	1.80	1.80
	1.0	1.42	1.50	1.60	1.68	1.78	1.80	1.80	1.80
	1.1	1.38	1.48	1.58	1.66	1.72	1.80	1.80	1.80
	1.2	1.34	1.44	1.50	1.62	1.70	1.76	1.80	1.80
中型变压器（冷却方式 ODAF 或 ODWF）	0.7	1.45	1.50	1.58	1.62	1.68	1.72	1.80	1.80
	0.8	1.42	1.48	1.55	1.60	1.66	1.70	1.78	1.80
	0.9	1.38	1.45	1.50	1.58	1.64	1.68	1.70	1.70
	1.0	1.34	1.42	1.48	1.54	1.60	1.65	1.70	1.70
	1.1	1.30	1.38	1.42	1.50	1.56	1.62	1.65	1.70
	1.2	1.26	1.32	1.38	1.45	1.50	1.58	1.60	1.70

变压器类型	短期急救负载出现前的负载系数 K_1	环 境 温 度 （℃）							
		40	30	20	10	0	−10	−20	−25
大型变压器 （冷却方式 OFAF 或 OFWF）	0.7	1.50	1.50	1.50	1.50	1.50	1.50	1.50	1.50
	0.8	1.50	1.50	1.50	1.50	1.50	1.50	1.50	1.50
	0.9	1.48	1.50	1.50	1.50	1.50	1.50	1.50	1.50
	1.0	1.42	1.50	1.50	1.50	1.50	1.50	1.50	1.50
	1.1	1.38	1.48	1.50	1.50	1.50	1.50	1.50	1.50
	1.2	1.34	1.44	1.50	1.50	1.50	1.50	1.50	1.50
大型变压器 （冷却方式 ODAF 或 ODWF）	0.7	1.45	1.50	1.50	1.50	1.50	1.50	1.50	1.50
	0.8	1.42	1.48	1.50	1.50	1.50	1.50	1.50	1.50
	0.9	1.38	1.45	1.50	1.50	1.50	1.50	1.50	1.50
	1.0	1.34	1.42	1.48	1.50	1.50	1.50	1.50	1.50
	1.1	1.30	1.38	1.42	1.50	1.50	1.50	1.50	1.50
	1.2	1.26	1.32	1.38	1.45	1.50	1.50	1.50	1.50

1−12 变压器温度计所指示的温度是什么部位的温度？运行中有何规定？

答： 变压器温度计指示的是变压器顶层油温，一般不得超过95℃，运行中的监视油温定为85℃。温升是指变压器顶层油温减去环境温度。运行中变压器在外温40℃时，其温升不得超过55℃，运行中要以顶层油温为准，温升是参考值。顶层油温如果超过95℃，其内部绕组的温度就要超过绕组绝缘物的耐热强度，为使绝缘不致迅速老化，所以才规定了85℃这个顶层油温界限，但在长期过负荷运行时要适当降低监视温度，具体数值应由试验确定。顶层油温一般规定值见表1−5。

表1−5 　　　　　　　　　　　油浸式变压器顶层油温一般规定值

冷 却 方 式	冷却介质最高温度（℃）	最高顶层油温（℃）
自然循环自冷、风冷	40	95
强迫油循环风冷	40	85
强迫油循环水冷	30	70

1−13 怎样判断变压器的温度变化是否正常？变压器各部分温升的极限值是多少？

答： 变压器在运行中铁芯和绕组中的损耗转化为热量，引起各部位发热，使温度升高，热量向周围以辐射、传导等方式扩散出去，当发热与散热达到平衡状态时，各部分的温度趋于稳定。铁损是基本不变的，而铜损随负荷变化。巡视检查变压器时应记录外温、顶层油温、负荷以及油面高度，并与以前的数值对照分析判断变压器是否运行正常。

若发现在同样条件下油温比平时高出10℃以上，或负荷不变但温度不断上升，而冷却装置运行正常，则认为变压器存在异常（应注意温度计有无误差、是否失灵）。

一般变压器的主绝缘（绕组的绝缘）是A级绝缘（纸绝缘），最高使用温度为105℃。一般绕组温度比油面温度高10～15℃，如果油面温度85℃，则绕组温度将达95～100℃。

表1−6 变压器各部分温升的极限值

变压器的部位	最高温升（℃）
绕　　组	65
铁　　芯	70
油（顶部）	55

我国变压器的温升标准，均以环境温度40℃为准，同时确定年平均温度为15℃，故变压器顶层油温不超过40℃+55℃=95℃。温度过高，则绝缘老化严重，绝缘油劣化快，影响变压器寿命。变压器各部分温升的极限值见表1−6。

1-14 变压器在运行中哪些部位可能发生高温高热？什么原因？如何判断？

答：（1）分接开关过热。分接开关接触不良，接触电阻过大，造成局部过热最为常见。倒换分接头或变压器过负荷运行时应特别注意分接开关局部过热问题。分接开关接触不良的原因一般为：触点的压力不够；动静触点间有油泥膜；接触面有烧伤；定位指示与开关接触位置不对应；DW 型鼓形分接开关几个接触环与接触柱不同时接触等。

分接开关接触不良最容易在大修或切换分接头后发生，穿越性故障后可能烧伤接触面。

一般分接开关过热可通过油化验来判断。分接开关过热时一般油闪点迅速下降。变压器如能停电，还可由三相分头直流电阻来判断。

（2）线圈过热。相邻几个线圈匝间的绝缘损坏，将造成一个闭合的短路环路，同时，使一相的绕组减少匝数，在短路环路内流着交变磁通感应出的短路电流并产生高温。匝间短路在变压器故障中所占比重较大。引起匝间短路的原因很多，如线圈导线有毛刺或制造过程绝缘机械损伤；绝缘老化或油中杂物堵塞油道产生高温损坏绝缘；穿越性短路故障；线匝轴向、辐向位移磨损绝缘等。

因较严重的匝间短路发热严重，使油温急剧上升，油质变坏，因此极容易被发现。但轻微的匝间短路则较难发现，需通过直流电阻或变比试验来判断。

（3）铁芯局部过热。铁芯是由绝缘的硅钢片叠成的，由于外力损伤或绝缘老化使硅钢片间的绝缘损坏，涡流造成局部过热。另外，铁芯穿心螺杆绝缘损坏也会造成短路，短路电流也会使铁芯局部过热。

铁芯局部过热较严重时，会使油温上升，析出可燃气体，使气体继电器动作、油闪点下降、空载损耗增加、绝缘强度下降等。

除上述几种局部过热情况外，还有因接头发热、因压环螺钉绝缘损坏或压环触碰铁芯造成环流、漏磁使铁件涡流大等都会使温度升高。运行中判断具体过热部位是很困难的，必须结合色谱分析、运行状况、异常现象等进行综合分析，必要时需吊芯检查。

1-15 怎样判断油面是否正常？出现假油面是什么原因？

答：变压器的油面变化（排除渗漏油）取决于变压器的油温变化，因为油温的变化直接影响变压器油的体积，从而使油标内的油面上升或下降。影响变压器油温的因素有负荷的变化、环境温度和冷却装置运行状况等。如果油温的变化正常，而油标管内油位不变化或变化异常，则说明油面是假的。

运行中出现假油面的原因可能有：油标管堵塞、呼吸器堵塞、防爆管通气孔堵塞等。处理时，应先将重瓦斯保护解除（按现场规程规定办理）。

1-16 变压器二次侧突发短路对变压器有何危害？

答：变压器二次侧突然短路时，短路电流最大值可达额定电流幅值的 20~30 倍。短路电流的倍数与短路瞬间电压的相角和变压器的阻抗电压有关。这对变压器绕组的危害有：

（1）绕组受强大电动力的作用可能损坏。对大型变压器来说，沿绕组圆柱表面的径向和轴向压力很大，常会出现绕组变形或崩断。

（2）变压器二次侧突发短路过程中，短路电流达额定电流的 25~30 倍，强大电流除产生巨大电动力外还会使绕组温度急速升高，短路电流损耗将达额定电流时损耗（与电流平方成正比）的几百倍。由于短路时间短，可以认为热量没有发散，造成绕组温度急剧升高，若不及时切断短路电流，变压器将被烧毁。

我国电力变压器标准规定，油浸 A 级绝缘最高允许温度铜导体为 250℃，铝导体为 200℃。假设变压器短路前绕组温度为 90℃，按近似公式计算绕组温度达到 200℃和 250℃时所需要的时间为

$$t_{k200} \approx 1.75\left(\frac{U_k\%}{J}\right)^2$$

$$t_{k250} \approx 2.5\left(\frac{U_k}{J}\right)^2$$

式中　　t_{k200}、t_{k250}——分别为温度达 200℃、250℃所需时间，s，一般中、小型变压器：$t_{k200} \approx 4$s、

　　　　　　　　$t_{k250} \approx 5.5$s，大型变压器：$t_{k200} \approx 16$s、$t_{k250} \approx 25$s；

　　　　　　J——额定负荷时绕组电流密度，A/mm^2；

　　　　　　U_k——变压器阻抗电压的百分值。

继电保护和断路器的动作时间大大低于上述时间，因此，绕组实际温度要比 200℃或 250℃低得多。一般规定正常保护切除故障情况下，变压器能承受 25 倍的额定电流的短路电流（稳定值）。

1-17　过电压对变压器有何危害？电网运行及设备制造上应采取哪些主要防止措施？

答：对变压器的过电压有大气过电压和操作过电压两类。操作过电压的数值一般为额定电压的 2~4.5 倍，而大气过电压则可达到额定电压的 8~12 倍。变压器设计时绝缘强度一般考虑能承受 2.5 倍的过电压。因此超过 2.5 倍的过电压都有可能使变压器绝缘损坏。变压器内部的电压分布受电压的频率和变压器的电阻、感抗、容抗的影响而有很大差异，在工频电压情况下容抗$\left(\frac{1}{\omega C} = X_C\right)$是很大的，由它构成的电路相当于断路。因此，正常情况下变压器内部电压分布只考虑电阻和电感就可以了，其分布基本是均匀的。大气过电压或操作过电压基本是冲击波，由于冲击波的频率很高，波前陡度很大，波前时间为 1.5μs 的冲击波其频率相当于 160kHz，因此，在过电压冲击波的作用下，变压器容抗很小，对变压器内部电压的分布影响很大。冲击波作用于变压器绕组时的危害可分成起始瞬间和振荡过程两个阶段来说明。

（1）起始瞬间。当 $t=0$ 时，绕组的电容起主导作用，电阻和电感的影响可以忽略不计。当冲击波一进入高压绕组，由于对地电容的存在，绕组每一匝间电容流过的电流不同，起始瞬间的电压分布使绕组首端几匝间出现很大的匝间电压，因此，头几匝的线圈间的绝缘受到严重威胁，最高的匝间电压可达到额定电压的 50~200 倍。

（2）振荡过程。当 $t>0$ 时，从起始电压分布过渡到最终的电压分布的这个阶段，有振荡现象。在此过程中，起作用的不仅有电容，还有电感和电阻，在绕组不同的点上将分别在不同时刻出现最大电位（对地电压）。绕组不同点出现的对地电压可升高到 2 倍的冲击波电压值，绕组对地主绝缘有可能损坏。绕组上的电压分布均匀与否和绕组对地电容和匝间电容的比值大小有关，比值越小绕组上的电压分布越均匀。

为了防止过电压损坏变压器，首先安装避雷器，使超过绕组绝缘强度的电压幅值不作用到绕组上。其次在110kV及以上的变压器上加装静电屏、静电极，采用纠结式线圈等改善匝间电容，尽量使起始电压和最终电压分布均匀，并使 $t=0$ 到 $t=\infty$ 期间不产生振荡。

1-18　变压器中性点在什么情况下应装设保护装置？

答： 电力系统中性点直接接地系统中的中性点不接地变压器，如中性点绝缘未按线电压设计，为了防止因断路器非同期操作，线路非全相断线，或因继电保护的原因造成中性点不接地的孤立系统带单相接地运行，引起中性点的避雷器爆炸和变压器绝缘损坏，应在变压器中性点装设棒型保护间隙并联避雷器。保护间隙的距离按电网的具体情况确定。如中性点的绝缘按线电压设计，但变电所是单进线具有单台变压器运行时，也应在变压器的中性点装设保护装置。电力系统中性点非直接接地系统中的变压器中性点，一般不装设保护装置，但多雷区进线变电所应装设保护装置。中性点接有消弧线圈的变压器，如有单进线运行的可能，也应在中性点装设保护装置。

1-19　为何切除空载变压器会引起过电压？

答： 切除空载变压器是系统中常见的一种操作。变压器在空载运行时，表现为一励磁电感 L_m，因此切除空载变压器，也就是切除电感负载。而切除电感负载，就会引起操作过电压，图1-18（a）为切除空载变压器的等值电路。其中 C 为变压器绕组及其连线的对地杂散电容，L_s 为电源系统电感（$L_s \ll L_m$）。由于感抗 ωL_m 比电容 C 引起的容抗 $\dfrac{1}{\omega C}$ 小得多，所以流过断

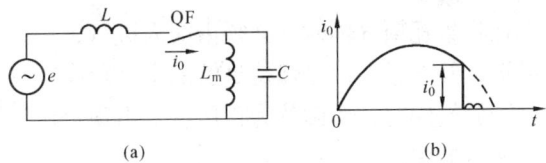

图1-18　切除空载变压器
（a）切除空载变压器的等值电路；（b）励磁电流被强行切断

器QF的电流 i，也就是工频励磁电流的相位角比电源电动势落后90°。现在假定励磁电流 i_0 在自然过零点时被切断，那么在这一瞬间，电容和电感两端的电压恰好达到最大值，即等于电源电动势 e 的幅值 E_m，而电感 L_m 中的电荷通过 L_m 放电，并在衰减过程中逐渐消失，显然这样的合闸过程不会引起过电压。但是当断路器具有强烈的熄弧能力时，由于励磁电流很小，所以在电流自然过零点之前（例如 $I_0 = I_0'$ 时）就可以强行切断，如图所示。在此截流瞬间，电感中的贮能 $Li_0^2/2$ 是不会消失的，因此截流的结果将迫使绕组中的贮能以振荡的形式转换给杂散电容，其值为 $CU^2/2$。切除空载变压器所产生的过电压的大小，主要与变压器回路的参数及开关的性能有关，因 $\dfrac{Li_0^2}{2} = \dfrac{CU^2}{2}$，截流过电压 $U = i_0\sqrt{\dfrac{L}{C}}$。空气开关的熄弧能力强，截流大而且重燃次数少，故能引起较大的过电压。充油断路器等熄弧能力弱的断路器，其截流小而重燃次数多，多次重燃将使铁芯电感中的贮能越来越小，故过电压的幅值也较低。通常认为在中性点直接接地的电网中，切断110~330kV空载变压器的过电压一般不超过 $3.0U_{phm}$（变压器的最高运行相电压），个别可达 $6.0U_{phm}$。在中性点不接地或经消弧线圈接地的35~154kV电网中，切空载变压器所产生的过电压一般不超过 $4.0U_{phm}$，个别可达 $7.0U_{phm}$。变压器的励磁电流越小，则过电压也越小。切空载变压器所产生的过电压，可用

氧化锌或阀型避雷器保护。因为切空载变压器的过电压为持续时间甚短的高频振荡，对绝缘的作用与大气过电压相似，所以可用避雷器限制。另外装有并联电阻的断路器，可以将变压器等值电容 C 两端的电荷通过并联电阻泄漏出去，也能限制此种过电压。

1-20 变压器轻瓦斯保护动作一般有哪些原因？如何检查处理？

答： 运行中的变压器轻瓦斯保护动作的原因主要有下列几种：

（1）变压器内部有轻微程度的故障，如匝间短路、铁芯局部发热、漏磁导致油和变压器油箱壁发热等产生微量的气体。

（2）空气侵入变压器内部。

（3）长期漏油或渗油导致油位过低。

（4）变压器绕组接头焊接不牢，接触电阻过大，引起发热。

（5）二次回路发生两点接地，导致误发信号等。

轻瓦斯保护动作后，值班人员应立即对变压器外观进行检查。例如：油位、油色是否正常；气体继电器中有无气体，气体量及其颜色；检查变压器本体及冷却系统是否有漏油现象；变压器负荷、温度及声音是否有异常。经过外部检查后，如未发现异常现象，应吸取变压器的瓦斯气体，由化验人员验明气体的性质，必要时取油样进行气相色谱分析，以综合判明故障的类型。

在收集瓦斯气体时，必须由两人进行，一人操作，一人监护。攀登变压器取气时，应小心谨慎，并与带电部分保持足够的安全距离，一般人体不应超过变压器的油枕。另外，在取气打开放气阀时，要确认为正压，若出现负压，则应立即关闭放气阀，停止放气，防止空气漏入变压器中。

收集来的气体交由化验员进行化验分析。对气体的颜色、数量、可燃性及化学成分进行鉴别，并结合气相色谱分析结果，判明轻瓦斯动作的原因、变压器内部故障的性质及轻重程度。下面具体说明瓦斯气体的颜色、气味及可燃性与变压器内部故障的关系。

（1）若气体是无色、无臭、不可燃的，则说明轻瓦斯动作是由于空气漏入所致。

（2）若气体呈灰黑色、略有臭味、可燃，则说明是变压器故障引起的，一般是因放电引起油分解而造成的，此时应取油样进行化验分析。

（3）若气体是黄色不易燃的，则说明是变压器内部的木质材料故障，如木质支架故障等。

（4）若气体是灰白色的，有臭味且可燃，则说明是变压器内部的绝缘故障。

值得注意的是，在变压器故障的初期，收集到的气体通常都是无色、不可燃的。另外，收集到的气体也并不完全与故障处的气体成分一致。这是因为油本身对气体具有很大的吸附能力。因此单凭气体有无颜色或是否可燃来判断故障的性质不是绝对可靠的，最好的办法是取油样进行气相色谱分析。

1-21 自耦变压器结构如何？它与普通变压器有何不同？

答： 自耦变压器的结构如图 1-19 所示。自耦变压器与普通变压器不同之处是：

（1）自耦变压器一次侧和二次侧不仅有磁的联系，而且还有电的联系。普通变压器的一次侧和二次侧，只有磁的联系，而没有电的联系。

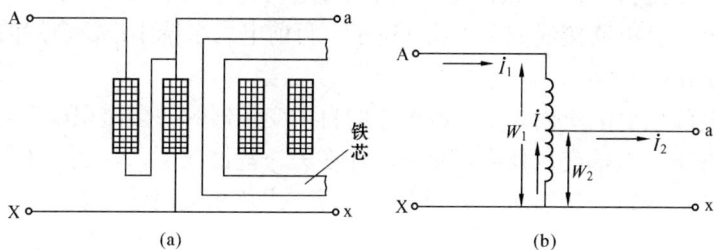

图 1-19 自耦变压器结构图

(a) 结构示意图；(b) 绕组连接图

(2) 电源通过自耦变压器的容量由两个部分组成，即：一次绕组与公用绕组之间电磁感应功率和一次绕组直接传导的传导功率。

(3) 自耦变压器的短路电阻和短路电抗分别是普通变压器短路电阻和短路电抗的 $\left(1-\dfrac{1}{K}\right)$ 倍，K 为变压比。

(4) 由于自耦变压器的中性点必须接地，因而继电保护的整定和配置较为复杂。

(5) 自耦变压器体积小，重量轻，造价较低，便于运输。

1-22 自耦变压器在运行中应注意哪些问题？

答：自耦变压器在运行中应注意下述问题：

(1) 由于自耦变压器的一、二次侧有直接的电的联系，为了防止由于高压侧单相接地故障而引起低压侧的过电压，用在电网中的自耦变压器中性点必须可靠的直接接地。

(2) 由于一、二次侧有直接电的联系，高压侧遭受到过电压时，会引起低压侧的严重过电压。为避免这种危险，须在一、二次侧都装避雷器。

(3) 由于自耦变压器短路阻抗小，其短路电流较普通变压器大，因此在必要时需采取限制短路电流的措施。

(4) 采用中性点接地的星形连接的自耦变压器时，因产生三次谐波磁通而使电动势峰值严重升高，对变压器绝缘不利。为此，现代的高压自耦变压器都制成三绕组的，其中高、中压绕组接成星形，而低压绕组接成三角形。第三绕组与高中压绕组是分开的、独立的，只有

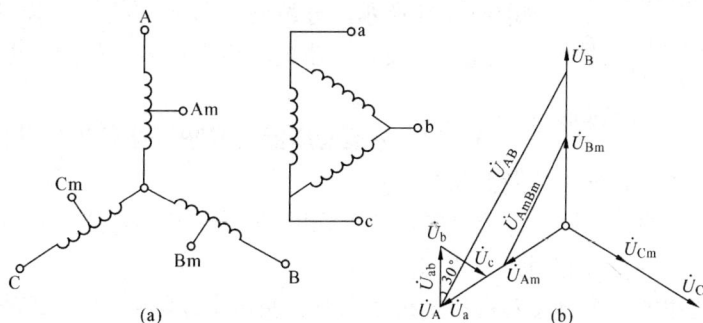

图 1-20 有第三绕组的自耦变压器的接线及相量图

(a) 接线图；(b) 相量图

磁的联系，和普通变压器一样。增加了这个低压绕组后，形成了高、中、低三个电压等级的三绕组自耦变压器，其电路接线如图 1-20 所示。目前电力系统中广泛应用的三绕组自耦变压器一般为 YN yn d 11 接线。

（5）在升压及降压变电所内采用三种电压的自耦变压器时，会出现以下各种不同的运行方式。在某些情况下，自耦变压器会过负荷，而在另一些情况下，自耦变压器却又不能充分利用。因此，在应用自耦变压器时，必须对其运行方式及相关问题加以分析，并进行相应的控制。

1）高压侧向中压侧（或中压侧向高压侧）送电。高压侧向中压侧送电，为降压式，中压绕组布置在高、低压绕组之间，一般可传输全部额定容量。中压绕组向高压侧送电为升压式，中压绕组靠近铁芯柱布置。因为漏磁通在结构中引起较大的附加损耗，故其最大传输功率往往需要限制在额定容量的 70% ~ 80%。

2）高压侧向低压侧（或低压侧向高压侧）送电。它和普通变压器相同，最大传输功率不得超过其低压绕组的额定容量。

3）中压侧向低压侧（或低压侧向中压侧）送电。其情况与 2）相同。

4）高压侧同时向中压侧和低压侧（或低压侧和中压侧同时向高压侧）送电。

在这种运行方式下，最大允许的传输功率不能超过自耦变压器的高压绕组（即串联绕组）的额定容量，否则高压绕组将过负荷。

5）中压侧同时向高压侧和低压侧（或高压侧和低压侧同时向中压侧）送电。

在这种运行方式中，中压绕组是一次绕组（即公共绕组是一次绕组），而其他两个绕组是二次绕组。最大传输容量受公共绕组电流的限制，即公共绕组的电流不得超过其额定电流。向两侧传输功率的大小也与负荷的功率因数有关。

1-23 分裂变压器在什么情况下使用？它有什么特点？

答：随着变压器单台容量的增大，两台发电机共用一台变压器输出电能的方案也随之提出。但为了减小短路电流，要求两台发电机之间有较大的阻抗。此外，大型机组的厂用变压器要向两段独立的母线供电，因此要求两段母线之间有较大的阻抗，以减少一段母线短路时，由另一段母线所接的电动机供来的反馈电流。为了达到上述限制短路电流的要求，可用分裂变压器代替普通变压器，如图 1-21 所示。分裂变压器通常将低压绕组分裂成两个容量相等的分支，分支的额定电压可以相同，也可以相近。

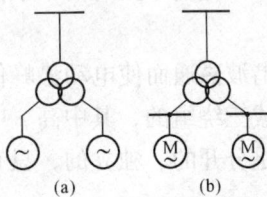

图 1-21 分裂变压器使用示意图
(a) 两机共用一台分裂变压器；
(b) 分裂变压器向两组厂用母线供电

1-24 分裂变压器有哪些特殊参数？它有什么意义？

答：分裂变压器的特殊参数及意义如下：

（1）当低压分裂绕组的两个分支并联成一个绕组对高压绕组运行时，叫做穿越运行。此时变压器的短路阻抗叫做穿越阻抗，用 Z_1 表示。

（2）当分裂绕组的一个分支对高压绕组运行时，叫做半穿越运行，此时变压器的阻抗叫做半穿越阻抗，用 Z_2 表示。

（3）当分裂变压器的一个分支对另一个分支运行时，叫做分裂运行，这时变压器的短路阻抗叫做分裂阻抗，用 Z_3 表示。

（4）分裂阻抗与穿越阻抗之比称为分裂系数，用 K_3 表示。即

$$K_3 = Z_3 / Z_1$$

1-25　分裂变压器有何优缺点？

答：当分裂变压器用作大容量机组的厂用变压器时，与双绕组变压器相比，它有以下优缺点：

（1）限制短路电流显著，当分裂绕组一个支路短路时，由电网供给的短路电流经过分裂变压器的半穿越阻抗比穿越阻抗大，故供给的短路电流要比用双绕组变压器小。同时分裂绕组另一支路由电动机供给短路点的反馈电流，因受分裂阻抗的限制，亦减少很多。

（2）当分裂绕组的一个支路发生故障时，另一支路母线电压降低比较小。同样，当分裂变压器一个支路的电动机自启动，另一个支路的电压几乎不受影响。但分裂变压器的缺点是价格较贵，一般分裂变压器的价格约为同容量的普通变压器的 1.3 倍。

1-26　变压器空载运行时为什么接地检漏装置有时会动作？当带负荷后就恢复正常，为什么？

答：变压器空载运行时，10kV 侧或 35kV 侧绕组及所带的一段母线桥和一段空母线的三相对地电容不等，即 $C_A \neq C_B \neq C_C$，此时变压器处于不平衡状态运行，中性点发生位移，变压器低压侧等效阻抗为电压互感器绕组阻抗 Z_L 与三相对地容抗 Z_C 相并联。当 $Z_C \ll Z_L$ 时，中性点位移数值较大，这时接地检漏装置会动作。

当变压器带上负荷或线路后，此时母线三相电压主要决定于负荷或线路阻抗平衡情况，前述三相对地电容的不平衡因素居于次要地位，如负荷或线路阻抗平衡，检漏装置将复归正常。

1-27　变压器在什么情况下需要核相？核相的方法有哪几种？

答：新投入的变压器或大修后变更了一次接线的变压器，需要并列运行时，在投入运行前应做核相工作。

核相的目的是为检查即将投入的变压器的高低压侧（或母线）的相位与并列系统的变压器（或母线）的相位是否一致，如相位不同，不允许并列运行。

核相的方法有两种：

（1）10kV 及以下电压等级的变压器或母线，可用核相杆核相。将可以承受 10kV 及以上电压等级的绝缘杆上接装一只电压表（或采用专用核相杆），在一次高压系统上，直接核相，其接线方法如图 1-22 所示。

电压表的两端分别接在核相杆上，核相杆分别跨接在待核相的变压器或母线的并列高压断路器（或隔离开关）相对应的两侧，如某相测得电压值为零，表示该对应相为同相位，否则相位不同。当测得三相此端与彼端相对应的相位均相同时，变压器或母线可以并列运行。

（2）用电压互感器进行核相，其接线如图 1-23 所示。

这种方法大都利用母线电压互感器进行，核相前应先核对两段母线电压互感器相位对应（即接线组别相同，二次回路接线正确），然后再核对两台主变压器的相位。

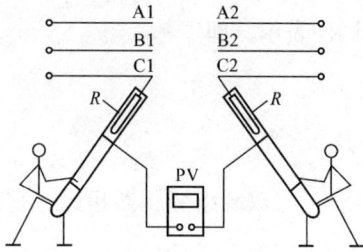

图 1-22 用核相杆进行高压核相

PV—电压表；R—电阻

1）首先，核对两段母线的电压互感器的相位是否对应，其方法是：将两段母线由一路电源或一组变压器供电，使得两段母线的电压互感器由一个电源供电（即断开 T2 两侧的断路器，闭合Ⅰ、Ⅱ段母线联络断路器），然后用电压表分别测量电压互感器的对应相，当测定电压为零，即是对应的同名相；当测定电压为100V 左右时，是不对应的异名相。

2）接着测定 T1 与 T2 的相位。其方法是：将Ⅰ、Ⅱ段母联断路器断开，并将主变压器 T1、T2 送电。然

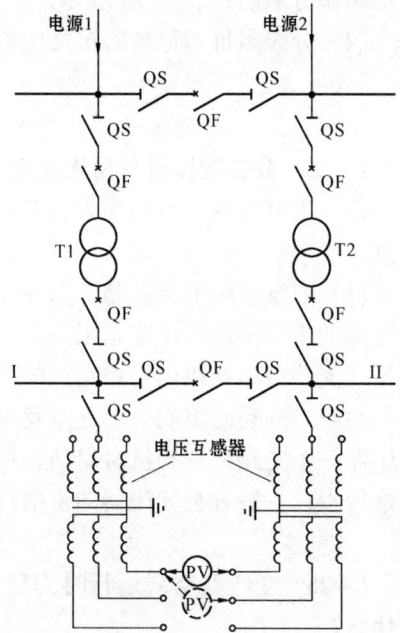

图 1-23 用电压互感器进行核相接线

后用电压表分别测量两段母线电压互感器的同名相及异名相之间的电压，若同名相之间的电压接近于零，而异名相之间的电压为 100V 左右，则表明主变压器 T1、T2 相位相同，可以通过Ⅰ、Ⅱ段母线并列运行。

1-28 变压器瓷套管表面脏污或出现裂纹有何危害？

答：变压器瓷套管表面脏污时，由于脏物吸附水分，以致于绝缘强度降低。这样不仅容易引起瓷套管的表面放电，还可能使其漏电流增加，造成套管发热。

瓷套管表面脏污，使其闪络电压降低，当线路过电压时，会引起瓷套管的闪络放电，导致断路器跳闸。另外由于瓷套管表面放电，还会导致它的表面瓷质损坏，这是绝缘击穿的一个重要因素。

如果变压器的瓷套管出现裂纹，也会使变压器的绝缘强度降低。因为瓷套管裂纹中充满空气，而由于空气的介电系数小，致使裂纹中的电场强度增大到一定数值时，空气便被游离，引起瓷套管的局部放电。这样使瓷绝缘进一步损坏，以至于全部被击穿。此外套管裂纹中进水结冰时，还会使瓷套管胀裂。

1-29 电源电压过高对变压器有何影响？

答：如果忽略变压器的内部阻抗压降，可以认为变压器的电源电压即一次电压

$$U_1 = E_1 = 4.44 f N_1 \phi_m \times 10^{-8}$$

式中，频率 f、一次侧匝数 N_1 均为不变的常数，因此当电源电压 U_1 升高时，磁通 ϕ_m 也将随之增加，从而使励磁电流 I_m 也相应的增加。变压器的励磁电流增大后，会使变压器

的铁芯损耗增大而过热。同时变压器的励磁电流是无功电流，因此励磁电流的增加会使无功功率增加。由于变压器的容量 $S = \sqrt{P^2 + Q^2}$ 是一定的，当无功功率 Q 增加时，相应的有功功率 P 就会减少。因此电源电压升高以后，变压器允许通过的有功功率将会降低。

此外，变压器的电源电压升高后，磁通增大，会使铁芯饱和，从而使变压器的电压和磁通波形畸变。电压畸变后，电压波形中的高次谐波分量也将随之加大，例如：

磁通密度在 1T 时，三次谐波为基波的 21.4%；

磁通密度在 1.4T 时，三次谐波为基波的 27.5%；

磁通密度在 2T 时，三次谐波为基波的 69.2%。

这样，由于高次谐波使电压畸变而产生尖峰波对用电设备有很大的破坏性。如：

(1) 引起用户的电流波形畸变，增加电机和线路的附加损耗；

(2) 可能使系统中产生谐振过电压，从而使电气设备的绝缘遭到破坏；

(3) 高次谐波会干扰附近的通信线路。

因此规程规定运行中的变压器，正常电压不得超过额定电压的 5%，最高不得超过额定电压的 10%。

1-30 变压器有哪几种调压方式？无载及有载调压装置的结构原理及动作过程如何？变压器分接头为何一般都设在高压侧？

答：(1) 变压器调压方式分为有载调压和无载调压两种。无载调压是变压器在停电情况下调节其分接头位置，从而改变变压器变比，调整电压。有载调压是变压器在运行中可调节其分接头位置，从而改变变压器变比，调整电压。

无论哪种调压方式，都可在绕组的中性点、中部和线端，改变分接头，进行调压。

(2) 无载调压又叫无励磁调压，是在变压器停电的情况下，借改变其分接头来改变线圈匝数进行分级调压的。无励磁调压常用的绕组抽分接头方式有 4 种：即中性点调压抽头方式、中性点"反接"调压抽头方式、中部调压抽头方式和中部并联调压抽头方式，其示意图见图 1-24。中性点调压用于小型变压器，大型变压器一般采用中部调压和中部并联调压抽头方式，均采用单相中部调压无励磁分接开关。

(3) 有载调压就是变压器在带负荷运行中，可电动或手动变换一次分接头，以改变一次绕组的匝数，进行分级调压。有载调压变压器一般有 7 个、9 个或 19 个分接头位置。有载调压分接开关在变换分接头过程中，必须利用电阻实现过渡，以限制其过渡时的环流。通常采用的是电阻式组合型有载分接开关。

利用有载分接开关进行调压，无论调压的部位是线端，中部还是其中性点，绕组抽分接头的方式均包括下面三种：线性调压抽分接头方式，反调压抽分接头方式和粗细调压抽分接头方式，其示意图见图 1-25 所示。

1) 有载分接开关工作原理及切换过程。有载分接

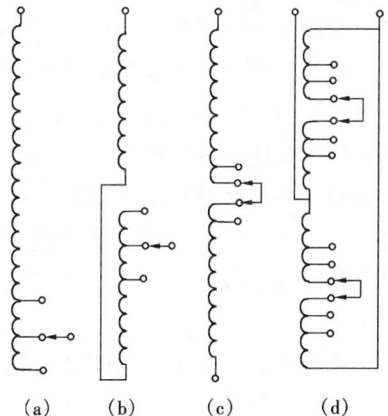

(a) (b) (c) (d)

图 1-24 无励磁调压时绕组抽分接头方式
(a) 中性点调压抽头方式；(b) 中性点"反接"调压抽头方式；(c) 中部调压抽头方式；(d) 中部并联调压抽头方式

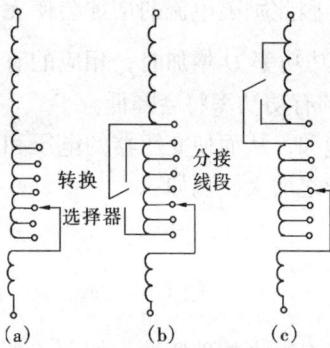

图 1-25 有载调压时绕组抽
分接头方式示意图

(a) 线性调压抽分接头方式;
(b) 反调压抽分接头方式;
(c) 粗细调压抽分接头方式

开关的电路可分为三个部分:调压电路、选择电路和过渡电路。

调压电路与无励磁分接开关一样,是变压器绕组调压时所形成的电路。选择电路是选择绕组分接设计的一套电路,所对应的机构为分接选择器和转换选择器等。而过渡电路就是短路分接串接阻抗的电路,对应的机构为切换开关(包括快速机构)。此外开关的操作是电动(辅以手动)的,所以还有电动机构。分接头的档位可用远传数码荧光管显示。

有载分接开关结构上有独立的切换开关与选择器组合。其电路结构如图 1-26 所示。图中,调压电路各分接头 1~9 通过分接引线与选择电路的对应定触头 1~9 相连接。

选择电路要在不带负载的情况下选择分头,因此触头分为两组,双数组动触头 S2 工作时,单数组动触头 S1 可在不带负载的情况下,选择一个分接头;反之,单数组动触头工作时,双数组动触头可在不带负载的情况下,选择一个分接头,因而选择电路中触头无烧蚀。在实际制造过程中,选择器与切换开关采用滑动密封隔离,选择器安装在切换器下部,且与变压器同油室。

切换开关的静触头也分为单数和双数触头。单数触头 K1 与选择电路中单数组动触头 S1 的引出线相连,双数触头 K2 与动触头 S2 的引出线相连;其动触头 J 按一定的操作程序左右带负载切换,如此就能切换到不同分段位置。其切换开关触头因通过负载电流,有烧损现象,一般采用钨铜触头,因此必须采用弹簧储能释放机构快速切换。

有载分接开关的切换分接过程(由 4 分接头向 3 分接头切换)如图 1-27 所示,其工作程序为,接通某一分接头→选择下一分接头→选择结束→切换开始→桥接两分接头→切换结束→接通下一个分接头。由于分接开关在变换分接头过程中,通过过渡电阻实现过渡,因而将过渡时的环流限制在允许范围之内。

带有载调压开关的 500kV 自耦变压器原理图如图 1-28 所示。

有载调压开关各组成部分的示意图如图 1-29 所示。

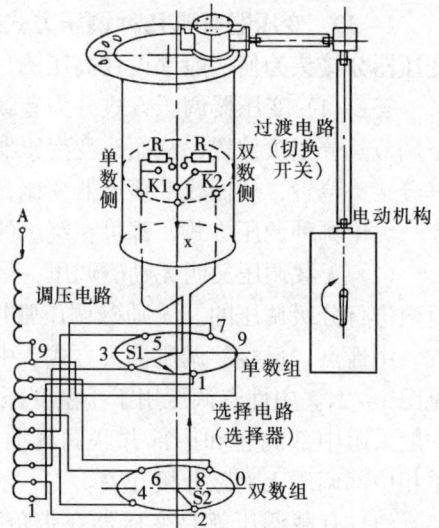

图 1-26 有载分接开关的
电路和结构图(只示一相)

调压电路中:A 为线圈端,1~9 为分接;选择电路中:0~9 为定触头,S1、S2 为动触头;过渡电路中:K1、K2 为定触头,J 为动触头,R 为过渡电阻,X 为电流引出端

需要说明的是,切换开关油室是独立的油箱,也装有档板式气体继电器、储油柜、呼吸器等,与变压器本体油箱是互不相通的。也就是说,变压器本体的油与切换开关油室中的油是隔开的。运行中,切换开关油室中的油是绝对不允许进入变压器本体的,这是因为切换开

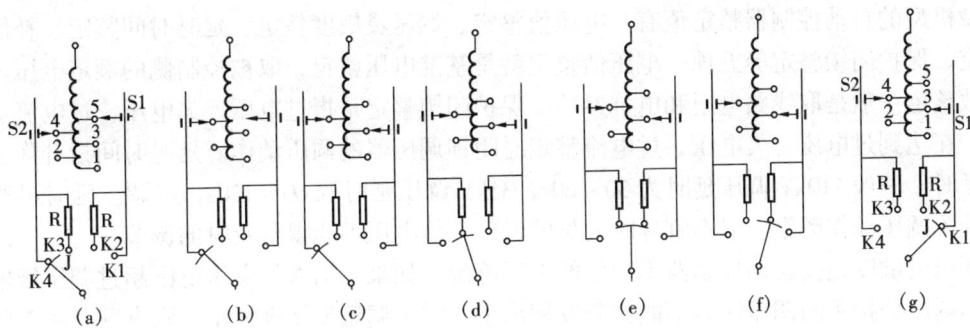

图 1-27 有载分接开关的选择电路和过渡电路切换分接过程

(a) 接通 4 分接头；(b) 向 3 分接头选择；(c) 选择到 3 分接头；(d) 向单数分接侧切换；
(e) 桥接 4、3 分接头；(f) 切换至单数分接侧；(g) 切换结束，接通 3 分接头

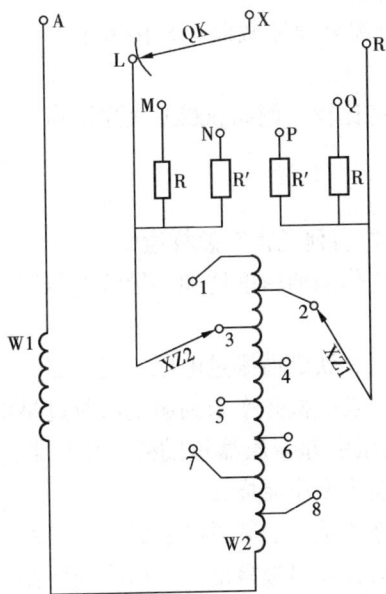

图 1-28 带有载调压开关的自耦变压器原理图

W1—主线圈；W2—调压线圈；XZ1、XZ2—分
接头选择开关；QK—切换开关

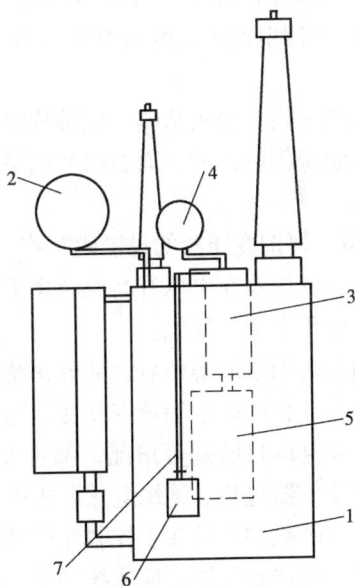

图 1-29 有载调压开关各组成部分的示意图

1—变压器本体；2—本体油枕；3—切换开关及其
油室；4—切换开关油室的油枕；5—选择开关；
6—操作机构；7—传动机构

关运作时会产生一定的电弧，致使油室中的油质变差，这种油只能在切换开关油室中使用，而不能进入变压器本体。为了防止当切换开关油室密封不良发生渗漏时，变压器本体油受到污染，设计时往往把本体的油枕设计得高于切换开关油室的油枕，以防止万一密封破坏时，开关油室的坏油直接向本体油箱渗漏。但这决非长久之计，一旦发生渗漏，必须迅速消除。

2) 微机型有载分接开关自动控制装置软件任务及其整定值。

有载分接开关可以手动、电动操作，还可以自动控制。

有载分接开关自动控制器的软件任务主要是：线路电压补偿和继电器控制驱动。线路电压偏差补偿，首先要测得实时线路电压和电流，有功和无功缺额，然后计算补偿电压；再根据当前档位，计算有载分接开关的升、降档位，发出控制命令。

微机型的自动控制器整定值有：电压值整定、调压灵敏度整定、延时时间整定、补偿参数整定、保护闭锁整定等五项。电压值整定就是基准电压整定，取被控制侧的额定电压。补偿参数整定一般是取线路电阻和电抗参数。保护闭锁整定是指过电压、欠电压，过电流参数整定，在达到过电压、欠电压、过电流整定时闭锁调压器的调压动作。延时时间指升降压动作的延时，一般110kV调压延时为30~60s，35kV调压延时取60~120s，可调。延时可避免分接开关调压动作频繁，但不宜延时太长的时间，使电压不能得到及时的调节。

调压灵敏度是指自动控制器不动作的电压范围。如果不动作的电压范围超过调压级电压值，则调压分接头的调压能力不能充分发挥出来；如果调压灵敏度太小，则有载分接头的调压将频繁动作。为此调压灵敏度可按下式选择

调压级电压≥调压灵敏度≥0.8调压级电压

（4）变压器分接头一般都从高压侧引出，主要原因在于：

1）变压器高压绕组一般都在外侧，抽头引出连接方便。

2）高压侧电流小，因而引出线和分接开关的载流部分导体截面小，接触不良的问题易于解决。

从原理上讲，抽头从哪一侧抽均可，要作技术经济比较。例如500kV大型降压变压器抽头是从220kV侧抽出的，而500kV侧是固定的。

1–31 何谓变压器的过励磁？产生的原因是什么？有何危害？怎样避免？

答：当变压器在电压升高或频率下降时都将造成工作磁通密度增加，导致变压器的铁芯饱和称为变压器的过励磁。

电力系统因事故解列后，部分系统的甩负荷过电压、铁磁谐振过电压、变压器分接头连接调整不当、长线路末端带空载变压器或其他误操作、发电机频率未到额定值时过早增加励磁电流、发电机自励磁等情况，都可能产生较高的电压引起变压器过励磁。变压器过励磁时，造成变压器过热、绝缘老化，影响变压器寿命甚至将变压器烧毁。

防止过励磁的关键在于控制变压器温度上升。其办法是，加装过励磁保护。当发生过励磁现象时，根据变压器特性曲线和不同的允许过励磁倍数发出报警信号或切除变压器。

1–32 对变压器有载分接开关的操作和运行维护，有何具体规定？

答：（1）变压器有载分接开关的操作，应遵守如下规定：

1）应逐级调压，同时监视分接位置及电压、电流的变化。

2）单相变压器组和三相变压器分相安装的有载分接开关，宜三相同步电动操作。

3）有载调压变压器并联运行时，其调压操作应轮流逐级或同步进行。

4）有载调压变压器与无励磁调压变压器并联运行时，两变压器的分接电压值应尽量接近。

5）应核对系统电压与分接额定电压间的差值，使之符合规程规定。《电力变压器运行规程》DL/T572—1995规定，变压器的运行电压一般不应高于该运行分接额定电压的105%。对于特殊的使用情况（例如变压器的有功功率可以在任何方向流通），允许在不超过110%的额定电压下运行。对电流与电压的相互关系如无特殊要求，当负载电流为额定电流的K倍时（$K \leqslant 1$），按以下公式对电压U加以限制

$$U(\%) = 110 - 5K^2$$

（2）变压器有载分接开关的运行维护，应按制造厂的规定进行，无制造厂规定者可参照以下规定：

1）运行 6～12 个月或切换 2000～4000 次后，应取切换开关箱中的油样作试验。

2）新投入的分接开关，在运行后 1～2 年或切换 5000 次后，应将切换开关吊出检查，此后可按实际情况确定检查周期。

3）运行中的有载分接开关切换 5000～10000 次后或绝缘油的击穿电压低于 25kV 时，应更换开关箱的绝缘油。

4）长期不调和有长期不用的分接位置的有载分接开关，应在停电时，在最高和最低分接间操作几个循环。

（3）为防止开关在严重过负载或系统短路时进行切换，宜在有载分接开关控制回路中加装电流闭锁装置，其整定值不超过变压器额定电流的 1.5 倍。

1－33　对于远距离输电，为什么升压变压器接成 Dy 型，降压变压器接成 Yd 型？

答：输电电压愈高则输电效率也就愈高。升压变压器接成 Dy 型，二次侧绕组出线获得的是线电压，从而在匝数较少的情况下获得了较高电压，提高了升压比。同理，降压变压器接成 Y，d 型可以在一次侧绕组匝数不多的情况下取得较大的降压比。另外，当升压变压器二次侧、降压变压器一次侧接成 Y 时，都是中性点接地，使输电线对地电压为相电压，即线电压的 $1/\sqrt{3}$，降低了线路对绝缘的要求，因而降低了成本。

1－34　变压器常用的接线组别有哪些？

答：目前我国标准变压器的接线组别有三种：

（1）Yyn0 一次侧、二次侧绕组均接成星形，从二次侧绕组中点引出中性线，成为三相四线制供电方式，一般用于容量不大的（不超过 1600kVA）配电变压器和变电所内小变压器，供给动力和照明负载。三相动力接 380V 线电压，照明接 220V 相电压。

（2）Yd11，一次侧绕组接成星形，二次侧绕组接成三角形，用于中等容量、电压为 10kV 或 35kV 电网及电厂中的厂用变压器。

（3）YNd11，这种接法实际上和 Yd11 的接法一样，所不同的只是从星形接法的一次侧绕组中性点再引出一条线来接地。一般用于 110kV 及以上电力系统。

1－35　为什么电力系统中性点直接接地系统中，有部分变压器的中性点不接地？

答：（1）限制单相短路电流，使单相短路电流不大于三相短路电流。因为选择电气设备时是按三相短路电流校验的，以防设备在单相短路时损坏。

（2）控制单相短路电流的数值和在系统中的分布，以满足零序保护要求。

（3）减少不对称单相短路电流对通信系统的干扰。

1－36　何谓加压调压变压器，有哪几种类型？基本原理如何？

答：加压调压变压器 2 由电源变压器 3 和串联变压器 4 组成（见图 1－30），串联变压器 4 的二次绕组串联在变压器 1 的引出线上，作为加压绕组。这相当于在线路上串联了一个附加电动势。改变附加电动势的大小和相位就可以改变线路上电压的大小和相位。通常把附加电动势的相位与线路电压的相位相同的变压器称为纵向调压变压器，把附加电动势与线路电压有90°相位差的变压器称为横向调压变压器，把附加电动势与线路电压之间有不等于90°相位差的调压器称为混合型调压变压器。

加压调压变压器串联在线路上，对于辐射型线路，其主要目的是为了调压，对于环网，还能改善功率分布。装设在系统间联络线上的串联加压器，还可起隔离作用，使两个系统的电压调整互不影响。

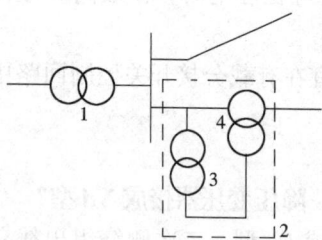

图 1-30　加压调压变压器

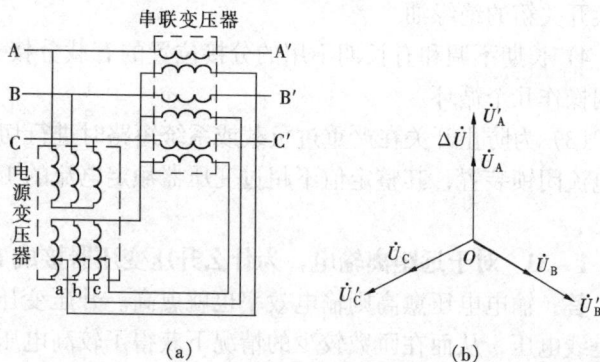

图 1-31　纵向调压变压器
(a) 原理接线图；(b) 相量图

（1）纵向调压变压器。

纵向调压变压器的原理接线图如图 1-31 所示。图中电源变压器的二次绕组供电给串联变压器的励磁绕组，串联变压器的二次绕组中产生附加电动势 ΔU。当电源变压器取图示的接线方式时，附加电动势的方向与主变压器的二次绕组电压相同，可以提高线路电压，如图 1-31 (b) 所示。反之，如将串联变压器反接，则可降低线路电压。纵向调压变压器只有纵向电动势，它只改变线路电压的大小，不改变线路电压的相位，其作用同具有调压绕组的调压变压器一样。

（2）横向调压变压器。

如果电源变压器取图 1-32 所示的接线方式，则加压绕组中产生的附加电动势的方向与线路的相电压将有90°相位差，故称为横向电动势。从相量图中可以看出，由于 ΔU 超前线路电压90°，调压后的电压 U'_A 较调压前的电压 U_A 超前一个 β 角，但调压前后电压幅值的改变甚小。如将串联变压器反接，使附加电动势反向，则调压后可得到较原电压滞后的线路电压（电压幅值的变化仍很小）。

横向调压变压器只产生横向电动势，所以它只改变线路电压的相位而几乎不改变电压的大小。

（3）混合型调压变压器。

混合型调压变压器中既有纵向串联加压变压器，又有横向串联变压器，接线如图 1-33 所示。它既产生纵向电动势 $\Delta U'$ 又产生横向电动势 $\Delta U''$。因此它既能改变线路电压的大小，又能改变其相位。

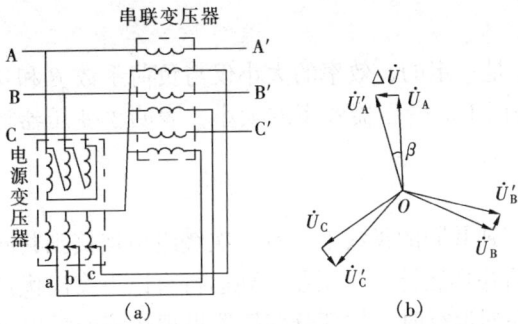

图 1-32　横向调压变压器

(a) 原理接线图；(b) 相量图

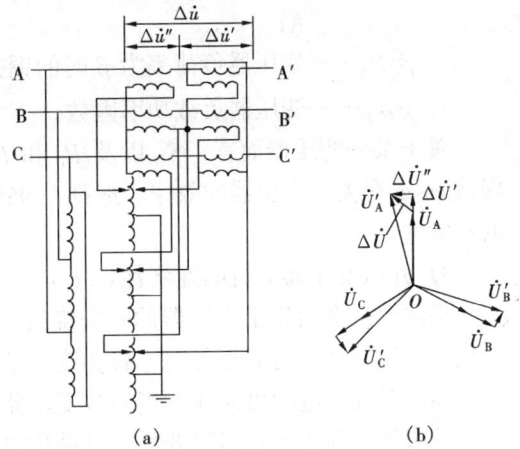

图 1-33　混合型调压变压器

(a) 原理接线图；(b) 相量图

在高压电力网络中主要是架空线路，电抗要比电阻大得多，纵向电动势主要影响无功功率，横向电动势主要影响有功功率。环网中的实际功率分布将由功率的自然分布（即没有附加电动势时网络的功率分布）和均衡功率叠加而成。

1-37　变压器经济运行包括哪些内容？变压器效率在什么情况下将达到最大值？如何根据负荷大小，合理计算确定并联运行变压器投入运行的台数？

答：（1）变压器的经济运行包括以下内容：

1）变压器的内部损耗。变压器的内部损耗包括铁损和铜损。当一次侧加交变电压时，铁芯中产生交变磁通，从而在铁芯中产生的磁滞与涡流损耗，统称为铁损。由于变压器一、二次绕组都有一定的电阻，当电流流过时，就产生一定的功率和电能损耗，这就是铜损，它与负荷的大小和性质有关。应通过设计水平、制造工艺的提高及电网运行方式的优化努力降低变压器的内部损耗。

2）变压器的效率。变压器的效率是以它的输出的有功功率 P_2 和输入的有功功率 P_1 之比来表示，即

$$\eta = \frac{P_2}{P_1} = \frac{P_2}{P_2 + \Delta P} = \frac{\beta S_N \cos\varphi}{\beta S_N \cos\varphi + P_0 + \beta^2 P_k}$$

$$\beta = \frac{S}{S_N} = \frac{I_1}{I_{1N}} = \frac{I_2}{I_{2N}}$$

式中　　ΔP——变压器铁损与铜损之和，kVA；

$\quad\quad\quad P_0$——变压器空载损耗，近似等于铁损耗，kVA；

$\quad\quad\quad P_k$——变压器短路损耗，近似为额定负载时的铜损耗，kVA；

$\quad\quad\quad \beta$——变压器负载系数；

S_N、I_{1N}、I_{2N}——分别为变压器额定容量、一次侧额定电流、二次侧额定电流，kVA，A，A；

S、I_1、I_2——分别为变压器负载视在功率、一次侧负荷电流、二次侧负荷电流 kVA，A，A；

$\beta^2 P_k$——变压器负荷率为 β 时的铜损，kVA；

$\cos\varphi$——变压器负载功率因数。

对于某一变压器而言，S_N 以及 P_0 和 P_k 是一定的，效率的大小仅与负荷系数 β 和功率因数 $\cos\varphi$ 有关。变压器的效率一般都在 95％以上。变压器效率的大小，表明了变压器运行的经济性。

3）并联变压器运行的经济性。

将两台或两台以上变压器的一次绕组连接到共同的母线上，且二次绕组也连接到共同的母线上，以这样的方式运行时，称为变压器的并列运行。变压器并列运行有以下突出优点：

（a）保证供电的可靠性。当多台变压器并列运行时，如部分变压器出现故障或需停电检修，其余的变压器可以对重要用户继续供电。

（b）提高变压器的总效率。电力负荷是随季节和昼夜发生变化的，在电力负荷高峰时，并列的变压器全部投入运行，以满足负荷的要求；当负荷低谷时，可将部分变压器退出运行，以减少变压器的损耗。

（c）扩大传输容量。1 台变压器的制造容量是有限的，在大电网中，要求变压器输送很大的容量时，只有采用多台变压器并列运行来满足需要。

（d）提高资金的利用率。变压器并列运行的台数可以随负荷的增加而相应增加，以减少初次投资，合理使用资金。

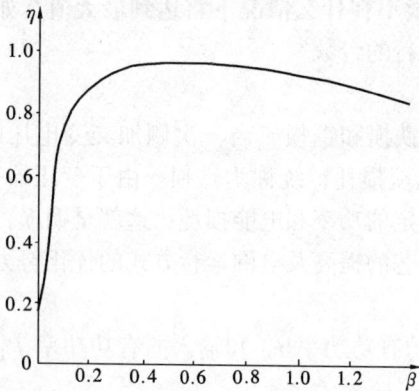

图 1-34　效率—负载系数曲线 $\eta = f(\beta)$

基于以上优点，在电力系统中，广泛采用变压器并列运行。由于负载的变化，对两台及以上并列运行的变压器应考虑采用最经济的运行方式。

（2）功率因数一定时，当变压器的铁损与铜损相等时，变压器的效率将达到最大值。下面简要推导变压器最大效率公式。

负载功率因数一定时，变压器效率和负载系数的关系曲线如图 1-34 所示，从图中可知，效率有一个最大值。

由高等数学有关知识可知，可用求解 $\mathrm{d}\eta/\mathrm{d}\beta = 0$ 的方法，求出当 β 为何值时，变压器效率将达到最大值。求证如下：令 $\mathrm{d}\eta/\mathrm{d}\beta = 0$，即

$$\frac{\mathrm{d}\eta}{\mathrm{d}\beta} = \frac{(\beta S_N\cos\varphi)'(\beta S_N\cos\varphi + P_0 + \beta^2 P_k) - (\beta S_N\cos\varphi + P_0 + \beta^2 P_k)'\beta S_N\cos\varphi}{(\beta S_N\cos\varphi + P_0 + \beta^2 P_k)^2}$$

$$= \frac{S_N\cos\varphi(\beta S_N\cos\varphi + P_0 + \beta^2 P_k) - (S_N\cos\varphi + 2\beta P_k)\beta S_N\cos\varphi}{(\beta S_N\cos\varphi + P_0 + \beta^2 P_k)^2}$$

$$= \frac{S_N\cos\varphi(P_0 - \beta^2 P_k)}{(\beta S_N\cos\varphi + P_0 + \beta^2 P_k)^2} = 0$$

得 $\qquad\qquad\qquad\qquad\qquad\qquad P_0 = \beta^2 P_k$

即当变压器的铁损与负载铜损相等时，变压器的效率将达到最大值。据此，进而推导出下述结论：

（a）变压器的最佳负载率为 $\beta_{\mathrm{m}} = \sqrt{\dfrac{P_0}{P_{\mathrm{k}}}}$，此时变压器的效率达到最大值。一般变压器最大效率时，负荷电流为额定电流的 50%～60%。

（b）当变压器的负载铜损与铁损相等时，亦即 $\beta = \beta_{\mathrm{m}} = \sqrt{\dfrac{P_0}{P_{\mathrm{k}}}}$ 时，变压器的效率达到最大值，为

$$\eta_{\max} = \frac{P_2}{P_1} = \frac{P_1 - \Delta P}{P_1} = 1 - \frac{\Delta P}{P_1} = 1 - \frac{\Delta P}{P_2 + \Delta P}$$

$$= 1 - \frac{P_0 + \beta^2 P_{\mathrm{k}}}{\beta S_{\mathrm{N}} \cos\varphi + P_0 + \beta^2 P_{\mathrm{k}}} = 1 - \frac{2P_0}{\sqrt{\dfrac{P_0}{P_{\mathrm{k}}}} S_{\mathrm{N}} \cos\varphi + 2P_0}$$

（3）根据负荷大小，合理计算确定并列运行变压器投入运行的台数。

如何根据负荷的变化，确定并联运行变压器的投入台数，以减少功率损耗和电能损耗，这便是并联变压器的经济运行问题。

1）当并联运行的各台变压器容量和型号相同时，投入台数的计算。

设并联运行的 n 台变压器型号和容量相同，当总负荷功率为 S 时，并联运行 n 台变压器的总损耗为

$$\Delta P_{\mathrm{T}(n)} = nP_0 + nP_{\mathrm{k}} \left(\frac{S}{nS_{\mathrm{N}}} \right)^2$$

式中　　P_0——单台变压器的空载功率损耗，kW；

　　　　P_{k}——单台变压器的短路功率损耗，kW；

　　　　S_{N}——单台变压器的额定容量，kVA。

由上式可见，铁芯损耗与台数成正比，绕组损耗与台数成反比。当变压器轻载运行时，绕组损耗所占的比重相对减小，铁芯损耗所占的比重相对增大。在这种情况下，减少变压器投入的台数就能降低总的功率损耗。当变压器负荷重时，绕组损耗所占的比重相对增大。这样，总可以找出一个负荷功率的临界值，使投入 n 台变压器与投入 $(n-1)$ 台变压器的总功率损耗相等。为此，列出 $(n-1)$ 台变压器并联运行时的总功率损耗

$$\Delta P_{\mathrm{T}(n-1)} = (n-1)P_0 + (n-1)P_{\mathrm{k}} \left(\frac{S}{(n-1)S_{\mathrm{N}}} \right)^2$$

使 $\Delta P_{\mathrm{T}(n)} = \Delta P_{\mathrm{T}(n-1)}$ 的负荷功率即为临界功率，记为 S_{cr}，则

$$S_{\mathrm{cr}} = S_{\mathrm{N}} \sqrt{n(n-1)\frac{P_0}{P_{\mathrm{k}}}}$$

当负荷功率 $S > S_{\mathrm{cr}}$ 时，投入 n 台变压器经济；当 $S < S_{\mathrm{cr}}$ 时，投入 $(n-1)$ 台变压器经济。

2）当并联运行的各台变压器容量、型号不同时，投入台数的确定

当 n 台并联运行的变压器容量、型号不同时，不同负荷情况下应投入运行的变压器的台数，可由查变压器损耗曲线的方法确定，具体方法如下。

（a）先将每台变压器的损耗与负载（视在功率）的关系按下式算出，进而画出 ΔP_{T} 随 S 变化的曲线，即单台变压器损耗曲线 $\Delta P_{\mathrm{T}} = f(S)$。

$$\Delta P_{\mathrm{T}} = P_0 + P_{\mathrm{k}}\left(\frac{S}{S_{\mathrm{N}}}\right)^2$$

（b）再将 n 台变压器并联运行的总损耗与总负载（视在功率）的关系按下式算出，进而画出总损耗随总负载变化的曲线，即 n 台变压器并联运行总损耗曲线 $\Sigma\Delta P_{\mathrm{T}} = f\left(\sum_{i=1}^{n} S_i\right)$。

$$\Sigma\Delta P_{\mathrm{T}} = \sum_{i=1}^{n}\left[P_{0i} + P_{\mathrm{k}i}\left(\frac{S_i}{S_{\mathrm{N}i}}\right)^2 \right]$$

$$S_i = \frac{\sum\limits_{i=1}^{n} S_i}{\sum\limits_{i=1}^{n} \dfrac{S_{\mathrm{N}i}}{U_{\mathrm{k}i}\%}} \times \frac{S_{\mathrm{N}i}}{U_{\mathrm{k}i}\%}$$

式中　S_i——n 台变压器并联运行时，第 i 台变压器的负荷；

$\sum\limits_{i=1}^{n} S_i$——$n$ 台并联运行变压器的总负荷；

$\sum\limits_{i=1}^{n} \dfrac{S_{\mathrm{N}i}}{U_{\mathrm{k}i}\%}$——每台变压器的额定容量除以短路电压百分值之和；

$S_{\mathrm{N}i}$——第 i 台变压器的额定容量，kVA；

$U_{\mathrm{k}i}\%$——第 i 台变压器短路电压百分值。

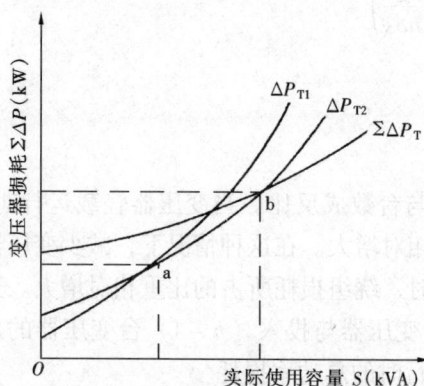

图 1-35　两台变压器各自损耗
曲线及并列运行损耗曲线

（c）将上述曲线分别画在横轴为变压器负载值（视在功率），纵轴为变压器对应损耗值的同一直角坐标系中，同根据曲线交点（变压器经济运行台数的分界点），本着总损耗最小的原则，确定不同负荷情况下，应将哪一台或哪几台变压器投入运行。

例如：两台容量、型号不同的变压器并联运行，欲合理确定投入运行的台数时，先按上述方法计算并画出三条变压器损耗曲线，如图 1-35 所示，即 1 号变压器运行损耗曲线 ΔP_{T1}，2 号变压器运行损耗曲线 ΔP_{T2}，1、2 号变压器并联运行总损耗曲线 $\Sigma\Delta P_{\mathrm{T}}$。图中损耗曲线的交点，就是确定变压器经济运行台数的分界点。若负载小于 a 时，投入 1 号变压器运行最经济；若负荷在 a 与 b 之间时，投入 2 号变压器运行最经济；若负载大于 b 时，投入两台变压器运行最经济。

有必要指出，上述对变压器投入台数的选择，只适合于季节性负荷变化的情况，对一昼夜内负荷的变化，变压器及断路器的频繁启、停对安全性及经济性均不利。

1-38　经耐压试验合格的变压器，在投入运行时为何其气体继电器有可能动作跳闸？

答：耐压试验时所加的电压全部分布在导体对地的绝缘（主绝缘）上，故耐压试验只能判断主绝缘是否合格，对于因层间绝缘损坏而造成的层间短路，是不能用耐压试验判断出来的。经耐压试验合格的变压器，可能由于存在着层间短路的缺陷，在通电时短路点的电弧引起油的分解，因而瓦斯继电器动作跳闸。所以，在变压器的预防性试验中，除了应作主绝缘耐压试验外，还应作感应层间耐压试验。以判断层间绝缘是否合格。

1-39 为什么大容量三相变压器的一次或二次总有一侧接成三角形?

答: 当变压器接成 Y, y 时，各相励磁电流的三次谐波分量在无中线的星形接法中无法通过，此时励磁电流仍保持近似正弦波，而由于变压器铁芯磁路的非线性，主磁通将出现三次谐波分量。由于各相三次谐波磁通大小相等，相位相同，因此不能通过铁芯闭合，只能借助于油、油箱壁、铁轭等形成回路，结果在这些部件中产生涡流，引起局部发热，并且降低变压器的效率。所以容量大和电压较高的三相变压器不宜采用 Y, y 接法。

当绕组接成 D, y 时，一次侧励磁电流的三次谐波分量可以通过，于是主磁通可保持为正弦波而没有三次谐波分量。

当绕组接成 Y, d 时，一次侧励磁电流中的三次谐波虽然不能通过，在主磁通中产生三次谐波分量，但因二次侧为△接法，三次谐波电动势将在△中产生三次谐波环流，一次没有相应的三次谐波电流与之平衡，故此环流就成为励磁性质的电流。此时变压器的主磁通将由一次侧正弦波的励磁电流和二次侧的环流共同励磁，其效果与 D, y 接法时完全一样，因此，主磁通亦为正弦波而没有三次谐波分量，这样三相变压器采用 D, y 或 Y, d 接法后就不会产生因三次谐波涡流而引起的局部发热现象。

1-40 变压器内部故障类型与其运行油中气体含量有什么关系?

答: 变压器的内部故障，就其故障现象来看，主要有热性故障和电性故障。至于机械性故障及内部进水受潮等，将最终发展为电性故障而表现出来。

热性故障是由于有热应力所造成的绝缘加速劣化，其具有中等水平的能量密度。如果热应力只引起热源外绝缘油的分解，所产生的特殊气体主要是甲烷和乙烯，二者之和一般占总烃的80%以上，而且随着故障点的温度升高，乙烯所占比例将增加。严重过热会产生微量乙炔。当过热涉及固体绝缘材料时，除产生上述物质外，还产生大量的一氧化碳和二氧化碳。

电性故障是在高电应力作用下所造成的绝缘劣化，由于能量密度的不同，而分为高能量放电和局部放电等。高能量放电将导致绝缘电弧击穿。局部放电的能量较低，电弧放电以线圈匝、层间绝缘击穿为多见，其次为引线断裂或对地闪络和分接开关飞弧等，其产生的特殊气体主要是乙炔和氢气，其次是大量的乙烯和甲烷。乙炔一般占总烃的20%~70%，氢占烃总量的30%~90%。

火花放电常见于引线或套管储油柜对电位未固定的套管导电管放电，引线接触不良或铁芯接地片接触不良的放电，以及分接开关拨叉电位悬浮而引起的放电等。其产生的特征气体也是乙炔和氢气为主，但故障能量较小，一般烃总量不高。局部放电主要依放电能量的密度不同而不同，一般总烃量不太高，主要成分是氢气，其次是甲烷。不论是哪种放电，只要有固体绝缘介入，就会产生一氧化碳和二氧化碳。

当变压器内部进水受潮时，油中水份和含湿杂质形成的"小桥"或者绝缘中含有气隙均能引起局部放电。

1-41 如何用多种常规试验项目来评价变压器的绝缘状况?

答: 变压器在安装或检修时,必须对变压器整体或部件作特定的或定期的绝缘试验。因为某一种试验方法只能从某一角度来反映变压器及其部件的绝缘状况,所以必须采用多种试验方法进行综合判断。但在现场因受条件限制,只能进行部分试验项目,而且大多数都是在对绝缘比较安全的低电压下进行的。常用的试验项目有:绝缘电阻(R_{60})、吸收比(R_{60}/R_{15})、泄漏电流(I_s)、介质损耗($tg\delta$)和交流耐压(U)等。

当介质受潮、脏污或有破损时,由于潮湿的作用介质内部的游离电子增加,传导电流也增加,因此绝缘电阻降低。测试绝缘电阻对 A 级绝缘物的整体或部份受潮、表面脏污以及有无放电或击穿痕迹的贯通性缺陷具有一定的灵敏性。

A 级绝缘物的吸收现象不甚明显,用其变化判断变压器绝缘状况不够灵敏,但在变压器的整体试验时能够在一定程度上反映出绝缘受潮现象。

泄漏电流试验对绝缘物施加了较高的直流电压,当介质受潮或有缺陷时,则因传导电流的急剧增加而使伏安特性变成曲线。此种试验对发现变压器的整体绝缘缺陷十分有效。

在一定电压与频率下,介质损耗能反映出 A 级绝缘物的总体状况。尤其是对容量较小的变压器的整体绝缘缺陷反映灵敏。此外,介质损耗试验对绝缘油的电气性能也有很高的灵敏性。

交流耐压试验是向被试的绝缘物施加工频高压以检验其绝缘状况。当介质受潮或有缺陷时,有可能击穿或使缺陷更加明显。交流耐压试验对考核变压器主绝缘强度,特别是发现主绝缘的局部缺陷有决定性的作用。

通过以上几个项目的试验,对其结果进行综合分析并与原来的测试结果相比较,便可评定出变压器的绝缘状况。

1-42 预防大型变压器绝缘击穿的技术措施主要有哪些?

答: (1)防止水分及空气进入变压器。

1)变压器在运输和存放时必须密封良好,在安装过程以及运行中必须采取措施防止进水。在安装中必须特别注意高于油枕油面的部件,如套管顶部、防爆膜、油枕顶部和呼吸道等处的密封应确实良好,并进行检漏试验。

2)强油循环的变压器在安装时应保证本体及冷却系统各部位连接密封良好。密封垫应安装正确完好,特别是潜油泵的胶垫,进油阀门杆的密封盘根,压差继电器的连接管等。

3)水冷却冷油器和潜油泵在安装前应按照制造厂的安装说明书对每台均做检漏试验。

4)防爆筒应与油枕连通或经呼吸器与大气连通,并要注意定期排放油枕下部积水。

5)呼吸器的油封应注意加强维护,保证畅通,干燥器应保持干燥。

6)220kV 及以上的变压器应采取真空注油,以排除绕组中的气泡。对 110kV 的变压器应创造条件采用真空注油。

7)变压器投运前要特别注意排除内部空气,如高压套管、法兰、升高座、油管路中的死区,冷油器顶部等处都应排除残留空气。

8)从油枕带电补油或带电滤油时,应先将油枕中的积水排净。不允许自变压器下部注油,以防止将空气和油箱底部水分、杂物等带入绕组。

9）当轻瓦斯发信号时，要及时取气判明成分，并取油样做色谱分析。

（2）防止焊渣及铜丝等杂物进入变压器。

1）变压器在安装时应进行吊罩检查，清除内部残存的杂物，尽可能用油冲洗铁芯和绕组。

2）安装前应将油管路、冷油器和潜油泵的内部清理干净并用油冲洗。

3）净油器应安装正确，要采取措施防止净油器中的硅胶冲入变压器内。

4）要避免铜丝滤网冲入变压器内，应将铜丝网换成烧结式过滤网。

（3）防止绝缘受伤。

1）变压器吊罩检查时，要特别小心，防止绝缘受到损伤。在安装高压套管时应注意勿使引线扭转，不要过分用力吊拉引线。

2）变压器吊罩检查时，应拧紧夹件的螺栓和压钉，防止在运行中受到电流冲击时绕组移位。

3）对于经受过出口短路和异常运行的变压器特别是铝线圈变压器，应按具体情况进行必要的试验和检查。

4）安装检修中更换绝缘部件时，必须采用试验合格的材料或部件。

（4）防止绕组温度过高，绝缘劣化或烧坏。

1）变压器的保护装置必须完善可靠。重瓦斯保护应投入跳闸，跳闸的直流电源必须可靠，不允许将无保护的变压器投入运行。

2）合理控制运行中的顶层油温升，特别是对强油循环的变压器更要注意。

3）变压器正常应以绕组平均温升 65℃时相应的油面温升作为运行监视的极限，一般绕组最热点温度不超过 105℃为限。

4）强油循环的冷却系统必须有两个可靠的电源，应装有自动切换装置，并定期进行切换试验。

（5）防止过电压击穿事故。

1）保护变压器的避雷器应符合要求并装有动作记录器，定期检查动作次数。

2）接入电力系统中性点接地系统的变压器中性点不接地运行时，在投运和停运以及跳闸过程中应防止出现中性点位移过电压，当单独对变压器充电时其中性点必须接地。

1-43 变压器绝缘检测中，"吸收比"为何能作为判别绝缘状况的依据？

答：用摇表测量变压器绕组绝缘时，最初瞬间绕组内出现三个电流分量，即充电电流、传导电流和吸收电流。充电电流与被测绝缘体的结构有关，衰减很快；传导电流取决于绝缘的受潮和脏污情况，在测量过程中只要外施电压不变，它的数值不变；吸收电流是因加上直流电压后绝缘内部出现的极化现象而产生的，其衰减时间常数大。当绝缘有局部缺陷、受潮及脏污时，传导电流很大，而吸收电流变化很小，通常用两种测量时间的绝缘电阻值相比作为吸收比。一般认为，温度在 $10 \sim 30$℃时，吸收比 $K = R''_{60} / R''_{15} > 1.3$ 为合格。

1-44 为何降低变压器温升可节能并延长变压器使用寿命？

答：变压器负载损耗正比于绕组的电阻，而电阻随绕组温度变化。对于铜和铝绕组，温度每增减 1℃，其电阻值相应增减 $0.32\% \sim 0.39\%$。因此变压器温升下降使绕组电阻也下降，这就可以减少电能损耗。

变压器寿命取决于绝缘材料的温度，根据"6℃规则"，每降低6℃则寿命可延长一倍。另外，变压器油老化的基本因素是氧化和温度。高温加速油的老化，同时也加强氧化作用，温度下降可减缓油的老化。

因此，加强冷却，降低温升，就可节能和延长变压器的使用寿命。

1 – 45　在110～220kV中性点接地系统中，为什么有些变压器的中性点不接地？若这些中性点不接地变压器为分级绝缘，为何中性点通常接有棒间隙和并联的避雷器？

答：（1）为限制单相接地故障电流，对110～220kV中性点接地系统中的有些运行变压器规定其中性点不接地。

（2）对分级绝缘的变压器中性点接棒间隙并联避雷器作为对其中性点绝缘进行过电压保护，以免损坏中性点绝缘。

（3）在指定中性点绝缘的（不接地）变压器的中性点处，出现工频或谐振过电压时，棒间隙应可靠动作，以保护变压器中性点绝缘免受该过电压的损害；但在系统单相接地时，间隙不应动作。

（4）应选用残压较低、特性较好的避雷器对入侵波在其中性点产生的过电压进行保护，并实现与棒间隙的联合对不接地变压器的中性点绝缘保护。

1 – 46　何谓半绝缘变压器？其在试验和使用中应注意什么？

答：半绝缘变压器的绝缘设计是根据变压器在系统运行中实际电压分布梯度而设计的。如在三相Y_N型接线的变压器中，其中性点的绝缘比其他三绕组的绝缘水平下降一个等级。在变压器试验中，只能进行感应耐压，而不能做交流耐压。单相变压器在使用中只能接相电压，而不能接线电压（指半绝缘单相变压器）。

1 – 47　对半绝缘110kV变压器的中性点，为什么不宜采用FZ – 35避雷器保护？

答：中性点直接接地的110kV系统，当发生单相接地故障时，故障点将出现零序电压U_0，但零序电流I_0仅能通过中性点接地的变压器，I_0在零序电抗X_0上产生的零序压降，使沿线的零序电压逐渐降低，到达变压器直接接地的中性点时，零序电压降到零；而对于中性点不接地的变压器，就产生位移电压U_0，其值等于故障点的零序电压。

在直接接地系统中，发生单相接地时，中性点位移电压可达0.6倍正常相的相电压，相当于$0.6/\sqrt{3} = 0.35$倍正常线电压。对于110kV电网

$$U_0 = 0.35 \times 110 \times 1.15 = 44.3 \text{kV}$$

式中1.15为系统可能出现的最大运行电压的系数。

FZ – 35避雷器的灭弧电压为41kV，单相接地时变压器中性点位移电压U_0超过了FZ – 35避雷器的灭弧电压，从而使FZ – 35避雷器爆炸。

理论分析和实际运行情况说明，用FZ – 35避雷器保护半绝缘的110kV变压器中性点，是很不可靠的，系统发生单相接地时引起变压器中性点位移电压，就可能使避雷器爆炸，特别是在多雷区，雷击引起单相接地故障是很频繁的。因此，110kV变压器中性点不宜用FZ – 35避雷器保护。

1-48 变压器中性点接地方式是依据什么决定的?

答：变压器中性点接地方式是依据变压器的绝缘水平及电力系统运行的需要来决定的。只有全绝缘的变压器才可以用在小接地电流系统中,而在大接地电流系统中并非所有变压器中性点都接地,而是从系统稳定、继电保护及限制短路电流等方面考虑,确定其接地台数和接地点。

从绝缘方面要求, 故障点的综合阻抗比值

$$X_{1\Sigma} : X_{0\Sigma} > 1 : 3$$

否则在接地故障时变压器中性点位移电压过高,造成绝缘损坏。

从限制短路电流出发,一般要求单相短路电流不超过三相短路电流的水平,即要求 $X_{0\Sigma} > X_{1\Sigma}$。

从稳定要求来看, $X_{0\Sigma}$ 愈大愈好,这样,单相故障时转移阻抗加大将少一些。

从保护的配合来看, 要求接地分布合理, 且要求各接地点接地阻抗变化尽可能小。否则将会使零序电流分布发生很大变化,造成零序保护不能适应。

1-49 预防电力变压器铁芯多点接地及短路故障的主要措施有哪些?

答：(1) 电力变压器在吊罩检查时, 应测试铁芯绝缘, 确定铁芯是否有多点接地。如有多点接地应查清原因, 消除后才能投入运行。

(2) 安装电力变压器钟罩时, 应注意检查钟罩顶部的加强盘与铁芯上夹件的间隙, 如有碰触应及时消除。

(3) 穿心螺栓绝缘应良好, 并应注意检查铁芯穿心螺杆绝缘套外两端的金属座套, 防止因座套过长与铁芯接触造成短路。

(4) 绕组压钉螺丝应紧固, 防止螺帽和座套松动掉下, 造成铁芯短路。

(5) 铁芯通过套管引出接地的变压器, 应将接地线引下至适当的位置以便在运行中监视接地线是否有环流。

(6) 变压器在运输中装有固定铁芯的稳钉, 在安装中应将其调整好, 留足间隙, 或直接拆除, 以防当变压器运行时上夹件中有环流。变压器的上槽钢只能有一点接地。

1-50 变压器的运行监视、巡视检查及维护有何具体规定?

答：(1) 安装在发电厂和变电所内的变压器, 以及无人值班变电所内有远方监测装置的变压器, 应经常监视仪表的指示, 及时掌握变压器运行情况。监视仪表的抄表次数由现场规程规定。当变压器超过额定电流运行时, 应作好记录。

无人值班变电所的变压器应在每次定期检查时记录其电压、电流和顶层油温, 以及曾达到的最高顶层油温等。对配电变压器, 应在最大负载期间测量三相电流, 并设法保持基本平衡。测量周期由现场规程规定。

(2) 变压器的日常巡视检查, 可参照下列规定:

1) 发电厂和变电所内的变压器, 每天至少 1 次; 每周至少进行 1 次夜间巡视;

2) 无人值班变电所内容量为 3150kVA 及以上的变压器每 10 天至少 1 次, 3150kVA 以下的每月至少 1 次;

3) 2500kVA 及以下的配电变压器, 装于室内的每月至少 1 次, 户外 (包括郊区及农村) 每季至少 1 次。

(3) 在下列情况下应对变压器进行特殊巡视检查, 增加巡视检查次数:

1）新设备或经过检修、改造的变压器在投运 72h 内；

2）有严重缺陷时；

3）气象突变（如大风、大雾、大雪、冰雹、寒潮等）时；

4）雷雨季节特别是雷雨后；

5）高温季节、高峰负载期间；

6）变压器急救负载运行时。

(4) 变压器日常巡视检查一般包括以下内容：

1）变压器的油温和温度计应正常,储油柜的油位应与温度相对应,各部位无渗油、漏油；

2）套管油位应正常，套管外部无破损裂纹、无油污、无放电痕迹及其他异常现象；

3）变压器音响正常；

4）各冷却器手感温度应相近，风扇、油泵、水泵运转正常，油流继电器工作正常；

5）水冷却器的油压应大于水压（制造厂另有规定者除外）；

6）吸湿器完好，吸附剂干燥；

7）引线接头、电缆、母线应无发热迹象；

8）压力释放器或安全气道及防爆膜应完好无损；

9）有载分接开关的分接位置及电源指示应正常；

10）气体继电器内应无气体；

11）各控制箱和二次端子箱应关严、无受潮。

(5) 应对变压器作定期检查（检查周期由现场规程规定），并增加以下检查内容：

1）外壳及箱沿应无异常发热；

2）各部位的接地应完好，必要时应测量铁芯和夹件的接地电流；

3）强油循环冷却的变压器应作冷却装置的自动切换试验；

4）水冷却器从旋塞放水检查应无油迹；

5）有载调压装置的动作情况应正常；

6）各种标志应齐全明显；

7）各种保护装置应齐全、良好；

8）各种温度计应在检定周期内，超温信号应正确可靠；

9）消防设施应齐全完好；

10）室（洞）内变压器通风设备应完好；

11）储油池和排油设施应保持良好状态。

(6) 下述维护项目的周期，可根据具体情况在现场规程中规定：

1）清除储油柜集污器内的积水和污物；

2）冲洗被污物堵塞影响散热的冷却器；

3）更换吸湿器和净油器内的吸附剂；

4）变压器的外部（包括套管）清扫；

5）各种控制箱和二次回路的检查和清扫。

1-51 试分析三绕组降压变压器高、中压侧运行，低压侧开路时的危害及应采取的措施。

答： 三绕组变压器低压侧一般为不接地三角形接线,少数为不接地星形接线。当低压侧开路,高、中压侧运行时,低压绕组有经高压侧传递过电压的危险,有可能破坏绝缘造成事故。

当高压侧因某种原因产生过电压时,低压绕组对地就会有一定电位,其组成可视为两部分:其电感分量电压与两绕组匝比成比例,高压侧能承受时低压侧亦能承受,对低压侧无单独危害;其电容分量电压的数值大小与冲击电压(U_1)、两绕组对地电容(C_{10},C_{20})和两绕组之间电容(C_{12})有关,等效电路如图 1 – 36 所示。U_1 传递至低压侧电压 $U_2 = U_1 C_{12}/(C_{12} + C_{20})$。

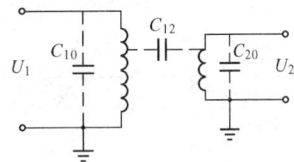

图 1 – 36　等效电路图

可见:C_{20} 越大,U_2 越小;事实上制造设备后这些数值都是确定值,C_{20} 相对 C_{12} 要小得多,分析时可忽略 C_{20},则 $U_2 \approx U_1$,即全冲击电压加在低压绕组上,对此应加以保护。规程规定有三条措施,要求人为地改变 C_{20} 值,降低过电压数值。这三条措施是:

(1) 单相人工接地;

(2) 一相通过 10kvar 电容器接地;

(3) 一相通过 20m 电缆接地。

1 – 52　大容量变压器本体一般有哪些监测和保护装置?

答:大容量变压器,在本体上均设有监测顶部油温的温度计,监测高、低压绕组温度的温度计,监测油箱油位的油位计,并设有气体(瓦斯)保护及压力释放装置。对于强迫油循环变压器,还设有流量计或油流针,以监视潜油泵的运转情况或供冷却器控制及报警。此外,有的大容量变压器本体上还装有氢气(油中氢气)监测装置或气体分析器,用以连续在线监视和测量变压器中绝缘油的含氢量或气体主要成分。

现以北仑港电厂 600MW 发电机配用 1 号主变压器为例,对大容量变压器上的监测和保护加以介绍。该主变压器为容量 755MVA 的户外油浸三相变压器。冷却方式为强迫油循环风冷;设有 4 台冷却器,每组设 1 台油泵、3 台风扇;装有两只油枕,相应配有两只油呼吸器和两只气体(瓦斯)继电器;还配有两只"弹簧自复位式"压力释放装置。该主变压器本体的监测和保护装置如下:

(1) 监测量。

1) 变压器顶部油温监测。装有温包式油温测量装置的温度指示表,供就地油温指示及远方报警。

2) 变压器高、低压绕组温度监测。装有采用温包式绕组温度测量装置的温度指示表,供就地绕组温度指示、远方报警及冷却器控制。

为使运行人员能随时监视变压器的温度,该变压器还装有三只电阻型温度传感器,分别用于顶部油温、高压绕组温度、低压绕组温度的测量,并经主变压器冷却器控制箱内的变送器输出,实时地将上述部位温度显于主控制室"发电机控制盘"上的温度表。

3) 变压器绝缘油中含氢量的监测。主变压器本体上安装有一套基于"半渗透隔膜"原理制成的氢气监测装置,以连续在线监视和测量变压器中绝缘油的含氢量。该模拟信号送 DAS 系统,可进行数据打印,以供趋势分析。

4) 油位监测。装有带油位报警触点的圆盘指针式油位计,供就地油位指示及远方报警。

5) 油流监测。装有无油流报警触点的油流计,供冷却器控制及报警。

（2）主变压器本体保护整定值。

主变压器本体保护整定值见表 1-7。

表 1-7　　　　　　　　　主变压器本体保护整定值

主变压器	报　警	跳　闸	主变压器	报　警	跳　闸
绕组温度（℃）	105	115	瓦斯	300cm³	100cm/s
上层油温（℃）	90	—	压力释放	—	49～69kPa

（3）主变压器本体报警信号。

主变压器本体报警信号见表 1-8。

表 1-8　　　　　　　　　与变压器有关的报警信号

序号	报警信号	就地 MTC 上显示		集控室 GCB 上硬报警	送 入 DAS
		有显示	备　注		
1	冷却器工作电源故障	√	—	主变压器故障	×
2	冷却器备用电源故障	√	—		
3	主油箱油位纸	√	两只油枕共用		
4	压力释放装置动作	√	两只装置共用		
5	油温高于 90℃	√			
6	绕组温度高于 105℃	√	高低压绕组共用		
7	绕组温度高于 115℃	√	高低压绕组共用		
8～11	No.1～No.4 冷却器跳闸	√	—		
12～15	No.1～No.4 冷却器油流停止	√	—		
16	轻瓦斯动作	√	两只油枕共用	√	
17	重瓦斯动作	√	两只油枕共用	√	
18	氢气监测装置指示	×			√

注　√表示有；×表示无。

1-53　试简述大容量变压器内油中含氢量连续在线监测装置的工作原理。

答： 当变压器内存在缺陷发生火花放电（间歇性的放电）或局部放电时，会使油中的自由分子游离而产生氢气和其他烃类气体；在发生高能放电或弧光放电时（将导致绝缘击穿），附近的油将发生热分解，产生更多的氢气和其他烃类气体。因此，油中含氢量的多少或其增加速度可用来判断变压器内部是否存在放电现象和放电的程度。我国的标准是：油中含氢量的正常值为 100×10^{-6}（每升油中含气的微升数），注意值为 150×10^{-6}。

为了连续在线监视测量变压器中绝缘油的含氢量，大容量变压器一般都安装一套基于"半渗透隔膜"原理制成的氢气监测装置。该装置主要由检测器（包括氢气抽取装置）和变送器两部分组成，见图 1-37。检测器装在变压器油箱上，通过连接线接到变送

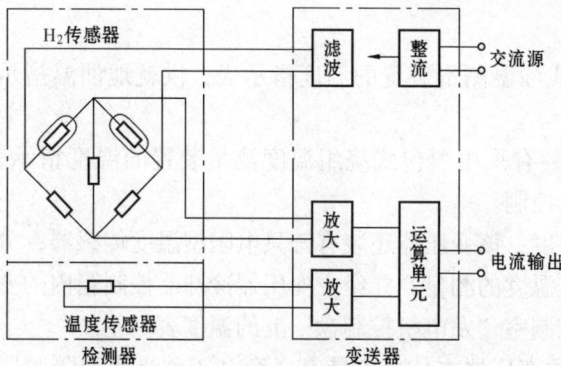

图 1-37　氢气监测装置

器，其工作原理简述如下：

变压器绝缘油中溶解的氢气由图 1-38 中的半渗透隔膜抽取到气室。

在气室中有一个对氢气很敏感的"H_2 传感器"（H_2gas Sensor），如图 1-38 所示。它是由两只热敏电阻和几只普通电阻组成的电桥电路，其中一只热敏电阻置于标准气体中，另一

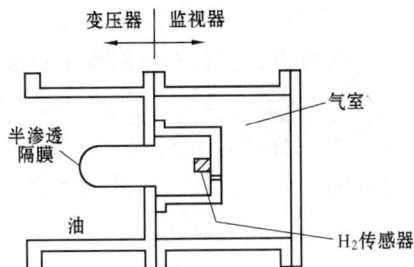

图 1-38　氢气抽取装置

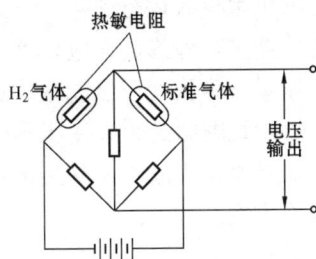

图 1-39　氢气传感器

只热敏电阻则被半渗透隔膜抽取出来的氢气所包围。由于两种气体的性质不同和氢气浓度的不同，使电桥电路有不同的电压输出，于是将氢气的浓度转换成电气量。

为了减少环境温度的影响，在检测器中装了 1 只温度传感器，如图 1-37 所示，连接到变压器中进行温度补偿。经温度补偿后的氢气浓度以电流形式输出。

1-54　变压器的试验种类有哪些？

答： 变压器的试验是验证变压器性能和制造质量、判别变压器是否存在故障的重要手段，试验的种类主要有如下 6 种。

（1）型式试验。也称设计试验，它是对变压器的结构、性能进行全面鉴定的试验，以确认变压器是否达到设计要求。

（2）出厂试验。它是每台变压器出厂时必须进行的试验，以检验该变压器是否符合原定技术条件的要求，且没有制造上的偶然缺陷。

（3）交接试验。根据合同的技术条件和验收要求，在变压器安装后投入运行前进行试验，以确认该变压器在运输安装过程中未发生损坏或变化，符合投运要求。

（4）预防性试验。在变压器投入运行后，按规程规定的周期，通过测量变压器一、二次电气回路和绝缘状况的试验，以确认变压器能继续运行。

（5）修后试验。

变压器的检修分为 5 类：大修、小修、维护、临时性检修及恢复性大修。变压器的大修周期应根据变压器的构造特点和使用情况确定，其原则如下：

1）变电所的主变压器，一般正式投运 5 年大修 1 次，以后每 10 年 1 次。

2）充氮与胶囊密封的主变压器，可适当延长大修间隔。对全密封变压器，仅当预防性试验检查和试验结果表明确有必要时，才进行大修。

3）在电力系统中运行的主变压器，当承受出口短路后，应考虑提前大修。

4）有载调压变压器的分接开关部分，当达到制造厂规定的操作次数后，应将切换开关取出检修。

5）500kV 变压器不需要进行定期大修，但应每年进行 1 次维护性检修。

变电所主变压器每年至少小修 1 次。

变电所主变压器正常性维修每年 1 次；油漆每 3 年至少 1 次。

恢复性检修是在变压器出现故障或缺陷，影响变压器的正常运行甚至迫使变压器退出运行时，对变压器的故障和缺陷进行处理。恢复性检修的目的是消除变压器的故障和缺陷，使变压器能够正常投入运行。

在变压器进行检修后，应根据有关标准和检修部位的特点，进行有针对性的试验，以检验修后的质量并确认变压器能继续运行。

（6）故障跳闸后试验。变压器故障跳闸后，应根据继电保护动作情况，进行有关试验，判明变压器是否发生故障或受到损害，以及故障或受损的性质、部位、部件及程度，进而提出相应检修方案。

1–55 试述变压器交接试验项目及其标准。

答：根据《电气装置安装工程电气设备交接试验标准》GB 50150—1991、《电力设备预防性试验规程》DL/T 596—1996 及《电气装置安装工程电力变压器、油浸电抗器、互感器施工及验收规范》GBJ 148—1990 等技术标准，电力变压器交接试验项目及标准如下。

（1）测量绕组连同套管的直流电阻。通过绕组电阻的测量，可以检查出绕组内部导线的焊接质量、引线连接质量、分接开关载流部分的接触是否良好，绕组中有无匝间短路以及三相电阻是否平衡等。

试验应符合下列要求：

1）测量应在各分接头的所有位置上进行；

2）1600kVA 及以下三相变压器，各相测得值的相互差值应小于平均值的 4%，线间测得值的相互差值应小于平均值的 2%；1600kVA 以上三相变压器，各相测得值的相互差值应小于平均值的 2%，线间测得值的相互差值应小于平均值的 1%；

3）变压器的直流电阻，与相同温度下产品出厂实测数值比较，相应变化不应大于 2%。不同温度下的电阻值应作相应的修正。

（2）检查所有分接头的变压比。检查所有分接头的变压比，与制造厂铭牌数据相比应无明显差别，且应符合变压比的规律。电压 35kV 以下，电压比小于 3 的变压器电压比允许偏差为 ±1%；其他所有变压器，额定分接头电压比允许偏差为 ±0.5%。

（3）检查变压器的三相接线组别和单相变压器引出线的极性。

变压器接线组别、极性必须与设计要求及铭牌上的标记和外壳上的符号相符。

（4）测量绕组连同套管的绝缘电阻、吸收比或极化指数。

绝缘电阻测量，应使用 60s 的绝缘电阻值；吸收比的测量应使用 60s 与 15s 绝缘电阻值的比值；极化指数应为 10min 与 1min 的绝缘电阻值的比值。

测量绕组连同套管的绝缘电阻、吸收比或极化指数，应符合下列规定：

1）绝缘电阻值不应低于产品出厂试验值的 70%。

2）当测量温度与产品出厂时的温度不符合时，可按表 1–9 换算到同一温度时的数值进行比较。

表 1 - 9　　　　　　　　　　油浸式电力变压器绝缘电阻的温度换算系数

温度差 K	5	10	15	20	25	30	35	40	45	50	55	60
换算系数 A	1.2	1.5	1.8	2.3	2.8	3.4	4.1	5.1	6.2	7.5	9.2	11.2

注　表中 K 为实测温度减去 20℃ 的绝对值。

3）变压器电压等级为 35kV 及以上，且容量在 4000kVA 及以上时，应测量吸收比。吸收比与产品出厂值相比应无明显差别，在常温下不应小于 1.3。

4）变压器电压等级为 220kV 及以上且容量为 120MVA 及以上时，宜测量极化指数。测得值与产品出厂值相比，应无明显差别。

（5）测量绕组连同套管的介质损耗角正切值 tgδ。测量绕组介质损耗因数，对于检测变压器受潮、绝缘劣化、套管缺陷和绝缘油的纯净程度以及非正常的接地或铁芯电位悬浮等均有重要意义。

变压器绕组的介质损耗 tgδ 在油温 20℃ 时应不大于下列数值：电压等级 35kV 以下为 1.5%，电压等级 66 ~ 220kV 为 0.8%，电压等级 330 ~ 500kV 为 0.6%。

测量绕组连同套管的介质损耗角正切值，应符合下列规定：

1）当变压器电压等级为 35kV 及以上，容量在 8000kVA 及以上时，应测量介质损耗角正切值。

2）被测绕组的 tgδ 值不应大于产品出厂试验值的 130%。

3）当测量时的温度与产品出厂试验温度不符合时，可按表 1 - 10 换算到同一温度时的数值进行比较。

表 1 - 10　　　　　　　　介质损耗角正切值 tgδ（%）温度换算系数

温度差 K	5	10	15	20	25	30	35	40	45	50
换算系数 A	1.15	1.3	1.5	1.7	1.9	2.2	2.5	2.9	3.3	3.7

注　表中 K 为实测温度减去 20℃ 的绝对值。

（6）测量绕组连同套管的直流泄漏电流。用逐渐增加外加直流电压，并测量对应的泄漏电流的办法，可得到泄漏电流随外施电压上升的变化规律。对于有缺陷的设备绝缘，外加电压升高到某一值后，绝缘的泄漏电流会随电压的升高而明显增大。例如，对于变压器绝缘受潮、油质劣化、套管开裂和绝缘纸筒沿面放电引起的碳化等缺陷，则测量泄漏电流比摇测绝缘电阻更易于被发现。

测量绕组连同套管的直流泄漏电流，应符合下列规定：

1）当变压器电压等级为 35kV 及以上，且容量在 10000kVA 及以上时，应测量直流泄漏电流。

2）试验电压标准应符合表 1 - 11 的规定。采用直流高压发生器进行直流泄漏电流试验，当施加试验电压达 1min 时，在高压端读取泄漏电流。泄漏电流值不宜超过表 1 - 11 的规定。

表 1 - 11　　　　　　　　油浸电力变压器直流泄漏电流参考值

绕组额定电压（kV）	直流试验电压（kV）	在下列温度时的绕组泄漏电流参考值（μA）							
		10℃	20℃	30℃	40℃	50℃	60℃	70℃	80℃
3	5	11	17	25	39	55	83	125	178

绕组额定电压 (kV)	直流试验电压 (kV)	在下列温度时的绕组泄漏电流参考值 (μA)							
		10℃	20℃	30℃	40℃	50℃	60℃	70℃	80℃
6~10	10	22	33	50	77	112	166	250	356
20~35	20	33	50	74	111	167	250	400	570
66~330	40	33	50	74	111	167	250	400	570
500	60	20	30	45	67	100	150	235	330

注 1) 绕组额定电压为 13.8kV 及 15.75kV 时,试验电压按 10kV 级标准;18kV 时,按 20kV 级标准。
2) 分级绝缘变压器仍按被试绕组电压等级的标准,确定试验电压。

(7) 绕组连同套管的交流耐压试验。一般而言,各种试验对绝缘的考验均不如交流耐压试验接近实际,因此,在出厂和交接、大修试验中,为考验设备是否能在电力系统中可靠运行,必须进行交流耐压试验。

变压器绕组连同套管的交流耐压试验,应符合下列规定:

1) 容量为 8000kVA 以下,绕组额定电压在 110kV 以下的变压器,应按表 1-12 试验电压标准进行交流耐压试验。

2) 容量为 8000kVA 及以上,绕组额定电压在 110kV 以下的变压器,在有试验设备时,可按表 1-12 试验电压标准进行交流耐压试验。

表 1-12　　　　　高压电气设备绝缘的工频耐压试验电压标准

额定电压 (kV)	最高工作电压 (kV)	1min 工频耐受电压 (kV) 有效值										穿墙套管						干式电力变压器	
		油浸电力变压器		并联电抗器		电压互感器		断路器、电流互感器		干式电抗器		纯瓷和纯瓷充油绝缘		固体有机绝缘		支柱绝缘子、隔离开关			
		出厂	交接	出厂	交接	出厂	交接	出厂	交接	出厂	交接	出厂	交接	出厂	交接	出厂	交接	出厂	交接
3	3.5	18	15	18	15	18	16	18	16	18	18	18	18	18	16	25	25	10	8.5
6	6.9	25	21	25	21	23	21	23	21	23	23	23	23	23	21	32	32	20	17.0
10	11.5	35	30	35	30	30	27	30	27	30	30	30	30	30	27	42	42	28	24
15	17.5	45	38	45	38	40	36	40	36	40	40	40	40	40	36	57	57	38	32
20	23.0	55	47	55	47	50	45	50	45	50	50	50	50	50	45	68	68	50	43
35	40.5	85	72	85	72	80	72	80	72	80	80	80	80	80	72	100	100	70	60
63	69.0	140	120	140	120	140	126	140	126	140	140	140	140	140	126	165	165		
110	126.0	200	170	200	170	200	180	185	180	185	185	185	185	185	180	265	265		
220	252.0	395	335	395	335	395	356	395	356	395	395	360	360	360	356	450	450		
330	363.0	510	433	510	433	510	459	510	459	510	510	460	460	460	459				
500	550.0	680	578	680	578	680	612	680	612	680	680	630	630	630	612				

注 (1) 上表中,除干式变压器外,其余电气设备出厂试验电压是根据现行国家标准《高压输变电设备的绝缘配合》;
(2) 干式变压器出厂试验电压是根据现行国家标准《干式电力变压器》;
(3) 额定电压为 1kV 及以下的油浸电力变压器交接试验电压为 4kV,干式电力变压器为 2.6kV;
(4) 油浸电抗器和消弧线圈采用油浸电力变压器试验标准。

(8) 绕组连同套管的局部放电试验,用以检查变压器经运输、安装后能否投入运行。

变压器绕组连同套管的局部放电试验,应符合下列规定:

1) 电压等级为 500kV 的变压器宜进行局部放电试验;电压等级为 220kV 及 330kV 的变压器,当有试验设备时宜进行局部放电试验。

2）测量电压在 $1.3U_m/\sqrt{3}$ 下，时间为 30min，视在放电量不宜大于 300PC。式中 U_m 为设备的最高电压有效值。

3）测量电压在 $1.5U_m/\sqrt{3}$ 下，时间为 30min，视在放电量不宜大于 500PC。

（9）测量与铁芯绝缘的各紧固件及铁芯接地线引出套管对外壳的绝缘电阻，应符合下列规定：

1）进行器身检查的变压器，应测量可接触到的穿芯螺栓、轭铁夹件及绑扎钢带对铁轭、铁芯、油箱及绕组压环的绝缘电阻。

2）采用 2500V 兆欧表测量，持续时间为 1min，应无闪络及击穿现象。

3）当轭铁梁及穿芯螺栓一端与铁芯连接时，应将连接片断开后进行试验。

4）铁芯必须为一点接地；对变压器上有专用的铁芯接地线引出套管时，应在注油前测量其对外壳的绝缘电阻。

（10）非纯瓷套管的试验。变压器非纯瓷套管的试验，包括下列内容：

1）测量绝缘电阻；

2）测量 20kV 及以上非纯瓷套管的介质损耗角正切值 tgδ 和电容值；

3）交流耐压试验；

4）绝缘油的试验。

（11）绝缘油试验。包括油的品质试验、绝缘性能试验和油中气体分析。

当变压器内部发生故障引起局部异常过热时，油及绝缘材料会受热老化，分解并产生气体，这些气体有相当数量会溶解在油中，用色谱分析仪之类的仪器可以检测出油中气体的组分和各种气体含量的多少，进而根据气体组分和含量判断铁芯、绕组的局部过热及其他的轻度故障。

溶解在油中的气体除含有空气外，还有一些其他气体，其中用以借助分析的气体有 9 种。这 9 种气体中，H_2、CH_4、C_2H_6、C_2H_4、C_2H_2 几种可燃性气体是判断变压器内部有无异常的主要成分，而 CO、CO_2、CH_4 等气体是判断绝缘材料是否老化的有用成分，且 CO、CO_2 还有助于判断绝缘故障是否发生在固体绝缘上。表 1 - 13 列出了各种故障类型产生气体的组分情况。在《变压器油中溶解气体分析和判断导则》SD 187 中有详细的气体分析方法，实际使用时应按要求和方法进行判断。

表 1 - 13　　　　　　　　　　不同故障类型产生的气体组分

故 障 类 型	主要气体组分	次要气体组分
油过热	CH_4，C_2H_2	H_2，C_2H_6
油和纸过热	CH_4，C_2H_2，CO，CO_2	H_2，C_2H_6
油纸绝缘中局部放电	H_2，CH_4，C_2H_2，CO	C_2H_6，CO_2
油中火花放电	C_2H_2，H_2	
油中电弧	H_2，C_2H_2	CH_4，C_2H_4，C_2H_6
油和纸中电弧	H_2，C_2H_2，CO，CO_2	CH_4，C_2H_4，C_2H_6
进水受潮或油中气泡	H_2	

变压器绝缘油的试验，应符合下列规定：

1）绝缘油试验类别、项目、标准应符合《运行中变压器油质量标准》GB 7595—1987 的规定。

2）油中溶解气体的色谱分析，应符合下述规定：电压等级在63kV及以上的变压器，应在升压或冲击合闸前及额定电压下运行24h后，各进行一次变压器器身内绝缘油的油中溶解气体的色谱分析。两次测得的氢、乙炔、总烃各量，应无明显差别。试验应按现行国家标准《变压器油中溶解气体分析和判断导则》进行。

3）油中微量水的测量，应符合下述规定：变压器油中的微量水含量，对电压等级为110kV的，不应大于20ppm；220～330kV的，不应大于15ppm；500kV的不应大于10ppm。

4）油中含气量的测量，应符合下列规定：电压等级为500kV的变压器，应在绝缘试验或第一次升压前取样测量油中的含气量，其值不应大于1%。

（12）有载调压切换装置的检查和试验，应符合下列规定：

1）在切换开关取出检查时，测量限流电阻的电阻值，测得值与产品出厂数值相比，应无明显差别。

2）在切换开关取出检查时，检查切换开关切换触头的全部动作顺序，应符合产品技术条件的规定。

3）检查切换装置在全部切换过程中，应无开路现象；电气和机械限位动作正确且符合产品要求；在操作电源电压为额定电压的85%及以上时，其全过程的切换中应可靠动作。

4）在变压器无电压下操作10个循环。在空载下按产品技术条件的规定检查切换装置的调压情况，其三相切换同步性及电压变化范围和规律，与产品出厂数据相比，应无明显差别。

5）绝缘油注入切换开关油箱前，其电气强度应符合GB 7595—1987标准。

（13）冲击合闸试验。在额定电压下对变压器的冲击合闸试验应进行5次，每次间隔时间宜为5min，试验应无异常现象。冲击合闸宜在变压器高压侧进行。对中性点接地的电力系统，试验时变压器中性点必须接地。

（14）检查相位。通过试验，检查变压器的相位必须与电网相位一致。

（15）测量噪声。电压等级为500kV的变压器的噪声，应在额定电压及额定频率下测量，噪声值不应大于80dB（A），其测量方法和要求按现行国家标准《变压器和电抗器的声级测定》的规定进行。

（16）器身检查：

1）变压器到达现场后，应进行器身检查。器身检查可为吊罩或吊器身，或者不吊罩直接进入油箱内进行。当满足下列条件之一时，可不进行器身检查：

（a）制造厂规定可不进行器身检查者。

（b）容量为1000kVA及以下，运输过程中无异常情况者。

（c）就地生产仅作短途运输的变压器，如果事先参加了制造厂的器身总装，质量符合要求，且在运输过程中进行了有效的监督，无紧急制动、剧烈振动、冲撞或严重颠簸等异常情况者。

2）器身检查时，应符合下列规定：

（a）周围空气温度不应低于0℃，器身温度不应低于周围空气温度；当器身温度低于周围空气温度时，应将器身加热，宜使其温度高于周围空气温度10℃。

（b）当空气相对湿度小于75%时，器身暴露在空气中的时间不得超过16h。

3）器身检查的主要项目及标准按《电气装置安装工程电力变压器、油浸电抗器、互感器施工及验收规范》GBJ 148—1990 的有关规定执行。

1－56　简述电气化铁路电力机车的用电特征及牵引变压器的接线原理。

答：电力机车牵引负荷由直流电动机拖动，其电源由交流系统经单相整流而来，它在交流供电侧产生含量较大的谐波；由于牵引变电所的变压器三相电流不平衡，在其一次侧基波负序电流较大；此外，电力机车在起动和空载投入时，还会产生远高于额定电流的励磁涌流。牵引负荷具有波动性大和沿线分布广的特点，因此电气化铁路是影响面较大的干扰负荷。

（1）电力机车的用电特征。

1）二极管整流型机车。

国产韶山 1（SS1）型电力机车采用直流串激牵引电动机，每轴一台共六台。每台允许持续 1h 的功率为 700kW，所以机车功率为 4200kW。机车上的整流变压器和硅整流器，将牵引网的单相 25kV、50Hz 交流变成 1500V 直流。整流变压器二次侧绕组两端分别接二极管整流器 V1 和 V2，中间分接头接入电抗器和牵引电动机 M 构成单相全波整流，如图 1－40 所示。

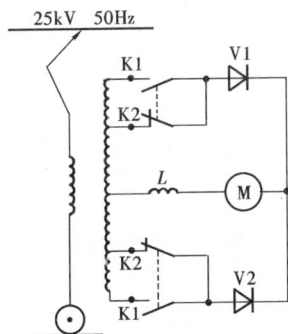

图 1－40　二极管整流型机车主电路示意图　　　图 1－41　二段桥晶闸管相控原理图

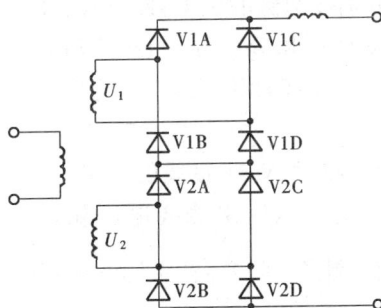

电力机车在起动时，电动机的反电势几乎为零，所以起动时电流较大，引起电压波动和谐波干扰也较大。通常采用变压器分接头切换，在低速时降压过渡，以减低电流和电压的波动干扰。如图 1－40 所示，在低压级位 K2 闭合、K1 切断，在高压级位 K1 闭合、K2 切断。

2）晶闸管相控型电力机车。

这种机型的机车有：SS3，SS4，…，SS7 等。

通常采用多段桥晶闸管相控调压；分段多则调压范围大，谐波含量小，但结构复杂、造价高。现在我国国产电力机车采取二段桥，其原理如图 1－41 所示。低速时第二桥不开通，由二极管 V2C 和 V2D 作为直流通路，对第一桥相控，随着控制角减小导通角加大，电压从零升到 U_1 时第一桥满开放导通、控制角 $\alpha = 0$。再升压便对第二桥相控，当第二桥也满开放导通时，电压从 U_1 升至 $U_1 + U_2$。相控机车在不同导通角时，电流波形变化大，它的谐波含量变化也较大。

我国电气化铁路由于采用电力电子变流的电力机车而成为大功率的谐波源。在机车上装

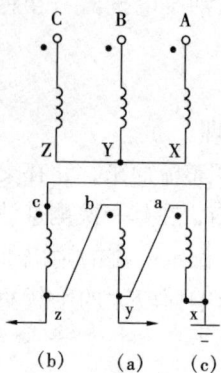

图 1-42 Yd11 变压器
接线图

设电力滤波器可降低机车的谐波含量，可从整体设计来实现机车的最佳性能指标，这在技术经济上也是合理的。

此外，电力机车在起动和空载投入时，还会产生远高于额定电流的励磁涌流。

(2) 电气化铁路牵引变压器的接线原理。

电气化铁路的供电是在沿线设若干个牵引变电所，经牵引变压器降压向接触网和电力机车供电。目前国内牵引变压器大多为 Yd11 接线，大秦线一部分和郑武线采用斯考特（SCOTT）接线，现分述如下。

1) Yd11 接线的牵引变压器。

三相牵引变电所的主变压器多采用 110kV 油浸风冷式变压器，其绕组作 Yd11 连接。变压器高压侧额定电压为 110kV，低压侧额定电压为 27.5kV，比牵引网标准电压 25kV 高 10%。

Yd11 接线的牵引变压器，其一次绕组为 Y 接法，端子 X、Y 和 Z 相连，其二次绕组为 △ 接法，端子 ay、bZ 和 Cx 分别相连，如图 1-42 所示。

习惯上将牵引变压器铭牌标记的二次侧 C 相端子接地（钢轨），a 和 b 相端子分别接两侧的供电臂。二次绕组 ax（ac 相）和 ZC（bC 相）分别对应一次侧的 A 和 C 相绕组，均为重负荷相。

图 1-43 为 Yd11 接线的向量图。按习惯规定，以一次侧线电压相量 $\dot{U}_{AB}$ 作为分针指向 12，二次侧线电压

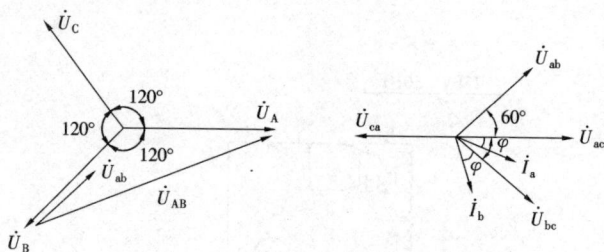

图 1-43 Yd11 接线的相量图

相量 $\dot{U}_{ab}$ 作为时针指向 11，则此接线便称为 Y，d11 接线。若两供电臂馈线电流滞后于各自馈线电压的相角相同，则两臂电流 $\dot{I}_b$ 滞后于 I_a 为 60°。

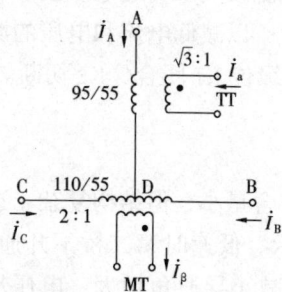

图 1-44 变压器的 Scott 接线

2) SCOTT 接线的牵引变压器。

牵引变电所的主变压器是将两台单相变压器接成 SCOTT 接线，如图 1-44 所示，或作成整体的 SCOTT 接线变压器。这种接线变方式可将额定电压为 110kV（或 220kV）的三相平衡的电压，变换成额定电压为 55kV 的二相平衡的电压，分别向牵引网的两个供电臂供电，比牵引网的标准电压 2×25kV 高 10%。

在图 1-44 所示的变压器的 SCOTT 接线中，主变压器 MT（Main Transformer）接至 BC 相，副变压器 TT（Teaser Transformer）一端接至 A 相，另一端接至主变压器 MT 绕组的中心分接头 D 端。两变压器的二次侧绕组的匝数相同，变压器 MT 和 TT 的一次绕组匝数不同，与其二次绕组的匝数比分别为 2:1 和 $\sqrt{3}:1$，其所对应电压变比 kV 数分别

是 110/55 和 95/55。

在图 1-45（a）电压的位形图中，平衡三相线电压构成等边三角形的位形图。主变压器 M 接至 BC 相，线电压相量 $\dot{U}_{BC}$ 在图中位于水平方向。副变压器 T 接至 A 相和 M 绕组中点 D，其端电压相量 $\dot{U}_{AD}$ 方向向上，超前 $\dot{U}_{BC}$ 为 90°。由此可知，副变压器 T 的二次侧电压 $\dot{U}_{\alpha}$ 超前于主变压器 M 的二次侧电压 $\dot{U}_{\beta}$ 为 90°，在二次侧构成平衡的二相电压，如图 1-45（b）所示。

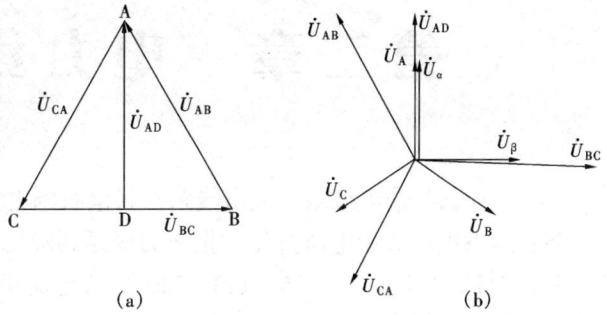

图 1-45 Scott 接线变压器电压的位形图和相量图
(a) 电压的位形图；(b) 电压的相量图

当主、副变压器 M 和 T 的二次侧两相供电臂牵引负荷电流 $\dot{i}_{\beta}$ 和 $\dot{i}_{\alpha}$ 的有效值相等且 $\dot{i}_{\beta}$ 滞后 $\dot{i}_{\alpha}$ 为 90°时，由于主、副变压器一次侧绕组的匝数比为 2:$\sqrt{3}$，这反映到一次侧主变压器 M 绕组中电流的有效值仅为副变压器 T 绕组电流的 $\sqrt{3}/2$。设副变压器 T 的一次侧 A 端流入由 $\dot{i}_{\alpha}$ 引起的电流 $\dot{i}_{A} = \dot{i}_{\alpha}$，则 $\dot{i}_{A}$ 将各有一半分别从主变压器 M 的 B 和 C 端流出。由 $\dot{i}_{\beta}$ 引起的在主变压器 M 从 B 端流入从 C 端流出的另一分量应为 $\frac{\sqrt{3}}{2}\dot{i}_{\beta}$。于是可得 $\dot{i}_{B} = -\frac{1}{2}\dot{i}_{\alpha} + \frac{\sqrt{3}}{2}\dot{i}_{\beta}$ 以及 $\dot{i}_{c} = -\frac{1}{2}\dot{i}_{\alpha} - \frac{\sqrt{3}}{2}\dot{i}_{\beta}$。$\dot{i}_{B}$ 滞后于 $\dot{i}_{A}$ 为 120° 及 $\dot{i}_{c}$ 超前 $\dot{i}_{A}$ 为 120°。所以 SCOTT 接线变压器，当二次侧两相电流平衡时，反映到一次侧的三相电流也将是平衡的，其相量图如图 1-46 所示。

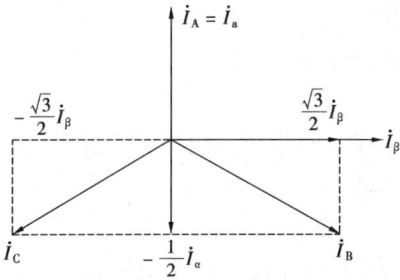

图 1-46 Scott 接线的电流相量图

在某些地段，由于牵引负荷相对较小，为节省投资，有时采用单相或 V 接线的牵引变压器。

第二章　电力线路的运行

2-1　什么叫输电线路、配电线路？目前我国电力线路有几种电压等级？

答： 从发电厂或变电所升压，把电力输送到降压变压站的高压电力线路叫输电线路。电压一般在 35kV 以上。其中 35、110、220kV 输电线路叫高压输电线路，330、500、750kV 输电线路叫超高压输电线路。

从降压变电所把电力送到配电变压器的电力线路，叫高压配电线路。电压一般为 3、6、10kV。

从配电变压器把电力送到用电点的线路叫低压配电线路。电压一般为 380V 和 220V。

就配电线路来讲，一般电压在 1～10kV 者叫高压配电线路，电压在 1kV 以下者叫低压配电线路。

目前我国电力线路电压等级有：500kV、330kV、220kV、110kV、66kV、35kV、10kV、6kV、380V 和 220V 等。此外还有 500kV 直流输电线路。

2-2　架空线路常用的杆塔类型有哪些？各有何特点？

答： 架空电力线路中架设导线的支持物，有钢筋混凝土杆、铁塔及木杆，总称为杆塔。

杆塔类型与线路额定电压和导线、地线种类及安装方式、回路数、线路所经过地区的自然条件、线路的重要性等有关，一般的杆塔类型有以下几种。

（1）按杆塔的作用分。

1）直线杆塔：直线杆塔又称中间杆塔，用于线路直线中间部分。在平坦的地区，这种杆塔占总数的 80% 左右。直线杆塔的导线是用线夹和悬式绝缘子串，垂直悬挂在横担上以及用针式绝缘子固定在横担上的。正常情况下，它仅承受导线的重量。直线杆塔一般不带转角，如需要带转角时，其转角不得超过 5°。

2）耐张杆塔：又称承力杆塔，与直线杆塔相比，强度较大，导线用耐张线夹和耐张绝缘子串或蝶式绝缘子固定在杆塔上。耐张绝缘子串的位置几乎是平行于地面的，杆塔两边的导线用弓子线连接起来。它可以承受导线和地线的拉力。耐张杆塔将线路分隔成若干耐张段，可将倒杆事故限制在一个耐张段内，同时便于线路的施工和检修。耐张杆塔容许带 10° 以内的转角，超过者应按转角杆塔要求设计。

根据《66kV 及以下架空电力线路设计规范》GB50061—1997 及《110～500kV 架空送电线路设计技术规程》DL/T5092—1999，耐张段的长度宜符合下列规定：

（a）10kV 及以下线路耐张段的长度不宜大于 2km；

（b）35kV 和 66kV 线路耐张段的长度不宜大于 5km；

（c）110kV 及以上线路耐张段的长度，单导线线路不宜大于 5km；2 分裂导线线路不宜大于 10km；3 分裂导线及以上线路不宜大于 20km。

3）转角杆塔：用于线路的转角处，有直线型和耐张型两种。转角杆塔的形式是根据转角的大小及导线截面的大小等因素而确定的。

转角杆塔立于线路转角处。线路转向内角的补角称为"线路转角"。转角杆塔两侧导线的张力不在一条直线上，其合力形成角度力，如图 2-1 所示。角度力决定于转角的大小和导线的水平张力，所以转角杆塔除应承受垂直重量和风荷以外，还应能承受较大的角度力。

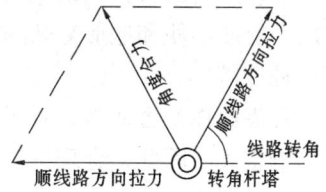

图 2-1　转角杆塔的受力图

4）终端杆塔：它是耐张杆塔的一种，用于线路的首端和终端，经常承受导线和地线一个方向的拉力。

5）跨越杆塔：用于线路与铁路、河流、湖泊、山谷及其他交叉跨越处，要求有较大的高度。

6）换位杆塔：用于线路中导线需要换位处。

7）特殊杆塔：指各种分支塔、横担沿塔身对角线布置塔以及单侧垂直布置且带 V 型绝缘子串的杆塔等等。

（2）按架设的回路数分。

1）单回路杆塔：在杆塔上只架设一回线路的三相导线。

2）双回路杆塔：在同一杆塔上架设两回线路的三相导线。

3）多回路杆塔：在同一杆塔上架设两回以上的线路，一般用于出线回路数较多，地面拥挤的发电厂、变电所的出线段。

（3）按杆塔的型式分。

上字型铁塔、三字型铁塔、倒三字型铁塔、酒杯型铁塔、门型铁塔以及上字型杆、鸟骨型杆、Ⅱ型杆、A型杆等。

（4）按杆塔使用的材料分。

1）木杆：由于木杆强度低、易腐朽、寿命短，故已逐渐为钢筋混凝土杆所代替。

2）钢筋混凝土杆：钢筋混凝土杆的混凝土和钢筋粘结牢固，且二者具有几乎相等的温度膨胀系数，不致因膨胀不等产生温度应力而破坏。当电杆受弯时，混凝土受压而钢筋受拉。混凝土又是钢筋的防锈保护层，所以，钢筋混凝土是制造电杆的好材料。

钢筋混凝土杆的优点是：①经久耐用，一般可用 50~100 年之久。②维护简单，运行费用低。③较铁塔节约钢材 40%~60%。④比铁塔造价低，施工期短。

其缺点主要是笨重，运输困难，因此对较高的水泥杆，均采用分段制造，现场进行组装，这样可将每段电杆限制在 500~1000kg 以下。

混凝土的受拉强度较受压强度低得多，当电杆杆柱受力弯曲时，杆柱截面一侧受压另一侧受拉，虽然拉力主要由钢筋承受，但混凝土与钢筋一起伸长，这时混凝土外层受一拉应力而裂开。裂缝较宽时就会使钢筋锈蚀，缩短寿命。防止产生裂缝的最好方法，是在电杆浇铸时将钢筋施行预拉，使混凝土在承载前就受到一个预压应力。当电杆承载时，受拉区的混凝土所受的拉力与此预压应力部分地抵消而不致产生裂缝。这种电杆叫做预应力混凝土电杆。

预应力混凝土杆能发挥高强度钢材的作用，比普通混凝土杆可节约钢材 40% 左右，同时水泥用量减少，电杆的重量也减轻了。由于它的抗裂性好，延长了电杆的使用寿命，因此得到了广泛的应用。

3）铁塔：铁塔是用角钢焊接或螺栓连接的（个别有铆接的）钢架。它的优点是坚固、可靠、使用期限长，但钢材消耗量大、造价高、施工工艺复杂、维护工作量大。因此，铁塔多用于交通不便和地形复杂的山区，或一般地区的特大荷载的终端，耐张，大转角，大跨越等特种杆塔。

杆塔选择是否适当，对于送电线路建设速度和经济性，供电的可靠性及维修的方便性等都影响很大。因此，合理选择杆塔形式、结构，是杆塔设计工作首要的一环。

杆塔型式的选择，应通过技术经济方案比较，因地制宜地合理选用。平地、丘陵及便于运输和施工的地区，应优先采用预应力混凝土杆。在运输和施工困难，出线走廊狭窄的地区或采用铁塔具有显著优越性时，方可采用铁塔。

2-3 何谓杆塔的呼称高度、标准呼称高度及标准档距？

答：（1）杆塔呼称高度。杆塔下横担的下弦边线到地面的垂直距离 H（见图2-2），称

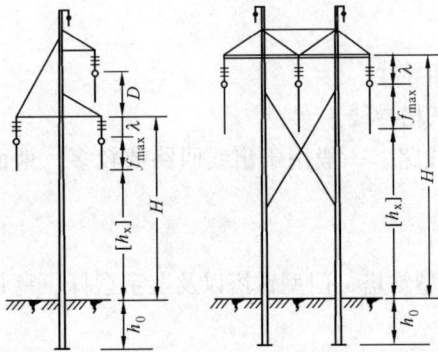

图2-2 杆塔的呼称高度

为杆塔的呼称高度。杆塔的呼称高度代表杆塔的使用高度，它是由绝缘子串的长度（包括金具长度）、导线的最大弧垂和导线对地面的限距决定的。即

$$H = \lambda + f_{max} + [h_x] + \Delta H$$

式中　λ——绝缘子串的长度；

f_{max}——导线的最大弧垂，$f_{max} = \dfrac{l_{max}^2 g}{8\sigma}$；

g——导线最大弧垂时的比载；

σ——导线最大弧垂时的应力；

$[h_x]$——导线到地面、水面及被跨越物的安全距离；

ΔH——考虑测量、施工误差等所预留的裕度，一般按表2-1取用。

表2-1　　　　　　　　　　限　距　裕　度

档距　（m）	< 200	200～350	350～600	> 600
ΔH（m）	0.5	0.5～0.7	0.7～0.9	1.0

（2）杆塔总高度。杆塔总高度等于呼称高度加上导线间的垂直距离和避雷线支架高度，对于电杆还要加上埋入地下深度 h。

（3）标准呼称高度。档距增大，导线的弧垂增大，所用杆塔的呼称高度也随之增大，但档距增大使每公里的杆塔数量减少，故对应每一电压等级的线路，必有一个投资和材料消耗最少的经济呼称高度，称为标准呼称高度。目前各电压等级线路的标准呼称高度，如表2-2所示。

表2-2　　　　　　　　各级电压线路杆塔的标准呼称高度

电压等级 （kV）	标准呼称高度		电压等级 （kV）	标准呼称高度	
	钢筋混凝土电杆	铁　塔		钢筋混凝土电杆	铁　塔
35～60	12m左右	—	154	17m左右	18～20m
110	13m左右	15～18m	220	21m左右	23m左右

丘陵和山区线路，杆塔高度不单是档距的函数，而且取决于地形条件，因此，一般采用将杆塔标准呼称高度增或减一段高度的办法来解决。增减的高度为3m的倍数。

（4）杆塔的标准档距。与杆塔标准呼称高度相应的档距（即充分利用杆塔高度的档距），称为标准档距或经济档距。在平地，当已知杆塔标准呼称高度 H 时，可采用下述公式计算该杆塔的经济档距 l，即

$$l_{j} = \sqrt{\frac{8\sigma}{g}(H - \lambda - h_{x} - \Delta H)}\,(m)$$

2-4 架空线路常用的导线有哪几种型号？型号中各符号的含义是什么？

答：架空线路常用的导线有裸导线和绝缘导线。按导线的结构可分为单股、多股及空芯导线；按导线使用材料又分为铜导线、铝导线、钢芯铝导线、铝合金导线和钢导线等。

送、配电架空电力线路应采用多股裸导线；低压配电架空线路可使用单股裸铜导线；用电单位厂区内的配电架空电力线路一般采用绝缘导线；220kV 及以上高压和超高压送电线路多采用分裂导线。

常用的裸导线有以下几种：

（1）铜绞线（TJ）；

（2）铝绞线（LJ）；

（3）铝合金绞线（HLJ）；

（4）钢绞线（GJ）；

（5）钢芯铝绞线。钢芯铝绞线简称钢芯铝线，按铝、钢截面比的不同，又分为三种类型：

第一种是普通型钢芯铝线，代号为 LGJ，其铝钢截面比为 5.29~6.00；

第二种是轻型钢芯铝线，代号为 LGJQ，其铝钢截面比约为 8.01~8.07；

第三种是加强型钢芯铝线，代号为 LGJJ，其铝钢截面比约为 4.29~4.39。

铝钢截面比越小，则铝部的平均运行张力越大。

普通型和轻型钢芯铝线，用于一般地区；加强型钢芯铝线，用于重冰区或大跨越地段。

导线型号中的拼音字母含义：

T—铜导线；J—绞线；L—铝导线；G—钢芯；Q—轻型；H—合金。

钢芯铝导线（LGJJ）的第四位的字母 J 表示加强型。

型号中一字线后面数字表示导线的截面积，mm^2。

例如：TJ—35，表示铜绞线，截面积为 35mm^2。

LGJJ—300，表示加强型钢芯铝导线，截面积为 300mm^2。

钢芯铝导线的截面积，不包括钢芯截面积。LGJ、LGJQ 和 LGJJ 的区别是同一导线截面积，各种导线的钢芯截面积是不同的。例如：LGJQ 型的钢芯截面积比 LGJ 型的钢芯截面积小，LGJJ 型的钢芯截面积比 LGJ 型的钢芯截面积大。

常用的 500V 以下的绝缘电线，型号为 BLXF（铝芯氯丁橡皮绝缘电线）和 BBLX（铝芯玻璃丝编织橡皮线）。

为了减少电晕以降低损耗和对无线电、电视等的干扰以及为了减小电抗以提高线路的输

送能力，高压和超高压送电线路的导线，应采用扩径导线、空心导线或分裂导线。因扩径导线和空心导线制造和安装不便，故送电线路多采用分裂导线。分裂导线每相分裂的根数一般为 2~4 根。

分裂导线由数根导线组成一相，每一根导线称为次导线，两根次导线间的距离称为次线间距离，一个档距中，一般每隔 30~80m 装一个间隔棒，使次导线间保持次线间距离，两相邻间隔棒间的水平距离称为次档距。

在一些线路的特大跨越档距中，为了降低杆塔高度，要求导线具有很高的抗拉强度和耐振强度，国内外特大跨越档距，一般用强拉力钢绞线，但也有用加强型钢芯铝线和特制的钢铝混绞线和钢芯铝包钢绞线的。

2-5 架空线路常用的绝缘子类型有哪些？如何计算绝缘子串片数？各类杆塔上绝缘子的片数一般是多少？

答：（1）绝缘子类型。

架空线路的绝缘子是用来支持导线并使之与杆塔绝缘的。它应具有足够的绝缘强度和机械强度，同时对化学杂质的侵蚀有足够的抗御能力，并能适应周围大气条件的变化，如温度和湿度变化的影响等。

架空电力线路常用的绝缘子类型有：

1）针式绝缘子。主要用于高、低压配电线路上。

2）蝶式绝缘子。主要用于高、低压配电线路上。

3）悬式绝缘子：

（a）普通型悬式绝缘子，老系列代号为 X，新系列代号为 XP，其后数字表示 1h 机电破坏负荷（t）。老系列产品一般仅在配电线路上使用，在 35kV 及以上线路已逐步停用，为新系列产品所取代。

（b）悬式钢化玻璃绝缘子，绝缘子以往都是陶瓷的，所以又叫瓷瓶。钢化玻璃悬式绝缘子不含陶瓷材料。这种绝缘子尺寸小、机械强度高、电气性能好、不易老化、维护方便。当绝缘子有缺陷时，由于冷热剧变或机械过载，即自行破碎，巡线人员很容易用望远镜检查出来。玻璃悬式绝缘子已广泛应用于 35~500kV 线路上。

（c）防污悬式绝缘子。

上述悬式绝缘子多组成绝缘子串，用于 35kV 及以上的线路上，在沿海地区和工厂附近的线路，根据需要使用防污型悬式绝缘子。

4）棒式绝缘子，它是一个瓷质整体，可以代替悬垂绝缘子串。由于机械强度低，主要用于 35kV 及以下线路上。

5）陶瓷横担绝缘子，这是棒式绝缘子的另一种型式，它代替了针式和悬式绝缘子，且省去电杆横担。由于机械强度低，近年很少选用。

6）合成绝缘子，这是近年来新开发的一种新型绝缘子，可用于 35~500kV 线路上。

（2）直线杆塔悬垂串绝缘子的片数的计算公式。

《110~500kV 架空送电线路设计技术规程》DL/T5092—1999 规定，一般地区的线路，绝缘子串或陶瓷横担绝缘子的单位工作电压（额定线电压）泄漏距离不应小于 1.6cm/kV，以保证正常工作电压下不致闪络。因此，从满足工频电压安全运行的条件出发，悬垂串绝缘子

的片数应不小于下式计算的片数，即

$$绝缘子片数 = \frac{1.6U_N}{h_x}$$

式中　U_N——额定线电压，kV；

　　　h_x——每个绝缘子的泄漏距离，cm。

例如 110kV 线路直线杆塔采用 XP—6 型绝缘子时（其泄漏距离 29cm），则绝缘子片数为 $\frac{1.6 \times 110}{29} = 6.07$，于是可选用每串 7 片的悬垂串。

（3）各类杆塔上绝缘子的最少片数。

每一悬垂串上的绝缘子最少片数的确定原则，除了应使线路能在工频电压条件下安全可靠地运行外，还应使线路在操作过电压，雷电过电压等各种条件下安全可靠地运行。在某些特殊情况下还须考虑其他有关因素。

根据《110～500kV 架空送电线路设计技术规程》DL/T 5092—1999 及《66kV 及以下架空电力线路设计规范》GB50061—1997 规定，各类杆塔上绝缘子的最少片数如下。

1）直线杆塔上悬垂串绝缘子的最少片数，如表 2-3 所示。

表 2-3　　　　　　　　　直线杆塔上悬垂串绝缘子的最小用量表

标称电压（kV）	35	66	110	220	330	500
单片绝缘子的高度（mm）	XP-6	XP-6	146	146	146	155
绝缘子片数（片）	3	5	7	13	17	25

2）耐张杆塔上耐张绝缘子串的最小片数：耐张绝缘子串的绝缘子片数应在表 2-3 的基础上增加，110～330kV 送电线路增加 1 片，500kV 送电线路增加 2 片。这是因为耐张串在正常运行中经常承受较大的导线张力，绝缘子容易劣化。

3）杆塔高度超过 40m 后，每超过 10m 应增加 1 片绝缘子，全高超过 100m 的杆塔，绝缘子的片数应结合运行经验，通过大气过电压的计算确定，以确保高杆塔的耐雷性能满足要求。

4）对于架设在空气中含有工业污染地带或接近海岸、盐场、盐湖和盐碱地区的线路，应根据运行经验和可能污染的程度，增加绝缘子的泄漏距离。这时宜采用防污型绝缘子或增加普通绝缘子的片数。

若增加普通绝缘子时，一级污秽区（盐尘区）应满足单位电压泄漏距离 2.0cm/kV。对 110kV 线路直线杆塔采用 XP—7 型绝缘子的每串个数为 $\frac{2.0U_N}{h_x} = \frac{2.0 \times 110}{29.5} = 7.46$，可取 8 片。

5）以上分析均适于海拔高度不超过 1000m 地区的线路。对于架设在海拔高度超过 1000m，但在 3500m 以下地区的线路，如无运行经验时，绝缘子片数可按下式确定，即

$$绝缘子片数 = N[1 + 0.1(H - 1)]$$

式中　N——表 2-3 中的绝缘子片数，且考虑了高杆塔增加的片数和污秽区增加的片数；

　　　H——海拔高度，km。

2-6　什么叫电晕？电晕有什么危害？

答：电晕是高压带电体表面向空气游离放电的现象。当高压带电体（例如高压架空线的导线或其他电气设备的带电部分）的电压达到电晕临界电压，或其表面电场强度达到电晕电

场强度（30~31kV/cm）时，在正常气压和温度下，会看到带电体周围出现蓝色的辉光放电现象，这就是电晕。

在恶劣的气候条件下（霉雨、大雾等），出现电晕的电压或电场强度还要降低，或者说在同样电压或电场强度下，电晕现象比好天气时更强烈。

由于电晕的辉光放电，对附近的通信设施会产生干扰，影响通信质量。更不利的是会引起电晕损耗，尤其是雨、雪、雾天电晕损耗比好天气时将成倍增加，造成电能的极大浪费。在目前情况下，设法减少电晕损失，节约电力能源，具有重要的现实意义。

2-7 在电力线路上如何减少电晕损耗？

答： 电晕现象是超高电压下的一种特殊现象，一般110kV以下不会出现电晕，所以不考虑电晕损失。在超高压的情况下，电晕的出现不仅与气温、气压和空气湿度有关，而且与导体的半径有很大关系。当导体半径大时，表面电场强度低，不易发生电晕；反之，导体半径小，表面电场强度大，就易发生电晕。所以，在现代超高压电力线路上，都是采取增大导线直径的办法来限制电晕的产生。在导线的固定线夹上，为了避免电场的过分集中，使金具尖端发生强烈电晕，多用均压环或均压罩加以屏蔽。采用上述措施后，在良好的天气情况下，一般就不会产生电晕，从而也避免了电晕损耗。

在超高压电力线路上，当导线直径大于某一规定时，就不会产生电晕。

330kV以上，几乎都是采用分裂导线，借以增大各相导线的几何半径。

2-8 高压输电线路的导线为什么要进行换位？如何进行换位？

答： 在高压输电线路上，当三相导线的排列不对称时，即三相导线的几何位置不在等边三角形的顶点，那么各相导线的电抗就不相等。因此，即使在三相导线中通过对称负荷，各相中的电压降也不相同。另一方面，由于三相导线的不对称，相间电容和各相对地电容也不相等，从而会有零序电压出现。所以规程规定，在中性点直接接地的电力网中，当线路总长度超过100km时，均应进行换位，以平衡不对称电流。在中性点非直接接地的电力网中，为降低中性点长期运行中的电位，平衡不对称电容电流，也应进行换位。

(1) 导线换位方法。

导线的换位方法，可以在每条线路上进行循环换位，即让每一相导线在线路的总长中所处位置的距离相等。具体有三种方法，即单循环换位、双循环换位、三循环换位，如图2-3所示。

1) 单循环换位：如图2-3（a）所示，设线路的总长度为 l 公里，当三相导线进行单循环换位时，其上部

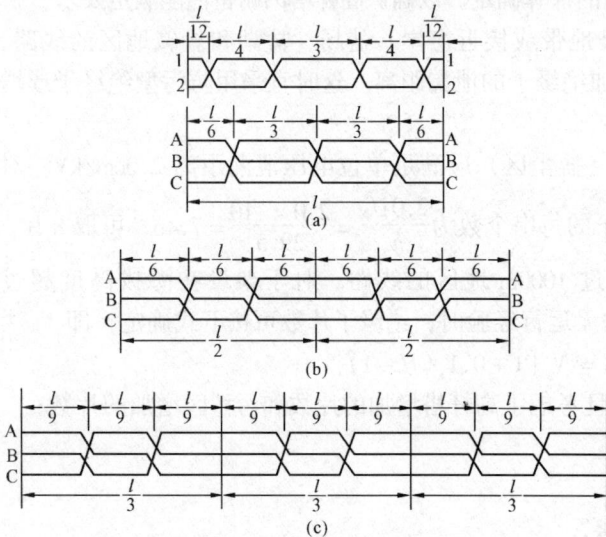

图2-3 送电线路换位示意图
(a) 单循环换位；(b) 双循环换位；(c) 三循环换位

为两根避雷线进行四处交叉换位，下部为三根导线进行了三处换位，图上分别标出的 $\frac{l}{6}$、$\frac{l}{3}$、$\frac{l}{12}$ 等，为两换位处之间的距离。每相导线在图上的三个位置（上、中、下）的长度和是相等的，故为完全换位。避雷线换位后在每一位置的长度和分别为 $\frac{l}{2}$。

　　2）双循环换位：如图 2-3（b）所示（只画出三相导线的换位示意图）。

　　3）三循环换位：如图 2-3（c）所示（只画出三相导线的换位示意图）。

　　双循环及三循环换位，均属完全换位，不过，其换位处的长度相对地减少了，这对远距离送电线路的安全运行和经济性是有好处的。

　　(2) 导线换位方式。

　　常用的换位方式有滚式换位、耐张塔换位和悬空换位三种，如图 2-4 所示。滚式换位的优点是可用于一般型式的杆塔，缺点是换位处有导线交叉现象，易因覆冰不均而引起导线短路，且在档距中导线间的距离不稳定，易接近，因此只广泛应用于轻冰区。耐张塔换位的优点是导线换位时导线间距离较稳定，但需用特殊的耐张塔换位，复杂且不经济，故一般在重冰区使用。悬空换位方式虽在芬兰、瑞典用得较多，我国山西、辽宁等地也曾用过，但因施工和检修不便，故未被普遍推广。

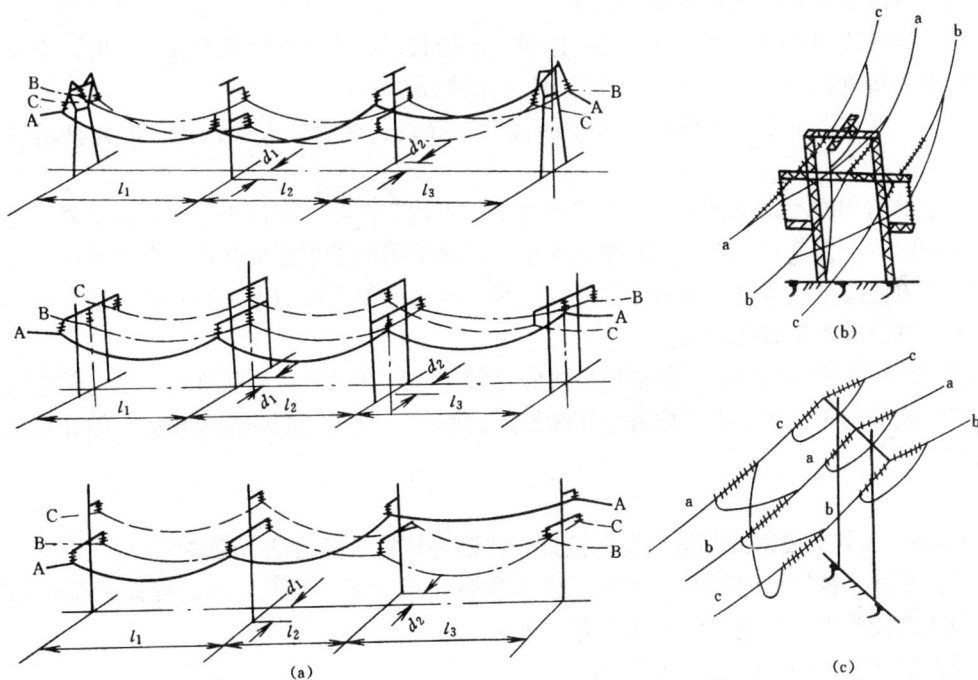

图 2-4　换位方式图

(a) 滚式换位；(b) 耐张塔换位；(c) 悬空换位

　　(3) 避雷线的换位。

　　为使三相导线对地线的感应电压降至最小，绝缘避雷线也要进行换位。避雷线的换位点应和导线的换位点错开，两线在空间每一位置的总长度应相等。其换位俯视图见图 2-3

(a)。

（4）规程关于导线换位的有关规定。

无论采用上述哪种换位方式，都将增大线路投资，且交叉换位处是线路绝缘的薄弱环节，影响运行的可靠性，所以应对换位的循环数加以限制。

《110～500kV架空送电路线设计技术规程》DL/T 5092—1999对导线换位有关规定如下：①在中性点直接接地的电力网中，长度超过100km的线路，均应换位。换位循环长度不宜大于200km。②如一个变电所某级电压的每回出线虽小于100km，但其总长度超过200km，可以采用变换各回线路的相序排列或换位的方法，以平衡不对称电流。③中性点非直接接地的电力网，为降低中性点长期运行中的电位，可用换位或变换线路相序排列的方法来平衡不对称电流。

2–9 何谓孤立档距？它在运行上有何优点？

答：由于线路进入变电所或跨越障碍物、解决杆塔上拔以及拥挤地区的连续转角等原因，送电线路往往出现两基耐张杆塔相连的情况，这种两基耐张杆塔组成的耐张段，称为孤立档距。

孤立档距在经济上的消耗较一般档距大，但在运行上有以下优点：

（1）可以隔离本档以外的断线事故。

（2）当导线垂直排列时，因两端的挂线点不能移动，当下导线的覆冰脱落时，上下导线在档距中央接近程度大大减小，故可使用较大的档距。

（3）在孤立档距中由于杆塔的微小的挠度，导线、避雷线大大松弛，因此杆塔很少破坏。

孤立档两侧的耐张绝缘子串使全档导线承受不均匀荷载，其应力、弧垂计算必须考虑绝缘子串的影响。尤其对档距较小的孤立档距，绝缘子串的下垂距离将占全部弧垂的一半甚至更多。如果仍按导线本身的载荷计算应力弧垂，就将使架线张力增加到几倍，甚至达到杆塔或变电所进出线构架破坏的程度。

孤立档距在架线完毕后，两端均有耐张绝缘子串；在紧线观测弧垂时，档内架空线仅紧线固定端联有耐张绝缘子串。后者与连续档距两端的二直线档距的情况相似，但计算上不完全相同。

2–10 为什么要对线路进行巡视检查？线路巡视检查的方法有哪些？

答：线路巡视检查的目的，是为了经常掌握线路的运行状况，及时发现设备缺陷和隐患，为线路检修提供依据，以保证线路安全运行。

线路巡视检查的方法有下列几种：

（1）定期巡视：定期巡视是为了经常掌握线路各部件的运行状况及沿线情况，搞好群众护线工作。定期巡视由专责巡视人员负责。35～110kV线路一般每月进行一次，6～10kV线路每季至少进行1次。

（2）特殊巡视：特殊巡视是在气候剧烈变化（如大风、大雪、导线结冰、暴雨等）、自然灾害（如地震、河水泛滥、山洪爆发、森林起火等）、线路过负荷和其他特殊情况时，对全线、某几段或某些部件进行巡视，以便及时发现线路的异常情况和部件的变形损坏。

（3）夜间巡视：夜间巡视是为了检查导线、引流线接续部分的发热、冒火花或绝缘子的污秽放电等情况。夜间巡视最好在没有光亮或线路供电负荷最大时进行。一般来说，35～110kV线路每季1次，6～10kV线路每半年1次。

（4）故障巡视：故障巡视是为了及时查明线路发生故障的原因、故障地点及故障情况，以便及时消除故障和恢复线路供电。所以在线路发生故障后，应立即进行巡视。

（5）登杆塔巡查：登杆塔巡查是为了弥补地面巡视的不足，而对杆塔上部部件的巡查。这种巡查根据需要进行。

登杆巡查要专人监护，以防触电伤人。

2-11 什么是电力线路的保护区？电力线路保护区有何具体规定？

答：（1）架空电力线路的保护区，是指导线边线向外侧水平延伸并垂直于地面所形成的两平行面内的区域，它是为了保证已建架空电力线路的安全运行和保障人民生命安全及用户正常供电而必须设置的安全区域。

《电力设施保护条例》关于架空电力线路保护区有关规定如下：

1）在一般地区各级电压导线的边线延伸距离如下：

1～10kV：5m；

35～110kV：10m；

154～330kV：15m；

500kV：20m。

2）在厂矿、城镇等人口密集地区，架空电力线路保护区的区域可略小于上述规定。但各级电压导线边线延伸的距离，应不小于导线边线在最大计算弧垂及最大计算风偏后的水平距离和风偏后距建筑物的水平安全距离之和。

各级电压导线边线在计算导线最大风偏情况下，距建筑物的水平安全距离如下：

1kV以下：1.0m；

1～10kV：1.5m；

35kV：3.0m；

66～110kV：4.0m；

154～220kV：5.0m；

330kV：6.0m；

500kV：8.5m。

（2）电力电缆线路保护区。

1）江河电缆保护区的宽度为：①敷设于二级及以上航道时，线路两侧各100m所形成的两平行线内的水域；②敷设于三级以下航道时，线路两侧各50m所形成的两平行线内的水域。

2）地下电力电缆保护区的宽度为地下电力电缆线路地面标桩两侧各0.75m所形成的两平行线内区域。

（3）在保护区内禁止使用机械掘土、种植树木，禁止挖坑、取土、兴建建筑物和构筑物，不得堆放杂物或倾倒酸、碱、盐及其他有害化学物品。

任何单位和个人不得在距电力设施周围500m范围内（指水平距离）进行爆破作业。

超过4m高度的车辆或机械通过架空电力线路时，必须采取安全措施，并经县级以上的电力管理部门批准。

2-12　对导线、避雷线巡视检查的主要内容有哪些?

答：（1）检查导线、避雷线有无锈蚀、断股、损伤或闪络烧伤。

（2）检查导线、避雷线的弧垂有无变化。

（3）检查导线、避雷线有无上扬、震动、舞动、脱冰跳跃情况。

（4）检查导线接头、连接器有无过热现象。如果发现变色、下雨时有"吱吱"的响声、下雪时不积雪等情况，则说明导线接头、连接器温度过高。有条件的地区，可以用红外线测温仪或半导体点温计测量实际温度。

（5）检查导线在线夹内有无滑动，释放线夹船体有无从挂架中脱出。

（6）检查导线跳线（又叫引流线、弓子线）有无断股烧伤、歪扭变形，跳线对杆塔的距离有无变化。

（7）检查导线上、下方或沿线附近有无新架的电力线、电话线及建筑物等。导线对交叉跨越设施的距离是否符合规程要求。

（8）检查导线对地面、交叉跨越设施、线路附近的树木、电视机天线及建筑物等的距离是否符合规程要求。

（9）检查导线、避雷线上有无悬挂的风筝等物。

（10）检查导线上的预绞丝护线条有无滑动、断股或烧伤。

（11）检查防振锤有无跑动、偏斜、螺帽丢失、钢丝断股。检查阻尼线有无变形、烧伤，绑线有无松动。

（12）检查导线与绝缘子的绑线有无松动、烧伤。

2-13　对杆塔巡视检查的主要内容有哪些?

答：（1）检查杆塔有无倾斜，横担有无歪扭，杆塔及横担的倾（歪）斜度不能超过表2-4的数值。

表2-4　　　　　　　　　　　　　杆及横担允许倾（歪）斜度

类　　　别	木质杆塔	钢筋混凝土杆	铁　　　塔
杆塔倾斜度（包括挠度）	$\frac{15}{1000}$	$\frac{15}{1000}$	50m及以上$\frac{5}{1000}$；50m以下$\frac{10}{1000}$
横担歪斜度	$\frac{10}{1000}$	$\frac{10}{1000}$	$\frac{10}{1000}$

（2）检查杆塔部件有无丢失、锈蚀或变形，部件固定是否牢固，螺栓或螺帽有无丢失或松动，螺栓丝扣是否外露，铆焊处有无裂纹、开焊，绑线有无断裂或松动等。

（3）检查钢筋混凝土杆有无裂纹，旧的裂纹有无变化，混凝土有无脱落，钢筋有无外露，脚钉有无丢失。

（4）检查木杆及木质构件有无开裂、腐朽、烧焦和鸟洞，帮桩有无松动，木楔是否脱出或变形。

（5）检查杆塔周围土壤有无突起、裂缝或沉陷。杆塔基础有无裂纹、损坏、下沉或上拔，护基有无沉陷或被雨水冲刷。

（6）检查杆塔横担上有无威胁安全的鸟窝及附生蔓藤类植物。杆塔周围有无过高的杂草。

（7）检查杆塔防洪设施有无坍塌、损坏。杆塔是否缺少防洪设施。

（8）检查塔材有无丢失，主材有无弯曲（弯曲度不得超过 5/1000）。基础地脚螺栓帽有无松动或丢失。

（9）检查杆塔周围是否有人取土，卡盘、拉线盘有无外露。

2-14 对绝缘子巡视检查的主要内容有哪些?

答:（1）检查绝缘子表面是否脏污。当绝缘子安装了泄漏电流记录仪时，应检查仪表的动作情况，并记录测得的泄漏电流值。

（2）检查绝缘子有无裂纹、破碎及闪络、烧伤痕迹。

（3）检查绝缘子钢脚、钢帽是否锈蚀，钢脚是否弯曲。

（4）检查绝缘子串和瓷横担有无严重偏斜。直线杆塔悬垂绝缘子串顺线路方向的偏斜不得大于 15°。

（5）检查针式绝缘子和瓷横担上固定导线的绑线有无松动、断股或烧伤。

（6）检查悬式绝缘子的弹簧销、开口销有无缺少或脱落，开口销是否张开。

（7）检查金具有无锈蚀、磨损、裂纹或开焊。

2-15 架空电力线路与其他线路交叉跨越时，对防雷有哪些要求?

答: 架空电力线路与其他线路交叉跨越时，需要采取防止雷击的技术措施，以免雷电压反击到各种较低电压的线路上造成事故。具体有以下几点要求:

（1）若交叉的线路为铁塔支撑，无论其有无避雷线，上、下方线路交叉档的铁塔均应接地。

（2）电压为 3kV 及以上的架空电力线路，交叉档两端为木杆或钢筋混凝土杆、木横担时，应装设管型避雷器或保护间隙。

（3）与 3kV 及以上架空电力线路交叉的低压线路和通信线路，交叉档两端为木杆时，均应装设保护间隙。

（4）交叉点至交叉档近端杆塔的距离不超过 40m 时，可不在另端杆塔上装设交叉防雷装置。

2-16 中性点不接地系统的电力线路，发现绝缘子闪络或严重放电应怎样处理?

答: 中性点不接地系统的电力线路，其绝缘子闪络或严重放电时，将会导致架空线路的一相接地或相间接地短路，以致产生电弧，烧毁导线及设备。当绝缘子闪络导致一相接地时，非故障相的对地电压为正常相电压的 $\sqrt{3}$ 倍，可能使非故障相瓷绝缘的薄弱点击穿而造成两相或三相接地短路故障，造成大面积的停电，其后果严重。

因此，当发现线路的瓷绝缘严重放电和闪络时，应及时通知变、配电所的运行人员及电气负责人，抓紧处理，限制事故范围的扩大。如果故障线路为直接与系统电网连接的线路，不能自行处理时，则应立即通知供电局有关部门协助处理。

2-17 带电作业的杆塔，其带电部分对接地体的距离有何具体规定？

答：我国目前普遍采用"同电位"自由带电作业法。为了带电检修的需要，有关规程规定，带电作业的杆塔的带电部分对接地体风偏后的间隙，应满足表2-5的距离要求。其相应的气象条件为：气温+15℃，风速10m/s，无冰（与内过电压情况同）。

表2-5　　　　　　　带电作业杆塔带电部分与接地部分的最小距离

电压（kV）	10	35	66	110	154	220	330	500
距离（m）	0.4	0.6	0.7	1.0	1.4	1.8	2.2	3.2

对于带电作业人员停留或工作的部位，还应考虑人体的活动范围0.3~0.5m。

2-18 什么叫零值绝缘子？怎样检测送电线路的零值绝缘子？

答：送电线路的绝缘子串，由于各绝缘子的绝缘电阻和分布电容不同，故电压分布是不够均匀的。若某个绝缘子上承受的分布电压值等于零，该绝缘子叫零值绝缘子，其绝缘电阻值等于零。

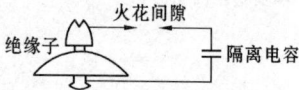

图2-5　绝缘子测试杆原理接线图

检测方法是应用特制的绝缘子测试杆，在不停电线路的绝缘子上直接进行测试。绝缘子测试杆原理如图2-5所示。测量时，将测试杆上的两根电极接触绝缘子的两端（金属部分），根据火花间隙、放电火花的大小来判断绝缘子绝缘的好坏。如果没有放电火花，这就是零值绝缘子。

测量绝缘子的顺序是：从靠近横担的绝缘子开始，逐个进行测量，直至把这一串绝缘子测完。

线路上如果有零值或低值绝缘子存在，就相应地降低了绝缘水平，容易发生闪络事故，因此，发现后应及时更换绝缘子。

2-19 什么是不合格的绝缘子？发现不合格的绝缘子时应怎样处理？

答：绝缘子有下列情况之一者为不合格：

(1) 瓷质裂纹、破碎、瓷釉烧坏。

(2) 钢脚和钢帽裂纹、弯曲、严重锈蚀、歪斜、浇装水泥裂纹。

(3) 绝缘电阻小于300MΩ。

(4) 电压分布值为零或低于标准值的绝缘子。

当发现不合格的绝缘子时，应针对具体情况分析研究，安排处理计划。对于瓷质裂纹、破碎、瓷釉烧坏、钢脚和钢帽裂纹及零值绝缘子，应尽快更换，以防发生事故。

2-20 什么是输电线路的污闪事故？

答：在输电线路经过的地区，会由于工厂的排烟、海风带来的盐雾、空气中飘浮的尘埃和大风刮起的灰尘等，逐渐积累并附着在绝缘子的表面上，形成污秽层。这些粉尘污物中大部含有酸碱和盐的成分，干燥时导电性不好，遇水后，具有较高的电导系数。所以，当下毛毛雨、积雪融化、遇雾结露等潮湿天气时，污秽使绝缘子的绝缘水平大大降低，从而引起绝缘子闪络，甚至造成大面积停电，这称为线路的污闪事故。

2-21　怎样防止输电线路的污闪事故的发生？

答：为了防止污闪事故的发生，一般采取下列措施：

（1）定期清扫绝缘子，一般是每年雨季到来之前清扫一次，但还应根据绝缘子所在地段的受污情况及对污样的盐密分析，适当增加清扫次数。清扫绝缘子，可采取停电登杆清扫、不停电用绝缘毛刷清扫或带电强力水冲洗的方法进行。

（2）定期检测和及时更换不良绝缘子，保持线路绝缘子串的绝缘水平。

（3）提高线路绝缘水平或采用防污型绝缘子，在线路经过特别的污秽地区，如海边及化工厂附近，可适当增多绝缘子个数，以提高单位泄漏比距，增强整体绝缘强度。也可采用防污型绝缘子，以利雨水对污秽的冲刷和提高绝缘水平。

（4）对于已经运行的输电线路，当污染严重时，可以采取在绝缘子上涂刷防尘涂料的办法来增强抗污能力，如有机硅油、有机硅蜡等。有条件时，也可采用半导体釉绝缘子。

2-22　为什么使用交流供电的电气化铁路要采用同轴电缆，而不宜使用普通的双芯电缆或架空线？

答：电气化铁路由架空线和与铁轨多点连接的电缆供电。它不像有轨电车靠架空电线和铁轨供电。电气化铁路的供电方式可使大部分电流在同轴电缆中流过，使流过架空线和铁轨的电流尽可能少。由于同轴电缆对外不呈现电磁场，内阻抗低，能减小对外界的电磁干扰和电能损耗，所以采用同轴电缆是最理想的，普通电缆或架空电线达不到这个要求。

2-23　何谓盐密、爬距及线路爬电比距？

答：（1）等值附盐密度（俗称盐密）指瓷绝缘表面单位面积上的等值附盐量，单位是mg/cm^2。它是确定线路、变电所环境污秽等级的依据，也是线路、变电所外绝缘设计的依据。

（2）沿设备外绝缘表面放电的距离即为电的泄漏距离，也称爬电距离，简称爬距。它是外绝缘重要的参数指标。

（3）线路绝缘子串或瓷横担绝缘子的泄漏距离与工作电压（额定线电压）的比值，称为线路爬电比距。当线路实际爬电比距等于或大于某一要求值时，该线路在正常工作电压下，将不致闪络。可见，线路爬电比距是线路绝缘子串单位电压的泄漏距离。它是线路设计的重要依据，也是电网安全运行的重要参数。

2-24　简述我国高压架空电力线路污秽分级标准。

答：根据《110～500kV架空送电线路设计技术规程》DL/T 5092—1999规定，我国高压架空电力线路污秽分级标准如表2-6所示。

表2-6 高压架空线路污秽分级标准

污秽等级	污湿特征	线路爬电比距（cm/kV）		
		盐密（mg/cm²）	220kV及以下	330kV及以上
0	大气清洁地区及离海岸盐场50km以上无明显污染地区	≤0.03	1.39（1.60）	1.45（1.60）
I	大气轻度污染地区，工业区和人口低密集区，离海岸盐场10～50km地区。在污闪季节中干燥少雾（含毛毛雨）或雨量较多时	>0.03～0.06	1.39～1.74（1.60～2.00）	1.45～1.82（1.60～2.00）
II	大气中等污染地区，轻盐碱和炉烟污秽地区，离海岸盐场3～10km地区，在污闪季节中潮湿多雾（含毛毛雨）但雨量较少时	>0.06～0.10	1.74～2.17（2.00～2.50）	1.82～2.27（2.00～2.50）
III	大气污染较严重地区，重雾和重盐碱地区，近海岸盐场1～3km地区，工业与人口密度较大地区，离化学污染源和炉烟污秽300m～1500m的较严重污秽地区	>0.10～0.25	2.17～2.78（2.50～3.20）	2.27～2.91（2.50～3.20）
IV	大气特别严重污染地区，离海岸盐场1km以内，离化学污染源和炉烟污秽300m以内的地区	>0.25～0.35	2.78～3.30（3.20～3.80）	2.91～3.45（3.20～3.80）

注 爬电比距计算时取系统最高工作电压。表中括号内数字为按标称电压计算的值。

2-25 试简述输电线路覆冰的原因与对策。

答：覆冰的成因：每年的冬末和初春季节，北方的强冷气团与南方的副热带暖湿气团交汇，形成准静止锋。暖气团爬至冷气团之上，其所含的大量水分在爬升过程中，不断地冷却凝结形成雾和毛毛雨。随着高度的增加和气温的降低，逐渐形成过冷却水滴、雪花和冰晶，当颗粒过大即开始下降，接近电线、树木、或地面形成雾凇、雪凇或冻雨。

防冰的对策：

（1）在重冰区的线路，设计时应考虑按30mm冰厚验算杆塔强度、最小安全距离及对地距离等。对连续上、下坡的直线杆塔，应验算对地和对杆塔构件的最小安全距离。

（2）在已运行的线路上，应采取以下措施：

1）安装防冰环和防冰球。按导地线的截距、截面及档距设计安装防冰球，以控制导线的旋转；安装防冰环，以控制电线的脱冰跳跃。

2）建立线路融冰站。在冰区线路上安装融冰变压器，利用大电流，使导线发热融冰。

3）采用复合导线法，现场遥控电线除冰。

2-26 架空电力线的振动与舞动有何不同? 如何防止振动?

答: 架空电力线常年受风、冰、低温等气象条件的作用。风的作用除使架空线和杆塔产生垂直于线路方向的水平载荷外,还将引起架空线的振动。架空线的振动按频率和振幅可分为振动和舞动两大类。

振动的频率较高而振幅较小。一年中振动的时间常达全年时间的 30% ~ 50% 左右,风振动使架空线在悬点处反复被拗折,引起材料疲劳,最后导致断股、断线事故。

舞动为频率很低,而振幅很大的振动。舞动波为行波与驻波。由于振幅大,有摆动,一次持续几小时,因此容易引起相间闪络,造成线路跳闸、停电或烧伤导线等严重事故。

架空线的防震可以从两方面着手。其一,是在架空线上加装防震装置,以吸收或减弱振动能量。其二,是加强设备的耐振强度,防止由振动而引起架空线的损坏。

前者广泛采用防振锤和阻尼线,将振动限制到不损坏架空线的无危险的程度。后者,则改善线夹的耐振性能,采用护线条,以降低架空线的静态应力,增加刚度,提高导线耐振能力。

防振锤的安装位置和数量决定于架空线路的导线截面和档距的大小。每个档距内安装的数量、型号和具体位置均在设计图中标明。

2-27 试简述送电线路与弱电线路、建筑物、铁路、公路、河流、管道、索道及各种架空线路交叉或接近的基本要求。

答: 根据《66kV 及以下架空电力线路设计规范》GB 50061—1997 及《110 ~ 500kV 架空送电线路设计技术规程》DL/T 5092—1999,有关规定如下:

(1) 送电线路与弱电线路的交叉角见表 2-7。

表 2-7　　　　　　　　　　　送电线路与弱电线路的交叉角

弱电线路等级	一 级	二 级	三 级
交 叉 角	≥45°	≥30°	不限制

(2) 导线与地面的最小距离见表 2-8。

表 2-8　　　　　　　　　　　　导线与地面的最小距离 (m)

线路经过区域	线 路 电 压					
	3kV 以下	3 ~ 10kV	35 ~ 110kV	220kV	330kV	500kV
人口密集地区	6.0	6.5	7.0	7.5	8.5	14
人口稀少地区	5.0	5.5	6.0	6.5	7.5	11 (10.5)
交通困难地区	4.0	4.5	5.0	5.5	6.5	8.5

注 500kV 送电线路非居民区 11m 用于导线水平排列,括号内的 10.5m 用于导线三角排列。

(3) 导线与建筑物之间的最小垂直距离及边导线与建筑物之间的最小距离见表 2-9。

表 2 – 9 　　　　导线与建筑物之间的最小垂直距离及边导线与建筑物之间的最小距离

线路电压（kV）	3kV 以下	3～10kV	35kV	66kV	110kV	220kV	330kV	500kV
最小垂直距离（m）	2.5	3.0	4.0	5.0	5.0	6.0	7.0	9.0
最小距离（m）	1.0	1.5	3.0	4.0	4.0	5.0	6.0	8.5

注　边导线与建筑物之间的最小距离中，导线与城市多层建筑物或规划建筑物之间的距离，指水平距离。

（4）架空线路交叉最小垂直距离见表 2 – 10。

表 2 – 10 　　　　　架空线路交叉最小垂直距离

线路电压（kV）	3 以下	3～10	35～110	220	330	500
最小垂直距离（m）	1.0	2.0	3.0	4.0	5.0	6.0（8.5）

注　（1）括号内的数值用于跨越杆（塔）顶；

　　（2）电压较高的线路一般架设在电压较低线路的上方；

　　（3）同一等级电压的电网公用线应架设在专用线上方。

（5）3～66kV 架空电力线路与铁路、公路、河流、管道、索道及各种架空线路交叉或接近的基本要求见表 2 – 11。

表 2 – 11 　　　　架空电力线路与铁路、道路、河流、管道、索道及
各种架空线路交叉或接近的要求

项目	铁路	公路和道路	电车道（有轨及无轨）	通航河流	不通航河流	架空明线弱电线路	电力线路	特殊管道	一般管道、索道
导线或地线在跨越档接头	标准轨距：不得接头　窄轨：不限制	高速公路和一、二级公路及城市一、二级道路：不得接头　三、四级公路和城市三级道路：不限制	不得接头	不得接头	不限制	一、二级：不得接头　三级：不限制	35kV 及以上：不得接头　10kV 及以下：不限制	不得接头	不得接头
交叉档导线最小截面	35kV 及以上采用钢芯铝绞线为 35mm²；10kV 及以下采用铝绞线或铝合金线为 35mm²，其他导线为 16mm²								
交叉档绝缘子固定方式	双固定	高速公路和一、二级公路及城市一、二级道路为双固定	双固定	双固定	不限制	10kV 及以下线路跨一、二级为双固定	10kV 线路跨 6～10kV 线路为双固定	双固定	双固定

最小垂直距离（m）

线路电压	铁路			公路和道路	电车道		通航河流		不通航河流		架空明线弱电线路	电力线路	特殊管道	一般管道、索道
	至标准轨顶	至窄轨轨顶	至承力索或接触线	至路面	至路面	至承力索或接触线	至常年高水位	至最高航行水位的最高航槽顶	至最高洪水位	冬季至冰面	至被跨越线	至被跨越线	至管道任何部分	至管道、索道任何部分
35～66kV	7.5	7.5	3.0	7.0	10.0	3.0	6.0	2.0	3.0	6.0	3.0	3.0	4.0	3.0
3～10kV	7.5	6.0	—	7.0	9.0	3.0	6.0	1.5	3.0	5.0	2.0	2.0	3.0	2.0
3kV 以下	7.5	6.0	—	6.0	9.0	3.0	6.0	1.0	3.0	5.0	—	1.0	1.5	1.5

项目	铁路		公路和道路			电车道(有轨及无轨)		通航河流	不通航河流	架空明线弱电线路	电力线路				特殊管道	一般管道、索道
	杆塔外缘至轨道中心		杆塔外缘至路基边缘			杆塔外缘至路基边缘		边导线至斜坡上缘(线路与拉纤小路平行)			边导线间		至被跨越线		边导线至管道、索道任何部分	
线路电压	交叉	平行	开阔地区	路径受限制地区	市区内	开阔地区	路径受限制地区				开阔地区	路径受限制地区	开阔地区	路径受限制地区	开阔地区	路径受限制地区
35~66kV	30	最高杆(塔)高加3m	交叉:8.0 平行:5.0 最高杆塔高	5.0	0.5	交叉:8.0 平行:5.0 最高杆塔高	5.0	最高杆(塔)高		最高杆(塔)高	最高杆(塔)高	4.0	最高杆(塔)高	5.0	最高杆(塔)高	4.0
3~10kV	5		0.5	0.5	0.5	0.5	0.5					2.0		2.5		2.0
3kV以下	5		0.5	0.5	0.5	0.5	0.5					1.0		2.5		1.5
其他要求	不宜在铁路出站信号机以内跨越							最高洪水位时,有抗洪抢险船只航行的河流,垂直距离应协商确定		电力线路应架设在上方;交叉点应尽量靠近杆塔,但不应小于7m(市内除外)	电压较高线路应架设在电压较低线路上方;电压相同时公用线应在专用线上方				与索道交叉,如索道在上方,索道下方应装设保护措施;交叉点不应选在管道检查井(孔)处;与管、索道平行、交叉时,管、索道应接地

最小水平距离(m)

注 (1) 特殊管道指架设在地面上输送易燃、易爆物的管道;
　　(2) 管、索道上的附属设施,应视为管、索道的一部分。

　　(6) 110~500kV架空电力线路与铁路、公路、河流、管道、索道及各种架空线路交叉或接近的基本要求见表2-12。

表2-12　送电线路与铁路、公路、河流、管道、索道及各种架空线路交叉或接近的基本要求

项目	铁路	公路	电车道(有轨及无轨)	通航河流	不通航河流	弱电线路	电力线路	特殊管道	索道
导线或地线在跨越档内接头	标准轨距:不得接头 窄轨:不限制	高速公路、一级公路:不得接头 二、三、四级公路:不限制	不得接头	一、二级:不得接头 三级及以下:不限制	不限制	不限制	110kV及以上线路:不得接头 110kV以下线路:不限制	不得接头	不得接头
邻档断线情况的检验	标准轨距:检验 窄轨:不检验	高速公路、一级公路:检验 二、三、四级公路:不检验	检验	不检验	不检验	I级:检验 II、III级:不检验	不检验	检验	不检验
邻档断线情况的最小垂直距离(m) 标称电压110	至承力索或接触线 2.0 / 至轨顶 7.0	6.0 至路面	至承力索或接触线 2.0 / 至路面 6.0	至承力索或接触线 2.0	—	2.0 至承力索或接触线	—	1.0 至管道任何部分	—

最小垂直距离 m

标称电压(kV)	铁路 至轨顶 (标准轨 | 窄轨 | 电气轨) / 至承力索或接触线	公路 至路面	电车道 至路面 / 至承力索或接触线	通航河流 至五年一遇洪水位 / 至最高航行水位的最高船桅顶	不通航河流 至百年一遇洪水位 / 冬季至冰面	弱电线路 至被跨越物	电力线路 至被跨越物	特殊管道 至管道任何部分	索道 至索道任何部分
110	7.5 | 7.5 | 11.5 / 3.0	7.0	10.0 / 3.0	6.0 / 2.0	3.0 / 6.0	3.0	3.0	4.0	3.0
220	8.5 | 7.5 | 12.5 / 4.0	8.0	11.0 / 4.0	7.0 / 3.0	4.0 / 6.5	4.0	4.0	5.0	4.0
330	9.5 | 8.5 | 13.5 / 5.0	9.0	12.0 / 5.0	8.0 / 4.0	5.0 / 7.5	5.0	5.0	6.0	5.0
500	14.0 | 13.0 | 16.0 / 6.0	14.0	16.0 / 6.5	9.5 / 6.0	6.5 / 11(水平) 10.5(三角)	8.5	6.0(8.5)	7.5	6.5

最小水平距离 m

标称电压(kV)	铁路 杆塔外缘至轨道中心	公路 杆塔外缘至路基边缘 (开阔地区 | 路径受限制地区)	电车道 杆塔外缘至路基边缘 (开阔地区 | 路径受限制地区)	通航河流 边导线至斜坡上缘(线路与拉纤小路平行)	不通航河流	弱电线路 与边导线间 (开阔地区 | 路径受限制地区)	电力线路 与边导线间 (开阔地区 | 路径受限制地区)	特殊管道、索道 边导线至管、索道任何部分 (开阔地区 | 路径受限制地区 在最大风偏情况下)	
110	交叉:30m 平行:最高杆(塔)高加3m	交叉:8m 平行:最高杆(塔)高 | 5.0	交叉:8m 平行:最高杆(塔)高 | 5.0	最高杆(塔)高	最高杆(塔)高	最高杆(塔)高 | 4.0	最高杆(塔)高 | 5.0	最高杆(塔)高 | 4.0	
220		5.0	5.0			5.0	7.0	5.0	
330		6.0	6.0			6.0	9.0	6.0	
500		8.0(15)	8.0			8.0	13.0	7.5	

76

项 目	铁 路	公 路	电车道(有轨及无轨)	通航河流	不通航河流	弱电线路	电力线路	特殊管道	索 道
附加要求	不宜在铁路出站信号机以内跨越	括号内为高速公路数值。高速公路路基边缘指公路下缘的隔离栅		最高洪水位时，有抗洪抢险船只航行的河流，垂直距离应协商确定		送电线路应架设在上方	电压较高的线路一般架设在电压较低的线路的上方。同一等级电压的公用电网应架设在专用线路的上方		(1)与索道交叉，如索道在上方，索道应装设保护设施；(2)交叉点不应选在管道的检查井(孔)处；(3)与管、索道平行，管、索道应接地
备 注		公路及城市道路分级可参照公路等级公路的规定			(1)不通航河流指能浮运的河流；(2)次要通航河流指不能通航，也不能浮运的河流	弱电线路分级见有关规定	括号内的数值用于跨越杆(塔)顶	(1)管、索道上的附属设施，均应视为管、索道的一部分；(2)特殊管道指架设在地面上输送易燃、易爆物品管道	

注：(1) 跨越杆塔（跨越河流除外）应采用固定线夹。

(2) 邻档断线情况的计算条件：+15℃，无风。

(3) 送电线路与弱电线路交叉时，交叉档弱电线路的木质电杆，应有防雷措施。

(4) 送电线路跨220kV及以上线路、铁路、高速公路及一级公路时，悬垂绝缘子串宜采用双联串（对500kV线路并宜采用双挂点，或两个单联串。

(5) 路径狭窄地带，如两线路杆塔位置交错排列，导线在最大风偏情况下，对相邻线路杆塔的最小水平距离，不应小于下列数值：

标称电压：110，220，330，500kV

距 离：3.0，4.0，5.0，7.0m

(6) 跨越弱电线路或电力线路，如导线截面按允许载流量选择，可不检验邻档断线时的交叉跨越垂直距离。

(7) 杆塔为耐张杆，且采用分裂导线时，线路跨越二级公路的跨越档内不允许有接头。

(8) 当导、地线接头采用爆压方式时，对相邻线路杆塔的交叉跨越垂直距离，其数值不应小于操作过电压间隙，且不得小于0.8m。

第三章 高压配电装置的运行

3-1 什么叫高压配电装置？高压配电装置包括哪些设备？

答： 高压配电装置是指电压在 1kV 及以上的电气装置，按主接线的要求，由开关设备、保护和测量电器、母线装置和必要的辅助设备构成，用来接受和分配电能，是发电厂和变电所的重要组成部分。

配电装置按电气设备安装地点的不同，可分为室内和室外配电装置。按其组装方式的不同，又可分为装配式和成套配电装置。电气设备在现场组装的称为装配式配电装置；在制造厂预先将开关电器、互感器等安装成套，这样的配电装置称为成套配电装置。

室内配电装置是将全部电气设备置于室内，大多适用于 35kV 及以下的电压等级。但如果周围环境存在对电气设备有危害性的气体和粉尘等物质时，110kV 配电装置也应建造在室内。

室外配电装置是适合置于室外或露天的设备。通常用于 35~220kV 及以上电压等级。新型六氟化硫全封闭组合电器装置（包括 SF_6 断路器和 SF_6 负荷开关），体积小，占地少，可以装于室外，也可装于室内，是当前较先进的配电装置，适用于各种电压等级。

3-2 高压配电装置的一般要求有哪些？

答： (1) 配电装置的装设和导体、电器及构架的选择应满足正常运行、短路和过电压情况下的要求，并不应危及人身和周围设备。

(2) 配电装置的绝缘等级，应和电力系统的额定电压相配合。重要变电所或发电厂的 3~20kV 室外支柱绝缘子和穿墙套管，应采用高一级电压的产品。

(3) 配电装置各回路的相序排列应尽量一致，并对硬导线涂漆，对绞线标明相别。

(4) 在配电装置间隔内的硬导体及接地线上，应预留未涂漆的接触面和连接端子，用以装接携带式接地线。

(5) 隔离开关和相应的断路器之间，应装设机械或电磁的联锁装置，以防隔离开关误动作。

(6) 在空气污秽地区，室外配电装置中的电气设备和绝缘子等，应有防尘、防腐、加强外绝缘措施，并应便于清扫。

(7) 周围环境温度低于绝缘油、润滑油、仪表和继电器的最低允许温度时，要采取加热措施。

(8) 地震较强烈地区（烈度超过 7 级时），应采取抗震措施，加强基础和配电装置的耐震性能。

(9) 海拔超过 1000m 的地区，配电装置应选择适用于该海拔的电器、电瓷产品。

(10) 室外配电装置的导线，悬式绝缘子和金具所取的强度安全系数，在正常运行时不应小于 4.0，安装、检修时不应小于 2.5。

3-3 室内高压配电装置有何特点？其布置一般应满足哪些要求？

答：（1）室内高压配电装置的特点：

1）由于允许安全净距小，可以分层布置，故占地面积较小。

2）维修、巡视和操作在室内进行，不受气候影响。

3）外界污秽空气对电气设备影响较小，可减少维护工作量。

4）适宜于一些非标准设备的安装，如槽形母线、大电流母线隔离开关。

5）房屋建筑投资较大。

大、中型发电厂和变电所中，35kV 及以下（包括厂用配电装置）电压级的配电装置多采用室内配电装置。

（2）室内配电装置的布置。

室内配电装置的结构，除与电气主接线及电气设备的型式（如电压等级、母线容量、断路器型式、出线回路数和方式、有无出线电抗器等）有密切关系外，还与施工、检修条件、运行经验有关。随着新设备和新技术的采用，运行、检修经验的不断丰富，配电装置的结构和型式将会不断地更新。

发电厂和变电所中的室内配电装置，按其布置型式的不同，一般可分为两层式和单层式。两层式是将所有电气设备依其轻重分别布置在各层中；单层式是把所有的设备都布置在一层中。

室内配电装置的布置一般应满足以下要求：

1）同一回路的电器和导体布置在一个间隔内，以满足检修安全和限制故障范围。

2）尽量将电源布置在每段母线的中部，使母线截面通过较小的电流。

3）较重设备（如电抗器）布置在下层，以减轻楼板的荷重并便于安装。

4）充分利用间隔的位置。

5）布置对称，对同一用途的同类设备布置在同一标高，便于操作。

6）容易扩建。

7）各回路的相序排列尽量一致，一般为面对出线电流流出方向自左到右、由远到近、从上到下按 A、B、C 相顺序排列。对硬导体涂色，色别为：A 相黄色、B 相绿色、C 相红色。对绞线一般只标明相别。

8）为保证检修人员在检修电器及母线时的安全，电压为 63kV 及以上的配电装置，对断路器两侧的隔离开关和线路隔离开关的线路侧，宜配置接地刀闸；每段母线上宜装设接地刀闸或接地器，其装设数量主要按作用在母线上的电磁感应电压确定。在一般情况下，每段母线宜装设两组接地刀闸或接地器，其中包括母线电压互感器隔离开关的接地刀闸。母线电磁感应电压和接地刀闸或接地器安装间隔距离需经计算确定。

9）配电装置的布置为便于设备操作、检修和搬运，设置了维护通道、操作通道、防爆通道。凡用来维护和搬运各种电器的通道，称为维护通道；如通道内设有断路器（或隔离开关）的操作机构，就地控制屏等，称为操作通道；仅和防爆小室相通的通道，称为防爆通道。

10）配电装置室可以开窗采光和通风，但应采取防止雨雪、风沙、污秽和小动物进入室内的措施。配电装置室应按事故排烟要求，装设足够的事故通风装置。600MW 机组电厂，厂用 3 ~ 10kV 室内配电装置一般采用成套配电装置。

3-4　室外高压配电装置有何特点? 分为哪几种类型?

答:（1）室外高压配电装置的特点是:

1）土建工程量和费用较小，建设周期短。

2）扩建比较方便。

3）相邻设备之间距离较大，便于带电作业。

4）占地面积大。

5）受外界空气影响，设备运行条件较差，需加强绝缘。

6）外界气象变化对设备维修和操作有影响。

（2）室外高压配电装置的类型:

根据电气设备和母线布置的高度，室外配电装置可分为中型、半高型和高型等类。

中型配电装置的所有电器都安装在同一水平面内，并使带电部分对地保持必要的高度，以便工作人员能在地面安全地活动。中型配电装置母线所在的水平面稍高于电器所在的水平面，这种布置是我国室外配电装置普遍采用的一种方式。

高型和半高型配电装置的母线和电器分别装在几个不同高度的水平面上，并重叠布置。凡是将一组母线与另一组母线重叠布置的，称为高型配电装置。如果仅将母线与断路器、电流互感器等重叠布置，则称为半高型配电装置。由于高型与半高型配电装置可节省大量占地面积，因此，近年来，110kV 和 220kV 配电装置高型和半高型布置得到广泛的应用。

3-5　室内和室外高压配电装置的各项最小安全距离是多少?

答: 为了满足配电装置运行和检修的需要，各带电设备应相隔一定的距离。

在各种间隔距离中，最基本的是带电部分对接地部分之间和不同相的带电部分之间的空间最小安全净距，即所谓 A_1 和 A_2 值，统称为 A 值。在这一距离下，无论是在正常最高工作电压还是在出现内、外过电压时，都不致使空气间隙击穿。A 值可根据电气设备标准试验电压和相应电压与最小放电距离试验曲线确定。一般来说影响 A 值的因素是: 220kV 以下电压级的配电装置，大气过电压起主要作用; 330kV 及以上电压级的配电装置，内过电压起主要作用。采用残压较低的避雷器时，A_1 和 A_2 值可减小。

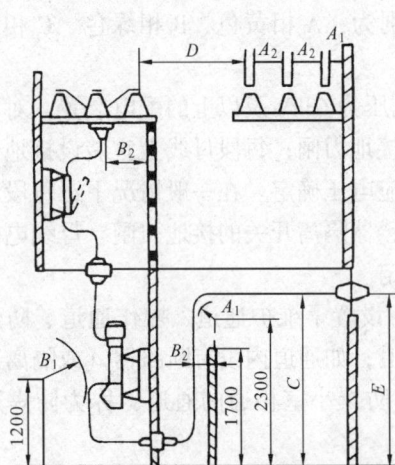

图 3-1　屋内配电装置安全净距校验图

在室内、室外高压配电装置中，各有关部分之间的最小安全净距，见表 3-1 和表 3-2。其中 B、C、D、E 等类电气距离是在 A_1 值基础上再考虑一些其他实际因素决定的，其含义如图 3-1、图 3-2 所示。

在设计配电装置、确定带电导体之间和导体对接地构架的距离时，还要考虑减少相间短路的可

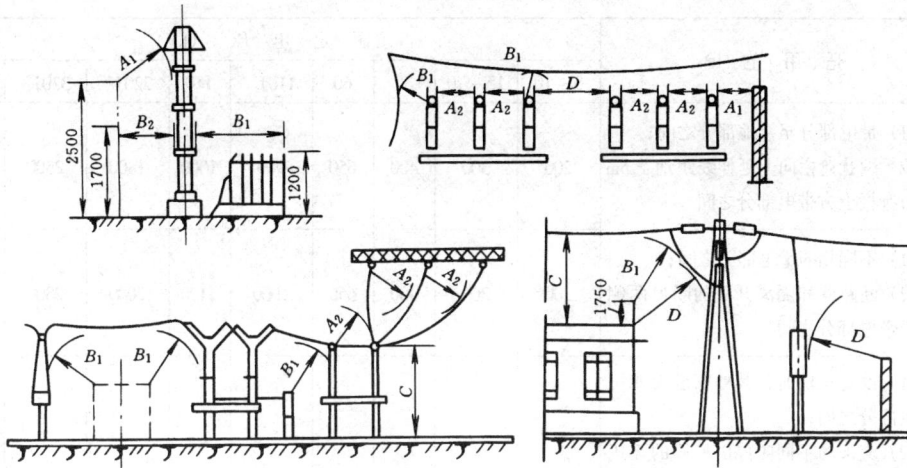

图 3-2 屋外配电装置安全净距校验图

能性及减少电动力。例如：软绞线在短路电动力、风摆、温度等因素作用下，使相间及对地距离的减小；隔离开关开断允许电流时，不致发生相间和接地故障；减少大电流导体附近的铁磁物质的发热。对于 110kV 以上电压级的配电装置，还要考虑减少电晕损失、带电检修等因素，故工程上采用的安全净距，通常大于表 3-1 和表 3-2 所列的数值。

表 3-1　　　　　　　　　　　　　　屋内配电装置的安全净距（mm）

符号	适用范围	额 定 电 压 （kV）									
		3	6	10	15	20	35	60	110J*	110	220J*
A_1	（1）带电部分至接地部分之间； （2）网状和板状遮栏向上延伸线距地2.3m处，与遮栏上方带电部分之间	70	100	125	150	180	300	550	850	950	1800
A_2	（1）不同相的带电部分之间； （2）断路器和隔离开关的断口两侧带电部分之间	75	100	125	150	180	300	550	900	1000	2000
B_1	（1）栅状遮栏至带电部分之间； （2）交叉的不同时停电检修的无遮栏带电部分之间	825	850	875	900	930	1050	1300	1600	1700	2550
B_2	网状遮栏至带电部分之间	175	200	225	250	280	400	650	950	1050	1900
C	无遮栏裸导体至地（楼）面之间	2375	2400	2425	2450	2480	2600	2850	3150	3250	4100
D	平行的不同时停电检修的无遮栏裸导体之间	1875	1900	1925	1950	1980	2100	2350	2650	2750	3600
E	通向屋外的出线套管至屋外通道的路面	4000	4000	4000	4000	4000	4000	4500	4500	5000	5500

注　＊　J系指中性点直接接地系统。

81

表 3-2 屋外配电装置的安全净距（mm）

符号	适用范围	额定电压 (kV)								
		3~10	15~20	35	60	110J*	110	220J*	330J*	500J*
A_1	(1) 带电部分至接地部分之间； (2) 网状遮栏向上延伸线距地 2.5m 处与遮栏上方带电部分之间	200	300	400	650	900	1000	1800	2500	3800
A_2	(1) 不同相的带电部分之间； (2) 断路器和隔离开关的断口两侧引线带电部分之间	200	300	400	650	1000	1100	2000	2800	4300
B_1	(1) 设备运输时，其外廓至无遮栏带电部分之间； (2) 交叉的不同时停电检修的无遮栏带电部分之间； (3) 栅状遮栏至绝缘体和带电部分之间； (4) 带电作业时的带电部分至接地部分之间	950	1050	1150	1400	1650	1750	2550	3250	4550
B_2	网状遮栏至带电部分之间	300	400	500	750	1000	1100	1900	2600	3900
C	(1) 无遮栏裸导体至地面之间； (2) 无遮栏裸导体至建筑物、构筑物顶部之间	2700	2800	2900	3100	3400	3500	4300	5000	7500
D	(1) 平行的不同时停电检修的无遮栏带电部分之间； (2) 带电部分与建筑物、构筑物的边沿部分之间	2200	2300	2400	2600	2900	3000	3800	4500	5800

注　* J系指中性点直接接地系统。

在配电装置中相邻带电部分的额定电压不同时，应按较高的额定电压来确定安全距离。

3-6 高压配电室内通道的各项最小宽度和配电装置的围栏高度是多少?

答: 高压配电室内通道的各项最小宽度如表 3-3 所示。

表 3-3 高压配电室内通道的最小宽度

最小尺寸 (mm) ＼ 通道分类 ＼ 布置方式	维护通道	操作通道
一面有开关设备时	800	1500
两面有开关设备时	1000	2000

围栏高度如下:

栅栏高度不应低于 1200mm，栅条间距不应大于 200mm；

网状遮栏不应低于 1700mm，网孔不应大于 40×40mm。

3-7 对高压配电装置室有什么要求？

答： 对高压配电室的要求是：

（1）当高压配电装置室长度大于 7m 时，应有两个出口，长度大于 60m 时，应再增添一个出口。配电装置室的门应向外开，相邻配电装置之间设有门时，则应向两个方向都能开。

（2）室内单台断路器、电流互感器等充油电气设备，当其总油量为 60kg 以上时，应设置储油设施，且配电室的门应为非燃烧体或难以燃烧的实体门。

（3）配电装置室可以开窗，但应采取防止雨雪和小动物进入的措施。

（4）配电装置室一般采用自然通风，当不能满足工作地点的温度要求或在发生事故情况下排烟有困难时，应增设机械通风装置。

3-8 为什么高压电气设备通常安装在海拔 1000m 以下？

答： 随着海拔的增加，空气密度、温度和气压均相应的减少，这就使空气间隙和瓷件绝缘的放电特性下降，从而使高压电气设备的外绝缘特性变坏（但是对电气设备内部的固体和油介质绝缘性能没有多大影响）。因为通常高压电气设备是以海拔 1000m 以下安装条件设计的，如用在海拔超过 1000m 时，将不能保证可靠运行。为此应对用在高海拔地区的高压配电装置的外绝缘强度予以补偿。

一般规定 1000m 以上（但不超过 4000m）的高海拔地区，其高压电器及设备的外绝缘强度，应按每超过 100m 提高试验电压 1.0% 进行补偿。

对于海拔在 2000～3000m，电压 110kV 以下的高压电器设备，一般用提高一级电气强度（此时，外部绝缘的冲击和工频试验电压可增加 30% 左右）的办法，来加强外绝缘的电气强度。

3-9 电气开关如何分类？各有什么特点？

答： 电气开关是高压配电装置中的重要设备。电气开关虽然都是在电力系统中用来闭合或断开电路的，但是由于电路变化的复杂性，它们在电路中的任务也各有不同。按它们在电力系统中的功能，一般可分下列几大类：

（1）断路器：用于接通或断开有载或无载线路及电气设备，以及发生短路故障时，自动切断故障或重新合闸，能起到控制和保护两方面的作用。

断路器按其构造及灭弧方式的不同可分为：油断路器、空气断路器、六氟化硫断路器、真空断路器（真空开关）、磁吹断路器（磁吹开关）和固体产气断路器（自产气开关）等。

（2）隔离开关：是具有明显可见断口的开关，可用于通断有电压而无负载的线路，还允许进行接通或断开空载的短线路、电压互感器及有限容量的空载变压器。

（3）负荷开关：接通或断开负载电流、空载变压器、空载线路和电力电容器组，如与熔断器配合使用，可代替断路器切断线路的过载及短路故障。

负荷开关按灭弧方式分为：固体产气式、压气式和油浸式等。

（4）熔断器：用于切断过载和短路故障，如与串联电阻配合使用时，可切断容量较大的短路故障。熔断器按结构及使用条件可分为：限流式和跌落式等。

3-10 高压开关型号的字母代表的意义是什么?

答: 高压开关型号等标志的含义见表 3-4。

表 3-4   **高压开关型号类组代号表**

安装条件和操作方式 汉语拼音首位字母 开关名称		户内的 N	户外的 W	手动的 S	电磁的 D	电动机的 J	弹簧的 T	气动的 Q	重锤的 X	液压的 Y
多油断路器	D	DN	DW							
少油断路器	S	SN	SW							
空气断路器	K	KN	KW							
SF$_6$ 断路器	L	LN	LW							
真空断路器	Z	ZN								
磁吹断路器	C	CN	CW							
产气断路器	Q	QN	QW							
隔离开关	G	GN	GW							
隔离插头	GC		GCW							
接地开关	J	JN	JW							
负荷开关	F	FN	FW							
熔断器	R	RN	RW							

高压开关产品全型号组成形式如下:

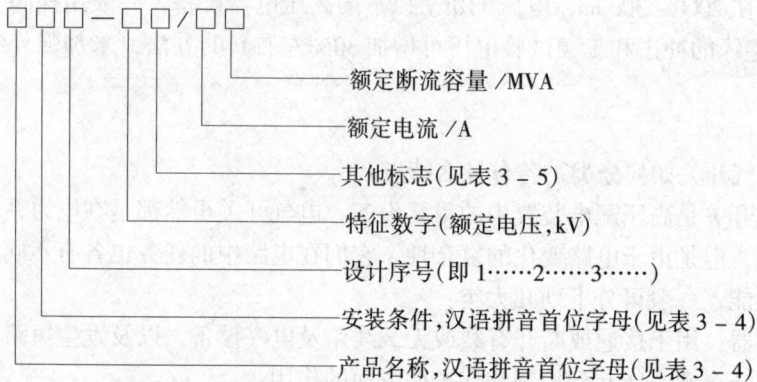

```
□□□-□□/□□
```

- 额定断流容量/MVA
- 额定电流/A
- 其他标志(见表 3-5)
- 特征数字(额定电压,kV)
- 设计序号(即 1……2……3……)
- 安装条件,汉语拼音首位字母(见表 3-4)
- 产品名称,汉语拼音首位字母(见表 3-4)

高压开关型号中其他标志代号的字母意义见表 3-5。

表 3-5   **高压开关其他标志代号和意义表**

代 号	表 示 意 义	代 号	表 示 意 义
D	隔离开关带接地刀闸	I Ⅱ Ⅲ	同一型号的系列序号
X	操作机构带箱子	TH	湿热带使用
K	带速分装置	TA	干热带用
R	负荷开关带熔断器	T	热带用
F	可以分相操作	G	改进型(高原用)
Z	有重合闸装置		

3-11 高压断路器有哪些基本技术参数？各代表什么意义？

答： 高压断路器的基本技术参数及其含意如下：

(1) 额定电压及额定电流。

额定电压 U_N 是指断路器长期工作的标准电压（对三相系统指线电压）。对额定电压在 3~220kV 范围内的断路器，其最高工作电压较额定电压高 15% 左右。对 330kV 及以上者，规定其最高工作电压较额定电压高 10%。断路器额定电压与最高工作电压对应值，见表 3-6。

表 3-6 断路器额定电压和最高工作电压对应值

额定电压（kV）	3	6	10	35	110	220	330	500
最高工作电压（kV）	3.5	6.9	11.5	40.5	126	252	363	550

额定电压的大小影响断路器的外形尺寸和绝缘水平。额定电压越高要求绝缘强度越高，外形尺寸越大，相间距离亦越大。选择断路器时，额定电压是首先应满足的条件之一。

额定电流 I_N 是指在额定频率下长期通过断路器且使断路器无损伤、各部分发热不超过长期工作的最高允许发热温度的电流。我国规定断路器的额定电流为 200, 400, 630, (1000), 1250, (1500), 1600, 2000, 3150, 4000, 5000, 6300, 8000, 10000, 12500, 16000, 20000A。

额定电流的大小，决定断路器导电部分和触头的尺寸和结构。在相同的允许温度下，电流越大，则要求导电部分和触头的截面积越大，以便减小损耗和增大散热面积。

(2) 额定开断电流。

在额定电压下，能保证正常开断的最大短路电流称为额定开断电流 I_{brN}。它是标志断路器开断能力的一个重要参数。我国规定额定开断电流为 1.6, 3.15, 6.3, 8, 10, 12.5, 16, 20, 25, 31.5, 40, 50, 63, 80, 100kA。

由于开断电流和电压有关，因此在不同的电压下，对同一断路器所能正常开断的最大电流值也不相同。以往认为断路器的开断能力既与开断电流有关，又受给定电压的限制，因此额定条件下的开断能力称为额定断流容量。三相电路的额定断流容量以 $S_{brN} = \sqrt{3}\, U_N I_{brN}$ 表示。必须指出，断路器在起弧时的开断电流与熄弧后的工频恢复电压，在时间上并非同时产生，这两者相乘并无具体物理意义，亦不能确切地表征开断能力。我国根据国际电工委员会（IEC）的规定，现在只把额定开断电流作为表征开断能力的唯一参数。而断流容量仅作为描述断路器特性的一个数值。

(3) 关合能力。

衡量断路器关合短路故障能力的参数为额定关合电流 I_{mc}。其数值以关合操作时，瞬态电流第一个大半波峰值来表示，一般取额定开断电流 I_{brN} 的 $1.8 \times \sqrt{2}$ 倍，即

$$I_{mc} = 1.8 \times \sqrt{2}\, I_{brN} = 2.55 I_{brN}$$

断路器关合短路电流的能力除与灭弧装置性能有关外，还与断路器操动机构的合闸功能的大小有关。因此，在选择断路器的同时，应选择操动机构，方能保证足够的关合能

力。

（4）耐受性能。

当短路电流流过动、静触头，要求断路器不致因发热和电动力的冲击而损坏，即断路器应有足够的耐受短路电流作用的能力，简称耐受能力。

1）短时热电流（曾称热稳定电流）。在规定的时间内（规定标准时间 2s，需要大于 2s 时推荐为 4s）断路器在合闸位置，可能经受的短时热电流有效值（kA），称为短时热电流 I_t（或短时耐受电流），断路器标准中规定 $I_t = I_{brN}$。

I_t 通过断路器时，各零部件的温度不应超过短时发热最高允许温度，且不致出现触头熔接或软化变形，以及其他妨碍正常运行的异常现象。

2）峰值耐受电流。峰值耐受电流 I_{am}，亦称动稳定电流，即在规定的使用条件和性能下，断路器在合闸位置时所能经受的电流峰值。它与关合电流 i_{mc} 不同的是，i_{am} 是断路器处于合闸位置时通过的短路电流，而 i_{mc} 则是由于断路器关合短路故障所产生的短路电流。峰值耐受电流也是以短路电流的第一个大半波峰值电流来表示，且

$$i_{am} = i_{mc} = 2.55 i_{brN}$$

显然，峰值耐受电流反映了断路器承受由于短路电流产生的电动力的耐受性能。它决定断路器的导电部分和绝缘支持件的机械强度以及触头的结构形式。

（5）操作性能。

全开断时间是指断路器接到分闸命令瞬间起到电弧熄灭为止的时间，即

$$t_t = t_1 + t_2$$

式中　t_1——固有分闸时间，是指从接到分闸命令瞬间到所有各相的触头都分离的间隔；

t_2——燃弧时间，是指某一相首先起弧瞬间到所有相电弧全部熄灭的时间间隔。

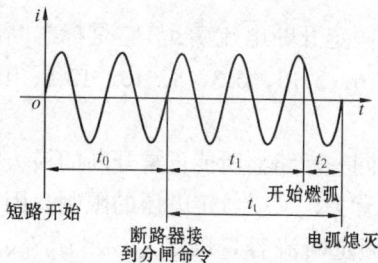

图 3-3　断路器开断时间示意图

t_t 是说明断路器开断过程快慢的主要参数。它直接影响故障对设备的损坏程度、故障范围、传输容量和系统的稳定性。断路器开断单相电路时，各个时间的关系如图 3-3 所示，其中 t_0 为继电保护装置动作时间。

（6）自动重合闸性能。

自动重合闸就是断路器在故障跳闸以后，经过一定的时间间隔又自动进行关合。重合后，如果故障已消除，即恢复正常供电，称为自动重合成功。如果故障并未消除，则断路器必须再次开断故障电流，这种情况称为自动重合失败。在重合失败后，如已知为永久性故障应立即检修。但有时运行人员无法判断故障是暂时性还是永久性，而该电路供电又很重要，允许 3min 后再强行合闸一次，称为"强送电"。同样，强送电也可能成功或失败。但失败时，断路器必须再开断一次短路电流。

3-12　多油断路器与少油断路器有何主要区别？并简述少油断路器积木式结构。

答：高压油断路器都是利用变压器油作为灭弧及绝缘介质的。一般按其触头和灭弧装置的绝缘结构及油量多少，分为多油断路器和少油断路器（也叫贫油断路器）两类。

多油断路器的触头和灭弧装置对金属油箱（接地）是绝缘的，因此油的作用一是灭弧，二是绝缘（即触头之间，载流部分之间和油箱外壳之间）。它的体积大、油量多、断流容量小，运行维护比较困难，近期已很少选用。

少油断路器中的绝缘油仅作为灭弧介质用，其触头和灭弧装置对地的绝缘是由支持绝缘子、瓷套管和有机绝缘部件等构成的。它体积小、重量轻、断流容量大，通常在 6～220kV 电压等级中使用。随着六氟化硫等性能较为先进的断路器的普遍推广使用，少油断路器近期在大型发电厂、变电所中已较少选用。

少油断路器按装设地点不同，分为户内式和户外式两种。我国生产的 20kV 及以下的少油断路器为户内式。新型的 10、35kV 户内式少油断路器，用环氧树脂玻璃钢筒作为油箱，每相灭弧室分别装在三个由环氧树脂玻璃钢布卷成的圆筒内。这样既能节省钢材，也可以减少涡流损耗。35kV 及以上的少油断油器多采用户外式（35kV 也有户内式），均采用高强度瓷筒作为油箱。

电压在 110kV 及以上的户外式少油断路器，采用串联灭弧室积木式结构，如图 3-4 中呈 Y 形体的结构，两个灭弧室分别装在两侧，组成 V 形排列，构成双断口的结构。一个 Y 形体构成一个单元，根据电压要求，可用几个单元串联起来。如每个单元的电压为 110kV，则由两个单元串联即成 220kV，3 个单元串联即成 330kV，如图 3-5 所示。这种结构的优点是：灭弧室及零部件均可采用标准元件，通用性强，使产品系列化，便于生产和维修；灭弧室研制工作量相对减少，便于向更高电压等级发展。

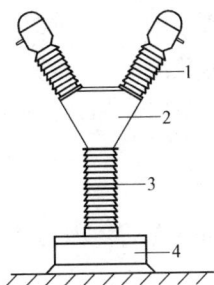

图 3-4　户外少油断路器一个外形体构成单元

1—灭弧室；2—机构箱；3—支持瓷套；4—底座

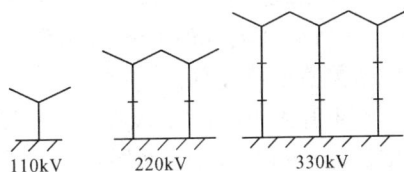

图 3-5　积木式结构示意图

少油断路器的灭弧室有很多结构形式，其灭弧方法有纵吹、横吹和压油吹弧等。

3-13　真空断路器有哪些特点?

答：真空断路器是以真空作为灭弧和绝缘介质的。所谓真空是相对而言的，指的是绝对压力低于 101325Pa（相当于 1atm）的气体稀薄的空间。气体稀薄程度用"真空度"表示。真空度即气体的绝对压力与大气压的差值。气体的绝对压力值愈低，真空度就越高。

气体间隙的击穿电压与气体压力有关，如图 3-6 所示。击穿电压随气体压力的提高而降低，当气体压力高于 1.33×10^{-2}Pa（相当于 10^{-4}mmHg）时，击穿电压迅速降低。所以真空断路器灭弧室内的气体压力不能高于 1.33×10^{-2}Pa。一般在出厂时其气体压力为 1.33×10^{-5}Pa。

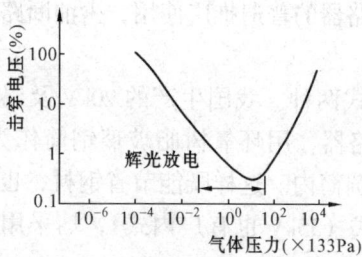

图 3-6 击穿电压与气体压力的关系　　　图 3-7 不同介质的绝缘间隙击穿电压

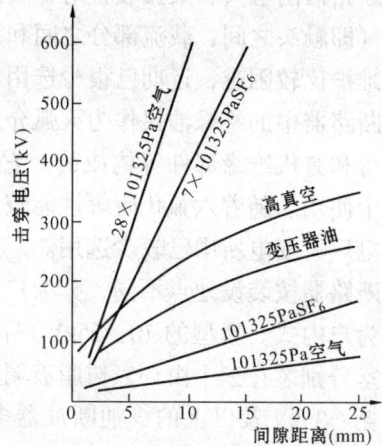

这里所指的真空，是气体压力在 $1.35 \times 10^{-2} Pa$ 以下的空间。在这种气体稀薄的空间，其绝缘强度很高，电弧很容易熄灭。图 3-7 表示在均匀电场作用下，不同介质的绝缘间隙击穿电压。由图可见，真空的绝缘强度比变压器油、101325Pa 气压下的 SF_6 和空气的绝缘强度都高得多。

真空间隙内的气体稀薄，分子的自由行程大，发生碰撞的几率小，因此，碰撞游离不是真空间隙击穿产生电弧的主要因素。真空中的电弧是在由触头电极蒸发出来的金属蒸汽中形成的，电极表面即使只有微小的突起部分，也会引起电场能量集中，使这部分发热而产生金属蒸气。因此，电弧特性主要取决于触头材料的性质及其表面状况。

目前，使用最多的触头材料是以良导电金属为主体的合金材料，如铜－铋（Cu－Bi）合金，铜－铋－铈（Cu－Bi－Ce）合金等。

真空断路器的特点有：

（1）触头开距短。10kV 级真空断路器的触头开距只有 10mm 左右。因为开距短，可使真空灭弧室做得小巧，所需的操作功小，动作快。

（2）燃弧时间短，且与开断电流大小无关，一般只有半个周波，故有半周波断路器之称。

（3）熄弧后触头间隙介质恢复速度快，对开断近区故障性能较好。

（4）由于触头在开断电流时烧损量很小，所以触头寿命长，断路器的机械寿命也长。

（5）体积小，质量轻。

（6）能防火防爆。

3-14 何谓真空断路器的"老练"？

答：所谓"老练"，是施加在真空断路器静、动点间一个电压（或高电压小电流，或低电压大电流）反复试验几十次，使其触头上的毛刺烧光，触头表面更为光滑。

在电力电容器装置回路中应安装满足电力电容器安全运行的专用断路器。以前不论所装电容器容量大小均采用少油断路器。因电容器需经常投切，少油断路器需频繁检修，为减少维护工作量，发展到用真空断路器代替少油断路器。用真空断路器初次投切电容器时，总要发生在拉开正常电容器时，出现击穿电弧产生过电压，危害电容器。为减少过电压，对所投入运行的真空断路器要进行"老练"。实践证明，经过"老练"处理的真空断路器，基本上能满足投切电容器的要求。

3-15 空气断路器有哪些特点？

答：压缩空气断路器是利用预先储存的压缩空气来灭弧，气流不仅带走弧隙中大量的热量，降低弧隙温度，而且直接带走弧隙中的游离气体，代之以新鲜压缩空气，使弧隙的绝缘性能很快恢复。所以，空气断路器比油断路器有较大的开断能力、动作迅速、开断时间较短，而且在自动重合闸中可以不降低开断能力。

空气断路器的灭弧性能与空气压力有关，空气压力愈高，绝缘性能愈好，灭弧性能也愈好。我国一般选用的压力为 2.0MPa。

触头开距对断路器的灭弧性能亦有影响。对于纵吹灭弧室来说，经研究表明，各种灭弧结构都存在一最合适的触头开距，即当触头间达一定距离时，可以得到最有利的灭弧条件。这个距离通常很小，不能满足断口的绝缘要求。因此，为得到最有利的灭弧条件，并保证断口的绝缘要求，便出现了不同结构形式的空气断路器。

一种常充气式空气断路器，无论是在闭合位置还是在开断位置，都充有压缩空气，排气孔只在开断过程中打开，形成吹弧。开断前，在灭弧室内已充满压缩空气，触头刚一分离，就能立即强烈地吹弧，所以，开断能力较大。开断以后，灭弧室内也充满压缩空气，用以保证触头间必要的绝缘强度，故可取消隔离器。这种断路器结构简单，对空气压力利用得较好，气耗量较小。我国目前生产的空气断路器，如 KW3、KW4、KW5 都属于这种结构。

空气断路器结构较复杂，有色金属消耗量较大，因此，它一般应用于 220kV 及以上电压级的大系统中。

3-16 SF_6 气体作为绝缘与灭弧介质有哪些特点？

答： SF_6 是目前电器工业使用的最佳灭弧和绝缘介质。在常温常压下，其密度为空气的五倍，它无色、无味、无毒、不会燃烧、化学性质极为稳定，在常温下不与其他材料产生化学反应，很类似于惰性气体。SF_6 是液化性气体，当其密度保持不变时，绝缘强度保持恒定，而与温度无关。故密度确定了设备的绝缘尺寸，而不取决于压力。大量的试验证明，SF_6 在断路器内绝缘子表面凝聚时，实际上对绝缘强度不会产生影响，即使气体密度稍有下降，绝缘强度通常能满足使用要求，仅断路器的开断容量有少许的降低。SF_6 不仅是非常好的绝缘气体，而且是一种性能极佳的灭弧介质。大约在 200K 的温度下，SF_6 有较高的比热（为空气的 66%），相应地具有较高的热传导性能（为空气的 3.5 倍）。它促使电弧的等离子气体正好在电流过零前进行冷却并有利于使电弧在电流过零时熄灭。一般认为，SF_6 的灭弧能力大约是空气的 100 倍。另外，SF_6 还具有负电性，即有捕获自由电子并形成负离子的特性。这是其具有高的击穿强度的主要原因，因此也能够促使弧隙中绝缘强度在电弧熄灭后能快速恢复。在常温下 SF_6 是绝缘的介质，但它在高温下即很快游离，产生自由电子，而成为极好的导电体。SF_6 的自分解温度在 800K 左右，到 3000K 时 SF_6 已完全消失，分解出的成分主要是 S 和 F。到 7500K 时形成自由电子、原子或离子状态的 S 和 F 组成导电良好的等离子气体。

在断路器开断过程中出现电弧时，SF_6 气体在电弧的高温作用下，发生分解并形成等离子气体。在灭弧过程中，等离子气体冷却得非常快（热时间常数为微秒量级），而变化过程逆向进行，即自由电子被离子吸收，而形成中性原子，硫原子和氟原子重新结合成 SF_6，即存在着 $SF_6 = S + 6F$ 的可逆过程。

3-17　国产 10kV SF_6 断路器型号中各字母的含义是什么?

答：国产 10kV SF_6 断路器产品型号是 LW3-10Ⅰ，Ⅱ/400，630-6.3，8，12.5，其型号中各字母的含义如下：

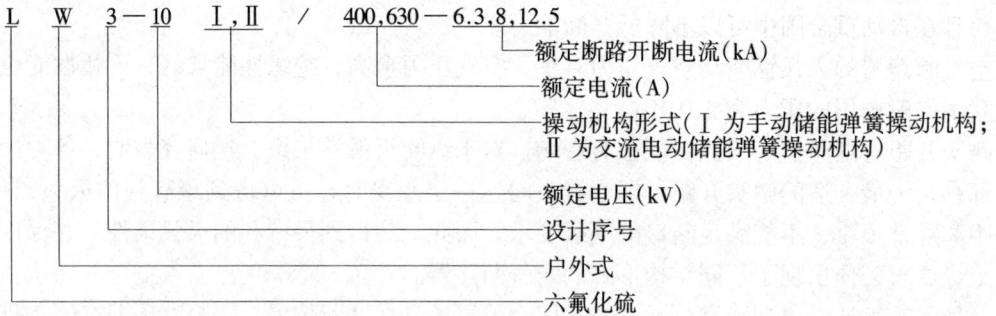

L　W　3-10　Ⅰ，Ⅱ　/　400,630—6.3,8,12.5
- 额定断路开断电流(kA)
- 额定电流(A)
- 操动机构形式(Ⅰ为手动储能弹簧操动机构; Ⅱ为交流电动储能弹簧操动机构)
- 额定电压(kV)
- 设计序号
- 户外式
- 六氟化硫

3-18　SF_6 断路器有哪些特点? 分为哪几个类型?

答：（1）SF_6 断路器是利用 SF_6 气体为绝缘介质和灭弧介质的新型高压断路器，具有下列特点。

1）断口耐压高。SF_6 断路器的单元断口耐压与同电压级的其他断路器相比要高，所以其串联断口数和绝缘支柱较少，因而零部件也较少，结构简单，使制造、安装、调试和运行都比较方便。

2）允许断路次数多，检修周期长。由于 SF_6 气体分解后可以复原，且在电弧作用下的分解物不含有碳等影响绝缘能力的物质，在严格控制水分的情况下，生成物没有腐蚀性。因此，断路后 SF_6 气体的绝缘强度不下降，检修周期相应也长。

3）开断性能很好。SF_6 断路器的开断电流大，灭弧时间短，无严重的截流和截流过电压，且在开断电容电流时不产生重燃。同时，由于灭弧时间短，触头的烧损腐蚀小，触头可以在较高的温度下运行而不损坏。

4）绝缘性能好。由于 SF_6 气体具有良好的绝缘性能，故可以大大减少装置的电气距离，使断路器设计更为紧凑，节省空间，而且操作功率小、噪声小。

5）密封性能好。由于带电及断口均被密封在金属容器内，金属外部接地，故能有效地防止意外接触带电部位和外部物体侵入设备内部。由于 SF_6 断路器装置是全封闭的，故较适用于户内、居民区、煤矿或其他有爆炸危险的场所。

6）安全性能好。SF_6 断路器无可燃物质，避免了爆炸和燃烧，提高了变电所运行的安全水平。

7）占地少。与其他断路器相比，在电压等级、开断能力及其他性能相近的情况下，SF_6 断路器的断口少、体积小，尤其是 SF_6 全封闭组合电器，可以大大减少变电所的占地面积，对于负荷集中、用电量大的城市变电所和地下变电所更为有利。

8）SF_6 气体本身虽无毒，但在电弧作用下，少量分解物（如 SF_4）对人体有害，一般需设置吸附剂来吸收。运行中要求对水分和气体进行严格检测，而且要求在通风良好的条件下进行操作。

9）制造生产 SF_6 断路器，要求加工精度高，密封性能良好。

10）虽然 SF_6 断路器的价格较高，但由于其优越的性能和显著的优点，故正得到日益广泛的应用。在我国，SF_6 断路器在高压和超高压系统中将占有主导地位，并且正在向中压级发展，在 10～60kV 电压级系统中也正逐步取代目前广泛使用的少油断路器。

（2）SF_6 断路器可分为三大类。

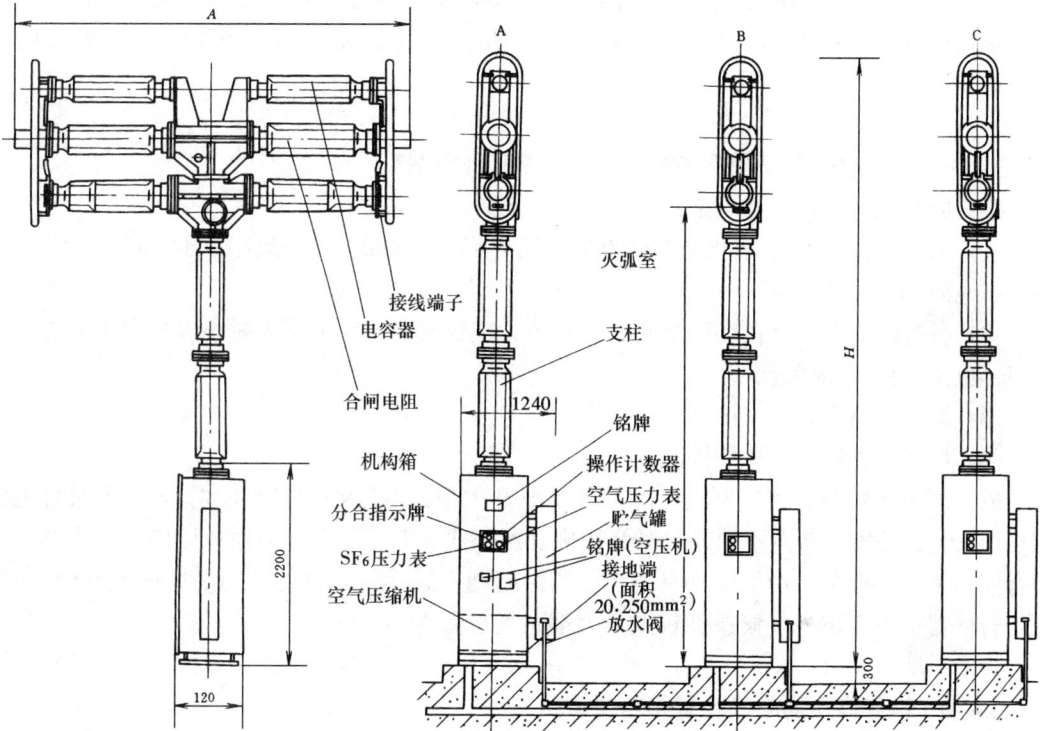

图 3-8 330、500kV SFM 型高压 SF_6 断路器结构示意图

1）瓷瓶式 SF_6 断路器。如西安高压开关厂生产的 LW（SFM）型系列产品，可用于 110～500kV 的电力系统中。该系列产品除 110kV 断路器三相共用一个机构外，其他均为三相分装式结构。110～220kV 断路器每相一个断口，整体呈"Ⅰ"型布置。330～500kV 断路器每相两个断口，整体呈"T"型布置。每个断口由灭弧室、支柱（支持绝缘子）、机构箱组成，其中 330～500kV 断路器还带有均压电容器，合闸电阻等，其结构示意如图 3-8 所示。

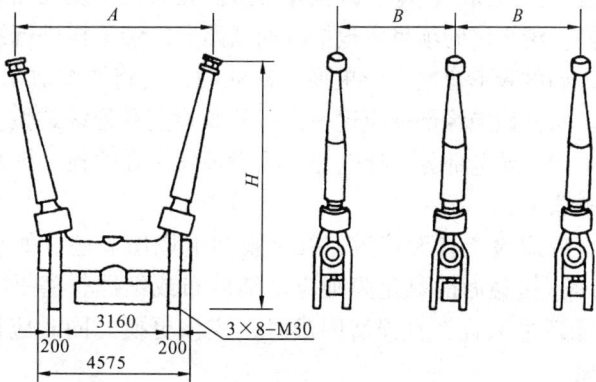

图 3-9 LW13-500 型罐式 SF_6 断路器结构示意图

2）落地罐式。即把断路器装入一个外壳接地的金属罐中。如西安高压开关厂生产的 LW13（SFMT）型罐式高压 SF$_6$ 断路器。该产品除 110kV 级及部分 220kV 级产品的三相分装在一个公用底架上并采用三相联动操作外，其余各电压等级及部分 220kV 产品均为三相安装结构，每相由接地的金属罐、充气套管、电流互感器、操动机构和底架等部件组成。LW13 － 500 型罐式 SF$_6$ 断路器，其结构示意图如图 3 － 9 所示。

3）SF$_6$ 全封闭组合电器（GIS）。它是将 SF$_6$ 断路器与隔离开关、接地开关、电流互感器、电压互感器和部分母线按主接线要求，依次连接，组成一个整体。各元件的高压带电部分均装在一个用 SF$_6$ 气体绝缘的金属外壳中，构成全封闭组合电器（GIS），其优越性更为显著。SF$_6$ 组合电器的发展极为迅速，我国现已有自行设计和制造的 SF$_6$ 全封闭组合电器（GIS）投入运行。

3－19 成套配电装置有哪些特点？分为哪几种类型？

答： 成套配电装置的特点是：

（1）电气设备布置在封闭或半封闭的金属外壳中，相间和对地距离可以缩小、结构紧凑、占地面积小。

（2）所有电器元件已在工厂组装成一整体，现场安装工作量大大减小，有利于缩短建设周期，也便于扩建和搬迁。

（3）运行可靠性高，维护方便。

（4）耗用钢材较多，造价较高。

成套配电装置的类型分为低压配电屏（或开关柜）、高压开关柜和 SF$_6$ 全封闭组合电器（GIS）三类；按安装地点不同，又分为屋内和屋外式。低压配电屏只做成屋内式；高压开关柜有屋内和屋外两种，由于屋外有防水、锈蚀问题，故目前大量使用的是屋内式；SF$_6$ 全封闭组合电器，也因屋外气候条件较差，大都布置在屋内。

3－20 检修高压油断路器有哪些要求？

答： 高压油断路器一般在事故跳闸 4 次或正常操作 30～35 次后应进行一次检修。检修内容有：

（1）绝缘部分：绝缘部分的检修包括外观检查和绝缘试验。外观检查是观察绝缘部件有无裂纹、破损、闪烁、碳化和变形。尤其是如发现瓷件有裂纹、破损或闪烁等缺陷时，应予更换。绝缘试验项目中包括对油断路器的油取样进行绝缘试验，其击穿耐压应按试验标准进行，如试验不合格应予更换。换油时，先将原油放出，用新油将油箱冲洗干净后再注放新油。对其他绝缘部件应逐一进行外观检查和绝缘试验。

（2）导电部分：导电部分故障多发生在螺栓、螺钉和固定接触处及动静触头或滑动、滚动触头上。

外观检查有无脏污、氧化膜和电烧伤痕迹。如发现有污垢，应用蘸汽油的抹布擦洗干净；接触面的氧化膜则应用细砂布或细锉打磨平，使其重新露出金属光泽；如果烧伤深度超过 1mm，且锉磨困难时，应该更换。同时应检验触头接触压力，调整或更换压力弹簧。

（3）灭弧部分：检查横吹或纵吹的吹弧口是否堵塞，各灭弧栅片之间排列距离及吹弧孔有无异常以及灭弧室有无脏污受潮等。

（4）操动机构部分：开关在操作中合、分闸不灵的原因，大多数发生在操作机构中。故主要应检查机构能不能搭扣，搭扣后合闸途中是否又脱扣，手动能不能迅速合闸，合闸电磁铁和分闸电磁铁能否启动等。如机构发生变形，则应调整或更换。

（5）清扫和加润滑油等。

3-21　高压油断路器中，油量过多或过少对油断路器有什么影响？

答：高压油开关中的油是变压器油，用来作为灭弧和绝缘介质。开关的触头和灭弧装置均浸在油中。

开关在操作过程中，触头分断的瞬间，触头间距甚小，而电场强度则很大，在触头表面，由于电子发射和强电场发射产生的自由电子，在这个强电场的作用下，逐渐加速运动，在弧隙中不断与气体原子碰撞，使中性原子产生撞击游离，因而弧隙中自由电子的数量不断增加。同时，电子与原子互相碰撞，电子的动能传递给中性原子而发热，使弧隙温度显著增高，当温度超过几千度时，弧隙中热游离成为游离的主要因素。在这两种游离的作用下，弧隙中自由电子剧增，很快使介质击穿形成电弧。

油开关在断开和合闸瞬间产生的电弧，其温度可达 4000～8000℃，在此高温作用下，油被迅速分解气化，产生很高压力，在油气压力的作用下和在灭弧室、灭弧栅等装置的配合下，使电弧被横（纵）吹熄灭。

如果油开关中油量过多，使开关箱中的缓冲空间相应减小，当缓冲空间小于开关体积的7%时，在电弧高温作用下，油被迅速分解气化，产生很高压力，使箱内油面上升，当油面升至箱盖，但电弧尚未切断时，就会发生喷油，箱体变形，甚至因压力过高而发生开关爆炸。

如果开关油量过少，将使断弧时间加长甚至难于熄弧。弧光可能冲出油面，使含有大量氢气、甲烷、乙炔和油蒸气的混合游离气体与箱内的空气混合，产生燃烧爆炸。再者由于油量过少，绝缘露出油面，在空气中容易受潮，也会降低耐压水平。

因此，油开关中的油量多少，对开关的正常运行至关重要，必须按厂家规定保持标准油面，并经常作油面检查。

3-22　高压断路器为什么采用多断口结构？

答：高压断路器（油断路器、空气断路器、真空断路器等）一般每相都有两个或两个以上的断口。这是因为：

（1）有多个断口可使加在每个断口上的电压降低，从而使每段弧隙的恢复电压降低。

（2）多个断口把电弧分割成多个小电弧段串联，在相等的触头行程下，多断口比单断口的电弧拉得更长，从而增大了弧隙电阻。

（3）多个断口相当于总的分闸速度加快了，介质强度恢复速度相应增大。因此多断口断路器有较好的灭弧性能。

3-23　为什么能够切断很大短路电流的少油断路器却不一定能够顺利切除空载长线路？

答：空载长线可近似简化为一个 T 形线路。电源电动势用发电机的暂态电势 E 表示，电源系统的等值电感为 L_s，电容为 C_s（包括母线等的杂散电容和其他出线的电容），空载长线路用 C 表示。由此可知，切空载线路也就是切断电容 C。换言之，切空载长线与切断电容器组产生同样性质的操作过电压。

在切空载线路的起始阶段，断路器（特别是少油断路器）触头间的抗电强度耐受不住高幅值的恢复电压的作用，因而，发生一次或多次重燃现象，所产生的过电压不仅威胁着电气设备的安全，也给断路器本身最终完成切空载线路的动作造成困难。

在断路器合闸时，由于电容效应，线路侧电压（即电容 C 上的电压）U 高于电动势 E（这里 U 和 E 均以幅值计）。通过断路器的电流 I_k 属于容性电流。

通常，断路器的第一次断弧在工频电流 I_k 过零时发生，此时线路电压恰为最大值 $(-U)$。断弧后，电容 C 上的电荷无处泄漏，U 变成了残余电压（直流电压）。另一方面，母线侧电压经过轻微振荡转变为电源电动势 E。这样一来断路器触头端的恢复电压 U_k 将逐渐增大，经过工频半波时间后到达 $E+U$。在此短促时间内，由于断路器触头间的距离拉开不远，恢复强度不够，于是弧隙被击穿而发生第一次重燃现象。

重燃前的瞬间，电容 C 上的电压等于 $(-U)$，C_s 上的电压等于 E，两者极性相反，重燃使得它们并接在一起。瞬间的高频振荡使电荷得以重新分配，即重燃后线路的初始电压变为 U_1，之后，U_1 将趋于稳态值 U，振荡振幅为 $U-U_1$。

当 U_c 到达最大值 U_1 时，相应的暂态电流为零。在此以后的片刻时间内，电弧可能不再延续，即发生第二次断弧现象。其结果在线路上维持着 U_1 的残电压。

再过半个工频周期，断路器触头的距离虽然离开较远，但恢复电压高达 U_1+E，可能再次发生重燃。此时，初始电压变为 U_2，U_2 大于 U_1。如此循环，如每隔半个工频周期重燃一次和随之发生高频熄弧，C 上的电压将愈来愈高，直至发生闪络和击穿事故。

3-24 为什么开关跳闸辅助接点要先投入，后断开？

答：串在跳闸回路中的开关接点，叫做跳闸辅助接点。为什么跳闸辅助接点要先投入、后断开呢？

先投入：是指开关合闸过程中，动触头与静触头未接通之前（20mm 的位置），跳闸辅助接点就已经接通，做好跳闸的准备，一旦开关合入故障时能迅速断开。

后断开：是指开关在跳闸过程中，动触头离开静触头之后，跳闸辅助接点再断开，以保证开关可靠的跳闸。

3-25 为什么要掌握开关的试验相位？如何确定？

答：掌握开关的试验相位，当开关发生问题时，能够说清实际位置。这样利于检修工作，同时不管设备怎样调运，检修试验相位都是不变的。

确定方法如下：

如操作箱在开关中间者，面对操作箱从左到右为 ABC，远离操作箱为 A1B1C1，近离操作箱为 A2B2C2，如图 3-10 (a) 所示。

如操作箱在开关侧面，由远到近为 ABC，右侧为 A1B1C1，左侧为 A2B2C2，如图 3-10 (b) 所示。

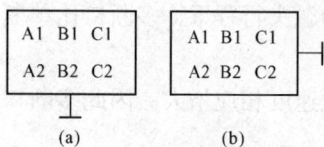

A1 B1 C1		A1 B1 C1
A2 B2 C2		A2 B2 C2
(a)		(b)

图 3-10 开关试验相位图
(a) 操作箱在开关中间；
(b) 操作箱在开关侧面

当试验相位与运行相位不一致时，应特别注意，不要弄错。

3－26　开关大修后怎样进行验收？重点验收项目是哪些？

答：根据检修前提出的检修要求，与检修人员了解检修结果。了解新发现和解决了哪些缺陷；修后尚遗留哪些问题；了解检修和试验人员对设备分析的结论，能否投入运行；并记入有关记录中。

重点验收的项目：

(1) 检修与试验的各项数据是否符合规程要求（既要了解，还要进行分析比较）。

(2) 检查密封和防潮处理情况。

(3) 升降器灵活，钢丝绳不锈蚀断股。

(4) 导线松紧程度和距离合格，相位正确，各部位螺丝紧固，设备上无临时短路线及遗留物。

(5) 瓷质清洁无破损，套管铁帽应涂相位漆且与实际相符。

(6) 油箱及套管油色、油位正常，外壳及油标清洁无渗漏油现象。

(7) 外壳应去锈喷漆，并接地完好。

(8) 机构箱内清洁，销子完整劈开。箱门应严密，开和关应灵活。

(9) 拉合指标字迹清楚，指示正确。

(10) 二次线接头紧固，接线正确，绝缘良好。接触器动作灵活，接点接触良好，消弧罩齐全。

(11) 手动慢合闸不卡劲抗劲，电动拉合及保护动作正确，信号灯指示正确。

3－27　对用电动合闸操作的断路器，在合闸时有哪些要求？

答：断路器用电动合闸时，有如下要求：

(1) 操作手把必须拧到终点位置，同时应监视合闸电流表的启动值是否到达合闸电流正常值范围，当合闸指示红灯亮，即将手把返回到中间位置，但应注意不能过早返回，否则断路器将合不上闸。

(2) 当断路器合上、手把返回后，合闸电流表应指在零位，以防止因合闸接触器打不开而烧毁合闸线圈。

(3) 断路器合上后，要检查机械分、合指示装置，传动连杆，支持绝缘子等应正常，断路器内部应无异常声响。

3－28　调节高压断路器的分闸辅助触点时，应注意什么？

答：分闸辅助触点，是指断路器分闸回路中串联的辅助触点，调节时应注意将这个辅助触点调节在先投入、后断开的位置。当断路器的动、静触头尚未接通时，分闸辅助触点即已先投入，接通了断路器的分闸回路，这样，在断路器发生带故障合闸时，能够保证其迅速跳闸；而辅助触点后断开，其作用是保证断路器的动、静触头在分离之后，分闸辅助触点才断开分闸回路，以此确保断路器的可靠跳闸。

3－29　断路器为什么要进行三相同时接触误差的测定？具体有什么规定？

答：保证三相触头或同相双触头的同时接触误差值在允许的误差限度内，是为了避免触头因三相不同时接触（或分离）而造成烧伤或引起触头间电弧重燃而发生操作过电压。所以要调整触头使其同时接触，并允许一定的误差。规定值为：三相之间不同期接触误差应不超过 3mm；同相两个触头的不同期误差在 35kV 断路器上不应超过 0.5mm。

3－30　怎样检查和处理高压断路器发生合闸失灵的故障?

答：断路器合闸失灵时，可以从电气回路和机械部分以及传动机构等方面进行检查。

（1）电气回路故障：

1）检查是否由于蓄电池或者硅整流器的实际容量下降，造成合闸时电源电压低于合闸电压的最低允许值。

2）检查合闸回路的熔断器或其他动作元件，有无发生熔断、接触不良和断线等现象。

3）检查合闸直流接触器主触头或辅助触点是否失灵，接触器电磁线圈有否损坏。

4）检查合闸线圈本身是否发生故障（如匝间绝缘损坏）而使电磁吸力不够。

5）检查合闸用电机传动装置的各元件，是否有短路、断线、接触不良等现象。

6）检查断路器分闸线圈电磁铁顶杆是否有卡住未回原位等现象。

（2）机械部分故障：

1）传动机构的定位（或套管）是否发生移动而产生顶、卡现象，使动作不到位。

2）传动机构的连接轴是否脱落。

（3）操作机构故障：

1）检查合闸铁芯的超越行程调整是否够量。

2）检查合闸铁芯顶杆有无卡住。

3）检查合闸缓冲间隙量是否调节得不够，使合闸不到位。

4）检查合闸托架的坡度是否太陡，有无托架与合闸主轴的接触程度不够以及不在托架中心位置及震动滑落现象。

5）检查分闸连板三点位置，有无合闸时发生分闸连板向上移动的现象。

6）检查分闸有无卡住、未复归到原位的现象。

7）检查机构的复位弹簧是否失效等。

3－31　高压隔离开关有何用途? 主要结构有哪些部分?

答：（1）高压隔离开关（也称刀闸）的主要用途是：

1）隔离电源，使需要检修的电气设备与带电部分形成明显的断开点，以保证作业安全；

2）与油断路器相配合来改变运行接线方式；

3）切合小电流电路。

（2）主要结构：

1）绝缘结构部分：隔离开关的绝缘主要有两种，一是对地绝缘，二是断口绝缘。对地绝缘一般是由支柱绝缘子和操作绝缘子构成。它们通常采用实心棒形瓷质绝缘子，有的也采用环氧树脂或环氧玻璃布板等作绝缘材料。断口绝缘是具有明显可见的间隙断口，绝缘必须稳定可靠，通常以空气为绝缘介质，断口绝缘水平应较对地绝缘高 10% ~ 15%，以保证断口处不发生闪络或击穿。

2）导电系统部分：

（a）触头：隔离开关的触头是裸露于空气中的，表面易氧化和脏污，这就要影响触头接触的可靠性。故隔离开关的触头要有足够的压力和自清扫能力。

（b）隔离开关（或称导电杆）：由两条或多条平行的铜板或铜管构成，其铜板厚度和条数是由隔离开关的额定电流决定的。

（c）接线座：常见有板型和管型两种，一般根据额定电流的大小而有所区别。

（d）接地刀闸：接地刀闸的作用是为了保证人身安全而设的。当开关分闸后，将回路可能存在的残余电荷或杂散电流通过接地刀闸可靠接地。带接地刀闸的隔离开关有每极一侧或每极两侧两种类型。

3-32　户内和户外高压隔离开关型号中的字母都表示什么意思？

（1）户内高压隔离开关型号中字母意义如下：

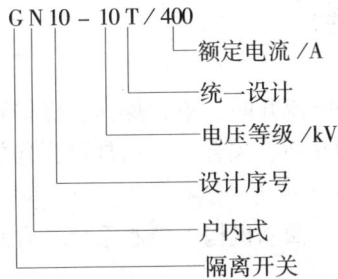

<pre>
G N 10 - 10 T / 400
                └── 额定电流 /A
              └──── 统一设计
           └─────── 电压等级 /kV
        └────────── 设计序号
      └──────────── 户内式
    └────────────── 隔离开关
</pre>

例：GN10-10T/600，表示 G（隔离开关），N（户内式），10（设计序号），-10（额定电压10kV），T（统一设计），/600（额定电流600A）。

（2）户外高压隔离开关型号中字母意义如下：

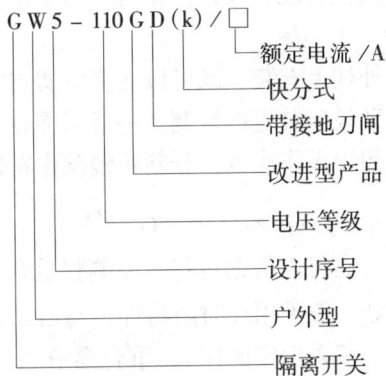

<pre>
G W 5 - 110 G D (k) / □
                    └── 额定电流 /A
                └────── 快分式
              └──────── 带接地刀闸
           └─────────── 改进型产品
        └────────────── 电压等级
      └──────────────── 设计序号
    └────────────────── 户外型
  └──────────────────── 隔离开关
</pre>

例：GW5-110GD/600 表示 G（隔离开关），W（户外型），5（设计序号），-110（额定电压110kV），G（改进型），D（有接地刀闸），/600（额定电流600A）。

户外隔离开关按其绝缘支柱结构的不同可分为单柱式，双柱式和三柱式，此外还有 V 形隔离开关。单柱式隔离开关，在架空母线下面直接将垂直空间用作断口的电气绝缘，因此，具有下列明显的优点，即显著地节约占地面积，减少引接导线，分、合状态特别清晰。在超高压输电情况下，变电所采用单柱式隔离开关，节约占地面积的效果更为显著。

3-33　什么叫高压开关的"五防"？

答："五防"是指防止电气误操作的闭锁装置的功能，即防止误跳、误合断路器；防止带负荷拉、合隔离开关；防止带电挂接地线；防止带接地线合隔离开关；防止人员误入带电间隔。

3-34 何谓重合器？

答：重合器是一种自动化电气设备，它可以自动监测通过重合器主回路的电流，当确认是故障电流，持续一定的时间后，按反时限保护自动断开故障电流，并根据要求多次自动地重合，向线路恢复送电。如果故障是瞬时性的，重合器重合后线路恢复正常供电；如果故障为永久性，重合器将完成预先整定的重合闸次数（通常为 3 次）后自动闭锁，不再对故障线路送电，直至人为排除故障后，重新将重合器合闸闭锁解除，恢复正常状态（当用分段器配合时，有分段器隔离故障）。

3-35 重合器的特点有哪些？

答：重合器有如下特点：

(1) 重合器的作用强调短路电流开断、重合操作、保护特性操作的顺序、保护系统的复位。而普通断路器的作用则强调开断、关合。它由外部操作机构对断路器进行控制。重合器具有断路器的全部功能。

(2) 重合器的结构有灭弧室、操动机构、控制系统、合闸线圈等部分组成，而断路器的结构则缺少保护控制系统。

(3) 重合器是本体控制设备，具有故障监测、操作顺序选择、开断和重合特性等调整功能，用于线路上的重合器，其操作电源直接取自于高压线路，用于变电所内的具有低压电源可供操作机构的分合闸电源。这些功能在设计上是统一考虑的，而一般断路器和其控制系统在设计上是分别考虑的。

(4) 由于重合器适合于户外柱上安装，既可以在变电所内安装，也可以在配电线路上安装。一般断路器由于操作电源和控制装置的限制，一般只能在变电所使用。

(5) 不同类型的重合器的闭锁操作次数，分断快慢动作特性，重合间隔等特性一般都不同，其典型的四次分断三次重合的操作顺序为：$O \xrightarrow{t_1} CO \xrightarrow{t_2} CO \xrightarrow{t_2} CO$。其中 t_1、t_2 可调，且随不同的产品而异。它可以根据运行需要调整重合闸的次数及重合间隔时间。

(6) 重合器的相间故障开断一般采用反时限特性，与熔断器的安—秒特性相配合（但电子控制重合器的接地故障开断一般采用定时限），重合器有快慢两种安—秒特性曲线（一般快速曲线只有一条，与断路器的速断保护相似，电子控制的慢速曲线可有多条）。通常它的第一次开断都整定在快速曲线，使其在 0.03～0.04s 内（视故障电流而定），即可切断额定短路开断电流，以后各次开断，可根据保护配合的需要，选择不同的安—秒曲线。而断路器所配的继电保护选为定时限或反时限保护，虽然我国配电线路常用的是速断和过流保护，也有不同的开断时延，但这种时延只与保护范围有关，而与操作顺序无关。

(7) 在开断能力方面，重合器的短路开断试验程序和试验条件比普通断路器严格得多。三相重合器与单相重合器的动作原理是相似的，根据配电网结构不同而选择单相或三相重合器有所区别。对于三相中性点不接地系统，三相线路的工作方式是相互联系的，一般不宜采用单相重合器，否则会造成非全相运行。

（8）开断性能应符合配电网最大开断容量的要求，并考虑到电网的发展，对于我国广大的农村电网，一般以 12.5kA 为开断容量，6.3kA 开断容量作为末端变电所使用，对于城郊区及距 110kV 变电所较近地区，以选用 12.5kA 以上为宜。

（9）对地绝缘及断口绝缘水平，要符合我国电气绝缘水平的要求。最小接地故障电流不大于 0.5A。

3-36 重合器的标准名词的含义如何？

答：（1）最小分闸电流：最小分闸电流分为相间故障和接地故障两种，对于相间故障有串联分闸线圈的重合器，标准规定最小分闸电流一般取串联线圈长期额定工作电流的 2 倍。对于并联分闸重合器最小分闸电流是可调的，主要是考虑躲过关合时直流分量引起的暂态电流，其值与额定电流无固定关系。具体某种重合器应由制造厂给出系数。

（2）重合间隔：重合间隔是指重合器判断故障后，自动分闸至下一次自动重合之间的线路无电流时间。绝大多数单相重合器的重合间隔固定不可调。但也有一些重合器的重合间隔可在较宽的范围内调整。

液压控制重合器的典型重合间隔为 2s，通常另有一档为 1s 可供选用。电子控制重合器具有单独调节重合间隔的功能，而且选择范围较大，一般可达 1~60s。几种重合间隔的选用原则如下：

1）快速重合。适用于防止失电时间长引起较大损失的重要用户。

2）第一个重合间隔。可防止电动机甩负荷，并保证弧道电离气体能及时扩散。

3）5s：变电所慢速合闸用，以便高压侧熔丝冷却。

4）10s 以上：后备保护为断路器时用。

5）变电所内重合器的典型重合间隔为："2s-2s-5s"、"0.5s-5s-5s"。

（3）复位时间：指重合器第一次过流分闸后，控制系统返回其初始状态所需的时间。复位时间是重合器的一个重要参数，若在复位时间之内线路发生故障，重合器将只能按原定操作顺序的剩余部分进行操作。一般，复位时间越短越好，但考虑到其他保护设备之间的配合，有时不得不选用较长的复位时间。一般原则是：从电源侧向负荷顺序排列，各级的复位时间逐级缩短。电子微机控制重合器的复位时间可调，调整范围为 5~180s。而其他类型的重合器的复位时间是不可调的。

（4）安一秒特性（TCC）：是重合器的开断时间与开断电流之间的反时限关系曲线，通常以双对数坐标曲线表示。

TCC 分为快速和慢速两种。快速 TCC 以 I 表示，慢速 TCC 以 D 表示，如两快两慢操作顺序可表示为 2I2D。但重合器以快速 TCC 操作时，切除故障很快，在 30~40ms 内便可以切断额定短路开断电流，保证有足够的时间使灭弧断口的绝缘介质恢复到一定的绝缘水平，这种重合器间隔常用于第一次分闸。

重合器的第一次操作一般情况下都按快速 TCC 整定，目的在于消除瞬时性故障；但重合器按慢速 TCC 操作时，分闸时延较长，以便与线路上其他保护设备（熔断器）相配合，这就是重合器的双延时特性。

（5）合闸闭锁：指重合器经过预定的分闸和重合操作以后，将触头处于分闸位置，使其处于不能合闸的状态。这意味着保护区域内发生了永久性故障。因此，需首先查找和排除故障，然后手动将其重新投入运行。大多数重合器进入合闸闭锁状态时，其外部操作手柄会自动落下，以指示重合器的实际运行状态。

（6）分闸闭锁：指重合开关操作以后，触头处在合闸位置，使其不能分闸的状态。由于重合器的合闸线圈一般装在其进线侧，故双端电源供电或环网供电时，这种功能将很有用处。

（7）操作顺序：指重合器进入合闸闭锁状态前，在规定的重合闸间隔，安—秒特性等参数下应完成的分闸次数。通常以几快几慢来表述。如 2I2D 操作顺序表示重合闸闭锁以前，将自动分闸 4 次（重合 3 次），前两次分闸按快速 TCC 动作，后两次分闸按慢速曲线动作。

（8）操作特性：说明重合器分合短路电流能力的一种参数，以重合器在规定的短路电流下，按整定的操作次数动作。

3－37　分段器的基本用途是什么?

答：分段器是配电网提高可靠性和自动化程度的一重要设备，它广泛地应用于配电网线路的分支线或区段线路上，用来隔离永久性故障。

分段器没有安—秒特性曲线，仅对线路出现的异常电流进行反应。它必须与后备保护开关重合器（或断路器）配合使用，当故障电流出现并且消失（保护开关切除故障）后，分段器才完成一次故障的计数，达到规定的计数次数后，在无电流下，自动分段隔离故障，由保护开关重合无故障线路，恢复正常供电。从而提高了供电的可靠性，同时提供明显故障区段，减轻了运行人员查寻故障的工作量。

由于分段器无严格的配合要求，应用十分方便，且简单可靠。

3－38　重合器与分段器的配合使用原则是什么?

答：重合器、分段器均是智能化设备，具有自动化程度高诸多优点，但是只有正确配合时才能发挥其作用，因此，这两种设备在配合使用时，必须遵循以下原则：

（1）分段器必须与重合器串联使用，并装在重合器的负荷侧。

（2）后备重合器必须能检测到并能动作于分段器的保护范围内的最小故障电流。

（3）分段器的启动电流必须小于保护范围内的最小故障电流。

（4）分段器的热稳定值和动稳定额定值必须满足要求。

（5）分段器的启动电流必须小于 80% 后备保护的最小分闸电流，大于预期最大负荷电流的峰值。

（6）分段器的记录次数必须比后备保护闭锁前的分闸次数少一次以上。

（7）分段器的记忆时间必须大于后备保护的累计故障开断时间（TAT）。后备保护动作的总累计时间（TAT），为后备保护顺序中的各次故障通流时间与重合间隔之和。

3－39　重合器的适用场合及要求是什么?

答：（1）重合器的一般适用场合：

1）变电所内，作为配电线路的出线保护，主变压器的出口保护。

2）配电线路的中部，将长线路分段，避免由于线路末端故障全线停电。

3）配电线路的重要分支线入口，避免因分支线故障造成主线路停电。

（2）选用重合器的要求：

1）额定电压。重合器的额定电压必须等于或大于安装地点的系统的最高运行电压。

2）额定电流。重合器的额定电流应大于安装地点的预期最大负荷电流。除此应注意重合器的额定电流是为满足触头载流、温升等因素而确定的参数。为满足保护配合要求，还应选择好串联线圈和电流互感器的额定电流，通常选择重合器额定电流时留有较大裕度。选择串联线圈时应以实际预期负荷为准。

3）确定安装地点最大故障电流。重合器的额定短路开断电流应大于安装地点的长远规划最大故障电流。

4）确定保护区域末端最小故障电流，重合器的最小分闸电流应小于保护区段最小故障电流。

5）与线路上其他保护配合。

3-40 高压隔离开关的每一极用两个刀片有什么好处？

答：通常较大容量的隔离开关，每一极上都是两片刀片。因为，根据电磁学理论，两根平行导体流过同一方向电流时，会产生互相靠拢的电磁力，其电磁力的大小与两根平行导体之间的距离和通过导体的电流有关。如隔离开关所控制操作的电路发生故障时，刀片中就会流过很大的电流，使两个刀片以很大的压力紧紧地夹住固定触头，这样刀片就不会因振动而脱离原位造成事故扩大。另外，由于电磁力的作用，使刀片（动触头）与固定触头之间接触紧密，接触电阻减小，故不致因故障电流流过而造成触头熔焊现象。

在平时操作时，因隔离开关刀片中只有较小电流通过，只需克服弹簧压力所造成的刀片与固定触头之间的摩擦力即可，故拉合闸操作并不费力。因此在大电流的高压隔离开关中每极闸刀均用两片刀片制成。

3-41 高压开关的操作机构有哪些类型？其型号组成及意义如何？

答：操作机构是隔离开关，断路器和负荷开关，在合、分闸操作时所使用的驱动机构。一般操作机构是独立装置，与相应高压开关组合在一起，所以操作机构和高压开关是不可分割的一个整体。

操作机构按操作能源大致可分为：

（1）手动操作机构：以 S 表示，以 CS2 型较为多见，除工矿企业用户外，电力部门中手动机构已停止使用。

（2）电磁操作机构：以 D 表示，这种机构制造简单、造价低、动作可靠，使用较多。6～35kV 油开关的电磁操作机构以 CD2、CD3 型为主。而 CD5 型等主要用于 60～110kV 的油开关中，由于其合闸时间长（0.2～0.8s），故在超高压断路器中很少采用。

（3）电动机式；以"J"表示，以小型电动机作动力源，驱动操作机构进行高压开关的分、合闸，以 CJ2、CJ5 型为主。

（4）弹簧式操作机构：以 T 表示，以 CT7 型较为多见，它是交直流串励电动机带动合闸弹簧储能，而在合闸弹簧能量释放的过程中将断路器合闸，适用于 3～10kV 小容量开关。

（5）液压式操作机构：以 Y 表示，是一种比较先进的操作机构。它具有动作速度快、体积小等优点，多用于 35 ~ 110kV 的断路器中。

（6）气动式操作机构：以 Q 表示，是以压缩机产生压缩空气为原动力，多用于 110kV 以上的高压开关。

（7）重锤式操作机构：用 Z 表示，是以重锤储能作为操作机构的原动力。

高压开关操作机构型号组成如下：

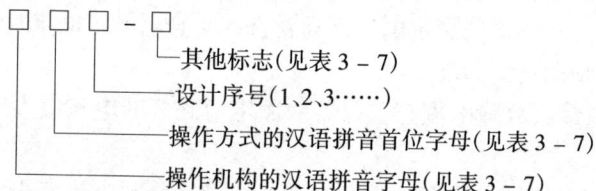

```
□ □ □ － □
            └──── 其他标志(见表 3 - 7)
          └────── 设计序号(1、2、3……)
        └──────── 操作方式的汉语拼音首位字母(见表 3 - 7)
      └────────── 操作机构的汉语拼音字母(见表 3 - 7)
```

高压开关操作机构型号类组的代号如表 3 - 7 所示。

表 3 - 7　　　　　　　　　　　　高压开关操作机构型号字母表

首位字母 操作方式	操作方式	手动式	电磁式	电动机式	弹簧式	气动式	重锤式	液压式
		S	D	J	T	Q	Z	Y
操作机构	C	CS	CD	CJ	CT	CQ	CZ	CY

3 - 42　常用母线有哪几种？适用范围是什么？

答：母线分硬母线和软母线。

硬母线按其形状不同又可分为矩形母线、槽形母线、菱形母线、管形母线等多种。

矩形母线是最常用的母线，也称母线排。按其材质又有铝母线（铝排）和铜母线（铜排）之分。矩形母线的优点是施工安装方便，在运行中变化小，载流量大，但造价较高。

管形母线通常和插销刀闸配合使用。目前采用的多为钢管母线，施工方便，但载流容量甚小。铝管虽然载流容量大，但施工工艺难度较大，目前尚少采用。

槽形和菱形母线均使用在大电流的母线桥及对热、动稳定要求较高的配电场合。

软母线多用于室外。室外空间大，导线间距宽，而且散热效果好，施工方便，造价也较低。

不论选择何种母线均应符合下述几个条件：

（1）所选母线必须满足持续工作电流的要求。

（2）对于全年平均负荷高、母线较长、输电容量也较大的母线，应按经济电流密度进行选择。

（3）母线应按电晕电压校验合格。

（4）按短路热稳定条件校验合格。

（5）按短路动稳定条件校验合格。

3 - 43　硬母线为什么要加装伸缩头？

答：由多层软铜片或软铝片组合成的 Ω 型导体叫伸缩头，又称为伸缩补偿器，它装在硬母线与硬母线连接处或设备与硬导体的连接处，以防止硬导体因热胀冷缩产生变形将设备损坏。具体规定如下：

母线截面在 60×6mm 及以下并且母线较短（20m 以下）时，可不加装伸缩头。母线可由两端绝缘支持物加以固定，而中间支持物应允许串动，并有略微凸起的空间余地。

大截面及长母线应加装伸缩补偿器，它是硬母线热胀冷缩的缓冲器，其截面积一般应大于母线截面积的 1.1~1.2 倍。随着母线长度的增加应适当增多伸缩补偿器的数量。

当母线材料不同时，其补偿器的数量和母线长度的关系如表 3-8 所示。

表 3-8　　　　　　　当母线材料不同时，其补偿器的数量和母线长度的关系表

母　线　材　料	一个补偿器	二个补偿器	三个补偿器
	母　线　长　度/m		
铜	30~50	50~80	80~100
铝	20~30	30~50	50~76
钢	35~60	60~85	

3-44　同一规格的矩形母线为什么竖装与平装时的额定载流量不同？

答：母线在正常运行中，因通过电流而发热，如果母线本身的发热量等于向周围空间散出热量时，母线温度不变，所以母线温度与散热条件有很大关系。在温升一定的条件下，如果散热条件不同，即使是同一规格的母线，其允许的额定电流也不相同。

对于矩形母线来说，竖装时散热条件较好，平装时散热条件稍差。一般在保持同等温升的条件下，竖装母线要比平装母线的额定电流大 5%~8%，但竖装母线的动热稳定要比平装母线差。虽然如此，由于平装母线便于布线，故在实际应用中，仍以平装母线较为常见。

3-45　为什么硬母线的支持夹板不应构成闭合回路？怎样才能不构成闭合回路？

答：硬母线的支持夹板，通常都是用钢材制成的，如果构成闭合回路，由母线电流所产生的强大磁通，将引起钢夹板磁损耗的增加，使母线温度升高。

为防止上述情况发生，常采用黄铜或铝等其他不易磁化的材料作支持压件（夹板），从而破坏磁路的闭合。

3-46　对母线接头的接触电阻有何要求？

答：母线接头应紧密，不应松动，不应有空隙，以免增加接触电阻。接头的电阻值不应大于相同长度母线电阻值的 1.2 倍。

确定母线接头接触电阻的方法，对于矩形母线，一般先用塞尺检查接触情况，然后测量直流压降或用温升试验进行比较。如果母线接头的电压降不大于同长度母线的电压降，或其发热温度不高于母线温度时，即认为符合要求。

3-47　硬母线怎样连接？不同金属的母线连接时为什么会氧化？怎样防止？

答：硬母线一般采用压接或焊接。压接是用螺钉将母线压接起来，便于改装和拆卸。焊接是用电焊或气焊连接，多用于不需拆卸的地方，硬母线不准采用锡焊和绑接。铜铝母线连接时，应将铜母线镀锡或用锌皮做垫片，进行压接。

不同金属材料的母线连接时产生氧化的原因是：

铝是一种较活泼的金属，在外界条件影响下将失去电子，铜、铁等是不活泼金属。两种活泼性不同的金属接触后，由于空气中的水及二氧化碳的作用而产生化学反应，铝失去电子而成负极，而铜、铁则不易失去电子而成正极，形成电池式的电化腐蚀，所以在空气及电化作用下造成接触面电蚀，使接触电阻增加，从而减少了载流能力，甚至发热烧毁。

防止氧化的措施：

1）一般可涂少量的中性凡士林。

2）使用特制铜铝过渡线夹。

3-48 母线接头在运行中允许温度是多少？判断母线发热有哪些方法？

答：母线接头允许运行温度为70℃（环境温度为+25℃时），如其接触面有锡覆盖层时（如超声波搪锡），允许提高到85℃，闪光焊时允许提高到100℃。

判断母线发热有以下几种方法：

1）变色漆。

2）试温蜡片。

3）半导体点温计（带电测温）。

4）红外线测温仪。

5）利用雪天观察接头处雪的融化来判断是否发热。

3-49 母线为什么要涂有色漆？

答：母线涂有色漆一方面可以增加热辐射能力，便于导线散热；另一方面是为了便于区分三相交流母线的相别及直流母线的极性等。按我国部颁规范规定，三相交流母线，A相涂黄色、B相涂绿色、C相涂红色，中性线不接地时涂紫色，中性线接地时涂黑色。直流母线中的正极线涂红色，负极线涂蓝色。

另外，母线涂漆还能防止母线腐蚀，这对钢母线尤其重要。

3-50 母线的哪些部位不准涂漆？各种排列方式的母线应怎样涂漆？

答：母线的下列各处不准涂漆：

1）母线的各部连接处及距离连接处100mm以内的地方。

2）间隔内的硬母线要留出50~70mm，便于停电挂接临时地线用。

3）涂有温度漆（测量母线发热程度）的地方。

母线排列方式及按相序涂漆见表3-9。

接地线、零线涂黑色漆，而高压变（配）电设备构架均涂灰色漆。

表3-9　　　　　　　　　　　母线排列方式及按相序涂漆表

相序	涂漆颜色	涂漆长度	母线排列方式			
			自上而下	自左而右	从墙壁起	从柜背面起
A	黄色	沿全长	上	左	A	A
B	绿色	沿全长	中	中	B	B
C	红色	沿全长	下	右	C	C

3-51　在 6～10kV 变配电系统中，为什么大都采用矩形母线？

答：在矩形和圆形母线对比中，同样截面积的母线，矩形母线比圆形母线的周长大，因而矩形母线的散热面大，即在同一温度下，矩形母线的散热条件好。同时由于交流电集肤效应的影响，同样截面积的矩形母线比圆形母线的交流有效电阻要小一些，即在相同截面积和允许发热温度下，矩形截面通过的电流要大些。所以在 6～10kV 变配电系统中，一般都采用矩形母线，而在 35kV 及以上的配电装置中，为了防止电晕，一般都采用圆形母线。

3-52　同一相并上几根矩形母线，其载流量是否等于每根矩形母线的额定载流量相加？

答：在供电负荷增加至超过一根矩形母线的载流量时，允许每相再并上一根或几根母线，但要保持一定的距离，保证散热条件良好。

如果并上几根母线，而不保持一定距离，虽然每相的总截面增大了，但此时的允许载流量并不与每相增加矩形母线的根数成正比，而应该打一个减少系数（也叫并列系数）。因为多根并在一起后，母线的散热条件变差，而且在交流电场下邻近效应很大，增大了电抗，使电流下的发热量增加。因而并上的母线条数越多，电流分布越不均匀，中间母线的电流小，两边母线的电流大，所以几根母线并上使用后载流量并不直接相加，这就降低了金属的利用率。因此，在交流装置中，一般母线的并上条数不多于 2，个别情况下也不多于 3 条。

3-53　高压穿墙套管的安装应符合哪些要求？

答：（1）穿墙套管间中心距离一般 10kV 为 45cm，35kV 为 60cm，在潮湿的地方上述距离应适当增大。

（2）双回路进出线穿墙套管，两回路套管间最近距离为 2m。

（3）穿墙套管的高低，应使引线距地面不小于 4.5m（10kV）。

（4）穿墙套管引线应为倒人字接线，如果用绝缘导线则应在最低部位削一小口。

（5）固定套管的安装板厚度，对铜排穿墙套管不得超过 40mm，铝排穿墙套管不得超过 60mm。

3-54　通过较大电流（1500A 以上）的穿墙套管，如固定在钢板上，为什么要在钢板上沿套管直径的延长线上开一道横口？

答：如果固定穿墙套管的钢板不开一道横口，当套管通过交变电流时，在钢板上就会形成一个交变的闭合磁路，产生涡流和磁滞损耗，并使钢板发热。这个损耗是随着电流的增大而剧增的。如通过 1500A 及以上的大电流时，钢板就要过热，这样会使套管的绝缘介质老化，从而降低使用寿命。钢板上如果开一道横口，形成一道非磁性气隙，钢板中的磁通不能直接形成闭合回路，磁通明显减少，从而使磁损耗少了。所以在通过大电流的穿墙套管固定钢板上，开出一道几毫米的横口后，再用非磁性材料填焊牢固，就能避免钢板发热了。

3-55　超高压配电装置有哪些特殊问题？一般采取哪些措施加以解决？

答：超高压配电装置，由于其电压高、设备容量大，与 220kV 及以下电压级的配电装置相比，有以下几个特点：

（1）内过电压在绝缘配合中起决定作用。

220kV 及以下电网的绝缘配合主要由大气过电压决定，大气过电压可以采用避雷器限制。而超高压电网的内过电压（包括工频过电压及操作过电压）很高，设备的绝缘水平和配电装置的空气间隙主要由内过电压决定，因此要采取措施限制操作过电压不超过规定水平（330kV 系统不超过最高工作电压的 2.75 倍，500kV 系统不超过最高工作电压的 2.0 ~ 2.3 倍）。

（2）内过电压及静电感应对安全净距（A、B、C、D 值）的确定有重要影响。

对此，我国为超高压输变电工程设计的需要，暂规定了最小安全净距的试行值。330kV 配电装置最小安全净距的试行值见表 3 – 10。各国 500kV 配电装置最小安全净距见表 3 – 11。

表 3 – 10　　　　　　　　　　330kV 最小安全净距试行值（m）

名　称	安全净距	名　称	安全净距
带电部分至接地部分 A_1	2.6	带电部分至网状遮栏 B_2	2.7
不同相的带电部分之间 A_2	2.8	无遮栏裸导体至地面 C	5.1
带电部分至栅栏 B_1	3.35	不同时停电检修的无遮栏裸导体之间的水平净距 D	4.6

（3）必须考虑静电感应对人体危害的防护措施。

在高压输电线路下或配电装置的母线下和电气设备附近有对地绝缘的导电物体或人时，由于电容耦合而产生感应电压。当人站在地上与地绝缘不好时，就会有感应电流流过，如感应电流较大，人就有麻电感觉。

表 3 – 11　　　　　　　　　各国 500kV 最小安全净距比较表（m）

名　称	日本	美国	前苏联	中国
带电部分至接地部分 A_1	4.1 ~ 5.0	3.35 ~ 4.88	3.75	3.8
不同相的带电部分之间 A_2	5.2 ~ 5.8	5.18 ~ 7.0	4.2	4.3
带电部分至栅栏或搬运中设备对带电体净距 B			4.3	4.55
无遮栏裸导体至地面 C	9.0 ~ 9.5	7.0 ~ 9.75	6.45	7.5
不同时停电检修的无遮栏裸导体间的水平净距 D			5.75	5.8

国内外的设计和运行经验指出，地面场强在 5kV/m 以下为无影响区，多数国家认为配电装置允许的电场强度为 7 ~ 10kV/m。在场强不超过允许值的超高压配电装置中，不会发生静电感应对人体的影响。但需要指出的是；在高电场下，静电感应电压与低电压下的交流稳态电击感觉界限不同。对于静电感应放电在未完全接触时已有感觉，所以感觉电流即使是 100 ~ 200μA，亦会有针刺感，不注意时会发生受惊而造成事故，故在检修工作中应特别注意。

（4）要满足电晕和无线电干扰允许标准的要求。

超高压系统由于电压高、导线表面场强比较大（场强随导线外径不同而变化），故在导线周围空间产生电晕放电。在每个电晕放电点将不断地发射出不同频率的无线电干扰电磁波，这些干扰波大到一定程度，将会影响近旁的无线电广播、通信、电视及发生噪声。因此，在超高压配电装置中所采用导线除应满足大载流量要求外，还需要满足电晕无线电干扰允许标准的要求。从限制无线电干扰出发，变电所尽量避免出现可见电晕，以可见电晕作为验算导线截面的条件。

（5）超高压配电装置中的导线和母线。

由于载流量大，为防止电晕无线电干扰，超高压配电装置中的导线和母线，需要采用扩径空芯导线、多分裂导线、大直径或组合铝管。

（6）要限制噪声。

配电装置的主要噪声源是主变压器、电抗器和电晕放电。

如果在变电所和发电厂设计中合理地选择设备和布置总平面，就能使变电所和发电厂的噪声得到限制。采取限制噪声的措施后，噪声水平应不超过规定数值，即控制室、通信室的最高连续噪声级不大于 65dB，一般应低于 55dB；对职工宿舍在睡眠时的噪声理想值是 35dB，极大值为 50dB。

对 500kV 电气设备距外壳 2m 外的噪声水平，宜不超过下列数值：

1）断路器：连续性噪声水平 85dB；非连续性噪声水平屋内 90dB，屋外 110dB。

2）电抗器：80dB。

3）变压器等其他设备：85dB。

3－56　试简述 220kV 中型配电装置及 500kV 配电装置的结构及其布置方式。

答：室外配电装置的结构形式与主接线、电压等级、容量及母线、构架、断路器和隔离开关的类型都有密切的关系，必须合理布置，保证电气安全净距，同时还要考虑带电检修的可能性。

（1）220kV 中型配电装置。

图 3－11 为 220kV 单母线分段、断路器双列布置的配电装置断面图。采用三柱式隔离开关和少油式断路器，除避雷器外，所有电器均布置在 2~2.5m 的基础上，但电流互感器布置在较高的基础上，其目的是托起连接导线至必要高度。

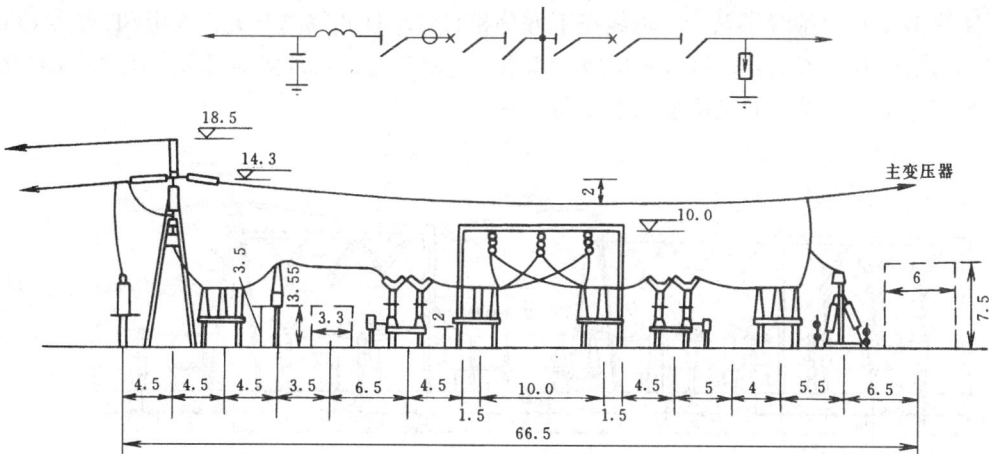

图 3－11　220kV 普通中型（单母线分段），断路器双列布置配电装置断面（尺寸单位：m）

（2）500kV 配电装置。

图 3－12 为 500kV 一个半断路器接线，断路器三列布置的进出线断面图。

母线隔离开关分相直接布置在母线的正下方，即称为分相布置。

采用硬圆管母线及单柱式隔离开关，可减少母线相间距离，降低构架高度，节约占地面积，减少母线、绝缘子串和控制电缆。出线电抗器布置在线路侧，可减少跨线。

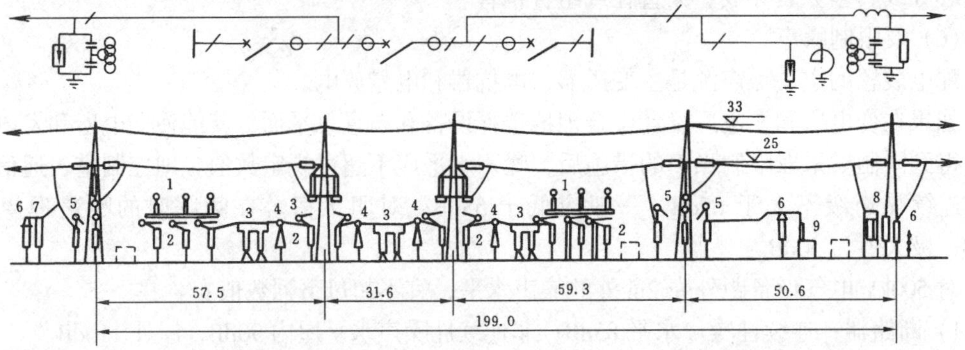

图 3 – 12　500kV 一个半断路器接线，断路器三列布置的进出线断面图（尺寸单位：m）
1—硬母线；2—单柱式隔离开关；3—断路器；4—电流互感器；5—双柱伸缩式隔离开关；6—避雷器；7—电容式电压互感器；8—阻波器；9—并联电抗器

断路器采用三列式布置，且所有出线都从第一、二列断路器间引出，所有进线均从第二、三列断路器间引出，具有接线简单、清晰、占地面积小的特点。但当只有两台主变压器时，这种接线可靠性较差。此时，应将其中一台主变压器和出线交叉引线，为了不使交叉引线多占间隔，可与母线电压互感器及避雷器共占用两个间隔，以提高场地利用率。

由于在每一间隔中设有两条相间纵向通道，故省去断路器侧的横向车道，仅在管形母线外侧各设一条横向车道，以构成环形道。为了满足检修机械和带电设备的安全净距和降低静电感应场强，所有设备支架都抬高到使最低瓷裙对地距离大于 4m。

图 3 – 13 为 500kV 双母线四分段带旁路母线的一种配电装置的出线间隔断面图。软母线、跳线由 V 型串绝缘子悬吊，母线正下方分相布置单柱式隔离开关，采用 SF$_6$ 组合电器—断路器与电流互感器组合，可节省用地。离组合电器较远的母线隔离开关与组合电器之间的连接导线，由其间设备的支持绝缘子托起。

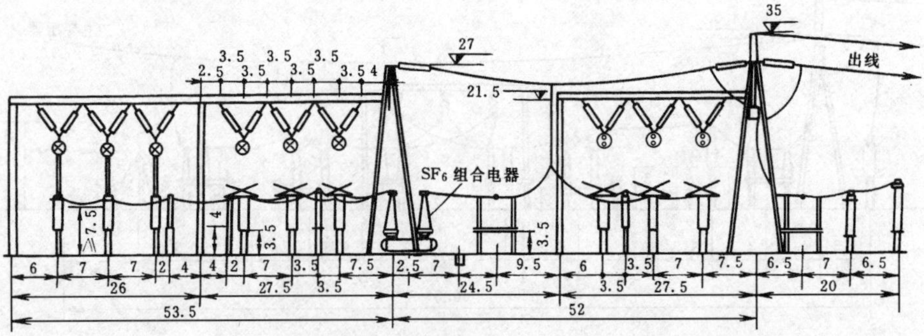

图 3 – 13　500kV 双母线四分段带旁路母线的一种配电装置出线间隔断面图

3 – 57　试简述气体绝缘金属封闭开关设备（GIS）的总体结构和特点，以及提高其运行安全可靠性的主要措施。

答：气体绝缘金属封闭开关设备（GIS）是把断路器、隔离开关、电压互感器及电流互感器、母线、避雷器、电缆终端盒、接地开关等元件，按电气主接线的要求，依次连接组合成一个整体，并且全部封闭于接地的金属压力封闭外壳中，壳体内充以高于大气压的绝缘气体（通常为 SF_6 气体），作为绝缘和灭弧介质。

（1）总体结构。

GIS 由各个独立的标准元件组成，各标准元件制成独立气室（又称气隔），再辅以一些过渡元件（如弯头、三通、伸缩节等），便可适应不同形式主接线的要求，组成成套配电装置。

一般情况下，断路器和母线间的结构形式对布置影响最大。例如：屋内式全封闭组合电器，若选用水平布置的断路器，一般将母线布置在下面，断路器布置上面；若断路器选用垂直断口时，则断路器一般落地布置在侧面。屋外式 GIS，断路器一般布置在下部，母线布置在上部，用支架托起。

图 3-14 为 220kV 双母线 SF_6 GIS 的断面图。为了便于支撑和检修，母线布置在下面，断路器（双断口）水平布置在上部，出线用电缆，整个回路按照电路顺序，成 Ⅱ 型布置，使装置结构紧凑。母线采用三相共箱式（即三相母线封闭在公共外壳内），其余元件均采用分箱式。盆式绝缘子用于支撑带电导体和将装置分隔成不漏气的隔离室。隔离室具有便于监视、易于发现故障点、限制故障范围以及检修或扩建时减少停电范围的作用。在两组母线汇合处设有伸缩节，以减少由温差和安装误差引起的附加应力。另外装置外壳上还设有检查孔、窥视孔和防爆盘等设备。

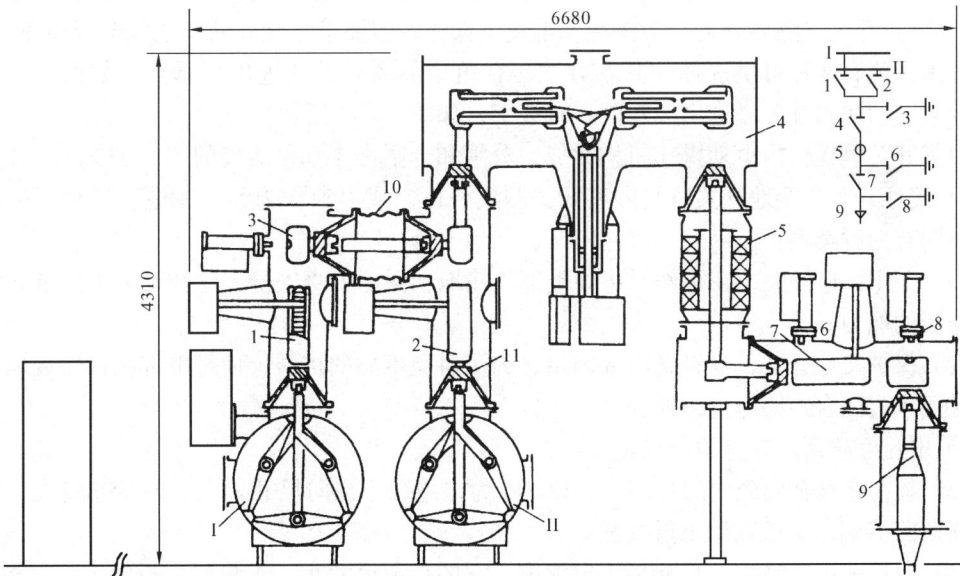

图 3-14　ZF-220 型 220kV 双母线 SF_6 全封闭组合电器配电装置断面图
Ⅰ、Ⅱ—主母线；1、2、7—隔离开关；3、6、8—接地开关；4—断路器；
5—电流互感器；9—电缆头；10—伸缩节；11—盆式绝缘子

（2）金属铠装 GIS。

GIS 金属铠装可用钢板或铝板制成，形成封闭外壳，有三相共箱和三相分箱式两种。其功能是：容纳 SF_6 气体，气体压力一般为 0.2～0.5MPa；保护活动部件不受外界物质侵蚀；又可作为接地体。

金属外壳内各标准元件相互分离形成独立气室。独立气室中装有防爆膜，以防止因内部发生电弧性故障时，产生超压力现象致使外壳破裂。大容积的气室及母线管道，一般不会产生危及外壳的超压力现象，不需要装防爆膜。

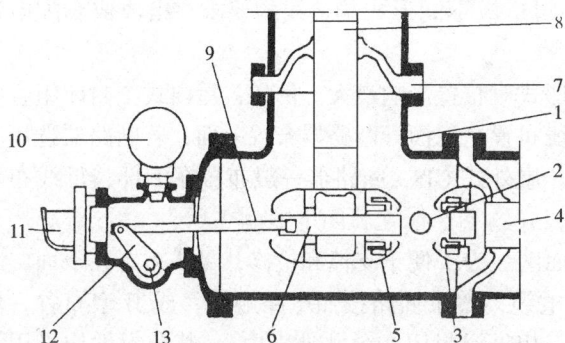

图 3-15　直角型隔离开关

1—外壳；2—观察窗；3—静触头；4—导体；5—滑动触头；6—动触头；7—绝缘子；8—导体；9—绝缘杆；10—压力开关；11—超压限制装置；12—曲柄；13—控制轴

（3）组合元件。

1）断路器。它是 GIS 的主要元件，它可以是单压式或双压式 SF_6 断路器，目前使用最多的是单压式。这种断路器有水平断口和垂直断口两种类型。水平断口的断路器布置在组合电器的上层，下层为其他元件，因此检查断路器的灭弧室比较容易，但检查其他底部元件就比较困难。这种断路器的高度低，但宽度较大。垂直断口的断路器在组合电器内仅为一层，高度大，较窄，检查断口时不如水平结构的方便。断路器采用液压操动机构或气动操动机构。图 3-14 中所用的断路器为水平断口的单压式、定开距的 SF_6 断路器。

2）隔离开关。隔离开关一般是在无电流下操作，但要求它能开断小电容电流和环流。

隔离开关有两种可供选择的基本方案，直角型隔离开关（进出线垂直，如图 3-15 所示）和直线型隔离开关（进出线在同一轴线上，如图 3-16 所示）。

隔离开关的操作由电动操作机构完成，分闸和合闸操作都是缓慢的。

3）接地开关。接地开关或与隔离开关制成一体，或单独作为元件制造。接地开关视其功用不同有两种类型：

（a）工作接地开关，在检修时将导电部位接地，保证人身安全，这类开关不要求有闭合短路电流的能力。

（b）保护接地开关，当设备内部闪络，为了避免事故的扩展，使带电部位很快接地，这类开关要求有闭合短路电流的能力。

4）电流互感器。它有两种结构：

（a）装在充气金属壳内的穿芯式，以 SF_6 为主绝缘，径向尺寸较大，质量亦较大，既可以用于断路器侧，又可以用于母线侧。

（b）开口式电缆结构，只能用于电缆侧，它的径和尺寸小、重量轻、拆卸方便。图 3-14 中用的是穿芯式结构，每组共有一个测量线圈和三个保护线圈，每个线圈外部用环氧树脂浇铸。

5）电压互感器。主要有电容式和电磁式两种，前者用于 220kV 及以上的电压、后者用于 110kV 及以下的电压。

6）避雷器。主要有下列情况：

（a）常规带间隙的避雷器，装在组合电器的入口处。

（b）无间隙氧化锌避雷器或金属封闭的 SF_6 绝缘的避雷器。

（c）上述两种方式的混合应用。

7）母线和封闭连接线。母线的结构有分相与三相共筒式两种。分相式母线的导电部分装在接地的金属圆筒中心，用盆式绝缘子支持。这种母线符合同轴圆柱体的结构原则，电场分布较好，结构简单，相间电动力小，可避免相间短路的故障。三相共筒式母线的三相导电部分，匀称地布置在一个共同的接地金属圆筒内，各相导体对圆筒分别用支持绝缘子支持，相间绝缘主要由 SF_6 担任。三相共筒式与分相式比较，可以缩小三个导体绝缘筒的截面，壳体的发热效应较低。

图 3-14 中采用的母线为在一金属壳体内装有铝管导体，以 SF_6 为主绝缘。

8）充气引线套管与电缆终端。充气引线套管为空心塔形套管，内装导电杆并充有 SF_6 气体。引线套管也可以采用油纸电容套管，它的尾部放在封闭电器的壳体内，SF_6 气体与套管的油腔隔绝。

GIS 若选用电缆进出线时，就要采用封闭型的电缆终端。与变压器或架空线路相连接时，可以采用套管。

（4）GIS 的特点。

GIS 与常规的配电装置相比，有以下突出优点：

1）大量节省配电装置所占空间。GIS 与常规的各级电压中型布置配电装置的面积之比约为 $\frac{25}{U_N + 25}$，其空间之比约为 $\frac{10}{U_N}$（U_N 为额定电压，kV），电压越高，效果越显著（500kV 的占用空间约为敞开式的 1/50）。

2）运行可靠性高。暴露的外绝缘少，因而外绝缘事故少；内部结构简单，机械故障机会减少；外壳接地，无触电危险；SF_6 为非燃性气体，无火灾危险；气压低，爆炸危险性也小。

3）检修时间间隔长，运行维护工作量小。设备运行维护工作量小，检修周期长，为常规电器的 5～10 倍，几乎在使用寿命内不需要解体检修。例如，上海华能石洞口二电厂 500kV 配电装置 GIS，制造厂规定其检修间隔可达 20 年。

4）环境保护好，无静电感应和电晕干扰，噪声水平低。

5）适应性强。因为重心低，脆性元件少，所以抗震性能好；因为全封闭不受外界环境影响，还可用于高海拔地区和污秽地区。

6）安装调试容易。因为制造厂在厂内经过组装密封，又是单元整体运输，所以现场只需整体调试，安装方便，建设速度快。

其缺点是：

1）GIS 对材料性能、加工精度和装备工艺要求极高，工件上的任何毛刺、油污、铁屑和纤维都会造成电场不均。当个别点电场强度达到气体放电的电场强度时，就会发生局部放电，甚至可导致个别部位的击穿。绝缘气体的气压愈高，则局部放电降低击穿电压或沿面放电电压的影响愈强烈。

2）需要专门的 SF_6 气体系统和压力监视装置，且对 SF_6 的纯度和微水含量，都有严格的要求。

3）金属消耗量大。

4）目前造价较高。

GIS 应用范围为 110～500kV，并在下列情况下采用：地处工业区、市中心、险峻山区、地下、洞内、用地狭窄的水电厂及需要扩建而缺乏场地的电厂和变电所，位于严重污秽、海滨、高海拔以及气象环境恶劣地区的变电所。

（5）提高 GIS 运行安全可靠性措施。

为了保持 GIS 的安全运行和人身安全，除了在维护检修时，加强绝缘、漏气和水分管理外，还应采取下列有关措施：

1）气体绝缘的监视。气体绝缘监视装置有密度监视和压力监视两种。当密封气室内的气体密度或压力达不到运行的规定值时，监视装置动作。SF_6 气体的电气强度主要决定于气体的密度，因此最好是进行密度监视。

2）对安装 GIS 的室内的空气中的含尘量应进行严格的控制，一般不超过 $0.2mg/m^3$，以防止灰尘进入设备内部，影响绝缘强度或进入密封面上造成气体泄漏量的增加。

3）控制安装 GIS 的室内允许的 SF_6 气体含量。SF_6 气体经电弧和电晕作用后，产生少量的有毒物质。为了保证工作人员的安全，安装 GIS 室内的 SF_6 浓度建议控制在 1000ppm 以下。在检修过程中，工作人员应戴上防毒面具、防护手套、护目镜，穿上工作服。

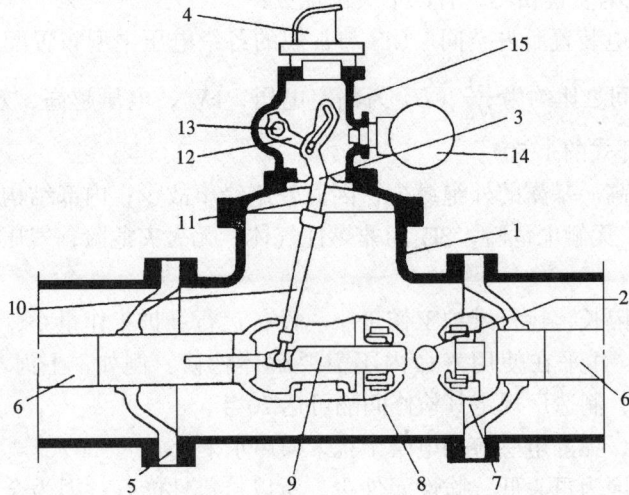

图 3-16 直线型隔离开关

1—外壳；2—观察窗；3—轴；4—超压限制器；5—绝缘子；6—导体；7—静触头；8—滑动触头；9—动触头；10—绝缘杆；11—曲柄；12—拐臂；13—控制轴；14—压力开关；15—曲柄箱

（6）工程举例。

图 3-17 为某电厂 220kV 的 GIS 平面布置图。图 3-18 为 220kV 的 GIS 出线间隔断面图。为改善 GIS 的运行条件，将其置于室内。该配电装置有四条出线、三条进线、双母线接线、母联及母线电压互感器布置在配电装置母线中间。

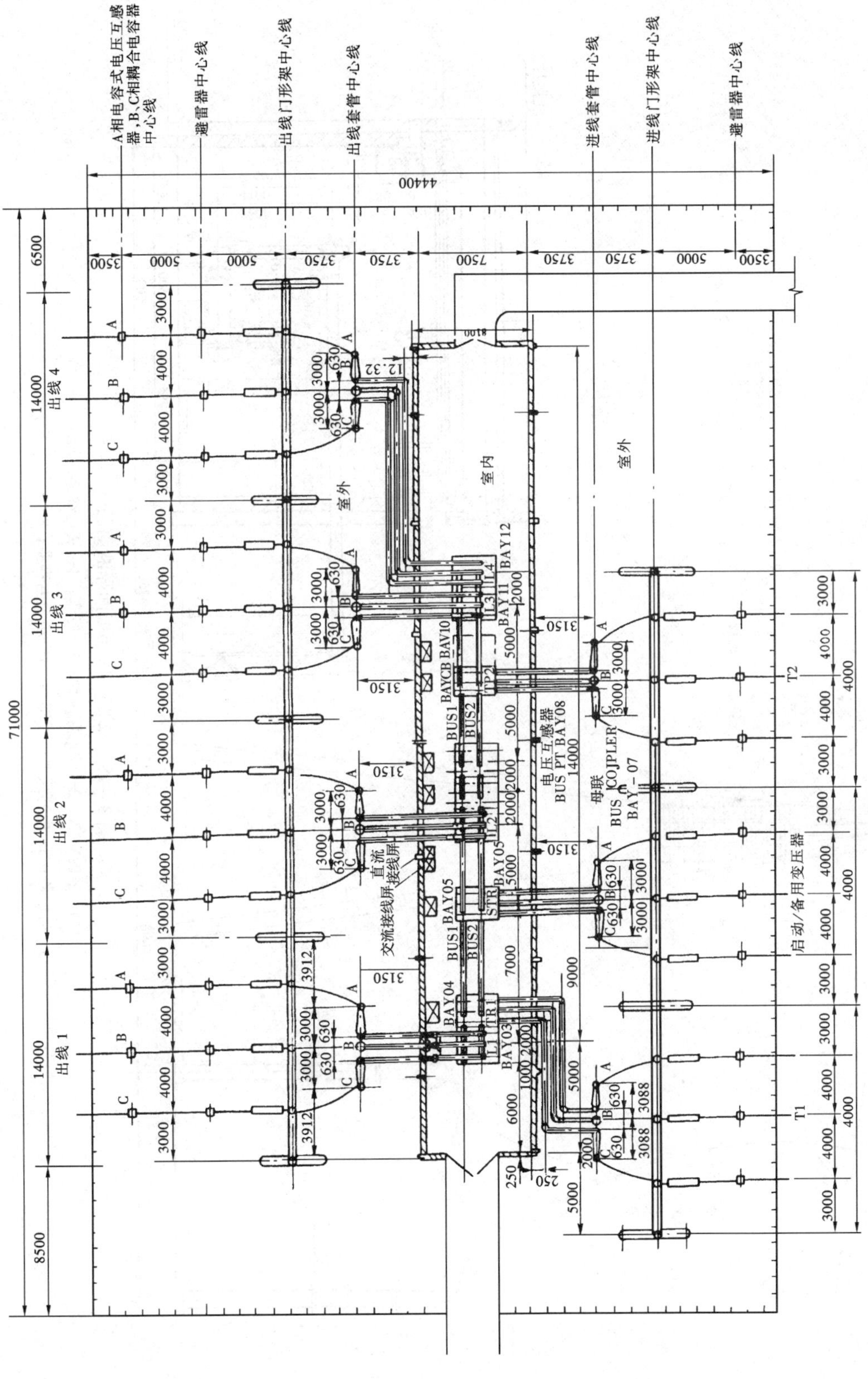

图 3－17　220kVGIS 平面布置图

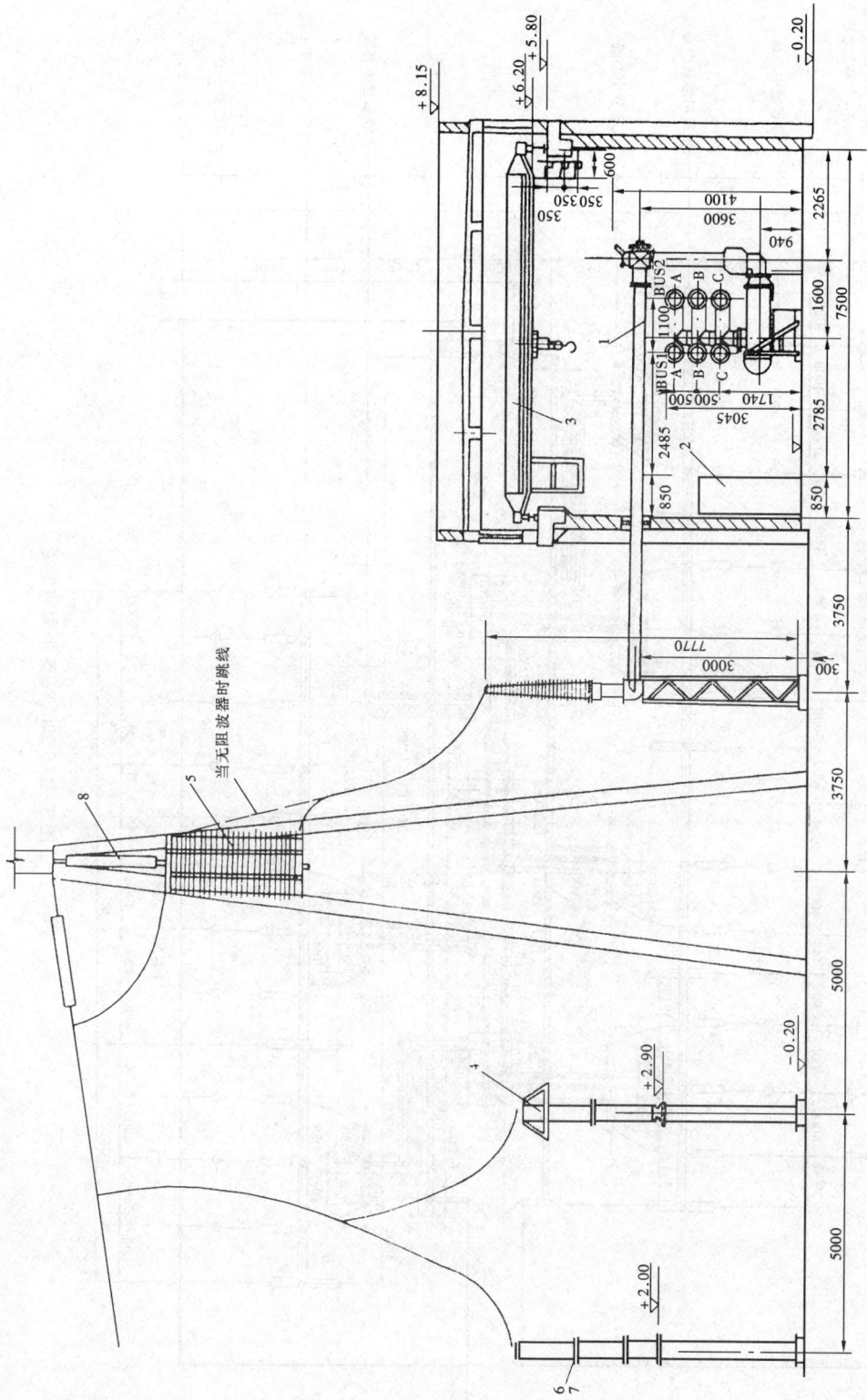

图 3-18 220kVGIS 出线回隔断面图

1—220kVGIS；2—就地控制盘；3—行车；4—氧化锌避雷器；
5—阻波器；6—电容式电压互感器；7—耦合电容器；8—V形绝缘子串

当无阻波器时跳线

第四章 互感器的运行

4-1 什么叫电压互感器？它有什么作用？其绕组额定电压的定义如何？应用范围如何？

答：（1）电压互感器又称为仪用互感器（亦称之为 TV）。它是一种把高压变为低压，并在相位上与原来保持一定关系的仪器。其工作原理、构造和接线方式都与变压器相同，只是容量较小，通常仅有几十或几百伏安。电压互感器分为电磁式和电容式两大类。目前在 500kV 电力系统中大量使用的都是电容式电压互感器。

（2）电压互感器的作用是把高压按一定比例缩小，使低压线圈能够准确地反映高压量值的变化，以解决高压测量的困难。同时，由于它可靠地隔离了高电压，从而保证了测量人员、仪表及保护装置的安全。此外，电压互感器的二次电压一般为 100V（还有 $100/\sqrt{3}$、$100/3V$ 两种），这样可以使仪表及继电器标准化。

（3）电压互感器绕组额定电压定义。电压互感器一次额定电压是可以长期加在一次绕组上的电压，并在此基准下确定其各项技术性能。根据接入电路的情况，可以是线电压，也可以是相电压。其额定一次电压应与我国电力系统规定的额定电压系列相一致。

额定二次电压。我国规定接入三相系统中，相与相之间的单相电压互感器的二次电压为 100V。对于接三相系统相与地间的单相电压互感器，其额定二次电压为 $100/\sqrt{3}V$。

零序电压绕组的额定二次电压如下：供中性点直接接地系统用的电压互感器，其零序电压绕组的二次额定电压规定为 100V；供中性点不直接接地系统用的电压互感器，其零序电压绕组的二次额定电压为 $100/3V$。这样当一次系统发生单相接地时，用于接地保护的开口三角端输出电压为 100V，以启动有关继电器。

（4）电压互感器应用范围极广，主要应用于：

1）商业计算。主要接于发电厂、变电所的线路出口和入口电能计量及负荷装置上，用作电网对用户及网与厂之间、网与网之间电量结算、潮流监控。这种互感器一般要求有 0.2 级计量准确度级，互感器的输出容量一般不大。

2）继电保护和自动装置的电压信号源。它要求的准确度级一般为 0.5 级及 3P 级，输出容量一般较大。

3）合闸或重合闸检同期、检无压信号。它要求的准确度级一般为 1 级和 3 级，输出容量也不大。

现代电力系统中，电压互感器二次绕组一般可做到四线圈式，这样一台电压互感器可集上述三种用途于一身。

4-2 电压互感器与变压器有何不同？

答：电压互感器实质上就是一种变压器。从工作原理讲，互感器和变压器都是将高电压降为低电压，但是由于用途不同，故在工作状态方面有所区别。

电压互感器的特点是容量小，其负载通常很微小，而且恒定。所以，电压互感器的一次侧可视为一个电压源，它基本上不受二次负荷的影响。而变压器则不同，它的一次电压受二次负荷的影响较大。此外，由于接在电压互感器二次侧的负载都是测量仪表和继电器的电压线圈，它们的阻抗很大，因而二次电流很小。在正常运行时，互感器总是处于像变压器那样的空载状态，二次电压基本上等于二次感应电动势的值，所以电压互感器能用来准确测量电压。再者，为了使电压互感器所允许的误差不超过规定值，必须限制其磁化电流。因此，其铁芯要用质量较好的硅钢片来制造，而且应取较低的磁通密度，一般取 $B \leqslant 0.6 \sim 0.8T$。而一般变压器的铁芯磁密均在 1.4T 以上。

4-3 电压互感器铭牌上数据的含义是什么？

电压互感器铭牌上常标有下列技术数据：

（1）型号：型号由 3～4 个汉语拼音字母组成。通常它表示电压互感器的线圈型式、绝缘种类、铁芯结构以及使用场所等。字母后面的数字表示电压等级（kV）。型号中字母的含义如表 4-1 所示。

表 4-1 电压互感器铭牌上的字母含义一览表

序 号	字 母	代 表 含 义
1	J	电压互感器
2	D	单相
	S	三相
	C	串极式
3	J	油浸式
	C	瓷箱式
3	Z	浇注式
	G	干式
	R	电容分压式
	B	三相带补偿线圈
4	J	接地保护
	W	三相三线三圈柱旁轭式铁芯结构（五铁芯柱式）

（2）电压比：常以一、二次线圈的额定电压标出。电压比 $K_N = U_{1N} / U_{2N}$。

（3）误差等级：即电压互感器变化误差的百分值。通常分为 0.2、0.5、1.0、3.0 和保护用 3P、6P 级。使用时可根据负荷的需要来选择。

（4）容量：包括额定容量和最大容量。所谓额定容量，是指在负荷 $\cos\varphi = 0.8$ 时，对应于不同准确度等级的伏安数。而最大容量则是指在满足线圈发热的条件下，所允许的最大负荷（伏安数），当电压互感器按最大容量使用时，准确度将超出其规定数值。

（5）接线组别：表明电压互感器一、二次电压的相位关系。

4-4 试简述电磁式电压互感器的分类和使用特点？

答：（1）电磁式电压互感器的分类。

根据绕组数不同，可分为双绕组式和三绕组式。

按相数分，可分为单相式和三相式，20kV 以下才有三相式，且有三相三柱式和三相五柱式之分。在中性点不接地或经消弧线圈接地的系统中，三相三柱式一次侧只能接成 Y 型，其中性点不允许接地，这种接线方式不能测量相对地电压。而三相五柱式电压互感器一次绕组可接成 YO 型，可用于测量相对地电压。

按绝缘方式分，可分为浇注式、油浸式、干式、充气式。油浸式电压互感器按其结构可分为普通式和串级式的。

（2）电压互感器使用特点。

1）电压互感器接线方式一般为：单相接线方式，V－V接线方式，三台单相的接线方式为 Y，yn，三相五柱式的接线方式为 YN，yn，d。

2）电磁式电压互感器安装在中性点非直接接地系统中。当系统运行状态发生突变时，为防止并联铁磁谐振的发生，可在电压互感器上装设消谐器，亦可在开口三角端子上接入电阻或白炽灯泡。

3）电压互感器与电力变压器一样，严禁短路，应采用熔断器保护。110～500kV 电压级一次侧没有熔断器，直接接入电力系统（一次侧无保护）。35kV 及以下电压级一次侧通过带或不带限流电阻的熔断器接入电力系统，它只能保护高压侧，也就是说只有一次绕组短路才熔断，而当二次绕组短路和过负荷时，高压侧熔断器不可能可靠动作，所以二次侧仍需装熔断器，以实现二次侧过负荷和过电流保护。

4）用于线路侧的电磁式电压互感器，可兼作释放线路上残余电荷的作用。如线路断路器无合闸电阻，为了降低重合闸时的过电压，可在互感器二次绕组中接电阻，以释放线路上残余电荷，并消除断路器断口电容与该电压互感器的谐振。

4－5 电压互感器的准确等级分几种？准确等级与容量有何关系？

答：（1）国家规定电压互感器的等级分为四级，即 0.2、0.5、1 和 3 级。0.2 级用于实验室的精密测量；0.5 和 1 级一般用于发配电设备的测量和保护；计量电能表根据用户的不同，采用 0.2 级或 0.5 级；3 级则用于非精密测量。用于保护的准确级有 3P、6P。

电压互感器的准确级，是指在规定的一次电压和二次负荷变化范围内，负荷功率因数为额定值时，电压误差（含相位误差）的最大值。我国电压互感器准确级和误差限值标准见表 4－2 所示。

表 4－2 　　　　　　　电压互感器的准确级和误差限值

准 确 级	误 差 限 值		一次电压变化范围	频率、功率因数及二次负荷变化范围
	电压误差（±%）	相位误差（±′）		
0.2	0.2	10		
0.5	0.5	20	$(0.8 \sim 1.2) U_{N1}$	$(0.25 \sim 1) S_{N2}$
1	1.0	40		$\cos\varphi_2 = 0.8$
3	3.0	不规定		$f = f_N$
3P	3.0	120	$(0.05 \sim 1) U_{N1}$	
6P	6.0	240		

（2）电压互感器准确等级和容量有着密切的关系。由于电压互感器误差随着二次负荷的变化而变化，所以同一台电压互感器对应于不同的准确级便有不同的容量（实际上是电压互感器二次绕组所接仪表及继电器的功率）。通常，额定容量是指对应于最高准确级的容量。

铭牌上的"最大容量"是指由热稳定（最高工作电压下长期工作时允许发热条件）确定的极限容量。

例如，JSJW-10型三相五柱式电压互感器的铭牌参数为①准确级0.5、1、3；②额定容量120、200、480VA；③最大容量960VA。

电压互感器二次侧的负荷为测量仪表及继电器等电压线圈所消耗的功率总和S_2。选用电压互感器时要使其额定容量$S_{N2} \geq S_2$，以保证准确等级要求。

4-6 电压互感器的误差有几种? 影响各种误差的因素是什么?

答：电压互感器的误差有两种：一种是电压误差，用ΔU表示；另一种是角误差，用δ表示。

电压误差是二次绕组电压的实测值与额定电压比的乘积（$U_2 k_N$）减去一次绕组电压的实测值U_1后与U_1的百分比，简称比差，即

$$\Delta U\% = \left[(U_2 K_N - U_1)/U_1 \right] \times 100\%$$

角误差是指电压互感器二次电压U_2向量旋转180°后与一次电压向量之间的夹角，简称角误差。

造成电压互感器误差的原因很多，主要有：

(1) 电压互感器一次电压的显著波动，致使磁化电流发生变化而造成误差；

(2) 电压互感器空载电流的增大，会使误差增大；

(3) 电源频率的变化；

(4) 互感器二次负荷过重或$\cos\phi$太低，即二次回路的阻抗（仪表、导线的阻抗）超过规定，均使误差增大。

4-7 试简述电容式电压互感器的工作原理、基本结构及性能特点。

答：(1) 电容式电压互感器的工作原理。

电容式电压互感器采用电容分压原理，如图4-1所示。在图中，U_1为电网电压；Z_2表示仪表、继电器等电压线圈负荷。因此

$$U_2 = U_{c2} = \frac{C_1}{C_1 + C_2} U_1 = K_U U_1$$

式中　K_U——分压比，且$K_U = \frac{C_1}{C_1 + C_2}$。

由于U_2与一次电压U_1成比例变化，故可以测出相对地电压。

为了分析互感器带上负荷Z_2后的误差，可利用等效电源原理，将图4-1画成图4-2所示的等值电路。

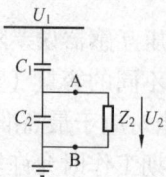

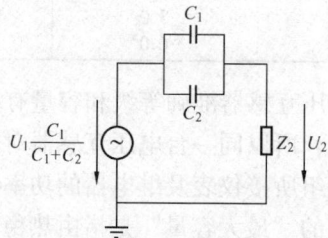

图 4-1　电容分压原理　　　　　图 4-2　电容式电压互感器等值电路

从图 4 – 2 可看出，内阻抗 $Z_i = \dfrac{1}{j\omega\ (C_1 + C_2)}$，当有负荷电流流过时，在内阻抗上将产生电压降，从而使 U_2 与 $U_1\dfrac{C_1}{C_1 + C_2}$ 不仅在数值上而且在相位上有误差，负荷越大，误差越大。要获得一定的准确级，必须采用大容量的电容，这是很不经济的。合理的解决措施是在电路中串联一个电感，如图 4 – 3 所示。

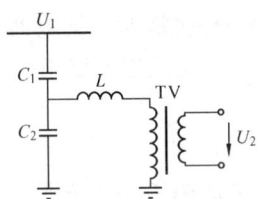

图 4 – 3　串联电感电路

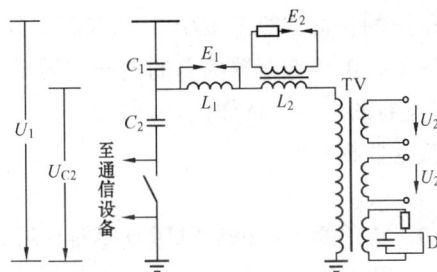

图 4 – 4　电容式电压互感器结构原理图

为了进一步减少负荷电流误差的影响，将测量仪表经中间电磁式电压互感器（TV）升压后与分压器相连。

（2）电容式电压互感器的基本结构。

电容式电压互感器的基本结构如图 4 – 4 所示。其主要元件是：电容（C_1、C_2），非线性电感（补偿电感线圈）L_2，中间电磁式电压互感器 TV。为了减少杂散电容和电感的有害影响，增设一个高频阻断线圈 L_1，它和 L_2 及中间电压互感器一次绕组串联在一起，L_1、L_2 上并联放电间隙 E_1、E_2。

电容（C_1、C_2）和非线性电感 L_2 和 TV 的一次绕组组成的回路，当受到二次侧短路或断路等冲击时，由于非线性电抗的饱和，可能激发产生次谐波铁磁谐振过电压，对互感器、仪表和继电器造成危害，并可能导致保护装置误动作。为了抑制高次谐波的产生，在互感器二次绕组上设阻尼器 D。阻尼器 D 具有一个电感和电容并联，一只阻尼电阻被安插在这个偶极振子中。阻尼电阻有经常接入和谐振时自动接入两种方式。

（3）电容式电压互感器性能特点。

电容式电压互感器是电力系统高压远距离输电技术发展的必然产物，和传统的电磁式电压互感器相比，它具有如下特点：

1）在运行维护及可靠性方面，电容式电压互感器结构简单，使用维护方便，又由于其绝缘耐压强度高，故使用可靠性高。特别是电磁式电压互感器在运行中，由于其非线性电感和断路器断口电容之间容易发生铁磁谐振，常常造成互感器损坏甚至爆炸，成为长期以来危及系统安全运行的隐患。而采用电容式电压互感器，使这一问题从根本上得以解决。

2）从经济方面看，电磁式电压互感器由于其体积随着电压等级的提高而成倍增大，成本大幅度上升。电容式电压互感器不仅体积小，而且其电容分压器能兼作高频载波用的耦合电容器，有效地节省了设备投资和占地面积。电压愈高，经济效果愈显著。

3）从各项技术性能看，电容式电压互感器完全达到了电磁式电压互感器的性能水平。早期的电容式电压互感器存在二次输出容量较小，瞬变响应速度较慢的缺点，经过近几年的技术攻关，目前已能制造出高电压、大容量、高精度的电容式电压互感器，其瞬变响应速度也达到 5% 以下。

4－8　在三绕组电压互感器中，两套二次绕组的作用是什么?

答：在三绕组电压互感器中，二次绕组包括基本绕组和辅助绕组两套。其中，基本绕组一般接成 YN 型，用来供给测量仪表和继电保护装置，可以提供线电压和相电压。而辅助绕组则接成开口三角形（▷）。当一次系统内有一相接地时，开口三角形两端的电压，为两个非接地电压的相量和等于 100V。如果将电压继电器接到开口三角的两端，则在系统正常运行的情况下，电压继电器两端的电压约为零，而当系统发生一相接地时，继电器两端就会出现 100V 左右的电压，从而使之动作，并发出接地报警信号。因此，辅助绕组的作用，是用来构成接地监视用的。

4－9　常用的 3～10kV 电压互感器有哪几种接线方式? 各适用于哪些范围?

答：电压互感器是供给保护装置及测量仪表电压线圈的电源设备。使用互感器数量的多少及接线方式是根据一次接线方式的不同而决定的。3～10kV 电压互感器常用的几种接线方式如下：

（1）一台单相电压互感器，一次线圈接高压电源，二次侧接仪表装置，如图 4－5 所示。这种接线方式仅适用于测量线电压、频率表和电压继电器等。

（2）两台单相电压互感器，作 V/V 形连接（也称为不完全星形连接），如图 4－6 所示。这种接线方式适用于中性点不接地或中性点不直接接地的系统，用来连接电能表、功率表、电压表和继电器等。这种接线方式比采用三相式经济，但有局限性。

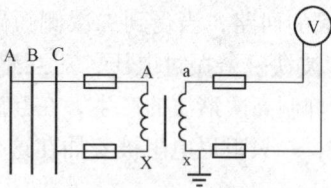

图 4－5　单相电压互感器接线图

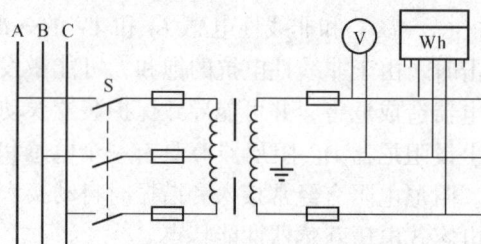

图 4－6　两台单相电压互感器接线图

（3）三相三柱式或三台单相电压互感器接成 Y，yn 形，如图 4－7 所示。这种接线方式能满足仪表和继电保护装置用线电压和相电压的要求，但不能测量对地电压，因为一次中性点不能接地。一次线圈接的是相线对中性点的电压，不是相线对地的电压。当系统中发生单相接地时，接地的一相虽然对地电压为零，但对中性点的电压仍然为相电压，这时一次线圈的电压并未改变，故二次相电压也未改变，因此绝缘检查电压表上反映不出系统接地来。

（4）三相五柱式电压互感器为 YN，yn▷，如图 4－8 所示。这种电压互感器被广泛的应用于 3～10kV 电力系统中，因为它既能测量线电压和相电压，又能组成绝缘检查装置，还能供单相接地保护用。

它每相有三个线圈，即一个一次线圈，两个二次线圈。二次线圈中一个是基本线圈，它和一般互感器的二次线圈一样，接各种仪表和电压继电器等。另一个叫辅助线圈，接成开口三角形，引出两个端头接电压继电器，组成零序保护。

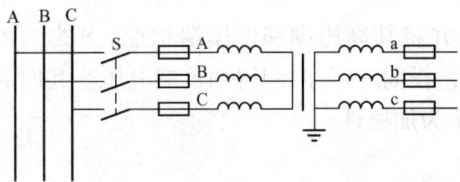

图 4-7　三台单相电压互感器接成
Y，yn 形接线图

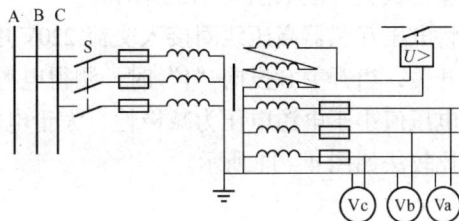

图 4-8　三相五柱式电压互感器原理接线图

4-10　系统一相接地时，电压表计指示如何？电压互感器开口三角两端的电压是多少？

答：中性点不接地系统为了监视每相对地的绝缘情况，需要加装一套绝缘监视装置，如图 4-9 所示。

正常运行时，电压互感器开口三角处，没有电压或只有很小的不对称电压，这么小的不对称电压不足以起动电压继电器。Va、Vb、Vc 电压表指示相电压（35kV 系统约 20kV，10kV 系统约 6kV）。当一相完全接地时（如 A 相），则 Va 电压表指示为零，Vb、Vc 电压表指示线电压。电压互感器开口三角出现 100V 电压，起动电压继电器，发出接地报警信号。当 A 相经高电阻或电弧接地时，则 Va 电压表指示低于相电压，Vb、Vc 电压表指示高于相电压，即接地相电压降低，正常相电压升高。电压互感器开口三角处出现不到 100V 的电压，当达到电压继电器动作值时，保护发出动作信号。

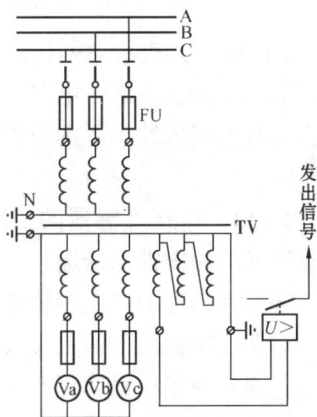

图 4-9　系统接地监视回路图

4-11　普通三相三柱式电压互感器为什么不能用来测量对地电压（即不能用来监视绝缘）？

答：为了监视系统各相对地绝缘情况，就必须测量各相的对地电压，并且应使互感器一次侧中性点接地，但是，由于普通三相三柱式电压互感器一般为 Y，yn 型接线，它不允许将一次侧中性点接地，故无法测量对地电压。

假使这种装置接在小电流接地系统中，互感器接成 YN，yn 型，即把电压互感器中性点接地，当系统发生单相接地时，将有零序磁通在铁芯中出现。由于铁芯是三相三柱的，同方向的零序磁通不能在铁芯内形成闭合回路，只能通过空气或油闭合，使磁阻变得很大，因而零序电流将增加很多，这可能使互感器的线圈过热而被烧毁。所以，普通三相三柱式电压互感器不能作绝缘监视用，而作绝缘监视用的电压互感器只能是三相五柱式电压互感器（JSJW）或三台单相互感器接成 YN，yn 型接线。

4-12　什么叫电压互感器的极性？怎样鉴别？

答：电压互感器的极性是表明它的一次线圈和二次线圈在同一瞬间的感应电势方向相同还是相反。相同者叫减极性，相反者叫加极性。电压互感器的极性试验方法有差接法和比较法两种。

差接试验方法如图 4 – 10 所示。

将电压互感器高压线圈接入交流 220V 电源，并将其高压端和低压端相连。S 为一单极双投开关，当开关 S 投向"1"时，测得电源电压，投向"2"时测得两负端电压。此时若测得的电压值小于电源电压为减极性，大于电源电压为加极性。

比较法如图 4 – 11 所示。

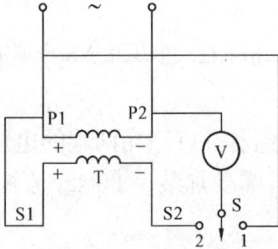

图 4 – 10　差接法

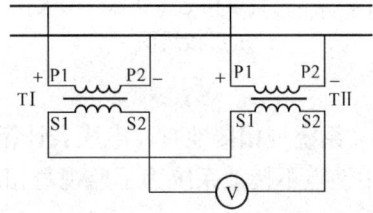

图 4 – 11　比较法

T Ⅰ 为一已知的减极性标准电压互感器，T Ⅱ 为同一电压规格但为未知极性的待试互感器。从高压侧引入同一电源，低压侧按图示接线方法接一只电压表。若电压表指示为零或几乎为零时为减极性，否则为加极性。

4 – 13　电压互感器的二次侧为什么都要接地？为什么有的电压互感器采用 b 相接地，而有的又采用中性点接地？

答：互感器的二次侧接地是为了人身和设备的安全。因为如果绝缘损坏使高压窜入低压时，对在二次回路上的工作人员将构成危险，另外因二次回路绝缘水平低，若没有接地点，也会击穿，使绝缘损坏更严重。

一般电压互感器可以在配电装置端子箱内经端子排接地。变电所的电压互感器二次侧一般采用中性点接地，发电厂的电压互感器都采用二次侧 b 相接地，也有 b 相和中性点共存的。b 相接地的电压互感器接线图如图 4 – 12 所示。b 相接地的主要原因有以下几点：

（1）习惯问题。通常有的地方为了节省电压互感器台数，选用 VN，v 接线。为了安全，二次侧接地点一般选在二次侧两线圈的公共点。而为了接线对称，习惯上总把一次侧的两个线圈的首端一个接在 A 相上，一个接在 C 相上，而把公共端接在 B 相上。因此，二次侧对应的公共点就是 b 相接地。从理论上讲，二次侧哪一相端头接地都可以，一次侧哪一相作为公共端的连接相也都可以，只要一、二次各相对应就行。

（2）可简化同期系统。这一点主要针对星形接线的电压互感器。因为一个电厂可能有星形接线和 V 形接线的两种电压互感器，它们所在的系统进行同期并列时，若让星形接线的电压互感器采用 b 相接地，使 V 形接线和星形接线的电压互感器都可用于同期系统。这样，星形接线互感器的 b 相接地有以下几个好处：

1）可节省隔离变压器。若需要同期并列的两个系统，一方是从星形接线的电压互感器抽取电压，另一方从 V 形接线的电压互感器抽取电压，如果不加隔离变压器，会使星形接线且零相接地的互感器的二次 b 相线圈短路而烧毁。若星形接线互感器也与 V 形接线的互感器一样采用 b 相接地时，就可一起用于同期系统而省去隔离变压器。

2）简化同期线路并可节省有关设备。因为与同期有关的仪表只需取线电压，采用 b 相

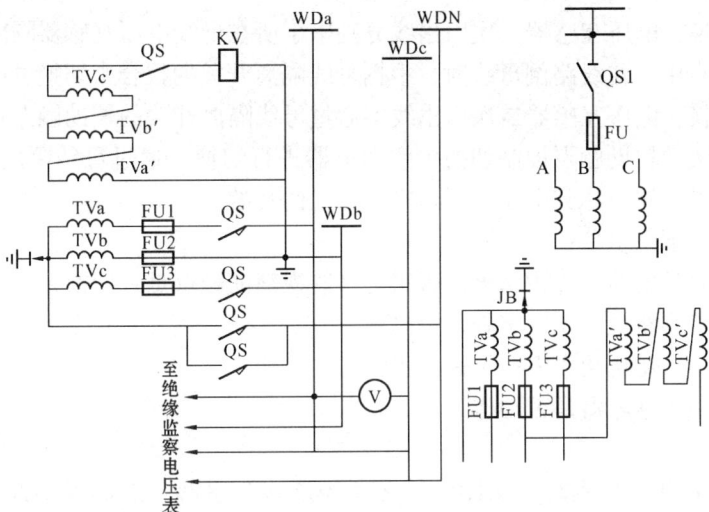

图 4 - 12　b 相接地的电压互感器接线图

WDa、WDc、WDN、WDb—小母线；TVa、TVb、TVc—电压互感器基本二次线圈；

TVa′、TVb′、TVc′—电压互感器辅助二次线圈；KV—电压继电器；FU、

FU₁~FU₃—熔断器；QS₁—隔离开关；QS—隔离开关辅助触点

接地后，b 相（公共相）只需从盘上的接地小母线上引下就可。这将大大简化线路（包括隔离开关、辅助触点、同期开关等），并可节省不少二次电缆芯、减少同期开关的档数。如果变电所既有零相又有 b 相接地的互感器，且都用于同期系统时，一般采用隔离变压器，解决因不同的接地方式引起的可能烧毁星形接线互感器 b 相线圈的问题。

4 - 14　为什么 110kV 及以上电压互感器一次不装熔断器？

答：110kV 及以上电压互感器的结构采用单相串接绝缘，裕度大，110kV 引线为硬连接，相间距离较大，引起相间故障的可能性小，再加上 110kV 系统为中性点直接接地系统，每相电压互感器不可能长期承受线电压运行。另外，满足系统短路容量的高压熔断器制造上还有困难，因此 110kV 及以上的电压互感器一次不装熔断器。

4 - 15　110kV 电压互感器一相二次熔断器为什么要并联一个电容器？

答：电压回路断线闭锁装置是防止保护误动的重要部件之一。例如阻抗保护在电压回路故障时，失压可能误动，如果断线闭锁装置动作断开保护的直流电源，误动就可以避免。

110kV 中性点接地的电网中，断线闭锁装置一般用零序电压过滤器原理制成。当电压回路一相或二相断开，过滤器上出现零序电压，电压继电器动作，它的动断触点断开保护装置的直流电源，防止了动作。但当三相断电时，过滤器的电压为零，断线闭锁装置将拒动，为此在一相熔断器或自动开关上并联一个电容器，三相失电时，通过电容器人为给断线闭锁装置引进一相电压，保证可靠动作。

4 - 16　110kV 电压互感器二次电压是怎样切换的？切换后应注意什么？

答：双母线上的各元件的保护测量回路，是由 110kV 两组电压互感器供给的，切换有两

种方式。

（1）直接切换：电压互感器二次引出线分别串于所在母线电压互感器隔离开关和线路隔离开关的辅助触点中，在线路倒母线时，根据母线隔离开关的拉合来切换电压互感器电源。

（2）间接切换：电压互感器二次引出线不通过母线隔离开关的辅助触点直接切换，而是利用母线隔离开关的辅助触点控制切换中间继电器进行切换。通过母线隔离开关的拉、合，启动对应的中间继电器，达到电压互感器电源切换的目的。

切换后应注意下列事项：

（1）母线隔离开关的位置指示器是否正确（监视辅助触点是否切换）；

（2）电压互感器断线"光"字牌是否出现；

（3）有关有功、无功功率表指示是否正常；

（4）切换时中间继电器是否动作。

4–17　110kV 电压互感器二次侧为什么要经过该互感器一次侧隔离开关的辅助触点？当电压互感器上有人员工作时应注意什么？

答：（1）110kV 电压互感器隔离开关的辅助触点的断合位置应当与隔离开关的开合位置相对应，即当电压互感器停用，拉开一次隔离开关时，二次回路也相应断开，防止在双母线上的一组电压互感器工作时，另一组电压互感器二次反充电，造成工作电压互感器高压带电。

（2）电压互感器隔离开关检修或二次回路工作时应做好以下措施：

1）防止停用电压互感器电源影响保护及自动装置，双母线倒单母线。

2）取下检修电压互感器二次熔断器，防止反充电，造成高压触电。

3）拉开有关隔离开关，验电挂地线。

4）电压互感器二次回路工作，而电压互感器不停用时，除考虑保护及自动装置外，应防止二次短路。

4–18　电压互感器铁磁谐振有哪些现象和危害？产生的原因和防止的措施是什么？

答：（1）铁磁谐振的危害。电压互感器铁磁谐振将引起电压互感器铁芯饱和，产生饱和过电压。电压互感器发生铁磁谐振的直接危害是：电压互感器出现很大的励磁涌流，致使其一次电流增大十几倍，造成一次熔断器熔断，严重时可能使电压互感器烧坏。电压互感器发生谐振时，还可能引起继电保护和自动装置误动作。

（2）铁磁谐振现象。电压互感器铁磁谐振可能是基波（工频）的，也可能是分频的，甚至可能是高频的。经常发生的是基波和分频谐振。根据运行经验，当电源向只带电压互感器的空母线突然合闸时易产生基波谐振；当发生单相接地时易产生分频谐振。

电压互感器发生基波谐振的现象是：两相对地电压升高，一相降低；或是两相对地电压降低，一相升高。

电压互感器发生分频谐振的现象是：三相电压同时或依次升高，电压表指针在同范围内低频（每秒一次左右）摆动。

电压互感器发生谐振时其线电压指示不变。

（3）铁磁谐振原因。电力系统内一般的回路都可简化成电阻 R，感抗 ωL，容抗 $\frac{1}{\omega C}$ 的串联和并联回路。不管它是串联回路，还是并联回路，出现 $\omega L = \frac{1}{\omega C}$ 的情况时，这个回路就会出现谐振，在这个回路的电感元件和电容元件上就会产生过电压和过电流。由于回路的容抗在频率不变的情况下基本上是个不变的常数；而感抗一般是由带铁芯的线圈产生的，依铁芯饱和程度而变化，也就是随回路电压的变化而变化，铁芯饱和时感抗会变小。因此，常因铁芯饱和，出现 $\omega L = \frac{1}{\omega C}$，而产生谐振。这种谐振称为铁磁谐振。

电压互感器铁磁谐振经常发生在中性点不接地的系统中。如上所述，任何一种铁磁谐振过电压的产生对系统电感、电容参数有一定的要求，而且需要一定的"激发"条件。电压互感器铁磁谐振也是如此。

使电压互感器"激发"铁磁谐振的原因，一般是以下几个方面：

1）中性点不接地系统发生单相接地，单相断线或跳闸、三相负荷严重不对称等。

2）铁磁谐振和电压互感器铁芯饱和有关。由于其铁芯过早饱和使伏安特性变坏，特别是中性点不接地系统中使用中性点接地的电压互感器时更容易产生铁磁谐振现象。

3）倒闸操作过程中运行方式恰好构成谐振条件或投三相断路器不同期时，都会引起电压、电流波动，引起铁磁谐振。

4）断开断口装有并联电容器的断路器时，如并联电容器的电容和回路中的电压互感器的电感参数匹配时，也会引起铁磁谐振。

（4）防止铁磁谐振的方法。

防止电压互感器产生铁磁谐振一般有以下几种方法：

1）在电压互感器开口三角绕组两端连接一适当数值的阻尼电阻 R，R 约为几十欧（$R = 0.45 X_L$，X_L 为回路归算到电压互感器二次侧的工频激磁感抗）。

2）使用电容式电压互感器（CVT），或在母线上接入一电容器，使 $\frac{X_C}{X_L} < 0.01$，就可避免谐振。

3）改变操作顺序。如为避免变压器中性点过电压，向母线充电前先推上变压器中性点接地刀闸，送电后再拉开，或先合线路断路器再向母线充电等。

4-19 电压互感器为什么要装一次熔断器？如何选择熔丝的容量？

答：电压互感器一次熔断器的作用是保护系统不致因互感器内部故障而引起系统事故。

35kV 室外式电压互感器装设带限流电阻的角形可熔保险器（限流电阻约为 396Ω 左右），这种熔断器本身的断流容量较小，仅有 12～15A。35kV 和 10kV 的室内电压互感器装设充填石英砂的瓷管熔断器。这两种熔断器熔丝的容量为 0.5A，熔断电流为 0.6～1.8A。

4-20 电压互感器的二次熔断器有什么作用？怎样选择二次熔丝的容量？哪些情况不装熔断器？

答：因为电压互感器的一次侧熔丝额定电流比互感器的一次额定电流大 1.5 倍，二次过流不易熔断。为了防止电压互感器二次回路短路产生过电流烧坏互感器，所以需要装设二次熔断器。

选择二次熔断器必须满足下列条件：

（1）熔丝的熔断时间必须保证在二次回路发生短路时小于保护装置的动作时间。

（2）熔丝额定电流应大于最大负荷电流，但不应超过额定电流的1.5倍。

一般室内互感器，选用250V、10/4A的熔断器；室外互感器，选用250V、15/6A的熔断器。

下列情况下不装熔断器：

（1）在二次开口三角的出线上一般不装设熔断器。因为在正常运行时，开口三角端无电压，无法监视熔断器的接触情况。一旦熔断器接触不良，则系统接地时不能发出接地信号。但是，供零序过电压保护用的开口三角的接线情况例外。

（2）中性线（包括接地线）上不装熔断器。这是因为一旦熔丝熔断或接触不良，会使断线闭锁装置失灵或使绝缘监察电压表失去指示故障电压的作用。

（3）接自动电压调整器的电压互感器的二次侧不装熔断器。这是为了防止熔断器接触不良或熔丝熔断时，电压调整器误动作。

（4）110kV及以上的电压互感器的二次侧，现在一般都装设小容量的低压断路器，而不装设熔断器。

4－21 10kV电压互感器在运行中，一次侧熔丝熔断可能是什么原因？如何处理？

答：运行中的10kV电压互感器，除了因内部线圈发生匝间、层间或相间短路以及一相接地等故障使其一次侧熔丝熔断外，还可能由于以下几个方面的原因造成熔丝熔断：

（1）二次回路故障：当电压互感器的二次回路及设备发生故障时，可能会造成电压互感器的过电流，若电压互感器的二次侧熔丝选得太粗，则可能造成一次侧熔丝熔断。

（2）10kV系统一相接地：10kV系统为中性点不接地系统，当其一相接地时，其他两相的对地电压将升高$\sqrt{3}$倍。这样，对于YN，yn接线的电压互感器，其正常两相的对地电压变成了线电压，由于电压升高而引起电压互感器电流的增加，可能会使熔丝熔断。

10kV系统一相间歇性电弧接地，可能产生数倍的过电压，使电压互感器铁芯饱和，电流将急剧增加，也可能使熔丝熔断。

（3）系统发生铁磁谐振：近年来，由于配电线路的大量增加以及用户电压互感器数量的增多，使得10kV配电系统的参数发生了很大变化，逐渐形成了谐振的条件，加之有些电磁式电压互感器的励磁特性不好，因此，铁磁谐振经常发生。在系统谐振时，电压互感器上将产生过电压或过电流，此时除了造成一次侧的熔丝熔断外，还经常导致电压互感器烧毁。

当发现电压互感器一次侧熔丝熔断后，首先应将电压互感器的隔离开关拉开，并取下二次侧熔断器，检查熔丝是否熔断。在排除电压互感器本身故障后，可重新更换合格熔丝，并将电压互感器投入运行。

4－22 更换运行中的电压互感器及其二次线时，应注意哪些问题？

答：对于运行中的电压互感器及其二次线需要更换时，除应严格执行有关安全工作规程之外，还应注意以下几点：

（1）个别电压互感器在运行中损坏需要更换时，应选用电压等级与电网运行电压相符、电压比与原来的相同、极性正确、励磁特性相近的电压互感器，并经试验合格。

（2）更换成组的电压互感器时，除应注意上述内容外，对于二次与其他电压互感器并联运行的还应检查其接线组别，并核对相位。

（3）电压互感器的二次线更换后，应进行必要的核对，防止造成错误接线。

（4）电压互感器及二次线更换后，必须测定极性。

4-23　电压互感器与电流互感器的二次侧为什么不允许连接?

答：电压互感器的二次回路中，相间电压一般为100V，相对地（零线）也有$100/\sqrt{3}\,\mathrm{V}$的电压，接入该回路的是电测量仪表或继电器的电压线圈。而电流互感器的二次回路中接的是电测量仪表或继电器的电流线圈。如果将电压互感器与电流互感器的二次回路连接在一起，则可能将电测量仪表或继电器的电流线圈烧毁，严重时还会造成电压互感器熔断器熔断，甚至烧毁电压互感器。此外，还可能造成电流互感器二次侧开路，出现高电压，威胁设备和人身的安全。

由于在电压互感器和电流互感器的二次回路中均已采用了一点接地，因此，即使电压互感器和电流互感器的二次回路中有一点连接也会造成上述事故，所以它们的二次回路在任何地方（接地点除外）都不允许连接。

4-24　10kV三相五柱式电压互感器在运行中，为什么会经常烧毁? 怎样避免?

答：10kV三相五柱式电压互感器在运行中经常会发生单相接地故障，尤其是在雷雨季节，经常发生线路落雷、绝缘子闪络等故障。这都可能使互感器发生铁磁谐振现象，由此产生的谐振过电压将会导致互感器高压熔断器熔断，甚至烧毁互感器。

为了避免上述事故的发生，可在三相五柱式电压互感器的开口三角处并接一只阻尼电阻（目前，更多的是在该回路中接入一消谐装置，效果良好），或在电压互感器的一次侧中性点接一阻尼电阻。阻尼电阻的参数可按运行经验来选择。一般在开口三角处并接的阻尼电阻为$50\sim60\Omega$、500W左右，在一次侧中性点串接的阻尼电阻为9kΩ、150W左右。

4-25　什么是电流互感器? 它有什么用途?

答：电流互感器是一种电流变换装置（也称TA）。它的主要作用是将高压电流和低压大电流变成电压较低的小电流，供给仪表和保护装置，并将仪表和保护装置与高压电路分开。电流互感器的二次侧电流绝大多数为5A，只有极少一部分为1A，这使得测量仪表和保护装置使用起来安全、方便，也使其在制造上可以标准化，简化了生产工艺，并降低了成本。因此，电流互感器在电力系统中得到了广泛的应用。

4-26　电流互感器的结构和基本原理是什么? 有哪些类型?

答：（1）电流互感器的结构和基本原理如图4-13所示。它由铁芯、一次线圈、二次线圈、接线端子及绝缘支持物组成。它的铁芯是由硅钢片叠制而成的。电流互感器的一次线圈与电力系统的线路相串联，能流过较大的被测电流I_1，它在铁芯内产生交变磁通，使二次线圈感应出相应的二次电流（通常互感器的二次电流为5A或1A）。若忽略励磁损耗，一次线圈与二次线圈有相等的安匝数：$I_1 N_1 = I_2 N_2$。其中，N_1 为一次线圈的匝数，N_2 为二次线圈的匝数。电流互感器的电流比 $k = I_1/I_2 = N_2/N_1$。电流互感器的一次线圈直接与电力系统的高压线路相连接，因此电流互感器的一次线圈对地必须采用与线路的高压相应的绝缘支持物，以保证二次回路的设备和人身安全。二次线圈与仪表、继电保护装置的电流线圈串接成二次回路。

（2）电流互感器的分类。

1）按安装地点分为户内式和户外式。35kV 以下电压级一般为户内式。

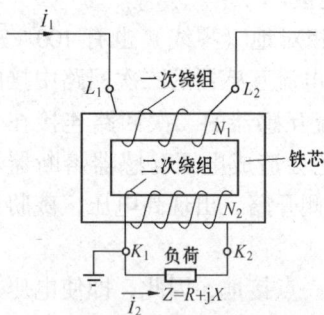

图 4-13　电流互感器的结构与基本原理图

2）按安装方式可分为穿墙式、支持式和装入式。穿墙式安装在墙壁或金属结构的孔中，可节省穿墙套管；支持式安装在平面或支柱上；装入式套在 35kV 及以上变压器或多油断路器油箱内的套管上，故也称套管式。

3）按绝缘可分为干式、浇注式、油浸式和气体绝缘式。干式的适合于低压户内使用；浇注式用环氧树脂作绝缘，适合于 35kV 及以下电压级户内用；油浸式多用于户外型设备；气体绝缘式通常用空气、六氟化硫作绝缘，特别是六氟化硫气体绝缘适用于高电压等级。

4）按一次绕组匝数可分为单匝式和多匝式。单匝式又分为本身没有一次绕组（如母线型、套管型或钳型）和有一次绕组（如一次绕组做成 U 形或杆形）；多匝式可分为线圈型，8 字型等。

额定电流在 400A 以下通常采用多匝式；单匝式"U"字形绕组的电流互感器，由于采用圆筒式电容串结构绝缘，电场分布均匀，在 110kV 及以上电压等级得到广泛应用。

5）有一种电流互感器，它具有多个没有磁联系的独立铁芯，所有铁芯上的一次绕组是公共的，而每个铁芯上都有一个二次绕组，构成一个多绕组电流互感器。多个二次绕组可有相同或不同变比，不同或相同准确级。

6）对于 110kV 及以上的电流互感器，为了适应一次电流的变化和减少产品的规格，常将一次绕组分成几组，通过绕组的串并联，以获得 2~3 种变比。

4-27　电流互感器铭牌上技术数据的含义怎样解释？

答：电流互感器的铭牌上常标有下列技术数据：

（1）型号：由 2~4 位拼音字母及数字组成。通常它能够表示出电流互感器的线圈形式、绝缘种类、导体的材料及使用场所等。横线后面的数字表示绝缘结构的电压等级（kV）。型号中字母的含义如下：

1）第一位字母：

L——电流互感器。

2）第二位字母：

D——单匝贯穿式；

F——复匝贯穿式；

Q——线圈型；

M——母线式；

R——装入式；

A——穿墙式；

C——瓷箱式（瓷套式）。

3）第三位字母：

Z——浇注式；

C——瓷绝缘；

J——加大容量加强型；

W——户外型；

G——改进型；

D——差动保护用。

4）第四位字母：

C 或 D——差动保护用；

Q——加强型；

J——加大容量。

（2）电流比：常以分数形式标出，分子表示一次线圈的额定电流（A），分母表示二次线圈的额定电流（A）。例如某电流互感器的电流比为 200/5，则表示这台电流互感器的一次侧额定电流为 200A，二次侧额定电流为 5A，电流比为 40。

（3）误差等级：即电流互感器的电流比误差百分值。通常分为 0.2、0.5、1.0、3.0、10.0 等级别。使用时应根据负荷的要求来选用。例如，电能计量仪表一般选用 0.2 级或 0.5 级，而继电保护则选用 3.0 级。

（4）容量：电流互感器的容量是指它允许带的功率 S_2（即伏安数）。除了用伏安数表示外，也可以用互感器的二次负载的欧姆数 Z_2 来表示。由于 $S_2 = I_2^2 Z_2$，又因 I_2 是定值，故两者之间可以互相换算。

（5）热稳定及动稳定倍数：电力系统故障时，电流互感器承受由短路电流引起的热作用和电动力作用而不致受到破坏的能力，可用热稳定和动稳定的倍数来表示。热稳定的倍数是指热稳定电流（即 1s 钟内不致使电流互感器的发热超过允许限度的电流）与电流互感器的额定电流之比；动稳定的倍数是指电流互感器所能承受的最大电流的瞬时值与电流互感器的额定电流之比。

4-28 常用的电流互感器有哪些型号？

答：（1）在低压电力系统中，常用的电流互感器有以下几种：

1）LQG-0.5 型：户内线圈式；

2）LMZ1-0.5 型、LMZJ1-0.5 型：户内母线式树脂浇注绝缘式；

3）LYM-0.5 型：户内母线式。

（2）在高压电力系统中，常用的电流互感器有以下几种：

1）LQZ-10 型：户内线圈式；

2）LQJC-10 型：户内线圈式（差动用）；

3）LDC-10 型：户内单匝套管式；

4）LFC-10 型：户内多匝贯穿式瓷绝缘；

5) LA – 10、LAJ – 10 型：户内新型全铝线树脂浇注绝缘式；

6) LR – 35、LRD – 35 型：套管式电流互感器，附装在 35kV 多油断路器套管内使用；

7) LCW – 35 型：户外瓷箱式。

4 – 29 什么是电流互感器的误差？影响误差的主要因素是什么？

答：在理想的电流互感器中，励磁损耗电流为零，由于一次线圈和二次线圈被同一交变磁通所交链，则在数值上一次线圈和二次线圈的安匝数相等，并且一次电流和二次电流的相位相同。但是，在实际的电流互感器中，由于有励磁电流存在，所以，一次线圈和二次线圈的安匝数不相等，并且一次电流和二次电流的相位也不相同。因此，实际的电流互感器通常有变比误差和相位上的角度误差。

(1) 电流比误差（比差）$\Delta I\%$

$$\Delta I\% = (KI_2 - I_1) / I_1 \times 100\%$$

式中　K——电流互感器的电流比，I_{1N} / I_{2N}；

I_2——二次电流实测值；

I_1——电流互感器一次电流实测值。

(2) 相位角误差（角差）δ：电流互感器的相位角度误差是指二次电流向量旋转 180° 以后，与一次电流向量之间的夹角 δ。并且规定二次电流向量超前于一次电流向量时，角差 δ 为正，反之为负。δ 的单位为分。

影响电流互感器误差的因素有以下几个方面：

1) 电流互感器的相位角度误差主要是由铁芯的材料和结构来决定的。若铁芯损耗小，磁导率高则相位角误差的绝对值就小。采用带型硅钢片卷成圆环铁芯的电流互感器，则比方框形铁芯的电流互感器的相位误差小。因此，高精度的电流互感器大多采用优质硅钢片卷成的圆环形铁芯。

2) 二次回路阻抗 Z（负载）增大会使误差增大。这是因为在二次电流不变的情况下，Z 增大将使感应电势 E_2 增大，从而使磁通 Φ 增加，引起铁芯损耗增加，故误差增大。负载的功率因数降低，则会使比差增大，而角差减小。

3) 一次电流的影响。当系统发生短路故障时，一次电流会急剧增加，致使电流互感器工作在磁化曲线的非线性部分（即饱和部分），这种情况下，比差和角差都会增加。

4 – 30 什么是电流互感器的准确等级？它与容量有什么关系？超高压电网中为何要采用暂态型保护专用电流互感器？

答：(1) 电流互感器的准确级。

电流互感器的误差大小，集中反映于励磁电流 I_0 的大小，而 I_0 的大小除与电流互感器的铁芯材料、结构有关外，还与一次电流及二次负荷有关。为了分析互感器的误差并限定其工作范围，给出如下定义：

在规定的二次负荷范围内，一次电流在额定值附近时的最大误差限值，即为电流互感器的准确级。当一次电流低于额定电流时，电流互感器的电流比误差和角度误差也随着增大。

根据测量时误差的大小，电流互感器划分为不同的准确级。我国电流互感器准确级和误差限值如表 4 – 3 所示。

表 4-3 　　　　　　　　　　　　　　　电流互感器准确级和误差限值

准确级次	一次电流为额定电流的百分数（%）	误 差 限 值		二次负荷变化范围
		电流误差（±%）	相位误差（±′）	
0.2	10	0.5	20	
	20	0.35	15	
	100~120	0.2	10	
0.5	10	1	60	$(0.25~1)\,S_{N2}$
	20	0.75	45	
	100~120	0.5	30	
1	10	2	120	
	20	1.5	90	
	100~120	1	60	
3	50~120	3	不规定	$(0.5~1)\,S_{N2}$

（2）电流互感器准确级与容量的关系。

由于电流互感器二次侧所接阻抗（负载）的大小，影响电流互感器的准确等级，所以，电流互感器铭牌上所规定的准确等级均有相对应的容量（伏安数或负载阻抗）。例如某一台电流互感器在 0.5 级工作时，其额定二次阻抗为 0.4Ω；而在 1 级工作时，其额定二次阻抗为 0.6Ω。二次侧的负载超出规定的容量时，其误差也将超出准确等级的规定。因此，在选择电流互感器时，应特别注意二次负载所消耗的功率不应超过电流互感器的额定容量。

（3）超高压电网中采用的暂态型保护专用电流互感器及其准确级。

在电压比较低的电网中，继电保护装置动作的时间较长，可达 120ms 以上，而且决定短路电流中非周期分量衰减速度的一次时间常数较小，短路电流很快达到稳态值，电流互感器也随之进入稳定工作状态。这时，一般保护用电流互感器就能满足实用要求。但在 330、500kV 超高压电网中，一般都装有快速继电保护装置，其动作时间约在 30ms 以内，仅为一次系统时间常数的一半以下。当系统发生短路故障时，保护装置应在 30ms 之内动作，此时短路电流尚未达到稳态值，电流互感器还处在暂态工作状态，而且在故障尚未切除的时间内，短路电流会有很大的直流分量。如这时只采用反应稳态短路电流的一般保护用电流互感器，将产生很大的误差。因此，超高压系统需用暂态误差特性良好的保护用电流互感器。

国际电工委员会 IEC 按照暂态特性的要求，将电流互感器的级次分为 TPS、TPX、TPY和 TPZ 四类，其中 T 表示考虑暂态特性，P 表示用于继电保护，级次则用 S、X、Y、Z 表示。在我国采用较多的是 TPY 级，其次是 TPZ 级。

1）TPS 是低漏磁电流互感器，不带气隙，其性能以二次励磁特性和匝数比误差限值确定，对剩磁不作限制。

2）TPX 是一种在其环形铁芯中不带气隙的暂态保护型电流互感器。在额定电流和负载下，其比值误差不大于 ±0.5%，相位误差不大于 ±30′；在额定准确限值的短路全过程中，其瞬间最大电流误差不得大于额定二次短路电流对称值峰值的 5%，电流过零时的相位误差不大于 3°。

3）TPY 是一种在铁芯上带有小气隙的暂态保护型互感器。它的气隙长度约为磁路平均长度的 0.05%。由于有小气隙的存在，铁芯不易饱和，剩磁系数小，二次时间常数 T_2 较小，有利于直流分量的快速衰减。TPY 在额定负载下允许的最大比值误差为 ±1%，最大相位误差为 1°；在额定准确限值的短路情况下，互感器工作的全过程中，最大瞬间误差不超过额定的二次对称短路电流峰值的 7.5%，电流过零时的相位误差不大于 4.5°。

4) TPZ 是一种在铁芯中有较大气隙的暂态保护型电流互感器，气隙的长度约为平均磁路长度的 0.1%。由于铁芯中的气隙较大，一般不易饱和。因此特别适合于有快速重合闸（无电流时间间隙不大于 0.3s）的线路上使用。

4–31 什么是电流互感器的极性?

答：在直流电路中，电源的两个端子有正、负之分，而在交流电路中，电流的方向随时都在改变，因此，很难确定哪是正极，哪是负极。但是，我们可以假定在某一瞬间，线圈的两个头必定有一个是电流流入，另一个流出，二次线圈感应出来的电流也同样有流出和流入的方向。所谓电流互感器的极性，就是指它的一次线圈和二次线圈间的方向的关系。按照规定，电流互感器的首端标为 L1，末端标为 L2，二次线圈的首端标为 K1，末端标为 K2。在接线图中，L1 和 K1 称为同极性端，L2 和 K2 称为同极性端。

假定一次电流 I_1 从首端 L1 流入，从末端 L2 流出时，感应出的二次电流是从首端 K1 流出，从末端 K2 流入；或者当电流互感器一、二次线圈同时在同极性端子流入时，它们在铁心中产生的磁通方向是一致的。这样，电流互感器的极性标志称为减极性（见图 4–14）。

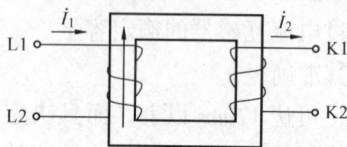

图 4–14 电流互感器的极性标志（减极性）

反之，将 K1 和 K2 的标志调换一下称为加极性。我们使用的电流互感器，除特殊情况外，均采用减极性标志。

如果电流互感器的极性错误，那么，将它用在继电保护回路中，将会引起继电保护装置的误动作，如果用在仪表计量回路中，会影响测量仪表指示的正确性和计量的准确性。例如，对于不完全星形接线的电流互感器，若其中任何一相电流互感器的极性接线有错误，电流回路中就会出现一相电流（合成电流）大于其他两相电流的 $\sqrt{3}$ 倍。若两相电流互感器的二次极性端子的极性都接错，那么，虽然二次侧的三相电流仍然保持着平衡，但是与相应的一次电流的相位相差了 180°，这会使电能表反转。因此，电流互感器的极性必须接线正确。

4–32 如何测定电流互感器的极性?

答：测定电流互感器极性的方法很多，但通常的测定方法有以下几种：

(1) 直接法：其接线如图 4–15 所示。在电流互感器的一次线圈（或二次线圈）上，通过按钮开关 S 接入 1.5~3V 的干电池 E。按下 S 时，若电流表或电压表指针正起，S 断开时，指针反起则为减极性，反之之为加极性。

直接法测定极性，简便易行，结果准确，是现场最常用的一种方法。

(2) 交流法：接线如图 4–16 所示。将电流互感器一、二次线圈的末端 L2、K2 连在一起，在匝数较多的二次线圈上通以 1~5V 的交流电压 U_1，再用 10V 以下的小量程交流电压表分别测量 U_2 及 U_3 值，若 $U_3 = U_1 - U_2$，则为减极性；若 $U_3 = U_1 + U_2$，则为加极性。

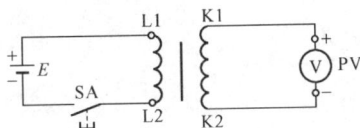

图 4 - 15　直流法测定极性

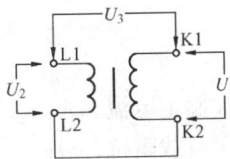

图 4 - 16　交流法测定极性

在试验中应注意通入的电压 U_1 尽量低，只要电压表的读数能看清楚即可，以免电流太大损坏线圈。为读数清楚，电压表的量程应尽量小些。当电流互感器的电流比在 5 及以下时，用交流法测定极性既简单又准确；但电流互感器的电流比较大（10 以上）时，因为这时 U_2 的数值较小，U_1 与 U_3 的数值比较接近，电压表的读数不易区别大小，故不宜采用此测定方法。

（3）仪表法：一般的互感器校验仪都带有极性指示器，因此在测定电流互感器误差之前，便可以预先检查极性，若极性指示器没有指示，则说明被试电流互感器极性正确（减极性）。

4 - 33　什么是电流互感器的大极性和小极性？测定大极性和小极性有何作用？

答：电流互感器的极性依照测定极性的地点和范围的不同而分为小极性和大极性。小极性是在电流互感器的一、二次引线端子上进行，即测定电流互感器本身的极性，大部分是在互感器安装之前或安装后投运之前进行。而大极性则是二次回路中电流专用端子处进行，包括控制电缆等二次回路，它的范围要比小极性广。测定大极性一般是在保护装置投入、保护装置的定检或者二次线变动后进行。测定电流互感器极性的目的，主要是为了防止因电流互感器极性差错而造成的保护装置误动作或计量表计差错。大、小极性的测定方法均相同。

4 - 34　什么叫电流互感器的稳定？

答：电流互感器的铭牌上标有热稳定和动稳定。所谓稳定是指当电力系统发生短路时，电流互感器所能够承受的因短路引起的电动力及热力作用而不致受到损坏的能力。电流互感器的稳定，用电动力稳定倍数和热稳定倍数表示。电动力稳定倍数是电流互感器所能承受的最大电流瞬间值与该互感器额定电流之比。热稳定倍数为热稳定电流与互感器额定电流之比。热稳定电流表示在 1s 之内不致使电流互感器的发热超过允许限度的电流。例如，电流互感器电压为 10kV、电流比为 200/5 时，动稳定 165 倍，1s 热稳定为 15 倍。

4 - 35　为什么电流互感器的容量有的用伏安表示，有的用欧姆表示？它们之间的关系如何？

答：因为电流互感器的误差与二次回路的阻抗有关，阻抗增大误差也相应的增大，其准确等级就会降低。所以互感器二次回路阻抗的大小，将直接影响互感器的准确等级。而互感器的容量实质上是指二次额定电流通过二次额定负载所消耗的功率。当容量用伏安表示时，其伏安数为 $S_2 = I_2^2 Z_2$。根据公式不难看出，电流互感器的容量与二次回路的阻抗成正比，而二次额定电流均为 5（或 1）A，二次阻抗确定了，容量也就确定了。故也可用欧姆来表示

容量。显然额定容量的伏安值等于额定阻抗和额定电流时电流互感器的输出功率值，它们之间的关系为

$$S = I_2^2 Z$$

式中　I_2——二次额定电流，A；

　　　Z——二次负载阻抗，Ω；

　　　S——二次容量，VA。

4-36　怎样选择电流互感器？

答：选择电流互感器时应注意以下几个方面：

（1）电流互感器的额定电压应与电网的额定电压相符合。

（2）电流互感器的一次额定电流，应使运行电流经常在其 20%～100% 的范围内。10kV 继电保护装置用电流互感器一次侧电流的选用，一般不大于设备额定电流的 1.5 倍。

（3）根据电气测量和继电保护的要求，选择电流互感器的适当等级。

（4）电流互感器的二次负载（包括电工仪表和继电器）所消耗的功率（伏安数）或阻抗不应超过所选择的准确度等级相对应的额定容量，否则准确度等级会下降。

（5）根据系统运行方式和电流互感器的接线方式，选择电流互感器的台数。

（6）电流互感器选择之后，应根据装设地点的系统短路电流校验其动稳定和热稳定。

4-37　电流互感器二次侧的接地有何要求？

答：对于高压电流互感器，其二次线圈应有一点接地。这样，当一、二次线圈间因绝缘破坏而被高压击穿时，可将高压引入大地，使二次线圈保持地电位，从而确保人身和二次设备的安全。应当注意的是，电流互感器二次回路只允许一点接地。若发生两点接地，则可能引起分流使电气测量的误差增大或影响继电保护装置的正确动作。

电流互感器二次回路的接地点应在端子 K2 处（图 4-15、图 4-16）。

对于低压电流互感器，由于其绝缘裕度大，发生一、二次线圈击穿的可能性极小，因此其二次线圈不接地。由于二次侧不接地也使二次系统和计量仪表的绝缘能力提高，大大地减少了由于雷击造成的仪表烧毁事故。

4-38　为什么电流互感器的二次绕组不能开路？

答：运行中的电流互感器二次侧所接的负荷均为仪表或继电器的电流线圈等，阻抗非常小，基本上运行于短路状态。这样，由于二次电流产生的磁通和一次电流产生的磁通方向相反，故能使铁芯中的磁通密度维持在一个较低的水平，通常在 0.1T 以下。此时电流互感器的二次电压也很低。当运行中电流互感器的二次绕组开路，一次侧的电流仍然维持不变，则二次电流产生的去磁磁通消失了，这样，一次电流就会全部变成励磁电流，使电流互感器的铁芯骤然饱和，此时铁芯中的磁通密度可高达 1.8T 以上。由于铁芯的严重饱和，将产生以下几种后果：

（1）由于磁通饱和，电流互感器的二次侧将产生数千伏的高压，而且磁通的波形变成平顶波，使二次产生的感应电势出现尖顶波，对二次绝缘构成威胁，对于设备运行人员产生危险。

（2）由于铁芯的骤然饱和，铁芯损耗增加，严重发热，绝缘有烧坏的可能。

（3）将在铁芯中产生剩磁，使电流互感器的比差和角差增大，影响计量的准确性。

所以，电流互感器的二次线圈在运行中是不能开路的。

实际上，有时发现电流互感器的二次开路后，并没有发生异常现象。这主要是因为一次负载回路中没有负荷电流或负载很轻，这时的励磁电流很小，铁芯没有饱和，因此就不会发生异常现象。运行中，如果发现电流互感器二次开路，则应立即停电进行处理。负荷不允许停电时，应先将一次侧的负荷电流减小，然后采用绝缘工具进行处理。

4-39　试说明什么是电流互感器 10% 误差曲线，它有什么用途?

答：电流互感器的二次电流是随着一次电流的大小而变化的。当一次电流 I_1 较小时，二次电流 I_2 随着 I_1 按线性关系变化（见图 4-17 中曲线 1）。因为电流互感器的二次感应电动势 $E_2 = I_2(Z_2 + Z_1)$，其中 Z_2 为电流互感器二次线圈的阻抗，Z_1 为负载阻抗。因此，I_2 的增大势必引起 E_2 的增加，同时，也引起交变磁通 ϕ 的增加。可见交变磁通也是随着 I_1 的增加而增加的。当 I_1 和 ϕ 增加到一定值时，电流互感器的铁芯开始饱和，一次电流 I_1 中有相当数量的电流变成了励磁电流。励磁电流的逐渐增加，使得互感器铁芯中 I_2 与 I_1 的关系也由原来的线性变为非线性，如图 4-17 中曲线 2。

当 I_1 增加到 I_{1B}（饱和电流值）时，电流互感器变比误差 $\Delta I\% = 10\%$，此时电流互感器工作在磁化曲线 2 的弯曲点 A 上，与 A 点相应的电流 I'_1 称为电流互感器的饱和电流。

从图 4-17 以及感应电势 E_2 的公式可以看出，电流互感器误差的大小，决定于一次电流和二次负载的数值。因此，可以以 I_1 对一次额定电流 I_{1N} 的倍数 $m = I_1/I_{1N}$ 和二次负荷 Z 为坐标而绘制误差曲线（当 $I_1 = I_{1B}$ 时，m 为电流互感器的饱和倍数）。通常所说的 10% 误差曲线，就是指在电流比误差 $\Delta I\% = 10\%$ 的情况下的电流误差曲线，如图 4-18 所示。

另外，电流比误差 $\Delta I\%$ 也可以用下式表示

$$\Delta I\% = \left[(K_1 - K_2)/K_2\right] \times 100\%$$

式中　K_1——电流互感器的额定电流比；

　　　K_2——电流互感器的实际电流比。

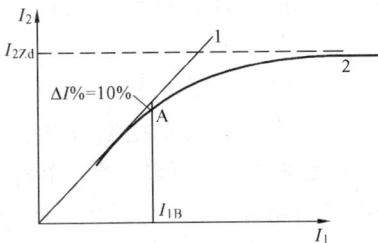

图 4-17　电流互感器二次电流（I_2）与
一次电流（I_1）之间的关系曲线

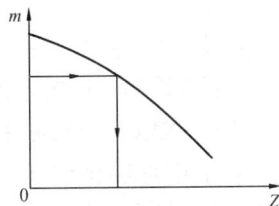

图 4-18　电流互感器的 10%
误差曲线

10% 误差曲线主要用于选择继电保护用的互感器，或者根据已给的电流互感器选择二次电缆的截面。前面已经讲过，电力系统的励磁电流成分很小，但当系统发生短路故障时，互感器的一次电流很大，铁芯饱和，电流互感器的误差就要超过其允许的数值，而继电保护装置正是在这个时候需要正确动作。因此对于供保护用的电流互感器提出一个最大允许误差的

要求，即电流比误差不超过 10%，角误差不超过 7°。

4－40　一台多油开关有几只电流互感器？编号是怎样排列的？

答：多油开关里的套管电流互感器，根据用户需要，有装 6 只的（每个套管装 1 只），也有装 12 只的（每个套管装 2 只）。35kV 开关的电流互感器安装时面对操作箱，从靠操作箱算起，左边上层为 1、3、5，下层为 7、9、11，右边上层为 2、4、6，下层为 8、10、12。而 110kV 开关的套管电流互感器排列顺序与 35kV 开关套管电流互感器排列顺序相反（套管电流互感器在开关内排列顺序以安装的先后顺序为准，先装者为下层，后装者为上层）。35kV 套管电流互感器引出线为两个接线头，要更换电流比时需落桶进行，而 110kV 套管电流互感器引出线为 5 个接线头，改变电流互感器电流比时，只须在操作箱内进行。

套管电流互感器电流比与端子连接编号如表 4－4 所示。

表 4－4　　　　　　　　　套管电流互感器电流比与端子连接编号表

电流互感器连接端子编号	电流比	电流比	电流比	电流比	电流比
A—B	75/5	100/5	200/5	400/5	600/5
A—C	100/5	150/5	300/5	600/5	750/5
A—D	150/5	200/5	400/5	750/5	1000/5
A—E	200/5	300/5	600/5	1000/5	1500/5

4－41　在什么情况下电流互感器的二次绕组采用串联或并联接线？

答：同相套管上的电流互感器，根据需要其二次线圈可采用串联或并联接线。

（1）电流互感器二次线圈串联接线：电流互感器两套相同的二次线圈串联时，其二次回路内的电流不变，但由于感应电势 E 增大一倍，所以，在运行中如果因继电保护装置或仪表的需要而扩大电流互感器的容量时，可采用二次绕组串联的接线方法。

电流互感器二次绕组串接后，其电流比不变，但容量增加一倍，准确度不降低。试验证明：有些双绕组线圈的电流互感器，虽然两个二次线圈的准确度等级和容量不同，但它的二次绕组仍可串联使用，串联后误差符合较高等级的标准，容量为二者之和，电流比与原来相同。

（2）电流互感器二次线圈并联接线：电流互感器二次线圈并联时，由于每个电流互感器的电流比没变，因而二次回路内的电流将增加一倍。为了使二次回路内的电流维持在原来的额定电流（5A），则一次电流应较原来的额定电流降低 1/2。所以，在运行中如果电流互感器的电流比过大，而实际电流较小时，为了较准确的测量电流，可采用二次绕组并联接线。

电流互感器二次线圈并联后，其一次额定电流应为原来的 1/2，电流比减为原来的 1/2，而容量不变。

4－42　更换电流互感器及二次线时，应注意哪些问题？

答：电流互感器及其二次线需要更换时，除应注意有关的安全工作规程规定外，还应注意以下几点：

（1）个别电流互感器在运行中损坏需要更换时，应选用电压等级不低于电网额定电压，电流比与原来相同，极性正确，伏安特性相近的电流互感器，并需经试验合格；

(2) 因容量变化需要成组更换电流互感器时，除应注意上述内容外，还应重新审核继电保护定值以及计量仪表的倍率；

(3) 更换二次电缆时，应考虑电缆的截面、芯数等必须满足最大负载电流及回路总的负载阻抗不超过互感器准确等级允许值的要求，并对新电缆进行绝缘电阻测定。更换后，应进行必要的核对，防止接线错误；

(4) 新换上的电流互感器或变动后的二次线，在运行前必须测定大、小极性。

4-43 在运行中的电流互感器二次回路上进行工作或清扫时，应注意什么问题？

在运行中的电流互感器二次回路上进行工作时，除应按照《电业安全工作规程》的要求填写工作票外，还应注意下列各项：

(1) 工作中绝对不准将电流互感器的二次回路开路；

(2) 根据需要可适当地将电流互感器的二次侧短路。短路应采用短路片或专用短路线，禁止使用熔丝或导线缠绕；

(3) 禁止在电流互感器与短路点之间的回路上进行任何工作；

(4) 工作中必须有人监护，使用绝缘工具，并站在绝缘垫上；

(5) 值班人员在清扫二次线时，应穿长袖工作服，戴线手套，使用干净的清扫工具，并将手表等金属物品摘下。工作中必须小心谨慎，以免损坏元件或造成二次回路断线。

4-44 零序电流互感器与普通电流互感器相比有何特点？

答：零序电流互感器与普通电流互感器都是按照电磁感应原理工作的，但它们的工作状态有区别。普通电流互感器的一次线圈只与被保护线路的一相连接，并且一次线圈内的电流就是该相的负载电流，二次电流则是一次电流的相应值。而零序电流互感器则不然，它的一次线圈就是被保护线路的三相，在正常工作状态时，由于三相电流的相量之和等于零（$I_a + I_b + I_c = 0$），铁芯中不会产生磁通，故二次线圈内也不会有感应电流。当被保护线路发生单相接地故障时，三相电流之和不再等于零，它等于每相零序电流的三倍，此时，互感器的铁芯中便产生感应磁通，二次线圈内将有感应电流，从而启动继电器使保护装置动作。

4-45 电流互感器常用的接线方式有哪些？

答：电流互感器常用的接线方式如图4-19所示。

(1) 一相式接线方式，如图4-19（a）所示。电流表通过的电流为一相的电流，通常用于负荷平衡的三相电路中。

(2) 两相 V 形接线方式，如图4-19（b）所示。该接线方式又叫不完全星形接线，公共线中流过的电流为两相电流之和，所以这种接线又叫两相电流和接线。由 $\dot{I}_a + \dot{I}_c = -\dot{I}_b$ 可知，二次侧公共线中的电流，恰为未接互感器的 B 相的二次电流，因此这种接线可接三只电流表，分别测量三相电流，故广泛应用于无论负荷平衡与否的三相三线制中性点不接地系统中，供测量或保护用。

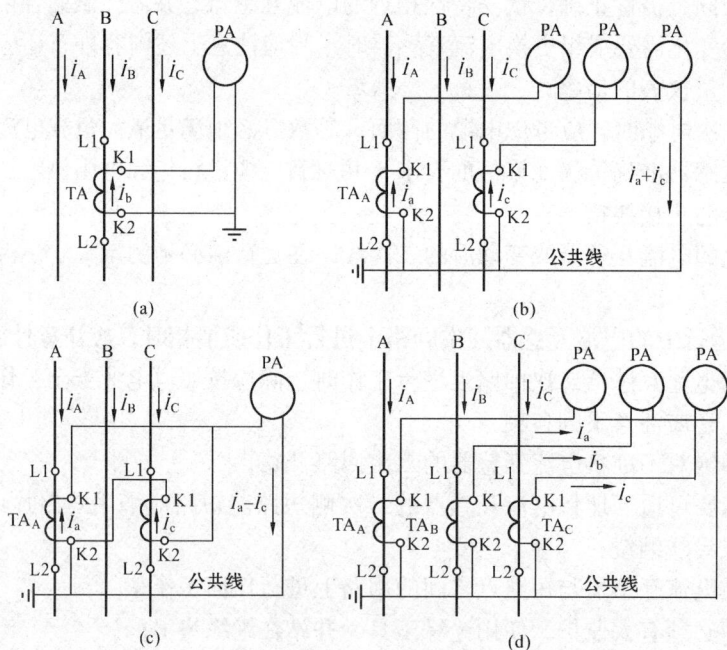

图 4 – 19　电流互感器接线方式

(a) 一相式；(b) 两相 V 形；(c) 两相电流差；(d) 三相 Y 形

（3）两相电流差接线方式，如图 4 – 19（c）所示。这种接线二次侧公共线中流过的电流 I_f，等于两个相电流之差，即 $\dot{I}_f = \dot{I}_a - \dot{I}_c$，其数值等于一相电流的 $\sqrt{3}$ 倍，多用于三相三线制电路的继电保护装置中。

（4）三相 Y 形接线方式，如图 4 – 19（d）所示，三只电流互感器分别反映三相电流和各种类型的短路故障电流。该接线方式广泛应用于不论负荷平衡与否的三相三线制电路和低压三相四线制电路中，供测量和保护用。

4 – 46　简述直流电流互感器的工作原理和接线方式。

答：直流电流互感器利用被测直流改变带有铁芯上扼制线圈的感抗，间接地改变辅助交流电路的电流，从而反映被测电流的大小。

直流电流互感器通常是由两个相同的闭合铁芯所组成，在每一个铁芯上有两个绕组，即一次绕组和二次绕组。一次绕组串联接入被测电路，二次绕组则连接到辅助的交流电路里。其连接方式有串联和并联两种，前者称二次绕组串联直流互感器，后者称二次绕组并联直流互感器。由于二次绕组接法不同，这两种互感器的静态特性和动态特性有很大差别，用途也各不相同。其中二次绕组串联直流互感器用来测量电流，二次绕组并联直流互感器则多用来测量电压。直流互感器也有绕组为一匝的母线型互感器。

在直流互感器里，当使用的铁芯材料具有理想的磁化特性时，如果忽略辅助交流电路的阻抗，从理论上可以证明，交流电路电流的平均值正比于被测电流。实际上这种理想情况是不可能实现的，因此直流互感器存在比较大的误差，特别是当被测电流相对互感器的额定电流较小时，误差更大。这是直流互感器难以克服的缺点。

直流互感器的准确级不高（一般在 50% ~ 120% 额定电流下，误差为 0.2% ~ 0.5%），同时易受外磁场影响。尽管这样，由于它稳定可靠，功率消耗比分流器小，同时又能承担一定负载（指仪表），所以目前应用仍然比较普遍。

图 4 - 20 表示二次绕组串联的直流互感器的接线图。在图中两个二次绕组应反向串联，否则这种双铁芯直流互感器与单铁芯直流互感器一样，在性能上不会有任何改善。

可以证明，当铁芯具有理想磁化特性时，$i_2(t)$ 为矩形曲线，并在任何瞬时都存在如下关系

$$I_2 = I_1 \frac{N_1}{N_2}$$

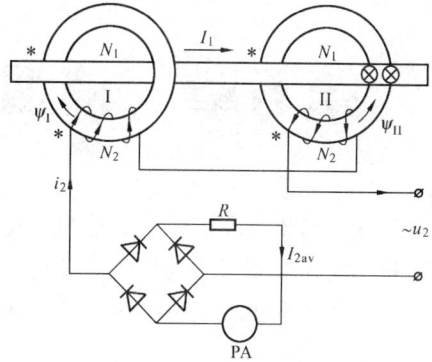

图 4 - 20　二次绕组串联的直流
电流互感器接线图

如果一次侧直流 I_1 增大，相应的二次侧交流瞬时值 i_2 也必然增大。因此一次侧电流的变化在二次侧交流电路中可以再现。在这种理想条件下，二次侧交流电路中电流的平均值 I_{2av} 为

$$I_{2av} = I_1 \frac{N_1}{N_2} \text{ 或}$$

$$I_1 = K I_{2av}$$

式中，K 为直流互感器的变比。因此二次侧电流经整流后，用磁电系仪表测量其平均值，便可以确定一次侧电流 I_1。

在发电厂使用的直流互感器的二次绕组一般由 UPS 供电，以保证互感器的正确性。

第五章　消弧线圈及电抗器的运行

5－1　消弧线圈铭牌上型号的含义是什么?

答: 消弧线圈有手动调匝式和自动切换分接头式两种类型。

(1) 手动调匝式消弧线圈的型号含义如下:

消弧线圈的型号由三个部分组成,第一部分为基本代号,由四个字母组成,而后两部分则表示容量和电压等级。具体表示方法如下:

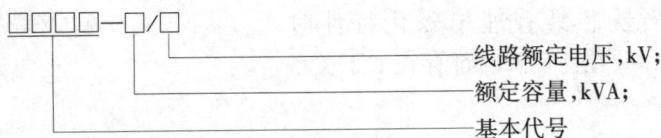

基本代号的含义为:

第一个: X——消弧线圈;

第二个: D——表示相数为单相; S——表示相数为三相;

第三个: J——表示线圈的外绝缘介质为"变压器油绝缘", G——表示线圈的外绝缘介质为"干式";

第四个: T——表示线圈导线的材质为"铜", L——表示线圈导线的材质为"铝"。

消弧线圈的测量线圈电压为 80 ~ 110V (实际上这个电压是随分接头位置的不同而有所变化的),额定电流为 10A,用以监视中性点位移电压的大小。所有消弧线圈的接地端均装有二次额定电流为 5A 的电流互感器,以测量消弧线圈内通过的电流。消弧线圈分头的数据,表示对应于该分头位置时的最大补偿电流。

(2) 自动切换分接头式消弧线圈的型号含义如下:

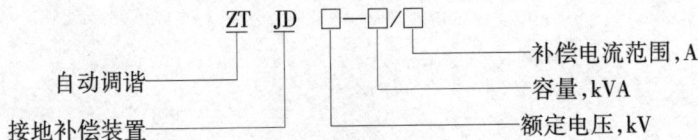

自动调谐接地补偿装置主要有下列四部分组成:

1) 消弧线圈: 采用有载分接开关切换线圈分接头,实现远程操作。

2) 微机控制器: 对系统电容电流进行在线监测,按其变化实现跟踪调谐。

3) 阻尼电阻控制器: 限制过电压用。

4) 接地变压器: 系统中性点不接地时,用接地变压器引出中性点,连接消弧线圈。

5－2　在什么情况下系统内应装设消弧线圈?

答: 消弧线圈又称消弧电抗器或接地故障补偿装置。它是一个带铁芯的线圈,并采用了分段的芯体,即有间隙的芯体。在系统接地时,补偿电流与所施加的电压成正比。规程规定：35kV 电网中接地电流大于 10A，6～10kV 电网中接地电流大于 30A，发电机直配网络接地电流大于 5A 时，中性点经消弧线圈接地。从而避免了单相接地时，电弧不能自灭，导致相间短路或烧断导线。

在 110kV 及以上电网中，中性点采用直接接地方式。对雷电活动较强的地区（如山岳、丘陵地区），当线路雷击跳闸频繁时，中性点也宜采用消弧线圈接地方式，以免事故扩大。

5-3 消弧线圈有几种补偿方式?

答：按照消弧线圈的补偿原理，调整消弧线圈的分接头，可以得到三种补偿方式。脱谐度计算公式为

$$\mu = (I_C - I_L)/I_C$$
$$= (3U_{xg}\omega C - U_{xg}/\omega L)/(3U_{xg}\omega C)$$
$$= 1 - 1/(3\omega^2 LC)$$
$$= 1 - K$$

式中　　$K = I_L/I_C = 1/(3\omega^2 LC)$，为补偿电网的调谐度。

(1) 若 $\mu > 0$ 或 $K < 1$，电感电流小于接地电容电流，电网以欠补偿方式运行;
(2) 若 $\mu < 0$ 或 $K > 1$，电感电流大于接地电容电流，电网以过补偿方式运行;
(3) 若 $\mu = 0$ 或 $K = 1$，电感电流等于接地电容电流，电网以全补偿方式运行。

在实际运行中，应采用过补偿方式，当消弧线圈的容量不足时，可以采用欠补偿方式。但是，应避免出现全补偿方式运行，以防止出现谐振现象。

5-4 消弧线圈的构造和用途是什么?

答：(1) 消弧线圈的构造：目前，根据消弧线圈的线圈外绝缘介质不同，有油（变压器油）浸式和干式两种，而按照其调节方式的不同又可分为调铁芯间隙和调电感线圈的抽头两种方式。现以油浸式消弧线圈为例，介绍其构造。

消弧线圈的外形与单相变压器相似，而其内部实际上是一个具有分段（即带间隙）铁芯的电感线圈。间隙沿着整个铁芯分布，采用带间隙铁芯的主要目的是为了避免磁饱和。这样，补偿电流与电压成比例关系，减少高次谐波分量，可得到一个比较稳定的电抗值。

在电抗器的铁芯上设有一个主线圈和一个电压测量线圈。主线圈一般采用层式结构，每个芯体上的线圈被分成好几个部分，不同芯体的线圈连接处的电压不应达到危及绝缘的数值。测量线圈的电压为 80～100V，额定电流为 10A，它和主线圈都有分接头接在切换器上面。为了测量动作时的补偿电流，在主线圈回路中还设有电流互感器。消弧线圈的铁芯与线圈都浸入到绝缘油中，外壳有油枕、温度计，容量大的消弧线圈还有冷却管、呼吸器、气体保护。

(2) 消弧线圈的作用：消弧线圈的主要作用是将系统的电容电流加以补偿，使接地点的电容电流补偿到较小的数值，防止弧光短路，保证安全供电。同时，降低弧隙电压恢复的速度，提高弧隙的绝缘强度，防止电弧重燃，造成间歇性接地过电压。中性点经消弧线圈接地的系统又称为补偿系统（网络）。图 5-1（a）为补偿系统图。图 5-1（b）为 C 相接地时，电压电流相量图。

正常运行时的电力系统，相对地的分布电容分别为 C_A、C_B、C_C，假设电力系统的三相

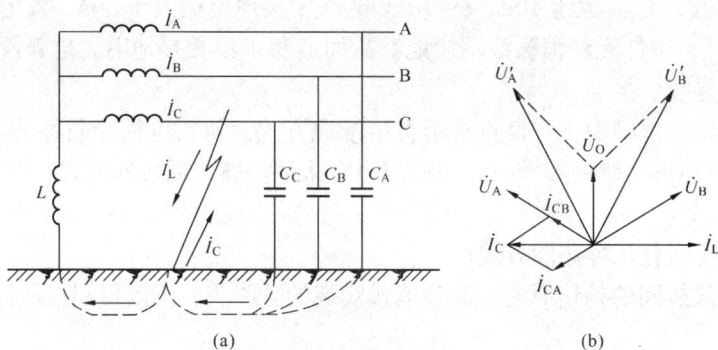

图 5-1 中性点经消弧线圈接地的补偿系统和相量图

(a) 补偿系统；(b) 电流电压相量图

完全对称，且流过各相的电容电流大小相等，相位相差120°。当 C 相接地时，电压 U_C 降低为零，接地点的零序电压 $\dot{U}_0 = -\dot{U}_C$，其他两相电压将在振荡过程后上升为线电压（图中 $\dot{U}'_A$、$\dot{U}'_B$），流过接地点的电容电流为

$$\dot{I}_C = \dot{I}_{CA} + \dot{I}_{CB}$$

$\dot{I}_{CA}$ 与 $\dot{I}_{CB}$ 的绝对值为

$$|I_{CA}| = |I_{CB}| = \sqrt{3}U_{xg}/X_C = \sqrt{3}U_{xg}/(1/\omega C_A) = \sqrt{3}U_{xg}\omega C_A$$

式中 U_{xg}——电网的相电压。

由于 $\dot{I}_{CA}$、$\dot{I}_{CB}$ 各较 $\dot{U}'_A$、$\dot{U}'_B$ 超前90°，所以，接地电容电流绝对值

$$|I_C| = 2I_{CA}\cos30°$$

$$= 2\sqrt{3}U_{xg}\omega C_A\cos30°$$

$$= 2\sqrt{3}U_{xg}\omega C_A\sqrt{3}/2$$

$$= 3U_{xg}\omega C_A$$

即接地电容电流为系统正常时每相对地电容电流的 3 倍。

$\dot{I}_C$ 在相位上较零序电压 $\dot{U}_0$ 超前90°。在 $\dot{U}_0$ 的作用下，消弧圈中流过一个电感电流 $\dot{I}_L$，它较 $\dot{U}_0$ 滞后90°，其绝对值

$$|I_L| = U_0/X_L$$

$$= U_{xg}/\omega L$$

由于电流相位 $\dot{I}_L$ 与 $\dot{I}_C$ 相位差180°，所以，流过故障点的接地电流 $\dot{I}_d$ 为这两个电流之差，如果消弧线圈的分接头选择适当，就能够使接地电流合理地得到补偿。因此得出结论：在接地点的电容电流上叠加一个相位相反的电感电流，就可以将接地电流限制在一个较小的数值。

5-5　消弧线圈的运行方式有什么要求?

答: 为了使消弧线圈能够运行于最佳状态,以达到良好的补偿效果,一般有如下运行规定:

(1) 为了避免因线路跳闸后发生串联谐振,消弧线圈应采用过补偿运行方式。但是,当补偿设备的容量不足时,可采用欠补偿的运行方式,脱谐度采用 10%,一般电流不超过 5 ~ 10A。

(2) 由于线路的三相对地电容不平衡,在网络中性点与地之间产生了电压。它与额定相电压的比值(即不对称度),在正常情况下应不大于 1.5%(中性点位移电压的极限允许值不超过 15%),操作过程中 1h 内允许值为 30%。

(3) 当消弧线圈的端电压超过相电压的 15% 时,消弧线圈已经动作,应按接地事故处理,寻找接地点。由于系统某台消弧线圈在操作中引起的中性点电压偏移,以致其他消弧线圈动作的情形除外。

(4) 在系统接地故障的情况下,不得停用消弧线圈。由于寻找故障及其他原因,使消弧线圈带负荷运行时,应对消弧线圈上层油温加强监视,使上层油温最高温度不得超过 95℃,并监视消弧线圈在带负荷运行时间不超过铭牌规定的允许时间,否则,切除故障线路。

(5) 消弧线圈在运行过程中,如果发现内部有异响及放电声、套管严重破损或闪络、气体保护动作等异常现象时,首先将接地的线路停电,然后停用消弧线圈,进行检查试验。

(6) 消弧线圈动作或发生异常现象时,应作如下记录:动作时间、中性点电压、电流、三相对地电压等,并及时报告调度员。

5-6　消弧线圈是怎样灭弧的?

答: 在中性点不接地系统中,每相都存在着分布电容。若系统发生单相接地故障,其电容电流 I_C 超过规定值时,接地电流将在故障点形成周期性的熄灭和重燃的电弧。因电网内具有电感和电容,故会形成振荡,产生过电压,其值可达 2.5 ~ 3 倍的相电压,这样高的电压值将危害电气设备。

在中性点不接地系统中,变压器高压线圈星形连接的中性点上装一只电感线圈 L,如图 5-2(a)所示,当系统发生单相接地时,中性点有一个位移电压 U_0 作用在电感 L 上,因此产生电感电流 I_L 流过接地点,这个电感电流 I_L 与分布电容电流 I_C 的相位相反,如图 5-2(b)所示。当 L 在 U_0 作用下使其流过的电流 I_L 等于 I_C 值时,则起补偿作用。通过适当的补偿,接地点可以避免形成间歇性的电弧。因为这个电感线圈 L 能起消弧的作用,故称之为消弧线圈。

5-7　在城区变电所 10kV 配电装置中,为什么往往加装 10kV 消弧线圈? 如何加装?

答: 这是为了限制 10kV 系统的电容电流。城区变电所 10kV 配电装置往往出线回路较多,特别是电缆出线较多,电容电流往往超出规定范围,单相接地时对断路器切断负荷带来很大困难,甚至会酿成事故,为此加装消弧线圈补偿电容电流。

由于 10kV 系统为不接地系统,变压器 10kV 绕组为三角接线,不能引出中性线,故在 10kV 母线人为地接入一个绕组接法为 Y0 的三相电气设备(通称接地变压器),利用其中性点处接消弧线圈。

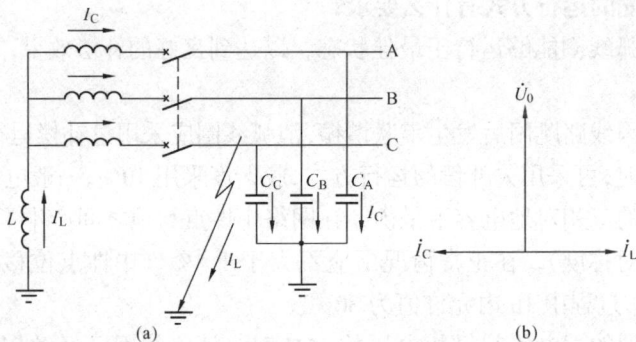

图 5-2　中性点不接地系统的变压器的中性点加装电感线圈接线图和相量图

(a) 接线图；(b) 相量图

5-8　选择消弧线圈的安装位置时的注意事项是什么?

答: 在选择消弧线圈的安装位置时, 应注意以下事项:

(1) 在任何运行方式下, 大部分电网不得失去消弧线圈的补偿。不应当将多台消弧线圈集中安装在一处, 并应尽量避免在电网中仅安装一台消弧线圈。

(2) 在发电厂中, 发电机电压的消弧线圈可装设在发电机中性点上, 也可装在厂用变压器的中性点上。当发电机与变压器为单元接线时, 消弧线圈应装设在发电机中性点上。

(3) 在变电所中, 消弧线圈一般装在变压器的中性点上, 6~10kV 消弧线圈也可装设在调相机的中性点上。

(4) 安装在 YNd 连接的双绕组变压器或 YNynd 连接的三绕组变压器中性点上的消弧线圈的容量, 不应超过变压器总容量的 50%, 并且不得大于三绕组变压器任一绕组的容量。

(5) 安装在 YNy 连接的内铁芯或变压器中性点的消弧线圈的容量, 不应超过变压器三相总容量的 20%。消弧线圈不应装在三相磁路相互独立、零序阻抗大的 YNy 连接变压器的中性点上 (例如单相变压器组)。

(6) 如变压器无中性点或中性点未引出, 应装设专用的接地变压器。其容量应与消弧线圈的容量相配合, 并采用相同的额定时间 (例如 2h), 而不是连续时间。接地变压器的特性要求是: 零序阻抗低、空载阻抗高、损失小。采用曲折形接法的变压器, 能够满足这些要求。

5-9　正常巡视消弧线圈有哪些内容?

答: 消弧线圈的正常巡视检查项目有:

(1) 上层油温是否正常。

(2) 套管是否清洁, 有无破损或裂纹。

(3) 引线接触是否牢固, 接地装置是否完好。

(4) 油位是否合格正常。

(5) 有没有漏油或渗油现象。

(6) 吸潮剂是不是潮解。

（7）运行中有无异常声音。

（8）表计指示是否正确。

5-10 选择消弧线圈调谐值所需要的主要数据有哪些？

答：（1）电容电流 I_C 值。调谐值能否符合实际情况，主要决定于电容电流值的准确程度。此外根据网络现有运行接线，当部分线路切除或投入时，它对网络电容电流值的影响范围应预先掌握。因此，不但要取得网络的总电容电流值，而且要取得网络可能分成若干部分运行时每一部分的电容电流值，如每条线路、每个变电所等。对电容电流值，一般应通过实测取得可靠数据。

（2）消弧线圈的实际补偿电流值 I_K。此数据对调谐值的具体选择有与电容电流 I_C 值同等重要的意义，因此应高度可靠。如果条件允许，则要求通过试验核实厂家所提供的数据。

（3）网络正常情况下的不对称度 μ。对于运行中的补偿网络，其中性点的位移电压的大小决定网络的不对称度 μ。所谓正常运行情况，应该包括部分线路切除或投入的倒闸操作时间内。因此，应根据网络的实际接线图，测出每个出线开关断开或合上时的网络不对称度 μ 值。

（4）网络的阻尼率 d。值得注意的是：根据以上的数据选择了调谐度后，还应按网络的实际接线图详细地考查因一相或两相对地电容减少导致 m（最大一相电容 C_1 与其他两相电容的比值）值的改变程度，并核算在可能出现的最坏情况下的不对称度 μ，以及由此引起的网络过电压值。

5-11 简述消弧线圈抽头的选择原则。

答：中性点采用经消弧线圈接地时，消弧线圈的抽头选择原则是线路接地时通过故障点的电流尽可能小，不得超过表 5-1 的允许值。

对于消弧线圈补偿的系统，线路无接地的情况下，中性点的位移电压不得超过相电压的 15%（长时间）或 30%（在 1h 内）。

在上述两条件下，在选择消弧线圈抽头时还应同时满足下列条件：

表 5-1　消弧线圈选择原则

电网电压（V）	一般情况（A）	极限值（A）
35	5	10
10	10	20
3~6	5	30
发电机直配网络	5	5

（1）采用过补偿时：

1）脱谐度一般应大于 5%~10%；

2）接地残流的无功分量不应超过 5~10A。

（2）采用欠补偿时：

1）中性点的位移电压在任何非全相的不对称情况下不超过 70% 相电压；

2）其脱谐度及接地点的残流仍按过补偿要求，这样才能允许短时间采用欠补偿运行。

5-12 电抗器的作用是什么？

答：电网中采用的电抗器，实际上是一个没有导磁材料的空心电感线圈（常见的有 NKL 型电抗器）。它可以根据需要布置为垂直、水平或品字形三种装配形式。随着电力系统的日益发展，短路容量不断增大，这就使一些断路器的分断容量明显不足，为此必须将短路容量加以限制，以选择一些轻型断路器。目前在变电所的一次接线中，尤其是在 6~10kV 系统中采用电抗器，主要是用来限制短路电流。同时由于短路时电抗压降较大，它可以维持母线的电压水平，保证了用户电动机工作的稳定性。

图 5-3 所示为几种常见的普通电抗器的接线方式。这几种接线中，由于采用了电抗器限制故障容量，因此，都能够采用轻型开关相配合。图 5-3（b）与（a）相比较，在线路短路故障时，能维持母线的电压水平，但是一次投资比较大，正常的功率损耗及电压损失也比较大。图 5-3（d）与（c）相比较，由于正常时电抗器不投入，所以电压损失及功率损耗较小，而且可以采用较大的电抗值，但是这种接线方式的继电保护较为复杂。某些变电所运行的调相机采用电抗器降压程序起动的方式，如图 5-3（e）所示。当调相机起动时，电抗器首先投入，在全速运转、电压恢复正常时，合上主开关，并且联跳电抗器开关。

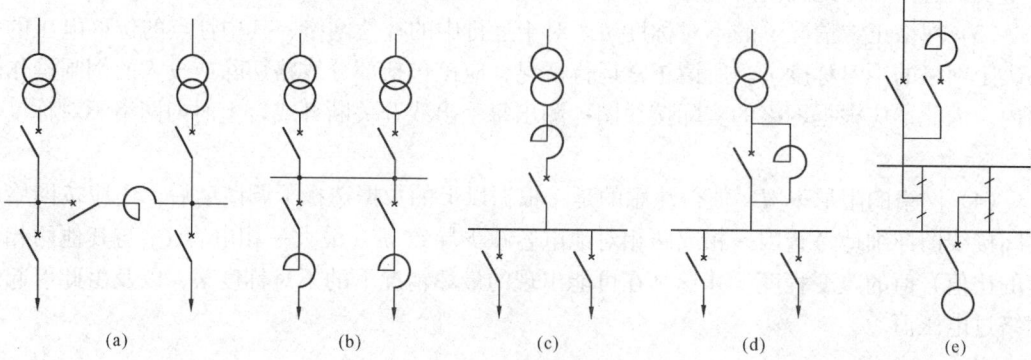

图 5-3 电抗器接线图

(a) 母线分段电抗器；(b) 线路串联电抗器；(c) 变压器二次串联电抗器；
(d) 变压器二次并联电抗器；(e) 调相机降压起动的电抗器

此外，中间带抽头的分裂电抗器也得到了广泛的应用，如图 5-4 所示。

一般而言，由于分裂电抗器的两个支路有电磁的联系，在正常情况下，它所呈现的电抗值比较小，压降也小。当其任何一个支路断路时，电抗值变大了，从而能够有效地限制短路电流。

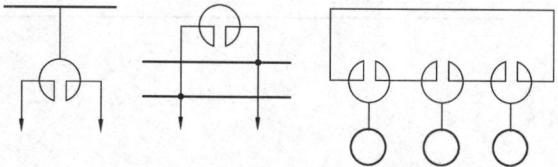

图 5-4 分裂电抗器的应用

近年来，在电力系统中为了消除由高次谐波电压、电流所引起的电容器故障，在电容器回路中采用串联电抗器的方法来改变系统参数，已取得了显著的效果。

电抗器同时是超高压电网中普遍采用的重要电气设备之一。超高压长距离输电线路上采用并联电抗器，其作用是补偿超高压输电线路的电容和吸收其无功功率，防止电网轻负荷时因容性功率过多而引起电压升高及其他异状。

并联电抗器还被用来补偿电缆线路的充电无功功率。随着城市电网建设水平的提高，不仅 10kV 电缆线路，而且 35~220kV 电缆线路敷设量也在逐渐增加。电缆线路与架空线路相比，其单位长度的电抗小，一般为架空线路的 30%~40%；正序电容大，一般为架空线路的 20 ~ 50 倍；由于散热条件不同，同样截面的导体，电缆长期允许通过的电流值一般只有架空线路的 50%。因此电缆线路相对架空线路而言，其运行特点是：损耗小，充电无功功率多，负荷轻。用并联电抗器补偿电缆线路充电无功功率，其容量和配置方式尚无明确规定。

5-13 电抗器的旁路开关与配电开关之间如何相互配合？

答：在如图 5-5 所示的配电网络中，当发生短路故障时，首先切除开关 QF2，使电抗器 L 投入，降低短路电流值，使短路容量降至开关 QF3 的最大分断容量的范围之内，然后切除开关 QF3 以消除故障，最后重新合上开关 QF2，系统恢复正常供电。当使用快速重合闸时，开关 QF3 在切除后立即重合，最后再合开关 QF2。很明显，使用了电抗器以后，分断容量小的配电开关就可以满足故障的要求了，同时采用了自动重合闸，避免了大量的瞬时性故障，提高了供电的可靠性。在正常运行时，投入旁路开关 QF2 还可以减少电压损失，提高了母线的电压水平。

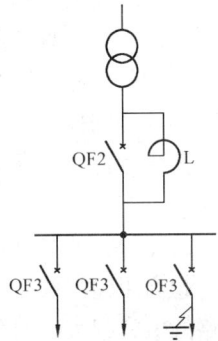

图 5-5　配电网络接线图

5-14 电抗器的技术要求有哪些？

答：电抗器的技术条件包括使之正常运行的工作条件、短路稳定性、安装条件以及环境条件等。

（1）正常工作条件：包括电压、电流、频率和电抗百分值。

（2）短路稳定条件：包括动稳定电流、热稳定电流和持续时间。

（3）安装条件：安装方式、进出线端子角度。

（4）环境条件：环境温度、相对湿度、海拔高度和地震烈度。

（5）其他要求：

1）普通电抗器 $X_L\% > 3\%$ 时，制造厂已考虑了连接于无穷大电源、额定电压下，电抗器端头发生短路时的动稳定度。但由于短路电流的计算是以平均电压（一般比额定电压高 5%）为准，因此在一般情况下，仍应进行动稳定校验。

2）分裂电抗器的动稳定保证值有两个，其一为单臂流过短路电流时之值，其二为两臂同时流过短路电流时之值。后者比前者小很多。在校验动稳定时应分别对这两种情况，选定对应的短路方式进行。

3）安装方式是指电抗器的布置方式。普通电抗器一般有水平布置、垂直布置和品字型布置三种布置方式。进出线端子角度一般有 90°、120° 和 180° 三种，而分裂电抗器推荐使用 120°。

5-15 简述 500kV 超高压输电线路并联电抗器的功能和高压电抗器的安装接入方式及其结构特点。

答：超高压系统的主要特征之一是输电线路有大量的容性充电功率。100km 长的 500kV 线路容性充电功率约为 100 ~ 120Mvar，为同样长度 220kV 线路的 6 ~ 7 倍。如此大的容性充电功率给电网的操作带来了许多麻烦，因此在超高压线路上一般要装设并联电抗器。

（1）并联电抗器的功能。

并联电抗器是接在高压输电线路上的大容量的电感线圈，作用是补偿高压输电线路的电容和吸收其无功功率，防止电网轻负荷时由容性功率过多而引起电压升高。并联电抗器是超高压电网中普遍采用的重要电气设备。它在电网中的主要作用如下：

1）避免发电机带长线出现的自励磁。

当发电机以额定转速合闸于空载线路时，由于发电机残压加于线路容抗上，电容电流的助磁作用使发电机电压不断升高。当发电机和线路的参数满足一定的条件时，会出现发电机电压超出额定电压很高的情况，这就是所谓的发电机的自励磁现象。

线路终端甩负荷、计划性合闸和并网等情况，都将形成较长时间的发电机带空载长线的运行方式。计划性合闸是容性阻抗，因而也可能导致发电机的自励磁。

自励磁引起的工频电压升高可能达到额定电压的 1.5 ~ 2.0 倍，甚至更高。它不仅使得并网时的合闸操作（包括零起升压）成为不可能，而且其持续发展将严重威胁网络中电气设备的安全运行。并联电抗器能大量补偿线路容性无功功率，从而破坏了发电机的自励磁条件。

2）限制工频电压升高，便于同期并列。

超高压输电线路一般距离较长，从二三百公里至数百公里，由于采用了分裂导线，所以线路的电容很大，每条线路的充电容性功率可达二三十万千乏。当容性功率通过系统感性元件（发电机、变压器和输电线路电感等）时，会在电容两端引起电压升高。反映在空载线路上，会使线路上的电压呈现逐渐上升的趋势，即所谓"容升"现象。严重时，线路末端电压能达到首端电压的 1.5 倍以下，如此高的电压是电网无法承受的。在长线路首末端装设并联电抗器，可补偿线路上的电容，削弱这种容升效应，从而限制工频电压的升高。例如某 500kV 线路，长度为 250km，线路每单位长度正序电感和电容分别为 $L_1 = 0.9\mu H/m$，$C_1 = 0.0127nF/m$。若无并联电抗器，空载时线路末端电压则为首端电压的 1.41 倍，电网是不允许在这样高的电压下运行的。

若在线路末端并联电抗为 $X_L = 1837\Omega$ 的电抗器，空载时末端电压则仅为首端电压的 1.13 倍。由此可见，并联电抗器的接入能明显抑制超高压线路的工频电压升高，而补偿的效果取决于电抗器相对线路充电无功功率的容量。并联电抗器的容量 Q_L 对空载长线电容无功功率 Q_C 的比值 Q_L/Q_C 称为补偿度，通常补偿度选在 60% 左右。

3）降低操作过电压。

当开断带有并联电抗器的空载线路时，被开断导线上剩余电荷即沿着电抗器以接近 50Hz 的频率作振荡放电，最终泄入大地，使断路器触头间电压由零缓慢上升，从而大大降低了开断后发生重燃的可能性。当电抗器铁芯饱和时上述效应更为显著。

另一方面，500kV 断路器一般带有合闸电阻。当装有合闸电阻的断路器合闸于空载线路上时，合闸过电压发生在合闸电阻短路的瞬间。过电压的大小取决于电阻上的电压降，也即取决于电阻上流过电流的大小。线路有补偿时，流过电阻的电流小，因而合闸过电压也大为降低。

此外，高压电抗器降低了空载线路的电压升高，因而降低了各种操作过程中的强制分量，对线路上各种操作过电压都有限制作用。

4）限制潜供电流，有利于单相自动重合闸。

为提高运行可靠性，超高压电网中一般采用单相自动重合闸，即当线路发生单相接地故障时立即断开该相线路，待故障处电弧熄灭后再重合该相。但实际情况是：当故障线路两侧开关断开后，故障点电弧并不马上熄灭。一方面，由于导线间存在分布电容，会从健全相对故障相感应出静电耦合电压；另一方面，健全相的负荷电流通过导线间的互感，在故障相感应出电磁感应电压，这样，在故障相叠加有两个电压之和（称为二次恢复电压），可使具有残余离子的故障点维持几十安的接地电流，称为潜供电流（如图5-6所示），如果潜供电流被消除之前进行重合闸，必然会失败。

如果线路上接有并联电抗器，且其中性点经小电抗器接地（小电抗器容量小而感抗值高），由于小电抗器的补偿作用，潜供电流中的电容电流和电感电流都会受到限制，故电弧很快熄灭，从而大大提高单相重合闸的成功率。

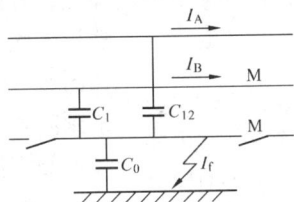

图 5-6 潜供电流示意图

5）无功功率的平衡作用。

500kV 线路充电功率大，而输送的有功功率又常低于自然功率，线路无功损耗较小。以输送 700MW 有功功率为例，此时线路的无功功率损耗仅为充电功率的 1/2。500kV 线路送端往往是大电站，电源本身还有一定数量的无功功率。若不采取措施，就可能远距离输送无功功率，造成电压质量降低，有功功率损耗增大，而且送端增加的无功功率大部分都被线路消耗掉，并不能得到利用。而并联电抗器正好能吸收无功功率，起到使无功功率就地平衡的作用。

（2）高压电抗器选择和安装的基本原则。

1）高压电抗器的选择。500kV 高压电抗器目前有三种容量（120、150、180MVA），线路长度在 200km 左右时才考虑装设高压电抗器。在确定高压电抗器的容量时，除了满足消除发电机自励磁的条件外，大多以满足工频过电压的限制值为决定条件。因此，对于连接变电所和发电厂之间的线路，如果发电机单机容量小，则出线补偿度高，单机容量大时出线补偿度低。例如单机容量为 200～300MW 的电厂出线补偿度大都在 80% 左右，而单机容量在 500～600MW 的电厂出线补偿度都在 50% 以下。对于变电所与变电所之间的联络线，由于工频过电压低，补偿度更低，有时甚至无补偿。低补偿度的缺点是对限制潜供电流不利，以及线路操作时电压波动大，给调压和并网造成困难。高补偿度（大于 90%）的缺点是：单相重合（或开关非全相运行）时断开相中的电磁感应电压分量较高。选择电抗器容量还需注意的是，电抗器是一个电感元件，应避免与线路电容形成并联谐振。

2）中性点电抗器的选择。中性点电抗器一般按照相间电容全补偿的条件来选择。在线路补偿度较小时，中性点电抗值以不超过高压电抗器电抗值的一半为宜。

3）安装地点。理想的配置方式是线路两端各装一台电抗器。对中等长度的线路，只需装设一台电抗器时，应综合考虑以下问题：

（a）限制工频过电压：电抗器一般装在线路受端较有利，但只要满足规定的要求，安装地点可不受工频过电压的限制。

（b）无功功率平衡：电抗器装在送端较好，若装在受端大方式运行时最好退出。用作无功功率平衡的高压电抗器也可用低压电抗器代替。

（c）并列及操作上的方便性：应考虑送端及受端均可进行并列。

4）并联电抗器的接入方式。

图 5-7 用火花间隙连接电抗器示意图

并联电抗器接入线路的方式有多种。目前我国较为普遍的方式有两种：一是通过断路器、隔离开关将电抗器接入线路；二是只通过隔离开关将电抗器接入线路。前者投资大，但运行方式较灵活；后者当电抗器故障或保护误动时，线路随之停电，在线路传输很大容量时，这时应先将线路停电，方能将电抗器退出。比较好的接入方式是将电抗器通过一组火花间隙投入线路。火花间隙应能耐受一定的工频电压，它被一个开关 S 并接，如图 5-7 所示。正常情况下，开关 S 断开，电抗器退出运行，当该处电压达到间隙放电电压时，开关 S 立即动作，电抗器自动投入，工频电压随即降至额定值以下。

顺便指出，并联电抗器在投入和退出时会出现过电压，应装设避雷器加以保护。

(3) 并联电抗器的结构特点。

1) 铁芯磁路带有气隙。超高压大容量充油电抗器的外形与变压器相似，它是一个磁路带气隙的电感线圈。由于系统运行的需要，要求电抗器的电抗值在一定范围内恒定，即电压与电流的关系是线性的，所以并联电抗器的铁芯磁路中必须带有气隙。

2) 铁芯结构。超高压并联电抗器铁芯结构有壳式和芯式两种：

(a) 壳式电抗器：其线圈中的主磁通道是空心的，不放置导磁介质，在线圈外部装有用硅钢片叠成的框架以引导主磁通。一般壳式电抗器磁通密度较低，电压达 1.5~1.6 倍额定电压才出现饱和，饱和后的动态电感仍为饱和前的 60%以上。

壳式电抗器由于没有主铁芯，电磁力小，相应的噪声及振动比较小，而且加工方便，冷却条件好。其缺点是材料消耗多，体积偏大。

(b) 芯式电抗器：它具有带多个气隙的铁芯，外套线圈。气隙一般由不导磁的砚石组成。由于其铁芯磁通密度高，因此材料消耗少，主要缺点是加工复杂，技术要求高，振动及噪声较大。

目前我国制造的高电压大容量并联电抗器只采用芯式结构。

3) 外壳结构：并联电抗器按外壳结构分为钟罩式和平顶式两种。后者多半采用全部焊成整体结构，密封性较好，但检修时必须割开焊缝。我国现挂网运行的 500kV 电抗器，两种结构均有采用。

超高压并联电抗器的外壳及其散热片均能承受全真空。为了避免绝缘油与大气接触，电抗器油枕中有胶囊隔膜保护，油的膨胀收缩体积由胶囊中的气体平衡，油枕是不耐真空的。

4) 非电量保护装置。电抗器带有整套保护装置，主要有：

压力释放阀，温度指示系统，气体继电器，油位指示器等。油位异常升高至某一数值时，发出告警信号。

5) 技术参数：高压电抗器的技术参数除了额定电压、额定电流、额定容量外，还有两个重要的技术参数。一是损耗，它由线圈损耗，铁芯损耗和杂散损耗三部分组成。二是振动及噪声，我国制造厂的控制标准是，在额定电压下距离声源 2m 处，噪声不大于 80dB。500kV 电压等级并联电抗器的振动水平是，在额定电压下，油箱振动幅值不大于 $100\mu m$。

第六章　并联电容器的运行

6-1　为什么要安装移相电容器？它有什么优缺点？

答：电力系统中，有许多根据电磁感应原理工作的设备，如变压器、电动机、感应炉等。它们都是电感性的负载，依靠磁场来传送和转换能量。因此，这些设备在运行过程中，不仅消耗有功功率，而且消耗一定数量的无功功率。据统计，在电力系统中，感应电动机约占全部负荷的50%以上。可见，无功功率的数量是不能忽视的。如果不采取其他补偿措施，这些无功功率将由发电机供给，这必将影响它的有功出力。这对于电源不足的电网，将使频率降低。供配电线路和变压器，由于传输无功功率也将造成电能损失和电压损失，设备利用率也相应降低。为此，除了设法提高用户的自然功率因数，减少无功消耗外，必须在用户处和有关变电所对无功功率进行人工补偿。移相电容器就是一种常用的无功补偿装置。

移相电容器与同步补偿机相比，因无旋转部分，所以它具有安装简单，运行维护方便以及有功损耗小（一般约占无功容量的0.3%~0.5%）等优点，所以在电力系统中，尤其是在工业企业的供电网络中，得到了十分广泛的应用。

移相电容器的缺点是使用寿命短，损坏后不便修复。另外，移相电容器的无功出力与电压的平方成正比，这样当系统电压降低，需要更多的无功功率进行补偿以提高系统电压时，而电容器却因电压低而降低了出力。反之，若系统不需要补偿无功功率时，电容器仍然作为电容性无功功率向电网补偿，使负载电压过高，这也是它的一个缺点。

6-2　电力电容器分哪几类？高压并联电容器装置是何含意？它分为哪几类？

答：（1）电力电容器分类。

电力电容器按结构和用途的不同，可分为移相电容器、电热电容器、均压电容器、耦合电容器、脉冲电容器等。移相电容器主要用于补偿无功功率，以提高电力系统的功率因数；电热电容器主要用于提高中频电力系统的功率因数；均压电容器一般并联在断路器的断口上作均压用；耦合电容器主要用于电力送电线路的通信、测量、控制、保护及抽取电压等装置；脉冲电容器主要用于脉冲电路及直流高压整流滤波。

按额定电压的不同，电力电容器可分为低压电容器（用于0.4kV系统）及高压电容器（用于6kV以上系统）。高压电容器单元额定电压的优先值为1.05，3.15，$6.6/\sqrt{3}$，6.3，10.5，$11/\sqrt{3}$，11，$12/\sqrt{3}$，12，19kV。允许制造用串联连接得到上述规定电压的电容器单元。

按安装场所的不同，电容器可分为户内电容器和户外电容器，有些厂家生产的移相电容器户内外通用。

按在电力系统中运行接入状态的不同，电力电容器可分为并联电容器和串联电容器。并联电容器主要用作无功补偿装置；串联电容器主要是将电容器串联在线路上以降低电抗值，即改变线路参数，达到调压的目的。

（2）高压并联电容器装置的含意及其分类。

高压并联电容器装置是指由高压电容器及其配套设备连接而成的一个整体，配套设备包括高压开关柜（含高压断路器、高压隔离开关、电流互感器、继电保护、测量和指示仪表）、串联电抗器、放电线圈、氧化锌避雷器、接地隔离开关、单台电容器保护用熔断器等。

高压并联电容器装置按其类型不同，可分为 3 类，即单台电容器、集合式电容器以及容量超过 500kvar 的大容量电容器组成电容器组。

6－3　并联电容补偿及串联电容补偿的作用原理是什么？

答：（1）并联电容补偿的作用原理：电力系统中的负荷大部分是电感性的，总电流相量 I 滞后电压相量 U 一个角度 φ（φ 又叫功率因数角），总电流可以分为有功电流 I_R 和无功电流 I_L 两个分量，其中 I_L 滞后电压 90°（见图 6－1）。将一电容器连接于电网上时，在外加正弦交变电压的作用下，电容器回路将同时产生一按正弦变化的电流 I_C，其中电流 I_C 将超前电压 U90°（见图 6－2）。

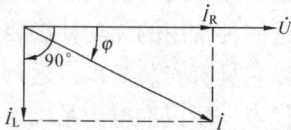

图 6－1　电感性负荷电压电流向量图　　图 6－2　电容器电压、电流相量图

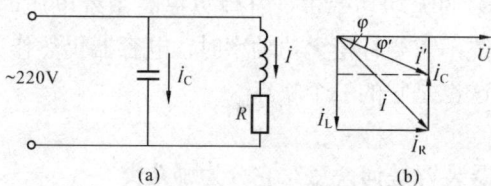

图 6－3　并联电容补偿的接线图和相量图

（a）接线图；（b）相量图

当把电容器并接于感性负荷回路中时，容性电流 I_C 与感性电流分量 I_L 恰好相反，从而可以抵消一部分感性电流，或者说补偿一部分无功电流（见图 6－3）。

从图 6－3 可看出，并联电容器以后，功率因数角 φ' 较补偿前的 φ 小了，如果补偿得当，功率因数可以提高到 1.0。从图中还可以看出，负荷电流不变的情况下，输入电流 I' 也较 I 减小了。

（2）串联电容补偿的作用原理：串联电容补偿系统的等效电路如图 6－4（a）所示，网络的电压损失近似地可以按下式计算

$$\Delta U = \frac{PR + QX}{U}$$

式中　ΔU——网络的电压损失，kV；

P——网络中传送的有功功率，MW；

Q——网络中传送的无功功率，Mvar；

R——网络的电阻，Ω；

X——网络的电抗，Ω；

U——网络的受端电压，kV。

从上式可以看出影响电压损失的有 P、Q、R、X 四个因素，串联电容器是从补偿电抗的角度来改善系统电压。由于系统电抗呈电感性，而串联电容器的容抗可以补偿一部分系统

电抗，补偿后的电压损失可按下式计算

$$\Delta U = \frac{PR + Q(X_L - X_C)}{U}$$

式中　X_C——串联电容器的容抗，Ω。

加装串联补偿前后的电压相量变化如图 6-4（b）所示。图中 $\overline{OB}$ 表示末端 B 点的电压相量 $\dot{U}_B$，$\dot{I}$ 表示负荷电流，$\overline{BD}$ 表示负荷电流 $\dot{I}$ 在输电线路电阻 R 上的电压降，$\overline{DE}$ 表示未加串联补偿前负荷电流 I 在线路电抗 X 上的电压降，方向与 $\overline{BD}$ 垂直，$\overline{OE}$ 则为补偿前首端的电压相量 U_A。经串联补偿后，由于 I 在容抗中

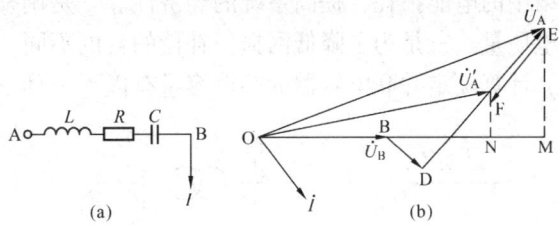

图 6-4　串联电容补偿的系统等效电路图和相量图
（a）系统等效电路图；（b）相量图

的压降 $\overline{EF}$ 与 $\overline{DE}$ 方向相反，因而抵消了一部分线路电抗中的压降，$\overline{OF}$ 为补偿后首端的电压相量 U'_A。从图中可见，在维持相同末端电压的情况下，首端的电压相量由 $\overline{OE}$ 减小到 $\overline{OF}$。线路电压损耗的近似值（即纵分量），由 BM 减小到 BN。电压损耗减小的程度随电容器电抗 X_C 的改变而变化。由于系统电压水平的提高，也相应减少了系统的功率损失。采用串联补偿对于今后发展特高压、大功率、长距离输电，改善系统参数，减小线路电抗，提高系统的稳定有一定作用。

从串联电容补偿线路的电压损耗计算公式来看，只有当负荷功率因数较低，导线截面较粗的架空线，采用串联补偿才更为合适。

6-4　如何根据电容器的电容值计算其无功容量？电容偏差允许多少？

答：（1）当电容器两端施以正弦交流电压时，它发出的无功容量（或无功功率）Q 为

$$Q = \frac{U^2}{X_C} = 2\pi f C U^2$$

式中

$$X_C = \frac{1}{\omega C} = \frac{1}{2\pi f C}$$

f——电源频率，Hz；

C——电容器电容值，若 U 的单位为千伏（kV），C 的单位为微法（μF），$f = 50 Hz$ 时，则

$$Q = 0.314 C U^2$$

式中，Q 的单位为千乏（kvar）。

可见，电容器的无功容量与施加于其两端电压的平方成正比，因而电压调节性能差。当电压降低时，其无功容量将按电压的平方成正比减少。若额定电压降低约 10% 时，则电容器的容量将降低到原来容量的 81%。

（2）电容偏差。原水电部于 1987 年颁布的《高压并联电容器技术条件》SD205—1987 规定：电容器的实测电容值与额定值之差不超过额定值的 -5%、+10%，在三相电容器中任何两线路端子间测得的最大与最小电容值之比应不大于 1.06，成批电容器实测总电容量与

各电容器额定值总和之差不超过 $0 \sim 10\%$。

6-5 如何计算确定并联电容器的补偿容量?

答: 电力系统安装无功补偿设备并联电容器的目的，一是为改善系统的功率因数，降低网络中的电能损耗，提高系统的经济性。二是调整网络电压，维持负荷点的电压水平，提高供电质量。三是为了降低网损。补偿的目的不同，确定补偿容量的方法也不同。针对不同目的，计算确定并联电容器的补偿容量有以下三种方法。

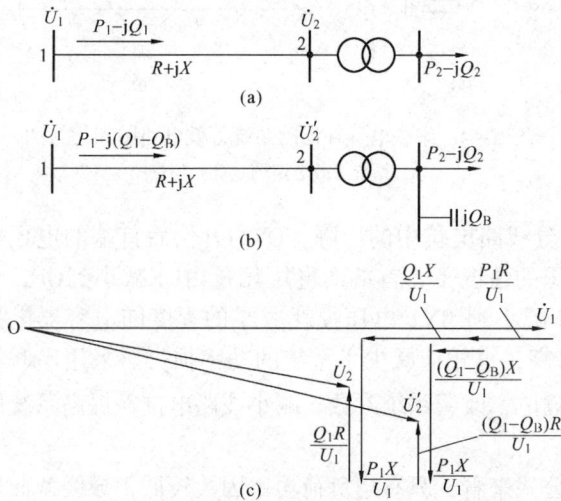

图 6-5 并联电容补偿时的潮流，电压向量图
(a) 装设并联电容补偿前；(b) 装设并联电容补偿后；
(c) 电压向量

(1) 按改善功率因数要求确定补偿容量，则

$$Q_C = P\left[\sqrt{\frac{1}{\cos^2\varphi_1} - 1} - \sqrt{\frac{1}{\cos^2\varphi_2} - 1}\right]$$

式中　Q_C——补偿装置容量，kvar；

P——负荷功率，kW；

$\cos\varphi_1$——补偿前的功率因数；

$\cos\varphi_2$——补偿后的功率因数。

(2) 按调压要求确定补偿容量。

并联电容补偿调压，是通过在负荷侧安装并联电容器来提高负荷的功率因数，以便减少通过输电线路上的无功功率来达到调压的目的。

图 6-5 (a) 为未装设并联电容器补偿时的潮流、电压图，图 (b) 及图 (c) 为在变电所低压母线装设并联电容器 Q_B 后的潮流电压图。此时线路送端的无功 Q_1 减少到 $(Q_1 - Q_B)$，末端电压则由 U_2 升至 U'_2，其升高的数值是

$$\Delta\dot{U} = \dot{U}'_2 - \dot{U}_2 = \frac{P_1R + Q_1X}{U_1} + j\frac{P_1X - Q_1R}{U_1}$$

$$- \left[\frac{P_1R + (Q_1 - Q_B)X}{U_1} + j\frac{P_1X - (Q_1 - Q_B)R}{U_1}\right]$$

$$= \frac{Q_BX}{U_1} - j\frac{Q_BR}{U_1}$$

如果系统无功功率不足，运行电压很低时，应当按运行电压要求选择并联电容器的容量。

由上式得

$$Q_B = \frac{(U'_2 - U_2)U_1}{X - jR}$$

当忽略电压降的横向分量时，上式可变为

$$Q_B = \frac{(U'_2 - U_2)U_1}{X}$$

Q_B 即为变电所母线电压由 U_2 提高至 U'_2 所需增加的电容器容量。如令 $Q_B = \Delta Q$，$U'_2 - U_2 = \Delta U$，且 $U_1 \approx U_2$ 时，则上式变为

$$\Delta Q = \frac{\Delta U U_1}{X}$$

或

$$\frac{\Delta Q}{\Delta U} = \frac{\partial Q}{\partial U} = \frac{U_1}{X} = \frac{S}{U_1}$$

式中　S——变电所母线上的三相短路容量。

由上式可见，当要将某一变电所母线上的电压提高 ΔU 时，所需要增加的无功补偿容量恰等于该母线的三相短路容量除以该母线电压再乘以 ΔU。这就说明，当变电所三相母线短路容量越大时，提高单位电压所需的无功容量也越大。全系统各变电所母线上的短路容量一般是已知的，因此当需要将系统中某个变电所母线上的电压提高时，便能较快地按上述公式求出需要的补偿容量。此法对计算多电源枢纽变电所母线上的补偿容量尤为方便，但应该指出，用上述公式计算出来的补偿容量是近似的。

（3）按最小年运行费用确定补偿容量。

如果安装并联电容补偿的目的，主要是为了降低网损，那么则应按最小年运行费用确定并联电容器的补偿容量，此时

$$Q_B = Q_P - \frac{(\alpha K + \Delta P T \beta) U^2}{2\beta T (R + CX)}$$

式中　Q_P——通过被补偿线路的年平均无功负荷，kvar；

　　　　α——电容器的折旧率；

　　　　K——电容器的价格，元/kvar；

　　　　ΔP——电容器本身有功损失，kW/kvar；

　　　　T——电容器年运行小时数，h；

　　　　β——电价，元/kW；

　　R、X——线路的电阻和电抗，Ω；

　　　　C——无功功率的经济当量，即补偿单位无功功率能够降低的有功损耗，kW/kvar。

6-6　并联电容器补偿有哪些方法？各有什么优缺点？

答：并联电容器的补偿方法可分为设备个别补偿、车间分组补偿和变电所集中补偿三种。

（1）设备个别补偿：通常用于低压网络，电容器直接接到用电设备上。这种补偿的优点是，无功补偿彻底，不但能减少高压线路和变压器的无功电流，而且能减少低压干线和分支线的无功电流，从而相应地减少了线路和变压器的有功损耗。它的缺点是电容器的利用率低、投资大。所以这种补偿方式只适用于长期运行的大容量电气设备及所需无功补偿较大的负载，或由较长线路供电的电气设备。

（2）车间分组补偿：移相电容器组接于车间配电室的母线上。这种补偿方式的电容器利用率比个别补偿高，能减少高压供电线路和变压器中的无功负载，并可根据负载的变动切除或投入电容器组。缺点是不能减少分支线的无功电流，安装比较麻烦。

（3）变电所集中补偿：将高压移相电容器组接在地区变电所或总降压变电所的母线上。这种补偿的优点是电容器的利用率高，能够减少电力系统和变电所主变压器及供电线路的无

功负载。但它不能减少低压网络的无功负载。

6－7　高压并联电容器接入电网有哪些基本要求?

答：高压并联电容器接入电网有如下基本要求：

（1）高压并联电容器接入电网的设计，应按全面规划、合理布局、分级补偿、就地平衡的原则确定最优补偿容量和分布方式。原则上应使无功就地分区分层基本平衡，按地区补偿无功负荷，就地补偿降压变压器的无功损耗，并应能随负荷（或电压）变化进行调整，避免经长距离线路或多级变压器传送无功功率，以减少电网有功功率损耗。

（2）变电所的电容器安装容量，应根据本地区电网无功规划以及国家现行标准《电力系统电压和无功电力技术导则》和《全国供用电规划》的规定计算后确定。当不具备设计计算条件时，电容器安装容量可按变压器容量的 10% ~ 30% 确定。

（3）变电所装设无功补偿电容器的总容量确定以后，通常将电容器分组安装，分组的主要原则是根据电压波动、负荷变化、谐波含量等因素来确定。

各分组电容器投切时，不能发生谐振。谐振会导致电容器严重过载，引起电容器产生异常响声和振动，外壳变形膨胀，甚至因外壳爆裂而损坏。为了躲开谐振点，设计的电容器组在安装前，最好能测量系统原有谐振分量。分组电容器在各种容量组合时应能躲开谐振点，初次投运时应逐组测量系统谐波分量变化，如有谐振现象产生，应采取对策消除。

分组容量在不同组合下投切，变压器各侧母线的任何一次谐波电压含量不应超过现行的国家标准《电能质量—公用电网谐波》中的谐波标准规定（详见表 6－1）。

表 6－1　　　　　　　　　公用电网谐波电压限值（相电压）

电网额定电压 （kV）	电压总谐波畸变率 （%）	各次谐波电压含有率（%）	
		奇 次	偶 次
0.38	5.0	4.0	2.0
10 (6)	4.0	3.2	1.6
35 (63)	3.0	2.4	1.2
110	2.0	1.6	0.8

谐波电容器容量，可按下式计算

$$Q_{cx} = S_d \left(\frac{1}{n^2} - k \right)$$

式中　Q_{cx}——发生 n 次谐波谐振的电容器容量，Mvar；

　　　S_d——并联电容器装置安装处的母线短路容量，MVA；

　　　n——谐波次数，即谐波频率与电网基波频率之比；

　　　k——电抗率。

（4）高压并联电容器装置接入电网时，应使电容器的额定电压与接入电网的运行电压相配合。

（5）高压并联电容器装置应装设在变压器的主要负荷侧。当不具备条件时，可装设在三绕组变压器的低压侧。

（6）低压并联电容器装置的安装地点和装设容量，应根据分散和降低线损的原则设置。补偿后的功率因数，应符合现行《供电营业规则》的规定，即由高压供电的工业用户和高压供电装有带负荷调整电压装置的电力用户，功率因数应达 0.90 以上，其他 100kVA（kW）及以上电力用户和大、中型电力排灌站，功率因数为 0.85 以上。

（7）当配电所中无高压负荷时，不得在高压侧装设并联电容器。其目的是为了提高补偿效果，降低损耗，防止用户向电网倒送无功。

6-8 我国关于高压并联电容器组的接线方式有何具体规定？为什么禁止使用三角形接线？

答：（1）我国《并联电容器装置设计规范》GB 50227—1995 关于高压并联电容器装置的接线方式，有关具体规定如下：

1）电容器组采用单星形接线或双星形接线。在中性点非直接接地的电网中，星形接线电容器组的中性点不应接地。

根据我国目前的设备制造现状，电力系统和用户的并联电容器装置安装情况，电容器组安装的电压等级为 66kV 及以下，而 66kV 及以下电网为非有效接地系统，所以星形接线电容器组中性点均不接地。

2）电容器组接线应优先考虑采用单星形接线，其次再考虑采用双星形接线。

单星形接线与双星形接线比较，前者接线简单、布置清晰，串联电抗器接在中性点侧只需一台，没有发生对称故障（双星形的同相两臂发生相同的故障，如同时发生一台电容器极间击穿）的可能。

3）电容器组的每相或每个桥臂，由多台电容器串并联组合连接时，应采用先并联后串联的接线方式。原因在于，当一台电容器出现击穿故障，故障电流由两部分组成：来自系统的工频故障电流，其余健全电容器的放电电流。通过故障电容器的电流大，外熔丝能迅速熔断把故障电容器切除，电容器组可继续运行。如采用先串后并，当 1 台电容器击穿时，因受到与之串联的健全电容器容抗的限制，故障电流就比前述情况小，外熔丝不能尽快熔断，故障延续时间长，与故障电容器串联的健全电容器可能因长期过电压而损坏。而且在电容器故障相同的情况下，先并后串的电容器过压小利于安全运行。

由国外进口的成套设备也应按此规定执行。

4）高压并联电容器装置禁止使用三角形接线方式。

（2）三角形接线的弊端。

三角形接线存在的主要问题如下：

1）当三角形接线电容器组发生电容器全击穿短路时，即相当于相间短路，注入故障点的能量不仅有故障相健全电容器的涌放电流，还有其他两相电容器的涌放电流和系统的短路电流。这些电流的能量远远超过电容器油箱的耐爆能量，因而油箱爆炸事故较多。全国各地发生了不少三角形接线电容器组的爆炸起火事故，损失严重。而星形接线电容器组发生电容器全击穿短路时，故障电流受到健全相容抗的限制，来自系统的工频电流将大大降低，最大不超过电容器组额定电流的 3 倍，并且没有其他两相电容器的涌放电流，只有来自同相的健全电容器的涌放电流，这是星形接线电容器组油箱爆炸事故较低的原因之一。

2）在操作过电压保护方面，三角形接线电容器组的避雷器的运行条件和保护效果，均不如星形接线电容器组好。

1985 年以后，电业部门执行统一的部颁设计标准《并联电容器装置设计技术规程》SDJ25—1985，新（扩）建电容器组均未采用三角形接线。

6-9 我国关于低压并联电容器组的接线方式有何具体规定?

我国《并联电容器装置设计规范》GB 50227—1995 规定,低压并联电容器装置可采用如下接线方式:

(1) 星形接线。

(2) 三角形接线。根据低压电容器的结构性能和实际应用情况,国内外低压电容器组主要采用三角形接线,实际上三相产品的电容器内部接线就是三角形,因此接入系统时三角形接线对低压电容器组是正常接线方式。

6-10 高压并联电容器装置分组回路接入电网有哪三种方式? 各适用于什么条件?

答:高压并联电容器装置分组回路接入电网有如下三种方式:

(1) 部分 220kV 变电所采用三绕组变压器,低压侧只接所用变压器和电容器组,属第一种接线方式,如图 6-6 所示。这种接线方式比较常见。

(2) 一条母线上既接有供电线路,又接电容器组。在电业部门和用户的变电所,配电所中多采用这种接线方式,属第二种接线方式,如图 6-7 所示。

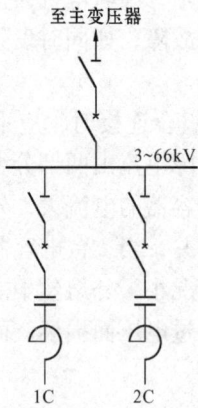

图 6-6 同级电压母线上无
供电线路时的接入方式

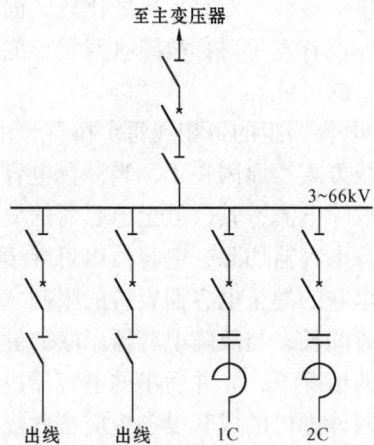

图 6-7 同级电压母线上有供电
线路时的接入方式

(3) 由于母线短路电流大,电容器组又需要频繁投切,若分组回路采用能开断短路电流的断路器,则因该断路器价格较贵会使工程造价提高,为了节约投资可设电容器专用母线。电容器总回路断路器要满足开断短路电流的要求,分组回路采用价格便宜的真空开关,满足频繁投切要求而不考虑开断短路电流,即图 6-8 所示的方式,这种接线方式比较少见。

变电所中每台变压器均应配置一定容量的电容器以补偿无功,所以并联电容器装置不宜设置专用旁路,使接入 1 台变压器的并联电容器装置能切换投入到另一台变压器下运行。否则,会造成电气接线复杂,增加工程造价,而并未带来经济效益。

6-11 在 500kV 超高压电网中,无功补偿有何功用?

答:在 500kV 超高压电网中,由于电压等级高,输电线路长,其分布电容对无功功率平衡有较大的影响。当传输功率较大时,线路电抗中消耗的无功功率将大于电纳中产生的无功功率，线路为无功负载；当传输功率较小（小于自然功率）时，电纳中产生的无功功率大于电抗中的无功损耗，线路为无功电源。但在实际运行中，按线路最小运行方式配置的补偿度约为70%的并联电抗器是长期投运的，这时对线路传输功率较大时的无功功率平衡是不利的；另一方面，无功功率的产生基本上没有损耗，而无功功率沿电力网的传输却要引起较大的有功功率损耗和电压损耗，故无功功率不宜长距离输送。所以一般在500kV枢纽变电所主变压器低压侧安装无功补偿装置来满足无功功率的就地平衡。可以说无功补偿在平衡500kV电网无功功率方面起着非常重要的作用。

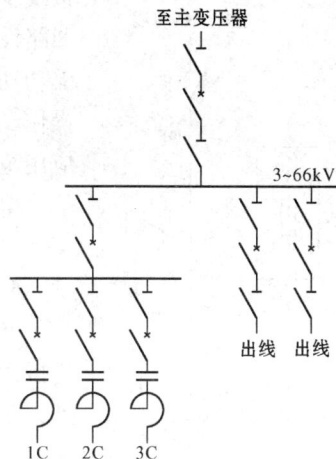

图6-8 设置电容器专用母线的接入方式

无功补偿使500kV电网运行在额定电压水平，从而相对地提高了输电线路的静态稳定极限。当系统出现扰动时（电压不低于50%），有补偿能力且响应速度大的无功补偿装置（例如由电容器组成的静止无功补偿装置），对系统的静态稳定起着一定的作用。但是当系统出现电压崩溃时（电压低于50%），由于无功补偿装置产生的无功功率与其连接点电压的平方成正比，无功补偿装置无功功率输出的减少将导致电压继续下降，所以此时需切除无功补偿装置，而依靠发电机组和同步调相机的强励磁来维持系统的稳定。

在500kV变电所中，由于其主变压器多具有有载调压功能，故可利用有载调压作为主手段，以无功补偿作为辅助手段来调节主变压器中低压侧电压，使其在负荷发生改变时，按照逆调压方式维持在适当的水平，保证负荷侧的电压质量。

另外，具有快速响应特性的无功补偿装置，还具有如下作用：

(1) 能够抑制系统由于切除负荷、输电线路充电或变压器投运产生的瞬时过电压；

(2) 能够保证系统电压和电流的对称性，减小其不平衡；

(3) 能够抑制由于串联电容补偿或其他原因产生的系统次同步振荡。

6-12 500kV变电所并联电容器装置确定分组回路时，一般有哪两种分组方式？各有何特点？

答： 500kV变电所中，并联电容器装置一般装在主变压器低压侧，进行分组时一般有等容量分组接线和等差容量分组接线两种方式。

(1) 等容量分组接线，如图6-9所示。根据系统电压的需要，可等容量地投切一定量的无功功率。由于各电容器组容量相同，操作时可轮番进行，这就大大延长了电容器组及相关断路器的检修间隔时间和使用寿命。这种分组接线是应用较多的一种。

(2) 等差容量分组接线。它与等容量分组接线类似，只是所接电容器组容量并不相同，而是成等差级数关系，这就使得并联电容器装置可按不同投切方式得到多种容量组合，即可用比等容量分组

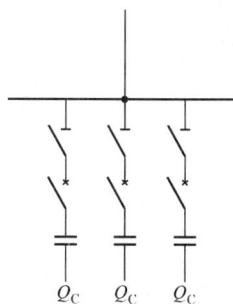

图6-9 等容量分组接线原理

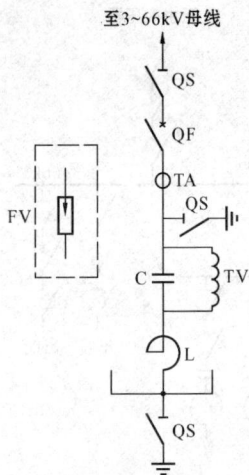

至3~66kV母线

图 6 – 10　高压电容器组与
配套设备连接方式

接线少的分组数目，达到更多种容量组合运行的要求，从而节约回路设备数。但这种接线在改变容量组合的操作过程中，会引起无功功率较大的变化，并可能使分组容量较小的分组断路器频繁操作，检修间隔缩短，使电容器组退出运行的可能性增大，因而应用范围有限。

电容器装置分组时，还应同时满足规程有关谐波含量的要求。

6 – 13　简述高压并联电容器装置的配套设备及其连接方式。

答：高压并联电容器装置是指由高压电容器和有关配套设备连接而成的一个整体，其连接方式如图 6 – 10 所示。除高压电容器外，装设下列配套设备：

(1) 隔离开关、断路器或跌落式熔断器等设备；

(2) 串联电抗器；

(3) 操作过电压保护用避雷器；

(4) 单台电容器保护用熔断器；

(5) 放电器和接地开关；

(6) 继电保护、控制、信号和电测量用一次设备及二次设备。

若是单组电容器又无抑制谐波的要求，可不装设电抗器；当确认电容器组的操作过电压对电容器绝缘无害时，可不装设操作过电压保护用避雷器；当受到条件限制或运行单位接受检修挂接地线的方式时，接地开关可不装设。

6 – 14　简述低压并联电容器装置的配套设备及其连接方式。

答：低压并联电容器装置是指由低压电容器和有关配套设备连接而成一个整体，其连接方式如图 6 – 11 所示。除低压电容器外，装设下列配套元件：

(1) 总回路刀开关和分回路交流接触器或功能相同的其他元件。

(2) 操作过电压保护用避雷器。

(3) 短路保护用熔断器。

(4) 过载保护用热继电器。

(5) 限制涌流的限流线圈。

(6) 放电器件。

(7) 谐波含量超限保护、自动投切控制器、保护元件、信号和测量表计等配套器件。

当采用的交流接触器具有限制涌流功能和电容器柜有谐波超值保护时，可不装设相应的限流线圈和热继电器。

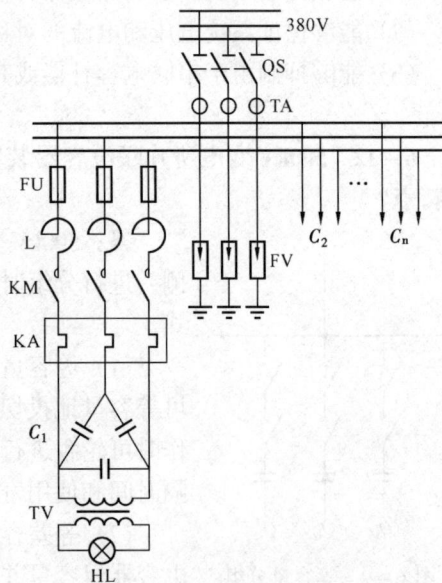

图 6 – 11　低压并联电容器装置接线

6 – 15　并联电容器装置进行设备选型时，主

要根据哪些条件?

答: 并联电容器装置进行设备选型时,主要根据下列条件选择:

(1) 电网电压、电容器运行工况。

(2) 电网谐波水平。

(3) 母线短路电流。

(4) 电容器对短路电流的助增效应。

(5) 补偿容量及扩建规划、接线、保护和电容器组投切方式。

(6) 海拔高度、气温、湿度、污秽和地震裂度等环境条件。

(7) 布置与安装方式。

(8) 产品技术条件和产品标准。

电网电压决定接入处的电容器的额定电压,运行工况则关系到设备的参数,如:电容器投入容量与涌流和谐波放大倍率有关;涌流和谐波放大倍率又与电抗率有关;谐波水平是决定串联电抗器参数和分组容量的条件;母线短路电流和电容器对短路电流的助增效应是校验设备的动热稳定的条件,特别是选择断路器的重要条件;电容器组容量是选择单台电容器容量的依据之一。接线和保护存在互相配合的关系。电容器组投切方式不同对断路器的性能有不同的要求,采取自动投切装置进行频繁投切时,少油断路器就不能满足要求而需选真空开关,真空开关具有一定重击穿几率,则需考虑用避雷器抑制操作过电压。环境条件是设备选择的重要依据,关系到外绝缘泄漏距离和产品的类别。例如,是否选用耐低温产品、湿热带产品、高海拔产品;屋内布置可采用普通设备,屋外布置则需考虑环境的污秽等级;为了降低电容器安装框架高度,可能需要采用横放式电容器。近几年来制造行业制订了一些产品标准,如《高压并联电容器装置》、《低压并联电容器装置》、《集合式并联电容器》及国家标准《并联电容器》等。电业部门为了选择设备参数也制订了一些行业标准,如《高压并联电容器技术条件》、《高压并联电容器单台保护用熔断器订货技术条件》、《串联电抗器订货技术条件》等也是运行、设计的重要依据,所有这一切在设备选型时,均应给予全面考虑。

6-16 确定并联电容器额定电压的主要原则是什么? 如何分析及计算电容器端子上的预期电压? 怎样计算及选取电容器的额定电压?

答: (1) 确定并联电容器额定电压的主要原则。

额定电压是电容器的重要参数。众所周知,电容器的输出容量与其运行电压的平方成正比,电容器运行在额定电压下则输出额定容量,运行电压低于额定电压,则达不到额定输出。因此,电容器的额定电压,取过大的安全裕度就会出现过大的容量亏损。但是,运行电压又不宜高于额定电压,如运行电压超过允许值时,将造成不允许的过负荷,而且电容器内部介质将产生局部放电,对绝缘介质的危害极大。由于电子和离子直接撞击介质,固体和液体介质就会分解产生臭氧和氮的氧化物等气体,使介质受到化学腐蚀,并使介质损失增大,局部过热,并可能发展成绝缘击穿。

为了使电容器的额定电压选择合理,达到安全和经济运行的目的,并联电容器额定电压的选择,应符合下列要求:

1) 应计入电容器接入电网处的运行电压。

2) 电容器运行中承受的长期工频过电压,应不大于电容器额定电压的 1.1 倍。

3）应计入接入串联电抗器引起的电容器运行电压升高，其电压升高值按下式计算

$$U_C = \frac{U_S}{\sqrt{3}S(1-k)}$$

式中　U_C——电容器端子运行电压，kV；

　　　U_S——并联电容器装置的母线电压，kV；

　　　S——电容器组每相的串联段数；

　　　k——串联电抗器的电抗率。

（2）电容器端子上的预期电压。

在分析并联电容器端子上的预期电压时，应考虑如下因素：

1）并联电容器装置接入电网后引起电网电压升高；

2）谐波引起的电网电压升高；

3）装设串联电抗器引起电容器端电压升高；

4）相间和串联段间的容差，将形成电压分配不均，使部分电容器电压升高；

5）轻负荷引起电网电压升高。

并联电容器装置接入电网后引起的母线电压升高值可按下式计算

$$\Delta U_S = U_{S0}\frac{Q}{S_d}$$

式中　ΔU_S——母线电压升高值，kV；

　　　U_{S0}——并联电容器装置投入前的母线电压，kV；

　　　Q——母线上所有运行的电容器的容量，Mvar；

　　　S_d——母线短路容量，MVA。

（3）电容器额定电压的选取方法。

1）先求出电容器额定电压的计算值。计算公式如下

$$U_{CN} = \frac{1.05U_{SN}}{\sqrt{3}S(1-k)}$$

式中　U_{CN}——单台电容器额定电压，kV；

　　　U_{SN}——电容器接入点电网标称电压，kV；

　　　S——电容器组每相的串联段数；

　　　k——串联电抗器的电抗率。

上述计算式中系数 1.05 的取值依据是电网最高运行电压一般不超过标称电压的 1.07 倍，最高为 1.1 倍，运行平均电压约为电网标称电压的 1.05 倍。

2）然后，从电容器额定电压的标准系列中选取靠近计算值的额定电压。

6-17　我国高压并联电容器额定电压，有何具体规定？接入电力系统时采取哪些组合方式？

答：（1）《高压并联电容器》GB 39832—1989 规定，我国高压并联电容器单元额定电压的优先值如下：1.05，3.15，6.6/$\sqrt{3}$，6.3，10.5，11/$\sqrt{3}$，11，12/$\sqrt{3}$，12，19kV。允许制造可以用串联得到本规定电压的电容器单元。

（2）组合方式。

为了使国产电容器的额定电压与系统电压相配合，接入系统时，电容器装置的工作电压通常采取的组合方式有以下几种：

1）$11/\sqrt{3}$kV 的电容器接成星形用于 10kV；

2）$11/2\sqrt{3}$ 的电容器两段串联接成星形用于 10kV 系统；

3）10.5kV 或 11kV 的电容器两段串联接成星形用于 35kV 系统；

4）19kV 的电容器两段串联接成星形用于 63kV 系统。

对于少数电网运行电压偏高又缺少无功的地区，如果电容器装置的工作电压仍然采用上述组合的方式，则可能造成电容器过电压运行。为了解决这个问题，需要采取提高每相工作电压的措施。例如，某变电所 35kV 母线运行电压经常为 38.5kV，装于该变电所 35kV 母线上的电容器组，采用 10.5kV 的并联电容器两台串联，再与两台 0.6kV 的串联电容器串接，把每相的工作电压由 21kV 提高到 22.2kV，这样接成星形接线后，线电压达到 38.5kV，满足了电压配合的要求。

应当注意，当电容器的额定电压低于网络电压而经串并联接于电力网络中时，每台电容器的外壳对地均应绝缘起来，其绝缘水平应不低于电网的额定电压。在中性点不接地的系统中，当电容器采用星形连接时，其外壳也应与地绝缘，绝缘等级也应符合电网的额定电压。这主要是考虑在中性点不接地系统中，当发生一相接地时，其他两相电压将升高$\sqrt{3}$倍，将电容器的外壳绝缘起来，以防止电容器因过电压而受到损坏。

6-18　如何选择高压并联电容器单台容量？我国高压电容器额定容量有何具体规定？

答：（1）单台容量的选择。

单台电容器额定容量的选择，应根据电容器组设计容量和每相电容器串联、并联的台数确定，并宜在电容器产品额定容量系列的优先值中选取。

当电容器组容量增大时，单台电容器容量也要相应加大。如，5000kvar 以下的中小型电容器组，单台电容器宜选 50kvar 或 100kvar，大型电容器组则宜考虑选用 200kvar 或 334kvar。

（2）电容器额定容量。

我国《并联电容器装置设计规范》GB 50227—1995 规定，高压电容器额定容量优先值为 50、100、200、334kvar，无特殊情况，不宜采用非标准产品。

6-19　何谓自愈式低压电容器？有何特点？

答：若低压电容器故障击穿时故障电流使金属层蒸发，介质迅速恢复绝缘性能，这种电容器叫自愈式低压电容器。

自愈式低压电容器体积小、质量轻、损耗低、温升低，可做到无油不燃，避免火灾危险。自愈式电容器内部有的配有保护装置，当元件永久性击穿时可自动断路。由于它有诸多优点，所以国内外都用它取代了油纸介质低压电容器。

6-20　选择高压并联电容器装置的断路器时，应符合哪些规定？具体如何选用断路器的型号？

答：（1）高压并联电容器装置断路器的选择，除应符合断路器一般技术条件外，还应符合下列特殊要求：

1）关合时，触头弹跳时间不应大于 2ms，并不应有过长的预击穿，10kV 少油断路器关合预击穿时间不得超过 3.5ms。

2）开断时不应重击穿。

3）应能承受关合涌流，以及工频短路电流和电容器高频涌流的联合作用。

4）每天投切超过 3 次的断路器，应具备频繁操作的性能。

（2）断路器的选型。

根据近年对断路器所作的试验及运行经验，《并联电容器设计规范》GB 50227—1995 的编制者提出以下选型意见供运行和设计单位考虑：

1）6～10kV 屋内电容器组，日投切次数不超过 3 次，可选用少油断路器；

2）10kV 屋外电容器组，每日投切次数较多时，可选用 DW11 型多油断路器在屋外安装；

3）10kV 投切频繁的电容器组，可选用经过"老练"，重击穿几率小的真空开关，但需设置操作过电压保护；

4）经对 SF_6 断路器投切 35kV、66kV 电容器组进行试验，无重击穿现象发生，建议今后在工程中采用。

6-21 电容器熔断器有哪两种类型？各有何特点？对熔断器保护的技术要求是什么？如何选择熔丝的额定电流？

答：（1）熔断器的类型及其特点。

目前国内单台电容器保护用熔断器有限流式和喷逐式两种类型。

喷逐式熔断器具有动作迅速、尺寸小、重量轻、价格比限流式熔断器便宜等优点，因此单台电容器保护用熔断器，基本上是用喷逐式熔断器。

限流式熔断器仅用在故障电流大而喷逐式熔断器不能满足开断要求的特殊场合。喷逐式熔断器在一般情况下，可满足不接地星形电容器组开断故障电流的要求，即使个别情况故障电流大于喷逐式熔断器的开断电流，设计时采取必要措施，例如，在接线上设法减少电容器的并联台数，仍可使开断电流满足工程需要，所以规程推荐采用喷逐式熔断器。喷逐式熔断器配置方式，应为每台电容器配 1 只，严禁多台电容器共用一只喷逐式熔断器。

（2）对熔断器保护的技术要求。

1）选用熔断器的参数和性能应符合有关标准，其中开断性能、熔断特性、抗涌流能力、机械性能和电气寿命是最重要的考核内容。厂家供货时应提供试验报告。

2）选用的熔断器应能满足安装点的特定条件：电容器的并联容量和额定电压。熔断器应能耐受并开断来自并联电容器的放电能量，其值应不低于被保护电容器的耐受爆破能量。同一电压等级的电容器额定电压有几个规格时，熔断器的额定电压不得低于被保护的电容器的额定电压。

3）喷逐式熔断器的熔丝特性应满足下列要求：

（a）电容器在允许的过电流情况下，熔断器的保护性能不能改变；

（b）电容器内部元件发生故障但未发展到外壳爆裂前，应将故障电容器可靠断开退出运行；

（c）熔丝特性的分散性不能太大，运行中既不能产生误动作，也不能出现"拒动"现象。

为了保证电容器内部元件故障扩大至外壳爆裂前熔丝熔断，熔丝的时间—电流特性曲线应位于电容器的 10% 外壳爆裂曲线左侧（即安全带中），达到这种配合时故障电容器仅外壳变形，不出现漏油。为保证电容器在允许过负荷范围之内，熔丝不产生误动作，熔丝的时间—电流特性曲线的下偏差应在电容器过负荷范围之内。鉴于目前国内电容器制造厂尚不能提供电容器的 10% 外壳爆裂几率曲线，可按机械部标准《并联电容器单台保护用高压熔断器》或电力行业标准《高压并联电容器单台保护用熔断器订货技术条件》推荐的曲线进行选配。

（3）熔丝额定电流选择原则。

规程规定，电容器最大工作电流不得超过 1.30 倍额定电流，电容器的容量偏差不超过 +10%，因此，计及电容器容量的最大正偏差后，电容器的最大工作电流亦不得超过 1.43 倍额定电流。

高压熔断器与被保护的电容器工作在一个串联电路中，因此高压熔断器的额定电流应与电容器的最大过电流允许值相配合。据此分析，《并联电容器装置设计规范》GB 50227—1995 作出了不同以往的关于选择熔丝额定电流的新规定。即熔断器熔丝的额定电流按 1.43 ~ 1.55 倍电容器额定电流予以选择。

熔丝额定电流的选择，以前在机械行业标准《并联电容器装置设计技术规程》中规定为电容器额定电流的 1.5 ~ 2.0 倍，1985 年水电部行业标准《并联电容器装置设计技术规程》SDJ 25—1985 亦规定为 1.5 ~ 2.0 倍，IEC 549 标准要求不低于 1.43 倍，IEC 保护导则中建议为 1.35 ~ 1.65 倍，美国定 1.65 倍，有的国家定 1.35 倍。这表明熔丝额定电流的确定有伸缩性，其原因也和综合考虑电容器容量的偏差值及熔丝特性的分散性有关。

6－22　高压并联电容器安装保护用熔断器时，对熔断器的安装位置有何具体规定？为何这样规定？

答：（1）规程关于熔断器安装位置规定如下：

1）当电容器的外壳直接接地时，熔断器应接在电容器的电源侧。

2）当电容器装设于绝缘框（台）上且串联段数为二段及以上时，至少应有一个串联段的熔断器接在电容器的电源侧。

（2）规定的缘由：电容器有两极，一端接电源侧，另一端接中性点侧。熔断器应该装在哪一侧合理，要分析具体情况。对 10kV 电容器组，电容器的绝缘水平与电网一致，电容器安装时外壳直接接地，对单串联段电容器组熔断器，应装在电源侧，这是因为：保护电容器极间击穿，熔断器装在电源侧或中性点侧作用都一样。但是，当发生套管闪络和极对壳击穿事故时，故障电流只流经电源侧，中性点侧无故障电流，所以，装在中性点侧的熔断器对这类故障不起保护作用。另外，当中性点侧已发生一点接地（中性点连线较长的单星形或双星形电容器均有可能），这时若再发生电容器套管闪络或极对壳击穿事故，相当于两点接地，装在中性点的熔断器被短接而不起保护作用。有少数工程可能是为了安装接线方便，把熔断器装在中性点侧，这种方式应予以纠正。

对多段串联安装在绝缘框（台）架上的电容器组，如把熔断器都装设在电容器的电源侧，对双排布置的电容器组造成巡视和更换不够方便。如熔断器都安装在每台电容器的中性点侧，对特殊故障又不能起保护作用。所以规程规定，至少应有一个串联段的熔断器接在电容器的电源侧，这样既考虑了保护效果又照顾到了运行与检修方便。

6-23　高次谐波对电容器有何影响? 如何进行谐振电容器容量计算?

答:(1) 高次谐波的影响。

高次谐波电压叠加在基波电压上,不仅使电容器的运行电压有效值增大,而且使其峰值电压增加更多,致使电容器因过负荷而发热,并可能发生局部放电损坏。高次谐波电流叠加在电容器基波电流上,使电容器电流增大,增加了电容器的温升,导致电容器过热损坏。

电容器对电网高次谐波电流的放大作用十分严重,一般可将 5~7 次谐波放大 2~5 倍,当系统参数接近谐波谐振频率时,高次谐波电流的放大可达 10~20 倍。因此,不仅须考虑谐波对电容器的影响,还须考虑被电容器放大的谐波损坏电网设备,危及电网安全运行。

(2) 电容器谐振容量计算。

发生 n 次谐波谐振的电容器容量,可按下面近似计算式计算

$$Q_{cx} = S_d\left(\frac{1}{n^2} - A\right)$$

式中　Q_{cx}——发生 n 次谐波谐振的电容器容量,Mvar;

　　　S_d——电容器装置安装处的母线短路容量,MVA;

　　　n——谐波次数,即谐振频率与电网基波频率之比;

　　　A——电容器装置每相感抗(X_L)与每相容抗(X_C)的比值,即 $A = X_L/X_C$。

6-24　何谓电容器的涌流? 如何限制涌流? 如何进行电容器组投入电网时的涌流计算?

答:(1) 电容器投入电网或发生外部短路时,所产生的幅值很大的高频暂态电流,称为涌流。

(2) 限制涌流的措施:高压并联电容器限制涌流的措施是在电容器组的中性点侧装设串联电抗器。如串联电抗器装设于电容器的电源侧时,应校验动稳定电流和热稳定电流。

(3) 电容器组投入电网时的涌流计算。

1) 同一电抗率的电容器组单组投入或追加投入时,涌流按下列公式计算

$$I_{ym*} = \frac{1}{\sqrt{k}}\left(1 - \beta\frac{Q_0}{Q}\right) + 1$$

其中

$$\beta = 1 - \frac{1}{\sqrt{1 - \dfrac{Q}{KS_d}}}$$

$$Q = Q' + Q_0$$

式中　I_{ym}^*——涌流峰值的标么值(以投入的电容器组额定电流峰值为基准值);

　　　Q——电容器组总容量,Mvar;

　　　Q_0——正在投入的电容器组容量,Mvar;

　　　Q'——所有原已运行的电容器组容量;

　　　k——串联电抗器的电抗率;

　　　β——电源影响系数;

　　　S_d——电容器装置安装处的母线短路容量,MVA。

2) 当有两种电抗率的多组电容器追加投入时,涌流计算应符合下列规定:

（a）设正投入的电容器组电抗率为 k_1，当满足

$$\frac{Q_C}{k_1 S_d} < \frac{2}{3}$$

时，应按下式计算涌流

$$I_{ym*} = \frac{1}{\sqrt{k_1}} + 1$$

其中　Q_C——同一母线上装设的电容器组总容量，Mvar。

（b）仍设正在投入的电容器组的电抗率为 k_1，当满足

$$\frac{Q_C}{k_1 S_d} \geqslant \frac{2}{3}$$

时，且

$$\frac{Q_C}{k_2 S_d} < \frac{2}{3}$$

时，涌流应按 1）中所列的公式计算，其中

$$k = k_1$$
$$Q = Q_1 + Q_0$$

式中　Q_1——所有原已运行的电抗率为 k_2 的电容器组容量，Mvar。

单组电容器投入，合闸涌流通常不大，当电容器组接入处的母线短路容量不超过电容器组容量的 80 倍时，单组电容器的合闸涌流不超过 10 倍。电容器组追加投入时涌流倍数较大，组数多时，最后一组投入的涌流最大。高频率高幅值涌流对开关触头和设备绝缘会造成损害。根据国内多年的运行经验，20 倍涌流未见对回路设备造成损坏，这是一个经验数值，不是科学试验值，所以建议按此考虑。

6－25　高压并联电容器装置中装设串联电抗器有何作用？如何选用串联电抗器的电抗率和电压值？

答：高压并联电容器装置中装设串联电抗器的主要作用是抑制谐波和限制涌流。

（1）串联电抗器电抗率的选择。

电抗率是串联电抗器的重要参数，电抗率大小直接影响着它的作用。选用电抗率要根据它的作用来确定。

1）当电网中谐波含量甚少，装设串联电抗器的目的仅为限制电容器组追加投入时的涌流，电抗率可选得比较小，一般为 0.1% ~ 1%，在计及回路连接电感（可按 $1\mu H/m$ 考虑）影响后，可将合闸涌流限制到允许范围。在电抗率选取时可根据回路连线的长短确定靠近上限或下限。

2）当电网中存在的谐波不可忽视时，则应考虑利用串联电抗器抑制谐波。为了确定合理的电抗率，应查明电网中背景谐波含量，以期取得较佳效果。电网中通常存在一个或两个主谐波，且多为低次谐波。为了达到抑制谐波的目的，电抗率配置应使电容器接入处综合谐波阻抗呈感性。通常电抗率应这样配置：

（a）当电网背景谐波为 5 次及以上时，可配置电抗率 4.5% ~ 6%。因 6% 的电抗器有明显的放大三次谐波作用，因此，在抑制 5 次及以上谐波，同时又要兼顾减小对 3 次谐波的放大，电抗率可选用 4.5%。

（b）当电网背景谐波为 3 次及以上时，电抗率配置有两种方案：全部配 12% 电抗率或

采用4.5%～6%与12%两种电抗率进行组合。采用两种电抗率进行组合的条件是：电容器组数较多，为了节省投资和减少电抗器消耗的容性无功。

应当说明：在一个变电所中，可按上述方式配置电抗率。当涉及到一个局部电网的谐波控制时，从技术经济上优化电抗率配置是一个复杂的系统工程，应列项进行专题研究。装设串联电抗器后将产生谐波放大，例如，装设小电抗会放大5次和7次谐波，装设电抗率为4.5%～6%的电抗器又会放大3次谐波。由于谐波计算没有统一意见，所以国家标准、行业标准中尚无具体规定，为了对谐波放大作粗略计算，可参照目前国内的一些谐波专题研究中推荐的公式，以便对设计作出估计，但最终仍需要在工程投运时进行试验调整。

（2）串联电抗器电压的确定。

串联电抗器的额定电压应与接入处电网标称电压相配合，应注意本设备的额定电压与额定端电压是两个不同的参数，额定电压是指设备适用的电压等级，而额定端电压是指电抗器一相绕组两端设计时采用的工频电压有效值，它与电抗率大小有关。

6－26　高压并联电容器装置中，使用的串联电抗器有哪两种类型？其安装方式及绝缘水平有何不同？

答：高压并联电容器装置中，使用的串联电抗器有干式空心电抗器和油浸式铁芯电抗器两种类型，二者安装方式和绝缘水平是不一样的。干式空心电抗器均为由支柱绝缘子支承的地面安装方式；油浸式铁心电抗器则有油箱直接放在地面基础上和安装在绝缘平台上两种方式。如35kV油浸式电抗器，地面安装时，工频1min耐压为85kV（有效值），冲击耐受电压为200kV（峰值）；在绝缘平台上安装时，工频1min耐压为35kV（有效值），冲击耐受电压为134kV（峰值）。设备选型时应予注意。

6－27　高压并联电容器装置中装设串联电抗器时，对串联电抗器的安装位置有何具体规定？为何这样规定？

答：（1）关于电抗器安装位置的规定。

《并联电容器装置设计规范》GB 50227—1995规定：串联电抗器宜装设于电容器组的中性点侧。当装设于电容器组的电源侧时，应校验动稳定电流和热稳定电流。

（2）规定的缘由。

串联电抗器无论装在电容器组的电源侧或中性点侧，从限制合闸涌流和抑制谐波来说，作用都一样。但串联电抗器装在中性点侧，正常运行串联电抗器承受的对地电压低，可不受短路电流的冲击，对动、热稳定没有特殊要求，可减少事故，使运行更加安全，而且可采用普通电抗器产品，价格较低。东北地区某变电所曾发生过母线短路，造成装在电源侧的串联电抗器油箱爆炸起火事故，应引以为戒。因此，规程规定串联电抗器宜装于电容器组的中性点侧。

当需要把串联电抗器装在电源侧时，普通电抗器是不能满足要求的，应采用加强型电抗器，但这种产品是否满足安装点对设备的动、热稳定要求，也应经过校验。而且，加强型产品价格比普通型产品贵也是要考虑的。可见，串联电抗器装在电源侧运行条件苛刻，对电抗器的技术要求高，甚至高强度的加强型电抗器也难于满足要求。因此，不能认为加强型产品就一定能用于电源侧，这一点应特别注意。

6-28 并联电容器装置中为何要装设放电器？如何进行放电装置放电时间的计算？对放电器的放电性能及装设有何具体规定？

答：（1）电容器装设放电装置的必要性。

因为电容器是储能元件，当电容器从电源上断开后，极板上蓄有电荷，因此两极板之间有电压存在，而且这一电压的起始值等于电路断开时瞬间的电源电压。随着电容器通过本身的绝缘电阻进行自放电，端电压逐渐降低，端电压下降的速度取决于电容器的时间常数 τ（$\tau = RC$）可用下式表示

$$U_t = U_c e^{-\frac{t}{RC}}$$

式中　U_t——t 秒钟后电容器的电压，V；

　　　U_c——电路断开瞬间的电源电压，V；

　　　t——时间，s；

　　　R——电容器的绝缘电阻，Ω；

　　　C——电容器电容量，F；

　　　e——自然数约等于 2.718。

从公式中不难看出，当电容器绝缘正常，即绝缘电阻 R 的数值很大时，自放电的速度是很慢的。而一般要求放电时间在数十秒乃至数秒钟之内，显然自放电的速度不能满足要求，因此必须加装放电装置。它是保障人身和设备安全必不可少的一种配套设备。

（2）放电装置放电时间的计算。

放电装置要求与电容器并联连接，采用放电线圈或电压互感器放电时，放电电流通常是衰减振荡波。此时，放电时间 t 可按下式计算

$$t = 4.6 \frac{L_f}{R_f} \lg \frac{\sqrt{2} U_{ex}}{U_t}$$

式中　t——从起始电压 $\sqrt{2} U_{ex}$ 降到剩余电压 U_t 的电容器放电时间，s；

　　　L_f——放电回路的电感，H；

　　　R_f——放电回路的电阻，Ω；

　　　U_{ex}——电容器组的额定相电压，V；

　　　U_t——允许剩余电压，V。

（3）关于放电器放电性能的规定。

1）1985 年原水电部颁发的《并联电容器装置设计技术规程》SDJ—1985 规定，放电装置的放电特性应满足下列要求：

（a）手动投切的电容器组的放电装置，应能使电容器组上的剩余电压在 5min 内自额定电压峰值降到 50V 以下；

（b）自动投切的电容器组上的剩余电压在 5s 内自电容器组额定电压峰值降至 0.1 倍电容器额定电压及以下。

上述规定是基于如下考虑：手动投切的电容器组不需要在很短的时间间隔内开断和关合，所以其放电装置只需从人身设备安全方面对放电特性提出要求。并联电容器的 IEC 标准、美国标准、日本标准、英国标准及前苏联标准均为 5min 内将电容器上剩余电压自电容器额定电压峰值降到 50V。我国国家标准《并联电容器》规定："与电容器直接连接的放电

装置应能使电容器上的剩余电压在 10min 内自 $\sqrt{2}U_N$ 降至 75V 以下"。该标准中 U_N 指额定电压。自动投切的电容器组规定放电装置应在 5s 内将电容器组额定电压峰值降至 0.1 倍电容器额定电压及以下，取剩余电压为 0.1 倍电容器额定电压及以下，以便自动投入使额定电压再次加上时，电容器组上的电压亦不致超过 1.1 倍额定电压。放电时间规定为 5s 是考虑到自动投切的电容器装置从开断到关合的时间一般大于 5s。

2）1995 年原电力工业部《并联电容器装置设计规范》GB 50227—1995 规定：放电器的放电性能应能满足电容器脱开电源后，在 5s 内将电容器组上的剩余电压降至 50V 及以下。

上述规定是基于以下考虑：①用于自动投切电容器组的放电器，能满足快速放电要求，将其用在手动投切的电容器组中显然没有问题。为减少产品型号（因价格上无太大的差异），没有必要再生产一种适用于手动投切电容器组的放电速度相对较慢的放电器。换句话说，无论自动投切电容器组或手动投切电容器组，一律配置用于自动投切电容器组的快速放电的放电器，以满足 5s 内将电容器组的剩余电压降至 50V 及以下的要求。②3 ~ 66kV 电容器组在剩余电压为 50V 时合闸是安全的，自动投切的电容器装置从开断到关合的时间一般大于 5s，所以本规定的放电器的放电时间及剩余电压可以满足电容器装置自动投切方式的需要，显然极大地优化了手动投切的放电性能。

（4）关于放电器安装的其他主要规定：

1）放电器的绝缘水平应与电网相配合。

2）放电器的接线方式是与电容器组并联连接，二者承受相同的工作电压和同样的运行工况。所以放电器的额定端电压应与电容器组的额定电压配合。

3）电容器组放电回路中严禁串接熔断器或开关。因为电容器放电回路一旦熔断器熔断或开关断开，电容器组切断电源后就无法放电，将存在残留电压。这样在电容器上工作时人身安全就要受到威胁。同时由于放电回路被切断，电容器中将有大量的残存电荷，当重新合闸时有可能产生很大的冲击电流，危及电网及电容器的安全运行，所以电容器组放电回路中不允许串接熔断器或开关。

6 – 29 高压并联电容器装置中放电器接线有哪几种方式？各有何特点？规程规定采用哪两种方式？

答：据调查，工程中采用的放电器接线有 4 种方式：V 形、星形、星形中性点接地和放电器与电容器直接并联。东北电力试验研究院对放电器接线方式进行了研究，星形电容器组在同等条件下，断路器开断 1s 后，电容器上的剩余电压值如表 6 – 2 所示。

从表 6 – 2 可以看出，放电器采用 V 型（序号 1）和星形（序号 2）两种接线方式效果好，所以规程规定高压并联电容器装置中的放电器采用这两种接线方式。

V 型和星型接线虽然从剩余电压数值来看都一样，但两种接线方式有实质性的差别：当两种接线方式的放电器二次线圈都接成开口三角形时，V 型接线方式的开口三角电压能准确反映三相电容器的不平衡情况；星形接线方式的开口三角电压反映的是三相母线电压不平衡，不能用于电容器组的不平衡保护。所以，当放电器配合继电保护用时，应采用 V 型接线。序号 3 接线在断路器分闸时产生过电压，可能导致断路器重击穿，东北地区某变电所投产试验中已测出了这种过电压（在断路器无重击穿的情况下，对地过电压达 2.4 倍），其原因是 LC 回路谐振所致。因此，序号 3 接线禁止使用。序号 4 接线放电效果差，当放电回路断线将造成其中一相电容器不能放电，不宜采用。

表 6－2　　　　　　　　　　　　放电器不同接线方式时的剩余电压（V）

序号	接 线 方 式	对地电压			极间电压			备 注
		U_a	U_b	U_c	U_{a0}	U_{b0}	U_{c0}	
1		2014	2977	2728	559	404	155	
2		2014	2977	2728	559	404	155	
3								禁止使用
4		1116	2977	5857	3688	404	3284	

注　C—电容器；TV—放电器。

6－30　低压并联电容器装置中的放电器，应采用哪几种接线方式？禁止使用哪些接线方式？

答：（1）低压电容器组装设的外部放电器件，可采用三角形接线或不接地的星型接线，并直接与电容器连接。

（2）放电器件不能采用中性点接地的星形接线，因为这种接线方式在电源断路器分闸时可能产生过电压，导致断路器重击穿。V 型接线虽然简单，但放电效果差，且放电回路断线则造成其中一相电容器不能放电，也不宜采用。据了解，少数低压电容器柜的放电回路中串接开关辅助接点，运行时断开，停电时接通，发生过接点烧坏事故，不应采用这种做法。

6-31　高压并联电容器装置中，采用电压互感器作放电器时，有何具体规定?

答: 当采用电压互感器作放电器时，有关规定如下:

(1) 应采用全绝缘产品，即采用双套管电压互感器，其中性点全绝缘，这种产品可以满足放电器的接线规定。

(2) 不应采用单套管电压互感器，其套管端接线路，另一端接地可构成中性点接地的星形连接，把它接入电容器组作放电器使用时，并联电容器装置分闸时会导致谐振过电压产生，工程投产试验中已测到了这种过电压。因此，即使采用了单套管电压互感器，中性点也严禁接地。基于上述原因，不得采用非全绝缘的单套管电压互感器作放电器。

(3) 当采用全绝缘的电压互感器作放电器使用时，为确保安全，在设备选型时应对放电时间、剩余电压、放电容量等进行校验。

6-32　高压并联电容器装置中，须装设操作过电压保护用避雷器，对避雷器的选型及接线方式有何具体规定?

答: (1) 避雷器选型: 高压并联电容器装置中，操作过电压保护用避雷器应选用无间隙金属氧化物避雷器，即氧化锌避雷器。

(2) 避雷器的接线方式:《并联电容器装置设计规范》GB 50227—1995 规定，操作过电压保护用避雷器接线方式如下:

1) 当断路器仅发生单相重击穿时，可采用中性点避雷器接线方式，如图 6-12 所示; 或采用相对地避雷器接线方式，如图 6-13 所示。

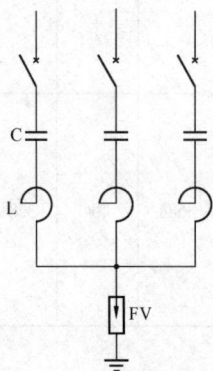

图 6-12　中性点避雷器接线　　　　　图 6-13　相对地避雷器接线

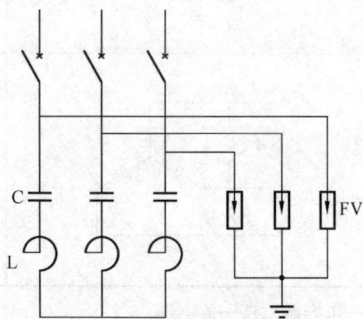

2) 断路器出现两相重击穿的概率极低时，可不设置两相重击穿故障保护。当需要限制电容器极间和电源侧对地过电压时，其保护方式应符合下列规定:

(a) 电抗率为 12% 及以上时，可采用避雷器与电抗器并联连接和中性点避雷器接线的方式，如图 6-14 所示。

(b) 电抗率不大于 1% 时，可采用避雷器与电容器组并联连接和中性点避雷器接线的方式，如图 6-15 所示。

(c) 电抗率为 4.5% ~ 6% 时，避雷器接线方式宜经模拟计算研究确定。

(3) 避雷器装设的必要性。电容器组的操作过电压可能是:

1) 合闸过电压;

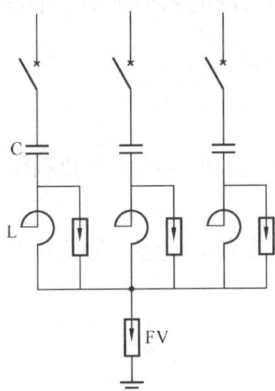

图 6-14 避雷器与电抗器并联连
接和中性点避雷器接线

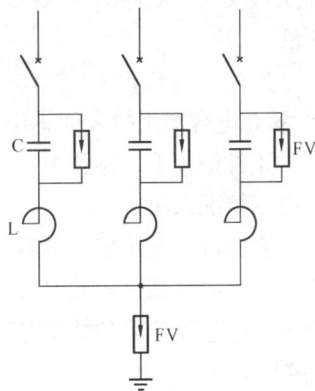

图 6-15 避雷器与电容器组并
联连接和中性点避雷器接线

2）非同期合闸过电压；

3）合闸时触头弹跳过电压；

4）分闸时电源侧有单相接地故障或无单相接地故障的单相重击穿过电压；

5）分闸时两相重击穿过电压；

6）断路器操作一次产生的多次重击穿过电压；

7）其他与操作电容器组有关的过电压。

从试验数据中得知，分闸操作时的过电压是主要的，其中分闸过电压又主要出现在单相重击穿时，两相重击穿和一次操作时发生多次重击穿的几率均很少。

3~66kV 不接地系统中的电容器组的中性点均未接地。因此，在开断电容器组时如发生单相重击穿，电容器的电源端（高压端）对地可能出现超过设备对地绝缘水平的过电压，如在电抗率 $k=0$ 时的理论最大值为 5.87 倍相电压，而且随 k 值增大，过电压呈上升趋势；在电源侧有单相接地故障时产生的单相重击穿过电压远高于无接地情况。因此，对单相重击穿过电压应予以限制。对于操作较为频繁的真空断路器，应考虑发生单相重击穿的可能性。根据国内已作的试验研究，使用氧化锌避雷器限制单相重击穿过电压时，避雷器可采用图 6-12 或图 6-13 所示的接线方式。

当开断电容器组时断路器发生两相重击穿，则电容器极间过电压可达 2.87 倍及以上，超过了电容器的相应绝缘水平，应予以保护。这种过电压保护的避雷器接线方式，可采用图 6-14 或图 6-15 的方式，但电抗率 k 为 4.5%~6% 时，需根据工程的特定条件进行模拟计算研究解决。

6-33 电容器的稳态过电流允许值为多少？电容器装置回路的导线长期允许电流为多少？

答： 考虑谐波和高至 1.1 倍电容器额定电压的共同作用，电容器的稳态过电流可达其额定电流的 1.3 倍，对具有 10% 正偏差的电容器，过电流可达 1.43 倍。运行中电容器的工作电流最大不允许超过 1.3 倍额定电流。

电容器装置回路中的连接导线通常截面较小，为增加可靠性并与有关行业标准一致，规定单台电容器至母线或熔断器的连接线应采用软导线，其长期允许电流不应小于单台电容器额定电流的1.5倍。

6-34 移相电容器组投入或退出运行时有哪些规定?

答: (1) 正常情况下，移相电容器组的投入或退出运行应根据系统无功负荷潮流或负荷功率因数以及电压情况来决定。

(2) 当电容器母线电压超过电容器额定电压的1.1倍，或者电流超过额定电流的1.3倍以及电容器室的环境温度超过+40℃时，均应将其退出运行。

(3) 当电容器组发生下列情况之一者，应立即退出运行:

1) 电容器爆炸。

2) 电容器喷油或起火。

3) 瓷套管发生严重放电闪络。

4) 接点严重过热或熔化。

5) 电容器内部或放电设备有严重异常响声。

6) 电容器外壳有异形膨胀。

6-35 移相电容器组的操作应注意什么事项?

答: (1) 正常情况下，全站停电操作时，应先断开电容器开关，后断开各路出线开关。

(2) 正常情况下，全站恢复送电时，应先合各路出线开关，后合电容器组的开关。

(3) 事故情况下，全站无电后，必须将电容器的断路器断开。

全站无电后，一般情况下应将所有馈线开关断开，因来电后，母线负荷为零，电压较高，电容器如不事先断开，在较高的电压下突然充电，有可能造成电容器严重喷油或鼓肚。同时因为母线没有负荷，电容器充电后，大量无功向系统倒送，致使母线电压更高，即使将各路负荷送出，负荷恢复到停电前还需一段时间，母线仍可能维持在较高的电压水平上，超过了电容器允许连续运行的电压值（电容器的长期运行电压应不超过额定电压的1.1倍）。此外，当空载变压器投入运行时，其充电电流在大多数情况下以三次谐波电流为主，这时，如电容器电路和电源侧的阻抗接近于共振条件时，其电流可达电容器额定电流的2~5倍，持续时间为1~30s，可能引起过流保护动作。

鉴于以上原因，当全站无电后，必须将电容器开关断开，来电并待各路馈线送出后，再根据母线电压及系统无功补偿情况投入电容器。按照规程要求，高压并联电容器装置应装设母线失压保护，带时限将电容器组自动切除。

(4) 移相电容器组断路器跳闸后不准强送。

(5) 移相电容器熔断器熔断后，在未查明原因前，不得更换熔体送电。

(6) 移相电容器组禁止带电合闸。

在交流电路中，如果电容器带有电荷时再次合闸，则可能使电容器承受二倍额定电压以上的峰值，这对电容器是十分有害的。同时，也会造成很大的冲击电流，有时使熔断器熔断或断路器跳闸。因此，电容器组每次拉闸之后，必须随即进行放电，待电荷消失后再进行合闸。所以运行规程中规定：电容器组每次重新合闸，必须在电容器组放电5min后进行，以确保安全。

6—36 何谓集合式电容器？它有何特点？成套装置电容器型号字母含义是什么？

答：（1）集合式并联电容器成套装置简称集合式电容器，其主要由集合式电容器、高压开关柜（包括高压断路器、高压隔离开关、电源侧接地开关、电流互感器、避雷器、继电保护、测量和指示仪表）、串联电抗器和放电线圈组成。其特点是将特制的电容器单元组装在一个大型箱壳内，并充满液体介质。集合式并联电容器主要由芯子、套管、油箱、储油柜和吸湿器、压力释放装置、气体继电器、油温测量装置、片式散热器等组成。电容器单元内部每个元件都串有内熔丝，能有效地对电容器内部故障进行保护。三相集合式并联电容器为Ⅲ型接线，每相两只引线套管。单相集合式并联电容器可有三只引线套管，以便实现电压差动保护。6kV、10kV集合式电容器，所有带电部分高度均离地3m，无需设置钢网护栏。

集合式并联电容器成套装置具有容量大、占地面积小、安装简单、运行安全可靠性高、维护方便等突出优点。

10kV集合式电容器（以某厂型号为TBB10－10000/3334－ACW为例）如图6－16所示。

（2）成套装置电容器型号字母含义如下（以桂林电力电容器总厂产品为例）：

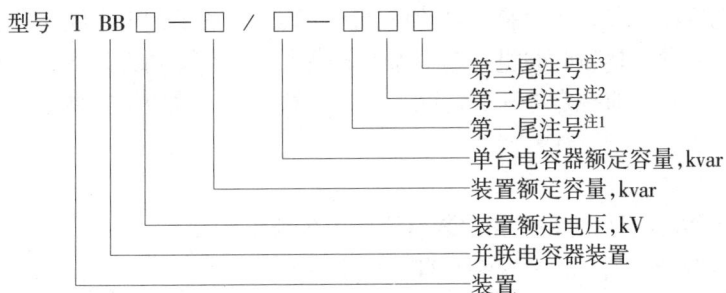

图6－16 10kV并联电容器装置（集合式、油浸铁芯电抗器接中性点侧）
1—油浸铁芯串联电抗器；
2—集合式并联电容器；3—放电线圈TV

型号 T BB □ — □ / □ — □ □ □

第三尾注号^{注3}
第二尾注号^{注2}
第一尾注号^{注1}
单台电容器额定容量,kvar
装置额定容量,kvar
装置额定电压,kV
并联电容器装置
装置

注1：（第一尾注号）A表示Y接线，B表示Y－Y接线。

注2：（第二尾注号）K表示开口三角电压保护，C表示电压差动保护，L表示中线不平衡电流保护。

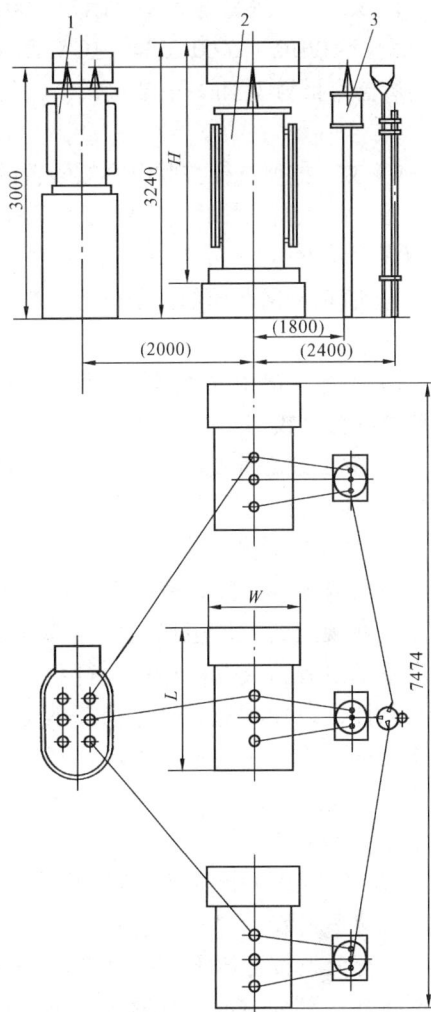

175

注 3:（第三尾注号）W 表示户外装置，如不标注则为户内。

例如 TBB10 - 10000/3334 - ACW 表示装置额定电压为 10kV，装置额定容量为 10000kvar，单台电容器容量为 3334kvar，Y 接线，电压差动保护的户外式并联电容器装置。

6-37 如何选择并联电容器装置的投切方式？电容器为何严禁装设自动重合闸？

答：（1）高压并联电容器装置可根据其在电网中的作用、设备情况和运行经验选择自动投切或手动投切方式，并应符合下列规定：

1）兼负电网调压的并联电容器装置，可采用按电压、无功功率及时间等组合条件的自动投切。

2）变电所的主变压器具有有载调压装置时，可采用对电容器组与变压器分接头进行综合调节的自动投切。

3）除上述之外变电所的并联电容器装置，可分别采用按电压、无功功率（电流）、功率因数或时间为控制量的自动投切。

4）高压并联电容器装置，当日投切不超过三次时，宜采用手动投切。

各电网运行经验，按电力负荷功率因数的变化控制投切电容器组，使用户的功率因数保持在规定的数值范围内，这是电力用户广泛采用的控制方式。按单一的电压控制，实现不了电容器装置的最佳运行状态，必须加设负荷电流或分时控制（当运行方式固定时）条件，以使其充分发挥经济效益。当变压器采用有载调压分接头装置时，一般应以调压变压器作为主要调压手段。按无功功率、电压、时间三因素综合控制电容器装置和有载调压变压器的自动投切装置已在不少变电所投入运行，使变电所的无功和电压的调节手段更趋完善。

（2）低压并联电容器装置应采用自动投切。自动投切的控制量可选用无功功率、电压、时间、功率因数。

为充分发挥低压无功补偿的经济效益，并且在低谷负荷时不向电网倒送无功，避免电网无功过剩而造成不利影响，按电业部门的要求用户低压并联电容器装置应有自动投切的功能。自投的控制量应根据负荷性质选择。负荷变化大、电压不稳定，则考虑按负荷、电压和功率因数进行综合控制。如负荷和电压平稳，随时间有规律变化，则可只用时间作控制量。因此，控制量的选择要根据用户的具体情况而定。

（3）并联电容器装置，严禁装设自动重合闸，其原因在于：由于经保护装置断开的电容器组在一次重合闸前的短暂时间里，电容器的剩余电压不能降到允许值，如果设置了自动重合闸，将使电容器在带有一定电荷的情况下，又重新充电，致使电容器因过电压超过允许值而损坏。

6-38 高压电容器组的布置和安装有哪些主要要求？

答：高压电容器组的布置和安装，有下列主要要求：

（1）电容器的布置，宜分相设置独立的框（台）架。当电容器台数较少或受到场地限制时，可设置三相共用的框架。

（2）分层布置电容器组框（台）架，不宜超过 3 层，每层不应超过两排，四周和层间不得设置隔板。

（3）电容器组的安装设计最小尺寸，应符合表6-3的规定。

表6-3　　　　　　　　　　电容器安装设计最小尺寸（mm）

名　　称	电容器（屋外、屋内）		电容器底部距地面		框（台）架顶部至顶棚净距
	间　距	排间距离	屋　外	屋　内	
最小尺寸	100	200	300	200	1000

（4）屋内外布置的电容器组，在其四周或一侧应设维护通道（即正常运行时巡视、停电后进行维护检修和更换设备的通道），其宽度不应小于1.2m。当电容器双排布置时，框（台）架和墙之间或框（台）架相互之间应设置检修通道其宽度不应小于1m。

（5）电容器组的绝缘水平，应与电网绝缘水平相配合。当电容器与电网绝缘水平一致时，应将电容器外壳和框（台）架可靠接地；当电容器的绝缘水平低于电网时，应将电容器安装在与电网绝缘水平相一致的绝缘框（台）架上，电容器的外壳应与框（台）架可靠连接。

例如，额定电压为$11/\sqrt{3}$kV的电容器，极间额定电压约为6.35kV，绝缘水平是10kV等级，供星形接线的电容器组接入10kV电网，采用电容器的外壳与框（台）架一起接地；额定电压为11kV的电容器，极间额定电压和绝缘水平都是11kV，采用两段串联成星形，其极间电压满足了35kV电容器组的要求，但电容器的绝缘水平比电网低，要把电容器安装在35kV级的绝缘框（台）架上才能满足绝缘配合的要求。安装在绝缘框（台）架上的电容器外壳具有一定电位，把所有外壳与框（台）架可靠相连，目的是使外壳电位固定。而且，为防止运行人员触及带电外壳，安装时应注明带电标记。

（6）电容器套管之间和电容器套管至母线或熔断器的连接线，应有一定的松弛度。严禁直接利用电容器套管连接或支承硬母线。单套管电容器组的接壳导线，应采用软导线由接壳端子上引接。

（7）电容器组三相的任何两个线路端子之间的最大与最小电容之比和电容器组每组各串联段之间的最大与最小电容之比，均不宜超过1.02。

（8）当并联电容器装置未设置接地开关时，应设置挂接地线的母线接触面和地线连接端子。

（9）电容器组的汇流母线应满足机械强度的要求，防止引起熔断器至母线的连接线松弛。

（10）熔断器的装设位置和角度，应符合下列要求：①应装设在有通道一侧；②严禁垂直装设，装设角度和弹簧拉紧位置，应符合制造厂的产品技术要求；③熔丝熔断后，尾线不应搭在电容器外壳上。

（11）应设置防小动物进入的设施。

（12）电容器室应为丙类生产建筑，其建筑物的耐火等级不应低于二级。

（13）当高压电容器室的长度超过7m时，应设两个出口。高压电容器室的门应向外开。相邻两高压电容器之间的隔墙需开门时，应采用乙级防火门，并应能向两面开启。电容器室不宜设置采光玻璃窗。

（14）电容器室通风应良好，百叶窗应加装铁丝网。

（15）电容器的铭牌应面向通道。

（16）集合式并联电容器，应设置储油池或挡油墙，并不得把浸渍剂和冷却油散逸到周围环境中。

6-39　并联电容器组主要有哪些故障及异常运行状态？并联电容器装置要求配置哪些保护？

答：（1）并联电容器组一般具有下列故障及异常运行状态：

1）电容器组与断路器之间连线的短路；

2）单台电容器内部极间短路；

3）电容器组多台电容器故障；

4）电容器组过负荷；

5）母线电压升高；

6）电容器组失压。

（2）并联电容器装置一般要求配置下列保护装置：

1）单台电容器逐台配置熔断器保护。

2）电容器组应装设不平衡保护，并符合下列规定：

（a）单星形接线的电容器组，可采用开口三角电压保护。

（b）串联段数为二段及以上的单星形电容器组，可采用电压差动保护。

（c）每相能接成四个桥臂的单星形电容器组，可采用桥式差电流保护。

（d）双星形接线电容器组，可采用中性点不平衡电流保护。

采用外熔丝保护的电容器组，其不平衡保护应按单台电容器过电压允许值整定。采用内熔丝保护和无熔丝保护的电容器组，其不平衡保护应按电容器内部元件过电压允许值整定。

3）高压并联电容器装置可装设带有短延时的速断保护和过流保护。

4）高压并联电容器装置宜装设过负荷保护，带时限动作于信号或跳闸。

5）高压并联电容器装置应装设母线过电压保护，带时限动作于信号或跳闸。

6）高压并联电容器装置应装设母线失压保护，带时限动作于跳闸。

7）容量为 0.18MVA 及以上的油浸式铁芯串联电抗器宜装设瓦斯保护。轻瓦斯动作于信号，重瓦斯动作于跳闸。

8）低压并联电容器装置，应有短路保护、过电压保护、失压保护，并宜有过负荷保护或谐波超值保护。

该规定的目的在于指导用户选择低压电容器柜时考虑该产品保护是否齐全。其中短路保护、过电压保护和失压保护是应具备的基本保护。谐波电流进入电容器将造成电容器过电压和过负荷，对电容器有不利影响，是造成电容器损坏的原因之一。因此，低压供电网有谐波时，宜设置谐波超值保护。谐波超值保护限值按 0.69 倍电容器额定电流考虑，则电容器最大电流不会超过 1.30 倍电容器额定电流，这时可不增加过电流保护器件。当未装设谐波超值保护时应有过电流保护器件。

6-40　简述高压并联电容器的保护接线及整定计算。

答：（1）单台电容器熔断器保护。

对单台电容器内部绝缘损坏而发生极间短路，国内的做法是对每台电容器分别装设专用的熔断器，其熔丝的额定电流可取电容器额定电流的 1.43～1.55 倍。

必须指出，熔断器配置方式应为每台电容器配一只熔断器，严禁多台电容器共用一只熔断器。

进口电容器及集合式电容器一般均装有内熔丝，内熔丝能有效地保护单台电容器内部极间短路故障。但按我国运行习惯，为防止电容器箱壳爆炸，一般都装设外部熔断器。根据工程运行实践经验，如内熔丝确能有效地保护电容器内部故障时，也可不另行装设外部熔断器，对此，GB 50227—1995《并联电容器装置设计规范》亦作了类似的规定。

（2）电容器组多台电容器故障保护。

大容量的并联电容器组，是由许多单台电容器串、并联而成。1 台电容器故障，由其专用的熔断器切除，而对整个电容器组无大影响，因为电容器具有一定的过载能力，且在设备选择时，一般均留有适当裕度。但是当多台电容器故障并切除之后，就可能使继续运行的电容器严重过载或过电压，这是不允许的，为此需考虑保护措施。

电容器组的继电保护方式随其接线方案不同而异。总的来说，尽量采用简单可靠而又灵敏的接线把故障检测反映出来。当引起电容器端电压超过 110%额定电压时，保护应带延时将整个电容器组断开。

常用的保护方式有：零序电压保护、电压差动保护、电桥差电流保护、中性点不平衡电流或不平衡电压保护。现分述如下：

1）零序电压保护接线及整定计算。

电容器组为单星形接线时，常用零序电压保护。保护装置接在电压互感器的开口三角形绕组中，其接线如图 6－17 所示。图中电压互感器的一次侧与单星形接线的每相电容器并联，兼作放电器用。这种保护的优点是不受系统接地故障和系统电压不平衡的影响，也不受三次谐波的影响，灵敏度高，安装简单，是国内中小容量电容器组常用的一种保护方式。

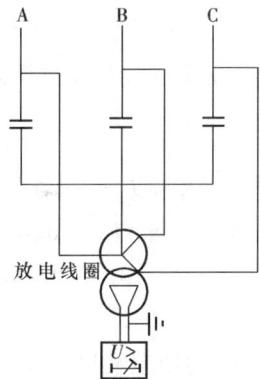

图 6－17　电容器组零序电压保护接线

零序电压保护的整定计算

$$U_{dZ} = \frac{U_{ch}}{n_y k_{lm}} \tag{6－1}$$

对有专用单台熔断器保护的电容器组

$$U_{ch} = \frac{3K}{3N(M - K) + 2K} U_{ex} \tag{6－2}$$

对未设置专用单台熔断器保护的电容器组

$$U_{ch} = \frac{3\beta}{3N[M(1 - \beta) + \beta] - 2\beta} U_{ex} \tag{6－3}$$

上三式中　　U_{dZ}——动作电压，V；

　　　　　　n_y——电压互感器变比；

　　　　　　K_{lm}——灵敏系数，取 1.25～1.5；

　　　　　　U_{ch}——差电压，kV；

　　　　　　U_{ex}——电容器组的额定相电压，kV；

K——因故障而切除的电容器台数，台；

β——任意一台电容器击穿元件的百分数；

N——每相电容器的串联段数；

M——每相各串联段电容器并联台数，台。

由于三相电容器的不平衡及电网电压的不对称，正常时存在不平衡零序电压 U_{obp}，故应进行校验，即

$$U_{dZ} \geqslant K_k U_{obp} \qquad (6-4)$$

式中　K_k——可靠系数，取 1.3～1.5。

2）电桥式差电流保护接线及整定计算。

当电容器组每相的串联段数为双数并可分成两个支路时，在其中部桥接一台电流互感器，即构成桥式差电流保护接线。由于保护是分相设置的，根据动作指示可以及时判断出故障相别。这种保护的缺点是当桥的两臂电容器发生相同故障时，保护将拒动。保护接线如图6-18所示。

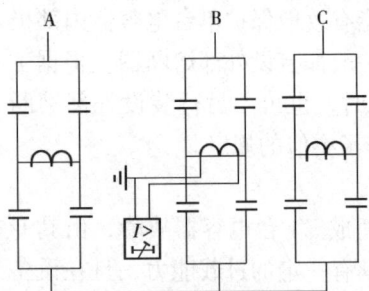

图 6-18　电容器组桥式差
电流保护接线

桥式差电流保护器的整定计算

$$I_{dz} = \frac{\Delta I}{n_i k_{lm}} \qquad (6-5)$$

对有专用单台熔断器保护的电容器组

$$\Delta I = \frac{3MK}{3N(M-2K)+8K} I_{ed} \qquad (6-6)$$

对未设置专用单台熔断器保护的电容器组

$$\Delta I = \frac{3M\beta}{3N[M(1-\beta)+2\beta]-8\beta} I_{ed} \qquad (6-7)$$

以上三式中　I_{dz}——动作电流，A；

ΔI——故障切除部分电容器后，桥路中通过的电流，A；

n_i——电流互感器变比；

I_{ed}——每台电容器的额定电流，A。

3）电压差动保护接线及整定计算。

电容器组每相由两个电压相等的串联段组成（特殊情况两个串联段的电压可以不相等），放电器的两个一次线圈电压相等（放电器的端电压应与电容器的两段电压相配合，可以不相等）并与电容器的两段分别并联连接，放电器的两个二次线圈按差电压接线并连接到电压继电器上即构成了电压差动保护。这种保护方式不受系统接地故障或电压不平衡的影响，动作也较灵敏，根据继电器的动作指示可以判断出故障相别。缺点是使用的设备较复杂，特殊情况还要加电压放大回路。当同相两个串联段中的电容器发生相同故障时，保护拒动。保护接线如图 6-19 所示。该接线具有电压放大，提高灵敏系数和绝缘隔离的特点。

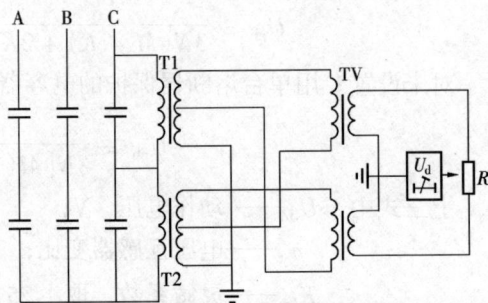

图 6-19　电容器组电压差动保护接线

注：本图只示出一相，其他两相相同

电压差动保护的整定计算

$$U_{dZ} = \frac{\Delta U_c}{n_y k_{lm}} \quad\quad (6-8)$$

对有专用单台熔断器保护的电容器组

$$\Delta U_c = \frac{3K}{3N(M-K)+2K}U_{ex} \quad\quad (6-9)$$

对未设置专用单台熔断器保护的电容器组

$$\Delta U_c = \frac{3\beta}{3N[M(1-\beta)+\beta]-2\beta}U_{ex} \quad\quad (6-10)$$

$N=2$ 时，对有专用单台熔断器保护的电容器组

$$\Delta U_c = \frac{3K}{6M-4K}U_{ex} \quad\quad (6-11)$$

对未设置专用单台熔断器保护的电容器组

$$\Delta U_c = \frac{3\beta}{6M(1-\beta)+4\beta}U_{ex} \quad\quad (6-12)$$

式中　ΔU_c——故障相的故障段与非故障段的电压差，V。

4）中性点不平衡电压保护或中性线不平衡电流（横差）保护接线及整定计算。

电容器组为双星形接线时，通常采用中性点不平衡电压保护或中性线不平衡电流保护，其接线如图 6-20 和图 6-21 所示。这两种接线方式的缺点是要将两个星形的电容器组调平衡较麻烦，且在同相两支路的电容器发生相同故障时，中性点的不平衡电流（电压）接近于零或很小，保护将拒动。

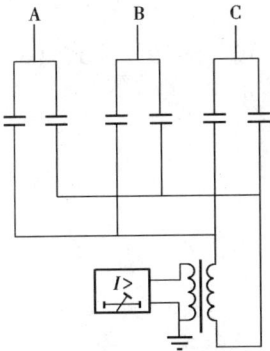

图 6-20　电容器组不平衡电压保护接线　　　图 6-21　电容器组不平衡电流保护接线

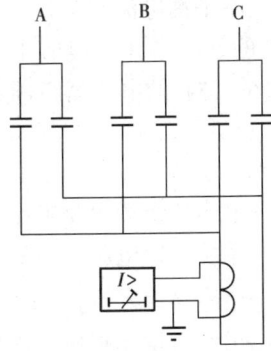

（a）不平衡电压保护的整定计算

$$U_{dZ} = \frac{U_o}{n_y k_{lm}} \quad\quad (6-13)$$

对有专用单台熔断器保护的电容器组

$$U_o = \frac{K}{3N(M_b-K)+2K}U_{ex} \quad\quad (6-14)$$

对未设置专用单台熔断器保护的电容器组

$$U_o = \frac{\beta}{3N[M_b(1-\beta)+\beta]-2\beta}U_{ex} \quad\quad (6-15)$$

上三式中 U_o——中性点不平衡电压，V；

M_b——双星形接线每臂各串联段的电容器并联台数，台。

为了躲开正常情况下的不平衡电压，应校验动作值，即

$$U_{dZ} \geqslant K_k \frac{U_{obp}}{N_y} \tag{6-16}$$

式中 U_{obp}——不平衡电压，V。

(b) 不平衡电流保护的整定计算

$$I_{dZ} = \frac{I_o}{N_i k_{lm}} \tag{6-17}$$

对有专用单台熔断器保护的电容器组

$$I_o = \frac{3MK}{6N(M-K)+5K} I_{ed} \tag{6-18}$$

对未设置专用单台熔断器保护的电容器组

$$I_o = \frac{3M\beta}{6N[M(1-\beta)+\beta]-5\beta} I_{ed} \tag{6-19}$$

上三式中 I_o——中性点流过的电流，A；

I_{ed}——每台电容器额定电流，A。

为了躲开正常情况下的不平衡电流，应校验动作值，即

$$I_{ed} \geqslant k_k \frac{I_{obp}}{n_i} \tag{6-20}$$

式中 I_{obp}——不平衡电流，A。

需要指出的是，当并联电容器中接有串联电抗器时，式 (6-9) ～ 式 (6-12) 及式 (6-14)、式 (6-15) 的电容器组额定电压 U_{ex} 值应按下式修正

$$U_{ex} = \frac{X_C}{X_C - X_L} U_{ext} \tag{6-21}$$

式中 U_{ex}——电容器组额定相电压，kV；

U_{ext}——系统额定电压，kV；

X_C——电容器组容抗，Ω；

X_L——串联电抗器感抗，Ω。

也就是说，考虑到串联电抗器接入后电容器组端电压的升高，所有动作电压值均应提高 $\frac{X_C}{X_C - X_L}$ 倍。

(3) 电容器组与断路器之间连线短路故障保护。

对电容器装置的过电流和内部连接线的短路应设置过电流保护。

当有总断路器及分组断路器时，保护可配置两段式，第一段为短时限的速断保护，第二段为过流保护。当串联电抗器设置在电源侧时，分组回路保护跳开本回路断路器，电抗器前短路时应断开总断路器（分组断路器不满足切断短路电流要求时）。当电抗器设置在中性点侧时，短路故障均应跳开总断路器。

速断保护的动作电流值，在最小运行方式下，电容器组端部引线发生两相短路时，保护

的灵敏系数应符合要求；动作时限应大于电容器组合闸涌流时间。进行过流保护动作电流整定时，电容器的最大允许工作电流应按 1.3 倍额定电流考虑。

（4）过负荷保护。

在电力系统中，并联电容器常常受到谐波的影响，特殊情况可能发生谐振现象，产生很大的谐振电流。谐振电流将使电容器过负荷、振动和发出异音，使串联电抗器过热，甚至烧损，为此宜装设过负荷保护，经延时动作于信号或跳闸。

进行过负荷保护动作电流整定时，电容器的最大允许工作电流应按 1.3 倍额定电流考虑，对于电容量具有最大正值偏差 + 10% 的电容器，其最大工作电流按 1.43 倍额定电流考虑。

（5）过电压保护。

设置过电压保护的目的是为了避免电容器在工频过电压下运行发生绝缘损坏。电容器有较大的承受过电压能力，我国标准规定，电容器允许在 1.1 倍额定电压下长期运行；在 1.15 倍额定电压运行 30min；在 1.2 倍额定电压运行 5min；在 1.3 倍额定电压运行 1min。原则上过电压保护可以按标准规定整定，但是电网电压很少达到以上数值，为安全起见，实际整定值选得比较保守。例如，在 1.1 倍额定电压时动作信号，在 1.2 倍额定电压经 5～10s 动作跳闸，延时跳闸的目的是避免瞬时电压波动引起的误动。

过电压保护的电压继电器有两种接法，一是接于专用放电器或放电电压互感器的二次侧；另一种是接于母线电压互感器，这种方式应经由电容器装置的断路器或隔离开关的接点闭锁，以使电容器装置断开电源后，保护能自动返回。过电压继电器应选用返回系数较高（0.98 以上）的晶体管继电器。当设置有按电压自动投切的装置时，可不另设过电压保护，当由自动投切转换为手动投切时应保留过电压跳闸功能。

当变电所只有一组电容器时，过电压保护动作后应将电容器组的开关跳闸。如有两组以上电容器时，可以动作信号或每次只切除一组电容器，当电压降至允许值即停止切除电容器组（用手动或自动）。

（6）母线失压保护。

并联电容器装置设置失压保护的目的在于防止所连接的母线失压对电容器产生的危害。从电容器本身的特点来看，运行中的电容器如果失去电压，电容器本身并不会损坏。但运行中的电容器突然失压，可能产生以下危害：

1）电容器装置失压后立即复电（有电源的线路自动重合闸），将造成电容器带电荷合闸，以致电容器因过电压而损坏。

2）变电所失电后复电，可能造成变压器带电容器合闸、变压器与电容器合闸涌流及过电压，使其受到损害。

3）失电后的复电可能造成因无负荷而引起电容器过电压。

所以规程规定，电容器应设置失压保护，该保护的整定值既要保证在失压后，电容器尚有残压时能可靠动作，又要防止在系统瞬间电压下降时误动作。一般电压继电器的动作值可整定为 50%～60% 电网标称电压，略带时限跳闸。

在时限上一般考虑下列因素：

1）同级母线上的其他出线故障时，在其故障切除前，电容器组一般不宜先跳闸；

2）当备用电源自动投切装置动作时，在自投装置合上电源前，电容器组应先跳闸；

3）当电源线失电重合时，在重合闸前，电容器组应先跳闸。

第七章　电力系统继电保护

7-1　什么是定时限过电流保护？试述其工作原理。

答:反应电流的过量而动作、并通过一定的延时来实现选择性的保护装置,称为过电流保护。又由于保护装置的动作时限是固定的,只要电流继电器动作,保护的动作时限就只决定于时间继电器的动作时间,而与短路电流的大小无关,所以这种过电流保护称为定时限过电流保护。

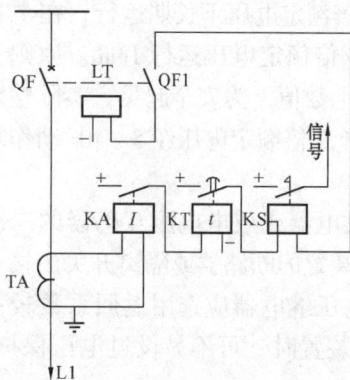

图 7-1　定时限过电流保护
的原理接线图

图 7-1 为定时限过电流保护的原理接线图。与一般保护装置相同,它装设在被保护线路 L1 的始端,通过电流互感器 TA 来反应线路电流的变化。电流继电器 KA 是保护的起动元件;时间继电器 KT 是保护的时间元件,是保证选择性所必不可少的;保护的信号元件为一信号继电器 KS。

正常运行时,由于电流达不到 KA 的动作值,它的触点处于断开状态,时间继电器、信号继电器的触点均处于断开状态,断路器 QF 处于合闸位置,其辅助触点 QF1 是接通的。当被保护线路上发生短路时,电流增大,KA 动作,其触点闭合后立即接通 KT 的线圈回路,经一定的延时后,KT 的触点闭合,跳闸回路接通,断路器跳闸,将故障线路从系统中切除。与此同时,KS 的触点闭合,发出保护动作信号。

断路器跳闸后,其辅助触点 QF1 立即断开跳闸回路。随着线路电流的消失,KA 和 KT 的触点相继断开,自动恢复到动作前的状态。在跳闸回路中串入断路器辅助触点 QF1,是因为它的容量较大,能可靠地切断跳闸回路,保护 KT 的触点免受电弧烧伤。

7-2　电网相间短路电流保护常用的接线方式有哪几种？

答:常用的接线方式有:①三相三继电器式完全星形接线;②两相两继电器式不完全星形接线;③两相一继电器式两相电流差接线。

7-3　什么叫接线系数？说明电流保护常用的完全星形、不完全星形、两相电流差接线方式的接线系数各为多少？

答:接线系数是通入继电器的电流 I 与电流互感器二次电流 I_2 之比,即

$$K = I/I_2$$

完全星形和不完全星形接线的电流保护,在任何故障形式下其 $K = 1$。

两相电流差接线(A、C 相电流差接线)对不同类型的相间短路,其接线系数也不相同。三相短路时,$K = \sqrt{3}$;A、C 两相短路时,$K = 2$;A、B 或 B、C 两相短路时,$K = 1$。由此可见,这种接

线方式对不同类型的相间故障，过电流保护的灵敏度是不同的。

7-4 无时限电流速断保护及电压速断保护如何保证选择性？为什么无时限电流速断保护不能保护线路全长？

答： 无时限速断保护是靠动作值的合理整定而获得选择性。具体地说，无时限电流速断保护的动作电流按大于本线路末端三相短路时流过保护的最大短路电流来整定。这样当下一相邻线路首端短路时，本线路的电流速断保护不会动作，从而达到选择性的要求。电压速断保护的动作电压按小于最小运行方式下线路末端短路时母线上的残余电压来整定。这样当相邻线路出口短路时，本线路的电压速断保护不会动作，达到了选择性的目的。

过电流保护是靠时限的配合来达到动作选择性的，而无时限电流速断保护是靠动作值的合理整定获得选择性。由于在本线路末端和下一相邻线路首端发生短路时其短路电流值是一样的，为了可靠地达到选择性的要求，无时限电流速断保护的动作电流必须以本线路末端短路时流过保护的最大短路电流为基准再乘以可靠系数（1.2～1.3）作为本线路电流速断保护的动作值。于是，无时限电流速断保护就不能保护线路的全长，而只能保护线路的一部分。

7-5 为什么要装设带时限的速断保护？怎样保证动作的选择性？

答： 由于无时限电流速断保护不能保护线路全长，而过电流保护的动作时间又较长，因此就考虑在无时限电流速断保护的基础上增设带时限的电流速断保护，以保护线路的全长。这样一来，其保护范围必然要延伸到下一相邻线路中去。为了保证其选择性，带时限电流速断保护除了其动作电流应和下一线路的无时限电流速断保护相配合外，其动作时间应比下一线路的无时限电流速断保护大一个时间阶段，通常取 0.5s。

7-6 电流速断和电压速断保护的保护范围受系统运行方式变化和故障类型影响的特点是什么？

答： 因为电流速断保护的动作值是按大于最大运行方式下线路末端三相短路电流值整定的。当在线路同一点发生两相短路时，其短路电流要比三相短路电流值小，因此当系统运行方式或短路类型改变时，电流速断保护的保护范围都要缩短，这是该保护的一个特点。

电压速断保护的保护范围同样也受系统运行方式变化的影响，但其结果却与电流速断保护相反，即在最小运行方式下电流速断保护的保护范围最短，而电压速断保护的保护范围最长。

应当指出，由于在线路同一点发生三相短路或两相短路时，母线的残余电压值相同，故电压速断保护的保护范围不受短路故障类型改变的影响，这一点和电流速断保护不同。

7-7 三段式电流保护的意义何在？哪一段为线路的主保护，哪一段为线路的后备保护？

答： 由无时限电流速断、带时限电流速断和过电流保护相互配合构成的一整套保护装置称为三段式电流保护。其意义在于动作迅速的无时限电流速断保护只能保护线路的一部分，必须辅以带时限电流速断保护后才能保护线路的全长；而动作时限较短的带时限电流速断保护又不能作为下一相邻线路的后备保护，必须辅以过电流保护来作为本线路和下一相邻线路的后备保护。在三段式电流保护装置中，第Ⅰ段无时限电流速断和第Ⅱ段带时限电流速断为本线路的主保护。

7－8　中性点非直接接地电网的过电流保护，为什么常采用两相星形接线?

答：对中性点非直接接地电网中的串联线路和辐射状线路的过电流保护，在电网发生两点接地时，分析得出表 7－1 列出的结论。

从表 7－1 可以看出，两相星形接线方式的过电流保护可以保证都有 2/3 的几率有选择性地只切除一个故障点，即比采用三相星形接线方式优越。因此，在中性点非直接接地电网中常采用两相星形接线方式的过电流保护。

表 7－1　　　　　　　三相星形、两相星形接线方式的过电流保护动作行为分析

线路结构 ＼ 保护接线方式	三相星形接线	两相星形接线
串联线路	有选择性（切除最远）	有 2/3 选择性动作
辐射状线路	无选择性（两条线路同时被切除）	有 2/3 选择性动作

7－9　中性点非直接接地电网中有 2/3 几率切除一个接地故障点的含义是什么?

答：这是指在非直接接地电网中，线路某一相发生接地后继续运行，其余两相的对地电压因升高 $\sqrt{3}$ 倍有可能再在另一条线路上发生第二点接地。这时要求继电保护只切除一个故障点，另一条带接地点的线路可以继续运行。

为了达到上述目的，对 A、C 两相星形接线的过电流保护进行的分析结果表明：无论是在串联线路上还是在辐射状线路上发生两点接地时，它均有 2/3 几率只切除一个故障点，达到了有选择性动作；其余 1/3 几率切除两个故障点，为无选择性动作。下面是分析结果。

（1）串联线路。如图 7－2 所示线路 L1 和 L2 串联。当线路上发生两点接地时，过电流保护的动作情况如表 7－2 所示。

（2）辐射状线路。如图 7－3 所示线路 L1 和 L2 呈辐射状。当线路上发生两点接地时过电流保护的动作情况如表 7－3 所示。

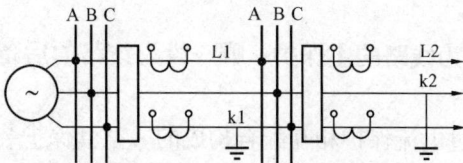

图 7－2　发生两点接地的串联线路

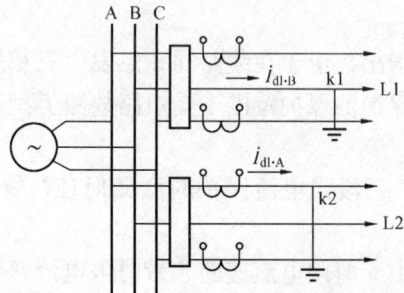

图 7－3　发生两点接地的辐射状线路

表 7-2		串联线路上发生两点接地时过电流保护动作情况					
L1 线路接地相别	A	A	B	B	C	C
L2 线路接地相别	B	C	A	C	A	B
L1 线路保护动作情况	动	动	不动	不动	动	动
L2 线路保护动作情况	不动	动	动	动	动	不动
停电线路数	1	2	1	1	2	1

表 7-3		辐射状线路上发生两点接地时过电流保护动作情况					
L1 线路接地相别	A	A	B	B	C	C
L2 线路接地相别	B	C	C	A	A	B
L1 线路保护动作情况	动	动	不动	不动	动	动
L2 线路保护动作情况	不动	动	动	动	动	不动
停电线路数	1	2	1	1	2	1

7-10 中性点非直接接地电网中，两相星形接线过电流保护的电流互感器为什么必须装在同名相上？

答：电流互感器装在同名相上，当电网发生两点接地故障时，两相星形接线的过电流保护可以保证有 2/3 几率有选择性地只切除一个故障点。若电流互感器不装在同名相上，在两条线路上发生不同相别的两点接地故障时，就有 1/2 的几率要同时切除两个故障点（无选择性动作），有 1/6 几率两条线路的过电流保护都不动作，只有 1/3 几率有选择性地切除一个故障点。因此，规定两相星形接线过电流保护的电流互感器均装设在 A、C 两相上。

7-11 何谓阶梯时间原则？电网过电流保护是如何保证动作的选择性？

答：阶梯时间原则就是各保护装置的动作时间是从用户到电源按阶梯形增加的，越靠近电源，保护的动作时间越长，故称为阶梯时间特性，如图 7-4 所示。Δt 称为时间级差。为了降低整个电网中保护的动作时限，Δt 应尽量小。过电流保护装置就是靠阶梯时间特性来获得动作的选择性的。

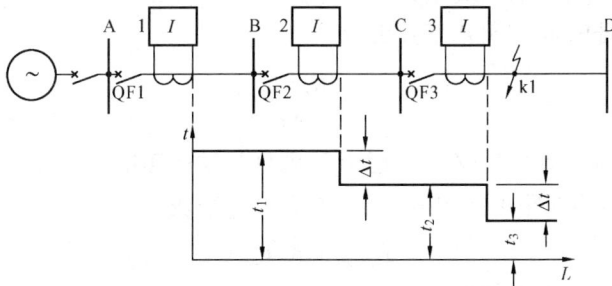

图 7-4 定时限过电流保护的阶梯时限特性

7-12 如何确定电网过电流保护的时间级差 Δt?

答：在确定 Δt 的数值时，应考虑以下因素：

（1）故障线路上断路器的断开时间 t_{QF}，等于向断路器跳闸线圈发出跳闸脉冲的瞬间到断路器主触头分开电弧的瞬间之间的时间。空气断路器的 t_{QF} 一般为 $0.05 \sim 0.1s$，油断路器的 t_{QF} 一般为 $0.15 \sim 0.25s$。

（2）故障线路上过电流保护装置时间继电器动作上的正误差（即实际动作时间大于整定时间）t_{w1}，对于机械式时间继电器，一般取 $t_{w1} = 0.1s$。

（3）与故障线路相邻的靠近电源侧的线路上过电流保护装置时间继电器动作上的负误差（即实际动作时间小于整定时间）t_{w2}，对于机械式时间继电器，一般取 $t_{w2} = 0.1s$。

（4）考虑到调整不够精确引起的时限误差和冬季断路器动作时间增长等原因的裕度时间 t_3，一般取 $t_3 = 0.1 \sim 0.15s$。

时限级差 $\Delta t = t_{QF} + t_{w1} + t_{w2} + t_3$。

将以上各数值代入上式，可得在定时限过电流保护中，对于空气断路器 $\Delta t = 0.35 \sim 0.45s$；对于油断路器 $\Delta t = 0.45 \sim 0.6s$。为简化起见，一般取 $\Delta t = 0.5s$。

对于反时限过电流保护，考虑到机械式反时限电流继电器在短路切除后其圆盘因惯性不会立刻停转，计及惯性误差 $0.2s$，故取其 $\Delta t = 0.7s$。

由于技术的进步，t_{QF}、t_{w1}、t_{w2} 之值会比上述的小。晶体管式反时限电流继电器因无惯性误差，故可根据电网具体情况适当降低 Δt 值，以利于快速切除短路故障。

7-13 电网过电流保护的起动电流必须满足哪些条件? 如何计算过电流保护的动作值?

答：过电流保护的起动电流必须满足以下两个条件：

（1）为了使保护装置在线路通过最大负荷电流时不起动，其起动电流 I_{op} 必须大于线路的最大负荷电流 $I_{L.max}$，即

$$I_{op} > I_{L.max}$$

（2）当外部短路时，如电流继电器已起动，则当离故障点最近的保护将故障切除、电流降至最大负荷电流后，继电器应能可靠返回。因此，保护的返回电流 I_{re} 应大于故障切除后线路的最大负荷电流 $I_{L.max}$，即

$$I_{re} > I_{L.max}$$

再考虑到保护接线方式的接线系数 K、电流互感器的变比 n、返回系数 K_1、可靠系数 K_2，故电流继电器的起动电流可用下式表示

$$I_{op.k} = \frac{K_2 K I_{L.max}}{K_1 \cdot n}$$

为了计算最大负荷电流，就必须考虑电动机自起动的影响，为此引入一个自起动系数 K_3，于是 $I_{L.max}$ 就可以用线路正常的最大工作电流 I_{max} 来表示

$$I_{L.max} = K_3 I_{max}$$

则电流继电器的动作电流可以改写为

$$I_{op.k} = \frac{K_2 K K_3 I_{max}}{K_1 n}$$

式中　　K_1——对 DL 系列电流继电器可取 0.85；

K_2——对定时限过电流保护可取 1.15～1.25；

K_3——其数值由负荷性质及电网具体接线决定，一般取 1.5～3。

7－14　怎样校验过电流保护及低电压保护的灵敏系数?

答： 保护装置的灵敏系数又称灵敏度，是衡量其动作的灵敏程度的。过电流保护是反应故障时电流值增加的保护装置，其灵敏系数是保护区末端发生金属性短路时的最小短路电流值与保护的动作电流值之比值。通常，用最小运行方式下保护区末端发生两相金属性短路时的短路电流值，来计算过电流保护的灵敏系数。

低电压保护是反应故障时保护安装处母线电压降低的保护装置，其灵敏系数是保护的动作电压值与保护区末端发生金属性短路时其安装处母线上最大残余电压值之比值。通常，用最大运行方式下保护区末端发生三相金属性短路时保护安装处的母线残余电压来计算低电压保护的灵敏系数。

7－15　电磁型电流继电器的返回系数为什么规定为 0.85～0.9?

答： 电磁型电流继电器动作后，为使其触点接触可靠，其电磁动作力矩除了要大于其可动部分和弹簧的反作用力矩外，还要有足够的剩余电磁力矩。要使继电器返回，就必须降低通入继电器的电流，使电磁力矩小于反作用力矩。因此电磁型电流继电器的返回系数（返回电流与动作电流之比值）恒小于 1。返回系数过小，固然会使继电器触点接触更为牢靠，但会增大继电器的动作电流，使保护装置的灵敏系数降低。兼顾触点压力和灵敏系数，规定电磁型电流继电器的返回系数为 0.85～0.9。

7－16　何谓方向电流保护? 为什么要采用方向电流保护?

答： 在电流保护中加入方向元件就构成方向电流保护。

随着电力系统的发展和用户对连续供电要求的提高，出现了两侧电源供电的线路（图 7－5）和单侧（或双侧）电源环网线路（图 7－6）。在上述两种网络中，为了有选择地切除故障线路，应在线路两端装设断路器和继电保护装置。以图 7－5、图 7－6 为例，当 k2 点发生短路时，只要求 QF1、QF2 处的继电保护装置动作，断开 QF1、QF2 两个断路器；在 k1 点发生短路时，只要求 QF3、QF4 处的继电保护装置动作，断开 QF3、QF4 两个断路器。为达

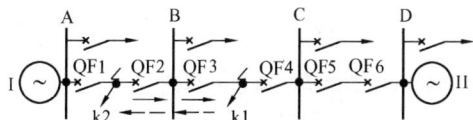

图 7－5　两侧电源供电的网络

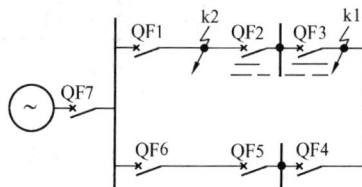

图 7－6　单侧电源供电的环形网络

到上述目的，如果采用一般的电流保护，当 k1 点短路时，应使 QF3、QF2 处保护的动作时间 $t_3 < t_2$；而当 k2 点短路时，则又要求 $t_3 > t_2$。显然，这两个保护动作时间的要求是矛盾

的。这说明一般电流保护在图7-5、图7-6所示的电网点中无法应用，因而采用了动作带有方向性的方向电流保护。

7-17 在方向电流保护中，为什么要采用按相起动？

答：方向电流保护的按相起动是把 A、B、C 三相中同名相电流继电器 KA 和方向继电器 KW 各自组成独立的跳闸回路，如图7-7所示，以避免因非故障相负荷电流 I_L 的影响而使保护无选择性动作。例如，当图7-8所示的电网中 k 点发生 B、C 两相短路时，应该保护3、4动作断开断路器3、4。但是对于保护2来说，由于非故障相（A相）负荷功率是由母线流向线路，它的方向继电器 KWA 动作，其 B、C 相的电流继电器 KAB、KAC 因流过短路电流而动作。如果采用图7-9所示的非按相起动接线，保护2就动作断开断路器2，造成了无选择性动作。

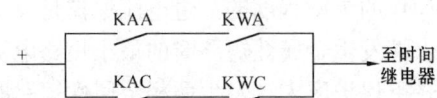
图7-7 按相起动接线

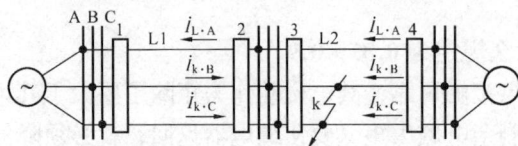
图7-8 两相短路时，非故障相负荷电流的影响

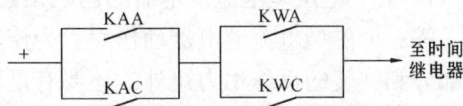
图7-9 非按相起动接线

7-18 何谓方向继电器的90°接线？

答：方向继电器90°接线就是在方向继电器的电流端子上接入某一相电流而在电压端子上接入其他两相相间电压。这是在假定同名相电流和同名相电压同相（$\cos\varphi = 1$）时，在三相对称系统中某一相电流与其他两相相间电压在相位上相差90°而得名的。这种接线方法和其对应的电流、电压相量关系，如图7-10所示。

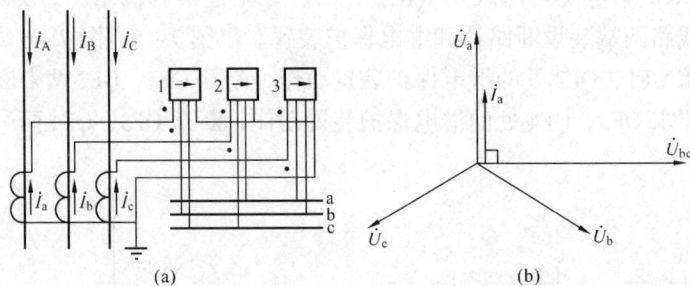
图7-10 方向继电器的90°接线方法及与其对应的电流、电压相量图
(a) 方向继电器的90°接线图；(b) 电流电压相量图

7-19 对方向继电器接线方式的基本要求是什么？相间短路时方向电流保护装置中的方向继电器为什么要采用90°接线？

答：对方向继电器接线的基本要求是：

（1）应能正确地反应故障的方向，即应使保护在正方向短路时能够动作，反方向短路时不动作，而不论其故障类型如何。

（2）应使继电器能灵敏地工作，即当发生正方向短路时，加到继电器上的电压 U_K 和电流 I_K 应尽量大，而且使相角 ϕ_K 尽量接近继电器的最大灵敏角，以提高继电器的灵敏度，尽可能减小电压死区。

方向继电器采用 90° 接线的理由是：

（1）在保护正方向发生各种相间短路故障时，继电器的转矩都是正的，能可靠动作；在反方向短路时，转矩变为负的，能可靠不动作。

（2）在两相短路或单相接地短路时，由于继电器接在非故障相电压上，因而没有电压死区。这一点十分重要，因为在高压输电线路上两相和单相接地短路是最常见的故障，三相短路则较少见。

（3）输电线路阻抗角的变化范围为 $0° < \phi_x < 90°$，如果继电器的内角 $\alpha = 45°$，则继电器动作最灵敏。

7-20　为什么方向继电器会产生动作"死区"？

答： 接入方向继电器的是继电器安装处的电压、电流两个电气量，继电器要可靠动作就需要一定的最小动作功率 $S_{op.min}$。如果在靠近继电器安装处发生正方向三相短路，加在继电器上的电压为零或很小，继电器的动作功率就小于 $S_{op.min}$ 而不能动作，于是就产生了动作的"死区"。很明显，$S_{op.min}$ 值越小，继电器的死区就越小。

7-21　简述 LG-11 型方向继电器的工作原理。

答： LG-11 型方向继电器系采用比较两个电气量绝对值原理构成，其原理接线如图 7-11 所示。

当有电流 $\dot{I}$ 通过 TL（铁芯带有气隙的电抗变压器）的一次线圈 W1 时，在其两个二次线圈 W2、W3 上得到相等的电压 $U_1 = \dot{I}Z$（Z 为 TL 的补偿阻抗），$\dot{U}_1$ 超前电流 $\dot{I}$ 一个 α 角，如图 7-12 所示。接入与 TL 二次线圈 W4 并联的电阻 R_3 或 R_4，可以改变 α 角的大小，从而改变继电器的最大灵敏角。

在谐振变压器 TV 的一次线圈加入系统电压 $\dot{U}$ 时，其两个二次线圈 W3、W4 上得到相等的电压 KU，且 K 值为复数。当谐振

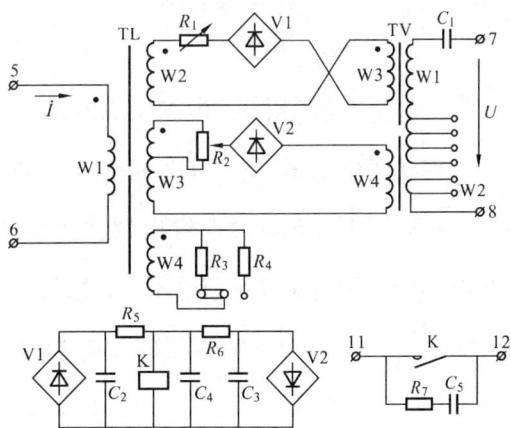

图 7-11　LG-11 方向继电器原理接线图

时，$\dot{U}$ 和 $\dot{I}_{TV}$（TV 一次线圈 W1 在 $\dot{U}$ 作用下产生的电流）同相位，$K\dot{U}$ 超前 $\dot{U}$ 90°；$\dot{U}_{C1}$ 和 $\dot{U}_L$ 分别为电容器 C_1 和线圈电感 L 上的电压，且 $\dot{U}_L = -\dot{U}_{C1}$；$\dot{U}_R$ 为谐振回路的等效电阻 R

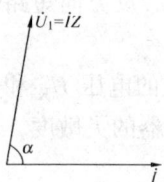

图 7 – 12　TL的
相量图

上的电压降。此时 $\dot{U}$、$K\dot{U}$、$\dot{I}_{TV}$、$\dot{U}_{C1}$、$\dot{U}_L$、$\dot{U}_R$ 所组成的相量图如图 7 – 13 所示。

　　根据图 7 – 11 接线，V1 交流侧的电压量为 $\dot{I}Z + K\dot{U}$，其输出为 $|\dot{I}Z + K\dot{U}|$ 作为继电器的动作量；V2 交流侧电压量为 $\dot{I}Z - K\dot{U}$，其输出为 $|\dot{I}Z - K\dot{U}|$ 作为继电器的制动量。则继电器的动作边界条件为 $|\dot{I}Z + K\dot{U}| = |\dot{I}Z - K\dot{U}|$。当 $|\dot{I}Z + K\dot{U}| > |\dot{I}Z - K\dot{U}|$ 时，继电器动作。

　　$\dot{I}Z$ 超前 $\dot{I}$ $\alpha = 60°$（45°）（用 R_4 时 $\alpha = 60°$，用 R_3 时 $\alpha = 45°$），如图 7 – 14 所示，通过谐振变压器 TV 后其二次电压 $K\dot{U}$ 超前一次电压 $\dot{U}$ 为 90°。若在图 7 – 14 上作一条直线 AB 与相量 $\dot{I}Z$ 重合，当 $\dot{U}$ 也与直线 AB 重合时，则不论 $K\dot{U}$ 的数值为多大（$KU = 0$ 除外），都能满足继电器的动作边界条件，所以直线 AB 就是继电器的动作边界线。

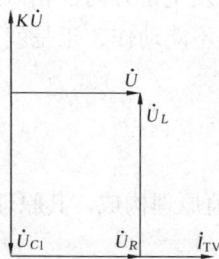

图 7 – 13　TV 谐振时
的相量图

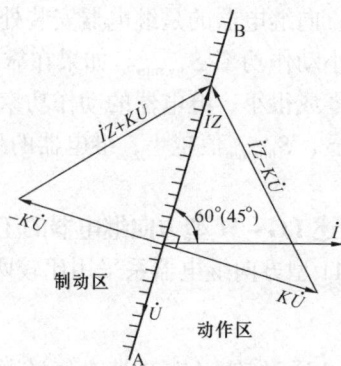

图 7 – 14　LG – 11 的灵敏角和动作区

　　当 $K\dot{U}$ 与 $\dot{I}Z$ 同相位，即加于继电器的系统电压 $\dot{U}$ 落后于通入继电器的电流 $\dot{I}$ 为 30°（$\dot{I}Z$ 超前 $\dot{I}$ 60° 时）或 45°（$\dot{I}Z$ 超前 $\dot{I}$ 45° 时），动作量 $|\dot{I}Z + K\dot{U}|$ 达最大值，制动量 $|\dot{I}Z - K\dot{U}|$ 达最小值，此时继电器动作最灵敏。所以 LG – 11 型继电器的最大灵敏角为 $-30°$ 或 $-45°$（因电流 $\dot{I}$ 超前电压 $\dot{U}$，故为负值）。

　　如果 $K\dot{U}$ 超前 $\dot{I}Z$ 90° ~ 270°，即相当于 $\dot{U}$ 超前 $\dot{I}Z$ 0 ~ 180° 时，则 $|\dot{I}Z + K\dot{U}| < |\dot{I}Z - K\dot{U}|$，继电器不动作，所以直线 AB 的左边部分为继电器的制动区。如果 $K\dot{U}$ 超前和落后 $\dot{I}Z$ 的角度都为 0° ~ 90°，即 $\dot{U}$ 落后于 $\dot{I}Z$ 0° ~ 180° 时，$|\dot{I}Z + K\dot{U}| > |\dot{I}Z - K\dot{U}|$，继电器动作，故直线 AB 的右边部分为动作区。因此，继电器具有方向性。

7 – 22　LG – 11 型方向继电器在被保护线路出口处发生三相短路时为什么没有动作死区？
　　答： LG – 11 型方向继电器的谐振变压器 TV 的一次侧串接有电容器 C_1，它与 TV 的一次线圈构成 50Hz 的串联谐振回路,当被保护线路出口发生三相短路时,电压 $\dot{U}$ 突然降低为零,但是该回路的电流 $\dot{i}$ 并不立即消失,而是按 50Hz 谐振频率经过几个周波后逐渐衰减为零。由于 $\dot{i}$ 在故障前与电压 $\dot{U}$ 同相,同时在衰减过程中相位不变,相当于"记忆"住了短路前的情况,继电器能可靠动作,从而消除了动作死区。

7-23　LG-11 型方向继电器为什么会产生电流潜动和电压潜动?怎样消除?

答:只对继电器通入电流而不加电压时,由于继电器回路不对称而引起继电器动作的现象称为电流潜动。LG-11 型方向继电器产生电流潜动是由于 TL 二次线圈 W2 上的电压 IZ 大于线圈 W3 上的电压的缘故。

消除电流潜动的方法是调整 W2 回路中的电阻 R_1,使 V1 和 V2 的输出电压相等。

只对继电器加入电压而不通入电流,由于继电器回路不对称引起继电器动作的现象称为电压潜动。LG-11 型方向继电器产生电压潜动是因 TV 二次线圈 W3 上的电压大于 W4 上的电压所致。

消除电压潜动的方法是调整制动回路中的电阻 R_2,使 V1、V2 的输出电压相等。

7-24　方向过电流保护的动作时限按什么原则整定?

答:方向过电流保护的动作时限是按逆向阶梯原则整定,即同一动作方向的保护装置,其动作时限按阶梯原则来整定。现以图 7-15 所示的电网为例加以说明。图 7-15 中的箭头标明了各个保护的动作方向,其中 1、3、5、7 保护的方向相同作为一组,2、4、6、8 保护的方向相同作为另一组,它们的动作时限应为:$t_1 > t_3 > t_5 > t_7$;$t_8 > t_6 > t_4 > t_2$。

这里必须指出:保护的动作时限,不仅要与相邻主干线上的保护相配合,而且要与被保护线路对侧变电所或发电厂其他出线的保护相配合。

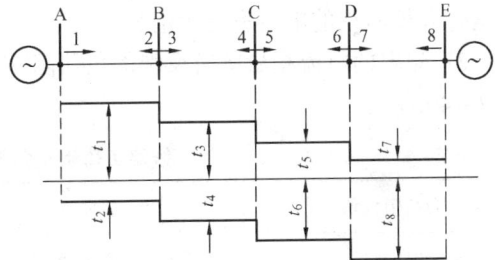

图 7-15　按逆向阶梯原则选择的时限特性

从分析图 7-15 所示的时限特性可以看出,不是所有保护都必须装设方向元件。例如变电所 D 中的保护 6 和 7,因为 $t_6 > t_7$,所以当在 DE 线上发生短路时,保护 7 先于保护 6 动作,将故障线路在 D 处断开,即动作时限的配合已能保证保护 6 不会发生非选择性动作,故保护 6 可不装设方向元件。于是可以得出结论:对装设在同一母线上的保护来说,其动作时限较长者可不装设方向元件;动作时限较短者必须装设方向元件;如保护的动作时限相同,就都应装设方向元件。

7-25　单电源环形电网中的方向电流保护为什么会出现相继动作?相继动作的范围与什么因素有关?

答:如图 7-16 所示的单电源环形电网中靠近母线 A 的 k 点发生短路,由于短路电流在环网中的分配与线路阻抗成反比,几乎全部短路电流都经断路器 1 流向短路点 k,短路电流

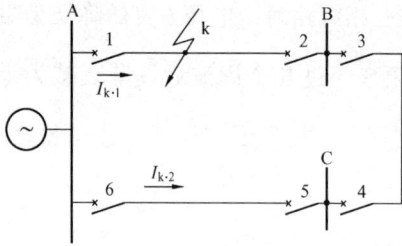

图 7－16　单电源环形网络

$I_{k.1}$ 很大。而经过断路器 6、5、4、3、2 流向 k 点的短路电流 $I_{k.2}$，很小，因此在短路开始时保护 2 可能不动作。只有当延时最长的保护 1 动作将其断路器 1 断开后，电网变成开环状态，短路电流 $I_{k.2}$ 增大，延时小的保护 2 才能动作，断开其断路器 2。保护装置的这种动作叫相继动作。线路上出现这种动作的长度叫相继动作区。

相继动作区取决于环形线路各段长度之比和短路电流与保护动作电流的比值。因此相继动作不仅在靠近电源母线处短路时发生，而且可能发生在 AB 段线路（如图 7－16 所示）的大部分范围或全线路上，有时甚至伸长到相邻线路上去。

7－26　怎样利用负荷电流和工作电压检查相间方向继电器接线的正确性？

答：检查试验前，先将方向电流保护装置停用，再按下述步骤试验。

（1）测绘三相电流相量。利用电流表和相位表（或单相瓦特表）测量被试线路的三相电流值及其相位，并按测量结果画出相量图。三相电流应大小相等，互差 120°且为正相序。应特别注意，测量过程中不要造成电流回路开路。

（2）核对电流互感器变比和负荷角。

1）根据测出的电流值和方向电流保护所用电流互感器的变比，计算出的一次电流值应和运行人员监视的电流表指示值相一致。

2）测出的电流相量图所反映的负荷阻抗角应和当时被试线路功率的送受关系相符，如表 7－4 所示。

表 7－4　　　　　　　　　　　　线路负荷阻抗角与其传输功率的关系

负荷阻抗角	功率方向	负荷阻抗角	功率方向
0°～90°	送有功、送无功	180°～270°	受有功、受无功
90°～180°	送有功、受无功	270°～360°	受有功、送无功

（3）观察方向继电器的动作情况。对某相方向继电器通入相电流并保持不变，再临时对其分别加入电压 $\dot{U}_{AB}$、$-\dot{U}_{AB}$、$\dot{U}_{BC}$、$-\dot{U}_{BC}$、$\dot{U}_{CA}$、$-\dot{U}_{CA}$，观察、记录继电器的动作情况，并与根据继电器的内角事先在电流、电压相量图中画出的该相继电器动作区进行比较，如果两者相符，就说明该相方向继电器的接线正确。

7－27　何谓零序保护？大接地电流系统中为什么要单独装设零序保护？

答：大接地电流系统中发生接地故障后，就有零序电流、零序电压和零序功率出现，利用这些电量构成保护接地短路的继电保护装置统称为零序保护。三相星形接线的过电流保护虽然也能保护接地短路，但其灵敏度较低，保护时限较长。采用零序保护就可克服此不足，这是因为：①系统正常运行和发生相间短路时，不会出现零序电流和零序电压。因此零序保护的动作电流可以整定得较小，这有利于提高其灵敏度；②Y，d 接线降压变压器 △ 侧以后的零序电流不会反映到 Y 侧，所以零序保护的动作时限不必与该种变压器以后的线路保护相配合而取较短的动作时限。

7-28　大接地电流系统零序电流保护是怎样构成的?

答:把变比和型号相同的 A、B、C 三相电流互感器的二次绕组接成星形（构成零序电流滤序器），在其中性线回路中接入电流继电器，就构成了大接地电流系统中的零序电流保护。

在系统正常运行和发生相间故障时，电网中没有零序电流，零序电流滤序器无输出电流（忽略电流互感器的励磁电流和误差），故流入继电器的电流为零。而当线路发生接地故障时，电网中出现零序电流 I_0，就有 $3I_0$ 流入继电器，如其值超过继电器的动作电流，保护动作切除故障。

零序电流保护与相间电流保护一样，通常采用三段式:第 I 段为无时限（瞬时）零序电流速断，第 II 段为带时限零序电流速断，第 III 段为零序电流保护。

7-29　为什么在大接地电流系统中零序电流的数值和分布与变压器中性点是否接地有很大关系?

答:接地点处零序电压的数值最大，在零序电压作用下，零序电流沿线路、变压器中性点、大地、接地点所形成的零序回路流通，因此零序电流的数值和分布与变压器中性点是否接地有很大关系，而与电源的数目无关（因为电源无零序电压）。如图 7-17（a）所示的

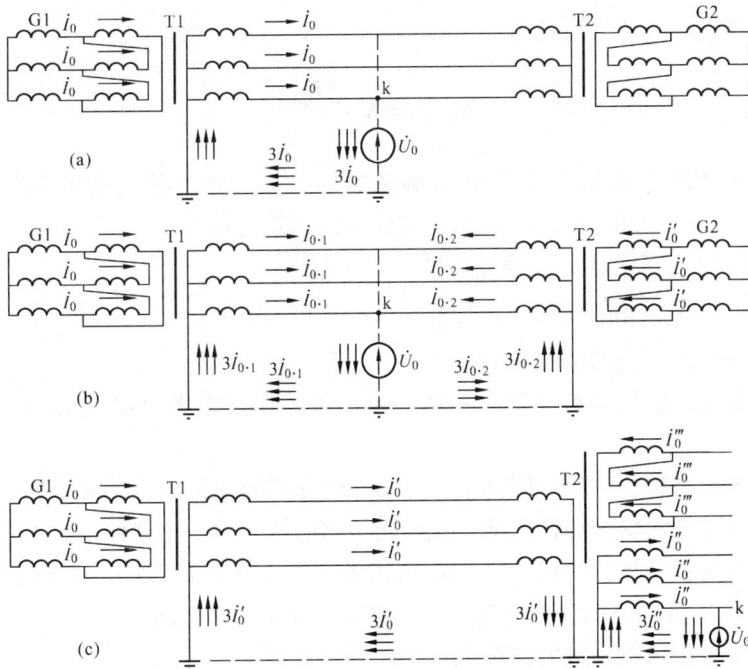

图 7-17　单相接地短路时零序电流分布图

（a）一台变压器中性点接地；（b）两台变压器中性点接地；

（c）不同电压通过 YN，yn 变压器连接的网络单相接地

系统中，只有变压器 T1 的中性点直接接地，当 k 点发生单相接地短路时，由于变压器 T2 的中性点不接地，所以零序电流只流经 T1 而不流向 T2。T1 的 Δ 侧绕组中虽感应有零序电流，但它只在 Δ 侧绕组中环流而不能流向 Δ 侧的引出线。在图 7 - 17（b）中，变压器 T1、T2 的中性点都直接接地，所以在 k 点发生单相接地时，零序电流经由 T1、T2 两条路径形成回路。在图 7 - 17（c）中，变压器 T1 和 T2 的三个中性点都直接接地，当 T2 的低压侧 k 点发生单相接地时，不仅 T2 低压侧线路有零序电流，而且 T1 与 T2 之间的线路上也有零序电流。

零序电压与零序电流间的相位差只取决于零序电流通过回路（变压器、线路）的零序阻抗角，而与被保护线路的阻抗角无关。这是零序方向继电器与相间保护方向继电器截然不同之处。另外，零序功率（零序电压与零序电流之积）是由线路接地点流向母线。以上两点应特别注意。

7 - 30　零序电流保护的动作电流应怎样整定？对其灵敏系数有何要求？

答：零序电流保护的动作电流，一般按躲过零序电流滤序器输出的最大不平衡电流来整定。由于线路发生三相短路时的短路电流最大，零序电流滤序器输出的不平衡电流也最大，因此应当按躲过发生三相短路时的不平衡电流来整定，即继电器的动作电流为

$$I_{op.k} = K_1 I_{ub.max}$$

式中　K_1——可靠系数，一般取 1.2 ~ 1.3；

$I_{ub.max}$——三相短路时零序电流滤序器输出的最大不平衡电流。

最大不平衡电流的计算公式为

$$I_{ub.max} = K_2 f_i \frac{I_{k.max}^{(3)}}{n}$$

式中　K_2——短路电流非周期分量影响系数，当保护动作时间在 0.1s 以下时取 2，在 0.1 ~ 0.3s 时取 1.5，保护动作时间再长时取 1；

f_i——电流互感器 10% 误差系数，取 0.1；

$I_{k.max}^{(3)}$——在下一相邻元件出口处的最大三相短路电流；

n——电流互感器的变比。

在实际整定时，根据运行经验，一般取零序电流保护中电流继电器的动作电流为 2 ~ 4A。

如果零序电流保护的动作时限比下一相邻元件上相间保护的动作时间长，相邻元件上发生相间短路，零序电流保护动作之前，该相间短路已被切除，在这种情况下，零序电流保护的动作电流只须按正常运行时的不平衡电流来整定。正常运行中的不平衡电流一般在 0.01 ~ 0.2A 之间，因此继电器的动作电流一般可整定在 0.5 ~ 1A 之间。

对零序电流保护灵敏系数的要求是：

（1）如果将其作为本线路的后备保护，其灵敏系数应以本线路末端接地短路时的最小零序电流 $3I_{0.min}$ 来校验，灵敏系数 $K \geqslant 2$；

（2）如果将其作为下一相邻线路的后备保护，应以相邻线路末端接地短路时流过它的最

小零序电流来校验，并考虑分支电源和助增电源的影响，灵敏系数 $K \geqslant 1.5$。

7-31　大接地电流系统的零序电流保护的时限特性和相间短路电流保护的时限特性有何异同？为什么？

答：接地故障和相间故障电流保护的时限特性都按阶梯原则整定。所不同的是接地故障零序电流保护的动作时限不须从离电源最远处的保护开始逐级增大，而相间故障的电流保护的动作时限则必须从离电源最远处的保护开始逐级增大，如图7-18所示（其中时间阶梯特

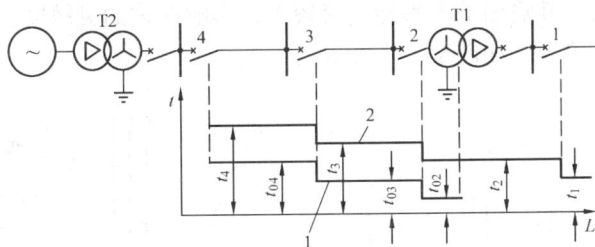

图7-18　接地和相间两种电流保护的时限特性比较图
1—零序保护；2—相间保护

性1代表零序电流保护的时限特性，2代表相间短路电流保护的时限特性）。这是因为变压器T1的Δ侧以后无零序电流流通之故。

7-32　在大接地电流系统中，为什么有时要加装方向继电器组成零序方向电流保护？

答：在大接地电流系统中，如线路两端的变压器中性点都接地，当线路上发生接地短路时，在故障点与各变压器中性点之间都有零序电流流过，其情况和两侧电源供电的辐射形电网中的相间故障电流保护一样。为了保证各零序电流保护有选择性动作，就必须加装方向继电器，使其动作带有方向性。使得零序方向电流保护在母线向线路输送功率时投入，线路向母线输送功率时退出。

7-33　在零序方向保护中，为什么要将方向继电器的电压（电流）线圈反极性接到零序电压（零序电流）滤序器的输出端？

答：在继电保护技术中，习惯上常规定电流的正方向是从母线流向线路，电压的电位是线路高于大地，这样规定与实际情况相同。电压、电流互感器也正是按照这种规定的正方向接入一次系统的。当线路发生接地故障时，零序电压的电位仍是线路高于大地，即与上述规定的相同；而零序电流则是从接地点经线路流向母线，即与规定的电流正方向相反。由于零序电流的实际方向落后零序电压约70°，因此，零序方向继电器的最大灵敏角按70°（加入继电器的电流落后于加入的电压）进行设计。为了使发生接地故障时方向继电器不失去方向性且动作最灵敏，就必须将方向继电器的电压（电流）线圈反极性接到零序电压（零序电流）滤序器的输出端。特别指出：不能将方向继电器的电压、电流线圈同时反极性接到零序电压、电流滤序器的输出端。关键是要记住零序电流的实际流向与习惯上规定的正方向相反，而电压、电流互感器则是按规定的正方向接入一次系统的。

7-34 获得零序电流的方法有哪两种?

答: 由对称分量法可知,A、B、C 三相电流 $\dot{I}_A$、$\dot{I}_B$、$\dot{I}_C$ 之和即为零序电流 $\dot{I}_0$ 的 3 倍,即 $3\dot{I}_0 = \dot{I}_A + \dot{I}_B + \dot{I}_C$。据此可在三相上分别装设型号和变比都相同的电流互感器,将它们的二次绕组同极性并联后再接入电流继电器,则流入电流继电器的就是 $3\dot{I}_0$,见图 7-19。这种方法称为零序电流滤序器法,常用于大接地电流系统中。

在小接地电流系统中,各相对地电容电流不容忽视,特别是电缆线路更是如此。若仍用上述零序电流滤序器,其输出的不平衡电流较大,影响保护的灵敏度,所以设计专门用于电缆线路的零序电流互感器,如图 7-20 所示。

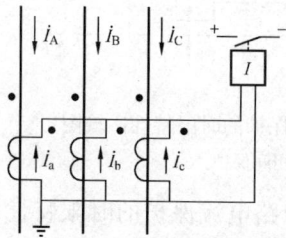

图 7-19 由三个电流互感器
构成的零序电流滤序器

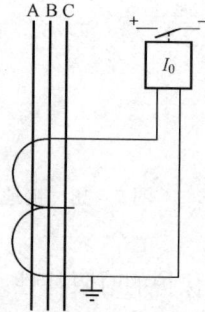

图 7-20 由零序电流互感
器构成的零序电流保护

7-35 何谓距离保护? 它有何优缺点?
答: 能反应保护安装处至故障点的距离(阻抗),并根据该距离的远近而确定动作时限的保护装置称距离保护。故障点距保护安装处的距离愈近,保护的动作时限愈短;反之,保护的动作时限就长。

距离保护的优点是:

(1) 由于距离保护既反应故障时电流的增大,又反应故障时电压的降低,因而其灵敏度较电流、电压保护高。

(2) 其第 I 段的保护范围不受系统运行方式的影响,其他各段受运行方式的影响也较小,因此保护范围较稳定。

(3) 它可以在任何形状的多电源电网中保证动作的选择性。

距离保护的缺点是:

(1) 只能在被保护线路全长的 80%~85% 范围内实现瞬时(第 I 段)切除故障。

(2) 在两端都有电源的线路上,每端都有在 15%~20% 保护范围内发生的故障,要用对端具有约 0.5s(第 II 段)的延时来切除,这对保证系统稳定和用户连续供电,有时是不允许的。

7-36 距离保护装置由哪些主要部分组成? 各起什么作用?
答: 为使距离保护装置动作可靠,距离保护应由五部分组成:

（1）测量部分。用于对短路点的距离测量和判别短路故障的方向。

（2）起动部分。用来判别系统是否处在故障状态。当短路故障发生时，瞬时起动保护装置。有的距离保护装置的起动部分还兼起后备保护的作用。

（3）振荡闭锁部分。用来防止系统振荡时距离保护误动作。

（4）二次电压回路断线失压闭锁部分。当电压互感器二次回路断线失压时，它可防止由于阻抗继电器动作而引起的保护误动作。

（5）逻辑部分。可用它来实现保护装置应具有的性能和建立保护各段的时限。

7-37　距离保护装置是怎样进行分类的?

答：目前运行中的距离保护装置型式多样,而且还在不断研制新的产品,其分类大致如下。

（1）按阻抗继电器动作特性分类。在阻抗复平面上，常用阻抗继电器的动作特性有：①全阻抗特性；②方向阻抗特性；③偏移阻抗特性；④直线特性；⑤四边形阻抗特性；⑥苹果形阻抗特性；⑦其他阻抗特性，如椭圆形、橄榄形等。

（2）按保护装置的型式分类，有：①机电型距离保护；②电子型距离保护；③数字计算机型距离保护。

7-38　何谓距离保护的时限特性?

答：距离保护一般都作成三段式，其时限特性如图7-21所示。图中 Z 为保护装置。其第 I 段的保护范围一般为被保护线路全长的 $80\% \sim 85\%$，动作时间 t_I 为保护装置的固有动作时间。第 II 段的保护范围为被保护线路的全长及下一线路全长的 $30\% \sim 40\%$，其动作时限 t_{II} 要与下一线路距离保护第 I 段的动作时限相配合，一般为 0.5s 左右。第 III 段为后备保护，

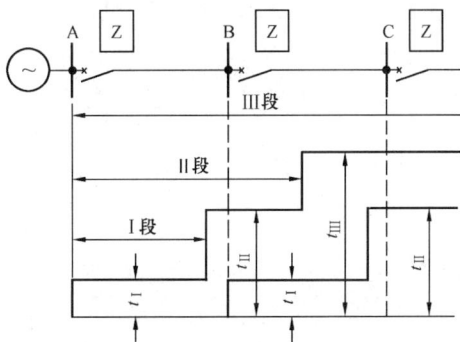

图 7-21　距离保护的时限特性

其保护范围较长，包括本线路和下一线路的全长乃至更远，其动作时限 t_{III} 按阶梯原则整定。

7-39　距离保护的第 I 段保护范围为什么选择为被保护线路全长的 $80\% \sim 85\%$?

答：距离保护第 I 段的动作时限为保护装置本身的固有动作时间，为了和相邻的下一线路的距离保护第 I 段有选择性的配合，两者的保护范围不能有重叠的部分。否则，本线路第 I 段的保护范围会延伸到下一线路，造成无选择性动作。再者，保护范围的计算有误差，电压互感器和电流互感器的测量也有误差，考虑最不利的情况，这些误差为正值相加，如果第 I 段的保护范围为被保护线路的全长，就不可避免地要延伸到下一线路。此时，若下一线路出口故障，则相邻的两条线路的第 I 段会同时动作，造成无选择性地切断故障。为除上弊，第 I 段保护范围通常为被保护线路全长的 $80\% \sim 85\%$。

7-40　何谓方向阻抗继电器?

答：所谓方向阻抗继电器，是指它不但能测量阻抗的大小，而且能判断故障方向。这种

阻抗继电器不但能反应输入到继电器的工作电流（测量电流）和工作电压（测量电压）的大小，而且能反应它们之间的相角关系。由于在多电源的复杂电网中，要求测量元件应能反应短路故障点的方向，所以方向阻抗继电器就成为距离保护装置中一种最常用的测量元件。

从原理上讲，不管继电器在阻抗复平面上是何种动作特性，只要能判断出短路阻抗的大小和短路方向，都可称之为方向阻抗继电器。但习惯上是指在阻抗复平面上过坐标原点并具有圆形特性的阻抗继电器。

7－41　常用的圆特性阻抗继电器有哪三种？分别写出其特性圆的方程式。

答：常用的圆特性阻抗继电器有：

（1）偏移特性阻抗继电器。其坐标原点位于阻抗特性圆内 [图 7－22（a）]，阻抗特性圆的方程式为

$$\left| Z - \frac{Z' + Z''}{2} \right| = \left| \frac{Z' - Z''}{2} \right|$$

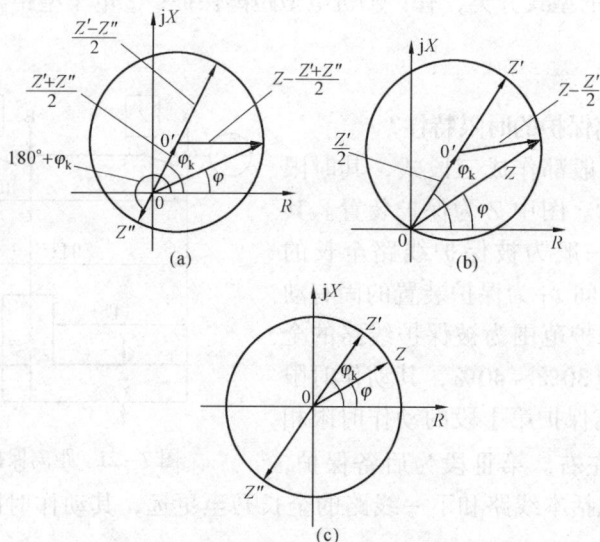

图 7－22　圆特性阻抗继电器的特性圆

（a）偏移特性阻抗继电器；（b）方向阻抗继电器；（c）全阻抗继电器

Z—动作阻抗；φ—Z 的阻抗角；Z'、Z'' 通过圆心的从坐标原点指向第一和第三象限的两个阻抗相量；φ_k—Z' 的阻抗角

（2）方向阻抗继电器。它是偏移特性阻抗继电器在 $Z'' = 0$ 时的特例，其阻抗特性圆通过坐标原点 [图 7－22（b）]，其阻抗特性圆的方程式为

$$\left| Z - \frac{Z'}{2} \right| = \left| \frac{Z'}{2} \right|$$

（3）全阻抗继电器。它是偏移特性阻抗继电器在 $Z' = -Z''$ 时的特例，其阻抗特性圆的圆心与坐标原点 O 相重合 [图 7－22（c）]，其阻抗特性圆方程式为

$$\left| Z \right| = \left| Z' \right|$$

图 7－22 所示阻抗特性圆的内部为阻抗继电器的动作区，外部为不动作区。

从图 7－22 可以看出：偏移特性阻抗继电器除能切除正方向的短路故障外，还能切除反

方向近处的短路故障；方向阻抗继电器则仅保护正方向的短路故障；全阻抗继电器则失去方向性。

7-42 何谓阻抗继电器的测量阻抗，整定阻抗和动作阻抗？

答：阻抗继电器的测量阻抗是它所测量（感受）到的阻抗，即加入到继电器的电压、电流的比值。例如，在正常运行时，它的测量阻抗就是通过被保护线路的负荷的阻抗。

整定阻抗是编制整定方案时根据保护范围给出的阻抗。发生短路时，当测量阻抗等于或小于整定阻抗时，阻抗继电器动作。在阻抗继电器电流回路中，改变电抗变压器（TL）一次线圈的抽头和二次线圈上并联的可变电阻，以及调节电压回路中调节变压器（TV）的抽头，可以得到不同幅值、幅角的整定阻抗。

动作阻抗是能使阻抗继电器动作的最大测量阻抗。

7-43 何谓阻抗继电器的0°接线？为什么相间距离保护的测量元件常采用此种接线？

答：假定负荷的功率因数为1，即电流与同名相电压同相位，按表7-5将电压、电流接入阻抗继电器，这种接线方式就称为0°接线，如图7-23所示。

表7-5　接入阻抗继电器的电流、电压

继电器编号	1	2	3
接入电压	$\dot{U}_{AB}$	$\dot{U}_{BC}$	$\dot{U}_{CA}$
接入电流	$\dot{I}_A - \dot{I}_B$	$\dot{I}_B - \dot{I}_C$	$\dot{I}_C - \dot{I}_A$

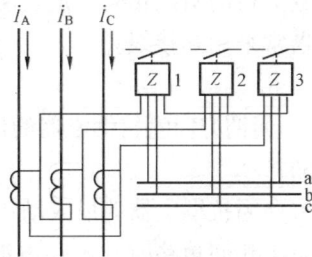

图7-23　阻抗继电器接入线电压
及同名相电流之差的接线图

相间距离保护的测量元件，应能正确反应短路点至保护安装处的距离，并与故障类型无关，亦即其保护范围不应随故障类型而变。下面分别以三相短路、两相短路、两相接地短路为例，分析0°接线的方向阻抗继电器的测量阻抗。

（1）三相短路。它属对称性短路，不破坏系统的对称性。设短路点到保护安装处的距离为 l（km），被保护线路每公里的正序阻抗为 Z_1（Ω），则接入 $\dot{U}_{AB}$、$\dot{I}_A - \dot{I}_B$ 的阻抗继电器的测量阻抗为

$$Z_{m(AB)} = \frac{\dot{U}_{AB}}{\dot{I}_A - \dot{I}_B} = \frac{(\dot{I}_A - \dot{I}_B)\, Z_1 l}{\dot{I}_A - \dot{I}_B} = Z_1 l$$

接入 $\dot{U}_{BC}$、$\dot{I}_B - \dot{I}_C$ 的阻抗继电器的测量阻抗为

$$Z_{m(BC)} = \frac{\dot{U}_{BC}}{\dot{I}_B - \dot{I}_C} = \frac{(\dot{I}_B - \dot{I}_C)\, Z_1 l}{\dot{I}_B - \dot{I}_C} = Z_1 l$$

接入 $\dot{U}_{CA}$、$\dot{I}_C - \dot{I}_A$ 的阻抗继电器的测量阻抗为

$$Z_{m(CA)} = \frac{\dot{U}_{CA}}{\dot{I}_C - \dot{I}_A} = \frac{(\dot{I}_C - \dot{I}_A)\,Z_1 l}{\dot{I}_C - \dot{I}_A} = Z_1 l$$

上述三式说明，三相短路时，三个阻抗继电器的测量阻抗都等于短路点到保护安装处的线路阻抗，它们都能动作。

（2）两相短路。以 A、B 两相短路为例，接入 $\dot{U}_{AB}$、$\dot{I}_A - \dot{I}_B$ 的阻抗继电器的测量阻抗为

$$Z_{m(AB)} = \frac{\dot{U}_{AB}}{\dot{I}_A - \dot{I}_B} = \frac{(\dot{I}_A - \dot{I}_B)\,Z_1 l}{\dot{I}_A - \dot{I}_B} = Z_1 l$$

（3）中性点直接接地系统的两相接地短路。按照与上面类似的推导方法，可得两相接地短路时，接入与两接地相同名电压、电流之差的阻抗继电器的测量阻抗 $Z_{cl} = Z_1 l$。

从上述分析看出，阻抗继电器采用 0°接线的好处是，在被保护线路同一点发生各种相间短路时，其测得的阻抗相同，不会使保护范围随故障类型而变化，为此切除相间短路故障的阻抗继电器常采用 0°接线。

7–44　何谓方向阻抗继电器的最大灵敏角？为什么要调整其最大灵敏角等于被保护线路的阻抗角？

答：方向阻抗继电器的最大动作阻抗（幅值）的阻抗角，称为它的最大灵敏角 φ_{max}。被保护线路发生相间短路时，短路电流与继电器安装处电压间的夹角等于线路的阻抗角 φ_Z。线路短路时，方向阻抗继电器测量阻抗的阻抗角 φ_{cl} 等于线路的阻抗角 φ_Z，为了使继电器工作在最灵敏状态下，故要求继电器的最大灵敏角 φ_{max} 等于被保护线路的阻抗角 φ_Z。

7–45　什么是方向阻抗继电器的转移阻抗？如何调整转移阻抗的幅值和幅角？

答：在前述方向阻抗继电器阻抗特性圆方程式的两边均乘以电流 $\dot{I}$，则
$\left| \dot{I}Z - \dot{I}\dfrac{Z'}{2} \right| = \left| \dot{I}\dfrac{Z'}{2} \right|$。令 $\dot{U} = \dot{I}Z$，并考虑到阻抗特性圆的内部为继电器的动作区，则方向阻抗继电器的动作方程式为

$$\left| \dot{U} - \dot{I}\frac{Z'}{2} \right| \leqslant \left| \dot{I}\frac{Z'}{2} \right|$$

$\dot{U} = \dot{I}Z$ 反映了故障点到保护安装处之间的电压降，即保护安装处母线上的残余电压。$\dot{I}\dfrac{Z'}{2}$ 为 $\dot{I}$ 在固定阻抗 $\dfrac{Z'}{2}$ 上的电压降。$\dot{I}\dfrac{Z'}{2}$ 可通过接入阻抗继电器电流回路中的电抗变压器 TL 来获得。TL 的二次电压 $\dot{U}_{TL}$ 与其一次电流 $\dot{I}$ 成正比，即

$$\dot{U}_{TL} = \dot{I}Z_1$$

式中　Z_1——转移（补偿）阻抗。

很显然，要想满足方向阻抗继电器的动作方程式，即满足

$$\left| \dot{U} - \dot{I} \frac{Z'}{2} \right| \leq \left| \dot{I} \frac{Z'}{2} \right|$$

就必须使

$$Z_1 = Z'/2。$$

于是，方向阻抗继电器的动作方程式变为

$$|\dot{U} - \dot{I} Z_1| \leq |\dot{I} Z_1|$$

如果使 Z_1 的幅角 φ_1 等于 Z（$\dot{U} = \dot{I} Z$）的幅角 φ_Z，和方向阻抗继电器的最大灵敏角 φ_{max}，即 $\varphi_1 = \varphi_Z = \varphi_{max}$，则上式左边的相量差就变为数量差，继电器动作最灵敏。

综上所述，Z_1 的幅值和幅角应能分别调整，才能使方向阻抗继电器满足不同长度和不同阻抗角的被保护线路的要求。为此，在 TL 的一次绕组（电流回路）设有调整抽头，以调整 Z_1 的幅值；在 TL 的二次绕组的一部分上并联可变电阻，以调整 Z_1 的幅角。

7-46　什么是阻抗继电器的最小精确工作电流？为什么要求线路末端短路时加于阻抗继电器的电流必须大于其最小精确工作电流？

答：短路点到阻抗继电器安装处的距离（阻抗）等于或小于其动作阻抗 Z_{op} 时，阻抗继电器就应动作。因此，从理论上讲，Z_{op} 与通入阻抗继电器的电流 I 无关，这时的 $Z_{op} = f(I)$ 如图 7-24 中直线 1 所示。但实际情况是，不管阻抗继电器有制动力矩（机电型）还是有门槛电压（晶体管型），只有在电流 I 达到一定值后，它才能动作；再者，继电器内的电抗变压器 TL 中的电流 I 在大到某一值后，其铁芯要饱和。计及这两种因素的 $Z_{op} = f(I)$，如图 7-24 中曲线 2 所示。

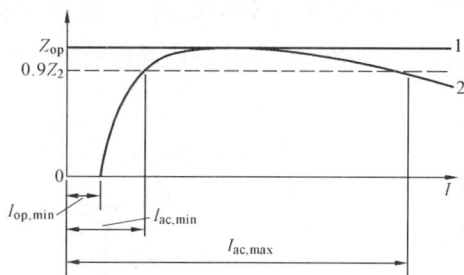

图 7-24　阻抗继电器 $Z_{op} = f(I)$ 曲线
1—理论的 $Z_{op} = f(I)$；2—实际的 $Z_{op} = f(I)$

从曲线 2 可以看出，当 I 小于最小动作电流 $I_{op,min}$ 时，继电器克服不了制动力矩而不会动作，表现为 $Z_{op} = 0$；当 I 大于最小动作电流 $I_{op,min}$ 后，继电器动作，初始时，Z_{op} 增大很快，随后趋于稳定，稳定一段以后又开始下降。针对曲线 2 的上述特点，为了使 Z_{op} 尽快稳定，人们提出最小精确工作电流 $I_{ac,min}$ 作为阻抗继电器的一个重要性能指标。

用 Z_2 代表阻抗继电器的整定阻抗，规定与 $Z_{op} = 0.9Z_2$ 相对应的最小电流称为阻抗继电器的最小精确工作电流。因此，当 $I > I_{ac.min}$ 时，就可以保证 Z_{op} 的误差在 10% 范围以内，而这个误差在选择可靠系数时已被考虑进去了。只要被保护线路末端短路时的短路电流大于 $I_{ac.min}$，即可保证阻抗继电器（距离保护）有可靠的动作范围。

与 $Z_{op} = 0.9Z_2$ 相对应的最大电流称为最大精确工作电流 $I_{ac.max}$，这是 TL 饱和引起的。显然，在实际中应保证通入阻抗继电器的电流 I 满足 $I_{ac.min} < I < I_{ac.max}$。实际上，系统短路电流一般不会大于 $I_{ac.max}$，所以在实用中有意义的仅是 $I_{ac.min}$，而不考虑 $I_{ac.max}$。

7-47 影响阻抗继电器正确测量的因素有哪些?

答：影响阻抗继电器正确测量的因素有：①故障点的过渡电阻；②保护安装处与故障点之间的助增电流和汲出电流；③测量互感器的误差；④电力系统振荡；⑤电压二次回路断线；⑥被保护线路的串联补偿电容器。

7-48 造成距离保护暂态超越的因素有哪些?

答：当距离继电器的动作过快时，容易因下述一些原因引起暂态超越：

(1) 短路初始时，一次短路电流中存在的直流分量（有串联电容时为低频分量）与高频分量。

(2) 外部故障转换时的过渡过程。

(3) 电流互感器与电压互感器的二次过渡过程。

(4) 继电器内部回路因输入量突然改变引起的过渡过程等。

7-49 故障点的过渡电阻对阻抗继电器的正确动作有什么影响? 怎样消除这种影响?

答：纯金属性短路几率并不很多，实际上短路点往往存在着过渡电阻 R_1，它主要是短路点的电弧电阻，系纯电阻性质。以方向阻抗继电器为例，设短路点到继电器安装处的短路阻抗为 Z_2，若 Z_2 小于整定阻抗 Z_3，继电器应动作。但由于短路点 R_1 的影响，使继电器的测量（感受）阻抗 $Z_4 = Z_2 + R_1$ 处于阻抗特性圆的外边，继电器不动作，如图 7-25 所示。另外，阻抗继电器是低值动作，R_1 的存在使继电器的测量阻抗的幅值增大、阻抗角减小而偏离最大灵敏角，从而使距离保护装置的灵敏度降低。

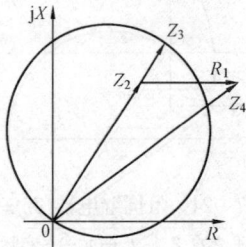

图 7-25 过渡电阻对方向
阻抗继电器动作的影响

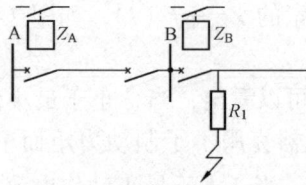

图 7-26 过渡电阻造成距离
保护 Z_A 第Ⅱ段动作

以上是对单只继电器而言，如果在如图 7-26 所示的距离保护 Z_B 第Ⅰ段保护范围内发生相间短路，由于 R_1 的存在，使 Z_B 保护的测量阻抗延伸到第Ⅱ段，造成 Z_A、Z_B 距离保护的第Ⅱ段同时动作，而使 Z_A 保护的动作失去选择性。

R_1 与电弧长度和电流的大小有关，而电弧的长度和电流的大小又随时间变化。在短路开始瞬间，R_1 很小，对阻抗继电器的影响很小。随着时间的增长，R_1 增大，约经 0.1 ~ 0.15s 后，R_1 将急剧上升。R_1 的这一特性对距离保护第Ⅱ段的动作影响较大。为了消除这种影响，距离保护第Ⅱ段通常采用"瞬时测定"装置，即通过起动元件的动作将测量元件的初始动作状态固定下来，以后如因 R_1 增大使测量元件返回时，保护仍可通过"瞬时测定"装置按预先整定的时间动作，断开断路器。

7-50　什么是助增电流和汲出电流？它们对阻抗继电器的工作有什么影响？

答：在图 7-27（a）所示的网络中，当 k1 点发生相间短路时，阻抗继电器 Z_A 第 II 段的测量阻抗为

$$Z_{\text{II m}} = \frac{\dot{I}_1 Z_1 l_1 + (\dot{I}_1 + \dot{I}_2) Z_1 l_2}{\dot{I}_1} = Z_1 l_1 + \frac{\dot{I}_1 + \dot{I}_2}{\dot{I}_1} Z_1 l_2$$

$$= Z_1 l_1 + K_{\text{inc}} Z_1 l_2$$

式中　K_{inc}——助增系数；$K_{\text{inc}} = \dfrac{\dot{I}_1 + \dot{I}_2}{\dot{I}_1}$，一般 $\dot{I}_1$、$\dot{I}_2$ 接近同相位，故可认为 $\dot{K}_{\text{inc}}$ 为实数，且大于 1；

Z_1——被保护线路每公里的正序阻抗。

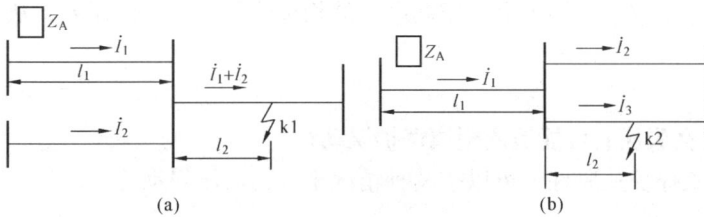

图 7-27　助增电流和汲出电流对阻抗继电器工作的影响
(a) 助增电流；(b) 汲出电流

从上式看出，如果 $I_2 = 0$，$Z_{\text{II m}}$ 就正确地反映了阻抗继电器 Z_A 到短路点的距离。I_2 使得 $Z_{\text{II m}}$ 增大了，降低了阻抗继电器 Z_A（距离保护装置）的灵敏度，但并不影响它与故障线路（k1 点所在线路）保护装置第 I 段配合的选择性，在此情况下，$\dot{I}_2$ 被称为助增电流。

在保护的整定计算中，助增电流的影响必须予以考虑，即在计算公式中引入 K_{inc}。为了确保在任何情况下保护动作的选择性，应按 K_{inc} 为最小的运行方式进行计算。

在图 7-27（b）所示的平行线路之一的 k2 点发生相间短路时，阻抗继电器 Z_A 第 II 段的测量阻抗为

$$Z_{\text{II m}} = \frac{\dot{I}_1 Z_1 l_1 + (\dot{I}_1 - \dot{I}_2) Z_1 l_2}{\dot{I}_1} = Z_1 l_1 + K Z_1 l_2$$

式中　K——汲出系数，$K = \dfrac{\dot{I}_1 - \dot{I}_2}{\dot{I}_1}$，$\dot{I}_1$、$\dot{I}_2$ 接近同相位，可认为 K 为实数，且小于 1。

由于 I_2 的存在使得 $Z_{\text{II m}}$ 减小了，从而可能使 Z_A 产生无选择性动作，在此情况下 $\dot{I}_2$ 被称为汲出电流。

为了消除汲出电流的影响，必须降低阻抗继电器 Z_A 的第 II 段的动作阻抗，即在整定计算时引入 K。为了确保在任何情况下保护动作的选择性，应按 K 为最小的运行方式进行计算。

7-51 电网频率变化对距离保护有什么影响？

答：电网频率变化对距离保护的影响，主要表现在以下两方面：

（1）电网频率变化时，作为保护或振荡闭锁起动元件的对称分量滤过器，因不平衡输出电压增大，有可能动作，从而使距离保护工作不正常。如果采用增量元件，则可认为不受电网频率变化的影响。

（2）对方向阻抗继电器产生影响。因方向阻抗继电器中的 R_K、L_K、C_K 记忆回路对频率很敏感，所以频率变化对方向阻抗继电器动作特性有较大的影响，可能导致保护区的变化以及在某些情况下正、反向出口短路故障时失去方向性。

7-52 电压互感器和电流互感器的误差对距离保护有什么影响？

答：电压互感器和电流互感器的误差会影响阻抗继电器距离测量的精确性。具体说来，电流互感器的角误差和比误差、电压互感器的角误差和比误差以及电压互感器二次电缆上的电压降，将引起阻抗继电器端子上电压和电流的相位误差以及数值误差，从而影响阻抗测量的精度。

7-53 为什么失压有可能造成距离保护误动？

答：对模拟式保护从原理上可以按两种情况来分析失压误动。

（1）距离元件失压。

任何距离元件都包括两个输入回路，一是作距离测量的工作回路，另一是极化回路。对于阻抗特性包括阻抗坐标原点在内的非方向距离继电器，当元件失去输入电压时，必然要动作。对于方向距离继电器，如图 7-28（a）所示的情况，当输入电压端被断开时，由于负荷电流通过电抗变压器 TL 在二次侧产生电压，此电压使整定变压器 TS 二次有电压，同时感应到 TS 的一次侧，而 TS 一次侧的负荷就是极化回路，结果等于给极化回路输入一个对继电器为动作方向的电压。如果负荷电流有一定的数值，使继电器获得的力矩大于其起动值，即发生误动作。

对微机型保护装置，当其失去电压时，只要装置不启动，不进入故障处理程序就不会误动。若失压后不及时处理，遇有区外故障或系统操作使其启动，则只要有一定的负荷电流仍将误动。

（2）距离保护装置失压。

当距离保护装置三相（或两相）失压，则同时失压的每套距离保护都向电压回路的负荷反馈。如断开电压互感器一次侧隔离开关造成失压，则由各线路负荷电流反馈到整定变压器一次侧所连接的电压回路，负荷主要就是电缆电阻（因从二次侧看电压互感器相当于短路），反馈的电压虽然少些，也可能造成误动作。

当电压回路一相断开时，由于电压回路连接有负荷阻抗，通过这些负荷阻抗会迫使已断开相重新分配电压。图 7-28（b）、（c）表示 A 相断开时，如三相负荷平衡，则断开后的 A 相电压 $\dot{U}'_a$ 与原有电压 $\dot{U}_a$ 相位相差 180°，$\dot{U}'_{ab}$ 及 $\dot{U}'_{ca}$ 幅值稍大于原有的一半，相位分别超前及落后原有相位，稍小于 60°，在负荷情况下也可能引起误动作。

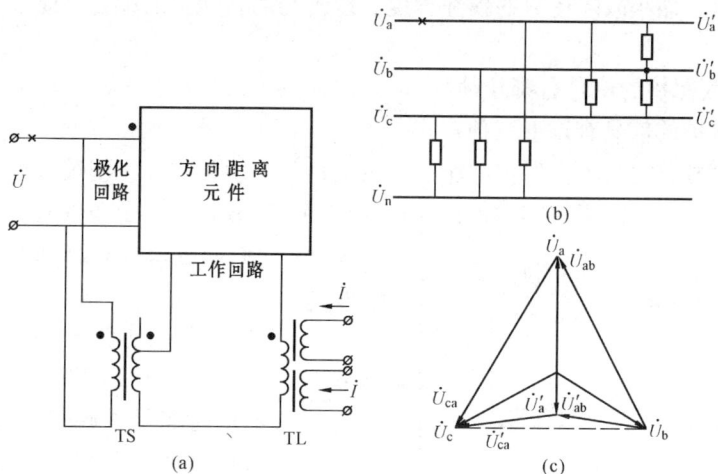

图 7 - 28　距离元件及装置失压时有关回路

(a) 电压反馈有关回路；(b) 单相断开；(c) 单相断开后故障相电压的重新分配

7 - 54　简述系统振荡对距离保护装置的影响及防止其误动的方法。

答：电力系统发生振荡时，两侧电源电势间的相角差以一定的周期随时间变化，电网中任一点的电压和流经该点的电流也随时间变化。随着振荡电流的增大，母线电压下降，阻抗继电器可能短时间重复地动作，如果其常开触点闭合的时间较长，将会造成距离保护装置误动作。

防止保护装置误动作的措施，是在距离保护装置中加设振荡闭锁元件。振荡闭锁元件的构成原理分为以下几种。

(1) 利用短路初瞬间出现的不对称来区分短路与振荡。在系统振荡时，如果三相完全对称，就没有负序分量出现，而在短路时总会长时或瞬时出现负序分量。利用这一特征构成的振荡闭锁元件虽然简单可靠，但要使其定值躲过长期不平衡（如单相牵引负荷、线路不换位等）所出现的负序（或零序）分量，有时会使其灵敏度降低到不能使用。采用分量增量的办法，可使上述情况得到改善。

(2) 利用电气量的变化速度来区分短路和振荡。系统振荡时，电压、电流、测量阻抗等电气量的变化速度慢；短路时，这些电气量的变化速度快。为此，通常采用比较两个整定值不同的阻抗继电器的动作时间来区别短路与振荡。短路时，阻抗值由负荷阻抗变化至短路阻抗的时间极短，定值不同的两个阻抗继电器几乎同时动作；振荡时，阻抗变化缓慢，定值大的阻抗继电器先动作，小的后动作。这种办法的缺点是对振荡周期很短的系统，难以区别是振荡还是短路。

应该特别指出，以上措施并没有改变阻抗继电器在系统振荡时误动作的本质。振荡闭锁，实质上是保证保护装置在系统短路时起作用，正常情况下退出运行以防保护误动。

7 - 55　纵联保护在电网中的重要作用是什么？

答：由于纵联保护在电网中可实现全线速动，因此它可保证电力系统并列运行的稳定性和提高输送功率、缩小故障造成的损坏程度、改善与后备保护的配合性能。

7 – 56　纵联保护的信号有哪几种?

答：纵联保护的信号有以下三种：

（1）闭锁信号。它是阻止保护动作于跳闸的信号。换言之，无闭锁信号是保护作用于跳闸的必要条件。只有同时满足本端保护元件动作和无闭锁信号两个条件时，保护才作用于跳闸，其逻辑框图如图 7 – 29（a）所示。

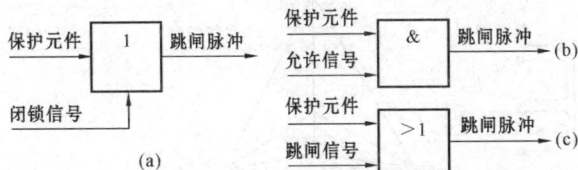

（2）允许信号。它是允许保护动作于跳闸的信号。换言之，有允许信号是保护动作于跳闸的必要条件。只有同时满足本端保护元件动作和有允许信号两个条件时，保护才动作于跳闸，其逻辑框图如图 7 – 29（b）所示。

（3）跳闸信号。它是直接引起跳闸的信号。此时与保护元件是否动作无关，只要收到跳闸信号，保护就作用于跳闸，如图 7 – 29（c）所示。远方跳闸式保护就是利用跳闸信号。

图 7 – 29　纵联保护信号逻辑图

（a）闭锁信号；（b）允许信号；（c）跳闸信号

7 – 57　纵联保护的通道可分为几种类型?

答：它可分为以下几种类型：

（1）电力线载波纵联保护（简称高频保护）。

（2）微波纵联保护（简称微波保护）。

（3）光纤纵联保护（简称光纤保护）。

（4）导引线纵联保护（简称导引线保护）。

7 – 58　简述电流相位差动高频保护的基本原理。

答：电流相位差动（以下简称相差）高频保护是根据比较被保护线路两侧电流相位的原理构成，如图 7 – 30 所示。图中规定，电流由母线流向线路方向为正，由线路流向母线方向为负。当被保护线路发生内部短路时，如图 7 – 30（a）所示，M 端、N 端的电流方向都是正，即 $\dot{I}_M$ 与 $\dot{I}_N$ 同相，$\varphi = 0°$，保护应该动作。

而当线路发生外部短路时，如图 7 – 30（b）所示，则 M 端电流 $\dot{I}_M$ 方向为正，而 N 端电流 $\dot{I}_N$ 方向为负，此时 $\dot{I}_M$ 与 $\dot{I}_N$ 相位相反，$\varphi = 180°$，保护不动作。这样就可以根据 I_M 与 I_N 两电流之间的相位差来判断是线路内部短路还是外部短路。

7 – 59　相差高频保护装置可分为哪几个主要部分?

答：根据"相差高频技术性能要求"相差高频保护装置可分为下列几个主要部分：

①启动回路；②操作回路；③比相回路；④跳闸出口回路；⑤停信控制回路；⑥装置异常闭锁回路；⑦通道检测回路；⑧接口继电器；⑨信号回路。

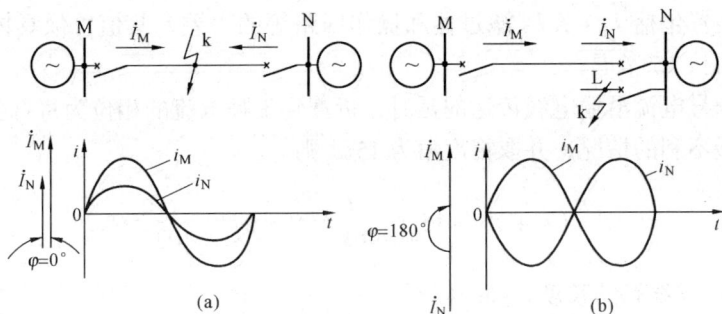

图 7 – 30　输电线发生内部和外部短路时的电流相位关系
(a) 内部短路；(b) 外部短路

7 – 60　相差高频保护为什么要设置定值不同的两个启动元件？

答：启动元件是在电力系统发生故障时起动发信机而实现比相的。为了防止外部故障时由于两侧保护装置的启动元件可能不同时动作，先启动一侧的比相元件，然后动作一侧的发信机还未发信就开放比相将造成保护误动作，因而必须设置定值不同的两个启动元件。高定值启动元件启动比相元件，低定值的启动发信机。由于低定值启动元件先于高定值启动元件动作，这样就可以保证在外部短路时，高定值启动元件启动比相元件时，保护一定能收到闭锁信号，不会发生误动作。

7 – 61　什么是相位比较元件的闭锁角？其大小是如何确定的？

答：相位比较元件起着正确判断被保护线路内、外部短路的重要作用。当外部短路时，它不应动作；当内部短路时，它应可靠动作。在外部短路时，由于电流互感器的角误差，保护装置包括 $\dot{I}_1 + K\dot{I}_2$ 滤过器和操作回路等引起的相位误差、高频信号电流沿输电线路传送的延时等，使得线路两端操作电流的相位差并非 180°；而在内部短路时，除上述误差外，由于被保护线路两侧系统等值电源电动势之间有相位差和短路点两侧系统阻抗角的不同，两侧短路电流并非同相位，两端的操作电流更不会同相位，这就有必要研究相位比较元件的动作情况，以及两端操作电流之间相位差角 φ 的关系。这个关系为相位比较元件的相位特性曲线 $I_o = f(\varphi)$，I_o 为其输出电流，如图 7 – 31 所示。

相位比较元件的动作电流 I_{op} 与 $I_o = f(\varphi)$ 两个交点之间的区域称为闭锁区。当 φ 处在该区域内时，保护装置不动作。闭锁区的一半称为闭锁角 β。

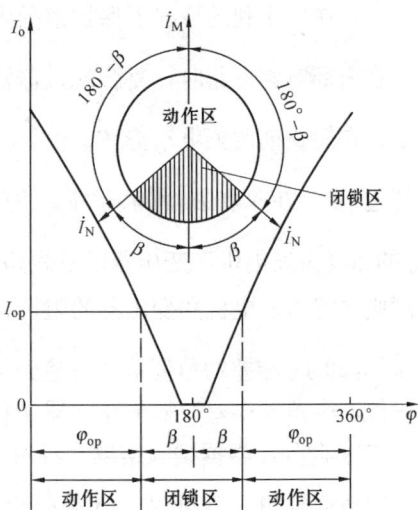

图 7 – 31　相位比较元件的相位特性曲线

闭锁角 β 的整定是根据外部短路时保护的选择性确定的，因此，它应包括：

(1) 电流互感器的角误差，一般按 7° 考虑；

（2）保护装置包括 $\dot{I}_1 + K\dot{I}_2$ 滤过器和操作回路等的误差，其值可依具体装置的试验结果确定，一般可按 15°考虑；

（3）高频信号电流沿输电线传送的延时，折算到工频电流的相位为每百公里 6°；

（4）考虑最不利的情况，并取裕度角为 15°，则

$$\beta = (7° + 15° + 15°) + \frac{l}{100} \times 6° = 37° + \frac{l}{100} \times 6°$$

式中　l——被保护线路的长度，km。

闭锁角的含义是：如以被保护线路 M 端的电流 $\dot{I}_M$ 为基准，$\dot{I}_M$ 与 N 端的电流 $\dot{I}_N$ 间的相位角为 φ，则当 $\dot{I}_N$ 落入由闭锁角 β 所规定的闭锁区内时（图 7-31 中的阴影区），相位比较元件不动作。由此可得出相位比较元件的动作条件为

$$|\varphi| \leqslant 180° - \beta$$

若取 $\beta = 60°$（相当于被保护线路 380km 长），即表示当两端电流间的相位差角小于 120°时，相位比较元件能够动作。

7-62　在相差高频保护中，为什么会发生相继动作?

答：在电力系统的运行中，由于线路两侧电动势的相位差、系统阻抗角的不同，电流互感器和保护装置的误差、以及高频信号从一端送到对端的时间延迟等因素的影响，在内部故障时收信机所收到的两个高频信号并不能完全重叠，而在外部故障时也不会正好互相填满。因此，需要从下述几个方面作进一步的分析。

（1）在最不利的情况下保护范围内部故障。

在内部对称短路时，复合滤过器输出的只有正序电流 $\dot{I}_1$，即三相短路电流。如图 7-30 所示，在短路前两侧电动势 $\dot{E}_M$ 和 $\dot{E}_N$ 具有相角差 δ。根据系统稳定运行的要求，δ 角一般不超过 70°。在此取 $\dot{E}_N$ 滞后于 $\dot{E}_M$ 的角度 $\delta = 70°$。设短路点靠近于 N 侧，则电流 $\dot{I}_M$ 滞后于 $\dot{E}_M$ 的角度由发电机、变压器以及线路的总阻抗决定，一般取 $\varphi_K = 60°$。在 N 侧，电流 $\dot{I}_N$ 的角度则决定于发电机和变压器的阻抗，一般由于它们的电阻很小，故取 $\varphi'_K = 90°$；这样两侧电流 $\dot{I}_M$ 和 $\dot{I}_N$ 相差的角度总共可达到 100°。当一次侧电流经过电流互感器转换到二次侧时，还可能产生角度误差，如果互感器的负载是按照 10%误差曲线选择的，则最大的误差角是 $\delta_{TA} = 7°$；此外，根据试验结果，现有常用保护装置本身的误差角是 $\delta_{AP} = 15°$。考虑到上述各个因素的影响，则 M 侧和 N 侧高频信号之间的相位差最大可达 $100° + 7° + 15° = 122°$。此外，对 M 侧而言，N 侧发出的信号经输电线路传送时，还要有一个时间的延迟。如以 50Hz 交流为基准，则每 100km 的延时等于 6°，如果线路长度为 l 公里，则总的延迟角度为 $\delta_L = \frac{l}{100} \times 6°$，这样从 M 侧高频收信机中所收到的信号就可能具有（$122° + \delta_L$）的相位差；但对 N 侧而言，由于它本身滞后于 M 侧，因此，这个传送信号的延迟，反而能使收信机所收高

频信号的相位差变小，其值最大可能为（$122° - \delta_L$）。

（2）保护范围外部的故障。

当保护范围外部故障时，从一次侧来看，电流 $\dot{i}_M$ 和 $\dot{i}_N$ 相差180°。同于以上的分析，考虑到电流互感器和保护装置的误差，以及传送信号的时间延迟，则两侧高频信号也不会相差180°。在最不利的情况下可能达到$180° \pm (22° + \delta_L)$。因此，收信机所收到的高频信号就不是连续的，这样在相位比较回路中也就有一个较小的电流输出，由于是保护范围外部的故障，因此，要求保护装置应可靠地不动作。

确定保护闭锁角的原则是，必须在外部故障时保证保护动作的选择性。因此，当外部故障时，须将一切不利的因素考虑在内，此时两端高频信号的相位差可达

$$\varphi = 180° \pm (\delta_{TA} + \delta_{AP} + \delta_L) = 180° \pm \left(\frac{l}{100} \times 6° + 22° \right)$$

因为此时保护不应动作，所以必须选择保护的闭锁角 $\varphi_b > 22° + \frac{l}{100} \times 6°$，即

$$\varphi_b = 22° + \frac{l}{100} \times 6° + \varphi_{ma}$$

φ_{ma} 为裕度角，可取 15°。上式表明，线路越长，闭锁角的整定值就越大。

当按照上述原则确定闭锁角之后，还需要校验保护装置在内部故障时动作的灵敏性。此时，根据以前的分析，在最不利的情况下，对位于电动势相位超前的一端（例如 M 端），相位差可达 $\varphi_M = 122° + \frac{l}{100} \times 6°$；对位于落后的一端（N 端），则 $\varphi_N = 122° - \frac{l}{100} \times 6°$。为保证保护装置可靠动作，则要求 φ_M 和 φ_N 均应小于保护装置的动作角 φ_{op}，并且要有一定的裕度。

（3）保护的相继动作区。

由以上分析可见，当线路长度增加以后，闭锁角的整定值必然加大，因此，动作角 φ_{op} 就要随之减小；而另一方面，当保护范围内部故障时，M 端高频信号的相位差 φ_M 也要随线路长度而增大，因此，当输电线路的长度超过一定距离以后，就可能出现 $\varphi_M > \varphi_{op}$ 的情况，此时 M 端的保护将不能动作。

但在上述情况下，由于 N 端所收到的高频信号的相位差 φ_N 是随着线路长度的增加而减小的，因此 N 端的相位差必然小于 φ_{op}，N 端的保护仍然能够可靠动作。

为了解决 M 端保护在内部故障时不能跳闸的问题，在保护的接线中采用了当 N 端保护动作跳闸的同时，也使它停止自己发信机所发送的高频信号，在 N 端停信以后，M 端的收信机就只收到它自己所发的信号。由于这个信号是间断的，因此，M 端的保护可立即动作跳闸。保护装置的这种工作情况——即必须一端的保护先动作跳闸以后，另一端的保护才能再动作跳闸，称之为"相继动作"。

影响相继动作的因素有：故障类型、线路长度、两侧电源电动势相角差、故障点两侧短路回路阻抗相角差、电流互感器和装置本身角误差、计算时所取裕度角的大小等。其中较为主要的是故障类型、两侧电源电动势相角差以及线路长度。

7-63 何谓闭锁式纵联方向保护?

答：在方向比较式的纵联保护中，收到的信号作闭锁保护用，叫闭锁式纵联方向保护。

例如图 7-32 中 BC 线路发生短路，保护启动元件动作发闭锁信号，故障线路 BC 两端

的判别元件判为正方向，使收发信机停止发闭锁信号，两侧收不到闭锁信号而动作跳闸。而非故障线路 AB 的 B 端和 CD 的 C 端判为反方向故障，它们的正方向判别元件不动作，不停信，非故障线路两端的收信机收到闭锁信号，相应保护被闭锁。

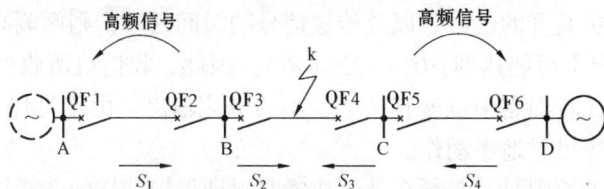

图 7-32 闭锁式纵联方向保护的作用原理

7-64 为什么选用负序功率方向作为高频闭锁方向保护的特征量?

答：选用何种特征量，应达到下列要求：

(1) 能反应所有类型故障。

(2) 在首端短路时无死区。

(3) 在正常负荷状态下不应启动。

(4) 不受振荡影响。

(5) 线路两端方向元件在灵敏度上容易配合。

(6) 两相运行时仍能工作。

接于全电流全电压 90°接线方式的功率方向继电器很难满足上述要求，因而不被采用。

零序功率方向继电器能满足上述 (2)、(3)、(4)、(5)、(6) 项要求，但是它只能反应接地短路而不反应相间短路。另外，还应注意到两平行输电线之间的零序互感作用，当一回线发生接地故障时，另一健全线可能因零序互感而使零序方向继电器误动作。

负序功率方向元件不仅能反应所有不对称短路，而且增设短时记忆回路后也能反应三相对称短路。在首端短路时，负序电压很高，不会出现死区。在正常负荷状态下，没有或很少有负序功率，因此不会启动。系统振荡时没有负序分量，也不会误动。在外部短路时，忽略线路分布电容的影响，两端负序电流大小相同，但近故障侧的负序电压高、负序功率大，负序功率方向继电器的灵敏度也就高。基于这些有利因素，高频闭锁方向保护选用负序功率方向作为判据特征量。

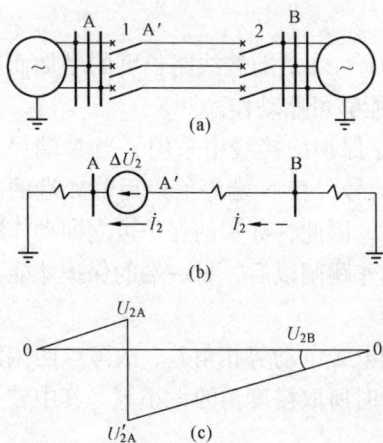

图 7-33 高频闭锁负序功率方向保护在一侧断开的非全相运行状态下工作的分析
(a) 接线示意图；(b) 负序等效网络；
(c) 负序电压分布

7-65 非全相运行对高频闭锁负序功率方向保护有什么影响?

答：当被保护线路上出现非全相运行，如图 7-33 (a)所示，在保护 1 处有一相断开时，将在断相处产生一个纵向的负序电压 $\Delta\dot{U}_2$，并由此产生负序电

流 $\dot{I}_2$，其方向如图 7-33（b）所示，此时负序电压的分布则如图 7-33（c）所示。根据该图，可以定性地分析出 A、A′和 B 点的负序功率方向，如表 7-6 所示。由此表可见，在输电线路的 A、B 两端，负序功率的方向同时为负，这和内部故障时的情况完全一样。因此，在一侧断开的非全相运行状态下，高频闭锁负序功率方向保护将误动作。为了克服上述缺点，如果将保护安装地点移到断相点的里侧，即 A′点，则两端负序功率的方向为一正一负，和外部故障时的情况一样，这时保护将处于启动状态，但由于受到高频信号的闭锁而不会误动作。

针对上述两种情况可知，当电压互感器接于线路侧时，保护装置不会误动作，而当电压互感器接于变电所母线侧时，保护装置将误动作。此时需采取措施将保护闭锁。

表 7-6　　　　　　　　在一侧断开后非全相运行时各点的实际负序功率方向

位置 参数符号	A	A′	B
U_2	+	−	−
I_2	−	−	+
KPD2	−	+	−

注　表中 KPD2 表示负序功率方向元件。

7-66　何谓高频闭锁距离保护？其构成原理如何？

答：利用距离保护的起动元件和距离方向元件控制收发信机发出高频闭锁信号，闭锁两侧保护的原理构成的高频保护为高频闭锁距离保护，它能使保护无延时地切除被保护线路任一点的故障，其构成原理可从图 7-34 中得到说明。图中，Z_{I}、Z_{II}、Z_{III} 分别表示 I、II、III 段阻抗测量元件，t_{II}、t_{III} 段延时。当 k1 点短路时，Z_{IIA}、Z_{IIIA}、Z_{IB}、Z_{IIB}、Z_{IIIB} 均启动，B 侧断路器立即跳闸。由于 Z_{IB} 动作，B 侧 KM1 动作，停发 B 侧高频信号；同理 A 侧也停发高频信号，A 侧收信机收不到高频信号，KM2 继电器常闭触点保持接通，Z_{IIA} 不带延时地立即跳开 A 侧断路器，实现高频闭锁距离保护的全线速动。

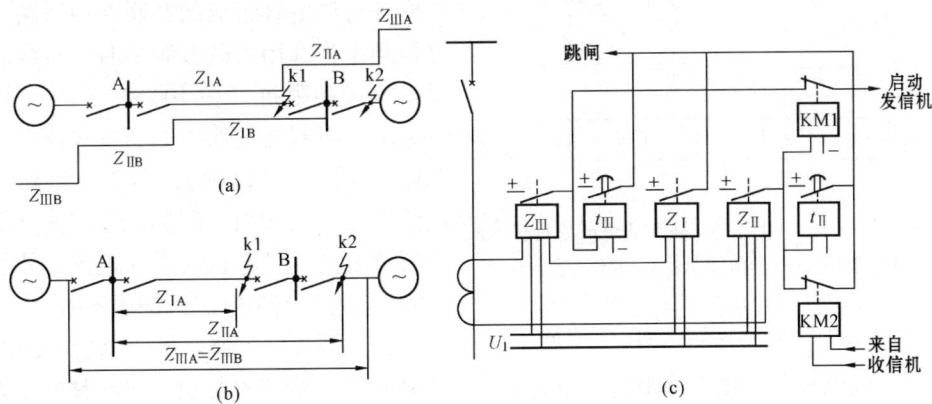

图 7-34　高频闭锁距离保护的原理说明
(a) 当 k1 点短路时；(b) 当 k2 点短路时；(c) 原理接线图

当 k2 点短路时，Z_{IIA}、Z_{IIIA}、Z_{IB} 动作，B 侧发信机发高频信号，并被 A 侧收信机接收，KM2 常闭触点打开，A 侧保护以 t_{II} 延时跳 A 侧断路器（若 B 母线右侧断路器或其保护不动的话）。

7-67 高频闭锁距离保护有何优缺点?

答：该保护有如下优缺点：

(1) 能足够灵敏和快速地反应各种对称和不对称故障。

(2) 仍能保持远后备保护的作用（当有灵敏度时）。

(3) 串补电容可使高频闭锁距离保护误动或拒动。

(4) 不受线路分布电容的影响。

(5) 电压二次回路断线时将误动，应采取断线闭锁措施，使保护退出运行。

7-68 高频保护中母差跳闸停信和跳闸位置停信的作用是什么?

答：当母线故障发生在电流互感器与断路器之间时，母线保护虽然正确动作，但故障点依然存在，依靠母线保护出口动作停止该线路高频保护发信，让对侧断路器跳闸切除故障。

跳闸位置继电器停信，考虑当故障发生在本侧出口时，由接地或距离保护快速动作跳闸，而高频保护还未来得及动作，故障已被切除，并发出连续高频信号，闭锁了对侧高频保护，只能由二段带延时跳闸。为了克服此缺点，由跳闸位置继电器停信，对侧就自发自收，实现无延时跳闸。

7-69 电力载波高频通道由哪些部件组成? 其作用如何?

答：按"相—地"制电力载波高频通道的构成如图 7-35 所示。

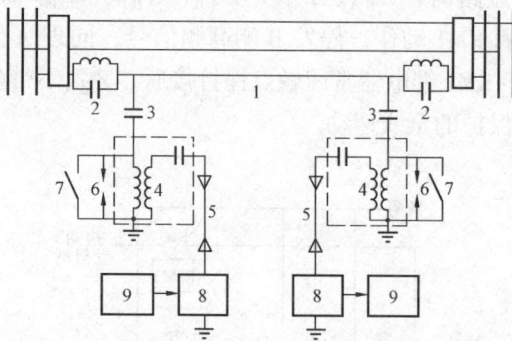

图 7-35 "相—地"制电力载波高频通道的原理接线图
1—输电线路；2—高频阻波器；3—耦合电容器；
4—连接滤波器；5—高频电缆；6—保护间隙；
7—接地刀闸；8—高频收发信机；9—保护

它由下列几部分组成：

(1) 输电线路。三相线路都用，以传送高频信号。

(2) 高频阻波器。高频阻波器是由电感线圈和可调电容组成的并联谐振回路。当其谐振频率为选用的载波频率时，对载波电流呈现很大的阻抗（在 1000Ω 以上），从而使高频电流限制在被保护的输电线路以内（即两侧高频阻波器之内），而不致流到相邻的线路上去。对 50Hz 工频电流而言，高频阻波器的阻抗仅是电感线圈的阻抗，其值约为 0.04Ω，因而工频电流可畅通无阻。

(3) 耦合电容器。耦合电容器的电容量很小，对工频电流具有很大的阻抗，可防止工频高压侵入高频收发信机。对高频电流则阻抗很小，高频电流可顺利通过。耦合电容器与连接滤波器共同组成带通滤波器，只允许此通带频率内的高频电流通过。

(4) 连接滤波器。连接滤波器与耦合电容器共同组成带通滤波器。由于电力架空线路的波阻抗约为400Ω，电力电缆的波阻抗约为100Ω或75Ω，因此利用连接滤波器与它们起阻抗匹配作用，以减小高频信号的衰耗，使高频收信机收到高频功率最大。同时还利用连接滤波器进一步使高频收发信机与高压线路隔离，以保证高频收发信机与人身的安全。

（5）高频电缆。高频电缆的作用是将户内的高频收发信机和户外的连接滤波器连接起来。

（6）保护间隙。保护间隙是高频通道的辅助设备，用它保护高频收发信机和高频电缆免受过电压的袭击。

（7）接地刀闸。接地刀闸也是高频通道的辅助设备。它在调整或检修高频收发信机和连接滤波器时接地，以保证人身安全。

（8）高频收发信机。高频收发信机用来发出和接收高频信号。

7-70 高频保护运行时，为什么要求运行人员每天要交换信号以检查高频通道？

答：我国常采用电力系统正常时高频通道无高频电流的工作方式。由于高频通道涉及两个厂站的设备，其中输电线路跨越几千米至几百千米的地区，经受着气候的变化和风、霜、雨、雪、雷电的考验，以及高频通道上各加工设备和收发信机元件的老化和故障都会引起衰耗。高频通道上任何一个环节出问题，都会影响高频保护的正常运行。系统正常运行时，高频通道无高频电流，高频通道上的设备有问题也不易发现，因此每日由运行人员用起动按钮起动高频发信机向对侧发送高频信号，通过检测相应的电流、电压和收发信机上相应的指示灯来检查高频通道，以确保故障时保护装置的高频部分能可靠工作。

7-71 发电机应装设哪些保护？它们的作用是什么？

答：对于发电机可能发生的故障和不正常工作状态，应根据发电机的容量有选择地装设以下保护。

（1）纵联差动保护：定子绕组及其引出线的相间短路保护。

（2）横联差动保护：定子绕组一相匝间短路保护。只有当一相定子绕组有两个并联绕组而构成双星形接线时，才装设该种保护。

（3）单相接地保护：发电机定子绕组的单相接地保护。

（4）励磁回路接地保护：励磁回路的接地故障保护，分为一点接地保护和两点接地保护两种。水轮发电机都装设一点接地保护，动作于信号。中小型汽轮发电机，当检查出励磁回路一点接地后再投入两点接地保护，而不装设一点接地保护。大型汽轮发电机应装设一点接地保护，是否应装设两点接地保护，目前看法尚不一致。

（5）低励、失磁保护：为防止大型发电机低励（励磁电流低于静稳极限所对应的励磁电流）或失去励磁（励磁电流为零）后，从系统中吸收大量无功功率而对系统产生不利影响，100MW及以上容量的发电机都装设这种保护。

（6）过负荷保护：发电机长时间超过额定负荷运行时作用于信号的保护。中小型发电机只装设定子过负荷保护；大型发电机应分别装设定子过负荷和励磁绕组过负荷保护。

（7）定子绕组过电流保护：当发电机纵差保护范围外发生短路，而短路元件的保护或断路器拒绝动作，为了可靠切除故障，则应装设反应外部短路的过电流保护。这种保护兼作纵差保护的后备保护。

（8）定子绕组过电压保护：中小型汽轮发电机通常不装设过电压保护。水轮发电机和大型汽轮发电机都装设过电压保护，以防止突然甩去全部负荷后引起定子绕组过电压。

（9）负序电流保护：电力系统发生不对称短路或者三相负荷不对称（如电气机车、电弧炉等单相负荷的比重太大）时，发电机定子绕组中就有负序电流。该负序电流产生反向旋转磁场，相对于转子为两倍同步转速，因此在转子中出现 100Hz 的倍频电流，它会使转子端部、护环内表面等电流密度很大的部位过热，造成转子的局部灼伤，因此应装设负序电流保护。中小型发电机多装设负序定时限电流保护，大型发电机多装设负序反时限电流保护。

（10）失步保护：大型发电机应装设反应系统振荡过程的失步保护。中小型发电机都不装设失步保护，当系统发生振荡时，由运行人员判断，根据情况用人工增加励磁电流、增加或减少原动机出力、局部解列等方法来处理。

（11）逆功率保护：当汽轮机主汽门误关闭或机炉保护动作关闭主汽门，而发电机出口断路器未跳闸时，发电机失去原动力变成电动机运行，从电力系统吸收有功功率。这种工况对发电机并无危险，但由于鼓风损失，汽轮机尾部叶片有可能过热而造成汽轮机事故，故大型机组要装设逆功率继电器构成的逆功率保护。

（12）断水保护：用于保护水内冷发电机。

7－72　根据发电机容量，其纵差动保护有几种构成方式？

答：（1）容量在 6MW 以下的发电机采用差动回路接入附加电阻的纵联差动保护；

（2）容量在 6MW 以上的发电机采用 BCH－2 型差动继电器构成的纵联差动保护；

（3）大型发电机（100MW 以上）采用 BCH－2 型继电器构成的高灵敏度差动保护。

7－73　怎样计算发电机纵差保护中 BCH－2 型差动继电器的动作电流？

答：发电机纵差保护中 BCH－2 差动继电器的动作电流 $I_{op.k}$ 应按下述两个条件计算，并取大者作为整定值。

（1）躲过外部故障时的最大不平衡电流

$$I_{op.k} = K_1 I_{unb} = K_1 K_2 K_3 f_{wc} \frac{I_{k.max}}{n_{TA}}$$

式中　K_1——可靠系数，取 1.3；

I_{unb}——外部故障时不平衡电流的计算值；

K_2——考虑短路电流中非周期分量影响的系数，取 1；

K_3——电流互感器的同型系数，取 0.5；

f_{wc}——电流互感器允许的最大相对误差，取 0.1；

$I_{k.max}$——发电机外部三相短路时，流经保护装置的最大周期性短路电流；

n_{TA}——电流互感器的变比。

（2）躲过电流互感器二次回路断线时保护误动作，即

$$I_{op.k} = \frac{K_1 I_{Gn}}{n_{TA}}$$

式中　K_1——可靠系数，采用 1.3；

n_{TA}——电流互感器变比；

I_{Gn}——发电机额定电流。

7-74 什么是发电机单继电器式横联差动保护？

答：发电机纵差保护的原理决定了它不能反映一相定子绕组的匝间短路。对于 50MW 以上的发电机，因为每相定子绕组系由两组并联绕组组成，因此可以利用其三相定子绕组接成双星形的特点装设横差保护。如图 7-36 所示，在双星形中性点 O、O′间加装电流互感器作为横差电流继电器 KA 的电流源，这就构成了发电机横差保护。

发电机正常运行或外部短路时，O、O′间无电流流过，横差保护不动作。当一个分支绕组发生匝间短路时，该短路分支的电势降低，使短路分支的三相电势不平衡，而非故障分支的三相电势仍完全平衡，于是在 O′、O 间有电流流过，当其值大于横差保护的动作电流时，保护

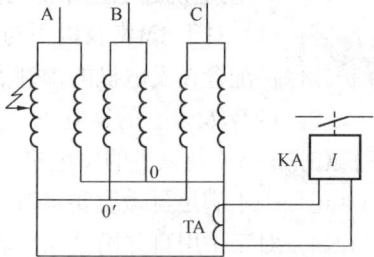

图 7-36　发电机单继电器式横差保护原理接线图

动作跳开发电机。这种保护优点是接线简单，灵敏度也可以很高；其缺点是发电机中性点侧必须有 6 个引出端子，保护有不大的死区。尽管如此，一切有条件的发电机应首先采用这种保护。

7-75 怎样计算发电机单继电器式横差保护的动作电流？

答：发电机单继电器式横差保护的动作电流应按躲过外部短路时流过保护装置的最大不平衡电流来选择。由于最大不平衡电流难以计算，故根据运行经验，对于 DL-11/b 型单继电器式横差保护，其动作电流取发电机额定电流的 20%～30%，即

$$I_{op.k} = (0.2 \sim 0.3) I_{Gn} / n_{TA}$$

式中　I_{Gn}——发电机额定电流；

n_{TA}——电流互感器变比。

按上式整定后，还需在发电机额定负荷下实测流过电流互感器的不平衡电流，其值应不大于整定值的 10%。否则，应检查不平稳电流过大的原因和提高保护的整定值。

7-76 什么是发电机负序功率方向定子绕组匝间短路保护？

答：这是为中性点侧没有引出 6 个端子无法实现横差保护的发电机而设置的定子绕组匝间短路保护。当定子绕组发生匝间短路时，必然会产生负序电压和负序电流。如果单纯利用负序电压或负序电流作为定子绕组匝间短路保护的动作量，就无法区别发电机以外的不对称短路，故提出了同时利用负序电压和负序电流的负序功率方向保护。当负序功率由发电机流向系统时，说明发电机内部发生了故障（包括相间和匝间短路，因为发电机内部的相间短路决不可能是三相对称短路），负序功率方向继电器动作，跳开发电机。反之，当负序功率由系统流向发电机，说明系统存在不对称故障而发电机本身完好，负序功率方向继电器不动作。

这种保护的优点是：不需特殊的互感器，也不需增设闭锁元件（指外部短路误动的闭锁和电压回路断线的闭锁）。其缺点是：只能用在正常运行时负序电流很小的场合。发电机在起动过程中和并网以前，保护失效。根据理论分析，保护的灵敏度随系统负序电抗 X_{s2} 与发电机负序电抗 X_{G2} 之比而变，当 $X_{s2} = X_{G2}$ 时灵敏度最高。

7-77 发电机过电流保护的配置原则是什么？

答：（1）对于1MW及以下与其他发电机或电力系统并列运行的发电机，应装设过电流保护。保护配置在发电机的中性点侧，动作电流按躲过最大负荷电流整定。

（2）1MW及以上的发电机，宜装设复合电压起动的过电流保护。

（3）50MW及以上的发电机，可装设负序电流保护和单元件低电压起动的过电流保护。当上述保护不满足灵敏度要求时，可采用低阻抗保护。

（4）对于采用自并励（无串联变压器）的发电机，可采用低电压保持的过电流保护，也可采用精确电流足够小的低阻抗保护。

（5）上述各项保护，宜带两段时限，以较短的时限动作于缩小故障影响的范围。例如，对双母线系统，首先断开母线联络断路器，再以较长时间动作于停机。

7-78 发电机过电流保护为什么要加装低电压起动元件？其动作电流和动作电压怎样整定？

答：发电机正常运行时，其机端电压基本维持在额定电压下。当发电机外部故障或相邻元件（变压器、线路）故障时，机端电压下降许多，加装低电压起动元件后，就可鉴别外部故障，使过电流保护的动作电流按大于发电机的额定电流来整定，从而提高了保护装置的灵敏度。

为使保护装置能充分起到后备保护的作用，电流继电器必须接在发电机中性点侧的电流互感器上，低电压继电器接在机端的电压互感器上。

保护装置中电流元件的动作电流 $I_{op.k}$ 应按大于发电机额定电流整定，即

$$I_{op.k} = \frac{K_1 I_{Gn}}{K_2 n_{TA}}$$

式中　I_{Gn}——发电机的额定电流；

　　　K_1——可靠系数，取1.2；

　　　K_2——电流继电器的返回系数，取0.85；

　　　n_{TA}——电流互感器变比。

保护装置中电压元件的动作电压 $U_{op.k}$ 应按躲过电动机自起动或发电机失磁异步运行时的最低电压整定，通常取

$$U_{op.k} = (0.5 \sim 0.6) U_{Gn}/n_{TV}$$

式中　U_{Gn}——发电机的额定电压；

　　　n_{TV}——电压互感器变比。

对水轮发电机，因不允许失磁异步运行，故电压元件的动作电压整定为

$$U_{op.k} = 0.7 U_{Gn}/n_{TV}$$

7-79　发电机采用复合电压起动的过电流保护有何优点?

答: 发电机复合电压起动的过电流保护是其低压起动过电流保护的一个发展,即用一个负序电压继电器 KV1(接于负序电压滤过器 FYG 的输出端)和一个接于线电压上的低电压继电器 KV,来代替低电压起动过电流保护中的三个接于线电压上的低电压继电器,如图 7-37 所示。因为电压起动部分采用了 KV1 和 KV,故称复合电压起动。

从图 7-37 看出,在正常运行时,因无负序电压,KV1 不动作,KV 处于线电压作用下,其常闭触点断开,整个保护不动作。当发生不对称短路时,出现负序电压,FYG 有输出,KV1 动作使 KV 失压,KV 常闭触点闭合,又因电流继电器(图 7-37 中未画出)已动作,使保护装置动作,经延时后动作于跳闸。当发生三相对称性短路时,由于短路开始瞬间会短时出现负序电压,再加上 FYG 内过渡过程的作用,FYG 有短时的输出使 KV1 动作,KV 也随之失压而动作。待负序电压消失后,KV1 返回,但因是三相短路,三相电压均降低,KV 仍处于低电压作用下而保持其动作状态,此时保护装置的工作情况就相当于一个低电压起动的过电流保护。

这种保护的优点是:负序电压继电器 KV1 的整定值小,在不对称短路时电压元件的灵敏度高;在三相对称性短路时,负序电压消失后只要低电压继电器 KV 不返回,保护装置就会继续处于动作态。由于 KV 的返回系数大于 1,因此,实际上相当于灵敏度能提高 1.15~1.2倍。

图 7-37　发电机复合电压起动的过电流保护的电压回路原理接线图

7-80　如何计算发电机复合电压起动的过电流保护的整定值?

答: 复合电压起动的过电流保护,除负序电压继电器外,其电流、电压元件的整定均与低电压起动的过电流保护相同。负序电压继电器的动作电压 $U_{2op.k}$,按躲过正常运行时负序电压滤过器出现的最大不平衡电压来整定,根据运行经验取

$$U_{2op.k} = (0.06 \sim 0.12) U_{Gn}/n_{TV}$$

式中　U_{Gn}——发电机的额定电压;

　　　n_{TV}——电压互感器变比。

7-81　发电机定子绕组中的负序电流对发电机有什么危害?

答: 我们知道,发电机正常运行时发出的是三相对称的正序电流。发电机转子的旋转方向和旋转速度与三相正序对称电流所形成的正向旋转磁场的转向和转速一致,即转子

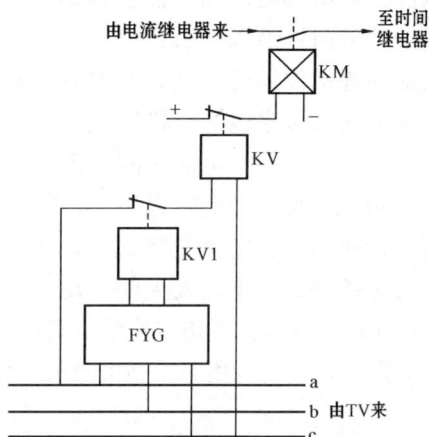

的转动与正序旋转磁场之间无相对运动。此即"同步"的概念。当电力系统发生不对称短路或负荷三相不对称（接有电力机车、电弧炉等单相负荷）时，在发电机定子绕组中流有负序电流。该负序电流在发电机气隙中产生反向（与正序电流产生的正向旋转磁场相比）旋转磁场，它相对于转子来说为2倍的同步转速，因此在转子中就会感应出100Hz的电流，即所谓的倍频电流。该倍频电流的主要部分流经转子本体、槽楔和阻尼条，而在转子端部附近沿周界方向形成闭合回路，这就使得转子端部、护环内表面、槽楔和小齿接触面等部位局部灼伤，严重时会使护环受热松脱，给发电机造成灾难性的破坏，即通常所说的"负序电流烧机"，这是负序电流对发电机的危害之一。另外，负序（反向）气隙旋转磁场与转子电流之间，正序（正向）气隙旋转磁场与定子负序电流之间所产生的频率为100Hz交变电磁力矩，将同时作用于转子大轴和定子机座上，引起频率为100Hz的振动，此为负序电流危害之二。发电机承受负序电流的能力，一般取决于转子的负序电流发热条件，而不是发生的振动。

鉴于以上原因，发电机应装设负序电流保护。负序电流保护按其动作时限又分为定时限和反时限两种。前者用于中型发电机，后者用于大型发电机。

7-82 试说明发电机定时限负序电流保护的工作原理。

答：图7-38为发电机定时限负序电流保护的原理接线图。该保护的核心元器件是接于发电机中性点侧电流互感器的负序电流滤过器FLG。电流继电器1KA、2KA串联后接于FLG的输出端。1KA的动作整定值小，只动作于延时信号，以便让值班人员采取减小负序电流的措施，故称灵敏电流继电器。2KA的动作整定值大，经延时动作于发电机跳闸，故称不灵敏继电器。

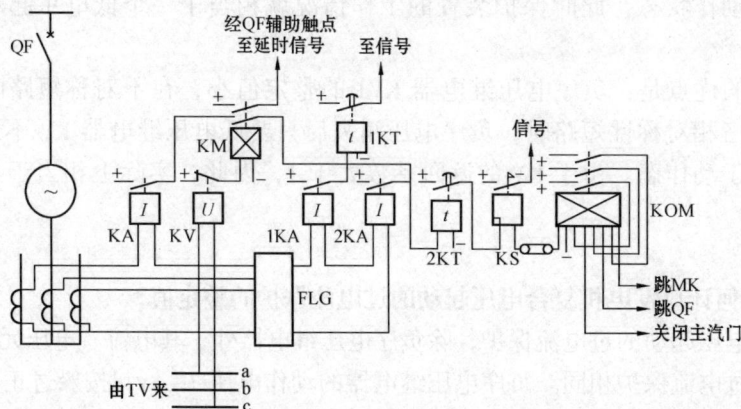

图7-38 发电机定时限负序电流保护原理接线图

负序电流保护不能反映三相对称短路，故加装电流继电器KA和低电压继电器KV组成低电压起动的过电流保护，以切除三相对称短路。

7-83 应如何整定发电机负序电流保护中灵敏电流继电器和不灵敏电流继电器的动作值？

答：灵敏电流继电器的动作电流按躲过发电机可能过负荷时的最大不平衡电流整定，可取为

$$I_{\mathrm{op.k}} = 0.1 I_{\mathrm{Gn}}/n_{\mathrm{TA}}$$

式中　I_{Gn}——发电机的额定电流;

　　　n_{TA}——电流互感器的变比。

不灵敏电流继电器的动作电流按下述两个条件整定:

(1) 按转子发热条件。目前通用的按转子发热条件来衡量发电机承受负序电流能力的判据是

$$I_{2*}^2 \, t \leqslant A$$

式中　I_{2*}——以发电机额定电流为基值的负序电流标么值;

　　　t——负序电流持续的时间;

　　　A——由发电机定子额定线负荷（A/cm）、感应倍频电流在转子本体和在槽楔的透入深度、转子钢和槽楔的电阻率、发热部分的表面平均温升、材料比热等决定的时间常数,其值由发电机制造厂给出。

A 值是在许多假设的简化条件下推导出的,另外,制造厂是用计算而不是用试验得出的,故只能把它视为近似值。

由上式看出,I_{2*} 越大,所允许的 t 值就越小。对于定时限负序电流保护中不灵敏电流继电器动作于跳闸的时间,若取 $t = 120\mathrm{s}$,则其动作电流的标么值 $I_{\mathrm{op}*,\mathrm{k}}$ 应取为

$$I_{\mathrm{op}*,\mathrm{k}} \leqslant \sqrt{\frac{A}{120}}$$

再由标么值换算为有名值,则不灵敏电流继电器的动作电流 $I_{\mathrm{op.k}}$ 应为

$$I_{\mathrm{op.k}} \leqslant \sqrt{\frac{A}{120}} I_{\mathrm{Gn}}/n_{\mathrm{TA}}$$

式中　I_{Gn}——发电机的额定电流;

　　　n_{TA}——电流互感器的变比。

(2) 按与相邻元件保护在灵敏度上相配合。可考虑只与升压变压器的负序电流保护相配合,此时不灵敏电流继电器的动作电流为

$$I_{\mathrm{op.k}} = K I_2$$

式中　K——配合系数,取 1.1;

　　　I_2——在计算运行方式下,发生外部短路故障,升压变压器的负序电流正好与其负序电流保护(是指变压器的)的动作值相等时,流过被保护发电机的负序电流。

取上述两式中的较小者作为不灵敏电流继电器的动作值。

7-84　发电机为什么要装设定子绕组单相接地保护?

答: 发电机是电力系统中最重要的设备之一,对其外壳都进行安全接地。发电机定子绕组与铁芯间的绝缘破坏,就形成了定子单相接地故障,这是一种最常见的发电机故障。发生定子单相接地后,接地电流经故障点、三相对地电容、三相定子绕组而构成通路。当接地电流较大、能在故障点引起电弧时,将使定子绕组的绝缘和定子铁芯烧坏,容易发展成危害更

大的定子绕组相间短路，因此，应装设发电机定子绕组单相接地保护。

表 7 – 7   发电机单相接地电流允许值

根据《电力工程电气设计手册 2 电气二次部分》规定，当发电机单相接地故障电流（不考虑消弧线圈的补偿作用）大于允许值（见表 7 – 7）时，应装设有选择性的接地保护装置。

发电机额定电压 （kV）	发电机额定容量 （MW）	接地电流允许值 （A）
6.3	≤50	4
10.5	50 ~ 100	3
13.8 ~ 15.75	125 ~ 200	2（注）
18 ~ 20	300	1

注   对于氢冷发电机接地电流允许值为 2.5A。

为防止外部相间短路产生的不平衡电流引起保护误动作，可装设闭锁装置，接地保护带时限动作于信号；但当消弧线圈退出运行或由于其他原因使残余电流大于表 7 – 7 的允许值时，接地保护应切换为动作于停机。

7 – 85 试述发电机励磁回路接地故障的危害。

答：发电机正常运行时，励磁回路对地有一定的绝缘电阻和分布电容，它们的大小与发电机转子的结构、冷却方式等因素有关。当转子绝缘损坏时，可能引起励磁回路接地故障，常见的是一点接地故障，如不及时处理，还可能发生两点接地故障。

励磁回路的一点接地故障，由于构不成电流通路，对发电机不会构成直接的危害。励磁回路一点接地故障的危害，主要是可能发生第二点接地故障。因为在一点接地故障后，励磁回路对地电压将有所增高，就有可能再发生第二个接地故障点。发电机励磁回路发生两点接地故障的危害表现为：

（1）转子绕组的一部分被短路，另一部分绕组的电流增加，这就破坏了发电机气隙磁场的对称性，引起发电机的剧烈振动，同时无功出力降低。

（2）转子电流通过转子本体，如果转子电流比较大（通常以 1500A 为界限），就可能烧损转子，甚至造成转子和汽轮叶片等部件被磁化。

（3）由于转子本体局部通过转子电流，引起局部发热，使转子发生缓慢变形而形成偏心，进一步加剧振动。

7 – 86 发电机励磁回路一点接地保护有哪些方案？各适用于什么机组？

答：总的来说励磁回路一点接地保护有两种方案。第一、利用转子接地电流作为动作判据。第二、利用直接测量转子绕组对地绝缘电导作为动作判据。第一种方案按其工作原理又可分为三类：①直流电桥原理；②叠加直流原理；③叠加交流原理。利用转子接地电流作为动作判据适用于中小型机组。利用直接测量转子绕组对地绝缘电导作为动作判据是近年来出现的一种新型保护方案，它适用于大型发电机组。

7 – 87 简述利用直流电桥原理构成的励磁绕组两点接地保护的工作原理。

答：按直流电桥原理构成的励磁绕组两点接地保护如图 7 – 39 所示。

可调电阻 R 接于励磁绕组的两端。当发现励磁绕组一点（例如 k1 点）接地后，励磁绕组的直流电阻被分成 r_1 和 r_2 两部分，这时运行人员接通按钮 SB 并调节电阻 R，以改变 r_3 和 r_4，使电桥平衡（ $r_1/r_2 = r_3/r_4$ ），此时毫伏表 mV 的指示最小（理论上为零）。然后，断开 SB 而将连接片 XB 接通，投入励磁绕组两点接地保护。这时由于电桥平衡，故继电器 K

内因无电流或流有很小的不平衡电流而不动作。当励磁绕组再有一点（例如 k2 点）接地时，已调整好的电桥平衡关系被破坏，继电器 K 内将有电流流过，其大小与 k2 点离 k1 点的距离有关。k2 与 k1 间的距离愈大，电桥愈不平衡，继电器 K 中的电流愈大，只要这个电流大于 K 的整定电流，它就动作，跳开发电机。

在继电器 K 的线圈回路中接电感 L 的目的是阻止交流电流分量对保护动作的影响。

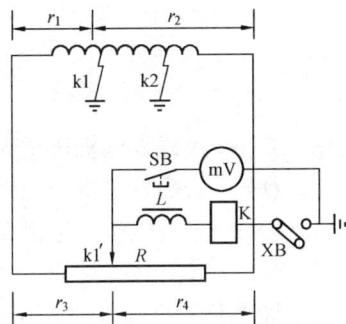

图 7-39　直流电桥原理构成的
励磁回路两点接地继电器

7-88　简述用直流电桥原理构成的励磁回路两点接地保护存在的缺点。

答：其缺点是：

(1) 保护有死区。这是因为当图 7-39 中两个接地点 k1 和 k2 间的距离小到一定程度后，继电器 K 就不会动作。另外，第一个接地点 k1 位于转子滑环附近时，等于电桥失去了一个臂而无法平衡，此时不管第二个接地点 k2 发生在何处，保护都不能动作，保护的死区达 100%。

(2) 对于具有直流励磁机的发电机，如果第一个接地点位于励磁机回路中，这种保护不能使用。

(3) 如果第一个接地点是不稳定的，这种保护无法投入。

(4) 无刷励磁的发电机不能使用。

(5) 如果励磁绕组几乎同时发生两个接地点，这种保护因来不及投入而失去作用。这种情况在水内冷转子的发电机中曾出现过。

7-89　试述发电机失磁的电气特征和机端测量阻抗。

答：(1) 发电机失磁的电气特征。

发电机失磁过程的特点：

1) 发电机正常运行，向系统送出无功功率，失磁后将从系统吸取大量无功功率，使机端电压下降。当系统缺少无功功率，严重时可能使电压低到不允许的数值，以致破坏系统稳定。

2) 发电机电流增大，失磁前送有功功率愈多，失磁后电流增大愈多。

3) 发电机有功功率方向不变，继续向系统送有功功率。

4) 发电机机端测量阻抗，失磁前在阻抗平面 $R-X$ 坐标第一象限，失磁后测量阻抗的轨迹沿着等有功阻抗圆进入第四象限。随着失磁的发展，机端测量阻抗的端点落在静稳极限阻抗圆内，转入异步运行状态。

(2) 发电机失磁的机端测量阻抗。

发电机从失磁开始到进入稳定的异步运行，一般可分为三个阶段：

1) 发电机从失磁到失步前：发电机失磁开始到失步前阶段，送出的功率基本保持不变，而无功功率在这段时间内由正值变为负值。发电机端的测量阻抗为

$$Z = \frac{U_s^2}{2P} + jX_s + \frac{U_s^2}{2P}e^{j2\varphi}$$

$$\varphi = tg - 1\frac{Q}{P}$$

式中　P——失磁发电机送至无限大系统端的有功功率；

　　　Q——失磁发电机送至无限大系统端的无功功率；

　　　X_s——系统电抗，包括变压器和线路的电抗。

P、U_s、X_s 为常数，不随时间变化，而 Q 随时间变化，则 φ 也随时间变化，故在机端阻抗平面上是一个圆方程，称为等有功圆，圆心和半径分别为

$$\left[\frac{U_s^2}{2P}, X_s\right], \frac{U_s^2}{2P}$$

2）静稳极限点：设发电机的 E_d 与系统 U_s 的夹角为 δ，被加速拉大到90°时，发电机处于失去静态稳定的临界点。汽轮发电机端的测量阻抗为

$$Z = -j\frac{X_d - X_s}{2} + j\frac{X_d + X_s}{2}e^{j2\varphi}$$

式中　X_d——发电机的纵轴同步电抗。

在机端阻抗平面上是一个圆方程，称为静稳极限阻抗圆，其圆周表示不同有功功率 P 在静稳极限点的机端测量阻抗的轨迹，圆内为失步区。其圆心和半径分别为

$$\left[0, -j\frac{X_d - X_s}{2}\right], \frac{X_d + X_s}{2}$$

3）失步后的异步运行阶段：异步运行时机端测量阻抗与转差率 s 有关，当转差率 s 由 $-\infty \rightarrow +\infty$ 变化时，机端测量阻抗变化的轨迹一定在下述阻抗圆内，其圆心和半径分别为

$$\left[0, -j\frac{X_d + X'_d}{2}\right], \frac{X_d - X'_d}{2}$$

式中　X'_d——发电机纵轴暂态电抗。

该圆称为异步边界阻抗圆。

对于发电机—变压器组，当发电机失磁后自系统吸取大量无功功率，在联系电抗 X_s 上存在较大的电压降落，致使发电机电压及主变压器高压侧电压下降。根据分析，若保持变压器高压侧电压恒定，改变有功功率和无功功率，则机端测量阻抗的轨迹是一个圆，称为等电压圆，圆心和半径分别为

$$\left[0, \frac{X_T - K^2(X_T + X_s)}{1 - K^2}\right], \frac{K}{1 - K^2}\sqrt{X_s^2 - (1 - K^2)X_T^2}$$

式中　X_T——变压器电抗；

　　　X_s——变压器高压侧与无限大等值发电机之间的电抗；

　　　K——变压器高压侧电压与无限大系统端电压（额定电压）之比，即高压侧电压标么值。

汽轮发电机的阻抗特性，如图7-40所示。

7-90　发电机失磁对系统和发电机本身有什么影响？汽轮发电机允许失磁运行的条件是什么？

答：发电机失磁对系统的主要影响有：

（1）发电机失磁后，不但不能向系统送出无功功率而且还要从系统中吸取无功功率，将造成系统电压下降。

（2）为了供给失磁发电机无功功率，可能造成系统中其他发电机过电流。

发电机失磁对发电机自身的影响有：

（1）发电机失磁后，转子和定子磁场间出现了速度差，则在转子回路中感应出转差频率的电流，引起转子局部过热。

（2）发电机受交变的异步电磁力矩的冲击而发生振动，转差率愈大，振动也愈大。

汽轮发电机允许失磁运行的条件是：

（1）系统有足够供给发电机失磁运行的无功功率，不致造成系统电压严重下降。

（2）降低发电机有功功率的输出，使在很小的转差率下，发电机允许一段时间内异步运行，即发电机在较少的有功功率下失磁运行，不致造成危害发电机转子的发热与振动。

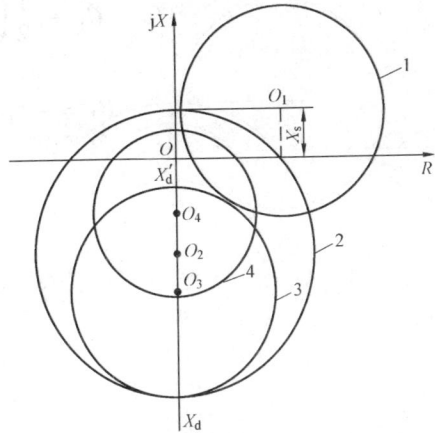

图 7-40　汽轮发电机的阻抗特性

1—$P = 0.7P_N$ 等有功阻抗圆；2—静稳极限阻抗圆；

3—稳态异步边界阻抗圆；4—$K = 0.8$ 等电压圆

7-91　试述发电机的失磁保护装置的组成和整定原则。

答：发电机的失磁保护装置的组成和整定原则如下：

阻抗继电器动作特性如图 7-41 所示。

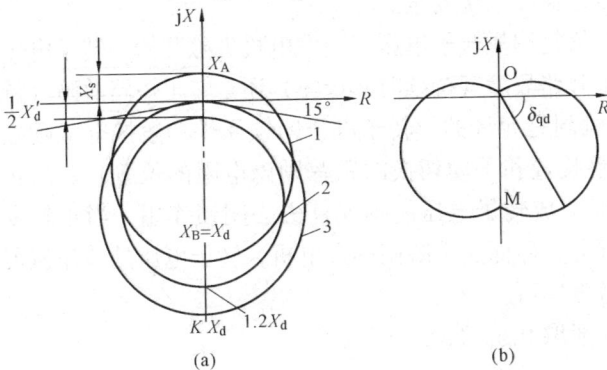

（a）　　　　（b）

图 7-41　阻抗继电器动作特性

（a）圆特性；（b）苹果圆特性

1—下偏移特性；2—下抛圆式特性；3—90°方向阻抗圆特性

（1）下抛圆式特性的阻抗继电器定子判据按稳态异步边界条件整定，即

$$X_A = -\frac{X'_d}{2}, \quad X_B = -1.2X_d$$

（2）下偏移特性的阻抗继电器定子判据按静稳定边界（静稳边界圆）条件整定，即

$$X_A = X_s, \quad X_B = -X_d$$

动作区较大并包括第一、二象限部分。为防止系统振荡及短路误动，需设方向元件控制，使动作区在第三、四象限阻抗平面上，并具有扇形动作区特性。

（3）苹果圆特性的阻抗继电器适用于水轮发电机和大型汽轮发电机（$X_d \neq X_q$）的失磁保护，作用于跳闸。继电器的整定值如图 7-41（b）所示，为双圆过坐标原点的直径与 R 轴的夹角 δ_{qd}，双圆在 X 轴的交点 M 与坐标原点 O 之距 OM 为 $\frac{1}{\lambda}$。整定值计算公式为

$$G_1 = \frac{1}{2}\left(\frac{1}{X_q + X_s} - \frac{1}{X_d + X_s}\right)$$

$$B_1 = -\frac{1}{2}\left(\frac{1}{X_q + X_s} + \frac{1}{X_d + X_s}\right)$$

$$G_2 = \frac{G_1}{(1 + B_1 X_s)^2}$$

$$\lambda = B_2 = \frac{B_1}{1 + B_1 X_s}$$

$$\delta_{qd} = \text{arctg}\,\frac{G_2}{K_1 B_2}$$

式中 X_q——水轮发电机横轴同步电抗;

X_d——水轮发电机纵轴同步电抗;

K_1——可靠系数:当 $X_s < 0.4$ 时(以发电机容量为基量的标么值),K_1 取 0.13;$X_s > 0.4$ 时,K_1 取 0.15。

(4) 水轮发电机长距离重负荷输电时,采用阻抗继电器作为定子判据,则进入阻抗圆时限较长而造成稳定破坏。为加速切除失磁的发电机,可采用三相低压元件作为判据,并加转子低压元件闭锁的方式组成发电机跳闸回路。

三相低压元件取自高压母线,一般取额定电压的 80% ~ 85%;取自发电机母线,一般取额定电压的 75% ~ 80%。

(5) 为防止失磁保护装置误动,应在外部短路、系统振荡及电压回路断线等情况下闭锁,并将母线低压元件用于监视母线电压,保障系统安全。

闭锁元件采用转子判据。转子判据一般是测量转子电压,当发电机失磁开始,转子电压第一个负向半波的持续时间,不论是转子开路故障(持续时间最短)还是转子短路故障(持续时间最长),一般均大于 1.5s,故作用跳闸是允许的。转子电压闭锁元件一般按空载励磁电压的 80% 整定。为此要求自动励磁调整装置和手动切换的跟踪励磁电阻的位置,要防止因励磁电压降到空载励磁电压的 80%,而造成转子电压闭锁元件失去闭锁作用。当水轮发电机或发电机重载运行时,为快速切除部分失磁而要求跳闸的发电机,转子电压的动作值可适当提高,满足低负荷时励磁电压的灵敏度即可。

失磁保护装置作用解列的动作时间一般取 0.5 ~ 1.0s。

7-92 简述由阻抗继电器构成的失磁保护的工作原理。

答:用阻抗继电器构成的失磁保护的原理框图如图 7-42 所示。其中 KI 为阻抗继电器。K 为闭锁继电器,用以防止相间短路时保护装置误动作。它可以采用不同的闭锁方式,在图 7-42 中采用励磁电压作为闭锁量。KT 为时间继电器,用于防止系统振荡时保护装置误动作。

下抛圆式特性阻抗继电器 KI 按稳态异步边界条件整定

$$X_A = -\frac{1}{2}X'_d$$

$$X_B = -1.2X_d$$

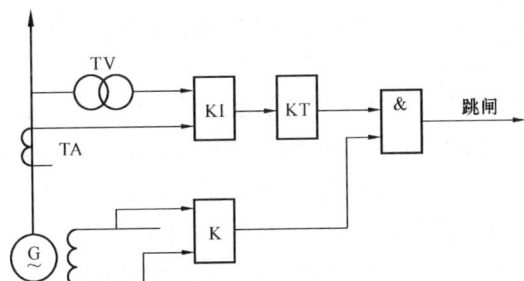

图 7-42　用阻抗元件构成的失磁保护原理方框图

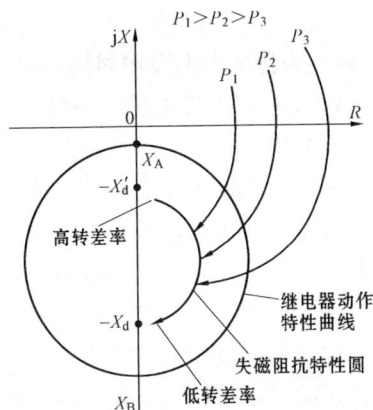

图 7-43　发电机失磁时阻抗继电器的动作特性

发电机失磁后，其机端测量阻抗由失磁前的感性变为失磁后异步运行时的容性，即测量阻抗的轨迹由第一象限进入第四象限（见图 7-43），待进入整定圆内时，阻抗继电器 KI 动作。发电机失磁前所带的有功功率 P 和失磁后的转差率 S 都会影响到测量阻抗的变化轨迹。P 越大，s 越高，越趋近于 X_d'；P 越小，s 越低，越趋近于 X_d。

7-93　为什么现代大型汽轮发电机应装设过电压保护？

答： 中小型汽轮发电机不装设过电压保护的原因是：在汽轮发电机上都装有危急保安器，当转速超过额定转速的 10% 以上时，汽轮发电机危急保安器会立即动作，关闭主汽门，能够有效的防止由于机组转速升高而引起的过电压。

对于大型汽轮发电机则不然，即使调速系统和自动调整励磁装置都正常运行，当满负荷运行时突然甩去全部负荷，电枢反应突然消失，此时，由于调速系统和自动调整励磁装置都是由惯性环节组成，转速仍将升高，励磁电流不能突变，使得发电机电压在短时间内也要上升，其值可能达 1.3 倍额定值，持续时间可能达几秒钟。

大型发电机定子铁芯背部存在漏磁场，在这一交变漏磁场中的定位筋（与定子绕组的线棒类似），将感应出电动势。相邻定位筋中的感应电动势存在相位差，并通过定子铁芯构成闭路，流过电流。正常情况下，定子铁芯背部漏磁小，定位筋中的感应电动势也很小，通过定位筋和铁芯的电流也比较小。但是当过电压时，定子铁芯背部漏磁急剧增加，例如过电压 5% 时漏磁场的磁密度要增加几倍，从而使定位筋和铁芯中的电流急剧增加，在定位筋附近的硅钢片中的电流密度很大，引起定子铁芯局部发热，甚至会烧伤定子铁芯。过电压越高，时间越长，烧伤就越严重。

发电机出现过电压不仅对定子绕组绝缘带来威胁，同时将使变压器（升压主变压器和厂用变压器）励磁电流剧增，引起变压器的过励磁和过磁通。过励磁可使绝缘因发热而降级，过磁通将使变压器铁芯饱和并在铁芯相邻的导磁体内产生巨大的涡流损失，严重时可因涡流发热使绝缘材料遭永久性损坏。

鉴于以上种种原因，对于 200MW 及以上的大型汽轮发电机应装设过电压保护。已经装设过激磁保护的大型汽轮发电机可不再装设过电压保护。

7-94　为什么大型发电机应装设 100% 的定子接地保护？

答：100MW 以下发电机，应装设保护区不小于 90% 的定子接地保护；100MW 及以上的发电机，应装设保护区为 100% 的定子接地保护。

发电机中性点附近是否可能首先发生接地故障，过去曾有过两种不同的观点，一种观点认为发电机定子绕组是全绝缘的（中性点和机端的绝缘水平相同），而中性点的运行电压很低，接地故障不可能首先在中性点附近发生。另一种观点则认为，如果定子绕组绝缘的破坏是由于机械的原因，例如水内冷发电机的漏水、冷却风扇的叶片断裂飞出，则完全不能排除发电机中性点附近发生接地故障的可能性。另外，如果中性点附近的绝缘水平已经下降，但尚未到达能为定子接地继电器检测出来的程度，这种情况具有很大的潜在危险性。因为一旦在机端又发生另一点接地故障，使中性点电位骤增至相电压，则中性点附近绝缘水平已经下降的部位，有可能在这个电压作用下发生击穿，故障立即转为严重的相间或匝间短路。我国一台大型水轮发电机，在定子接地保护的死区范围内发生接地故障，后发展为相间短路，致使发电机严重损坏。

鉴于现代大型发电机在电力系统中的重要地位及其制造工艺复杂、铁芯检修困难，故要求装设 100% 的定子接地保护，而且要求在中性点附近绝缘水平下降到一定程度时，保护就能动作。

7-95　简述利用三次谐波电压构成的 100% 发电机定子绕组接地保护的工作原理。

答：由于发电机气隙磁通密度的非正弦分布和铁芯饱和的影响，其定子绕组中的感应电动势除基波外，还含有三、五、七次等高次谐波。因为三次谐波具有零序分量的性质，在线电动势中它们虽然不存在，但在相电动势中依然存在，设以 E_3 表示。

为了便于分析，假定：①把发电机每相绕组对地电容 C_G 分成相等的两部分，每部分 $C_G/2$ 等效地分别集中在发电机的中性点 N 和机端 S；②将发电机端部引出线、升压变压器、厂用变压器以及电压互感器等设备的每相对地电容 C_s 也等效地集中放在机端。

根据理论分析，在上述假设条件下，可得出下列结论：

(1) 当发电机中性点绝缘时，发电机在正常运行情况下，机端 S 和中性点 N 处三次谐波电压之比为

$$\frac{U_{S3}}{U_{N3}} = \frac{C_G}{C_G + 2C_s} < 1$$

(2) 当发电机中性点经消弧线圈接地时，若基波电容电流被完全补偿，发电机在正常运行情况下，机端 S 和中性点 N 处三次谐波电压之比为

$$\frac{U_{S3}}{U_{N3}} = \frac{7C_G - 2C_s}{9(C_G + 2C_s)} < 1$$

(3) 不论发电机中性点是否接有消弧线圈，当在距发电机中性点 α（中性点到故障点的匝数占每相一分支总匝数的百分比）处发生定子绕组金属性单相接地时，中性点 N 和机端 S 处的三次谐波电压分别恒为：

$$U_{N3} = \alpha E_3$$

$$U_{S3} = (1 - \alpha) E_3$$

按上式可作出 $U_{N3} = f(\alpha)$、$U_{S3} = f(\alpha)$ 的关系曲线，如图 7－44 所示。

从图 7－44 可以看出：$U_{N3} = f(\alpha)$、$U_{S3} = f(\alpha)$ 皆为线性关系，它们相交于 $\alpha = 0.5$ 处；当发电机中性点接地时，$\alpha = 0$，$U_{N3} = 0$，$U_{S3} = E_3$；当机端接地时，$\alpha = 1$，$U_{N3} = E_3$，$U_{S3} = 0$；当 $\alpha < 0.5$ 时，恒有 $U_{S3} > U_{N3}$；当 $\alpha > 0.5$ 时，恒有 $U_{N3} > U_{S3}$。

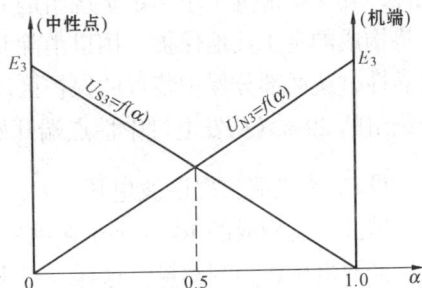

图 7－44　U_{N3}、U_{S3} 随 α 的变化曲线

综上所述，用 U_{S3} 作为动作量，U_{N3} 作为制动量，构成发电机定子绕组单相接地保护，且当 $U_{S3} > U_{N3}$ 时保护动作，则在发电机正常运行时保护不会误动，而在中性点附近发生接地时，保护具有很高的灵敏度。用这种原理构成的发电机定子绕组单相接地保护，可以保护定子绕组中性点及其附近范围内的接地故障，对其余范围则可用反映基波零序电压的保护，从而构成了 100% 的发电机定子绕组接地保护。

7－96　试述反应基波零序电压和利用三次谐波电压构成的 100% 定子接地保护装置。

答：(1) 反应基波零序电压的定子接地保护。

零序电压取自发电机中性点电压互感器的电压或消弧线圈的二次电压或机端三相电压互感器的开口三角绕组。

正常运行时，不平衡电压有基波和三次谐波，其中三次谐波是主要的。当高压侧发生接地故障时，高压系统中的零序电压通过变压器高、低绕组间的电容耦合传给发电机，可能超过定子接地保护的动作电压。

1) 反应零序电压的定子接地保护：保护装置的动作电压一般取 15V（发电机母线接地的开口三角电压为 100V），保护范围可达 85%，死区为 15%。

2) 反应基波零序电压的定子接地保护：带有三次谐波滤过器，反应基波零序电压的定子接地保护动作电压取 5～10V，保护范围可达 90%～95%，死区为 5%～10%。

3) 带有制动量的反应基波零序电压的定子接地保护：高压系统中性点不直接接地，为防止高压侧发生接地故障而误动。因此，装设以高压侧零序电压为制动量、以发电机零序电压为动作量的基波零序电压型定子接地保护，也可采用高压侧零序电压闭锁的方式。

4) 保护装置的动作时间：动作时间一般取 1.5s，作用于信号。当高压系统中性点为直接接地方式，保护装置的动作时间应大于变压器高压侧接地保护动作时间。一般高压侧保证灵敏系数的接地保护的动作时间小于 1.5s，故保护装置动作时间取 2.0s。

200MW 发电机未装设匝间短路保护，考虑到匝间故障极大部分伴随接地故障，或由接地故障发展所致，为保证发电机设备的安全，将带有三次谐波滤过器的反应基波零序电压保护作用于跳闸。此时，为防止电压互感器一次侧断开或二次侧接地短路而引起三次侧零序电压误动，故必须用发电机中性点电压互感器或消弧线圈二次电压。动作电压按发电机端单相接地时零序电压的 15% 整定，其时限取 2.0s。

(2) 利用三次谐波电压构成 100% 定子接地保护。

利用三次谐波电压构成 100% 定子接地保护，由两部分组成：第一部分是基波零序电压元件，其保护范围不小于定子绕组的85%（从发电机机端开始）；第二部分是利用三次谐波电势构成的定子接地保护，用以消除基波零序电压元件保护不到的死区。为保证保护动作的可靠性，这两部分保护装置的保护区应有一段重叠区，因此第二部分的保护范围应不小于定子绕组的20%（从发电机中性点端开始）。

设 $\dot{U}_{S3}$ 为机端三次谐波电压，$\dot{U}_{N3}$ 为中性点三次谐波电压，$\dot{E}_3$ 为发电机三次谐波电势。三次谐波电压构成的100%定子接地保护，可利用机端三次谐波电压作为动作量，而中性点三次谐波电压作为制动量。这样，当中性点附近发生接地故障时，能可靠动作于信号。

继电器动作的判据有下述几类：

1) $|\dot{U}_{S3}| \geq |\dot{U}_{N3}|$，调试简单，灵敏度低。

2) $|K\dot{U}_{S3} - \dot{U}_{N3}| \geq \beta|\dot{U}_{N3}|$，$\beta < 1$。

3) $|p\dot{U}_{N3} - \dot{U}_{S3}| \geq \beta|\dot{U}_{N3}| + \Delta U$。

ΔU 为极化继电器的动作电压，小于0.7V。

正常运行时，调整 $|p\dot{U}_{N3} - \dot{U}_{S3}|$ 近似为零，并有适当的制动量 $\beta|\dot{U}_{N3}|$。当发生单相接地故障后，$|p\dot{U}_{N3} - \dot{U}_{S3}|$ 上升，而 $\beta|\dot{U}_{N3}|$ 下降，使继电器动作。

4) $|\dot{U}_{N3} - p\dot{U}_{S3}e^{j\alpha0}| \geq \beta|\dot{U}_{N3}|$。

总之，三次谐波定子接地动作值按厂家说明书的规定在现场调试，要求发电机中性点经3000Ω电阻接地，保护可靠动作。

7-97 一般大型汽轮发电机—变压器组配置哪些保护？其作用对象是什么？

答： 一般大型汽轮发电机—变压器组根据容量大小配置的保护及其作用对象如下：

保护	作用对象
发电机差动保护	全停
升压变压器差动保护	全停
高压厂用变压器差动保护	全停
发电机—变压器差动保护	全停
变压器气体保护	全停
全阻抗保护（负序过流和单元件低压过流）$\begin{cases} t_1 \\ t_2 \end{cases}$	解列 全停
高压侧零序电流保护 $\begin{cases} t_1 \\ t_2 \end{cases}$	解列 全停
定子匝间保护	全停
定子一点接地保护基波段	发信号（解列灭磁）
定子一点接地保护3次谐波段	发信号
发电机励磁回路一点接地保护	发信号
定时限定子过负荷保护	发信号
反时限定子过负荷保护	解列灭磁

转子表层过负荷保护 { 定时限段		发信号
	反时限段	解列灭磁
定时限励磁回路过负荷保护		发信号
反时限励磁回路过负荷保护		解列灭磁
频率异常保护		发信号
	t_1	发信号
失磁保护	t_2	减出力
	t_3	解列灭磁
过电压保护		解列灭磁
逆功率保护	t_1	发信号
	t_2	解列灭磁
失步保护		发信号（解列）
过激磁保护（可不再设过电压保护）		解列灭磁
断路器失灵保护		解列灭磁
非全相运行保护		解列

7-98 试述大型水轮发电机—变压器组继电保护配置的特点。

答：水轮发电机的发电机—变压器组继电保护配置与汽轮发电机—变压器组继电保护配置主要的不同点是：

(1) 不装设励磁回路两点接地保护；

(2) 不装设逆功率保护；

(3) 不装设频率异常保护；

(4) 与同容量的汽轮发电机相比，水轮发电机体积较大，热容量大，负序发热常数 A 值也大得多，所以除了双水内冷式水轮发电机外，不采用反时限特性的负序电流保护；

(5) 水轮发电机的失磁保护经延时作用于跳闸，不作减负荷异步运行。

7-99 何谓继电强行励磁装置？其作用是什么？

答：强行励磁，即强迫施行励磁（简称强励）。当系统发生事故电压严重降低时，强行以最快的速度给发电机以最大的励磁，迫使系统电压迅速恢复。用继电器组成的这种装置称为继电强行励磁装置。

为了提高电力系统的稳定以及加快故障切除后电压的恢复，希望电压下降到一定数值时，同步发电机的励磁能迅速增大到顶值。当然，自动调节励磁装置也应具有这种能力，但是某些自动调节励磁装置的励磁顶值不够高或反应速度不够快，以及在某些故障形式下不具有上述能力，因此就需要设置专门的继电强行励磁装置来承担上面提出的任务。

7-100 对于继电强行励磁装置中的低电压继电器的接线应考虑哪些原则？

答：为了使继电强行励磁装置的动作机会增多，并且提高其灵敏度，其低电压继电器的接线方式一般应按如下原则进行考虑：

(1) 并联运行各发电机的强行励磁装置按机组容量分别接于不同的相别，以保证在发生任何类型的相间短路故障时，均有一定数量的发电机能施行强励。

（2）当自动调节励磁装置在某些短路故障下没有强励能力或无法强励时，继电强行励磁装置应优先考虑反应这些故障形式。

（3）当自动调节励磁装置对各种短路故障形式均能进行强励时，若强励容量不够，则需要设继电强行励磁装置。此时其接线方式应使强行励磁装置有尽可能多的动作机会。

（4）为了使继电强行励磁装置能反应各种相间短路故障和提高其灵敏度，可将低电压继电器经正序电压滤过器接到电压互感器上。

7-101　继电强行励磁装置中的低电压继电器的动作电压是怎样整定的？对其返回系数有何要求？

答： 低电压继电器接于发电机电压互感器的相间电压上，其动作值的整定应考虑当发电机电压恢复到正常值时继电器能可靠地返回，即返回电压 $U_{re\cdot k}$ 为

$$U_{re\cdot k} = \frac{U_{Gn}}{K_{rel}}$$

式中　　U_{Gn}——发电机额定电压；

　　　　K_{rel}——可靠系数，取 1.05。

因此继电器动作电压为　　　　$U_{op\cdot k} = \frac{U_{re\cdot k}}{K_{re}}$

式中　　K_{re}——返回系数，取 1.1～1.2。

故　　　　　　　　　　　　$U_{op\cdot k} = \frac{U_{Gn}}{K_{rel}K_{re}}$

将 K_{re}、K_{rel} 值代入上式，得

$$U_{op\cdot k} \approx (0.8 \sim 0.85)\, U_{Gn}$$

即继电强行励磁装置中低电压继电器的动作电压应整定为发电机额定电压的 0.8～0.85 倍。

强行励磁中低电压继电器的返回系数在检验规程中要求不大于 1.06。这一点和一般的低电压继电器不同。这是因为，从系统电压降低到强行励磁装置动作，发出强行励磁信号，需要一定的时间，且这个时间愈短愈好。为使整个装置灵敏、快速，要求强行励磁低电压继电器的返回系数比一般电压继电器的要低。

7-102　继电强行减磁装置的作用是什么？怎样实现？

答： 当水轮发电机突然甩去大量负荷时，因其调速装置尚来不及关闭导水翼，致使机组转速迅速升高，而产生过电压现象。为此，专门设置一种强行减磁装置。当水轮发电机的端电压突然升高时，它能迅速降低发电机的励磁电流，以达到降低其电压的目的。

继电强行减磁装置的接线和继电强行励磁装置相似。接线中应用过电压继电器。当发电机电压高于某一给定值（通常为 1.3 倍额定电压）时，过电压继电器动作，其触点控制一接触器，接触器动作后，在励磁机励磁回路中串入一阻值比励磁绕组阻值大好几倍的电阻，将励磁机的电压几乎降到零值，起到了强行减磁的作用。

7-103 大型发电机组为何要装设失步保护?

答: 发电机与系统发生失步时,将出现发电机的机械量和电气量与系统之间的振荡,这种持续的振荡将对发电机组和电力系统产生有破坏力的影响。

(1) 单元接线的大型发变组电抗较大,而系统规模的增大使系统等效电抗减小,因此振荡中心往往落在发电机端附近或升压变压器范围内,使振荡过程对机组的影响大为加重。由于机端电压周期性的严重下降,使厂用辅机工作稳定性遭到破坏,甚至导致全厂停机、停炉、停电的重大事故。

(2) 失步运行时,当发电机电势与系统等效电势的相位差为180°的瞬间,振荡电流的幅值接近机端三相短路时流经发电机的电流。对于三相短路故障均有快速保护切除,而振荡电流则要在较长时间内反复出现,若无相应保护会使定子绕组遭受热损伤或端部遭受机械损伤。

(3) 振荡过程中产生对轴系的周期性扭力,可能造成大轴严重机械损伤。

(4) 振荡过程中由于周期性转差变化在转子绕组中引起感应电流,引起转子绕组发热。

(5) 大型机组与系统失步,还可能导致电力系统解列甚至崩溃事故。

因此,大型发电机组需装设失步保护,以保障机组和电力系统的安全。

失步保护一般由比较简单的双阻抗元件组成,但是没有预测失步的功能。也有利用3个以上的阻抗元件组成几个动作区域的失步保护。利用测量振荡中心电压及其变化率及各种原理的失步预测保护。失步保护在短路故障、系统稳定(同步)振荡、电压回路断线等情况下不应误动作。失步保护一般动作于信号,当振荡中心在发电机变压器内部,失步运行时间超过整定值,或振荡次数超过规定值,对发电机有危害时,才动作于解列。

7-104 为什么大型发电机应装设非全相运行保护?

答: 发电机—变压器组高压侧的断路器多为分相操作的断路器,常由于误操作或机械方面的原因使三相不能同时合闸或跳闸,或在正常运行中突然一相跳闸。

这种异常工况将在发电机—变压器组的发电机中流过负序电流,如果靠反应负序电流的反时限保护动作(对于联络变压器,要靠反应短路故障的后备保护动作),则会由于动作时间较长,而导致相邻线路对侧的保护动作,使故障范围扩大,甚至造成系统瓦解事故。因此,对于大型发电机—变压器组,在220kV及以上电压侧为分相操作的断路器时,要求装设非全相运行保护。

7-105 简述发电机非全相运行保护的构成原理。

答: 非全相运行保护一般由灵敏的负序电流元件或零序电流元件和非全相判别回路组成,其保护原理接线如图7-45所示。

图7-45中 I_{KA2} 为负序电流继电器,QFa、QFb、QFc为被保护回路A、B、C相的断路器辅助触点。

保护经延时0.5s动作于解列(即断开健全相)。如果是操作机构故障,解列不成功,则应动作于断路器失灵保

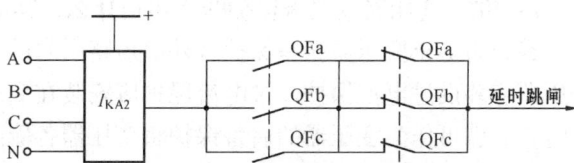

图7-45 非全相运行保护的原理接线图

护，切断与本回路有关的母线段上的其他有源回路。

负序电流元件的动作电流 $I_{2,op}$ 按发电机允许的持续负序电流下能可靠返回的条件整定，即

$$I_{2,op} = \frac{I_{G,2}}{K_{re}}$$

式中 K_{re}——返回系数，取 0.9；

　　　　$I_{G,2}$——发电机允许持续负序电流，一般取 $I_{G,2} = (0.06 \sim 0.1)I_{Gn}$；

　　　　I_{Gn}——发电机的额定电流。

零序电流元件可按躲过正常不平衡电流整定。变压器和母线联络（分段）断路器的非全相保护应使用零序电流继电器。

7-106　电力变压器的异常运行状态和可能发生的故障有哪些？一般应装设哪些保护？

答： 变压器的故障可分为内部故障和外部故障两种。变压器内部故障系指变压器油箱里面发生的各种故障，其主要类型有：各相绕组之间发生的相间短路，单相绕组部分线匝之间发生的匝间短路，单相绕组或引出线通过外壳发生的单相接地故障等。变压器外部故障系指变压器油箱外部绝缘套管及其引出线上发生的各种故障，其主要类型有：绝缘套管闪络或破碎而发生的单相接地（通过外壳）短路，引出线之间发生的相间故障等。

变压器的不正常工作状态主要包括：由于外部短路或过负荷引起的过电流、油箱漏油造成的油面降低、变压器中性点电压升高、由于外加电压过高或频率降低引起的过励磁等。

为了防止变压器在发生各种类型故障和不正常运行时造成不应有的损失，保证电力系统安全运行，变压器一般应装设以下继电保护装置：

（1）防御变压器油箱内部各种短路故障和油面降低的瓦斯保护。

（2）防御变压器绕组和引出线多相短路、大接地电流系统侧绕组和引出线的单相接地短路及绕组匝间短路的（纵联）差动保护或电流速断保护。

（3）防御变压器外部相间短路并作为瓦斯保护和差动保护（或电流速断保护）后备的过电流保护（或复合电压起动的过电流保护或负序过电流保护）。

（4）防御大接地电流系统中变压器外部接地短路的零序电流保护。

（5）防御变压器对称过负荷的过负荷保护。

（6）防御变压器过励磁的过励磁保护。

7-107　变压器过电流保护的作用是什么？其动作电流怎样整定？

答： 为防止变压器纵差保护区外部短路引起的过电流和作为变压器主保护的后备保护，变压器应装设过电流保护。过电流保护应安装在变压器的电源侧，这样当变压器发生内部故障时，它就可作为变压器的后备保护将变压器各侧的断路器跳开（当主保护拒动时）。

不带低电压起动的过电流保护接线简单，一般用于容量较小的降压变压器上。保护的动作电流应按躲过变压器可能出现的最大负荷电流来整定，即

$$I_1 = \frac{K_1}{K_2} I_{\mathrm{L,max}}$$

式中　K_1——可靠系数，取 1.2~1.3；

　　　K_2——返回系数，取 0.85；

　　$I_{\mathrm{L,max}}$——变压器的最大负荷电流，A。

变压器的最大负荷电流可按下列情况考虑：

（1）对并列运行的变压器，应考虑切除一台变压器时所产生的过负荷，如果各台变压器容量相等时，可按下式计算：

$$I_{\mathrm{L,max}} = \frac{m}{(m-1)} I_{\mathrm{Tn}}$$

式中　m——并列运行变压器的最少台数；

　　　I_{Tn}——每台变压器的额定电流，A。

（2）对降压变压器考虑负荷电动机自起动时的最大电流，即

$$I_{\max} = K_3 I'_{\mathrm{L,max}}$$

式中　K_3——自起动系数，其数值与负荷性质及用户与电源的电气距离有关。对 110kV 的
　　　　　　降压变电所，6~10kV 侧 $K_3 = 1.5~2.5$，35kV 侧 $K_3 = 1.5~2$。

　　$I'_{\mathrm{L,max}}$——正常运行时的最大负荷电流。

7-108　何谓复合电压起动的变压器过电流保护？

答： 变压器复合电压过电流保护是由一个负序电压继电器和一个接在相间电压上的低电压继电器共同组成的电压复合元件。两个继电器只要有一个动作，过电流继电器也同时动作，整套装置即能启动。

该保护较低电压闭锁过电流保护有下列优点：

（1）在后备保护范围内发生不对称短路时，有较高的灵敏度。

（2）在变压器后发生不对称短路时，电压启动元件的灵敏度与变压器的接线方式无关。

（3）由于电压启动元件只接在变压器的一侧，故接线比较简单。

7-109　自耦变压器的零序电流保护为什么不允许装在变压器中性线的电流互感器上？

答： 自耦变压器的结构特点是高、中压共用一个绕组，它们之间有直接的电的联系，因此，只能有一个共同的接地中性点，并要求直接接地。当系统内发生单相接地时，零序电流将由一个电压级的电网流向另一个电压级的电网。根据理论分析，流经接地中性点的电流的大小及相对于零序电压的相位，将随系统运行方式和接地点的不同而有较大的变化。因此，不能利用变压器中性线的电流互感器来构成零序电流保护，而应在高、中压侧分别装设由三只电流互感器组成的零序电流滤过器构成的零序方向过电流保护。

7-110　在 Yd11 接线变压器△侧发生两相短路时，对 Y 侧过电流和低电压保护有何影响？如何解决？

答： Yd11 接线变压器的△侧发生两相短路时，设短路电流为 I_k，在 Y 侧有两相的相电

流各为 $\frac{1}{2} \times \frac{I_k}{\frac{\sqrt{3}}{2}} = I_k/\sqrt{3}$，有一相的相电流为 $2\frac{I_k}{\sqrt{3}}$。如果只有两相有电流，继电器则有 $\frac{1}{3}$ 的两相短路几率短路电流减少一半。

在 △ 侧，非故障相电压为正常电压，故障相的相间电压降低，当变压器 △ 侧出口故障时，相间电压为 0V，但反应到 Y 侧的相电压有一相为 0V，另两相为大小相等、方向相反的相电压。此时，Y 侧绕组接相间电压时，就不能正确反映故障相间电压；如 Y 侧绕组接相电压，则在 Y 侧发生两相短路时也不能正确反映故障相间电压。

解决办法：

(1) 变压器 Y 侧的电流互感器为 Y 接法，则需每相均设电流继电器，即三相式电流继电器；如为两相式电流互感器，则 B 相电流继电器接中性线电流（ − B 相）。

(2) 变压器高低压侧均设三个电压元件接相间电压，即 6 块电压继电器，或设负序电压元件和单元件低压元件（接相间电压）。

7 – 111　并联运行变压器部分中性点接地时，其接地保护如何配置？保护定值如何整定？

答： 目前大电流接地系统普遍采用分级绝缘的变压器，当变电所有 2 台及以上的分级绝缘的变压器并联运行时，通常只考虑一部分变压器中性点接地，而另一部分变压器的中性点则经间隙接地运行，以防止故障过程中所产生的过电压破坏变压器的绝缘。为保证接地点数目的稳定，当接地变压器退出运行时，应将经间隙接地的变压器转为接地运行。由此可见并列运行的分级绝缘的变压器同时存在接地和经间隙接地两种运行方式。为此应配置中性点直接接地零序电流保护和中性点间隙接地保护。这两种保护的原理接线图如图 7 – 46 所示。

(1) 中性点直接接地零序电流保护。中性点直接接地零序电流保护一般分为两段，见图 7 – 46。第一段由电流继电器 1、时间继电器 2、信号继电器 3 及连接片 4 组成，其定值与出线的接地保护第一段相配合，0.5s 切母联断路器。第二段由电流继电器 5、时间继电器 6、信号继电器 7 和 8、连接片 9 和 10 等元件组成。定值与出线接地保护的最后一段相配合，以短延时切除母联断路器及主变压器高压侧断路器，长延时切除主变压器三侧断路器。

1) 零序电流保护由电流继电器 12、时间继电器 13、信号继电器 14 和压板 15 组成。一次启动电流通常取 100A 左右，时间取 0.5s。110kV 变压器中性点放电间隙长度根据其绝缘可取 115 ~ 158mm，击穿电压可取 63kV（有效值）。当中性点电压超过击穿电压（还没有达到危及变压器中性点绝缘的电压）时，间隙击穿，中性点有零序电流通过，保护启动后，经 0.5s 延时切变压器三侧断路器。

2) 零序电压保护由过电压继电器 16、时间继电器 17、信号继电器 18 及连接片 19 组成，电压定值按躲过接地故障母线上出现的最高零序电压整定，110kV 系统一般取 150V；当接地点的选择有困难，接地故障母线 $3U_0$ 电压较高时，也可整定为 180V，动作时间取 0.5s。

(2) 中性点间隙接地保护。当变电所的母线或线路发生接地短路，若故障元件的保护拒动，则中性点接地变压器的零序电流保护动作将母联断路器断开，如故障点在中性点经间隙接地的变压器所在的系统中，此局部系统变成中性点不接地系统，此时中性点的电位将升至相电压，分级绝缘变压器的绝缘会遭到破坏，中性点间隙接地保护的任务就是在中性点电压

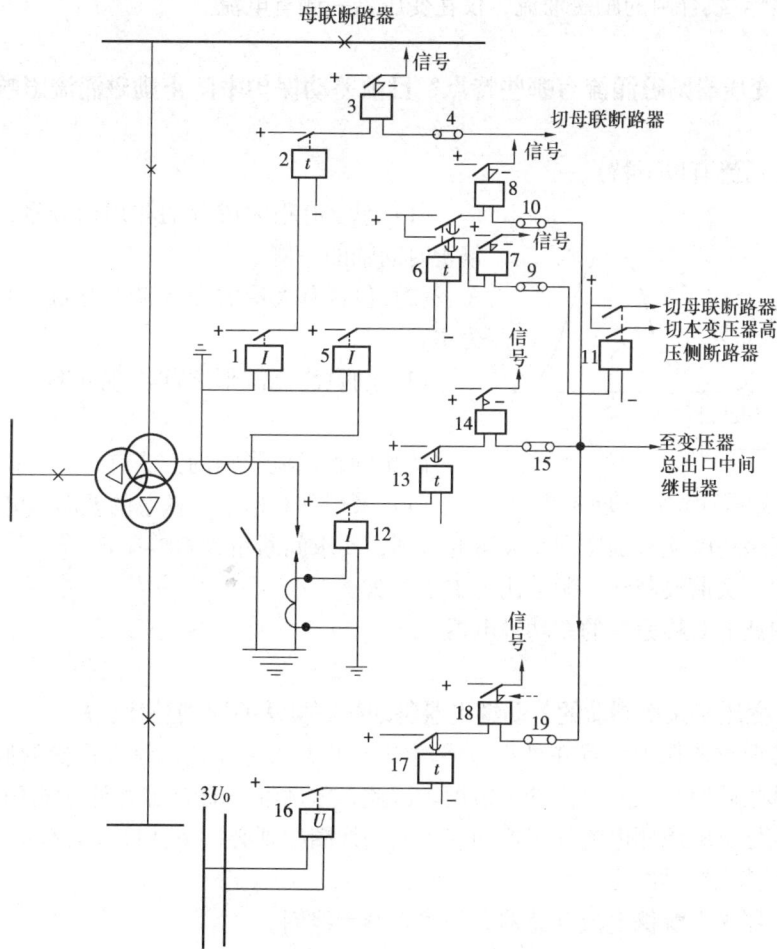

图 7－46　变压器中性点直接接地零序电流保护和
中性点间隙接地保护的原理接线图

升高至危及中性点绝缘之前，可靠地将变压器切除，以保证变压器的绝缘不受破坏。间隙接地保护包括零序电流保护和零序过压保护，两种保护互为备用。

7－112　变压器差动保护的不平衡电流是怎样产生的?

答：变压器差动保护的不平衡电流产生的原因如下：

（1）稳态情况下的不平衡电流。

1）由于变压器各侧电流互感器型号不同，即各侧电流互感器的饱和特性和励磁电流不同而引起的不平衡电流，它必须满足电流互感器的 10% 误差曲线的要求。

2）由于实际的电流互感器变比和计算变比不同引起的不平衡电流。

3）由于改变变压器调压分接头引起的不平衡电流。

（2）暂态情况下的不平衡电流。

1）由于短路电流的非周期分量主要为电流互感器的励磁电流，使其铁芯饱和，误差增大而引起不平衡电流。

2）变压器空载合闸的励磁涌流，仅在变压器一侧有电流。

7 – 113 变压器励磁涌流有哪些特点？目前差动保护中防止励磁涌流影响的方法有哪些？

答：励磁涌流有以下特点：

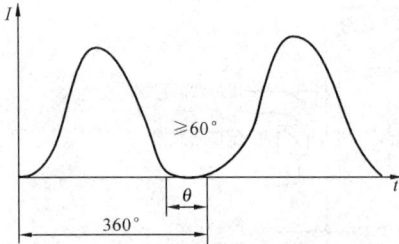

图 7 – 47 励磁涌流波形的间断角

（1）包含有很大成分的非周期分量，往往使涌流偏于时间轴的一侧。

（2）包含有大量的高次谐波分量，并以二次谐波为主。

（3）励磁涌流波形之间出现间断，如图 7 – 47 所示。

防止励磁涌流影响的方法有：

（1）采用具有速饱和铁芯的差动继电器。

（2）鉴别短路电流和励磁涌流波形的区别，要求间断角为 $60° \sim 65°$。

（3）利用二次谐波制动，制动比为 $15\% \sim 20\%$。

（4）利用波形对称原理的差功继电器。

7 – 114 变压器比率制动的差动继电器制动线圈接法的原则是什么？

答：通常要求该保护装置在外部故障时具有可靠的选择性，流入保护的制动电流为最大；而在内部故障时，又有较高的灵敏度。因此，差动继电器制动线圈的接法原则一般为：

（1）变压器有电源侧电流互感器如接入制动线圈，则必须单独接入，不允许经多侧电流互感器并联后接入制动线圈。

（2）变压器无电源侧电流互感器必须接入制动线圈。

7 – 115 试述变压器气体保护的基本工作原理。

答：气体保护是变压器的主要保护，能有效地反应变压器内部故障。

轻瓦斯继电器由开口杯、干簧触点等组成，作用于信号。重瓦斯继电器由挡板、弹簧、干簧触点等组成，作用于跳闸。

正常运行时，气体继电器充满油，开口杯浸在油内，处于上浮位置，干簧触点断开。当变压器内部故障时，故障点局部发生高热，引起附近的变压器油膨胀，油内溶解的空气形成气泡上升，同时油和其他材料在电弧和放电等的作用下电离而产生瓦斯。当故障轻微时，排出的瓦斯缓慢地上升而进入气体继电器，使油面下降，开口杯产生以支点为轴逆时针方向的转动，使干簧触点接通，发出信号。

当变压器内部故障严重时，产生强烈的瓦斯，使变压器内部压力突增，产生很大的油流向油枕方向冲击，因油流冲击挡板，挡板克服弹簧的阻力，带动磁铁向干簧触点方向移动，使干簧触点接通，作用于跳闸。

此外，还有一种地震时防止误动的专用气体继电器，在地震裂度为七级及以上地区的变压器中使用，也在某些大型发电厂的主变压器中使用。如平圩电厂主变压器装有一种名为皮托管式瓦斯继电器，其特点是：反映重瓦斯动作的是利用"皮托管"（Pitot）原理，即测量油流的动压和静压，将动压和静压引到一个膜盒的两侧，当压力差达到整定值时，膜盒变形带动微动开关，发出跳闸脉冲。因此，它反映流速，不反映振动。而反应轻瓦斯部分的原理及结构，则与一般瓦斯继电器相同。

7-116　为什么差动保护不能代替气体保护？

答： 气体保护能反应变压器油箱内的任何故障，如铁芯过热烧伤、油面降低等，但差动保护对此无反应。又如变压器绕组发生少数线匝的匝间短路，虽然短路匝内短路电流很大，会造成局部绕组严重过热并产生强烈的油流向油枕方向冲击，但表现在相电流上却并不大，因此差动保护没有反应，但瓦斯保护对此却能灵敏地加以反应，这就是差动保护不能代替气体保护的原因。

7-117　试述 BCH-2 型差动继电器的工作原理。

答： BCH-2 型差动继电器是具有比较良好的躲过变压器励磁涌流特性的差动继电器。它由速饱和变流器和执行元件（DL-11/0.2 型电流继电器）两部分组成，其结构原理如图7-48所示。

速饱和变流器 A、C 两边柱的截面相等，并各为中间柱 B 截面的一半。速饱和变流器上绕有以下线圈：

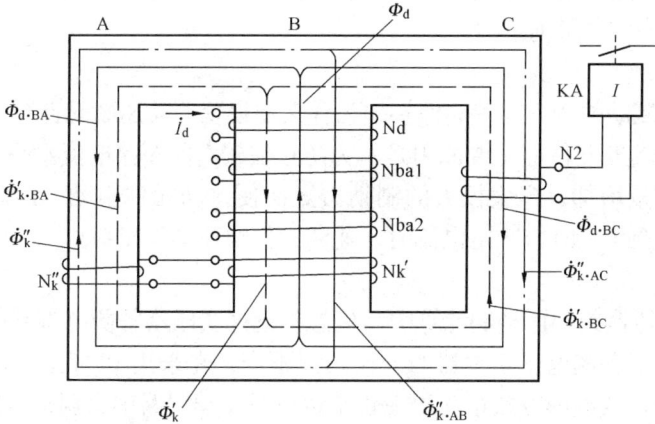

图 7-48　BCH-2 型差动继电器结构原理图

（1）差动线圈 Nd 和两个平衡线圈 Nba1、Nba2 同向绕在中间柱 B 上，它们都起动作线圈的作用。流过它们的电流 $\dot{I}_d$ 产生的磁通 $\dot{\Phi}_d$ 自中间柱经两边柱 A（$\dot{\Phi}_{d.BA}$）、C（$\dot{\Phi}_{d.BC}$）构成两个闭合回路。

（2）二次线圈 N2 绕在 C 边柱上，并与执行元件相连接。

（3）短路线圈分为 N_k'、N_k'' 两部分，分别绕在中间柱 B 和边柱 A 上。在 B、A 两柱所构成的闭合磁路内，N_k' 与 N_k'' 的绕向相同。N_k'' 的匝数为 N_k' 匝数的 2 倍。短路线圈内的电流 $\dot{I}_k$ 是 $\dot{\Phi}_d$ 在 N_k 中的感应电流。$\dot{I}_k$ 流过 N_k'、N_k''，又分别在 B 柱和 A 柱中产生磁通 $\dot{\Phi}_k'$ 和 $\dot{\Phi}_k''$。$\dot{\Phi}_k'$ 自 B 柱经两边柱 A（$\dot{\Phi}_{k.BA}'$）、C（$\dot{\Phi}_{k.BC}'$）构成两个闭合回路。$\dot{\Phi}_k''$ 自 A 柱经中间柱 B

（$\dot{\Phi}''_{k.AB}$）、边柱 C（$\dot{\Phi}''_{k.AC}$）构成两个闭合回路。$\dot{\Phi}'_{k}$ 与 $\dot{\Phi}_{d}$ 方向相反，故 $\dot{\Phi}'_{k}$ 属于去磁性质。

C 柱内的合成磁通（$\dot{\Phi}_{d.BC} + \dot{\Phi}''_{k.AC} - \dot{\Phi}'_{k.BC}$）在 N2 中感应的电流达一定值时，执行元件动作。由此可以看出，继电器动作是靠两条传变路径实现的：一条是从 Nd（$\dot{\Phi}_{d.BC}$）直接传变到 N2 中；另一条是由 Nd 先传变到 N'_{k}，在其内感应电流 $\dot{I}_{k}$，再由 N''_{k}（$\dot{\Phi}''_{k.AC}$）传变到 N2 中，这个传变称为二次传变。

当变压器空载投入或在其纵差保护范围外短路时，Nd（或 Nd、Nba1、Nba2）中流过含有较大非周期分量的励磁涌流或不平衡电流。非周期分量电流是衰减的直流电流，它极少能传变到短路线圈 N'_{k}、N''_{k} 和二次线圈 N2，而是作为励磁电流产生直流磁通使变流器铁芯迅速饱和，从而使铁芯的磁阻大大增大，使 C 柱中的磁通 $\dot{\Phi}_{d.BC}$ 大大减小。另外，再看短路线圈的作用，由于磁路饱和，使 $\dot{I}_{k}$ 减小，$\dot{I}_{k}N'_{k}$、$\dot{I}_{k}N''_{k}$ 也随之减小。由于 A 柱到 C 柱的磁路较长，漏磁增大，使 C 柱中的助磁磁通 $\dot{\Phi}''_{k.AC}$ 大为减小。而 B 柱到 C 柱的磁路较短，漏磁相对较小，所以 C 柱中的去磁磁通 $\dot{\Phi}'_{k.BC}$ 的减小不像 $\dot{\Phi}''_{k.AC}$ 减小得那么显著，但仍有一定的去磁作用，因此 C 柱中的合成磁通（$\dot{\Phi}_{d.BC} + \dot{\Phi}''_{k.AC} - \dot{\Phi}'_{k.BC}$）减小得很多。这就是说，由于非周期分量电流的作用，要想使继电器动作，就得增大 Nd 中的正弦电流。此即 BCH－2 型继电器具有良好的躲过励磁涌流特性的根本原因。

7－118　谐波制动的变压器差动保护中为什么要设置差动速断元件？

答： 设置差动速断元件的主要原因是：为防止在较高的短路电流水平时，由于电流互感器饱和时高次谐波量增加，产生极大的制动力矩而使差动元件拒动，因此设置差动速断元件，当短路电流达到 4～10 倍额定电流时，速断元件快速动作出口。

7－119　在变压器差动保护的计算中，应怎样选择变压器各侧电流互感器的变比？

答： 如果变压器各侧电流互感器的变比选择不当，在采用 BCH 型差动继电器时，就会错选差动线圈和平衡线圈的匝数，使得在正常运行时差动回路中出现很大的不平衡电流（安匝），危及保护的正常运行。要正确地选择各侧电流互感器的变比，必须遵循以下步骤和原则：

（1）确定变压器各侧的一次额定电流。应按照变压器的额定容量 S_{Tn}（kVA）与各侧的额定电压 U_{Tn}（kV），计算出各侧的额定电流 $I_{Tn} = \dfrac{S_{Tn}}{\sqrt{3}\,U_{Tn}}$（A）；

（2）按照各侧电流互感器的接线方式（△接线或 Y 接线）确定电流互感器一次电流的计算值。如果电流互感器采用 △接线，其接线系数为 $\sqrt{3}$，则其一次电流计算值应为 $\sqrt{3}\dot{I}_{Tn}$；

（3）根据（2）项计算结果选择合适的电流互感器变比。

表 7－8 列出对电压为 110 ± 4 × 2.5%/38.5 ± 2 × 2.5%/6.6kV，容量为 31500/31500/31500kVA，接线为 Y，d11，d11 的变压器的计算结果。

如果这台变压器在计算所用的额定电压 35kV 和 6kV 侧各带一半额定容量（负荷性质相

同）运行，则不平衡电流为 $I_{unb} = 4.76 - \dfrac{1}{2}(3.94 + 4.6) = 0.49$（A），不平衡安匝也会很小。如果不按照上述（1）、（2）项计算，选择的电流互感器变比就不合适，正常运行时的不平衡电流（安匝）就很大，使保护无法运行（或者保护不能投入，或者外部短路时误动作）。

表 7－8 选择变压器各侧电流互感器变比的计算实例

数 值 名 称	变压器各侧数值		
	110kV	35kV	6kV
变压器一次额定电流（A）	165	473	2760
电流互感器接线方式	△	Y	Y
电流互感器一次电流计算值（A）	$\sqrt{3} \times 165 = 286$	473	2760
选择电流互感器的变比	300/5 = 60	600/5 = 120	3000/5 = 600
电流互感器二次额定线电流（A）	286/60 = 4.76	473/120 = 3.94	2760/600 = 4.6

7－120 对新安装的差动保护在投入运行前应做哪些试验？

答：对其应做如下检查：

（1）必须进行带负荷测相位和差电压（或差电流），以检查电流回路接线的正确性。

1）在变压器充电时，将差动保护投入。

2）带负荷前将差动保护停用，测量各侧各相电流的有效值和相位。

3）测各相差电压（或差电流）。

（2）变压器充电合闸 5 次，以检查差动保护躲励磁涌流的性能。

7－121 试述带制动特性的 DCD－5 型差动继电器的工作原理。

答：DCD－5 型差动继电器是由一个电流继电器和一个具有制动线圈的速饱和变流器构成。其躲避变压器励磁涌流的性能依靠速饱和变流器实现，当区外故障不平衡电流增加，为使继电器动作电流随不平衡电流的增加而提高动作值，因此设有制动线圈。当制动线圈通过电流时，产生的磁通仅流过两边柱而不流过中间柱，并在相等的二次线圈中感应出的电动势相反，因而二次线圈输出电压为零，即制动线圈和差动线圈、二次线圈之间没有互感，因此制动安匝仅用于磁化速饱和变流器的铁芯，恶化了差动线圈与二次线圈之间的传变作用，使继电器动作值增大，因此继电器的基本原理是交流助磁制动，即利用穿越电流来改变速饱和变流器的饱和状况。

7－122 为何现代大型变压器要装设过励磁保护？

答：变压器的电压是通过铁芯上绕组的电流产生励磁后而产生的，其表达式为

$$U = 4.44fwBS$$

式中 f——频率，Hz；

       w——绕组匝数；

       B——工作磁密，T/m²；

       S——铁芯截面积，m²。

故变压器工作磁密为

$$B = \frac{1}{4.44wS} \times \frac{U}{f} = K\frac{U}{f}$$

式中，$K = \frac{1}{4.44wS}$，对于给定的变压器，K 为一常数。可见工作磁密 B 与电压、频率的比值 U/f 成正比，即电压升高或频率下降都会使工作磁密增加引起过励磁。现代大型变压器，额定工作磁密 $B_N = 1.7 \sim 1.8\text{T/m}^2$ 与饱和磁密 $B_S = 1.9 \sim 2.0\text{T/m}^2$ 非常接近。当 U/f 值增加时，工作磁密增加，使变压器励磁电流增加，特别是在铁芯饱和之后，励磁电流要急剧增大，造成变压器过励磁。

过励磁会使变压器铁损增加，铁芯温度升高；同时还会使漏磁场增强，使靠近铁芯的绕组导线、油箱壁和其他金属构件产生涡流损耗发热，引起高温，严重时会造成局部变形和损伤周围的绝缘介质。因此，对于现代大型变压器，应装设过励磁保护。当发生过励磁现象时，根据变压器特性曲线和不同的允许过励磁倍数发出报警信号或切除变压器各侧断路器。

变压器过励磁的严重程度用过励磁的倍数表示，即 $n = \frac{B}{B_N}$。过励磁倍数越大，允许运行的持续时间越短。因此变压器过励磁保护通常采用反时限过励磁保护方式。

变压器过励磁的原因是过电压，尤其是升压变压器更容易遭受过励磁，而且多发生在与系统并列前。降压变压器虽然机会较少，但超高压输电线路突然失去负荷也会发生过电压。电力系统事故解列后，被分割为多个局部电网，这些局部电网如功率缺额将造成频率下降，也会引起变压器过励磁。总之，对高压特别是超高压大型变压器过励磁现象不容忽视，应设置过励磁保护。

7－123　发电厂和变电所常用的母线接线方式有哪几种？其应用范围如何？

答：常用的母线接线方式有五种：

(1) 单母线和分段单母线接线。在发电厂变电所中，如果（110～220）kV 配电装置的出线不超过 4 回，一般采用分段单母线接线；（35～60）kV 的配电装置，当出线为 2 回以上时，一般采用分段单母线接线；变电所的（6～10）kV 配电装置，一般采用分段单母线或单母线接线。发电厂的发电机电压母线一般采用分段方式，并用分段断路器连接。如每段母线上的发电机容量为 12000kW 时，一般采用单母线。

(2) 双母线接线。在发电厂或枢纽变电所中，当（110～220）kV 出线在 4 回及以上时，一般采用双母线接线。对于（35～60）kV 配电装置，如出线回数较多、连接的电源较多、负载较大等，亦可采用双母线。在（110～220）kV 电网中，由于输送容量大，断路器的大修时间都在 15 天以上，一般均设旁路母线。当 220kV 出线为 5 回及以上或 110kV 出线为 7 回及以上时，一般装设专用的旁路断路器。在枢纽变电所中，当 220kV 出线为 4 回及以上或 110kV 出线为 6 回及以上时，也可装设专用的旁路断路器。

(3) 多角形母线接线。当进出线的回数不多并且最终规模比较明确时，可采用多角形母线接线。

(4) $1\frac{1}{2}$ 断路器母线接线。为了进一步提高发电厂和变电所的运行可靠性，使在发生母线短路以及断路器失灵时，将停电范围限制到最小，（330～500）kV 及部分 220kV 母线采用 $1\frac{1}{2}$ 断路器接线方式。

（5）多分段母线接线。在超高压变电所或220kV出线回数较多的变电所中，为在母线发生短路故障时将停电范围限制到最小，采用多分段母线。

7–124　为什么要装设母线保护？哪些母线应装设专用的母线保护？

答：在发电厂和变电所中如未装设专用的母线保护，则在母线发生短路故障的情况下，由于切除故障的时间较长，将对电力系统和设备的安全运行带来严重影响。具体表现为：扩大事故的范围；电气设备遭到破坏；破坏电力系统安全运行；破坏发电厂的正常运行。因此，为了保证电力系统的安全运行，装设专用的母线保护是十分必要的。SDJ6—1983《继电保护和安全自动装置技术规程》规定，对发电厂和变电所35～500kV母线，在下列情况下应装设专用的母线保护：

（1）110kV及以上的双母线。

（2）110kV及以上的单母线、重要发电厂或110kV及以上重要变电所的（35～66）kV母线，按电力系统稳定和保证母线电压等要求需要快速切除母线上的故障时。

（3）（35～66）kV电力网中主要变电所的（35～66）kV双母线或分段单母线，当在母联或分段断路器上装设解列装置和其他自动装置后，仍不能满足电力系统安全运行的要求。

对于发电厂和主要变电所的（1～10）kV分段母线和并列运行的双母线，则在下列情况下应装设专用的母线保护：

（1）必须快速和有选择地切除一段或一组母线上的故障，以保证发电厂和电网的安全运行和重要负荷的可靠供电；

（2）线路断路器不允许切除线路电抗器前的短路。

7–125　在母线电流差动保护中，为什么要采用电压闭锁元件？怎样闭锁？

答：为了防止差动继电器误动作或误碰出口中间继电器造成母线保护误动作，故采用电压闭锁元件。它利用接在每组母线电压互感器二次侧上的低电压和零序过电压继电器实现。3只低电压继电器反应各种相间短路故障，零序过电压继电器反应各种接地故障。

利用电压元件对母线保护进行闭锁，一般有两种接线方式。一种是将电压元件控制的闭锁中间继电器KM的触点，串接在母线保护出口中间继电器KOM的线圈回路中（见图7–49）。这种方式的优点是接线简单、需用的继电器数量少，其缺点是如误碰出口中间继电器时仍不能防止母线保护误动作。另一种接线方式是将KM的触点串接在各个跳闸回路中（见图7–50）。这种方式如误碰出口中间继电器KOM不会引起母线保护误动作，因此被广泛采用。

图7–49　KM触点串接在出口中间
继电器线圈回路中的闭锁方式

图7–50　KM触点串接在跳闸回路
中的闭锁方式

7–126　在投入母线电流差动保护前，怎样检查其交流电回路接线的正确性？

答：因母线电流差动保护中接入的电流互感器很多，往往会出现用错电流互感器变比、电流互感器极性和接线错误等问题。这些问题都可在差动保护投入前用带负荷检查的方法检查出来。检查的方法很简单，如根据连接在母线上的每个元件控制屏上的电流表的读数（无电流表时，可根据有功功率和无功功率的读数计算出电流值），将其换算成二次值，与从该元件电流互感器流入差动继电器的实测电流值相比较，就可判断出所用的电流互感器的变比是否正确；对每组电流互感器的二次电流测绘电流相量图（惯称六角相量图），就可判明其极性和接线是否正确。如果按照上述方法测出的各元件电流的大小及其相位均符合图纸要求，则认为其交流回路接线是正确的。

7-127 如何整定母线电流差动保护起动元件和选择元件的动作电流？怎样校验灵敏度？

答：应按以下两个条件中的较大者整定起动元件和选择元件的动作电流。

（1）避越外部短路时的最大不平衡电流，即

$$I_{op,k} = K_1 I_{unb,max} = K_1 K_2 f_{TA} I_{k,max} / n_{TA}$$

式中　$I_{op,k}$——流过速饱和变流器一次绕组使保护动作的电流，A；

K_1——可靠系数，取 1.5；

$I_{unb,max}$——流过母线保护的最大不平衡电流，A；

K_2——非周期分量影响系数，采用带速饱和变流器的电流差动继电器时取 1；

f_{TA}——电流互感器的最大允许误差，取 0.1；

$I_{k,max}$——外部短路时流过某一连接元件的最大短电流，A；

n_{TA}——电流互感器的变比。

（2）避越某一连接元件最大可能的负载电流，即

$$I_{op,k} = K_1 I_{L.max} / n_{TA}$$

式中　K_1——可靠系数，取 1.3；

$I_{L.max}$——母线上某一连接元件最大可能的负载电流，A。

起动元件和选择元件的灵敏度按下式校验。即

$$K_3 = \frac{I_{k.min}}{I_{op.k} n_{TA}}$$

式中　K_3——灵敏系数，应大于 2；

$I_{k.min}$——系统最小运行方式下，母线发生短路时流过母线保护的最小短路电流，A；

n_{TA}——电流互感器的变比。

7-128 试述用比较母联电流相位与总差电流相位构成的双母线保护的工作原理。

答：这种母线保护的原理接线如图 7-51 所示。它由起动元件和选择元件组成。起动元件可选用具有一对常开触点和一对常闭触点的带有速饱和变流器的差动继电器 K1。它接于总差动电流回路中，用来判断母线上是否有故障，只有在母线上发生故障时它才动作。选择元件（图中 K2）可选用电流相位比较继电器。它的两个电流线圈 a 和 b 分别接在总差动电

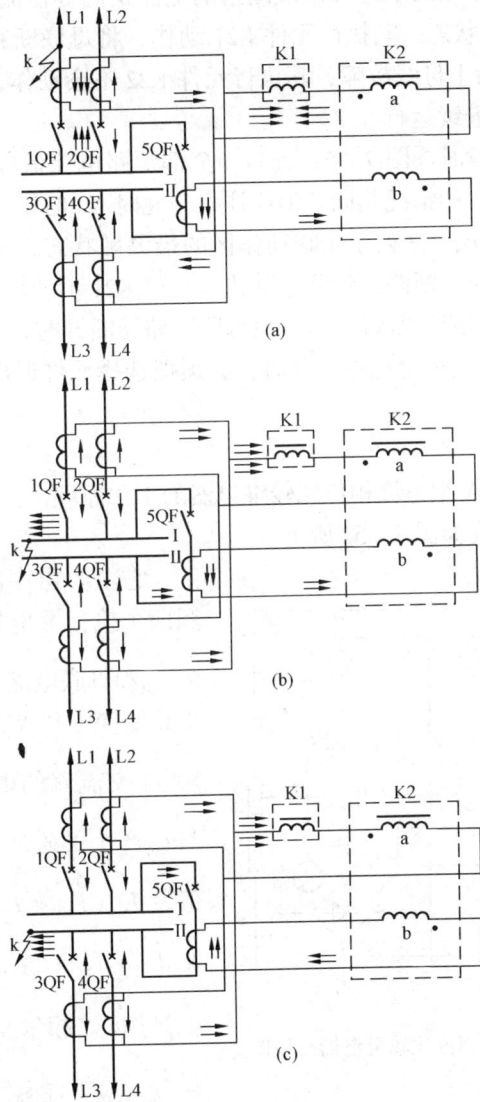

图 7 - 51　比较母联电流相位与总差动电流相位的双母线保护原理接线
(a) 外部故障时的电流分布；(b) Ⅰ母线发生故障时的电流分布；
(c) Ⅱ母线发生故障时的电流分布

流回路和母联电流回路中，用来判断故障是发生在Ⅰ母线上，还是Ⅱ母线上。

下面分析其动作原理：

(1) 正常运行和保护区外故障时［图 7 - 51 (a)］，流经 K1 线圈和 K2 的 a 线圈的电流互相抵消（其内仅流过不大的不平衡电流），所以起动元件 K1 不会动作。与母联电流互感器连接的 K2 的 b 线圈内虽有电流，但因 K1 的常闭触点已将 K2 闭锁，故 K2 也不会动作。所以，整套母线保护不动作。

(2) Ⅰ母线上发生故障时［图 7 - 51 (b)］，全部故障电流流经 K1 的线圈和 K2 的 a 线圈，K1 动作，同时其常闭触点断开，解除对 K2 的闭锁。K2 的 b 线圈内流过Ⅱ母线上连接元件提供的故障电流，由于 K2 的 a、b 两线圈内的电流是同极性流入，故其相位差近于 0°。K2 处于 0°动作区的最灵敏状态，其执行元件 K21 动作，将母联断路器和 I 母线上的所有断路器切除。由于 K2 判断为 I 母线故障，其执行元件 K22 不会动作，II 母线上的所有断路器都不会跳闸，II 母线可以继续运行。

（3）II 母线上发生故障时〔图 7 – 51（c）〕，全部短路电流流经 K1 的线圈和 K2 的 a 线圈，这与 I 母线发生故障时的情况相同。但应注意，此时 K2 的 a、b 两线圈内的电流是反极性流入，其相位差接近 180°，K2 处于 180°动作区的最灵敏状态，其执行元件 K22 动作，将母联断路器和 II 母线上的所有断路器切除。其执行元件 K21 不动作，故 I 母线可继续运行。

（4）如果单母线运行，或虽双母线运行而母联断路器断开时，母联电流互感器二次回路中没有电流，继电器 K2 不能进行比相。此时，必须把选择元件退出工作，使母线保护按完全电流差动保护方式工作。

7 – 129 试述 LXB – 1A 型电流相位比较继电器的工作原理。

答： 该型继电器的接线如图 7 – 52 所示。

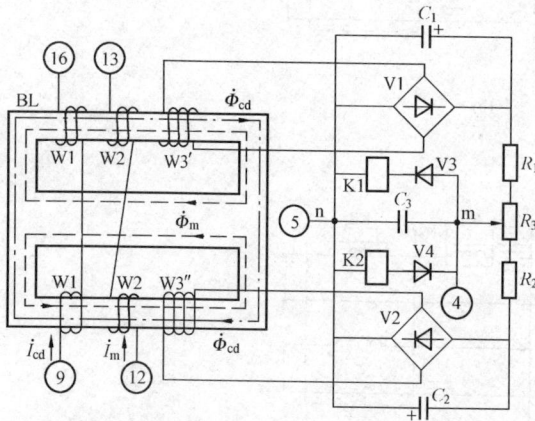

图 7 – 52 LXB – 1A 型电流相位比较继电器接线图

它主要由中间变流器 BL、比较电路和两个执行继电器 K1、K2 组成。差动电流 $\dot{I}_{cd}$ 和母联电流 $\dot{I}_m$ 分别流经 BL 的两个一次线圈 W1 和 W2。从图可以看出：整流桥 V1 交流侧的电压系 $\dot{I}_{cd}$ 产生的磁通 $\dot{\Phi}_{cd}$ 与 $\dot{I}_m$ 产生的磁通 $\dot{\Phi}_m$ 之相量和所产生，其值为 $K(\dot{I}_{cd} + \dot{I}_m)$，V1 直流侧的电压为 $K|\dot{I}_{cd} + \dot{I}_m|$；整流桥 V2 交流侧的电压为 $\dot{\Phi}_{cd}$ 与 $\dot{\Phi}_m$ 之相量差所产生，其值为 $K(\dot{I}_{cd} - \dot{I}_m)$，V2 直流侧的电压为 $K|\dot{I}_{cd} - \dot{I}_m|$。

当 m 点电位高于 n 点电位，即 $U_{mn} > 0$ 时，执行继电器 K1 动作。故 K1 的动作条件为：

$$U_{mn} = K|\dot{I}_{cd} + \dot{I}_m| - K|\dot{I}_{cd} - \dot{I}_m| > 0$$

从上式可以看出，只有当 $\dot{I}_{cd}$ 与 $\dot{I}_m$ 之相位差角 φ 为 90° > φ > – 90°（若 $\dot{I}_{cd}$ 超前 $\dot{I}_m$ 时 φ 取正值，$\dot{I}_{cd}$ 落后 $\dot{I}_m$ 时 φ 为负）时，K1 才会动作，且在 $\varphi = 0°$（$\dot{I}_{cd}$、$\dot{I}_m$ 同相位）时其动作最灵敏。

当 m 点电位低于 n 点电位，即 $U_{mn} < 0$ 时，执行继电器 K2 动作，故 K2 的动作条件为

$$U_{mn} = K|\dot{I}_{cd} + \dot{I}_m| - K|\dot{I}_{cd} - \dot{I}_m| < 0$$

从上式可以看出，只有当 $\dot{I}_{cd}$ 与 $\dot{I}_m$ 之相位差角 φ 为 270° > φ > 90°时，K2 才会动作，且在 $\varphi = 180°$时其动作最灵敏。

7-130 母线差动保护应实现哪些主要的反事故技术措施?

答: (1) 母线差动保护均应装设电压闭锁元件,以防止误接线、误碰和寄生回路引起的误动作。

(2) 220kV 母线差动保护应用单独的电流互感器,母线差动保护所用的各条出线的电流互感器应采用相同的变比,并宜选择较大的变比值,均接"D"级线圈。

(3) 对于相位比较式母线差动保护,在投入运行前,要用母联回路的负荷电流流向分别模拟母线故障,检验选择元件动作是否正确。只有用实际负荷电流模拟,选择元件动作无误后方可投入运行。

(4) 母线差动保护新投入或回路有变动时,除进行传动试验检查出口中间继电器是否正确动作外,还应认真查对所有出口继电器的各对触点到跳闸压板及其对应断路器的全部接线是否正确无误。

7-131 何谓断路器失灵保护? 试述其基本工作原理。

答: 在母线引出线上发生故障,故障线路上的继电保护动作而其断路器拒绝动作时,为了缩小事故范围,利用故障线路的保护作用较短的时间,使母线上其他有关断路器跳闸的装置称为断路器失灵保护,又称"后备接线"。

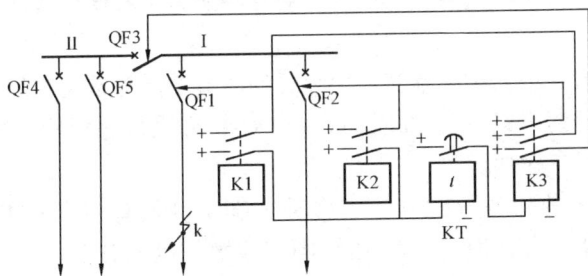

图 7-53 断路器失灵保护的构成原理图

实现断路器失灵保护的基本原理如图 7-53。所有连接至一组(或一段)母线上的任一元件的保护装置,当其出口继电器(如 K1 或 K2)动作于跳开本身断路器的同时,也起动失灵保护中的公用时间继电器 KT,此时间继电器的延时按大于故障线路的断路器跳闸时间及保护装置返回时间之和整定,因此并不妨碍正常的切除故障。如果故障线路的断路器拒动时(例如 K 点短路,K1 动作后 QF1 拒动),则时间继电器动作,起动失灵保护的出口继电器K3,使连接于该组母线上的所有其他有电源的断路器(如 QF2、QF3)跳闸,从而切除了 K 点的故障,起到了 QF1 拒动时的后备保护作用。

7-132 简述微机保护装置的硬件结构。

答: 微机保护与传统继电保护的最大区别就在于前者不仅有实现继电保护功能的硬件电路,而且还必须有保护和管理功能的软件——程序;而后者则只有硬件电路。我们所介绍的微机保护装置的构成指微机保护装置硬件电路构成的一般原则。

一般地,一套微机保护装置的硬件构成可分为 4 部分:数据采集系统、输出输入接口、微型计算机系统及电源。

（1）数据采集系统。

传统保护是把电压互感器二次侧电压信号及电流互感器二次电流信号直接引入继电保护装置，或者把二次电压、电流经过变换（信号幅值变化或相位变化）组合后再引入继电保护装置。因此，无论是电磁型、感应型继电器还是整流型、晶体管型继电保护装置都属于反应模拟信号的保护。尽管在集成电路保护装置中采用数字逻辑电路，但从保护装置测量元件原理来看，它仍属于反应模拟量的保护。

而微机保护中的微机则是处理数字信号的，即送入微型计算机的信号必须是数字信号。这就要求必须有一个将模拟信号变换成数字信号的系统，这就是数据采集系统的任务。

（2）微型计算机系统。

微型计算机是微机保护装置的核心。目前计算机保护的计算机部分都是由微型计算或单片微型计算机构成的，这也是微机保护名称的由来。

由一片微处理器（CPU）配以程序存储器（EPROM）、数据存储器（RAM）、接口芯片（包括并行接口芯片、串行接口芯片）、定时器/计数器芯片等构成的微机系统称为单微机系统。而在一套微机型保护装置中有两片或两片以上的 CPU 构成的微机系统则称为多微机系统。

由单片微型计算机配以部分接口芯片也可以构成微机系统。同样地，在一套微机保护装置中仅有一个单片机称为单微机系统，而在一套保护装置中有两片或两片以上单片机则称为多微机系统。

单微机系统中只有一个 CPU，整套保护装置的所有功能都是在它的管理之下实现的，而多微机系统中有两个或两个以上的 CPU，每一个 CPU 可执行分配给它的一部分任务，几个CPU 之间的任务是并行工作的。

目前，多微机系统的任务分配方法有多种方案。例如有两个 CPU 的系统，其中一个CPU 负责完成数据采集任务，而另一个 CPU 则完成数据处理任务；另一种方案是一个 CPU实现设备的主保护任务，而另一个 CPU 实现设备的后备保护的任务；也有的让两个 CPU 实现完全相同的任务，从而对微机系统来说，硬件电路与软件完全双重化，有利于提高微机保护可靠性。在复杂的保护装置中，一般有两个以上的 CPU 或单片机。此时，可由一个 CPU或单片机实现人机对话功能，其他 CPU 或单片机则分别完成不同的保护的功能。这种硬件结构称为主从式多 CPU 并行工作系统。

（3）输入输出接口。

输入输出接口是微机保护与外部设备的联系部分，因为输入信号、输出信号都是开关量信号（即触点的通、断），所以又称为开关量输入、开关量输出电路。

例如，保护装置连接片、屏上切换开关，其他保护动作的触点等均作为开关量输入到微机保护，而微机保护的执行结果则应通过开关量输出电路驱动一些继电器，如起动继电器，跳闸出口继电器，信号继电器等。

（4）电源。

微机保护装置的电源是一套微机保护装置的重要组成部分。电源工作的可靠性直接影响着微机保护装置的可靠性。微机保护装置不仅要求电源的电压等级多，而且要求电源特性好，且具有强的抗干扰能力。

目前微机保护装置的电源，通常采用逆变稳压电源。一般地，集成电路芯片的工作电压为 5V，而数据采集系统的芯片通常需要双极性的 ±15V 或 ±12V 工作电压，继电器则需要 24V 电压。因此，微机保护装置的电源至少要提供 5V、±15V、24V 几个电压等级，而且各级电压之间应不共地，以避免相互干扰甚至损坏芯片。

图 7-54 是微机保护装置硬件组成的基本框图。图中微机系统一般为实现保护功能的插件，它接收数据采集系统的信号及有关的开关量信号，其输出控制一些继电器，发出跳闸命令和信号。

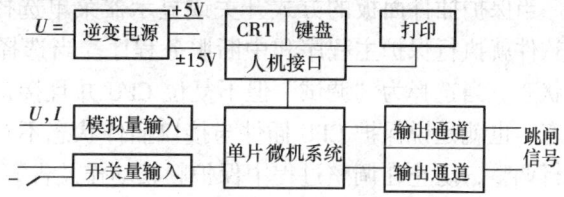

图 7-54 典型的微机保护系统框图

人机接口部分也由微型机实现。按键作为人机联系的输入手段，可输入命令、地址、数据。而打印机和液晶显示器，则作为人机联系的输出设备，可打印和显示调试结果及故障后的报告。在多微机系统中，人机接口部分一般由一个单独的微机系统或单片机实现。

MMI 还设置了一个时钟芯片，并带有充电干电池，保证装置停电时，时钟不停。

7-133　简述微机保护装置软件系统的配置原理。

答： 由于微机保护的硬件分为人机接口和保护两大部分，因此相应的软件也就分为接口软件和保护软件两大部分。

(1) 接口软件。

接口软件是指人机接口部分的软件，其程序可分为监控程序和运行程序。执行哪一部分程序由接口面板的工作方式或显示器上显示的菜单选择来决定的。调试方式下执行监控程序，运行方式下执行运行程序。

监控程序主要就是键盘命令处理程序，是为接口插件（或电路）及各 CPU 保护插件（或采样电路）进行调试和整定而设置的程序。

接口的运行程序由主程序和定时中断服务程序构成。主程序主要完成巡检（各 CPU 保护插件）、键盘扫描和处理及故障信息的排列和打印。定时中断服务程序包括了以下几个部分：软件时钟程序；以硬件时钟控制并同步各 CPU 插件的软时钟；检测各 CPU 插件起动元件是否动作的检测起动程序。所谓软件时钟就是每经 1.66ms 产生一次定时中断，在中断服务程序中软计数器加 1，当软计数器加到 600 时，秒计数器加 1。

(2) 保护软件的配置。

各保护 CPU 插件的保护软件配置为主程序和二个中断服务程序。主程序通常都有三个基本模块：初始化和自检循环模块、保护逻辑判断模块和跳闸（及后加速）处理模块。通常把保护逻辑判断和跳闸（及后加速）处理总称为故障处理模块。一般来说前后二个模块，在不同的保护装置中基本上是相同的，而保护逻辑判断模块就随不同的保护装置而相差甚远。例如距离保护中保护逻辑就含有振荡闭锁程序部分，而零序电流保护就没有振荡闭锁程序部分。

中断服务程序有定时采样中断服务程序和串行口通信中断服务程序。在不同的保护装置中，采样算法是不相同的，例如采样算法上有些不同或者因保护装置有些特殊要求，使采样中断服务程序部分也不尽相同。不同保护的通信规约不同，也会造成程序的很大差异。

（3）保护软件的三种工作状态。

保护软件有三种工作状态：运行、调试和不对应状态。不同状态时程序流程也就不相同。有的保护没有不对应状态，只有运行和调试两种工作状态。

当保护插件面板的方式开关或显示器菜单选择为"运行"，则该保护就处于运行状态，其软件就执行保护主程序和中断服务程序。当选择为"调试"时，复位 CPU 后就工作在调试状态。当选择为"调试"但不复位 CPU 并且接口插件工作在运行状态时，就处于不对应状态。也就是说保护 CPU 插件与接口插件状态不对应。设置不对应状态是为了对模数插件进行调整，防止在调整过程中保护频繁动作及告警。

（4）中断服务程序及其配置。

1）实时性与中断工作方式概述。

所谓实时性就是指在限定的时间内对外来事件能够及时作出迅速反应的特性。例如保护装置需要在限定的极短时间内完成数据采样，在限定时间内完成分析判断并发出跳合闸命令或告警信号，在其他系统对保护装置巡检或查询时及时响应。这些都是保护装置的实时性的具体表现。保护要对外来事件做出及时反应，就要求保护中断自己正在执行的程序，而去执行服务于外来事件的操作任务和程序。实时性还有一种层次的要求，即系统的各种操作的优先等级是不同的，高一级的优先操作应该首先得到处理。显然，这就意味着保护装置将中断低层次的操作任务去执行高一级优先操作的任务，也就是说保护装置为了要满足实时性要求必须采用带层次要求的中断工作方式，在这里中断成为保护装置软件的一个重要概念。

总之，由于外部事件是随机产生的，凡需要 CPU 立即响应并及时处理的事件，必须用中断的方式才可实现。

2）中断服务程序的概念。

对保护装置而言，其外部事件主要是指电力网系统状态、人机对话、系统机的串行通信要求。电力网系统状态是保护最关心的外部事件，保护装置必须每时每刻掌握保护对象的系统状态。因此，要求保护定时采样系统状态，一般采用定时器中断方式，每经 1.66ms 中断原程序的运行，转去执行采样计算的服务程序，采样结束后通过存储器中的特定存储单元将采样计算结果传送给原程序，然后再回去执行原被中断了的程序。这种采用定时中断方式的采样服务程序称为定时采样中断服务程序。

3）保护的中断服务程序配置。

根据中断服务程序基本概念的分析，一般保护装置总是要配有定时采样中断服务程序和串行通信中断服务程序。对单 CPU 保护，CPU 除保护任务之外还有人机接口任务，因此还可以配置有键盘中断服务程序。

7-134 简述微机型继电保护的主要特点。

答：由于微型机继电保护装置中的计算机具有智能作用，因此，它与传统保护相比具有许多优点。

（1）易于解决常规保护难于解决的问题，使保护性能得到改善。

由于计算机的应用，使许多常规保护中存在的技术问题，可以找到新的解决办法。例如常规距离保护应用在短距输电线路上其允许过渡电阻能力差；在长距离重负荷输电线路上躲负荷能力差；在振荡过程中，为防止距离保护Ⅰ、Ⅱ段误出口，通常是故障后短时开放Ⅰ、

Ⅱ段之后即闭锁Ⅰ、Ⅱ段，这样在振荡过程中再发生Ⅰ、Ⅱ段范围内的故障时，只能依靠距离保护Ⅱ段切除故障；大型变压器区外故障时不平衡电流大，区内故障时灵敏度低，空载合闸时励磁涌流对差动保护影响大等问题，在微机中可以采用一些新原理，或利用微机的特点找到一些新的解决方法。

(2) 灵活性大，可以缩短新型保护的研制周期。

由于计算机保护的特性和功能主要是由软件决定的。所以在一定条件下，改变保护的功能和特性只要改变软件即可实现。例如对 110～500kV 的输电线路，保护装置硬件构成可采用通统一设计的结构及电路，而各级电压等级输电线路的不同保护原理、保护方案可采用不同的软件实现。这就体现了微机继电保护的极大的灵活性。

(3) 利用软件实现在线实时自检和互检，提高了微机保护的可靠性。

在计算机的程序指挥下，微机保护装置可以在线实时对硬件电路的各个环节进行自检，多微机系统还可实现互检，利用软件和硬件结合，可有效地防止干扰造成的微机保护不正确动作。实践证明，微机继电保护装置正确动作率已经超过传统保护的正确动作率。而且微机保护装置体积小，占地面积小，价格低，同一设备采用完全双重化的微机保护，使得其可靠性有了保证。

(4) 调试维护方便。

目前在国内大量使用的整流型或晶体管型继电保护装置的调试工作量大，尤其是一些复杂保护，其调试项目多，周期长，且难于保证调试质量。微机保护则不同，它的保护功能及特性都是由软件实现的，只要微机保护的硬件电路完好，保护的特性即可得到保证。调试人员只需作几项简单的操作，即可证明装置的完好性。此外，微机保护的整定值都是以数字量存放于 EEPROM 中，永久不变。因此不需要定期对定值再进行调试。

(5) 利用微型机构成继电保护装置易于获得附加功能。

应用微型计算机后，配置一台打印机或液晶显示器，在系统发生故障后，微机保护装置除了完成保护任务外，还可以提供多种信息。例如一套微机距离保护装置，在故障后可打印出故障相别、故障时间、故障前一周波及故障后几个周波的电流、电压瞬时值及故障点位置，给分析事故原因提供了很大方便。

当然，微机保护也存在一些不足。由于微机保护与传统保护相比具有极其明显的差别，例如大量集成芯片的使用以及存放于 EPROM 中的程序，使得用户较难掌握微机保护装置原理。另外，对微机保护来说，除了硬件电路可靠外，还要求软件过硬，且应具有对付程序"出格"的措施，由于微型计算机及单片的发展，使得微机保护的硬件变化很快，现场人员难于适应。因此，为了更好地应用和掌握微机保护的原理及调试方法，必须对继电保护调试及运行人员进行专门培训，此外还应尽量实现通用化硬件，研制检查装置性能的标准化程序及相应的测试设备。

7-135 简述 WXH-11 型线路微机保护的基本原理（保护配置、硬件结构、软件功能）。

答： 线路微机保护型号很多，但在结构原理及使用上则大同小异。下面以广泛采用的 WXH-11 型线路微机保护为例，介绍其基本原理。

(1) WXH-11 型装置的保护配置。

WXH-11 型线路微机保护是采用 8031 单片机实现的多 CPU 成套线路保护装置，适用于 110~500kV 各电压等级的输电线路。根据输电线路常规保护的配置，该装置配置有如下保护。

1）主保护：

（a）高频闭锁距离保护；

（b）高频闭锁零序电流方向保护。

2）后备保护：

（a）三段式相间距离保护；

（b）三段式接地距离保护；

（c）四段式零序电流保护。

（2）WXH-11 型装置的硬件结构。

该装置采用了多单片机并行工作方式的硬件结构，配置了 4 个硬件完全相同的 CPU 插件，由不同的软件分别完成高频保护、距离保护、零序电流保护及综合重合闸等功能。能正确反应高压输电线路的各种相间和接地故障，进行一次自动重合闸。另外还配置了一块人机接口插件，用来完成对各保护 CPU 插件的巡检、人机对话和与系统微机连接等功能。

WXH-11 型装置硬件框图如图 7-55 所示。该装置中各种保护分别由一个单片机 CPU 来完成，4 个 CPU 并行工作。四个保护插件除了存放程序的芯片不同外，其余硬件完全一样，有互换性，使得硬件的故障处理极为方便。每个单片机只分担一种保护功能，某一个单片机损坏，不影响其他保护的正常工作。

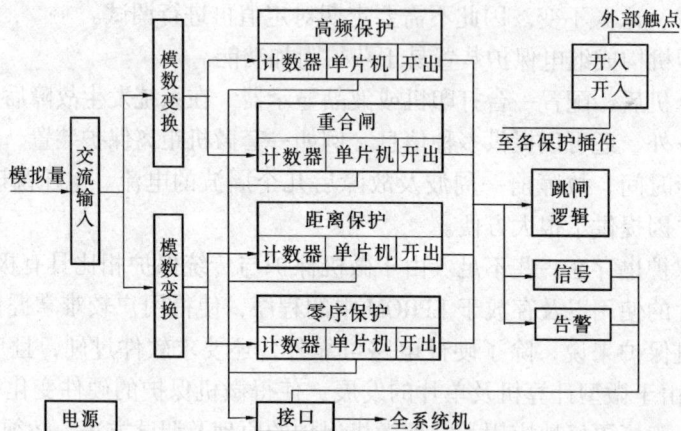

图 7-55　硬件部分各插件之间连接图

全装置共分 15 个插件，各插件之间的连接见图 7-55。各插件的主要功能如下。

1）交流插件（AC）。交流插件 1 个，共设有 9 个模拟量输入变换器（TV 及 TA），分别用于三相电压、三相电流、$3U_0$、$3I_0$ 及重合闸检同期用的线路抽取电压 U_L。各电流变换器 TA 并有电阻，每个 TA 都设有两个相同阻值的电阻，利用跳线可以得到两种不同的阻值，以满足不同电流测量范围的要求。

2）模数变换插件（VFC）。模数变换插件 2 个，设有 9 路完全相同的电压——频率变换器，分别用于上述 9 路模拟量。每一路主要包括两个芯片：VFC 芯片及快速光隔芯片。VFC 芯片的作用是将输入电压变换成一串复频率正比于电压瞬时值的等幅脉冲。快速光隔芯片的作用是使 VFC 芯片所用电源（±15V）与微机电源（+5V）在电气上隔离。快速光隔芯片输出的脉冲引至保护插件，保护插件中的计数器的计算值反映了输入电压的大小，从而实现了模数变换。

本装置设有两个 VFC 插件，其中一个供高频保护和综合重合闸共用，另一个供距离保护及零序保护共用。这样即使一个 VFC 插件出现故障，整套装置也不会完全失去保护功能。

3）保护插件（CPU）。保护插件 CPU1～CPU4，四个插件硬件相同，但软件不同，分别为高频、距离、零序和综重保护。硬件配置如图 7 - 56 所示。

每个插件中有 3 个计数器共 9 个输入端，分别同 VFC 插件的输出端相连，实际上每个插件只接入 8 个模拟量。高频、距离和零序插件不需要线路电压，而综合重合闸不接入 $3U_0$。

本插件总共提供了 8 路经光隔的开出量，其中经并行接口驱动的 6 路开出量，

图 7 - 56 各 CPU 插件硬件结构图

分别用于驱动 3 个分相出口继电器、永跳继电器、启动继电器及对高频保护用于控制收发信机停信或发允许信号（对综合重合闸用于合闸出口、对距离和零序保护则作备用），其中任意两个分相出口继电器（CKJa、CKJb、CKJc）动作驱动三跳继电器 CKJQ，CKJQ 触点接于操作继电器箱中的 TJQ，作为分相出口拒动的后备跳闸回路。永跳继电器 CKJR 触点用于驱动操作继电器箱中的 TJR，作为三相出口继电器拒动的后备跳闸回路。所谓永跳就是瞬时三相跳闸但不重合闸。在发出单相跳闸命令 0.25s 后故障相仍有电流时，发三相跳闸命令，驱动 3 个分相出口继电器及 CKJQ。在发出三相跳闸命令 0.25s 后，三相中任一相仍有电流时，驱动 CKJR。当手投故障线路或重合到永久性故障时，在发三跳命令的同时也驱动 CKJR。上述 6 路开出的 +24V 电源经告警插件中本 CPU 插件的告警继电器常闭触点引来，以便在告警的同时断开跳（合）闸电源。

E^2PROM（2817A）用于存放定值。插件面板上设有一个定值选择拨轮开关，可以在 E^2PROM 中同时固化 10 套定值，用拨轮开关选择使用任一套，以便适应不同运行方式或旁路断路器带不同线路时的要求。

EPROM（27256）用于存放程序。

RAM（6264）用于存放采样值及计算结果。

单片机内部还有一个双向通信串行口，引至人机接口插件，以使各保护公用该插件的人机对话设施（键盘及打印机接口）。

本插件的总线（地址线、数据线、控制线）并不引出，从而提高了抗干扰能力。

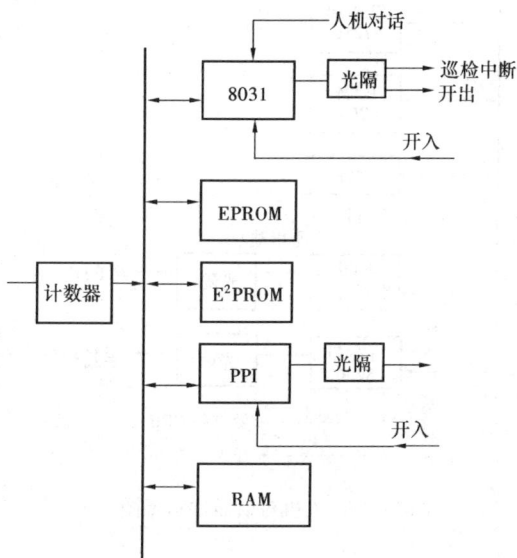

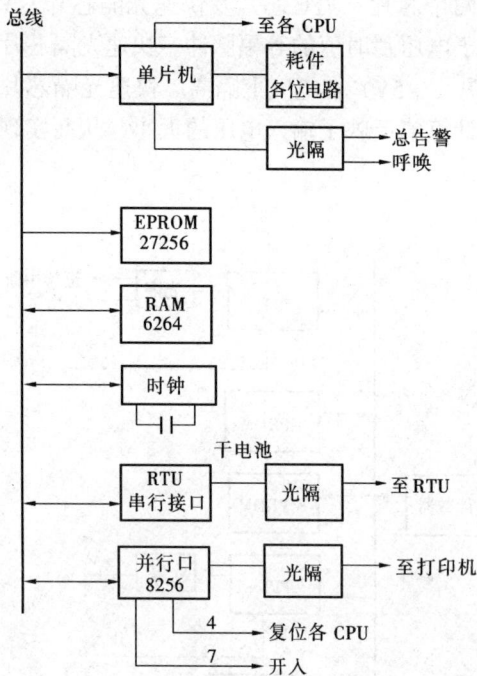

图 7-57 人机对话插件示意图

CPU 插件面板上装有如下 6 个器件：复位按钮 RST、定值选择拨轮开关、E²PROM 允许和禁止固化开关、工作方式开关（运行和调试）、运行监视灯、"有报告"灯。

4）人机接口插件（MONITOR）。人机接口插件 1 个，其硬件配置如图 7-57 所示。该插件主要有两个功能：

（a）人机对话。

（b）巡检。本装置各 CPU 都设有自诊断程序，一般插件上不太重要的插件损坏，可由各插件自诊断检出，一方面直接驱动相应插件告警继电器告警，另一方面通过串行口向人机接口插件报告，后者驱动总告警继电器并打印出故障插件报告的故障信息。如果某一 CPU 插件硬件发生致命故障，致使该 CPU 不能工作，因而也就不能执行自诊断程序和报警。此时可由人机接口插件通过巡检发现而告警。人机接口插件在运行状态时不断地通过串行口向各 CPU 发巡检令。当各 CPU 正常时应作出回答，如果某一 CPU 插件在预定时间内不回答，人机接口插件将通过其开出回路复位该 CPU，并再发巡检令，仍无回答时报警，并打印出该 CPU 异常的信息。采用先复位再报警是为了万一某 CPU 因干扰而程序出格但并无硬件损坏时，可以在复位后恢复正常工作，不必报警。

如人机接口插件发生致命硬件故障，不能由本身自诊断报警，其他 CPU（1，2，3）在预定时间收不到巡检令后将驱动巡检中断继电器报警。

所有报警继电器动作后都有自保持，并给出中央信号。人机接口插件上还有一个硬件自复位电路，在万一程序出格时自动恢复正常工作。

人机接口插件上还配有硬件时钟，提高了计时精度，硬件时钟配有后备干电池，可以在短时外部直流电源中断的情况下继续计时。

本插件还有串行通信接口，可以向远动设置及上位机传送信息，为数据、设备的集中管理提供了方便。

本插件面板上器件的设置有如下两种类型。一种类型是面板上装有 9 个器件：复位按钮、4×4 键盘、4 个对 CPU 保护分别进行巡检的开关（投入或退出）、工作方式开关（运行或调试）、运行监视灯、待打印灯。另一种类型是面板上安装 16×4 字符式液晶显示器及新型键盘，通过键盘及液晶显示器进行 CPU 巡检及工作方式选择等有关操作。近期生产的装置一般采用第二种类型。

5）开关量输入插件（DI1、DI2）。开关量输入（简称开入）插件 2 个，各有 16 路光隔回路。

6）逻辑插件（LOGIC）。逻辑插件 1 个，本插件主要设置有关继电器，这些继电器触点引出，供启动合闸，连锁切机等多种用途。

7）跳闸出口插件（TRIP）。跳闸口插件1个。本插件装设了各跳闸出口继电器、启动继电器。启动继电器兼作总开放控制，采取三取二启动方式控制跳闸负电源，示意图如图7-58所示。它由高频保护、距离保护和零序保护分别启动KJ2、KJ3和KJ4，用KJ2、KJ3和KJ4各两个动合触点交叉组成三取二循环启动（闭锁）方式来控制跳闸负电源。防止了由于一个CPU程序出格引起整套保护装置误动，只有三套保护中的两套保护启动时，整套保护才能启动，从而有效地提高了整套保护的可靠性。

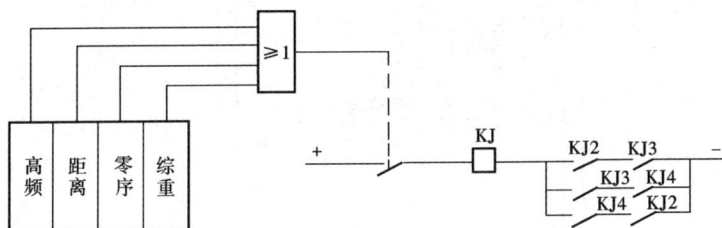

图7-58 "三取二"启动回路接线示意图
KJ—跳闸出口继电器；KJ2、KJ3、KJ4—分别为高频、距离、
零序电流保护的启动继电器

另外，由于装置中距离、零序电流保护插件均共用一个VFC变换，考虑到当此变换部分损坏时（出现硬件故障），会使距离、零序电流保护均退出运行，根据启动回路三取二原则，将使整套装置丧失保护功能。鉴此，在装置中除距离保护启动元件动作后可驱动KJ3启动继电器外，重合闸保护启动元件动作后，亦可驱动此继电器，以保证这一情况下，三取二回路仍可正常工作。

8）信号插件（SINGAL）。信号插件1个。本插件上的信号继电器为磁自保持继电器，其驱动绕组同对应的出口继电器绕组并联。本插件给出下列信号：跳A、跳B、跳C、永跳、重合、呼唤以及以上各种信号的中央信号。本插件信号由手动复归。

9）告警插件（ALARM）。告警插件1个。本插件设置了下列告警继电器：

（a）4个CPU插件告警继电器，分别由对应的CPU插件启动。

（b）巡检中断告警继电器，由CPU1～CPU3启动。

（c）总告警继电器，由人机接口插件启动。

（d）失电告警继电器，正常处于吸合状态，在失去5V或24V电源时继电器返回，由常闭触点给出失电中央信号。

所有告警继电器均自保持由手动复归。

10）逆变电源插件（POWER）。逆变电源插件1个。本插件提供了4组稳压电源24V、5V及±15V，4组电源均不接地，且采用浮空方式，同外壳不相连。

WXH-11型装置面板布置如图7-59所示。

（3）WXH-11型装置的软件功能。

WXH-11型微机保护的软件分两大部分：一部分为监控程序，用来调试、检查微机保护的硬件电路，输入、修改及固化保护的定值；另一部分为运行程序，用来完成各种不同原理的保护功能。

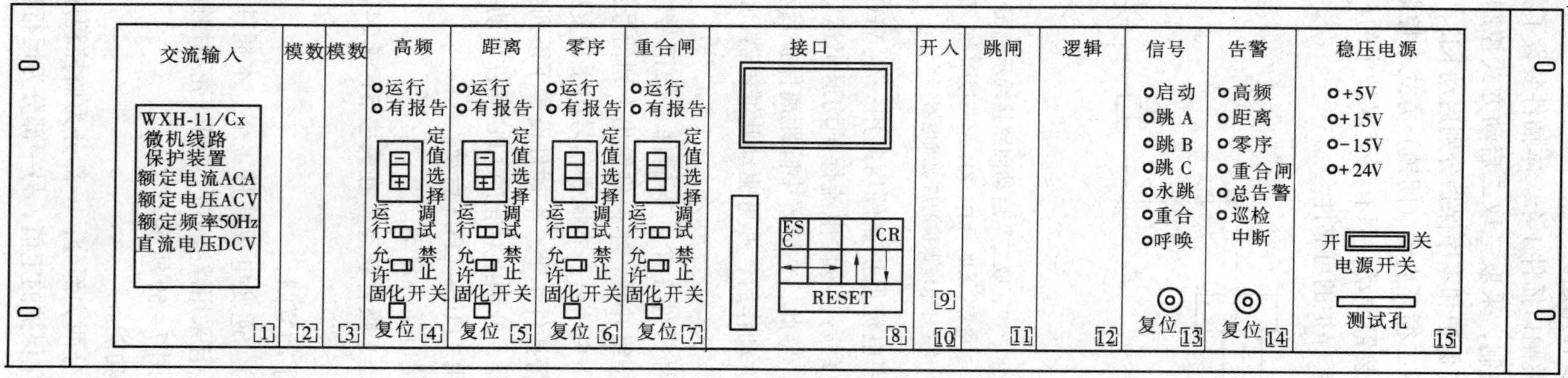

图 7 - 59　WXH - 11 型装置面板布置图

注：虚线框内的插头编号贴在面板内侧。

4个保护插件因其软件不同，具备的保护功能也不同，现分述如下：

1）高频保护插件。该插件与高频收发信机配合，可实现全线速动高频方向保护。当线路上发生相间故障时（包括两相接地短路），高频距离保护工作；当线路上发生单相接地故障时，高频零序方向电流保护工作。

2）距离保护插件。本插件可实现三段式相间距离保护及三段式接地距离保护，并具有故障类型判别，故障相别判断及测距功能；在振荡过程中发生Ⅰ段范围内的故障时，它具有快速切除故障的能力；具有与常规保护相同的各种后加速方式；其中接地距离保护还具有耐受较大过渡电阻的能力。

3）零序保护插件。在线路全相运行时，投入零序Ⅰ、Ⅱ、Ⅲ、Ⅳ段及不灵敏Ⅰ段，其中Ⅱ、Ⅲ、Ⅳ段可经延时跳闸；当线路两相运行时，设有不灵敏Ⅰ段和缩短 Δt 的零序Ⅳ段。除缩短 Δt 的零序Ⅳ段外，其余各段是否带方向均可由控制字进行整定。

4）综合重合闸插件。该插件具有常规重合闸装置的功能。通过屏上切换开关，可实现综重、三重、单重和停用四种方式。当线路上同时装有另一套无选相能力的保护装置时，其保护装置的出口跳闸触点可经开关量插件引入微机保护装置，该保护装置跳闸可由综重插件中的选相元件控制。

此外，当电压互感器二次回路断线时，装置自动将距离保护和高频保护中的高频距离退出，而零序保护及高频保护中的高频零序保护并不退出。当系统故障时，装置打印机打印如下信息：故障时刻（年、月、日、时、分、秒）、故障类型、短路点距离保护安装处距离、各种保护动作情况和时间顺序及每次故障前 20ms 和故障后 40ms 的各相电压和各相电流的采样值（相当于故障录波）。

7-136 简述 WXH-11 型线路微机保护运行方面的技术知识及相应规定。

答：（1）装置的三种工作状态。装置有三种工作状态：运行、调试和不对应状态。不同状态时程序流程也不同。

当保护插件面板的方式（详见图7-59）选择为"运行"时，则该保护就处于运行状态，其软件就执行保护主程序和中断服务程序。当选择为"调试"时，复位 CPU 后就工作在调试状态。调试状态主要用来调试检查微机保护硬件，传动出口回路，输入、修改、固化定值，检验键盘和拨轮开关等，此时数据采集系统不工作，保护功能退出。如先将各 CPU 及人机接口插件均进入运行状态，再将 CPU1～CPU4 插件的方式开关拨到"调试"位置，但不复位，此时它们则进入不对应状态。设计不对应状态的目的是为了调整模数变换器。不对应状态时运行灯灭，模数变换系统仍在工作，但保护功能退出。

（2）正常运行状态。装置正常运行时，各指示灯及开关位置如下。

1）各保护 CPU 插件中，"运行"灯亮，"有报告"灯不亮。方式开关在"运行"位置，固化开关在"禁止"位置。定值选择拨轮开关在所带线路相对应运行方式的保护定值号码位置上。

2）人机接口插件中，若插件面板上装有 CPU 巡检开关及工作方式开关等9个器件，此时，方式开关在"运行"位置，CPU1～CPU4 的巡检开关均在"投入"位置，"运行"灯亮，"待打印"灯不亮。若插件面板上装有 16×4 字符式液晶显示器及新型键盘，此时，通过键盘及液晶显示器进行 CPU 巡检及工作方式选择等有关操作，将方式设置在"运行"状态，将 CPU1～CPU4 的巡检设置在"投入"状态。

3）信号插件中，"跳 A"、"跳 B"、"跳 C"、"永跳"、"重合"、"启动"、"呼唤"灯均不亮。

4）告警插件中，"CPU1"、"CPU2"、"CPU3"、"CPU4"、"总告警"、"巡检中断"灯均不亮。

5）稳压电源插件中，"＋5V"、"＋15V"、"－15V"、"＋24V"灯均亮。

（3）保护的投入和停用。

1）整套保护装置的投入和退出。

投入操作如下：投运前，将装置上各开关按要求设置，专业人员进行各项检查后，运行人员按运行要求将跳闸出口连接片投入，装置进入正常运行状态。

装置有故障或需全部停运时，应将保护的跳闸出口连接片全部断开，再断开装置的直流电源。

2）某种保护的投入和停用。

投入操作如下：将欲投保护插件上的定值固化开关置于"禁止"位置，将定值选择开关拨到所选区号，运行——调试方式开关置于"运行"位置，投入该保护连接片，保护即投入运行。

停用操作如下：若某种保护退出运行，只需将其所对应的保护跳闸出口连接片打开即可，其运行——调试方式开关及巡检开关不得停用，仍在"运行"和"投入"位置，以保证三取二回路正常工作。

3）无人值班变电所保护的投退。

保护的投退除了可通过投入或断开保护跳闸出口连接片来实现外，还可通过将相应开关型定值（控制字软开关）整定为 ON 或 OFF 来实现。对于无人值班变电所，可使用软开关方式在远方投退保护，但软开关投退保护的前后都必须远方先查明保护软件开关的实际状态。无人值班变电所保护进行现场检修、整定工作时，保护投退必须操作保护连接片。

（4）重合闸的应用。

1）220kV 及以上线路要求继电保护双重化。所谓双重化，就是线路保护按两套"独立"能瞬时切除线路全线各类故障的原则配置主保护。

当 220kV 高压线路及 330kV、500kV 超高压线路配有两套微机保护时，两套微机保护的重合闸方式开关投用方式应保持一致。运行时，无论是两套运行还是单套运行，只投一台微机保护的重合闸连接片。

2）110kV 及以下线路配有微机保护和常规重合闸保护时，两套保护的重合闸方式开关投相同位置，只投常规重合闸保护的重合闸连接片，微机保护的重合闸连接片停用。

（5）装置中高频、距离、零序 3 种保护中任 2 种保护因异常停用时，则断开微机保护屏上的所有跳闸连接片。

（6）必须在两侧的高频保护停用后，才允许停用保护直流。合直流前，应先将两侧的高频保护停用，待两侧高频保护测试正常后，再汇报调度将高频保护同时投入运行。

（7）"信号复归"按钮与"整组复归"键不能用混。"信号复归"按钮是复归面板上信号灯和控制屏信号光字牌的，"整组复归"键是程序从头开始执行的命令。运行人员严禁按"整组复归"键。

（8）装置的运行维护：

1）高频通道检查。为了保证高频保护正确可靠地工作，运行值班人员每天应定时进行一次通道检测，检查通道是否良好。高频道的检测方法是：按下微机保护屏上通道检测按钮，观察监视屏上收发信机的各表头参数和信号灯均符合要求。若不符合要求，说明高频通道存在故障，应汇报调度，按调度命令退出高频保护。

2）采样值检查。在运行状态菜单中选择 P 命令，将打印（显示）所选保护插件的采样值和有效值，对照打印（显示）值进行分析：三相电流应相等，$3I_0$ 应小于 0.3A，三相电流、电压的相序对应，相位相差 120°。

3）时钟校对。在运行状态中选择 T 命令，显示器显示当前时间（年、月、日、时、分、秒），此时可利用键盘上 "↑"、"↓"、"→"、"←" 键选择修改位置，用 "+"、"−" 键修改数据，全部修改完毕后，按 CR 键确认。要求机内时钟与标准时钟相差不得超过允许范围。

（9）零序电流保护、高频零序电流保护正常时均采用自产 $3U_0$，即 $3U_0 = U_{L1} + U_{L2} + U_{L3}$（其中 U_{L1}、U_{L2}、U_{L3} 各为 L1、L2、L3 相电压）。仅当发生 TV 断线时，方自动采用外接 $3U_0$。此时距离保护（包括高频距离、相间距离、接地距离保护）退出运行，仅保留高频零序电流和零序电流保护。

（10）微机保护判断 TV 断线的方法：

1）一相或两相断线判据。当 $|U_{L1} + U_{L2} + U_{L3}| - |3U_0| > 7V$ 超过 60ms（$3U_0$ 为外接 TV 开口三角形电压），则判断为 TV 断线，使距离保护闭锁，并打印 TV 断线信号。

2）三相断线判据。U_{L1}、U_{L2}、U_{L3} 均小于 8V，而 L1 相电流大于 $0.04I_N$（I_N 为额定电流），此状态持续 60ms 后，发 TV 断线信号，使距离保护闭锁。

（11）为防止 WXH-11 型微机保护中的零序电流保护在 TA 断线时误动作，在其动作逻辑中设置了 $3U_0$ 突变量元件闭锁，即零序保护出口跳闸条件中必须 $3U_0$ 有突变，且突变量应过定值。此闭锁条件可由 "控制字" 来决定加用与不用，供运行中选择。

（12）重合闸整定时间分为长延时和短延时，可通过 "重合闸时间选择" 连接片控制，以便在有全线速动保护时采用短延时，在无全线速动保护时，采用长延时。

7-137 WXH-11 型线路微机保护有哪些中央信号？意义是什么？当出现这些信号时应如何处理？

答：（1）中央信号及其含义。WXH-11 型线路微机保护装置有下述四个中央信号装在控制屏上：

"保护动作" 信号，表示保护出口动作；

"重合闸动作" 信号，表示重合闸出口动作；

"呼唤" 信号，表示启动元件启动，或输入开关量变化，或电流互感器回路断线；

"装置异常" 信号，表示装置自检发现问题，或直流消失，或电压回路异常。

（2）中央信号出现时处理方法。当控制屏四个光字牌灯光信号任意一个显示时，应记下时间，并到微机保护屏前记下装置面板信号指示情况（详见图 7-59），作好记录，然后按照下述方法处理。

1）"保护动作" 及 "呼唤" 信号同时显示，或 "保护动作"、"重合闸动作" 及 "呼唤" 信号同时显示时的处理方法：检查 "跳 A"、"跳 B"、"跳 C"、"永跳"、"重合" 五个信号灯至少有一个灯亮以及"呼唤"灯亮。表示本保护动作，应详细记录下信号表示情况，包括跳闸相别、重合、永跳。检查当时线路开关位置及打印机是否打印出一份完整的故障报告（此时应打印出 1 份事故报告、说明故障时间、保护动作情况、测距结果及 60ms 的录波）。记录复核无问题后按屏上的"信号复归"按钮复归信号，向调度报告记录结果及故障电流数值。

下面举例说明故障总报告的格式：

```
*   *   *   QD   02  09  10  11  30  20
           20   IOICK
           21   GBIOCK
           26   IZKJCK
          1024  CHCK
          5160  CJ  X = 5.06   R = 1.60   AN   D = 126.01km
```

该报告表示：2002 年 9 月 10 日 11 时 30 分 20 秒装置启动，经 20ms 零序Ⅰ段出口，21ms 高频零序出口，26ms 阻抗Ⅰ段出口，1024ms 重合出口，并且重合成功，感受到二次阻抗 $X = 5.06\Omega$，电阻 $R = 1.60\Omega$，判断是 A 相接地故障，离故障点距离为 126.01km。

如果需要观察各保护的动作情况，可在运行状态菜单中选择 X 命令后，选择 CPU，便可显示（打印）出所选 CPU 故障分析报告。

2)"呼唤"信号显示时的处理方法：装置面板的"呼唤"灯亮，且打印（DLBBH），表示三相电流不平衡，检查打印出的采样报告，若一相、二相或三相电流明显增大时，表示区外故障。若仅有一相无电流表示电流互感器回路断线。

若装置面板的"启动"灯和"呼唤"灯一直亮，且打印（CTDX），按屏上"信号复归"按钮不能复归，则为电流回路断线，应立即断开本装置的跳闸连接片，并汇报调度及通知继电人员处理。

3)"装置异常"信号显示时的处理方法：检查告警插件仅巡检灯亮（或巡检灯，总告警灯及信号插件中呼唤灯亮），不必停用保护，但应立即通知继电人员处理。

告警插件中总告警灯亮，同时高频、距离、零序、重合闸告警灯之一亮时（不论信号插件中的呼唤灯是否亮），应断开该保护或重合闸所对应的保护投入连接片。

告警插件所有信号灯均亮时，应立即断开微机保护屏上所有跳闸连接片。

告警插件中总告警灯亮，信号插件的呼唤灯亮时，检查打印的报告，若打印出"CPUX ERR"（X 为 1、2、3、4 中的某一个数），断开微机保护屏上该 CPU 所对应的保护投入连接片。

告警插件中 CPU2 告警，总告警灯亮，且打印（PTDX），表示可能电压回路断线。此时应立即退出距离保护投入连接片，通知继电保护人员处理。

7 - 138　简述变压器微机比率制动式差动保护的基本原理

答：(1) 比率制动式差动保护的基本概念。

比率制动式差动保护的动作电流是随外部短路电流按比率增大，既能保证外部短路不误动，又能保证内部短路有较高的灵敏度。

例如电磁式 BCH - 1 型继电器实质上就是一种具有比率制动雏型的差动继电器，它可以通过调节制动绕组匝数 W_r，使其动作电流 I_{op} 始终大于区外故障时对应的不平衡电流 I_{unb}（见图 7-60 不平衡电流斜线 1 所示）。因为区外故障时流过制动绕组的制动电流 I_r 随短路电流 I_k 增大，差动继电器的动作电流 I_{op} 也随之按比率增大，其比率 K_r = I_{op}/I_r，称为制动的比率系数（见图 7-60 中曲线 2）。曲线 2 斜率 K_r> K_1，而 $K_1 = I_{unb.max}/I_{k.max}$，由于直线 1 始终在曲线 2 的下方，所以保护不会在区外故障时误动。然而在区内

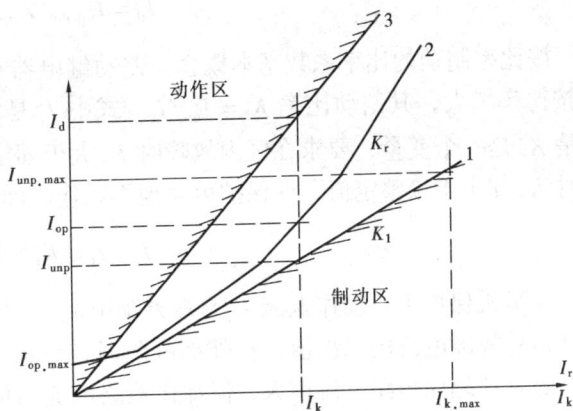

图 7-60　BCH-1 型差动继电器的制动特性

障时，流过差动绕组 W_d 的差动电流 I_d，在最不利的条件下总是大于其动作电流，即 $I_d > I_{op}$（见图 7-60 的直线 3），因此区内故障时能正确动作。

（2）和差式比率制动的差动保护原理。

由于比率制动差动保护是分相设置的，下面以单相为例说明双绕组变压器比率制动的差动保护原理。

如果以流入变压器的电流方向为正方向，那么差动电流可以用 I_h 与 I_L 之和表示（见图 7-61。）

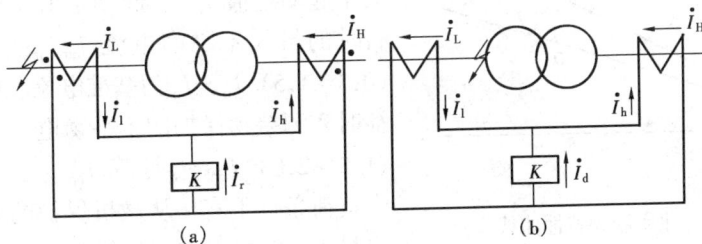

图 7-61　双绕组变压器的差动电流

$$I_d = |\dot{I}_h + \dot{I}_1| \qquad (1)$$

为了使区外故障时获得最大制动作用，区内故障时制动作用最小或等于零，用最简单的方法构成制动电流，就可采用 I_h 和 I_1 之差表示

$$I_r = |\dot{I}_h - \dot{I}_1|/2 \qquad (2)$$

假设 I_h 和 I_1 已经过软件相位变换和电流补偿，在微机保护中流入极性端为正，反之为负。则区外故障 $I_h = -I_1$，此时 I_r 达到最大，而 I_d 为最小值，并等于因 TA 饱和产生的不平衡电流 I_{unb}。相反区内故障时，I_h 和 I_1 相位一致，I_r 为最小，I_d 达到最大值，所以保护灵敏度较高。但必须指出，这时 I_r 虽然为最小值，但不为零，即区内故障时仍带制动量。

由于电流补偿存在一定误差，在正常运行 I_d 仍然有小量的不平衡电流 I_{unb}。所以差动保护动作必须使 I_d 大于一个起动定值 $I_{d.st}$，差动保护动作的第一判据应是满足式（3）。

$$I_d = I_{op.min} > I_{d.st} \tag{3}$$

按比率制动的比率系数基本概念，差动继电器在区外故障时，动作电流 I_{op} 随短路电流 I_k 按比率增大，其制动比率 $K_r = I_{op}/I_r$。式中 I_r 是制动电流，随短路电流 I_k 增大。应注意的是 K_r 是一个变量，要求在区内故障时 K_r 大于固定的整定值，保护可靠动作。而在外部故障时 K_r 却小于该整定值，使保护可靠地不动作。即要求满足如下判据

$$I_{op}/I_r = K_r > D$$

在微机保护中，动作电流 I_{op} 是取差动电流 I_d 作为保护的动作量。在内部故障时差动电流就是总故障电流的二次值，在外部故障时，差动电流反映了 TA 饱和产生的不平衡电流，虽然随着穿越性短路电流增大，但却比短路电流对应的二次值小得多。因此上式中 I_{op} 可用 I_d 来替换，并在内部故障时能满足 $K_r = I_d/I_r > D$，保护可靠动作；外部故障时 $K_r = I_d/I_r < D$，保护可靠不动作。微机型差动保护动作的第二判据可用式（4）来表示

$$|I_d|/|I_r| = K_r > D \tag{4}$$

通常比率制动差动保护的整定值 D 不应选得过大，否则将使差动保护灵敏度下降，有损于差动保护对变压器匝间短路的保护作用，一般 D 取 $0.3 \sim 0.5$。

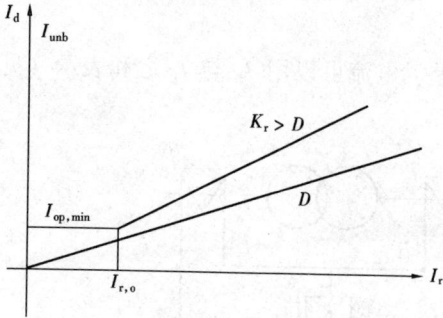

图 7 – 62 比率制动特性曲线

根据式（3）、式（4），比率制动特性可以由图7 – 62 表示。

图中 $I_{op.min}$ 是保护的最小的动作电流，它应大于起动定值 $I_{d.st}$，起动定值应取变压器正常运行时的最大不平衡电流 $I_{unb.max}$，其取值范围为 $(0.3 \sim 1.5) I_n$，I_n 为基准电流。但最好在最大负荷时实测差动保护的不平衡电流 $I_{unb.max}$，然后由 $(1.5 \sim 2.0) I_{unb.max}$ 计算 $I_{op.min}$ 值。$I_{unb.max}$ 可在最大负荷条件下直接从微机保护的液晶显示器中读出最大一相的差电流值得到。

对三绕组变压器，式（3）和式（4）仍然适用，但差动电流和制动电流应做相应更改。式（1）应改写为

$$I_d = |\dot{I}_h + \dot{I}_m + \dot{I}_l| \tag{5}$$

因为三绕组变压器差动保护的电流关系可以看为两侧绕组的电流相加与另一侧绕组的电流相比较，如图 7 – 63 所示，这样就与双绕组变压器的情况一致。

所以式（2）可改写为以下式子

$$I_{r.1} = |\dot{I}_h + \dot{I}_l - \dot{I}_m|/2$$

$$I_{r.2} = |\dot{I}_h + \dot{I}_m - \dot{I}_l|/2$$

$$I_{r.3} = |\dot{I}_m + \dot{I}_l - \dot{I}_h|/2$$

$$I_r = \max[I_{r.1}, I_{r.2}, I_{r.3}] \tag{6}$$

以上式中 I_h、I_l、I_m 均为经相位变换、电流补偿后某一相三侧的二次计算电流，式

（6）是取三个制动量中最大值作为制动电流。例如区外故障（如低压侧母线 K 故障）时，见图 7 - 63 所示。仍假设流入极性端为正，流出为负，则根据基尔霍夫定律 $\dot{I}_1 = -(\dot{I}_h + \dot{I}_m)$ 并代入式（6）可得出：$I_{r.2}$ 为最大值，如中压侧区外故障 $I_{r.1}$ 为最大值，高压侧区外故障 $I_{r.3}$ 为最大值。制动电流 I_r 取最大值作为制动量，此时差动电流根据式（5）为最小值，理论上 $I_d = 0$，可见区外故障时可靠不动作。

在区内故障时，I_d 为最大值，动作量取最大，而三个制动量虽然要比区外故障时小，但仍不为零，即区内故障时仍带一些制动量。

有的变压器差动保护为了简单起见，制动电流不是按式（6）中三个制动量选取最大值，而是在三侧电流 I_h、I_m、I_1 中直接选取最大值，可表达为下式

$$I_r = \max[I_h, I_m, I_1] \tag{7}$$

（3）复式比率制动的差动保护原理。

1）复式制动电流的概念。

在正常运行时如不考虑误差，I_d 应为零，但实际上误差总是存在的，不平衡差流也是存在的。在变压器差动保护范围内部故障时，差电流 I_d 就是故障的短路电流折算到二次侧的电流；在外部故障时，其差电流 I_d 由于穿越性短路电流很大，使 TA 铁芯严重饱和而产生的不平衡差流，而且穿越性短路电流越大，不平衡差流 I_d 就越大。因此有必要引入复合的制动电流 I_r，一方面使得外部故障的短路电流越大，制动电流 I_r 随之增大，能有效地防止差动保护误动，另一方面在内部故障时让制动电流 I_r 在理论上为零，使差动保护能不带制动量灵敏动作。这种复合的制动电流既考虑了区外故障时保护的可靠性又考虑了区内故障时保护的灵敏度。式（8）就是复合制动电流定义式

$$I_r = |I_d - \Sigma|I_i|| \tag{8}$$

其中

$$\Sigma|I_i| = |I_h| + |I_m| + |I_1| \tag{9}$$

2）复式比率差动保护的工作原理。

所谓复式比率差动保护，就是按"复式比率"制动原理构成的差动保护，该保护中的制动电流是复合了差动和制动两个电流因素而构成的。它能满足正常运行、区外故障、内部故障等多种情况对保护的要求。复式比率差动保护的特性曲线如图 7 - 64 所示。

（4）二次谐波制动原理。

在变压器励磁涌流中含有大量的二次谐波分量，一般约占基波分量的 40%以上。利用差电流中二次谐波所占的比率作为制动系数，可以鉴别变压器空载合闸时的励磁涌流，从而防止变压器空载合闸时保护的误动。

在差动保护中差电流的二次谐波幅值用 I_{d2} 表示，差电流 I_d 中二次谐波所占的比率 K_2

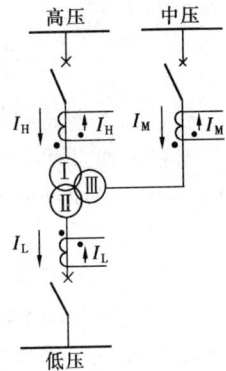

图 7 - 63 三绕组变压器的差动保护原理图

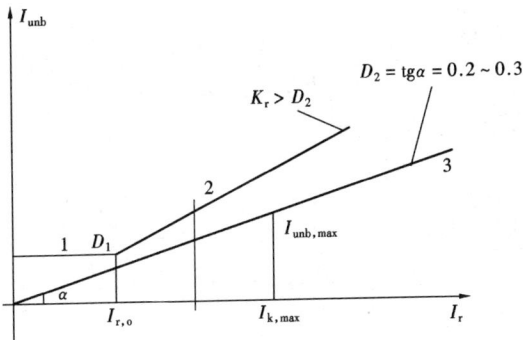

图 7 - 64 复式比率差动保护制动特性曲线

可表示如下

$$K_2 = I_{d2}/I_d \tag{10}$$

如选二次谐波制动系数为定值 D_3，那么只要 K_2 大于定值 D_3 就可以认为是励磁涌流出现，保护不应动作。在 K_2 值小于 D_3 同时满足比率差动其他两个判据时才允许保护动作。所以比率差动保护的第三判据应满足下式

$$K_2 < D_3 \tag{11}$$

二次谐波制动系数 D_3，有 0.15、0.20、0.25 三种系数可选。根据变压器动态试验，典型取值为 0.15，一般不宜低于 0.15。应当指出二次谐波制动的原理是有缺陷的，在变压器剩磁较大的情况下，励磁涌流的二次谐波占基波分量的比率，有时小于 0.15，但这种情况的出现机会较少。

以上变压器差动保护的三个判据必须同时满足，才能判定变压器内部故障使保护动作。

（5）差动速断保护。

一般情况下比率制动原理的差动保护能作为电力变压器主保护，但是在严重内部故障时，短路电流很大的情况下，TA 严重饱和使交流暂态传变严重恶化，TA 的二次侧基波电流为零，高次谐波分量增大，比率制动原理的差动保护无法反映区内短路故障，从而影响了比率差动保护的快速动作，所以变压器比率制动原理的差动保护还应配有差动速断保护，作为辅助保护以加快保护在内部严重故障时的动作速度。差动速断保护是差动电流过电流瞬时速动保护。差动速断的整定值按躲过最大不平衡电流和励磁涌流来整定，动作判据式为式（12）。由于微机保护的动作速度快，励磁涌流开始衰减很快，因此微机保护的差动速断整定值就应较电磁式保护取值大，整定值 D_4 可取正常运行时负荷电流的 5～6 倍。

$$I_d > D_4 \tag{12}$$

（6）变压器比率差动保护程序逻辑框图。

变压器差动保护程序逻辑以 ISA－1H 型变压器保护装置为例说明，见图 7－65 所示。

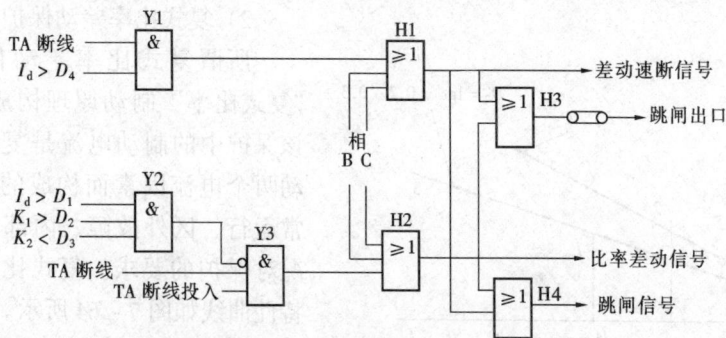

图 7－65　变压器比率差动保护程序逻辑框图

在程序逻辑框图中可见复式比率差动保护动作的三个判据是"与"的关系（图 7－65 中与门 2），必须同时满足才能动作于跳闸。而差动速断保护是作为比率差动保护的辅助保护。在比率差动保护不能快速反映严重区内故障时，差动速断保护应无时延地快速出口跳闸。因此这两种保护是"或"的逻辑关系（图 7－65 中 H3）。复式比率差动保护在 TA 二次回路断

线时会产生很大的差电流而误动作，所以必须经 TA 断线闭锁的否门 &3 才能出口动作。当 TA 断线时 &3 被闭锁住，不能出口动作。

7－139 变压器微机差动保护 TA 接线方式有何特点？软件如何实现？

答：（1）变压器微机差动保护 TA 接线特点。

常规变压器的差动保护，由于双绕组变压器（Y，d11）各侧一次接线方式不同，造成两侧电流相位差 30°，从而在变压器差动保护的差回路中产生较大的不平衡电流，为此要求两侧 TA 二次侧采用电流相位补偿法接线，即将变压器星形侧的电流互感器接成三角形，而将变压器三角形侧的电流互感器接成星形。然而在微机保护中，由于软件计算的灵活性，允许变压器各侧 TA 二次都按 Y 形接线。在进行差动计算时由软件对变压器 Y 形侧电流相位校准及电流补偿。

应注意的是微机型变压器差动保护装置还要求各侧差动 TA 的一次、二次绕组极性均朝向变压器，只有这样的接线才能保证软件计算正确。

（2）电流平衡的调整系数。

主变压器的各侧 TA 二次按 Y 形接线，由软件进行相位校准后，由于变压器各侧额定电流不等及各侧差动 TA 变比不等，还必须对各侧计算电流值进行平衡调整，才能消除不平衡电流对变压器差动保护的影响。

具体计算时，只需根据变压器各侧一次额定电流、差动 TA 变比求出电流平衡调整系数 K_b，将 K_b 值当作定值输入微机保护，由保护软件实现电流自动平衡调整，消除不平衡电流影响。具体计算如下。

1）计算变压器各侧的一次额定电流 I_{1N}

$$I_{1N} = \frac{S}{\sqrt{3} U_N} \tag{13}$$

式中 S——变压器额定容量，应取最大容量侧的容量；

U_N——本侧额定线电压，有调压分接头的，应取中间抽头电压。

2）计算变压器各侧 TA 二次计算电流

$$I_{2c} = \frac{I_{1N}}{K_n} K_{jx} \tag{14}$$

式中 K_n——本侧 TA 变比，用于高压侧记为 K_h、中压侧记为 K_m、低压侧记为 K_L；

K_{jx}——TA 接线系数，按常规变压器差动保护的计算，Y 侧的 TA 接成△，$K_{jx} = \sqrt{3}$；△侧的 TA 接成 Y，$K_{jx} = 1$。由于微机保护要求变压器 Y 侧 TA 也接成 Y，由软件内部进行 Y/△转换，所以变压器 Y 侧 $K_{jx} = \sqrt{3}$，△侧 $K_{jx} = 1$。由（14）式决定的 I_{2c} 实质上是由软件计算的二次计算电流，对于都按 Y 接线的微机保护来说，它与 TA 二次额定电流是有区别的。

3）计算电流平衡调整系数 K_b。

首先规定变压器高压侧的 I_{2c} 为电流基准值 I_n（有的保护装置以 5A 为基准），然后对其他各侧的 TA 变比进行计算调整。其调整系数为 K_b 值，作为整定值输入保护装置，由保护软件完成差动 TA 自动平衡。各侧调整系数按下式计算

$$K_b = \frac{I_n}{I_{2c}} \tag{15}$$

推导调整系数公式时，式中下标 h、L、m 分别表示高压侧、低压侧和中压侧（或内桥侧）有关数值，则：

I_{2ch}、I_{2cL}、I_{2cm} 分别为变压器高、低、中压侧 TA 二次计算电流；

I_{1Nh}、I_{1NL}、I_{1Nm} 分别为变压器高、低、中压侧一次额定电流；

U_h、U_L、U_m 分别为变压器高、低、中压侧额定电压；

K_{bh}、K_{bL}、K_{bm} 分别为变压器高、低、中压侧电流平衡调整系数。

根据上述三个公式，得

$$K_{bh} = \frac{I_n}{I_{2ch}} = \frac{I_{2ch}}{I_{2ch}} = 1 \tag{16}$$

$$K_{bL} = \frac{I_n}{I_{2cL}} = \frac{I_{2ch}}{I_{2cL}} = \frac{\dfrac{I_{1Nh}K_{jx \cdot h}}{K_h}}{\dfrac{I_{1NL}K_{jx \cdot L}}{K_L}} = \frac{I_{1Nh}K_{jx \cdot h}K_L}{I_{1NL}K_{jx \cdot L}K_h} \tag{17}$$

$$= \frac{\dfrac{S}{\sqrt{3}\,U_h}K_{jx \cdot h}K_L}{\dfrac{S}{\sqrt{3}\,U_L}K_{jx \cdot L}K_h} = \frac{U_L K_{jx \cdot h}K_L}{U_h K_{jx \cdot L}K_h}$$

$$K_{bm} = \frac{I_n}{I_{2cm}} = \frac{I_{2ch}}{I_{2cm}} = \frac{U_m K_{jx \cdot h}K_m}{U_h K_{jx \cdot m}K_h} \tag{18}$$

对于 Y0y12d11 三绕组变压器或高压侧带内桥（或带分段）断路器的双绕组变压器，$K_{jx \cdot h} = \sqrt{3}$，$K_{jx \cdot m} = \sqrt{3}$，$K_{jx \cdot L} = 1$，将这些系数代入式（17）和式（18），得

$$K_{bL} = \frac{\sqrt{3}\,U_L K_L}{U_h K_h} \tag{19}$$

$$K_{bm} = \frac{U_m K_m}{U_h K_h} \tag{20}$$

由于微机取值是按二进制方式取值，调整系数取值不是连续的而是分级的，如每级差为 0.0625，因此按级差取值的调整系数 K_b 不可能使差动保护完全达到平衡，在理论上仍有误差。下面举例计算电流平衡调整系数 K_b。

例题：已知变压器三侧容量为 31.5/20/31.5MVA，电压比为 110 ± 4 × 2.5%/38.5 ± 2 × 2.5%/11kV，接线方式为 Y0y12d11，TA 二次额定电流为 5A。试计算电流平衡调整系数。

解：$I_{1Nh} = 31500/\sqrt{3} \times 110 = 165A$；TA 变比选 $K_h = 200/5 = 40$

$I_{1Nm} = 31500/\sqrt{3} \times 38.5 = 473A$；选 $K_m = 500/5 = 100$

$I_{1NL} = 31500/\sqrt{3} \times 11.0 = 1650A$；选 $K_L = 2000/5 = 400$

软件相位校正及计算的各侧二次计算电流

$$I_{2ch} = \sqrt{3} \times 165/40 = 7.14(A)$$

$$I_{2cm} = \sqrt{3} \times 473/100 = 8.19(A)$$

$$I_{2cL} = 1650/400 = 4.12(\text{A})$$

计算调整系数（以高压侧二次计算值 I_{2ch} 为基准）

$$K_{bh} = 1$$

$$K_{bm} = I_{2ch}/I_{2cm} = 7.14/8.19 = 0.87(\text{按 } 0.0625 \text{ 级差，选 } 0.875)$$

$$K_{bL} = I_{2ch}/I_{2cL} = 7.14/4.12 = 1.73(\text{选 } 1.75)$$

也可利用式（19）和式（20）求调整系数，即

$$K_{bL} = \sqrt{3}\,U_L K_L/U_h K_h = \sqrt{3} \times 11 \times 400/110 \times 40 = 1.732(\text{选 } 1.75)$$

$$K_{bm} = U_m K_m/U_h K_h = 38.5 \times 100/110 \times 40 = 0.875(\text{选 } 0.875)$$

微机保护利用上述调整系数求得变压器正常运行及故障时各侧平衡计算后的二次电流。如在满负荷时中压侧为 $8.19\text{A} \times 0.875 = 7.166\text{A}$，低压侧为 $4.12\text{A} \times 1.75 = 7.21\text{A}$。可见经软件相位校正及电流补偿后基本上电流平衡补偿了，但仍然有因误差等原因产生的不平衡现象，例如级差为 0.0625，最大误差为 3.122%，本例相对误差为 1%，并不影响保护正常工作。

7-140 简述 BP-2 型微机母线保护装置的主要特点及基本原理。

答： BP-2A 型微机母线保护装置选用 Intel80186CPU 芯片，采用集中控制方式，设有两套完全独立的微机系统，分别定义为差动元件和闭锁元件。差动元件包括：母线差动保护，失灵保护出口逻辑，母线充电保护，TA 断线闭锁及告警，TV 断线告警等。闭锁元件主要由复合电压闭锁元件构成。

（1）装置特点。

1）装置采用复式比率差动原理，在区内故障无制动，在区外故障时则有极强的制动特性，差动保护的灵敏度及可靠性大为提高。

2）具有母联运行方式自适应能力，倒闸操作过程中，保护无需退出，并实时地无触点切换差动回路和出口回路。

3）以大差动判别故障，各段母线小差动保证选择性，对运行方式无特殊限制。

4）对 TA 变比无特殊要求，允许母线上各单元 TA 变比不一致，TA 变比可由用户在现场设置。

5）双微机系统，完全独立的差动元件和闭锁元件，保证装置安全可靠。

6）全汉化人机界面，大屏幕液晶显示，可实时巡视所有电流、电压的大小和相位，可实时巡查开关量输入的状态，可记录最新 6 次区内故障的信息，并打印出故障波形。

（2）保护配置及辅助功能。

1）保护配置包括：母线分相比率差动保护，失灵保护出口回路，母联失灵（死区）保护，母线充电保护，复合电压闭锁，TA 断线闭锁及告警，TV 断线告警。

2）辅助功能包括：定值整定及 TA 变比设置，系统自检及诊断，交流量输入的实时巡测，开关量输入的实时巡测，故障信息的打印输出，时钟校对等。

（3）保护原理说明。

1）复式比率差动原理。

差动保护具有选择性好，灵敏度高，动作速度快的特点，因而得到广泛的应用，决定差动保护性能的关键因素是能否有效地克服区外故障时由于 TA 误差而产生的差动不平衡电

流，特别是区外故障时，流过最大短路电流的 TA 发生饱和而产生的最大不平衡电流。传统的带制动特性的差动继电器（即比率差动继电器），由于采用一次的穿越电流作为制动电流，因此在区外故障时，若有较大的不平衡电流，难免要失去选择性，而且在区内故障时，若有电流流出母线，保护的灵敏度也会下降。

复式比率差动继电器是一种新原理的比率差动继电器，由于在制动量的计算中引入了差动电流，使得该继电器在区内故障时无制动，而在区外故障时则有极强的制动特性，制动系数的选择范围为 $0 \sim \infty$，因此能更明确地区别区内故障和区外故障。

复式比率差动继电器的动作判据为

$$I_{\mathrm{d}} > I_{\mathrm{dset}} \tag{21}$$

$$I_{\mathrm{d}}/(I_{\mathrm{r}} - I_{\mathrm{d}}) > K_{\mathrm{r}} \tag{22}$$

其中
$$I_{\mathrm{d}} = \left| \sum_{i=1}^{n} I_{\mathrm{i}} \right|;$$

$$I_{\mathrm{r}} = \sum_{i=1}^{n} \left| I_{\mathrm{i}} \right|$$

I_{i}（$i = 1, 2, \cdots, n$）为母线上各支路二次电流的矢量，I_{dset} 为差电流定值，K_{r} 为比率制动系数。

若忽略 TA 误差和流出电流的影响，在区外故障时，$I_{\mathrm{d}} = 0$，$I_r \neq 0$，式（22）左边为 0；在区内故障时，$I_{\mathrm{d}} \neq 0$，$I_{\mathrm{d}} = I_{\mathrm{r}}$，式（22）左边为 ∞。由此可见，复式比率差动继电器能非常明确地区分区内和区外故障，K_{r} 值的选取范围达到最大，即从 0 到 ∞。

2）母线差动回路的构成。

BP - 2A 装置中，差动回路是由一个母线大差动和几个各段母线小差动所组成的。母线大差动是指除母联断路器和分段断路器以外的母线上所有其余支路电流所构成的差动回路。某段母线小差动是指与该段母线相连接的各支路电流构成的差动回路，其中包括了与该段母线相关联的母联断路器和分段断路器。

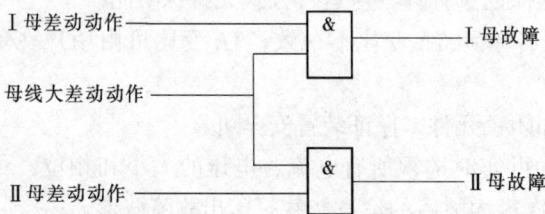

图 7 - 66 母差回路逻辑关系

BP - 2A 装置通过母线大差动判别区内和区外故障，通过各段小差动来选择故障母线。一般情况下，母线大差动的构成不受母线运行方式变化的影响，而各段母线小差动则是根据各支路的隔离开关位置由母线运行方式自适应环节来自动地实时地进行组合。

以双母线为例，母线差动回路的逻辑关系如图 7 - 66。

3）复合电压闭锁。

BP - 2A 装置中设有复合电压闭锁元件。复合电压包括：低电压、零序电压和负序电压。

每一段母线都对应设有一个复合电压闭锁元件，只有当差动保护判出某段母线故障，同时该段母线的复合电压动作，才认为该母线发生故障并予以切除。

4）同步识别法克服 TA 饱和的影响。

在区外故障时，流过最大穿越性电流的 TA 可能会严重饱和，使得差动保护误动。但是，在故障发生的初始和线路电流过零点附近存在一个线性传变区，在这线性传变区内，差动保护不会动作。这就说明，差动保护动作与实际故障在时间上是不同步的，差动保护动作滞后一个时间。

在区内故障时，因为差动电流就是故障电流的实际反映，所以，差动保护动作与实际故障是同步发生的。由此可见，通过判别差动动作与故障发生是否同步就可识别饱和情况。

考虑到 TA 饱和后，在每周中存在至少一个线性传变区，因此对饱和的闭锁应该是周期性的。在判出 TA 饱和后，差动保护先闭锁一周期，随后开放，这样即使出现故障发展，如区外故障转区内故障，差动保护仍能可靠地快速动作，以满足系统稳定要求。

5）母联失灵（死区故障）保护。

当母线保护动作，出口跳闸，而母联断路器失灵，或发生死区故障，即母联断路器和 TA 间发生短路，这时需进一步地切除母线上的其余单元。因此，在保护动作，发出跳开母联断路器的命令后，经延时，判别母联电流是否越限，如延时后，母联电流满足越限条件，且母线复合电压动作，则跳开母线上的所有断路器。

6）倒闸过程中的差动逻辑。

对于双母线而言，在倒闸过程中，当某一单元的两副隔离开关同时处于合位时，两段母线实际上经隔离开关短接，成为单母线。因此，当母线大差动作后，将不再做故障母线的选择，而应将母线上的所有单元切除。

7）线路失灵保护出口逻辑。

线路发生故障时，若该线路断路器失灵，则需由母线保护跳开该线路所在母线上的所有断路器。

BP–2A 装置接受来自线路保护的失灵启动触点，经延时并确认其所在母线后，若相关的母线复合电压动作，则跳开该段母线上的所有单元。

该出口逻辑的复合电压动作定值，应按失灵保护的灵敏度要求进行整定。

8）母线充电保护。

当一段母线经母联断路器对另一段母线充电时，若被充电母线存在故障，此时需由充电保护将母联断路器跳开。为防止由于母联 TA 极性不对造成的误动，一般在充电的短时间内将母差保护闭锁。

BP–2A 装置接受到充电保护投入的触点信号后，将差动保护闭锁，同时判别母联电流是否越限，若母联电流越限且复合电压动作，则经过可整定延时后，将母联断路器跳开。

当母线充电保护投入触点延时返回时，差动保护将正常投入。

9）TA 断线闭锁及告警。

BP–2A 装置中采用了两种方法来判别 TA 断线。

一种方法是根据差电流来判别，当差电流越限且母线电压正常，则认为是 TA 断线。

另一种方法是依次检测各单元的三相电流，若某一相或两相电流为零而另两相或一相有负荷电流，则认为是 TA 断线。

以上两种方法取“或”的关系，当判别出 TA 断线后，立即闭锁差动保护，并延时告警。

10）TV 断线告警。

TV 断线是通过母线复合电压来判别的。当判别母线上出现低电压、负序电压或零序电压时，装置将经延时发出 TV 断线告警信号。TV 断线不闭锁母差保护。

（4）装置连接片及现场运行。

1）装置连接片。

大差退出连接片，正常运行时断开，母联断路器断开，双母线分裂运行时投入；

充电保护投入连接片，正常运行时断开，利用母联断路器给母线充电时投入；

母差、失灵保护跳各元件连接片，正常运行投入；

各元件启动失灵保护连接片，正常运行投入。

2）现场运行。

运行保护，首先须按下"差动投入"（"闭锁投入"）按钮。运行过程中，将循环显示运行状态，主要测量值和自检结果。

一般情况下液晶屏的背光熄灭，当有异常情况时，背光点亮，直至异常消失。当运行方式改变或系统复位或有任意键（除复位键）按下时，背光点亮，相关信息显示两遍后，背光熄灭。

正常运行状态下，液晶屏显示的信息为：

（a）保护配置：显示此时差动保护、失灵保护出口及充电保护的投退情况。

（b）TV 切换：显示两段母线 TV 投、退情况。

（c）大差电流：保护实时测得的母线三相大差电流数值。

（d）母线电压：保护实时测定的各段母线三相电压，零序和负序电压数值。

（e）保护随机自检结果和出错信息。

装置随机自检包括：保护定值的校验，数据采集通道的检查，失灵保护起动触点的检测。

7－141　母线微机保护 TA 变比设置有何特点？软件如何实现？

答：常规的母线差动保护为了减少不平衡电流，要求连接在母线上的各个支路 TA 变比必须完全一致，否则就要求安装中间变流器，这造成体积很大而不方便。微机型母线保护的 TA 变比可以通过设置，方便地改变 TA 的计算变比，从而允许母线各支路差动 TA 变比不一致，也不需要装设中间变流器。

运行前，将母线上联结的各支路 TA 变比键入 CPU 插件后，保护软件以其中最大变比为基准，进行电流折算，使得保护在计算差流时各 TA 变比均变为一致，并在母线保护计算判据及显示差电流时也以最大变比为基准。

为说明起见，假设母线上联结有三个支路单元：一个电源支路（其电流方向流入母线）；两个负荷（其电流方向流出母线）。正常运行时各支路一次电流分别为 I_1、I_2、I_3，二次电流分别为 I_{12}、I_{22}、I_{32}，各支路 TA 变比对应为 n_1、n_2、n_3，如果 n_1 为最大变比，则选 n_1 为基准值。在正常运行时，各支路的一次电流分别为 $I_1 = I_{12}n_1$，$I_2 = I_{22}n_2$，$I_3 = I_{32}n_3$。然后以最大变比 n_1 为基准换算得到各支路计算二次值为 $(I_{12}n_1)/n_1$，$(I_{22}n_2)/n_1$，$(I_{32}n_3)/n_1$。这样，即使原各支路的变比不一致，经换算后均一致为 n_1，如此算法可以保证正常运行及区外故障时计算的差电流为零（不考虑 TA 误差），其证明如下

$$I_\mathrm{d} = I_{12}n_1/n_1 - (I_{22}n_2/n_1 + I_{32}n_3/n_1) = (I_1 - I_2 - I_3)/n_1 = 0$$

此外经折算后，$I_{22} \times (n_2/n_1)$ 及 $I_{32} \times (n_3/n_1)$ 的计算值均变得很小，不但可以减少计算量，并可避免软件计算溢出出错。但要注意，如果各支路 TA 变比与最大变比不成倍数关系，例如 1200/5 与 800/5，为防止计算误差引起较大的不平衡电流，其折算过程比上述过程复杂，只能预先固化设定，不能现场随时设置，即变比设计后应将变比预先送厂家固化。

7-142 简述微机保护人机界面及其操作内容。

答：（1）人机界面及其特点。

微机保护的人机界面与 PC 微机几乎相同但更加简单，它包括小型液晶显示屏幕、键盘和打印机。它把操作内容与显示菜单结合在一起，使微机保护的调试和检验比常规保护更加简单明确。

液晶显示屏在正常运行时可显示时间、实时负荷电流、电压及电压超前电流的相角，保护整定值等，在保护动作时，液晶屏幕将自动显示最新一次的跳闸报告。

（2）人机界面的操作。

键盘与液晶屏幕配合可以进行选择命令菜单和修改定值用。微机保护的键盘多数已被简化为 7~9 个键："＋""－""←""→""↑""↓""RST（复位）""SET（确认）""Q（退出）"。

（3）定值、控制字与定值清单。

1）定值类型。

微机保护的定值都有两种类型，一类是数值型定值，即模拟量，如电流、电压、时间、角度、比率系数、调整系数等。另一类是保护功能的投入退出控制字，称为开关型定值（即软压板），只有 ON（1）和 OFF（0）两个状态。前者表示投入，后者表示退出。

在有的保护中，例如 WXB-11 型，控制字的形式是用十六位二进制数表示，每一位代表着对某一种保护功能的投入与退出状态，也就是说，它把一个保护的所有开关型定值集中起来，用一个控制字 KG 来描述，然后把十六位二进制再改写为四位十六进制数，一起集中存入微机保护装置。这种开关型定值控制字存储较为方便，但对操作人员的查看不很直观，修改起来也不方便。为此，KG 控制字也列入定值清单中。

2）定值清单（定值表）。

微机保护装置的每一套保护都有数值型和开关型定值清单。它把定值号、含义、整定范围、整定步长、备注等列在清单上。

以上两种定值均由键盘输入并固化在 E^2PROM 中。操作人员可通过键盘对保护定值逐项进行修改和查询。

（4）保护菜单及使用。

1）保护菜单的查询。

利用菜单可以进行查询定值、开关量的动作情况、保护各 CPU 的交流采样值、相角、相序、时钟、CRC 循环冗余码自检。

2）修改定值。

修改定值时，首先使人机接口（MONITOR）插件进入修改（调试）状态，即将修改允许开关打在修改（调试）位置，并进入根状态——调试状态，再将各保护 CPU 插件的运行——调试小开关打至调试位置，然后在菜单中选择要修改的 CPU 进入子菜单，显示保护 CPU 的整定值。此时利用"←""→""↑""↓""+""-"等键，进行定值修改。修改完毕，按"确认"及"Q"键，退回上一菜单，再将修改允许开关打回运行位置并按复位键进行定值固化。

3）定值的拷贝。

在多定值修改时，可节省修改定值时间。步骤如下：先从原始定值区中进入调试状态，再将定值小拨轮打到所需定值区并进行定值修改、固化。这样原本要修改全部内容的，现在只需进行某些内容的修改即可。总之，菜单的功能是多样的，一般都在保护装置说明书中作了较为详细的说明。

7-143 简述微机保护外部检查的主要内容。

答：（1）常规的外部检查内容。

1）检查保护屏上的标志以及切换设备的标志是否完整、正确、清楚、是否与图纸相符。

2）检查各插件的印刷电路板是否有焊接不良、线头松动、集成块是否插紧、放置是否正确等。

3）根据说明书，将插件内跳线按逻辑要求逐个设置好。

4）检查逆变电源插件的额定工作电压，微机保护装置的额定电压及额定电流是否与图纸相符。

5）检查背板接线以及端子排上的接线是否连接可靠，切换连接片上的螺丝应紧固。

（2）绝缘检查。

1）绝缘检查前的准备工作。

用摇表进行绝缘检查时，应防止高电压将芯片击穿。因此应先断开直流电源拔出 CPU 插件，数模转换（VFC）插件、信号输出（SIG）插件，电源插件和光隔插件应插入。将打印机串行口与微机保护装置断开，投入逆变电源插件及保护屏上各连接片。断开与收发信机及其他保护之间的有关连线。

除此之外，微机保护屏应要求有良好可靠的接地，接地电阻应符合设计要求。所有测量仪器外壳应与保护屏在同一点接地。

2）对地绝缘电阻要求。

对保护屏内部微机保护装置用 1000V 兆欧表分别对交流电流回路、直流电压回路、信号回路、出口引出触点，对地进行绝缘电阻测试，要求大于 10MΩ。

用 1000V 兆欧表对交流电流回路、直流电压回路、信号回路、出口引出触点全部短接后对地进行绝缘电阻测试，要求应大于 1.0MΩ。

（3）耐压试验及要求。

上述检验合格后，将上述回路短接后施加工频电压 1000V，做历时 1min 的耐压试验。试验过程应注意无击穿或闪络现象。试验结束后，复测整个二次回路绝缘电阻应无显著变化。

当现场耐压试验设备有困难时，可以用 2500V 兆欧表测试绝缘电阻的方法代替。

7-144　简述微机保护静态试验的主要内容。

答：(1) 微机保护电源部分检查。

在确定了保护插件的绝缘完好性后，经专用双极闸刀，接入专用试验直流电源，并注意使屏上其他装置的直流电源开关处于断开的位置，例如收发信机的直流电源开关。

专用试验直流电源由零缓慢升至 80% 额定电压，保护的逆变电源插件上的电源指示灯应亮。此时断开、合上逆变电源开关，逆变电源指示灯应正确指示。

在只插入逆变电源插件的空载情况和所有插件均插入的正常带负荷情况下，调节专用直流电源至 80% U_N、100% U_N、115% U_N，在逆变电源插件面板上或插件内部的探针上测量各级输出电压及检测逆变电源纹波电压，应在允许范围内，并应保持稳定。

(2) 硬件检验。

1) 屏幕菜单与键盘检查。

检查液晶显示器是否接触不良、液晶溢出或屏幕字符缺笔划等异常情况。检查键盘是否存在按键不可靠，光标上、下不灵活。

2) 定值修改及固化功能检验。

在液晶显示的菜单中选择"setting"，即进入定值修改模式，修改定值后，键入"SET"确认键，再按"Q"键退出。在固化定值后，将保护开关扳到运行位置，按复位键使保护恢复运行状态。在定值已存入 E²PROM 芯片后，应注意再检查一遍定值是否已真正修改过。

3) 定值分页拨轮开关性能检查。

在检查时应注意定值拨轮在切换时有无卡涩现象，造成显示 E²PROM 出错。定值拨轮切换应到位并要求能正确地打印出该区的定值。

4) 整定值失电保护功能检验。

在整定值修改后，关保护电源后经 10s 再上电，要求整定值应不会改变。

5) 时钟整定及掉电保护功能检验。

时钟修改后，关保护电源经 10s 后再上电，要求时钟运行良好。

6) 告警回路检查。

在关机、保护装置故障及异常情况下，告警继电器触点应可靠闭合。

7) 各 CPU 复位检查。

可以整机复位或各 CPU 插件分别复位、运行灯或 OP 灯亮，保护装置自检应正常。

(3) 开关量输入回路校验。

保护的正确逻辑判断及接线的正确性还有赖于开关量输入回路的校验。实际校验的方法是：投退连接片、切换开关或用短接线将输入公共端（+24V）与开关量输入端子短接，通过查询保护装置来校验变位的开关量是否与短接的端子的开关量相同。对每个 CPU 插件的开关量均要仔细检查，并做好记录。

(4) 微机保护交流采样回路检验。

1) 检验零点漂移。

待微机保护装置开机达半小时，各芯片插件热稳定后方可进行该项目检验。先将微机保护装置交流电流回路短路，交流电压回路开路，分别检查各 CPU 的通道采样值和有效值。如果电流回路的零点漂移达 ±0.5 以上，就会影响到保护对外加量的正确反应，例如 TA 变比为 1200/5，在初投产带负荷时，如一次负荷电流小于 120A，二次将无法正确反映。所以应调 VFC 插件的可调电阻元件 RP11，将零点漂移调到符合规定要求。除此之外，还要求在一段时间内（几分钟）零点漂移值稳定在规定范围内。

有的微机装置因为采用了浮动门槛就不用调节零点漂移，但也应在屏幕菜单中的"CPUSTATUS"子菜单中查看各电压、电流回路的采样零点漂移值大小并做好记录。

2）检验各电流、电压回路的平衡度。

在检查二次接线完好后，还要检验电流电压回路中各变换器极性的正确性。

3）通道线性度检查。

所谓线性度是指改变试验电压或电流时，采样获得的测量值应按比例变化并且满足误差要求。该试验主要用于检验保护交流电压、电流回路对高、中、低值测量的误差是否都在允许范围内，尤其要注意低值端的误差。

对于试验低值：1V、$0.1I_N$、$0.2I_N$ 与外部测量表计值误差应不大于 10%，其他误差应不大于 2%。

4）相位特性检验。

试验接线为分别按相加入电压与电流的额定值，并改变电压与电流的相角：0°、45°、90°、120°。在液晶显示屏菜单中查询其相位差值，如利用 LFP – 900 系列中菜单栏"PHASEANGLES"（相角），或采用打印波形方法比较相位，要求与外部表计值误差小于 3°。

（5）定值与保护逻辑功能检验。

1）拟定调试定值。

如在保护逻辑试验时，手头上既无调度所下达定值又无已拟好调试定值，就可根据定值说明，自己拟定出一份调试定值。调试前应先设定好控制字，例如保护的投入和退出控制、重合闸的配合等。在调试定值的配置中，还应注意阻抗各段之间的配合。如定值试验配置不当，有可能出现 0.7 倍的定值段落入前一段的保护范围内，引起不必要的"错误"。各段之间不仅在阻抗大小、电流大小，还应在时间定值上注意配合。所以，自己拟定的调试定值一定要多次审核。

2）微机保护定值和逻辑调试中的几个问题。

（a）保护逻辑及出口回路的检验。

WXB – 11C 可以在调试状态下，利用菜单改变插件上并行口 8255A 芯片的 B 口中的数据，并检验各出口回路及其继电器 KCO（原厂家符号为 CKJ）触点动作情况。

（b）启动回路的调试。

在 WXB – 11C 调试时，应注意暂时更改三取二回路的跳线。在保护调试时，可以将跳线放在一取一回路上，使试验时可以逐个对保护 CPU 插件调试，待投运前再放回三取二回路。

（c）定值检验方法。

对应于 220kV 线路保护，主要有高频保护、距离保护、零序保护三大块。考虑到保护定值误差等问题，应分别在距离定值的 $0.7Z_{set}$、$0.95Z_{set}$、$1.2Z_{set}$ 和零序定值的 $1.2Z_{set}$、$0.95Z_{set}$ 处检测保护动作状况。

（d）接地距离故障模拟中应注意的问题。

在进行接地距离故障模拟时，注意故障电压值应乘以电抗补偿系数 $(1 + k_x)$，如果故障电压计算值高于57V，应适当将故障电流降低。

保护定值校验时，应将故障量加准，使保护的故障打印报告中的阻抗值、时间值与定值相近。

（6）功耗测试。

1）直流回路功耗测量。

在直流试验电源输入中，串联一只直流电流表，分别在正常状态及保护动作状态下测量直流电压电流及功耗值。

2）交流电压回路功耗测量。

分别按相电压回路加额定电压，测量串入每相（或线路）电压回路的交流电流值。要求三相电压功耗基本平衡并小于1VA，$3U_0$ 回路功耗也小于1VA。

3）交流电流回路功耗测量。

按相分别通入额定电流值，测量每相交流电流及 $3I_0$ 电流回路的电压值。要求三相负荷应基本平衡，每相功耗应小于5VA。

7－145　简述微机保护交流动态试验的主要内容。

答：（1）交流动态试验。

交流动态试验以微机保护整组传动试验为主，它包括了微机保护与所有二次回路及断路器的联动试验，不仅能检查出回路中的不正确接线，而且能检查微机保护之间的配合情况。在投产时的带负荷试验中，检查电流、电压互感器的变比、极性的正确性，保证了保护在投运后的良好运行。

交流动态试验主要包括整组传动试验、与其他保护的传动配合试验、高频通道联调试验、带负荷试验。

（2）整组传动试验。

在尽量少跳断路器的原则下，每个保护对各种故障（单相、相间、反相故障）做整组传动试验。试验中每一块连接片都要准确地模拟到，可用指针式万用表的直流电压档在连接片两端进行出口监视。具体单个保护试验 WXB－11 型和 LFP－901A 保护可参阅部颁有关调试规程，在试验过程 WXH－11 和 LFP－901A 装置均有打印信息送出。

（3）带通道联调试验。

高频通道由输电线路、高频阻波器、耦合电容器、结合滤波器、高频电缆、保护间隙、接地刀闸、高频收发信机组成，因此必须先分别对上述阻波器、结合滤波器、耦合电容器等设备的绝缘、耐压、参数值单独做好测试工作，然后再进入联调试验。

高频保护的特点是可在电网中实现全线速动，保证了电网的稳定性，提高切除故障的速度。高频通道是高频保护的重要组成部分，因此在投运前应对高频通道进行试验。

（4）带负荷试验。

带负荷试验是利用系统工作电压及负荷电流，在投产前检验交流二次回路接线正确性的最后一次检验，因此必须认真仔细检验。

7－146　简述电力电容器微机保护的基本原理。

答：（1）并联补偿电容器组的通用保护。

单台并联补偿电容器的最简单、有效的保护方式是采用熔断器。这种保护简单、价廉、灵敏度高、选择性强，能迅速隔离故障电容器，保证其他完好的电容器继续运行。但由于熔断器抗电容充电涌流的能力不佳，不适应自动化要求等原因，对于多台串并联的电容器组保护必须采用更加完善的继电保护方式。

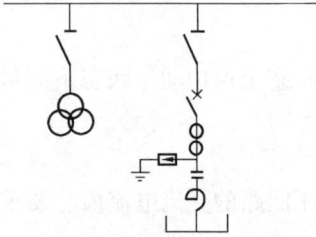

图 7 - 67 并联补偿电容器
组的主接线图

图 7-67 是并联补偿电容器组的主接线图。电容器组通用保护方法有如下几种：

1）电抗器限流保护。

与电容器串联的电抗器，具有限制短路电流、防止电容器合闸时充电涌流及放电电流过大损坏电容器。除此之外，电抗器还能限制对高次谐波的放大作用，防止高次谐波对电容器的损坏。

2）避雷器的过电压保护。

与电容器组并联的避雷器用于吸收系统过电压的冲击波，防止系统过电压，损坏电容器。

3）电容器组的电压保护。

电容器电压保护是利用母线电压互感器 TV 测量和保护电容器。电容器电压保护主要用于防止系统稳态过电压和欠电压。

4）电容器组的电流保护。

电容器组的过电流保护用于保护电容器组内部短路及电容器组与断路器之间引起的相间短路。采用两段式，每段一个时限的保护方式。

（2）电容器组内部故障的专用保护

电容器组是由许多单台电容器串并联组成，个别电容器故障由其相应的熔断器切除，对整个电容器组无多大影响。但是当电容器组中多台电容器故障被熔断器切除后，就可能使继续运行的剩余电容器严重过负荷或过电压，因此必须考虑如下专用的保护措施。

1）单 Y 形接线的电容器组保护。

单 Y 形接线的电容器组见图 7 - 68（a）所示，一般采用零序电压保护。保护采用电压互感器的开口三角形电压以形成不平衡电压。电压互感器的一次绕组兼作电容器放电线圈，

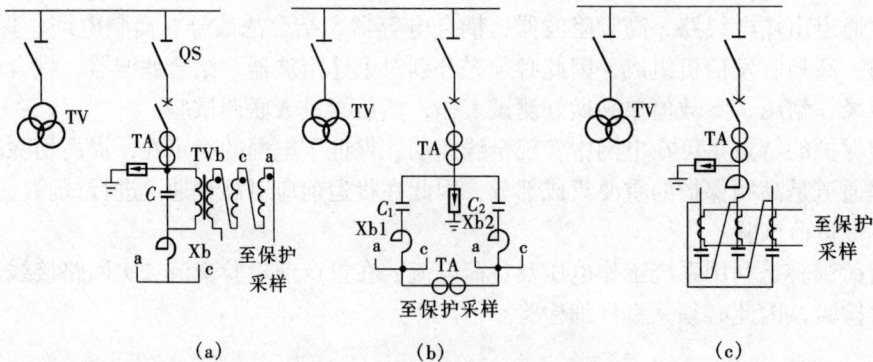

图 7-68 三种简单的电容器组保护方式
(a) 单 Y 形；(b) 双 Y 形；(c) △形

可防止母线失压后再次送电时因剩余电荷造成的电容器过电压。

如电容器组中多台电容器发生故障，电容器组的电纳将发生较大变化，引起电容器组端电压改变，在开口三角形出口随即产生零序电压。单 Y 型电容器组微机保护逻辑图如图 7 – 69 所示，$t_{o.u}$ 为零序电压保护的时延，SW 为控制字软开关。

2）双 Y 形接线的电容器组保护。

双 Y 形接线的电容器保护可采用不平衡电流或电压保护方式。

双 Y 形接线电容器的主接线如图 7 – 68 （b）所示，图中所示的 TA 是测量中性线不平衡电流的零序电流互感器。

双 Y 形接线的电容器保护采用中性线不平衡电流保护，当同相的两电容器组 C_1 或 C_2 中发生多台电容器故障时，即 $X_{C_1} \neq X_{C_2}$，此时流过 C_1 和 C_2 的电流不相等，因此在中性线中流过不平衡电流 I_{unb}。当 $I_{unb} > I_{set}$ 时保护动作。保护逻辑框图如图 7 – 70 所示。

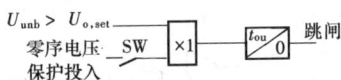

图 7 – 69　零序电压保护逻辑图

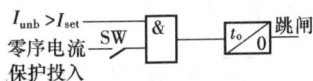

图 7 – 70　双 Y 形接线电容器的不平衡电流保护逻辑

当双 Y 形接线采用不平衡电压保护时，可用 TV 改换 TA。即将 TV 一次绕组串在中性线中，当某电容器组发生多台电容器故障时，故障电容器组所在星形的中性点电位发生偏移，从而产生不平衡电压。

当 $U_{unb} > U_{set}$ 时，保护动作。其逻辑框图与图 7 – 69 相似。

3）三角形接线的电容器组保护。

电容器组为三角形接线时，通常用于较小容量的电容器组，其保护采用零序电流保护，其接线如图 7 – 68 （c）所示，其逻辑框图与图 7 – 70 类似。

4）桥式差流的保护方式。

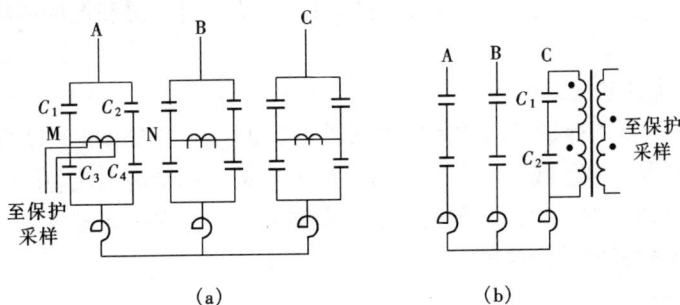

图 7 – 71　电容器组桥差、压差保护方式
(a) 桥差接线；(b) 压差接线

电容器组为单星形接线，而每相接成四个平衡臂的桥路时，可以采用桥差接线的保护方式，其一次接线如图 7 – 71 （a）所示。正常运行时四个桥臂容抗平衡，$X_{C_1} = X_{C_2}$，$X_{C_3} = X_{C_4}$（或 $C_1 / C_3 = C_2 / C_4$），因此桥差接线的 M 和 N 之间无电流流过。当四个桥臂中有一个电容器

组存在多个电容器损坏时，桥臂之间因不平衡，在桥差接线 MN 中就流过不平衡差流。不平衡差流超过定值时保护动作。桥差保护方式的逻辑框图如图 7-72 所示。图中 SW 控制字"1"为投入，"0"为退出。

5）电压差动保护方式。

电容器组为单星形接线，而每相为两组电容器组串联组成时，可用电压差动保护方式，其一次接线如图 7-71（b）所示。图中只画出一相 TV 接线，其他两相也是相似的。TV 的一次绕组可以兼作电容器组的放电回路，二次绕组接成压差式即反极性相串联。正常运行时 $C_1 = C_2$，压差为零；当电容器组 C_1 或 C_2 中有多台电容器损坏时，由于 C_1 和 C_2 容抗不等，因两只 TV 一次绕组的分压不等，压差接线的二次绕组中将出现差电压。当压差超过定值时，保护动作。压差保护方式的逻辑框图如图 7-73 所示。图中 SW 为控制字，"1"为投入，"0"为退出运行。

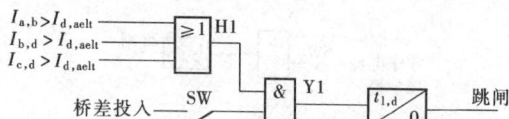

图 7-72　桥式差流保护逻辑框图

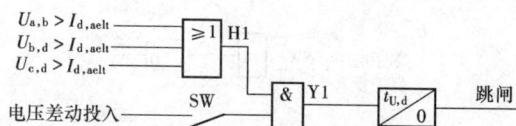

图 7-73　电压差动保护逻辑框图

7-147　简述 500kV 自耦变压器微机保护的配置、基本原理和特点。

答： 自耦变压器与同容量的普通变压器相比，自耦变材料省、造价低、损耗小、质量轻，便于运输安装，能扩大变压器的极限制造容量。因此目前 500kV 超高压系统大都利用自耦变压器完成长距离、大容量的电能变换与传输。

（1）500kV 自耦变压器微机保护配置。

1）启动方式。

500kV 自耦变压器微机保护的启动方式无论主保护还是后备保护都可采用反映故障分量的各侧相电流突变量及零序电流稳态量超定值启动方式。过励磁和低压侧零序过压则采用直接出口方式。

2）主保护配置（电气保护）。

500kV 自耦变压器主保护采用比率制动式差动保护，用二次谐波制动方式并设有电流回路断线闭锁。变压器过电压或过励磁时，含大量五次谐波的励磁电流急剧增大，为防止这时的不平稳差流使差动保护误动，必须增设五次谐波制动。主保护还配置差动速断保护，以提高变压器内部严重故障的动作速度。

3）后备保护配置。

500kV 自耦变压器高压侧与中压侧后备保护采用基本相同的配置方案，但分别独立设置。

（a）相间短路保护——通常是采用复合序电压方向过流保护，当其灵敏度校验不够时则采用阻抗保护。设置阻抗保护应根据需要整定为全阻抗、方向阻抗或偏移阻抗特性。按一段阻抗二段时限实施，方向指向变压器，第一时限跳中压侧（即对侧）断路器，第二时限跳变压器各侧断路器。

（b）接地保护——主变接地保护由主变压器零序方向电流保护构成，其方向指向本侧母线。按二段一时限实施，第一段跳本侧断路器，第二段跳各侧断路器。

（c）反时限过励磁保护——设置在高压侧，高定值跳各侧断路器，低定值作用于信号。

（d）零序过流保护——设置在中压侧，作为公共绕组的零序过流保护。跳各侧断路器。

（e）过负荷保护——三侧均设过负荷保护，并只作用于发信。

低压侧后备保护配置过流保护和零序过压保护。过流保护设二段时限，第一时限跳低压侧断路器，第二时限跳各侧断路器。当低压侧是 35kV 小接地电流系统时，为防止单相接地引起的过电压，应设置零序过压保护。该保护作用于信号或跳低压侧断路器。

（2）WBH－100 型反时限过励磁保护原理。

过励磁的严重程度用过励磁的倍数表示：$n = B/B_N$。过励磁倍数越大，允许的持续时间越短。例如法国规定 $n = 1.3$ 时允许持续时间 $t = 10s$，$n = 1.2$ 时 $t = 60s$，当 $n = 1.05$ 倍，变压器可以连续运行。过励磁倍数与允许持续时间（即过励磁能力）的关系曲线称为过励磁倍数曲线。

显然，变压器的过励磁保护的动作特性应与被保护的变压器的过励磁倍数曲线相配合，即动作时间略小于允许持续时间，见图 7－74 所示。因此通常变压器过励磁保护采用反时限过励磁保护方式。

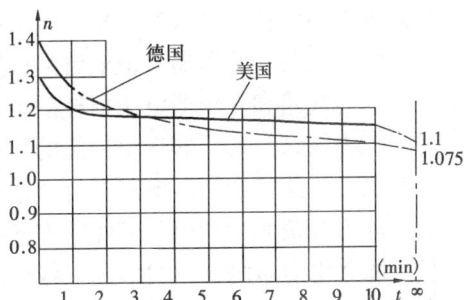

图 7－74　变压器过励磁倍数曲线

（3）500kV 自耦变压器保护的特点。

1）500kV 自耦变压器过负荷保护的特点。

从 500kV 自耦变压器的高、中、低压三侧的容量关系分析可以看出，由于各侧容量不等，特别是通过公共绕组传送功率时，很容易发生过负荷，而且过负荷与功率传送的方向有关，因此不能以某一侧不过负荷来决定其他侧也不过负荷，500kV 自耦变压器三侧均要设过负荷保护。对于高压侧向中、低压侧传送功率的降压变压器，则至少高压侧和低压侧要设过负荷保护。

2）500kV 自耦变压器的零序方向过流保护的特点。

由于自耦变压器的高、中压侧的公共绕组的关系，要求中性点必须直接接地。中性线中流过的零序电流包含有高压和中压侧的零序电流，故接地保护的零序电流互感器不能像普通变压器那样装设在中性线上。零序方向电流保护的零序滤过器必须分别装设在高、中压侧。这样各侧的接地保护才能直接反应相应侧的零序电流，而且由于高、中压侧任一侧发生接地故障，零序电流会从一侧流向故障一侧的零序网络。显然，从保护的选择性方面考虑，二侧零序电流保护应带方向并要在时间上配合好。

根据以上分析，500kV 自耦变压器的高压侧零序方向过流保护的零序电流取自于高压侧的零序滤过器，零序电压取自于高压侧的母线电压的软件自产 $3U_0$。中压侧的零序方向过流保护的零序电流取自于中压侧的零序滤过器，零序电压取自于中压侧母线电压的软件自产 $3U_0$。各侧方向均指向本侧母线，零序方向第一段作为本侧的相邻（母线或线路）元件保护的后备，时限 0.5s 跳本侧断路器，第二段（不带方向）作为主变压器保护的后备，跳各侧断路器。

第八章 电力系统的潮流计算

8-1 电力系统的潮流计算主要包括哪些内容？

答：电力系统的潮流计算主要包括如下内容：

(1) 电力系统各元件（发电机、电力线路、变压器、负荷、电抗器等）参数的计算。

(2) 电力线路和变压器等值电路的计算。

(3) 电力线路和变压器电压损耗的计算。

(4) 电力线路和变压器功率损耗的计算。

(5) 电力线路和变压器电能损耗的计算。

(6) 电力系统无功平衡及其优化方案计算。

(7) 简单电力系统（辐射形和一般环形网络）潮流分布的计算。（采用解析计算法，即一般利用公式进行手算）。

(8) 复杂电力系统潮流分布的计算（采用计算机进行计算）。

(9) 电力线路导线截面积的选择计算。

计算中应考虑电网各种运行方式，包括最大、最小、正常、特殊及事故运行方式等。

8-2 潮流计算的目的是什么？

答：潮流计算的目的是为确定及检验网络结构、指挥电网运行、选择导线截面和变电设备等输配电设备提供依据。具体的主要目的如下：

(1) 在电网规划阶段，通过潮流计算，合理规划电源容量及接入点，合理规划网架，选择无功补偿方案，满足规划水平年的大、小方式下的潮流交换控制、调峰、调相、调压的要求。

(2) 在编制年运行方式时，在预计负荷增长及新设备投运基础上，选择典型方式进行潮流计算，发现电网中的薄弱环节，供调度员日常调度控制时参考，并对规划、基建部门提出改进网架结构，安排基建进度的建议。

(3) 正常检修及特殊运行方式下的潮流计算，用于日常运行方式的编制，指导发电厂开机方式，有功功率、无功功率调整方案，负荷调整方案及电网接线方案，满足线路、变压器热稳定要求及电压质量要求。

(4) 预想事故、设备退出运行对静态安全的影响分析及作出预想的运行方式调整方案。

8-3 潮流计算的方法有哪几种类型？各适用于什么范围？

答：潮流计算的方法大致分为下列三类：

(1) 解析计算。即一般利用公式进行手算。为了节约工作量，通常采用各种近似假定进行简化计算。因此这种方法只适用于简单的电力系统（辐射形和一般环形网络），但它却有助于掌握各电量的物理关系，对复杂电力系统采用计算机计算时，在运用计算机计算前仍需以手算法求取某些原始数据。

(2) 模拟计算。即利用一些装置来模拟电力网或电力系统的情况，然后对模拟设备的各电气量进行实测，将所得的结果乘以比例系数就得到实际系统的运行参数。属于这类设备的有直流计算台，交流计算台和电力系统动态模拟等。

(3) 用电子计算机进行数值计算。由于电子数字计算机的迅速发展，它在电力系统中已得到日益普遍的应用，特别是在复杂电力系统潮流分布计算方面已成为非常重要的工具。用电子计算机进行潮流计算，使潮流计算的方法发生了很大的变化。

在电力系统潮流计算中，如运用手算，往往采用有名制；如运用计算机计算，则往往采用标幺制。

顺便指出，所谓简单电力系统和复杂电力系统之间，目前尚没有明确定义界限。

8-4 试简述电力线路参数的计算方法。

答：电力线路的参数有 4 个：①反映线路通过电流时产生有功功率损失效应的电阻；②反映载流导线周围产生磁场效应的电感；③反映线路带电时绝缘介质中产生泄漏电流及导线附近空气游离而产生有功功率损失的电导；④反映带电导线周围电场效应的电容。通常，这些参数都看作是均匀分布的，正确计算这些参数是线路电气计算的基础。一般来说，线路的参数主要取决于导线的种类，结构（单线或多股绞线，是否分裂导线等），截面大小，各相导线的布置方式等因素。

(1) 铝线、钢芯铝线和铜线线路的电阻。

每相导线单位长度的电阻可按下式计算

$$r_1 = \frac{\rho}{s}$$

式中　ρ——导线材料的电阻率，$\Omega \cdot mm^2/km$，铝和铜可分别取 $31.5\Omega \cdot mm^2/km$ 和 $18.8\ \Omega \cdot mm^2/km$；

　　　　S——导线的额定截面积，mm^2。

实际应用中，导线的电阻通常可从产品目录或手册中查得。

由于产品目录或手册中查得的通常是 20℃时的电阻值，而线路的实际运行温度为 t，必要时可按下式修正

$$r_t = r_{20}[1 + \alpha(t - 20)]$$

式中　r_t、r_{20}——温度为 t℃、20℃时的电阻，Ω/km；

　　　　α——电阻的温度系数，对于铝 $\alpha = 0.0036$；对于铜 $\alpha = 0.00382$。

(2) 铝线、钢芯铝线和铜线线路的电抗。

1) 三相线路的电抗。常用计算公式为

$$x_1 = 2\pi f \left(4.6 \lg \frac{D_m}{r} + 0.5\mu_r\right) \times 10^{-4}$$

式中　x_1——导线单位长度的电抗，Ω/km；

　　　　r——导线的半径（cm 或 mm）；

　　　　μ_r——导线材料的相对导磁系数，对铝、铜等，$\mu_r = 1$；

f——交流电的频率，Hz；

D_m——几何均距，其单位应与 r 的单位相同。且

$$D_m = \sqrt[3]{D_{ab}D_{bc}D_{ca}}$$

D_{ab}、D_{bc}、D_{ca}——三相线路每两相导线的相间距离（cm 或 mm），其单位应与 r 的单位相同。

将 $f = 50$，$\mu_r = 1$ 代入上式，即得

$$x_1 = 0.1445\lg \frac{D_m}{r} + 0.0157$$

上式又可改写为

$$x_1 = 0.1445\lg \frac{D_m}{r'}$$

式中的 r' 常称导线的几何平均半径，不难见 $r' = 0.779r$。但需指出，上述公式是按单股导线的条件导得的。对多股铝线或铜线，r'/r 将小于 0.779，而钢芯铝线的 r'/r 则可取 0.95。

由于电抗与几何均距，导线半径之间为对数关系，导线在杆塔上的布置和导线截面积的大小对线路电抗没有显著影响，架空线路的电抗一般都在 $0.40\Omega/km$ 左右。在近似计算中，可取这数值。

2）分裂导线线路的电抗。计算公式为

$$X_1 = 0.1445\lg \frac{D_m}{r_{eq}} + \frac{0.0157}{n}$$

其中

$$r_{eq} = \sqrt[n]{r(d_{12}d_{13}\cdots d_{1n})} = \sqrt[n]{rd_m^{(n-1)}}$$

式中　　　r_{eq}——一相导线组的等值半径，mm；

n——分裂导线的分裂根数；

r——每根导体的半径，mm；

d_{12}、$d_{13}\cdots d_{1n}$——某根导体与其余 $n-1$ 根导体间的距离，mm；

d_m——各根导体之间的几何均距，mm。

分裂导线线路的电抗与分裂根数有关，当分裂根数为 2、3、4 根时，每公里的电抗一般分别为 0.33、0.30、0.28Ω 左右。

（3）钢导线线路的电阻和电抗。

对于钢导线，由于集肤效应及导线内部的导磁系数均随导线通过的电流大小而变化，因此它的电阻和电抗均不是恒定的，钢导线构成的输电线路将是一个非线性元件。钢导线的阻抗无法用解析法确定，只能用实验确定其特性，根据电流值来确定其阻抗。

（4）各类导线线路的电纳。

1）三相线路的电纳：导线单位长度的电纳计算公式为

$$b_1 = \frac{7.58}{\lg \dfrac{D_m}{r}} \times 10^{-6} \quad (S/km)$$

显然，由于电纳与几何均距，导线半径之间也有对数关系，架空线路的电纳变化也不大，其值一般在 2.85×10^{-6} S/km 左右。

2）分裂导线的电纳。计算公式为

$$b_1 = \frac{7.58}{\lg \dfrac{D_m}{r_{eq}}} \times 10^{-6} \quad (\text{S/km})$$

对于分裂导线线路，当每相分裂根数为 2、3 和 4 根时，每公里电纳约分别为 3.4×10^{-6}、3.8×10^{-6} 和 4.1×10^{-6} S。

（5）各类导线线路的电导。

1）电晕起始电压计算公式。

架空输电线路的电导是用来反映泄漏电流和空气游离所引起的有功功率损耗的一种参数。一般线路绝缘良好，泄漏电流很小，可以将它忽略，主要是考虑电晕现象引起的功率损耗。所谓电晕现象，就是架空线路带有高电压的情况下，当导线表面的电场强度超过空气的击穿强度时，导体附近的空气游离而产生局部放电的现象。这时会发出咝咝声，并产生臭氧，夜间还可看到紫色的晕光。

线路开始出现电晕的电压称为电晕起始电压或临界电压 U_{cr}（相电压，kV），其计算公式为

$$U_{cr} = 49.3 m_1 m_2 \delta r \lg \frac{D_m}{r}$$

$$\delta = \frac{3.86 b}{273 + t}$$

式中　m_1——考虑导线表面状况的系数，称粗糙系数，对表面光滑的单股线，$m_1 = 1$；对绞线推荐采用，$m_1 = 0.9$；

　　　m_2——考虑气象状况的系数，称气象系数；在干燥或晴朗天气，$m_2 = 1$；在有雾、雨、霜、暴风雨时，$m_2 < 1$；在最恶劣情况下，$m_2 = 0.8$；

　　　δ——空气的相对密度；

　　　b——大气压力，cmHg，1cmHg $= 1.33 \times 10^3$ Pa；

　　　t——空气温度，℃。

采用分裂导线时，电晕起始电压的计算公式为

$$U_{cr} = 49.3 m_1 m_2 \delta r \frac{n}{k_m} \lg \frac{D_m}{r_{eq}}$$

$$k_m = 1 + 2(n-1) \frac{r}{d} \sin \frac{\pi}{n}$$

式中　k_m——分裂导线表面的最大电场强度与平均电场强度的比值；

　　　n——分裂导线根数；

　　　d——分裂导线相邻两根导体之间的距离。

上述两个计算 U_{cr} 的公式，仅适用于三相三角排列的导线。三相水平排列时，边相导线

的电晕起始电压较公式求得的高 6%；中间相则低 4%。

2）电导计算公式

$$g_1 = \frac{\Delta P_g}{U^2} \times 10^{-3}$$

式中　g_1——导线单位长度的电导，S/km；

ΔP_g——三相线路泄漏和电晕损耗功率，kW/km；

U——线路线电压，kV。

应该指出，实际上，由于泄漏通常很小，在设计线路时，通常就已检验了所选导线的半径能满足晴朗天气不发生电晕的要求，故一般情况下都可设 $g_1 = 0$。

附带指出，电力电缆线路与电力架空线路的差别主要在结构不同。电力电缆的三相导体相互间的距离近得多；其导体的截面可能不是圆形，导体外有铝（铅）包和钢铠，绝缘介质不是空气等等。这些差别使计算电力电缆参数的方法较计算电力架空线路的复杂得多。但因电力电缆的型号是系列化的，这些参数可事先测得。因此，通常不必计算电缆的参数。

8-5　电力线路参数计算举例。

330kV 线路的导线结构有如下三种方案：

（a）使用 LGJQ—600 导线，铝线部分截面积 578mm²，直径 33.1mm；

（b）使用 LGJ—2×300 分裂导线，LGJ—300 的铝线部分截面积 295mm²，直径 24.2mm，分裂间距 400mm；

（c）使用 LGJK—2×300 分裂导线，LGJK—300 的铝线部分截面积 300.8mm²，直径 27.44mm，分裂间距 400mm。

这三种方案中，导线都水平排列，相间距离 8m。

试求这三种导线结构的线路每公里的电阻、电抗、电纳和电晕临界电压。

答：（1）每公里线路电阻

$$\text{LGJQ—600} \quad r_1 = \frac{\rho}{S} = \frac{31.5}{600} = 0.0525\Omega/\text{km}$$

$$\text{LGJ—2×300} \quad r_1 = \frac{\rho}{S} = \frac{31.5}{2 \times 300} = 0.0525\Omega/\text{km}$$

$$\text{LGJK—2×300} \quad r_1 = \frac{\rho}{S} = \frac{31.5}{2 \times 300} = 0.0525\Omega/\text{km}$$

（2）每公里线路电抗

对三种方案

$$D_m = \sqrt[3]{D_{ab}D_{bc}D_{ca}} = \sqrt[3]{8000 \times 8000 \times 2 \times 8000} = 1.26 \times 8000 = 10080\text{mm}$$

LGJQ—600

$$x_1 = 0.1445\lg\frac{D_m}{r} + 0.0157 = 0.1445\lg\frac{10080}{16.55} + 0.0157 = 0.1445\lg 609 + 0.0157$$

$$= 0.418\Omega/\text{km}$$

LGJ—2×300

先求 r_{eq}，

$$r_{eq} = \sqrt[n]{rd_m^{(n-1)}} = \sqrt[2]{12.1 \times 400^{(2-1)}} = \sqrt{4840} = 69.57\text{mm}$$

$$x_1 = 0.1445 \lg \frac{D_\mathrm{m}}{r_\mathrm{eq}} + \frac{0.0157}{n} = 0.1445 \lg \frac{10080}{69.57} + \frac{0.0157}{2} = 0.320 \Omega/\mathrm{km}$$

LGJK—2×300

先求 r_eq，
$$r_\mathrm{eq} = \sqrt[n]{r d_\mathrm{m}^{(n-1)}} = \sqrt[2]{13.72 \times 400^{(2-1)}} = \sqrt{5490} = 74.10 \mathrm{mm}$$

$$x_1 = 0.1445 \lg \frac{D_\mathrm{m}}{r_\mathrm{eq}} + \frac{0.0157}{n} = 0.1445 \lg \frac{10080}{74.10} + \frac{0.0157}{2} = 0.316 \Omega/\mathrm{km}$$

（3）每公里线路电纳

LGJQ—600
$$b_1 = \frac{7.58}{\lg \dfrac{D_\mathrm{m}}{r}} \times 10^{-6} = \frac{7.58}{\lg \dfrac{10080}{16.55}} \times 10^{-6} = 2.72 \times 10^{-6} \mathrm{S/km}$$

LGJ—2×300
$$b_1 = \frac{7.58}{\lg \dfrac{D_\mathrm{m}}{r_\mathrm{eq}}} \times 10^{-6} = \frac{7.58}{\lg \dfrac{10080}{69.57}} \times 10^{-6} = 3.51 \times 10^{-6} \mathrm{S/km}$$

LGJK—2×300
$$b_1 = \frac{7.58}{\lg \dfrac{D_\mathrm{m}}{r_\mathrm{eq}}} \times 10^{-6} = \frac{7.58}{\lg \dfrac{10080}{74.10}} \times 10^{-6} = 3.55 \times 10^{-6} \mathrm{S/km}$$

（4）电晕临界电压

取 $m_1 = 0.9$，$m_2 = 1.0$，$\delta = 1.0$；

LGJQ—600
$$U_\mathrm{cr} = 49.3 m_1 m_2 \delta r \lg \frac{D_\mathrm{m}}{r} = 49.3 \times 0.9 \times 1.0 \times 1.0 \times 1.655 \lg \frac{1008}{1.655} = 204.5 \mathrm{kV}$$

边相，$1.06 \times 204.5 = 216.8 \mathrm{kV}$；中间相，$0.96 \times 204.5 = 196.3 \mathrm{kV}$

LGJ—2×300

先求 K_m，$K_\mathrm{m} = 1 + 2(n-1)\dfrac{r}{d}\sin\dfrac{\pi}{n} = 1 + 2(2-1) \times \dfrac{1.21}{40}\sin\dfrac{\pi}{2} = 1.061$

$$U_\mathrm{cr} = 49.3 m_1 m_2 \delta r \frac{n}{K_\mathrm{m}} \lg \frac{D_\mathrm{m}}{r_\mathrm{eq}} = 49.3 \times 0.9 \times 1.0 \times 1.0 \times 1.21 \times \frac{2}{1.061} \lg \frac{1008}{6.96}$$
$$= 218.7 \mathrm{kV}$$

边相，$1.06 \times 218.7 = 231.8 \mathrm{kV}$；中间相，$0.96 \times 218.7 = 209.9 \mathrm{kV}$

LGJK—2×300

先求 K_m，$K_\mathrm{m} = 1 + 2(n-1)\dfrac{r}{d}\sin\dfrac{\pi}{n} = 1 + 2(2-1) \times \dfrac{1.372}{40}\sin\dfrac{\pi}{2} = 1.069$

$$U_\mathrm{cr} = 49.3 m_1 m_2 \delta r \frac{n}{K_\mathrm{m}} \lg \frac{D_\mathrm{m}}{r_\mathrm{eq}} = 49.3 \times 0.9 \times 1.0 \times 1.0 \times 1.372 \times \frac{2}{1.069} \lg \frac{1008}{7.41} = 243 \mathrm{kV}$$

边相，$1.06 \times 243 = 257.6 \mathrm{kV}$；中间相，$0.96 \times 243 = 233.3 \mathrm{kV}$

将计算结果归纳如表 8-1。

表 8-1　　　　　　　　　不同导线结构方案参数表

导线结构	r_1 (Ω/km)	x_1 (Ω/km)	b_1 ($\mathrm{S/km}$)	U_cr (kV) 边　相	U_cr (kV) 中间相
LGJQ—600	0.0525	0.418	2.72×10^{-6}	216.8	196.3
LGJ—2×300	0.0525	0.320	3.51×10^{-6}	231.8	209.9
LGJK—2×300	0.0525	0.316	3.55×10^{-6}	257.6	233.3

分析表 8-1 可知：

1）由于三个方案中导线主要载流部分的截面积相同，它们的电阻也相等。

2）就减小线路电抗而言，采用分裂导线有利，两个分裂导线方案较单导线方案的电抗至少小 30%。

3）电抗小的方案电纳必然大，因电抗中外电抗部分与电纳间为反比关系。

4）就避免发生电晕而言，采用分裂扩径导线最合理。而如取线路实际运行相电压为 $340/\sqrt{3} = 196.3\text{kV}$，则单导线方案中间相恰处于临界状态。

8-6 试简述变压器参数的计算方法。

答：（1）双绕组变压器。

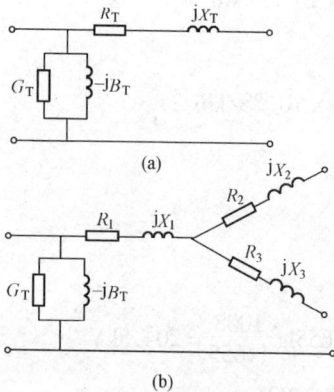

图 8-1 变压器的等值电路

（a）双绕组变压器；（b）三绕组变压器

变压器的参数一般是指其等值电路（见图 8-1）中的电阻 R_T、电抗 X_T、电导 G_T 和电纳 B_T。变压器的变比也是变压器的一个参数。

1）电阻 R_T。

变压器作短路试验时，将一侧绕组短接，在另一侧绕组施加电压，使短路绕组的电流达到额定值。由于此时外加电压较小，相应的铁耗也小，也可认为短路损耗 ΔP_k 即等于变压器通过额定电流时一次、二次绕组的总损耗（亦称铜耗 ΔP_{cu}），即 $\Delta P_{cu} \approx \Delta P_k$

$$R_T = \frac{\Delta P_k}{3 I_N^2}$$

在电力系统计算中，常采用变压器三相额定容量 S_N 和额定线电压 U_N 进行参数计算，故可把上式改写为

$$R_T = \frac{\Delta P_k U_N^2}{S_N^2} \times 10^3 \Omega$$

式中，ΔP_k 的单位为 kW；S_N 为 kVA；U_N 为 kV。

2）电抗 X_T。

当变压器通过额定电流 I_N 时，在电抗 X_T 上产生的电压降的大小，可以用额定电压的百分数表示，即

$$U_X \% = \frac{I_N X_T}{\frac{U_N}{\sqrt{3}}} \times 100 = \frac{\sqrt{3} I_N X_T}{U_N} \times 100$$

因此

$$X_T = \frac{U_X \%}{100} \times \frac{U_N}{\sqrt{3} I_N} = \frac{U_X \%}{100} \times \frac{U_N^2}{S_N} \times 10^3 \Omega$$

$U_X \%$ 可用以下方法求得。

变压器铭牌上给出的短路电压百分数 $U_k \%$，是变压器一侧绕组短路，另一侧绕组施加电压，短路绕组中通过额定电流时，在阻抗 Z_T 上产生的电压降的百分数，即

$$U_k\% = \frac{\sqrt{3} I_N Z_T}{U_N} \times 100$$

所以 $U_X\%$ 可由下式求得

$$U_X\% = \sqrt{(U_k\%)^2 - (U_R\%)^2}$$

式中　$U_R\%$——变压器通过额定电流在电阻上产生的电压降的百分数，$U_R\% = \frac{\sqrt{3} I_N R_T}{U_N} \times$

$$100 \approx \frac{\Delta P_k}{S_N} \times 100 = \Delta P_k\%$$

对于大容量变压器，其绕组电阻比电抗小得多，可以近似地认为 $U_X\% \approx U_k\%$，故

$$X_T = \frac{U_k\%}{100} \times \frac{U_N^2}{S_N} \times 10^3 \Omega$$

上式及下面各公式中的 S_N 均是指变压器额定容量，单位 kVA；U_N 是额定线电压，单位 kV。

3）电导 G_T。

变压器的电导是用来表示铁芯损耗的。由于空载电流相对额定电流来说是很小的，绕组中的铜耗也很小，所以近似认为变压器的铁耗就等于空载损耗，即 $\Delta P_{Fe} \approx \Delta P_0$，于是

$$G_T = \frac{\Delta P_{Fe}}{U_N^2} \times 10^{-3} = \frac{\Delta P_0}{U_N^2} 10^{-3} S$$

式中，ΔP_0 的单位为 kW。

4）电纳 B_T。

变压器的电纳代表变压器的励磁功率。变压器空载电流包含有功分量和无功分量，与励磁功率对应的是无功分量。由于有功分量很小，无功分量和空载电流在数值上几乎相等。根据变压器铭牌上给出的 $I_0\% = \frac{I_0}{I_N} \times 100$，可以算出

$$B_T = \frac{I_0\%}{100} \times \frac{\sqrt{3} I_N}{U_N} = \frac{I_0\%}{100} \times \frac{S_N}{U_N^2} \times 10^{-3} S$$

5）变压比 K_T。

在三相电力系统计算中，变压器的变压比（简称变比）通常是指两侧绕组空载线电压的比值，它与同一铁芯柱上的一次、二次绕组匝数比是有区别的。对于 Y，y 及 D，d 接法的变压器，$K_T = \frac{U_{1N}}{U_{2N}} = \frac{W_1}{W_2}$，即变压比与原副方绕组匝数比相等；对 Y，d 接法的变压器，$K_T = \frac{U_{1N}}{U_{2N}} = \frac{\sqrt{3} W_1}{W_2}$

根据电力系统运行调节的要求，变压器不一定工作在主抽头上，因此，变压器运行中的实际变比，应是工作时两侧绕组实际抽头的空载线电压之比。

（2）三绕组变压器。

三绕组变压器等值电路[见图 8-1(b)]中的参数计算原则与双绕组变压器的相同，下面分别确定各参数的计算公式。

1）电阻 R_{T1}、R_{T2}、R_{T3}。

为了确定三个绕组的等值阻抗，要有三个方程，为此，需要有三种短路试验的数据。三绕组变压器的短路试验是依次让一个绕组开路，按双绕组变压器来做的。若测得短路损耗分别为 $\Delta P_{k(1-2)}$、$\Delta P_{k(2-3)}$、$\Delta P_{k(3-1)}$，则有：

$$\Delta P_{k(1-2)} = 3I_N^2 R_{T1} + 3I_N^2 R_{T2} = \Delta P_{k1} + \Delta P_{k2}$$

$$\Delta P_{k(2-3)} = 3I_N^2 R_{T2} + 3I_N^2 R_{T3} = \Delta P_{k2} + \Delta P_{k3}$$

$$\Delta P_{k(3-1)} = 3I_N^2 R_{T3} + 3I_N^2 R_{T1} = \Delta P_{k3} + \Delta P_{k1}$$

式中 ΔP_{k1}、ΔP_{k2}、ΔP_{k3}——各绕组的短路损耗，于是

$$\Delta P_{k1} = \frac{1}{2} \left(\Delta P_{k(1-2)} + \Delta P_{k(3-1)} - \Delta P_{k(2-3)} \right)$$

$$\Delta P_{k2} = \frac{1}{2} \left(\Delta P_{k(1-2)} + \Delta P_{k(2-3)} - \Delta P_{k(3-1)} \right)$$

$$\Delta P_{k3} = \frac{1}{2} \left(\Delta P_{k(2-3)} + \Delta P_{k(3-1)} - \Delta P_{k(1-2)} \right)$$

求出各绕组的短路损耗后，可由 $\Delta P_{k1} = 3I_N^2 R_{T1}$ 导出与双绕组变压器计算 R_T 相同形式的算式，即

$$R_{T1} = \frac{\Delta P_{k1} U_N^2}{S_N^2} \times 10^3 \Omega$$

$$R_{T2} = \frac{\Delta P_{k2} U_N^2}{S_N^2} \times 10^3 \Omega$$

$$R_{T3} = \frac{\Delta P_{k3} U_N^2}{S_N^2} \times 10^3 \Omega$$

上述计算公式适用于三个绕组的额定容量都相同的情况。各绕组额定容量相等的三绕组变压器不可能三个绕组同时都满载运行。根据电力系统运行的实际需要，三个绕组的额定容量，可以不相等。我国目前生产的变压器三个绕组的容量比，按高、中、低压绕组的顺序有 100/100/100、100/100/50、100/50/100 三种。早期生产，现在仍在使用的变压器中还有 100/100/66.7、100/66.7/100、100/66.7/66.7 三种。变压器铭牌上的额定容量 S_N 是指容量最大的一个绕组的容量，也就是高压绕组的容量。上述公式中的 ΔP_{k1}、ΔP_{k2}、ΔP_{k3} 是指绕组流过与变压器额定容量 S_N 相对应的额定电流 I_N 时所产生的损耗。做短路试验时，三个绕组容量不相等的变压器将受到较小容量绕组额定电流的限制。因此，要应用上述公式进行计算，必须对制造厂提供的短路试验的数据进行折算。若制造厂提供的实验值为 $\Delta P'_{k(1-2)}$、$\Delta P'_{k(2-3)}$、$\Delta P'_{k(3-1)}$，且编号 1 为高压绕组，则

$$\Delta P_{k(1-2)} = \Delta P'_{k(1-2)} \left(\frac{S_N}{S_{2N}} \right)^2$$

$$\Delta P_{k(2-3)} = \Delta P'_{k(2-3)} \left(\frac{S_N}{\min\{S_{2N}, S_{3N}\}} \right)^2$$

$$\Delta P_{k(3-1)} = \Delta P'_{k(3-1)} \left(\frac{S_N}{S_{3N}} \right)^2$$

2）电抗 X_{T1}、X_{T2}、X_{T3}。

和双绕组变压器一样，近似地认为变压器电抗上的电压降就等于变压器短路电压值。在

给出短路电压 $U_{k(1-2)}\%$、$U_{k(2-3)}\%$、$U_{k(3-1)}\%$ 后，与电阻的计算公式相似，各绕组的短路电压为

$$U_{k1}\% = \frac{1}{2}\left(U_{k(1-2)}\% + U_{k(3-1)}\% - U_{k(2-3)}\%\right)$$

$$U_{k2}\% = \frac{1}{2}\left(U_{k(1-2)}\% + U_{k(2-3)}\% - U_{k(3-1)}\%\right)$$

$$U_{k3}\% = \frac{1}{2}\left(U_{k(2-3)}\% + U_{k(3-1)}\% - U_{k(1-2)}\%\right)$$

各绕组的等值电抗为

$$X_{T1} = \frac{U_{k1}\%}{100} \times \frac{U_N^2}{S_N} \times 10^3 \Omega$$

$$X_{T2} = \frac{U_{k2}\%}{100} \times \frac{U_N^2}{S_N} \times 10^3 \Omega$$

$$X_{T3} = \frac{U_{k3}\%}{100} \times \frac{U_N^2}{S_N} \times 10^3 \Omega$$

应该指出，制造厂提供的短路电压值，不论变压器各绕组容量比如何，一般都已折算为与变压器额定容量相对应的值，因此可以直接用上述公式计算。

各绕组等值电抗的相对大小，与三个绕组在铁芯上的排列有关。高压绕组因绝缘要求排在外层，中压和低压绕组均有可能排在中层。排在中层的绕组，其等值电抗较小，或具有不大的负值。

3）导纳 $G_T - jB_T$ 及变比 K_{12}、K_{13}、K_{23}。

三绕组变压器的导纳和变比的计算与双绕组变压器的相同。

（3）自耦变压器。

自耦变压器的等值电路及其参数计算的原理和普通变压器相同。通常，三绕组自耦变压器的第三绕组（低压绕组）总是接成三角形，以消除由于铁芯饱和引起的三次谐波，并且它的容量比变压器的额定容量（高、中压绕组的通过容量）小。因此，计算等值电阻时要对短路试验的数据进行折算。如果由手册或工厂提供的短路电压是未经折算的值，那么，在计算等值电抗时，要对它们先进行折算，其公式如下

$$U_{k(2-3)}\% = U'_{k(2-3)}\%\left(\frac{S_N}{S_{3N}}\right)$$

$$U_{k(3-1)}\% = U'_{k(3-1)}\%\left(\frac{S_N}{S_{3N}}\right)$$

8-7　变压器参数计算举例。

答：例题：有一容量比为 90/90/60MVA，额定电压为 220/38.5/11kV 的三绕组变压器。工厂给出的试验数据为

$\Delta P'_{k(1-2)} = 560kW, \Delta P'_{k(2-3)} = 178kW, \Delta P'_{k(3-1)} = 363kW, U_{k(1-2)}\% = 13.15, U_{k(2-3)}\% = 5.7, U_{k(3-1)}\% = 20.4, \Delta P_0 = 187kW, I_0\% = 0.856$。试求归算到 220kV 侧的变压器参数。

解：（1）各绕组电阻。

先折算短路损耗：

$$\Delta P_{k(1-2)} = \Delta P'_{k(1-2)} \times \left(\frac{S_N}{S_{2N}}\right)^2 = 560\left(\frac{90}{90}\right)^2 = 560\text{kW}$$

$$\Delta P_{k(2-3)} = \Delta P'_{k(2-3)} \times \left(\frac{S_N}{S_{3N}}\right)^2 = 178\left(\frac{90}{60}\right)^2 = 401\text{kW}$$

$$\Delta P_{k(3-1)} = \Delta P'_{k(3-1)} \times \left(\frac{S_N}{S_{3N}}\right)^2 = 363\left(\frac{90}{60}\right)^2 = 817\text{kW}$$

各绕组的短路损耗分别为

$$\Delta P_{k1} = \frac{1}{2}\left(\Delta P_{k(1-2)} + \Delta P_{k(3-1)} - \Delta P_{k(2-3)}\right)$$

$$= \frac{1}{2}(560 + 817 - 401) = 488\text{kW}$$

$$\Delta P_{k2} = \frac{1}{2}\left(\Delta P_{k(1-2)} + \Delta P_{k(2-3)} - \Delta P_{k(3-1)}\right)$$

$$= \frac{1}{2}(560 + 401 - 817) = 72\text{kW}$$

$$\Delta P_{k3} = \frac{1}{2}\left(\Delta P_{k(2-3)} + \Delta P_{k(3-1)} - \Delta P_{k(1-2)}\right)$$

$$= \frac{1}{2}(401 + 817 - 560) = 329\text{kW}$$

各绕组的电阻分别为

$$R_{T1} = \frac{\Delta P_{k1} U_N^2}{S_N^2} \times 10^3 = \frac{488 \times 220^2}{90000^2} \times 10^3 = 2.92\Omega$$

$$R_{T2} = \frac{\Delta P_{k2} U_N^2}{S_N^2} \times 10^3 = \frac{72 \times 220^2}{90000^2} \times 10^3 = 0.43\Omega$$

$$R_{T3} = \frac{\Delta P_{k3} U_N^2}{S_N^2} \times 10^3 = \frac{329 \times 220^2}{90000^2} \times 10^3 = 1.97\Omega$$

（2）各绕组等值电抗。

$$U_{k1}\% = \frac{1}{2}\left(U_{k(1-2)}\% + U_{k(3-1)}\% - U_{k(2-3)}\%\right)$$

$$= \frac{1}{2}(13.15 + 20.4 - 5.7) = 13.93$$

$$U_{k2}\% = \frac{1}{2}\left(U_{k(1-2)}\% + U_{k(2-3)}\% - U_{k(3-1)}\%\right)$$

$$= \frac{1}{2}(13.15 + 5.7 - 20.4) = -0.78$$

$$U_{k3}\% = \frac{1}{2}\left(U_{k(2-3)}\% + U_{k(3-1)}\% - U_{k(1-2)}\%\right)$$

$$= \frac{1}{2}(5.7 + 20.4 - 13.15) = 6.48$$

各绕组的等值电抗分别为

$$X_{T1} = \frac{U_{k1}\%}{100} \times \frac{U_N^2}{S_N} \times 10^3 = \frac{13.93}{100} \times \frac{220^2}{90000} \times 10^3 = 74.9\Omega$$

$$X_{T2} = \frac{U_{k2}\%}{100} \times \frac{U_N^2}{S_N} \times 10^3 = \frac{-0.78}{100} \times \frac{220^2}{90000} \times 10^3 = -4.2\Omega$$

$$X_{\mathrm{T3}} = \frac{U_{\mathrm{k3}}\%}{100} \times \frac{U_{\mathrm{N}}^2}{S_{\mathrm{N}}} \times 10^3 = \frac{6.48}{100} \times \frac{220^2}{90000} \times 10^3 = 34.8\Omega$$

（3）变压器的导纳。

$$G_{\mathrm{T}} = \frac{\Delta P_0}{U_{\mathrm{N}}^2} \times 10^{-3} = \frac{187}{220^2} \times 10^{-3} = 3.9 \times 10^{-6}\mathrm{S}$$

$$B_{\mathrm{T}} = \frac{I_0\%}{100} \times \frac{S_{\mathrm{N}}}{U_{\mathrm{N}}^2} \times 10^{-3} = \frac{0.856}{100} \times \frac{90000}{220^2} \times 10^{-3} = 15.9 \times 10^{-6}\mathrm{S}$$

8－8 **试简述电力线路等值电路的计算方法。**

答：按照电力线路参数的计算公式，求得单位长度导线的电阻、电抗、电纳、电导后，就可作最原始的电力线路等值电路图如图 8－2，这是单相等值电路。之所以可用单相等值电路代表三相，是由于我们所讨论的是三相对称运行状况。

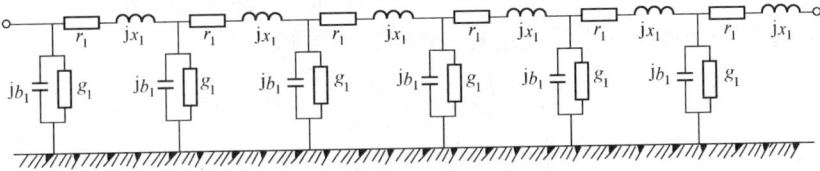

图 8－2　电力线路的单相等值电路

以单相等值电路代表三相虽已简化了不少计算，但由于电力线路的长度往往有数十乃至数百公里，如将每公里的电阻、电抗、电纳、电导都一一绘于图上，所得的等值电路仍十分复杂。何况，严格说来，电力线路的参数是均匀分布的，即使是极短的一段线段，都有相应大小的电阻、电抗、电纳、电导。换言之，即使是如此复杂的等值电路，也不能认为精确。因电力线路一般不长，需分析的又往往是它们的端点状况——两端电压、电流、功率，通常可不考虑线路的这种分布参数特性，只是在个别情况下才用双曲函数研究具有均匀分布参数的线路。

（1）短线路的等值电路。

短线路指长度不超过 100km 的架空线路。由于线路短，因此，①不考虑它们的分布参数特性，而只用将线路参数简单地集中起来的电路（简称集中参数电路）来表示。②通常，由于线路导线截面的选择以晴朗天气不发生电晕为前提，而沿绝缘子的泄漏又很小，可设 $G = 0$。③短线路一般电压不高，其电纳 B 的影响一般不大，可略去。

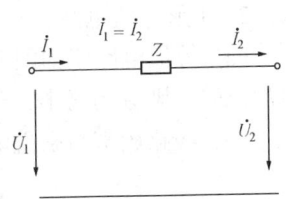

图 8－3　短线路的等值电路

1）等值电路。

由上述可知，这种线路的等值电路最简单，只有一串联的总阻抗 $Z = R + \mathrm{j}X$，如图 8－3 所示。

式中　$R = r_1 L$（欧）　　$X = x_1 L$（欧）

其中 r_1、x_1 分别为线路单位长度的电阻、电抗值（Ω/km），L 为线路的长度（km）。

显然，如电缆线路不长，电纳的影响不大时，也可采用这种等值电路。

2）线路始端与末端电压、电流关系式如下

$$\dot{U}_1 = \dot{U}_2 + \dot{I}_2 Z = \dot{U}_2 + \dot{I}_2 (R + jX)$$

$$\dot{I}_1 = \dot{I}_2$$

（2）中等长度线路的等值电路。

中等长度线路指长度在（100～300）km 之间的架空线路和不超过 100km 的电缆线路。

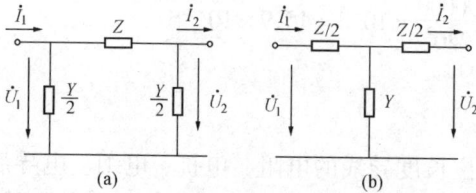

图 8－4　中等长度线路的等值电路

（a）π形等值电路；（b）T形等值电路

这种线路也可用集中参数电路来表示，亦可设 $G = 0$，但其电纳 B 不能略去。这种线路的等值电路有 π 形等值电路和 T 形等值电路两种。

1）π 形等值电路：

（a）等值电路图，如图 8－4（a）所示。在等值电路中，除串联的线路总阻抗 $Z = R + jX$ 外，还将线路的总导纳 $Y = jB$ 分为两半，分别并联在线路的始末端。

（b）线路始端与末端电压电流关系式。由电路图可知

$$\dot{U}_1 = \left(\dot{I}_2 + \frac{Y}{2} \dot{U}_2 \right) Z + \dot{U}_2$$

$$\dot{I}_1 = \frac{Y}{2} \dot{U}_1 + \frac{Y}{2} \dot{U}_2 + \dot{I}_2$$

经变换可得

$$\dot{U}_1 = \left(1 + \frac{ZY}{2} \right) \dot{U}_2 + \dot{I}_2 Z$$

$$\dot{I}_1 = Y \left(1 + \frac{ZY}{4} \right) \dot{U}_2 + \left(1 + \frac{ZY}{2} \right) \dot{I}_2$$

如设 $A = \left(1 + \dfrac{ZY}{2} \right), B = Z, C = Y \left(1 + \dfrac{ZY}{4} \right), D = \left(1 + \dfrac{ZY}{2} \right)$

则

$$\dot{U}_1 = A\dot{U}_2 + B\dot{I}_2$$

$$\dot{I}_1 = C\dot{U}_2 + D\dot{I}_2$$

2）T 形等值电路。

（a）等值电路图如图 8－4（b）所示。在等值电路中，线路的总导纳集中在中间，而线路的总阻抗则分为两半，分别串联在它的两侧。

（b）线路始端与末端电压、电流关系式。由等值电路图可知：线路中央处电压为：

$$\dot{U} = \dot{U}_2 + \dot{I}_2 \frac{1}{2} (R + jX) = \dot{U}_2 + \frac{1}{2} \dot{I}_2 Z$$

线路充电电流为

$$\dot{I}_c = \dot{U} Y = j\dot{U} B$$

故

$$\dot{I}_1 = \dot{I}_2 + \dot{I}_c$$

$$\dot{U}_1 = \dot{U} + \frac{1}{2} \dot{I}_1 Z$$

整理上述各式后，得

$$\dot{U}_1 = \left(1 + \frac{ZY}{2}\right)\dot{U}_2 + Z\left(1 + \frac{ZY}{4}\right)\dot{I}_2$$

$$\dot{I}_1 = Y\dot{U}_2 + \left(1 + \frac{ZY}{2}\right)\dot{I}_2$$

如设 $A = \left(1 + \frac{ZY}{2}\right), B = Z\left(1 + \frac{ZY}{4}\right), C = Y, D = \left(1 + \frac{ZY}{2}\right)$

则

$$\dot{U}_1 = A\dot{U}_2 + B\dot{I}_2, \dot{I}_1 = C\dot{U}_2 + D\dot{I}_2$$

(3) 长线路的等值电路。

长线路指长度超过 300km 的架空线路和超过 100km 的电缆线路。对这种线路，不能不考虑它们的分布特性。

1) 精确考虑线路的分布参数特性：

(a) 已知线路末端电压、电流时，计算沿线路任意点的电压、电流。

图 8 – 5 所示为这种长线路的示意图。图中 z_1、y_1 分别表示单位长度线路的阻抗和导纳，即 $z_1 = r_1 + jx_1$，$y_1 = g_1 + jb_1$；$\dot{U}$、$\dot{I}$ 分别

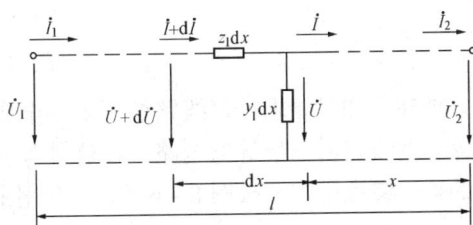

图 8 – 5 长线路——均匀分布参数电路

表示距线路末端长度为 x 处的电压、电流；$\dot{U} + d\dot{U}$、$\dot{I} + d\dot{I}$ 分别表示距线路末端长度为 $x + dx$ 处的电压、电流；dx 为长度的微元。

由图 8 – 5 可见，长度为 dx 的线路，串联阻抗中的电压降落为 $\dot{I}z_1dx$，并联导纳中的分支电流为 $\dot{U}y_1dx$。从而可列出

$$d\dot{U} = \dot{I}z_1dx$$

$$d\dot{I} = \dot{U}y_1dx$$

经过一系列演算，推导出在已知线路末端电压、电流时，计算沿线路任意点的电压、电流的公式为

$$\dot{U} = \dot{U}_2\cosh\gamma x + \dot{I}_2 z_c\sinh\gamma x$$

$$\dot{I} = \dot{U}_2\frac{\sinh\gamma x}{z_c} + \dot{I}_2\cosh\gamma x$$

如设

$$A = \cosh\gamma x \qquad B = z_c\sinh\gamma x$$

$$C = \frac{\sinh\gamma x}{z_c} \qquad D = \cosh\gamma x$$

则

$$\dot{U} = A\dot{U}_2 + B\dot{I}_2$$

$$\dot{I} = C\dot{U}_2 + D\dot{I}_2$$

式中 $\gamma = \sqrt{z_1y_1}$ —— 线路传播常数；

$z_c = \sqrt{\dfrac{z_1}{y_1}}$ —— 线路特性阻抗。

(b) π 形等值电路。

如将 $x = l$ 代入上述公式，则推导出在已知长度为 l 的线路末端电压、电流时，计算线路首端电压、电流的计算公式。即

$$\dot{U}_1 = \dot{U}_2 \cosh\gamma l + \dot{I}_2 z_c \sinh\gamma l$$

$$\dot{I}_1 = \dot{U}_2 \frac{\sinh\gamma l}{z_c} + \dot{I}_2 \cosh\gamma l$$

如设

$$A = \cosh\gamma l \qquad B = z_c \sinh\gamma l$$

$$C = \frac{\sinh\gamma l}{z_c} \qquad D = \cosh\gamma l$$

则

$$\dot{U}_1 = A\dot{U}_2 + B\dot{I}_2$$

$$\dot{I}_1 = C\dot{U}_2 + D\dot{I}_2$$

推知，如只要求计算线路始、末端电压、电流、功率，仍可运用类似如图 8 - 4（a）即中等长度线路的 π 形等值电路。设这种等值电路如图 8 - 6（a），图中分别以 Z'，Y' 表示它们的集中参数阻抗，按图 8 - 6（a），套用由图 8 - 4（a）导得的公式，可知

$$A = \left(1 + \frac{Z'Y'}{2}\right) = \cosh\gamma l, \quad B = z' = z_c \sinh\gamma l$$

$$C = Y'\left(1 + \frac{Z'Y'}{4}\right) = \frac{\sinh\gamma l}{z_c}, \quad D = \left(1 + \frac{Z'Y'}{2}\right) = \cosh\gamma l$$

由此可解得

$$z' = z_c \sinh\gamma l$$

$$Y' = \frac{2(\cosh\gamma l - 1)}{z_c \sinh\gamma l}$$

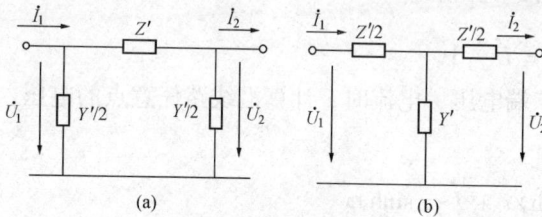

图 8 - 6 长线路的等值电路

（a）π 形等值电路：$Z' = Z_c \sinh\gamma l$，$Y' = \dfrac{2(\cosh\gamma l - 1)}{Z_c \sinh\gamma l}$；

（b）T 形等值电路：$Z' = Z_c \dfrac{2(\cosh\gamma l - 1)}{\sinh\gamma l}$，$Y' = \dfrac{\sinh\gamma l}{Z_c}$。

（c）T 形等值电路。

如只要求计算线路始、末端电压、电流、功率，可运用类似如图 8 - 4（b）即中等长度线路的 T 形等值电路。设这种等值电路如图 8 - 6（b）。图中分别以 Z'、Y' 表示它们的集中参数阻抗，用同样的方法可解得：

$$Z' = Z_c \frac{2(\cosh\gamma l - 1)}{\sinh\gamma l}$$

$$Y' = \frac{1}{Z_c} \sinh\gamma l$$

2）近似考虑线路的分布参数特性：

精确考虑线路的分布参数特性时，导出了图 8 - 6（a），图 8 - 6（b）等值电路都是精确的。但由于 Z'、Y' 的表示式中，Z_c、γ 都是复数使用很不方便。

为此，先将 Z'、Y' 的算式进行简化，然后再将简化后算式中的双曲函数展开为级数。经分析可知，对不十分长的电力线路，这些级数收敛很快，从而只取它们的前两、三项代入计算。经一系列演算后，推导出了长线路的简化 π 形等值电路，如图 8 - 7 所示。

简化 π 形等值电路的修正系数分别为

$$k_r = 1 - x_1 b_1 \frac{l^2}{3}$$

$$k_x = 1 - \left(x_1 b_1 - \frac{r_1^2 b_1}{x_1}\right)\frac{l^2}{6}$$

$$k_b = 1 + x_1 b_1 \frac{l^2}{12}$$

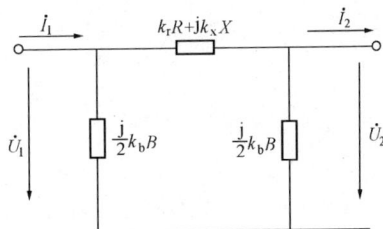

图 8-7　长线路的简化等值电路

运用 π 形简化等值电路及相应修正系数，即可近似考虑线路的分布参数特性，进行长线路的有关潮流计算。

8-9　试简述用二端口网络的形式，表示电力线路等值电路计算公式的方法。

答：（1）一般的二端口网络均表示为图 8-8 的形式，其典型公式为

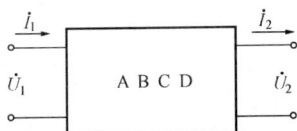

图 8-8　二端口网络

$$\dot{U}_1 = A\dot{U}_2 + B\dot{I}_2$$

$$\dot{I}_1 = C\dot{U}_2 + D\dot{I}_2$$

通常，二端口网络中的参数 A、B、C、D 可以由网络的空载、短路试验来求出。

例如：当线路终端开路（空载）时，$I_2 = 0$，则可求出：$A = \dfrac{\dot{U}_1}{\dot{U}_2}$；

当终端开路时，始端电流与终端电压之比为：$C = \dfrac{\dot{I}_1}{\dot{U}_2}$；

而当终端短路时，$U_2 = 0$，可求出：$B = \dfrac{\dot{U}_1}{\dot{I}_2}$；

当终端短路时，始端和终端电流的比值为：$D = \dfrac{\dot{I}_1}{\dot{I}_2}$。

（2）采用二端口网络形式时，各种输电线路等值电路的 A、B、C、D 值如表 8-2 所示。

网络基本参数 A、B、C、D 之间具有下列关系：$AD - BC = 1$。

表 8-2　　　　　　　　　　　　各种输电线路 A、B、C、D 值表

类　别	A	B	C	D
短距离线路等值网络	1	$Z = R + \mathrm{j}X$	0	1
中距离线路 π 形等值网络	$1 + \dfrac{ZY}{2}$	Z	$Y\left(1 + \dfrac{ZY}{4}\right)$	$1 + \dfrac{ZY}{2}$
中距离线路 T 形等值网络	$1 + \dfrac{ZY}{2}$	$Z\left(1 + \dfrac{ZY}{4}\right)$	Y	$1 + \dfrac{ZY}{2}$
长距离线路分布参数等值网络	$\cosh\sqrt{ZY}$	$\sqrt{\dfrac{Z}{Y}}\sinh\sqrt{ZY}$	$\sqrt{\dfrac{Y}{Z}}\sinh\sqrt{ZY}$	$\cosh\sqrt{ZY}$

（3）附带分析长距离分布参数输电线路终端开路和短路时的物理现象。

1）当线路终端开路（空载）时，$I_2 = 0$，故

$$\frac{\dot{U}_1}{\dot{U}_2} = A = \cosh\sqrt{ZY}$$

即

$$\dot{U}_2 = \frac{\dot{U}_1}{\cosh\sqrt{ZY}}$$

由于 $\cosh\sqrt{ZY}$ 的值总是小于1，因此 $U_2 > U_1$，也就是空载时，从始端起沿着线路电压将逐渐升高上去，直到终端处达最大。这种现象的物理本质为：由于空载时线路上流动的是容性电流，这种电流流过感性电路时将使电压逐步升高，通常把这种现象称为由于长线的电容效应所引起的电压升高，它属于工频过电压的一种类型。

2）当线路终端短路时，$U_2 = 0$，故

$$\frac{\dot{I}_1}{\dot{I}_2} = D$$

即

$$\dot{I}_2 = \frac{\dot{I}_1}{D} = \frac{\dot{I}_1}{\cosh\sqrt{ZY}}$$

同样，由于 $\cosh\sqrt{ZY}$ 的值总是小于1，因此 $I_2 > I_1$，也就是当长距离分布参数输电线路终端短路时，短路电流也是沿线路逐渐增大，到终端时达最大。

8-10 电力线路等值电路计算举例。

设 500kV 线路有如下导线结构：使用 LGJ—4×300 分裂导线（正四边形），直径 24.2mm，分裂间距为 450mm。三相水平排列，相间距离 13m。设线路长 600km，试作该线路的等值电路。(1) 不考虑线路的分布参数特性；(2) 近似考虑线路的分布参数特性；(3) 精确考虑线路的分布参数特性。

答： 先计算该线路每公里的电阻、电抗、电导、电纳

$$r_1 = \frac{\rho}{S} = \frac{31.5}{4\times300} = 0.02625\Omega/\text{km}$$

$$D_\text{m} = \sqrt[3]{D_\text{ab}D_\text{bc}D_\text{ca}} = \sqrt[3]{13000\times13000\times2\times13000} = 16380\text{mm}$$

$$r_\text{eq} = \sqrt[4]{rd_{12}d_{13}d_{14}} = \sqrt[4]{12.1\times450\times450\times\sqrt{2}\times450} = 198.7\text{mm}$$

$$x_1 = 0.1445\lg\frac{D_\text{m}}{r_\text{eq}} + \frac{0.0157}{n} = 0.1445\lg\frac{16380}{198.7} + \frac{0.0157}{4} = 0.281\Omega/\text{km}$$

$$b_1 = \frac{7.58}{\lg\dfrac{D_\text{m}}{r_\text{eq}}}\times10^{-6} = \frac{7.58}{\lg\dfrac{16380}{198.7}}\times10^{-6} = 3.956\times10^{-6}\text{S/km}$$

取 $m_1 = 0.9, m_2 = 1.0, \delta = 1.0$，计算 U_cr。而为此，先计算 K_m

$$K_\text{m} = 1 + 2(n-1)\frac{r}{d}\sin\frac{\pi}{n} = 1 + 2(4-1)\frac{1.21}{45}\sin\frac{\pi}{4} = 1.114$$

于是

$$U_\text{cr} = 49.3m_1m_2\delta r\frac{n}{K_\text{m}}\lg\frac{D_\text{m}}{r_\text{eq}} = 49.3\times0.9\times1.0\times1.0\times1.21\times\frac{4}{1.114}\lg\frac{1638}{19.87}$$

$$= 369.4\text{kV}$$

边相，$1.06 \times 369.4 = 391.5\text{kV}$；中间相，$0.96 \times 369.4 = 354.6\text{kV}$

设线路的实际运行相电压为 $525/\sqrt{3} = 303.1\text{kV}$，则由 $U_{\text{cr}} > U_{\text{ph}}$可见，线路不会发生电晕，取 $g_1 = 0$。

（1）不考虑线路的分布参数特性时

$$R = r_1 l = 0.02625 \times 600 = 15.75\Omega$$

$$X = x_1 l = 0.281 \times 600 = 168.6\Omega$$

$$B = b_1 l = 3.956 \times 10^{-6} \times 600 = 2.374 \times 10^{-3} \text{ S}$$

$$\frac{B}{2} = \frac{1}{2} \times 2.374 \times 10^{-3} = 1.187 \times 10^{-3} \text{ S}$$

按此可作等值电路，如图 8-9（a）所示。

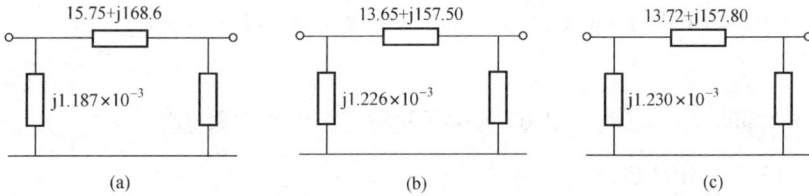

图 8-9　电力线路的等值电路

（a）最粗略；（b）经修正；（c）最精确

（2）近似考虑线路的分布参数特性时

$$k_r = 1 - x_1 b_1 \frac{l^2}{3} = 1 - 0.281 \times 3.956 \times 10^{-6} \times \frac{600^2}{3} = 0.867$$

$$k_x = 1 - \left(x_1 b_1 - \frac{r_1^2 b_1}{x_1} \right) \frac{l^2}{6} = 1 - \left(0.281 \times 3.956 \times 10^{-6} - \frac{0.02625^2 \times 3.956 \times 10^{-6}}{0.281} \right)$$

$$\times \frac{600^2}{6} = 0.934$$

$$k_b = 1 + x_1 b_1 \frac{l^2}{12} = 1 + 0.281 \times 3.956 \times 10^{-6} \times \frac{600^2}{12} = 1.033$$

于是

$$k_r R = 0.867 \times 15.75 = 13.65\Omega$$

$$k_x X = 0.934 \times 168.6 = 157.50\Omega$$

$$k_b B = 1.033 \times 2.374 \times 10^{-3} = 2.452 \times 10^{-3} \text{ S}$$

$$\frac{1}{2} k_b B = \frac{1}{2} \times 2.452 \times 10^{-3} = 1.226 \times 10^{-3} \text{ S}$$

按此可作等值电路如图 8-9（b）所示。

（3）精确考虑线路的分布参数特性时，先求取 Z_c、γl。而为此，需先求取

$$z_1 = r_1 + jx_1 = 0.02625 + j0.281 = 0.282\underline{/84.66°}\ \Omega/\text{km}$$

$$y_1 = jb_1 = j3.956 \times 10^{-6} = 3.956 \times 10^{-6}\underline{/90°}\ \text{S/km}$$

由此可得

$$Z_c = \sqrt{\frac{Z_1}{Y_1}} = \sqrt{\frac{0.282}{3.956 \times 10^{-6}}} \left/ \frac{84.66° - 90°}{2}\right. = 267.1 \underline{/-2.67°}\,\Omega$$

$$\gamma l = \sqrt{z_1 y_1}\, l = 600\sqrt{0.282 \times 3.956 \times 10^{-6}} \left/ \frac{84.66° + 90°}{2}\right.$$

$$= 0.634\underline{/87.33°} = 0.0295 + j0.633 = \alpha l + j\beta l$$

将 $\sinh\gamma l$、$\cosh\gamma l$ 展开（需注意，βl 的单位为弧度）。

$\sinh\gamma l = \sinh(\alpha l + j\beta l) = \sinh(0.0295 + j0.633)$

$\quad\quad = \sinh 0.0295 \cos 0.633 + j\cosh 0.0295 \sin 0.633$

$\quad\quad = 0.0295 \times 0.806 + j1.0004 \times 0.592 = 0.0238 + j0.592 = 0.593\underline{/87.7°}$

$\cosh\gamma l = \cosh(\alpha l + j\beta l) = \cosh(0.0295 + j0.633)$

$\quad\quad = \cosh 0.0295 \cos 0.633 + j\sinh 0.0295 \sin 0.633$

$\quad\quad = 1.0004 \times 0.806 + j0.0295 \times 0.592 = 0.806 + j0.0175 = 0.806\underline{/1.24°}$

最后可求取 Z'、Y'

$$Z' = Z_c \sinh\gamma l = 267.1\underline{/-2.67°} \times 0.593\underline{/87.7°} = 158.4\underline{/85.03°}$$

$$= 13.72 + j157.80\,\Omega$$

$$\frac{Y'}{2} = \frac{1}{Z_c} \times \frac{\cosh\gamma l - 1}{\sinh\gamma l} = \frac{0.806 + j0.0175 - 1}{267.1\underline{/-2.67°} \times 0.593\underline{/87.7°}} = \frac{0.195\underline{/174.85°}}{158.4\underline{/85.03°}}$$

$$= 0.001230\underline{/89.82°} \approx j1.230 \times 10^{-3}\,\text{S}$$

按此可作等值电路如图 8-9（c）所示。

比较这三种等值电路可见，对这种长度超过 500km 的线路，如不考虑其分布参数特性，将给计算结果带来相当大的误差，其中以电阻值为最，误差大于 10%，电抗次之，电纳更次之。但也可见，近似考虑其分布参数特性，即可得足够精确的结果。而重要的是，这种近似考虑仅需作简单的算术运算，不必像精确考虑时那样，要进行复数和双曲函数计算。

8-11 试简述电力线路和变压器电压损耗的计算方法。

答：电压是电能质量的一个重要指标，因此必须掌握电力网在各种运行情况下的电压水平，以便在必要时采取相应措施，保证电力系统及用电设备的正常运行。

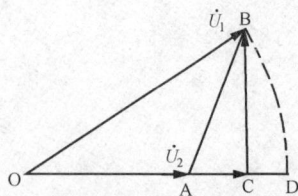

在电力网的计算和运行分析中，常常应用"电压降落"、"电压损耗"和"电压偏移"的概念。这几个概念的意义可用图 8-10 说明。在图 8-10 中，$\dot U_1$ 为线路始端电压，$\dot U_2$ 为线路末端电压。线路始端电压和线路末端电压的相量差（几何差）$AB = \dot U_1 - \dot U_2$ 叫做电压降落；线路始端电压和末端电压的代数差 $\overline{AD} = |\dot U_1| - |\dot U_2|$ 叫做电压损耗；网络中实际电压与额定电压的差叫做电压偏移。例如，在额定电压为 10kV 的母线上，实际电压为 9.5kV，则该处的电压偏移为 0.5kV 或 -5%。

图 8-10　输电线的电压相量图

从保证电能质量的要求来看，我们所关心的是电压偏移和电压损耗，而不是电压降落。

因为对用户设备工作有影响的是电压的绝对值，不是电力网首、末端的电压相量差。但分析电网运行情况，如稳定计算时，就需计算电压降落了。

由于变压器电压损耗的计算和输电线电压损耗的计算完全一样，所以此处主要讨论输电线电压损耗的计算。

（1）线路末端有集中负荷时电压损耗的计算。

图 8－11（a）示出末端带有一个集中负荷的线路。前已述及，当线路小于 300km 时，线路可用 π 形等值电路来进行计算，设这条线路的阻抗 $Z = R + jX$，电导 $G = 0$，则可绘出其等值电路如图 8－11（b）。

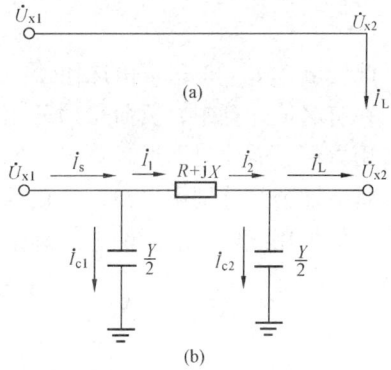

图 8－11　输电线的等值电路

（a）线路图；（b）π形等值图

从等值电路图，可以得到下面的关系式

$$\dot{I}_2 = \dot{I}_L + \dot{I}_{c2}$$

$$\dot{I}_s = \dot{I}_1 + \dot{I}_{c1} = \dot{I}_2 + \dot{I}_{c1}$$

$$\dot{U}_{x1} = \dot{U}_{x2} + \dot{I}_2 Z = \dot{U}_{x2} + \dot{I}_2 R + j\dot{I}_2 X$$

式中　$\dot{I}_L$——线路末端的负荷电流；

　　　$\dot{I}_{c2}$——通过等值电路图中末端导纳 $\dfrac{Y}{2}$ 中的电流；

　　　$\dot{U}_{x2}$——线路末端的相电压；

　　　$\dot{U}_{x1}$——线路首端的相电压。

图 8－12 示出了输电线的相量图，作图时取 $\dot{U}_{x2}$ 为参考轴，$\dot{I}_{c2}$ 因是容性电流，故与 $\dot{U}_{x2}$ 垂直，且超前 90°。$\dot{I}_2 R$ 与 $\dot{I}_2$ 同相，$j\dot{I}_2 X$ 垂直于 $\dot{I}_2$ 且超前 90°。

根据该相量图，能够进一步推导出电压损耗的计算公式。为此，把电压降 $\dot{I}_2 Z$ 分解为与 $\dot{U}_{x2}$ 平行和垂直的两个分量。如图 8－12 的 $\overline{AD}$ 和 $\overline{DB}$，由图可以看出

$$\overline{AD} = \overline{AE} + \overline{ED} = \dot{I}_2 R\cos\varphi_2 + \dot{I}_2 X\sin\varphi_2 = \Delta U_{x2}$$

$$\overline{DB} = \overline{FB} - \overline{FD} = \dot{I}_2 X\cos\varphi_2 - \dot{I}_2 R\sin\varphi_2 = \delta U_{x2}$$

一般称 $\overline{AD}$ 为电压降落的纵分量，以 ΔU_x 表示；$\overline{DB}$ 为电压降落的横分量，以 δU_x 表示。由于 $\triangle OBD$ 为直角三角形，所以线路首端相电压

$$U_{x1} = U_{x2} + \Delta U_{x2} + j\delta U_{x2}$$

$$U_{x1} = \sqrt{(U_{x2} + \Delta U_{x2})^2 + \delta U_{x2}^2}$$

$$\mathrm{tg}\delta = \frac{\delta U_{x2}}{U_{x2} + \Delta U_{x2}}$$

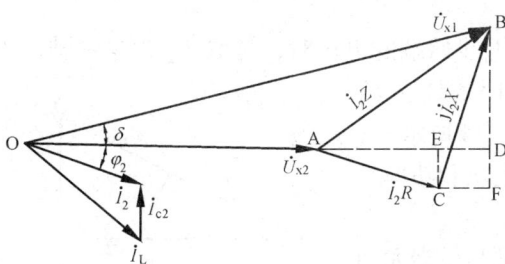

图 8－12　输电线路的相量图

$$\delta = \mathrm{tg}^{-1}\frac{\delta U_{x2}}{U_{x2} + \Delta U_{x2}}$$

此处 δ 为 U_{x1} 和 U_{x2} 间的相位角。

在有名值计算中，负荷是用三相功率表示的，电压是用线电压而不是相电压。因此，为了应用方便，需要对上述各算式的形式稍加变化。

将上述公式分别乘以 $\sqrt{3}$，并在等式右边的分子、分母同乘以线路末端线电压 U_2，则得到在数值上用线电压表示的电压降落纵分量 ΔU 和电压降落横分量 δU

$$\Delta U_2 = \sqrt{3}\Delta U_{x2} = \frac{\sqrt{3}\,U_2 I_2\cos\varphi_2 R + \sqrt{3}\,U_2 I_2\sin\varphi_2 X}{U_2} = \frac{P_2 R + Q_2 X}{U_2}$$

$$\delta U_2 = \sqrt{3}\delta U_{x2} = \frac{\sqrt{3}\,U_2 I_2\cos\varphi_2 X - \sqrt{3}\,U_2 I_2\sin\varphi_2 R}{U_2} = \frac{P_2 X - Q_2 R}{U_2}$$

式中 P_2、Q_2——线路末端处的功率，即图 8-13

中的 S_2，MW、Mvar；

U_2、ΔU_2、δU_2——kV。

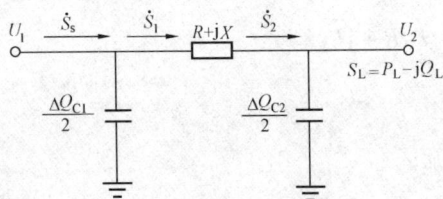

图 8-13 输电线的等值电路

将 U_{x1} 的有关算式的两边同乘以 $\sqrt{3}$，则得到用线电压表示的相应的等式

$$U_1 = U_2 + \Delta U_2 + \mathrm{j}\delta U_2$$

$$U_1 = \sqrt{(U_2 + \Delta U_2)^2 + \delta U_2^2}$$

$$\delta = \mathrm{tg}^{-1}\frac{\delta U_2}{U_2 + \Delta U_2}$$

如果已知是始端的功率 $\dot{S}_1$ 和电压 $\dot{U}_1$，不难求出相应的公式为

$$\Delta U_1 = \frac{P_1 R + Q_1 X}{U_1}$$

$$\delta U_1 = \frac{P_1 X - Q_1 R}{U_1}$$

$$U_2 = (U_1 - \Delta U_1) - \mathrm{j}\delta U_1$$

$$U_2 = \sqrt{(U_1 - \Delta U_1)^2 + \delta U_1^2}$$

$$\delta = \mathrm{tg}^{-1}\frac{\delta U_1}{U_1 - \Delta U_1}$$

在应用上述公式进行计算时，必须注意：

1）当已知输电线末端的功率、电压，求输电线始端的电压时，是取 U_2 为参考轴；当已知输电线始端功率、电压，求输电线末端电压时，是取 U_1 为参考轴，所以 $\Delta U_1 \neq \Delta U_2$，$\delta U_1 \neq \delta U_2$，如图 8-14 所示。

2）在应用功率来计算电压降落时，所取的电压和功率必须是输电线上同一点的。

3）以上所有计算电压降落纵、横分量公式都是根据无功功率是感性的情况下得到的，如果无功功率是容性的，则公

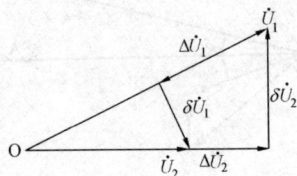

图 8-14 U_1 和 U_2 的关系

式中所有有关无功功率的各项都要改符号。这时计算电压降落纵、横分量的公式就变成

$$\Delta U = \frac{PR - QX}{U}$$

$$\delta U = \frac{PX + QR}{U}$$

例如对于空载高压输电线路，由于只有线路的充电功率，其无功为容性的，故得出的 ΔU 为负值，即末端电压高于始端电压，如图8－15所示。

在实际电力网计算中，一般只有 220kV 及以上的超高压电力网才必须计及 δU 对电压损耗的影响，对于110kV 及以下的网络可忽略 δU 的影响，即电压损耗就等

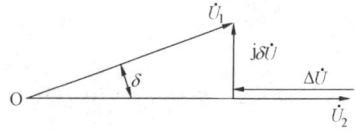

图 8－15　输电线流过容性无功
功率时，始、末端电压相量图

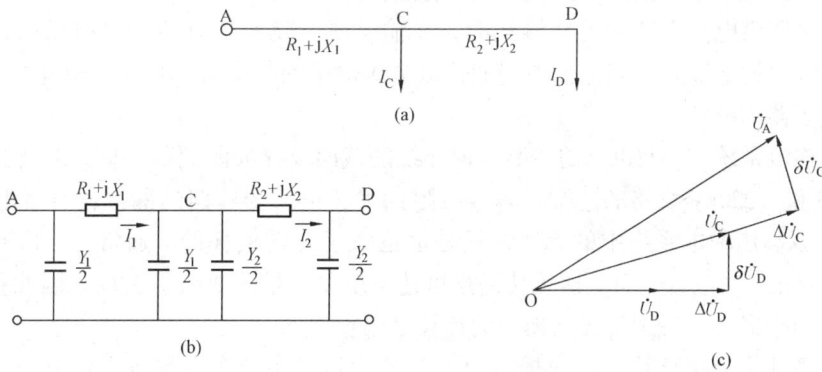

(a)

(b)

(c)

图 8－16　有两个集中负荷时的输电线
(a) 线路；(b) 等值图；(c) 相量图

于电压降的纵分量。

（2）线路有几个负荷时电压损耗的计算。

线路上有几个负荷时，每一段线路用一个 π 形等值电路来代替，则整条输电线就是几个串联的 π 形等值图。如图 8－16 所示。

这时，计算的方法与仅仅线路末端有一个集中负荷的情况相似，但整个输电线的计算要分几段进行。例如先算 CD 段，再算 AC 段。之所以要这样做，是因为在区域电力网中沿线各点的电压差别比较大，不能忽略各点电压的不同，各点导纳中的功率也须由各点的实际电压来确定。

图 8－16（c）是分图（b）所示等值图的相量图。电压降落的纵分量 ΔU_D、ΔU_C 及横分量 δU_D、δU_C 的相位都是不同的，所以它们不能用代数方法相加。

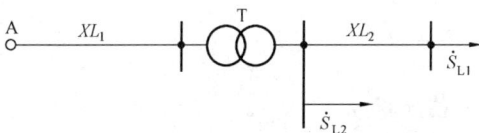

图 8－17　两级电压电力网

（3）两级电压电力网电压损耗的计算。

图 8－17 示出了常见的两级电压电力网，其计算原则和上面讨论的一级电压电力网是完全相同的。但应注意的是，变压器分接头可能不在对应于额定电压的位置，用有名制或标么制计算变压器的电压损耗时，有一个

变压器漏抗变换的问题。

用有名值计算变压器电压损耗时，变压器的漏抗一般是归算到一次侧的额定电压或二次侧的额定电压，当漏抗归算到二次侧（无分接头侧）时，则其漏抗与变压器一次侧（有分接头侧）分接头的位置无关。当漏抗归算到一次侧时，则其漏抗与变压器一次侧分接头的位置有关，如分接头不在对应于额定电压的位置，漏抗值 X_B 将需要进行修正，修正值 X'_B 为

$$X'_B = X_B \left(\frac{U_1}{U_{n1}} \right)^2$$

式中　U_1——分接头位置对应的电压；

　　　U_{n1}——一次侧的额定电压。

8-12　试简述电力线路和变压器功率损耗的计算方法。

答: 当电能沿电力系统的导线输送时，在输电线上就产生有功功率损耗和无功功率损耗。如果系统中的电能是用高、低不同的几级电压输送和分配时，则除了输电线上的损耗以外，还有变压器的损耗。

在高压输电系统中，110kV 的线路，依导线的截面及导线距离的不同，其感抗较有效电阻大 2~2.5 倍；220kV 线路的感抗较有效电阻约大 5 倍；变压器的漏抗较有效电阻约大 10~15 倍。所以高压输电系统中的无功损耗是远远大于有功损耗的。通常，一次有功网损只有系统总容量的4%左右，而一次无功网损可达系统总容量的 20%~30%。因此在电力系统运行方面，功率损耗，特别是无功损耗的计算是很重要的。

开式网络潮流分布计算时，根据电力网中的初步功率分布，须按平均电压（或额定电压）进行各线段的功率损耗计算，以求得电力网的最终功率分布。在较复杂的系统潮流计算时，当确定了负荷水平和运行方式之后，也须进行功率损耗的计算，以作有功、无功功率的大致平衡，从而分配各个电厂的出力。

在编制地区无功功率补偿方案时，为求得补偿装置的容量，也要进行功率损耗计算。

在进行经济调度，制定降低网损措施时，功率损耗的计算更是必不可少。当调度员临时改变运行方式时，由于要保证电网安全、经济运行以及电能质量各方面的要求，也常常进行功率损耗的计算。

由于计算功率损耗的目的不同，计算要求也就不一样。大多数情况下，要做某些简化。例如在计算潮流时，变压器铁芯损耗和绕组铜耗由于数值较小，可以忽略；35kV 及以下或110kV、66kV 的较短线路的充电功率也常常不予考虑。

（1）输电线的功率损耗。

1）当线路末端只有一个集中负荷时，则线路中的有功功率损耗为

$$\Delta P = 3I^2 R$$

由于　　　　　　　　　$I = \frac{S}{\sqrt{3}\,U}, \quad S^2 = P^2 + Q^2$

所以　　　　　　　$\Delta P = 3 \left(\frac{S}{\sqrt{3}\,U} \right)^2 R = \frac{P^2 + Q^2}{U^2} R$

同理　　　　　　　　　　　$\Delta Q = \frac{P^2 + Q^2}{U^2} X$

式中　S——线路中通过的总功率（三相数值、下同），MVA；

　　　P——线路中通过的有功功率（三相数值、下同），MW；

　　　Q——线路中通过的无功功率（三相数值、下同），Mvar；

　　　U——线电压，kV；

　　　R——全线每相的电阻，Ω；

　　　X——全线每相的电抗，Ω。

在应用上述公式时，必须采用线路同一点上的功率及电压。

2）当线路上具有几个负荷时，如图 8－18（a）所示，线路上的总功率损耗等于电力网各段功率损耗的和。

若已知线路各段的负荷电流时，如图 8－18（a），则电力网中的有功功率损耗为

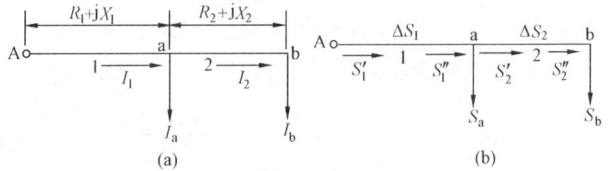

图 8－18　具有两个负荷的线路损耗

(a) 已知电流；(b) 已知功率

$$\Delta P = 3I_2^2 R_2 + 3I_1^2 R_1$$

无功功率损耗为

$$\Delta Q = 3I_2^2 X_2 + 3I_1^2 X_1$$

若已知线路各段的负荷功率，见图 8－18（b），则电力网的功率损耗为

$$\Delta S_2 = \frac{S_2''^2}{U_b^2} R_2 + j \frac{S_2''^2}{U_b^2} X_2$$

$$\Delta S_1 = \frac{S_1''^2}{U_a^2} R_1 + j \frac{S_1''^2}{U_a^2} X_1$$

式中　$S_1'' = S_a + S_2' = S_a + S_2'' + \Delta S_2$

　　　$S_2'' = S_b$

3）在地方电力网的计算中，有时把许多实际的负荷用沿线均匀分布的负荷来代替，即把约略相等的负荷接在间隔距离相等的线路上。例如城市低压配电网络中，沿线的负荷较密，各点负荷的大小也基本相等，即可视为沿线具有均匀分布的负荷，如图 8－19 所示。

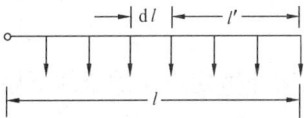

图 8－19　负荷均匀分布的线路

对沿线均匀分布负荷的功率损耗计算，无须知道每一个负荷的大小，只要知道沿线的总负荷就可以了。

设这些负荷的总电流为 I，线路长度为 l，则线路上单位长度的电流为 I/l，距线路末端 l' 处的电流为 $\frac{I}{l}l'$，如单位长度的电阻为 r_0，线路总电阻为 R，则三相总有功功率损耗为

$$\Delta P = \int_0^l 3\left(\frac{I}{l}l'\right)^2 r_0 \mathrm{d}l' = \int_0^l \frac{3I^2}{l^2} r_0 l'^2 \mathrm{d}l' = I^2 r_0 l = I^2 R$$

由上式可以看出，同样大小的负荷，如果沿线均匀分布，则线路中的功率损耗仅为当负荷集中在线路末端时功率损耗的 $\frac{1}{3}$。

（2）变压器的功率损耗。变压器的功率损耗分为两部分；与负荷无关的一部分称不变损

耗，随负荷变化的一部分称可变损耗。

不变损耗指的是变压器铁芯中的损耗，它只与变压器的容量和电压有关。因为变压器上的电压基本上是恒定的，所以功率损耗也认为是恒定的。铁芯中的损耗可以用空载损耗来代替

$$\Delta S_0 = \Delta P_0 + \mathrm{j} \frac{I_0\%}{100} S_\mathrm{n}$$

可变损耗指的是变压器绕组中的损耗，它与变压器的负荷有关。有功功率损耗等于绕组中的铜耗，无功功率损耗等于绕组的漏抗损耗。

1）双绕组变压器的功率损耗。对于双绕组变压器，其功率总损耗数值为

$$\Delta P_\mathrm{T} = \Delta P_0 + \frac{P^2 + Q^2}{U^2} R_\mathrm{T}$$

$$\Delta Q_\mathrm{T} = \frac{I_0\%}{100} S_\mathrm{n} + \frac{P^2 + Q^2}{U^2} X_\mathrm{T}$$

式中　ΔP_0——变压器的空载有功损耗，MW；

$I_0\%$——变压器的空载电流；

S_n——变压器的额定容量，MVA；

P——通过变压器的有功负荷，MW；

Q——通过变压器的无功负荷，Mvar；

U——线电压，kV；

R_T——变压器每相的电阻，Ω；

X_T——变压器每相的电抗，Ω。

变压器的功率损耗还可由通过变压器的实际视在功率及变压器的铭牌数据（短路损耗 ΔP_k，短路电压 $U_\mathrm{k}\%$，空载有功损耗及空载电流）求得。即

$$\Delta P_\mathrm{T} = \Delta P_0 + \Delta P_\mathrm{k} \left(\frac{S}{S_\mathrm{n}} \right)^2$$

$$\Delta Q_\mathrm{T} = \frac{I_0\%}{100} S_\mathrm{n} + \frac{U_\mathrm{k}\% S_\mathrm{n}}{100} \left(\frac{S}{S_\mathrm{n}} \right)^2$$

式中　S——通过变压器的实际容量，MVA；

S_n——变压器的额定容量，MVA。

本公式的可变损耗是根据变压器端电压在任意负荷时都保持等于额定电压的条件下导出的。

如果有 n 台容量和其他参数均相等的变压器并列运行，总负荷为 S，此时的总损耗为

$$\Delta P_\mathrm{T} = n\Delta P_0 + n\Delta P_\mathrm{k} \left(\frac{S}{nS_\mathrm{n}} \right)^2$$

$$\Delta Q_\mathrm{T} = n \frac{I_0\% S_\mathrm{n}}{100} + n \frac{U_\mathrm{k}\% S_\mathrm{n}}{100} \left(\frac{S}{nS_\mathrm{n}} \right)^2$$

2）三绕组变压器的功率损耗。对于三绕组变压器，功率总损耗数值为

$$\Delta P_\mathrm{T} = \Delta P_0 + \frac{P_1^2 + Q_1^2}{U_1^2} R_\mathrm{T1} + \frac{P_2^2 + Q_2^2}{U_2^2} R_\mathrm{T2} + \frac{P_3^2 + Q_3^2}{U_3^2} R_\mathrm{T3}$$

$$\Delta Q_{\mathrm{T}} = \frac{I_0\%}{100}S_{\mathrm{n}} + \frac{P_1^2 + Q_1^2}{U_1^2}X_{\mathrm{T1}} + \frac{P_2^2 + Q_2^2}{U_2^2}X_{\mathrm{T2}} + \frac{P_3^2 + Q_3^2}{U_3^2}X_{\mathrm{T3}}$$

式中注脚 1、2、3 分别表示变压器三个绕组各对应的量。

8 – 13 试简述电力线路和变压器电能损耗的计算方法。

答：（1）输电线的电能损耗。

电力线路的运行状况随时间而变化，线路上的功率损耗也随时间变化，在分析线路或系统运行的经济性时，不能只计算某一瞬间的功率损耗，还必须计算某一时间段内，例如一年 8760h 内的电能损耗。

如一年内线路末端电压和有功、无功的变化规律已知，原则上就可计算这个电能损耗，因它无非是若干很短时间段内电能损耗的总和，而在这些更短的时间段内，线路末端电压和功率可以看作不变，即全年电能损耗可用下式表达

$$\Delta W_{\mathrm{z}} = \Delta W_{\mathrm{z1}} + \Delta W_{\mathrm{z2}} + \Delta W_{\mathrm{z3}} + \cdots$$

$$= \left(\frac{P_1^2 + Q_1^2}{U_1^2}\right)Rt_1 + \left(\frac{P_2^2 + Q_2^2}{U_2^2}\right)Rt_2 + \left(\frac{P_3^2 + Q_3^2}{U_3^2}\right)Rt_3 + \cdots = \sum_{K=1}^{K=n}\left(\frac{P_k^2 + Q_k^2}{U_k^2}\right)Rt_k$$

式中　ΔW_{z}——全年电能损耗，kW；

ΔW_{zk}——每个时间段内的电能损耗，kW。

上式虽较严格，却因计算工作量太大，不实用。现介绍工程实践中，根据统计资料制定的经验公式或曲线近似计算电能的两种方法。

1）年负荷损耗率法。

对不同行业，可从有关手册上查得它们的最大负荷利用小时数，并求得年负荷率。所谓最大负荷利用小时数 $T_{\max}$ 系指一年中负荷消费的电能 W 除以一年中的最大负荷 $P_{\max}$，即 $T_{\max} = \dfrac{W}{P_{\max}}$。例如钢铁工业的 $T_{\max}$ 为 6500h，食品工业的 $T_{\max}$ 为 4500h 等。所谓年负荷率则指一年中负荷消费的电能除以最大负荷 $P_{\max}$ 与一年 8760h 的乘积，即年负荷率 = $W/(8760P_{\max})$。则

$$\text{年负荷率} = \frac{W}{8760P_{\max}} = \frac{P_{\max}T_{\max}}{8760P_{\max}} = \frac{T_{\max}}{8760}$$

求得年负荷率后，就可按如下的经验公式计算年负荷损耗率，即

$$\text{年负荷损耗率} = K \times (\text{年负荷率}) + (1 - K) \times (\text{年负荷率})^2$$

式中的 K 为经验数据，$K = 0.1 \sim 0.4$，年负荷率低时取较小数值，高时取较大数值。所谓年负荷损耗率系指全年电能损耗 ΔW_{z} 除以最大负荷时的功率损耗 $\Delta P_{\max}$ 与一年 8760h 乘积，即年负荷损耗率 = $\Delta W_{\mathrm{z}}/8760\Delta P_{\max}$。

这样，只要求出最大负荷时的功率损耗 $\Delta P_{\max}$，并由查得的最大负荷利用小时数 $T_{\max}$ 求出年负荷率和年负荷损耗率，就可按下式计算全年电能损耗：

$$\Delta W_{\mathrm{z}} = \Delta P_{\max} \times (\text{年负荷损耗率}) \times 8760$$

2）最大功率损耗时间 $\tau_{\max}$ 法。

$\tau_{\max}$ 的定义是：如果线路在 $\tau_{\max}$ 小时内以最大负荷 $P_{\max}$ 持续运行，则其所损耗的电能恰好等于线路按实际负荷曲线所损耗的电能。

$\tau_{\max}$值可以从有关曲线和表格查得。

$\tau_{\max}$与最大负荷利用小时 $T_{\max}$ 有关，还与线路传输功率的功率因数有关，这是因为电力网中的有功功率损耗还应包括输送无功功率时所带来的有功功率损耗在内。即使输送相同的有功功率（也就是 $T_{\max}$ 值相同），当 $\cos\varphi$ 降低时，由于输送的无功功率增大，相应的 τ 值也就增大。

于是，线路的年电能损耗为：

$$\Delta W_z = 3RI_{\max}^2 \tau_{\max} = \Delta P_{\max} \tau_{\max} \quad (\text{kWh})$$

最大负荷损耗时间 $\tau_{\max}$ 与最大负荷利用小时 $T_{\max}$ 的关系如表 8-3 所示。

表 8-3 　　　　　　　　最大负荷损耗时间 $\tau_{\max}$ 与最大负荷利用小时 $T_{\max}$ 的关系

$T_{\max}$ ＼ $\cos\varphi$	0.80	0.85	0.90	0.95	1.00
2000	1500	1200	1000	800	700
2500	1700	1500	1250	1100	950
3000	2000	1800	1600	1400	1250
3500	2350	2150	2000	1800	1600
4000	2750	2600	2400	2200	2000
4500	3150	3000	2900	2700	2500
5000	3600	3500	3400	3200	3000
5500	4100	4000	3950	3750	3600
6000	4650	4600	4500	4350	4200
6500	5250	5200	5100	5000	4850
7000	5950	5900	5800	5700	5600
7500	6650	6600	6550	6500	6400
8000	7400		7350		7250

（2）变压器的电能损耗。

变压器中的电能损耗，电阻中损耗即铜耗部分可完全套用输电线电能损耗公式计算；电导中损耗即铁耗部分则可近似取变压器空载损耗 P_0 与变压器运行小时数的乘积。变压器运行小时数等于一年 8760h 减去因检修、备用等而退出运行的小时数。

当应用"最大功率损耗时间 $\tau_{\max}$"时，变压器年电能损耗为

$$\Delta W_z = \frac{S_{\max}^2}{nS_n^2}\Delta P_k \tau_{\max} + n\Delta P_0 T$$

式中　S_n——变压器的额定容量，kVA；

　　　$S_{\max}$——变压器的最大负荷，kVA；

　　　T——变压器每年投入运行的小时数，h；

　　　n——并联运行的变压器的台数；

　　　$\tau_{\max}$——最大功率损耗时间，h。

求得电能损耗后，就可计算另一个标志电网经济性能的指标——线损率或网损率，它是指线路上损耗的电能与线路始端输入电能的比值。即

$$\text{线损率}\% = \frac{\Delta W_z}{W_1} \times 100 = \frac{\Delta W_z}{W_2 + \Delta W_z} \times 100$$

式中　W_1、W_2——线路始端输入电能和线路末端输出电能。

最后还应指出,上述输电线和变压器电能损耗的两种计算方法都是近似的经验公式,求得的 ΔW_z 也有差异。目前已经实现用电子计算机对电能损耗进行快速而精确的计算。

8-14　何谓电力网的潮流分布计算?

答:在进行电力网规划设计或运行时,都需要弄清楚该电力网在各种运行方式下各个点和各条线路上的电压分布和功率分布情况,为此目的而进行的定量分析计算就称为潮流分布计算。这种计算是确定运行方式,分析运行稳定性以及过电压计算的基础,在电力系统规划设计和运行分析中具有十分重要的意义。

8-15　何谓开式电力网和闭式电力网?

答:(1)开式电力网。辐射形的电力网称为开式电力网。它又分两种情况,一种是受端没有发电厂的开式网络,例如从一个发电厂的高压母线经过一条输电线路向终端变电所供电,这是一个最简单的开式电网。另一种是受端有小电厂的开式网络,当受端系统的小电厂出力一定时,可以把它看成是具有负号的负荷,于是,该电力网可以看作受端没有发电厂的开式网络了。

(2)闭式电力网。回路闭合的环状形电网称为闭式电网,它包括由两端电源同时向若干个负荷点供电的电网。

8-16　试简述开式电力网潮流分布的计算方法。

答:最简单的开式电网如图 8-20(a)所示。其中输电线路可用 π 型等值电路代替,变压器可用 Γ 形等值电路代替,如图 8-20(b)所示。对 35kV 以下的线路,可以不考虑电容的影响。

常见的有下面两种类型的计算问题。

第一类:给出同一点的功率和电压,例如给出始端(发电厂)送出的功率及其母线电压,求终端送给用户的功率及终端变电所维持的电压;或相反已知终端功率、电压求始端的电压和功率值等。这类问题的计算较为简单,只需按我们在等值电路、电压损耗计算、功率损耗计算等方面已经介绍的方法逐步进行计算即可。

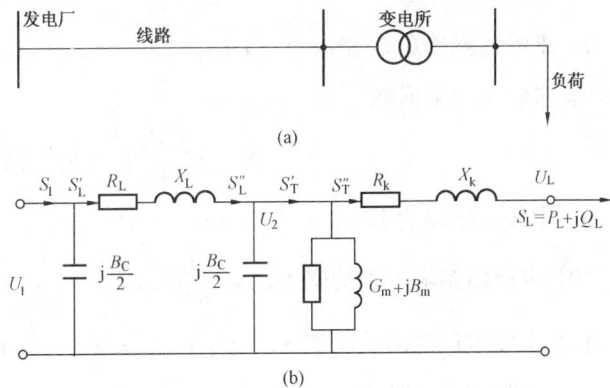

图 8-20　简单开式电网及其等值电路

第二类:给出不同点的电压和功率,例如给出始端的电压 U_1 及终端变电所的负荷 $P_L +jQ_L$,求始端功率 S_1 及终端应维持的电压 U_L;或已知 S_1 及 U_L 求 $P_L + jQ_L$ 和 U_1 时。这类计算比较麻烦,可用"逐步渐近法"或"迭代法"等方法去求解。

现以图 8-20 所示的简单开式电网为例,简要介绍开式电网潮流分布的计算方法。

已知：负荷功率 $S_L = P_L + jQ_L$ 及始端电压 U_1

求：始端功率 S_1 及终端电压 U_L

解：计算原则是，可首先按由终端到始端的功率方向，取电压为网络额定电压，在分别进行变压器损耗，电容功率，线路损耗等计算之后，即可求得始端功率 S_1；再按 S_1 及 U_1，从始端到终端进行电压损耗计算，即可求得终端的电压 U_L。

有必要指出，负荷功率用 $S = P + jQ$ 的方式表示。采用这种方式表示时，负荷以滞后功率因数运行时所吸取的无功功率为正，以超前功率因数运行时所吸取的无功功率为负；发电机以滞后功率因数运行时所发出的无功功率为正，以超前功率因数运行时所发出的无功功率为负。

计算方法及步骤如下。

（1）计算网络等效参数，画等值电路图。

（2）取网络电压为额定电压，由终端向始端求功率分布。

1）已知负荷功率

$$S_L = P_L + jQ_L$$

2）求变压器绕组内的功率损耗

$$\Delta S_{Tk} = \Delta P_{Tk} + j\Delta Q_{Tk} = \left(\frac{S_L}{U_n}\right)^2 (R_k + jX_k)$$

3）求进入变压器绕组的功率 $S''_T = S_L + \Delta S_{Tk}$；

4）求变压器的空载损耗

$$\Delta S_{T0} = \Delta P_0 + j\Delta Q_0 = \Delta P_0 + \frac{I_0\% S_n}{100}；$$

5）求进入变压器的功率　$S'_T = S''_T + \Delta S_{T0}$；

6）求线路终端电容功率 $Q_{LC} = \frac{-1}{2}jU_n^2 B_c$；

7）求线路终端功率 $S''_L = S'_T + Q_{LC} = S'_T - \frac{1}{2}jU_n^2 B_C$；

8）求线路功率损耗

$$\Delta S_L = \left(\frac{S''_L}{U_n}\right)^2 (R_L + jX_L)；$$

9）求线路始端功率 $S'_L = S''_L + \Delta S_L$；

10）求线路始端电容功率 $Q_{LC} = \frac{-1}{2}jU_n^2 B_C$；

11）求发电厂送出的功率 $S_1 = S'_L + Q_{LC} = S'_L - \frac{1}{2}jU_n^2 B_C$。

（3）由始端向终端求电压分布。

1）已知发电厂母线电压 U_1；

2）求线路电压损耗 $\Delta U_L = \dfrac{P'_L R_L + Q'_L X_L}{U_1}$；

3）求线路终端电压　$U_2 = U_1 - \Delta U_L$；

4）求变压器电压损耗　$\Delta U_T = \dfrac{P''_T R_K + Q''_T X_K}{U_1 - \Delta U_L}$；

5）求归算到高压侧的变压器低压侧电压 $U_L = U_2 - \Delta U_T$；

6）求变压器低压侧实际电压

$$U'_L = U_L K$$

式中　K——变压器运行实际抽头的变比。

在上述计算中忽略了电压降中横分量的影响，对于110kV及以下的网络，横分量可以略去不计。

8-17　开式电力网潮流分布计算举例。

答：例题：有一输电线路如图8-21所示，变压器和线路的参数在等值电路中已经注明。已知变压器在 -2.5% 分接头运行，最小负荷时不切除变压器，变电所的最大负荷为40MW，最小负荷为20MW，功率因数为0.8；发电厂高压母线在最大负荷时维持118kV，在最小负荷时维持113kV。

试求（1）最大、最小运行方式时的潮流、电压分布。

（2）变电所低压侧的实际电压。

解：先求最大运行方式时的潮流、电压分布及变电所低压侧的实际电压。

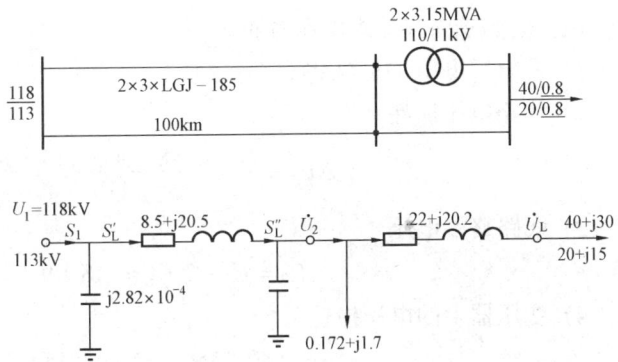

图8-21　某输电线路及其等值电路

（1）取网络电压为额定电压，由终端向始端求功率分布。

1）负荷功率　$S_L = 40 + j30$（MVA）；

2）变压器线圈内的功率损耗

$$\Delta S_{Tk} = \Delta P_{Tk} + j\Delta Q_{Tk} = \left(\frac{S_L}{U_n}\right)^2 (R_k + jX_k) = \frac{40^2 + 30^2}{110^2} (1.22 + j20.2)$$
$$= 0.25 + j4.15 \text{MVA}$$

3）进入变压器线圈的功率

$$S''_T = S_L + \Delta S_{Tk} = 40.25 + j34.15 \text{MVA}$$

4）变压器的空载损耗（从变压器技术数据中已知）

$$\Delta S_{T0} = 0.17 + j1.7 \text{MVA}$$

5）进入变压器的功率

$$S'_T = S''_T + \Delta S_{T0} = 40.42 + j35.85 \text{MVA}$$

6）线路终端电容功率

$$-jU_n^2 \frac{B_c}{2} = -j110^2 \times 2.82 \times 10^{-4} = -3.42 \text{MVA}$$

7）线路终端功率

$$S''_L = S'_T - jU_n^2 \frac{B_c}{2} = 40.42 + j32.43 \text{MVA}$$

8）线路功率损耗

$$\Delta S_L = \frac{40.42^2 + 32.43^2}{110^2}(8.5 + j20.5) = 1.8 + j4.7 MVA$$

9）线路始端功率

$$S'_L = S''_L + \Delta S_L = 42.26 + j37.13 MVA$$

10）线路始端电容功率

$$-jU_n^2 \frac{B_c}{2} = -j110^2 \times 2.82 \times 10^{-4} = -j3.42 MVA$$

11）发电厂送出的功率

$$S_1 = S'_L - jU_n^2 \frac{B_c}{2} = 42.26 + j37.13 - j3.42 = 42.26 + j33.71 MVA$$

（2）由始端向终端求电压分布。

1）发电厂电压 118（kV）；

2）线路电压损耗

$$\Delta U_L = \frac{42.26 \times 8.5 + 37.13 \times 20.5}{118} = 9.5 kV$$

3）线路终端电压

$$U_2 = U_1 - \Delta U_L = 118 - 9.5 = 108.5 kV$$

4）变压器上的电压损耗

$$\Delta U_T = \frac{40.25 \times 1.22 + 34.15 \times 20.2}{108.5} = 6.85 kV$$

5）归算到高压侧的变压器低压侧电压

$$U_L = U_2 - \Delta U_T = 108.5 - 6.85 = 101.65 kV$$

6）变压器低压侧实际电压

当变压器在 -2.5% 分接头运行时，其变比为

$$K = \frac{110（1 - 0.025）}{11} = 9.75$$

故降压变电所低压侧的实际电压为 $\frac{101.65}{9.75} = 10.4 kV$。

说明：在以上的计算中忽略了电压降中横分量的影响，实际上在最大负荷时线路电压降落的横分量为

$$\delta U_L = \frac{42.26 \times 20.5 - 37.13 \times 8.5}{118} = 4.66 kV$$

所以，计及横分量时线路终端电压为

$$U_2 = \sqrt{(118 - 9.5)^2 + 4.66^2} = 108.6 kV$$

由此可见，对于 110kV 及以下的网络横分量可以忽略不计。

再求最小运行方式时的潮流，电压分布及变电所低压侧的实际电压。用同样的方法（计算过程略），求得：

发电厂送出的功率 $S_1 = 20.67 + j11.96 MVA$；

归算到高压侧的变压器低压侧电压 $U_L = 105.41 kV$；

变压器低压侧实际电压为 10.8kV。

显然，在最小负荷时变电所低压母线电压偏高了。如果变压器采用主分接头运行，则另行计算可知：最大负荷时低压侧电压为 10.165kV，最小负荷时为 10.54kV，电压水平比较理想。

8-18　何谓运算负荷? 怎样计算?

答：对于图 8-22 所示的中间具有几个变电所的开式电网,常把降压变电所处理为一个等值的负荷,把发电厂处理成一个等值的电源,这个等值的负荷和等值的电源,一般叫做变电所的运算负荷和发电厂的运算容量。

变电所的运算负荷包括：二次侧的实际负荷；变电所中变压器的功率损耗；与变电所相邻接的线路导纳中功率损耗的一半,如图 8-22 (b) 所示。

现以变电所 B 为例。在图 8-22 (a)

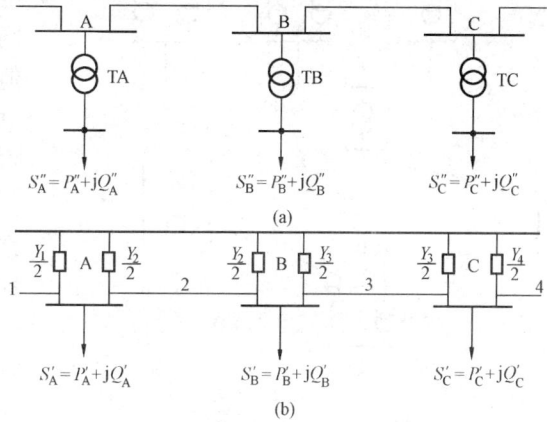

图 8-22　中间有几个变电所的开式电网
(a) 接线图；(b) 等值电路与运算负荷

中，$P''_B + jQ''_B$ 为二次侧实际负荷，在图 8-22 (b) 中，P'_B 为电力网输入变压器 TB 一次侧的有功功率，它包括变压器 TB 二次侧的有功负荷 P''_B 和变压器的有功损耗 ΔP_T；Q'_B 为电力网输入变压器 TB 的一次侧的无功功率，它包括变压器 TB 二次侧的无功负荷 Q''_B 和变压器的无功损耗 ΔQ_T。

因此，变电所 B 的运算负荷为

$$P_B + jQ_B = \left(P'_B + \frac{\Delta P_2 + \Delta P_3}{2} \right) + j\left(Q'_B - \frac{\Delta Q_2 + \Delta Q_3}{2} \right)$$

式中　$(\Delta P_2 + \Delta P_3)/2$——与变电所 B 相邻的线路电阻所产生有功损耗的一半；

$(\Delta Q_2 + \Delta Q_3)/2$——与变电所 B 相邻的线路电纳所产生充电功率的一半。

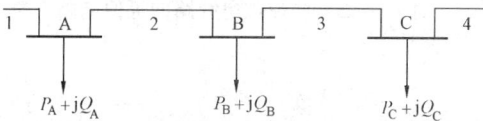

图 8-23　用运算负荷表示的等值电路

当所有变电所都经过了上述的计算后，图 8-22 所示的电力网即可简化为图 8-23 所示的形式，它是一系列具有电阻和电抗相串联的线路，在线路上的各供电点接有集中的负荷。这个等值电路图可视为有几个集中负荷的开式网络，并可根据已知的电路计算公式来进行电压损耗、功率损耗的计算，进而求出整个潮流分布。

发电厂的运算容量为：各发电机的出力之和减去厂用电、直配线负荷、升压变压器损耗以及发电厂出线线路导纳所引起的功率损耗的一半。此外在计算潮流时，发电厂也可以用一个等效的负的运算用负荷来处理。

8-19　试简述闭式电网潮流分布的计算方法。

答：在闭式电网中每个用户都可以从两个以上的输电线路获得电源，图 8-24 中表示了两种最简单的闭式电网。图 8-24（a）为两端供电的闭式电网，图 8-24（b）为环形电网。

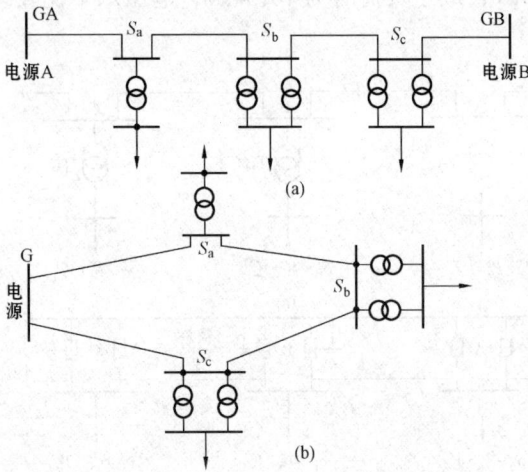

图 8-24 闭式电力网
(a) 两端供电；(b) 环形电网

和开式电网相比，闭式电网中的功率分布不仅与负荷功率有关，还与电网各部分的电气参数以及电源电压等有关，因而闭式电网的功率分布计算一般比开式电网要复杂，但当闭式电网各部分的功率分布求得之后，电力网运行状态的分析计算就和开式电网基本一致了。

由于闭式电网潮流分布计算的复杂性，常常有各式各样的计算方法，此处仅介绍一种最基本的方法——力矩法。

在闭式电网中，如不借助于数字电子计算机等类型的计算工具而欲较精确地计算出功率分布是困难的。为此当进行解析计算时都要采取简化的方法，通常在求闭式电网的功率分布时都首先忽略线路上的功率损耗对功率分布的影响，然后在计算出近似的功率分布后，再根据这个功率分布去求出各段的功率损耗，把线路损耗叠加上去后，即认为是线路的功率分布。

在具体进行计算时，首先要作出简化等值电路，按上述原则求出各变电所的计算用负荷，使等值电路中仅包括串联的阻抗。图 8-25 即为图 8-24（a）的两端供电的闭式电网的等值电路。它具有三个变电所，两端分别由发电厂 A、B 供电，高压母线所维持的电压分别为 U_A 及 U_B，图中的功率方向是任意选定的。如为环形电网，则在计算时可先假定在某一点将环网断开（例如图 8-24（b）的环形电网可在发电厂 G 处解开），这时同样可形成如图 8-25 所示的等值电路。

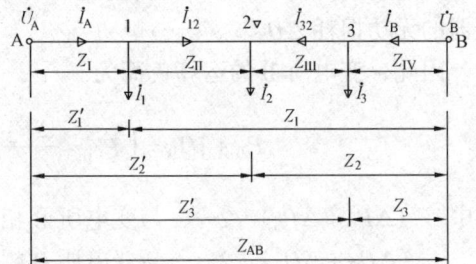

图 8-25 两端供电线路的等值电路

现以图 8-25 两端供电的闭式电力网的等值电路为例，介绍潮流计算力矩法。

在图 8-25 中，电压 $\dot{U}_A$、$\dot{U}_B$，各变电所的运算负荷（为便于分析起见，以电流表示） $\dot{I}_1$、$\dot{I}_2$、$\dot{I}_3$ 以及输电线各段的阻抗 Z_{I}、Z_{II}、Z_{III}、Z_{IV} 等均为已知，各线段的功率分布（以电流表示） $\dot{I}_A$、$\dot{I}_{12}$、$\dot{I}_{32}$ 及 $\dot{I}_B$ 为待求的量。图中的功率（电流）方向是假定的。在忽略功率损耗的情况下，根据基尔霍夫定律，由图 8-25 可知

$$\dot{U}_A - \dot{U}_B = \sqrt{3}\,(\dot{I}_A Z_{\mathrm{I}} + \dot{I}_{12} Z_{\mathrm{II}} - \dot{I}_{32} Z_{\mathrm{III}} - \dot{I}_B Z_{\mathrm{IV}})$$

又

$$\dot{I}_{12} + \dot{I}_1 = \dot{I}_A,$$

$$\dot I_A + \dot I_{32} = \dot I_1 + \dot I_2,$$

$$\dot I_A + \dot I_B = \dot I_1 + \dot I_2 + \dot I_3$$

于是得

$$\frac{\dot U_A - \dot U_B}{\sqrt 3} = \dot I_A(Z_I + Z_{II} + Z_{III} + Z_{IV}) - \dot I_1(Z_{II} + Z_{III} + Z_{IV}) - \dot I_2(Z_{III} + Z_{IV}) - \dot I_3 Z_{IV}$$

若以 Z_1、Z_2、Z_3 分别表示从供电点 B 到各负荷点（1、2、3）的线路阻抗，以 Z_{AB} 表示全线路的阻抗，以 Z'_1、Z'_2、Z'_3 分别表示从供电点 A 到各负荷点（1、2、3）的阻抗，则上式可以写成

$$\frac{\dot U_A - \dot U_B}{\sqrt 3} = \dot I_A Z_{AB} - (\dot I_1 Z_1 + \dot I_2 Z_2 + \dot I_3 Z_3)$$

上式等号右面括弧中的三项可以改写为

$$\dot I_1 Z_1 + \dot I_2 Z_2 + \dot I_3 Z_3 = \sum_{m=1}^{3} \dot I_m Z_m$$

因此

$$\dot I_A = \frac{\dot U_A - \dot U_B}{\sqrt 3 Z_{AB}} + \frac{\sum_{m=1}^{n} \dot I_m Z_m}{Z_{AB}}$$

同理

$$\dot I_B = \frac{\dot U_B - \dot U_A}{\sqrt 3 Z_{AB}} + \frac{\sum_{m=1}^{n} \dot I_m Z'_m}{Z_{AB}}$$

当负荷以功率表示时,可将上述公式两边均乘以 $\sqrt 3 U_n$,那么

$$\dot S_A = \frac{U_n(\dot U_A - \dot U_B)}{Z_{AB}} + \frac{\sum_{m=1}^{n} \dot S_m Z_m}{Z_{AB}} \quad (m = 1、2、3\cdots n)$$

$$\dot S_B = \frac{U_n(\dot U_B - \dot U_A)}{Z_{AB}} + \frac{\sum_{m=1}^{n} \dot S_m Z'_m}{Z_{AB}} \quad (m = 1、2、3\cdots n)$$

从上式可知:

(1) 每个供电点输出的功率都是由两部分组成: 第一部分只与两供电点之间的电压差值及两供电点之间的阻抗有关, 而与变电所计算用负荷无关。它是由于两供电点的电压不等而产生的, 因此这部分功率又称为 "均衡功率"。如果两供电点的电压相等, 即 $\dot U_A = \dot U_B$ 那么线路中就没有均衡功率了。第二部分只与负荷功率和负荷至供电点间的阻抗有关, 其结构形式与力学上计算力矩的公式相类似, 所以称为 "力矩法"。

(2) 求 $\dot S_A$ 时, 采用以 B 点为支点的力矩法; 求 $\dot S_B$ 时, 采用以 A 点为支点的力矩法。

8-20 试简述 "功率分点" 的基本概念。

答: 在正常运行时, 如两端电源同时向某一变电所供电, 则该变电所称之为闭式电网的功率分点。通常在功率分点上加 "▼" 号作为标记, 见图 8-26 (a)。当有功功率分点和无

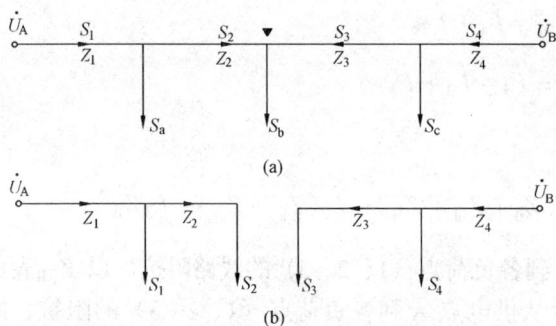

图 8-26 闭式电力网的功率分点

功功率分点不在一点时,则以"▼"表示有功功率分点,用"▽"表示无功功率分点。当根据有关程序求得闭式电网的功率分布并求出功率分点之后,就可以把闭式电网从功率分点拆开成两个开式电网,见图 8-26(b),再按开式电网的计算原则去计算各段的功率损耗。这时,由于线路各点的运行电压是未知的,可近似地取额定电压进行计算。

在求出各段的功率损耗后,把它们叠加到前面求出的各段功率分布上,即可求得各段的实际功率分布。再按有关方法计算出各段的电压损耗及各点的电压值。即可求出整个潮流分布。

但是应当注意:当有功功率分点和无功功率分点是同一点时,功率分点就是电压最低点;反之,若二者不是同一点时,则只有通过计算才能确定哪个功率分点是电压最低点。

8-21 试简述输电线路导线截面的选择计算方法。

答: 输电线路导线截面的选择对电力网的技术经济性能有很大影响,导线截面的选择首先应满足最基本的技术要求,如不发生电晕,保证一定的机械强度,满足热稳定条件,电压损耗不超过允许值等。其次,还要考虑经济方面的问题,如截面的选择不应使功率损失过大,不应使投资过大以及降低有色金属消耗等等。因而导线截面的选择不是一个孤立的问题,需要在设计时从各个方面综合考虑,通过方案比较找出最佳方案来。

(1)选择导线截面时的技术条件。

1)导线截面的选择应避免正常运行时发生电晕。

如前所述,高压输电线路产生电晕会引起电能损耗(电晕损耗)和无线电干扰。为了避免电晕的发生,导线截面(或外径)不能过小,根据理论分析及试验,各级电压下按电晕条件要求的导线最小外径如表 8-4 所示。

通常对 60kV 及以下电压的架空线路不考虑电晕影响,因为按机械强度条件所选择的截面已超过按电晕条件所要求的截面。

2)导线的截面应保证一定的机械强度。

架空线路的导线在运行时要承受机械负载,此外,还要考虑在一些外界偶然负载下应具有适当的过载能力,这就要求导线截面不能过小,否则难以保证应有的机械强度。

表 8-4 避免铝导线发生电晕的最小外径表 (海拔小于 1000m)

线路额定电压(kV)	220	330	500
导线直径(mm)	21.3	21.3×2	27.4×3 或 23.7×4
相应的导线截面(mm²)	240	240×2	400×3 或 300×4

注 我国已确定的 220kV 及以上的网络额定电压标准为 220、330、500、750kV。

规程规定,(1~10)kV 线路不得采用单股线,其最小截面则如表 8-5 所示。对更高电压级线路,规程未作规定,一般则认为也不得小于 35mm²。

(1～10) kV 架空线路导线最小截面积（mm²）

导 线 种 类	通过居民区时	通过非居民区时
铝绞线和铝合金线	35	25
钢芯铝线	25	16
铜 线	16	16

3）导线长期通过的电流应满足热稳定的要求。

允许载流量是根据热平衡条件确定的导线长期允许通过的电流。因此，所有线路都必须根据可能出现的长期运行情况作允许载流量校验。规程规定，进行这种校验时，钢芯铝线的允许温度一般取 70℃。按此规定并取导线周围环境温度为 25℃ 时，各种导线的长期允许通过电流如表 8－6 所示。

表 8－6 **导线长期允许通过电流（A）**

标号 ＼ 截面积 (mm²)	35	50	70	95	120	150	185	240	300	400	500	600
LJ	170	215	265	325	375	440	500	610	680	830	980	
LGJ	170	220	275	335	380	445	515	610	700	800		
LGJQ									690	825	945	1050

如最高气温月的最高平均温度不是 25℃，则还应按表 8－7 中所列修正系数对表 8－5 中数据进行修正。

表 8－7 **不同周围环境温度下的修正系数**

环境温度（℃）	－5	0	5	10	15	20	25	30	35	40	45	50
修正系数	1.29	1.24	1.20	1.15	1.11	1.05	1.00	0.94	0.88	0.81	0.74	0.67

按经济电流密度选择的导线截面积一般都较按正常运行情况下的允许载流量计算的截面积大，所以不必再作校验。只有在故障情况下，例如环式网络近电源端线段断开或双回线中的一回线断开时，才可能使导线过热。

4）导线截面的选择应使输电线路的电压损耗在容许范围之内。

电压质量的要求是选择 10kV 以下线路导线截面积的主要依据。在这种电压等级的网络中，线路的电阻与电抗的比值较大，如不从适当选择导线截面积入手，就难以有其他调压措施。反之，35kV 及以上线路，由于决定电压损耗的主要因素是线路电抗，借增大导线截面积满足电压质量的要求显然不合理，何况这些网络中还有种种调压措施。据此，规程规定，10kV 线路自供电的变电所母线至线路末端的最大电压损耗不得超过 5%。对更高电压等级的线路虽无限制，但通常认为，正常运行时的电压损耗不超过 10%，故障情况下的电压损耗不超过 15% 时，总可运用各种调压措施保证负荷所要求的电压质量。

按如上的电压损耗限额选择导线截面积时，通常都先设单位长度线路的电抗都相等，并按下式分解出线路电阻中允许的电压损耗 ΔU_r

$$\Delta U_r = \Delta U_{max} - \Delta U_x = 5\% U_n - \Delta U_x$$

其中

$$\Delta U_r = \frac{\sum_{i=1}^{n} P_i \gamma_{1i} l_i}{U_n}$$

$$\Delta U_{\mathrm{x}} = \frac{x_i \sum_{i=1}^{n} Q_i l_i}{U_{\mathrm{n}}}$$

式中　P_i、Q_i——各线段通过的有功、无功功率；

　　　　γ_{1i}——各线段单位长度线路电阻；

　　　　x_i——选取的互相等同的各线段单位长度线路电抗；

　　　　l_i——各线段长度。

　　然后按各线段导线截面积都相等或有色金属消耗量最小的条件选择导线截面积。

　　如按导线截面积都相等的条件选择时，由上式可得

$$S = \frac{\rho \sum_{i=1}^{n} P_i l_i}{\Delta U_{\mathrm{r}} U_{\mathrm{n}}}$$

　　根据有关文献，按有色金属消耗量最小的条件选择时，可按下式分别选择各线段的导线截面积

$$S_i = \frac{\rho \sum_{i=1}^{n} (\sqrt{P_i} l_i)}{\Delta U_{\mathrm{r}} U_{\mathrm{n}}} \sqrt{P_i}$$

　　上述两式中，ρ 为导线的电阻率。

　　(2) 选择导线截面时的经济条件。

　　综上所述，从投资的角度看，截面愈大则投资愈大，而从年运行费方面看，其中折旧与维修费均与投资成比例，将随导线截面的增大而增大；而其中年电能损耗费则随着导线截面的增大而减小。因而，从全局出发，应当通过技术经济分析计算找出一个在满足技术要求的前提下在一定使用期限内综合费用最小的导线截面来。

　　技术经济计算的结果表明：为了保证所选择的导线截面在经济上最合理，导线上通过的电流与导线截面的比值应为一个常数，这个常数通常称为"经济电流密度"，用 J 来表示。

　　经济电流密度从原则上来说应通过技术经济计算，按一定期限内综合费用最小的原则来确定。但是，实际上，经济电流密度的值不能单纯决定于计算的结果，而应由国家根据一定时期的技术经济政策并考虑多方面的因素后加以确定。

　　如果知道了经济电流密度值和最大负荷电流值，就很容易求出导线截面来，实用的计算公式为

$$S = \frac{P}{\sqrt{3} J U_{\mathrm{n}} \cos\varphi}$$

式中　S——导线截面，mm^2；

　　　P——送电容量，kW；

　　　U_{n}——线路额定电压，kV；

　　　J——经济电流密度，$\mathrm{A/mm}^2$，按表 8-8 选定；

　　　$\cos\varphi$——负荷功率因数。

　　经济电流密度，采用表 8-8 所示数值。

表 8-8		经 济 电 流 密 度 值		(A/mm^2)
导线材料	T_{max}（最大负荷利用小时数）			
	3000 以下	3000~5000		5000 以上
铝 线	1.65	1.15		0.9
铜 线	3.00	2.25		1.75

注 此表摘自《110~500kV 架空送电线路设计技术规程》（DL/T 5092—1999）。

应当指出，利用上式来选择截面 S 时，所取的送电容量 P 应考虑投入运行后 5~10 年的发展，在计算中必须采用稳定的经常重复的最高负荷，特别当系统发展还不很明确的情况下，应注意不要使导线截面定得过小。对线路走廊十分困难的地区应考虑十年以上更远的发展，留有较大的裕度，必要时可提前按双回线同塔建设或高一级电压建设，初期降压运行。

（3）导线截面选择的实用方法。

在具体选择导线截面时应针对不同电网的特点，按照具体问题运用上述的技术经济条件，合理选择导线截面。

1）区域电力网。这种电网的特点是电压较高，线路较长，输送容量与最大负荷利用小时数都较大，首先应按经济电流密度选择截面，其次再按电压等级来校核电晕条件，并按各种运行方式来校核热稳定条件。此外，尽管区域电力网的线路较长，电压损耗可能较大，但如前所述，电压问题可通过调压设备来解决，电压损耗不能作为选择的控制条件。

2）地方电力网。按电压损耗条件选择导线截面，再校验其他条件。

3）车间电力网。由于线路较短，电压损耗不是控制条件，应主要按允许发热选择导线截面。

由于电力网的分类并没有严格的界限，它们的特点也不是绝对的，上面的分类选择条件仅针对一般情况，有时为了选出最佳方案，还需要进行各种因素的深入分析比较。

8-22 什么是标幺制？如何计算？有何特点？

答：（1）标幺制的概念。

标幺制的"幺"字读作"幺"，作"幺"解，习惯写作"幺"。

在一般的电路计算中，电压、电流、功率和阻抗分别用伏、安、伏安和欧表示，这种用实际有名单位表示物理量的方法称为有名单位制。在电力系统计算中，还广泛地采用标幺制。标幺制是相对单位制的一种，在标幺制中各物理量都用标幺值表示。标幺值定义由下式给出

$$标幺值 = \frac{实际有名值（任意单位）}{基准值（与有名值同单位）}$$

例如，某发电机的端电压 U_G 用有名值表示为 10.5kV，用标幺值表示时必须选定电压的基准值。如果我们选电压的基准值 $U_B = 10.5kV$，则发电机电压的标幺值 U_{G*} 应为

$$U_{G*} = \frac{U_G}{U_B} = \frac{10.5}{10.5} = 1.0$$

电压的基准值也可以选别的数值，例如，若选 $U_B = 10kV$，则 $U_{G*} = 1.05$；若选 $U_B = 1kV$，则 $U_{G*} = 10.5$。

由此可见，标幺值是一个没有量纲的数值，对于同一个实际有名值，基准值选得不同，

其标么值也就不同。因此，当我们说一个量的标么值时，必须同时说明它的基准值，否则，标么值的意义是不明确的。

当选定电压、电流、功率和阻抗的基准值分别为 U_B，I_B，S_B 和 Z_B 时，相应的标么值如下

$$U_* = \frac{U}{U_B}$$

$$I_* = \frac{I}{I_B}$$

$$S_* = \frac{S}{S_B} = \frac{P + jQ}{S_B} = \frac{P}{S_B} + j\frac{Q}{S_B} = P_* + jQ_*$$

$$Z_* = \frac{Z}{Z_B} = \frac{R + jX}{Z_B} = \frac{R}{Z_B} + j\frac{X}{Z_B} = R_* + jX_*$$

（2）基准值的选择。

基准值的选择，除了要求基准值与有名值同单位外，原则是可以任意的。但是采用标么值的目的是为了简化计算和便于对计算结果作出分析评价。因此选择基准值时应考虑尽量能实现这些目的。

在电力系统分析中，主要涉及对称三相电路的计算，在选择基准值时，习惯上只选定 U_B 和 S_B。电压的基准值往往就取网络中被选作基本级的额定电压。功率的基准值可取某一个整数，如 100、1000MVA，也可取系统的总功率或系统中某发电厂或某发电机、某变压器的额定功率。当基准值只选定 U_B 和 S_B 后，由此得

$$Z_B = \frac{U_B}{\sqrt{3}\,I_B} = \frac{U_B^2}{S_B}$$

$$I_B = \frac{S_B}{\sqrt{3}\,U_B}$$

这时，电流和阻抗的标么值为

$$I_* = \frac{I}{I_B} = \frac{\sqrt{3}\,U_B I}{S_B}$$

$$Z_* = \frac{R + jX}{Z_B} = R_* + jX_* = R\frac{S_B}{U_B^2} + jX\frac{S_B}{U_B^2}$$

采用标么制进行计算，所得结果最后还要换算成有名值，其换算公式为

$$U = U_* U_B$$

$$I = I_* I_B = I_*\frac{S_B}{\sqrt{3}\,U_B}$$

$$S = S_* S_B$$

$$Z = (R_* + jX_*)\,Z_B = (R_* + jX_*)\,\frac{U_B^2}{S_B}$$

（3）不同基准值的标么值间的换算。

在电力系统的实际计算中，对于直接电气联系的网络，在制订标么值的等值电路时，各元件的参数必须按统一的基准值进行归算。而从手册或产品说明书中查得电机和电器的阻抗

值，一般都是以各自的额定容量（或额定电流）和额定电压为基准的标么值（额定标么阻抗）。由于各元件的额定值可能不同，因此，必须把不同基准值的标么阻抗换算成统一基准值的标么值。

进行换算时，先把额定标么阻抗还原为有名值，例如，对于电抗有

$$X = X_{(N)*} \frac{U_N^2}{S_N}$$

若统一选定的基准电压和基准功率分别为 U_B 和 S_B，那么以此为基准的标么电抗值应为

$$X_{(B)*} = X \frac{S_B}{U_B^2} = X_{(N)*} \frac{U_N^2}{S_N} \times \frac{S_B}{U_B^2}$$

此式可用于发电机和变压器的标么电抗的换算。对于系统中用来限制短路电流的电抗器，它的额定标么电抗是以额定电压和额定电流为基准值表示的。因此，它的换算公式为

$$X_R（有名值） = X_{R(N)*} \frac{U_N}{\sqrt{3} I_N}$$

$$X_{R(B)*} = X_R \frac{S_B}{U_B^2} = X_{R(N)*} \frac{U_N}{\sqrt{3} I_N} \times \frac{S_B}{U_B^2}$$

（4）标么制的特点。

采用标么制的突出优点在于：

1）易于比较电力系统各元件的特性及参数。同一类型的电机，尽管它们的容量不同，参数的有名值也各不相同，但是换算成以各自的额定功率和额定电压为基准的标么值以后，参数的数值都有一定的范围。例如隐极同步发电机，$X_d = X_q = 1.5 \sim 2.0$；凸极同步发电机的 $X_d = 0.7 \sim 1.0$。同一类型电机用标么值画出的空载特性基本上一样。又例如，110kV，容量自 5600kVA ~ 60000kVA 的三相双绕组变压器，短路电压的额定标么值都是 0.105。

2）采用标么制，能够简化计算公式。交流电路中有一些电量同频率有关，而频率 f 和电气角速度 $\omega = 2\pi f$ 也可以用标么值表示。如果选取额定频率 f_n 和相应的同步角速度 $\omega_n = 2\pi f_n$ 作为基准值，则 $f_* = f/f_n$ 和 $\omega_* = \omega/\omega_n = f_*$。用标么值表示的电抗，磁链和电动势分别为 $X_* = \omega_* L_*$，$\varphi_* = I_* L_*$ 和 $E_* = \omega_* \varphi_*$。当频率为额定值时，$f_* = \omega_* = 1$，则有 $X_* = L_*$，$\varphi_* = I_* X_*$ 和 $E_* = \varphi_*$。这些关系常可使某些计算公式得到简化。

3）采用标么制能在一定程度上简化计算工作。只要基准值选择得当，许多物理量的标么值就处在一定的范围内。用有名值表示时有些数值不等的量，在标么制中其数值却相等。例如，在对称三相系统中，线电压和相电压的标么值相等；当电压等于基准值时，电流和功率的标么值相等；变压器的阻抗标么值不论归算到哪一侧都一样且等于短路电压的标么值。在电力系统稳态分析中，如运用解析计算即手算，往往采用有名制；如运用计算机计算，则一般采用标么制。

标么制也有缺点，主要是没有量纲，因而物理概念不如有名值明确。

8－23　复杂电路应用计算机进行潮流计算时，常用的计算方法有几种？快速分解法的特点及适用条件是什么？

答： （1）应用计算机进行潮流计算时，常用的计算方法有：牛顿-拉夫逊法和快速分解法。

（2）快速分解法有两个主要特点：

1）降阶。在潮流计算的修正方程中利用了有功功率主要与节点电压相位有关、无功功率主要与节点电压幅值有关的特点，实现 P-Q 分解，使系数矩阵由原来的 $2N \times 2N$ 阶降为 $N \times N$ 阶，N 为系统的节点数（不包括缓冲节点）。

2）因子表固定化。利用了线路两端电压相位差不大的假定，使修正方程系数矩阵元素变为常数，并且就是节点导纳的虚部。

由于以上两个特点，使快速分解法每一次迭代的计算量比牛顿法大大减少。快速分解法只具有一次收敛性，因此要求的迭代次数比牛顿法多，但总体上快速分解法的计算速度仍比牛顿法快。

（3）快速分解法只适用于高压网的潮流计算，对中、低压网，因线路电阻与电抗的比值大，线路两端电压相位差不大的假定已不成立，用快速分解法计算，会出现不收敛问题。

8-24　应用计算机进行潮流计算时，哪些是有源节点？哪些是无源节点？何谓 PQ、PU 及缓冲节点？其选用原则如何考虑？

答：潮流计算中具有功率注入的节点是有源节点，如发电机、调相机、负荷节点。没有功率注入的节点是无源节点，也叫联络节点。有源节点可分为 PQ、PU 及 V^θ 三种节点类型。

PQ 节点是注入有功、无功功率给定不变的节点，一般选用负荷节点及没有调节能力的发电节点。

PU 节点是注入有功功率和节点电压幅值给定不变的节点，一般选用有调压能力的发电节点。

V^θ 节点又称缓冲节点，是电压幅值、相位给定的节点，其有功、无功注入是完全没有限制的，一般选调频发电机节点。

第九章 电力系统运行

9-1 何谓电力系统、电网、电力网、动力系统？

答：（1）电力系统是由发电厂、变电所、输配电线路和用户的电气装置连接而成的一个整体。包括发电机、变压器、断路器、母线、架空线、电缆、配电装置、受电装置等设施，以及为保证这些设施正常运行所需的继电保护和安全自动装置、计量装置、电力通信设施、电网调度自动化设施等。

（2）电力系统俗称电网。

（3）电力网是将各电压等级的输电线路和各种类型的变电所连接而成的网络，以及为保证该网络设施正常运行所需的继电保护和安全自动装置、计量装置、电力通信设施、电网调度自动化设施等。

（4）动力系统是由电力系统和动力装置，如锅炉、汽轮机等共同组成的。整个动力系统包括电力系统，热能、水能、原子能或其他能源的动力设备和热能用户等。

9-2 电力工业生产有哪些主要特点？

答：电力工业生产有如下特点：

（1）同时性。发电、输电、变电、用电是同时完成的，电能不能储存，必须用多少，发多少。

（2）整体性。发电厂、变压器、高压输电线路、配电线路和用电设备在电网中形成一个不可分割的整体，缺少任一环节，电力生产都不可能完成。相反，任何设备脱离电网都将失去其存在的意义。

（3）快速性。电能输送过程迅速，其传输速度与光速相同，每秒30万km，发、供、用都是在一瞬间实现。

（4）连续性。电能的质量需要实时、连续的监视与调整。

（5）实时性。电网事故发展迅速，涉及面大，需要实时安全监视。

（6）随机性。由于负荷变化、异常情况、电网操作及事故发生的随机性，电能质量的变化是随机的。因此，在电力生产过程中，需要实时调度，并需要实时安全监控系统随时跟踪随机事件，以保证电能质量及电网安全运行。

9-3 现代电网有哪些主要特征？

答：现代电网具有如下主要特征：

（1）网络性是现代电网的主要特征之一。现代电网是一个由超高压系统构成主网架的大电网。

发展大电网是电力工业发展的基本规律。电力发展水平越高，电网规模就越大。目前世界上的大电网有三种类型：一种是统一电力系统，就是统一规划和建设、统一调度和运行的电力系统。像前苏联电网，它是世界上最大的统一电网，如果算上与其同步联网的东欧各国电网，电网总装机容量高达 4.6 亿 kW。二是联合电力系统，指协调规划并按合同或协议调度的电力系统。世界上最大的联合电力系统在北美，美国与加拿大之间形成以交流电网为主的四个同步联合电网，总装机容量达 8.15 亿 kW。三是互联电网。如欧洲电网、西欧大陆 14 国与中欧 4 国同步联网，与英国、东欧、北欧之间用直流联网。

大电网具有规模经济效应，具有较强的资源配置能力。我国华中和华东电网 1989 年通过 500kV 直流联络线实现互联，华北和东北电网 2001 年 5 月 11 日通过 500kV 交流联络线实现互联。我国计划 2015 年左右实现全国联网，其最大的优越性在于：

1）可以取得较大的容量效益和互为备用效益。例如华北电网与华中电网由于其所处的地理位置、资源状况、负荷特性的差异，存在很大的互补性。联网后可以取得减少弃水电量、利用水电空闲容量等多种效益。据测算，联网后两网可实现的总容量效益，在 2005 年为（30～40）万 kW，在 2010 年可达 100 万 kW。

2）可以获得巨大的水电跨流域补偿效益。我国各大江河来水高峰时段由南至北顺延，大区联网可以使各流域水电站调整运行方式，将弃水电能和季节性电能转换成保证电能，实现水电跨流域电力补偿。

3）可以实现水电、火电互济补偿效益。

（2）各电网之间具有较强的联系。

（3）简化电力系统的电压等级和提高供电电压。

（4）具有足够的调峰、调频、调压容量，能够实现自动发电控制（AGC）。

（5）具有较高的供电可靠性。

（6）具有电能量自动计量系统。

（7）具有相应的安全稳定控制系统。

（8）具有高度自动化的监控系统。

（9）具有高度现代化的通信系统。

（10）具有适应现代电网运行管理需要的高素质的职工队伍。

9-4 对现代电网运行管理有哪些基本要求？

答： 对现代电网运行管理有如下基本要求：

（1）保障电网安全运行，以满足经济建设和人民生活用电的需要。

（2）保证良好的电能质量，使电压、频率以及谐波分量在允许的范围之内变化。

（3）提高电网运行的经济性。为此应采取一系列措施，包括适当建设大机组，充分利用水力资源，逐渐淘汰煤耗高的小火电机组，实行电力系统最优经济调度，加速推进全国联网等。

（4）现代电网必须实行统一调度，分级管理。

所谓统一调度，其内容一般包括：

1）由电网调度机构统一组织全网调度计划（或称电网运行方式）的编制执行，其中包括统一平衡和实施全网发电，供电调度计划，统一平衡和安排全网主要发电、供电设备的检修进度，统一安排全网的主接线方式，统一布置和落实全网安全稳定措施等。

2）统一指挥全网的运行操作和事故处理。

3）统一布置和指挥全网的调峰、调频和调压。

4）统一协调和规定全网继电保护、安全自动装置、调度自动化系统和调度通信系统的运行。

5）统一协调水电厂水库的合理运用。

6）按照规章制度统一协调有关电网运行的各种关系。

在形式上，统一调度表现为在调度业务上，下级调度必须服从上级调度的指挥。

所谓分级管理，是指根据电网分层的特点，为了明确各级调度机构的责任和权限，有效地实施统一调度，由各级电网调度机构在其调度管辖范围内具体实施电网调度管理的分工。

统一调度、分级管理是一个不可分割的整体。统一调度是分级管理基础上的统一调度，分级管理是统一调度下的分级管理。统一调度、分级管理作为一个原则通常只简单称为统一调度。统一调度不仅是电能生产特点的要求，也是发挥现代大电网优越性的要求，能有效地保证电网的安全、优质、经济运行以满足国民经济、社会发展和人民生活用电需要。

9－5　评价电力网可靠性的指标有哪些？大电网设计和运行的可靠性应满足哪些要求？

答：（1）电力网可靠性指标主要有三类，即事件的频率；事件的持续时间；事件的严重程度。其基本计算公式为

$$P = fd/T$$

式中　P——事件发生的概率；

f——事件发生的频次；

d——事件持续的时间；

T——统计时间（若以年为单位，则 $T = 8760\text{h}$）。

按严重程度分，电力系统的可靠性指标又分为三种，即：

1）系统问题指标（system problem indices）。它是指偶发事件发生后，在电力系统中造成的后果。例如，线路过负荷或负荷点的电压波动超过规定的界限。系统问题指标包括事件发生的频率、事件的平均持续时间、事件发生的概率等。如线路过负荷的持续时间为 6.5h，频率为 0.05 次／年，则过负荷概率为 $0.05 \times 6.5/8760 = 3.71 \times 10^{-5}$。

2）系统状态指标（system state indices）。通过系统状态指标来衡量不同偶发事故给系统造成影响的严重程度。

3）负荷消减指标（load curtailment indices）。该指标的特点是，任一事件的严重程度都用缩减负荷表示，而不考虑事件所引起的系统问题。

从对运行的影响看，充足性不足可以引起局部电力不足，而安全性不足将造成停电的蔓延甚至整个系统停止运转。目前，大容量电力系统的可靠性估计只涉及充足性，而用概率方法分析安全性则是将来的目标。

（2）电网设计和运行的可靠性要求。

大电网的可靠性，要求它具有足够的裕度和运行灵活性而不致发生不允许的运行情况，如失去稳定、过负荷、电压不合格或用户断电等。为此，大电网的设计和运行必须满足下列原则要求：

1) 能保证电网的连续、稳定、正常运行，并且有一定的裕度。如各母线的短路容量和整个系统的短路电流水平应能满足设备状况和系统运行的要求，正常运行时元件的电流、电压等不超过规定的限值，有相应的防止内部过电压的措施等。

2) 能保证在发生概率大的事故或不正常情况下，保持电网稳定运行，并不对用户造成大的影响。

3) 能保证在发生比较严重但概率小的事故或不正常情况时（包括电网元件发生某些组合的多重停运），不致造成失去同步、连锁停运或意外的大量用户负荷的供电中断。

4) 电网的某些元件检修时，仍有必要的灵活性以保证电网的安全运行。

5) 能保证在发生严重但概率小的扰动后电网不致崩溃，并通过采取预定措施能较快恢复至正常运行情况。

6) 输电系统必须能将所有发电厂发出的电力输送至分配电力的重要枢纽点或供电点，不论是与相邻电网的联络线还是电网内部的主干输电线，都必须有足够的容量和裕度以适应正常情况或事故情况下各电网之间以及电网内部各部分之间电力的输送和交换。任何一个线路不能被依靠去承担超过其承受能力的输送容量。开关设备的配置必须能隔离短路，并且能很快使任何事故下的电网迅速恢复至正常运行情况，或迅速恢复对重要用户的供电。

9-6 我国城市配电网必须满足的"N-1"原则具体指什么?

答：我国规定城市配电网必须满足"N-1"准则，具体规定是指：

(1) 高压变电所中失去任一回进线或一组降压变压器时，必须保证向下一级配电网供电。

(2) 高压配电网中一条架空线或一条电缆、变电所中一组降压变压器发生事故停运时，在正常情况下，除故障段外不停电，不得发生电压过低，不允许设备过负荷。在计划停运情况下，又发生故障停运时，允许部分停电，但应在规定时间内恢复供电。

(3) 低压电网中当一台变压器或电网发生故障时，允许部分停电，但应尽快将完好的区段在规定的时间内切换至邻近电网恢复供电。

9-7 送电网的可靠性评估指标有哪些?

答：(1) S_1——电源及输电设备全部正常时电网的供电能力，MW。

(2) K——电网储备系数

$$K = (S_1 - S_{Lmax}) / S_{Lmax}$$

式中 S_{Lmax}——电网最大预测负荷。

(3) T——电网缺电时间期望值，天/年；

(4) S_2——电网电量不足期望值，kWh/年；

(5) f——电网缺电频率，次/年。

9-8 配电网的可靠性评估指标有哪些?

答：(1) 各负荷点、馈线、变电所以及系统的缺电时间期望值 T、电量不足期望值 S_2。

（2）有关的系统平均断电频率/［次/（户·年）］、系统年均断电时间/［h/（户·年）］、用户平均断电频率 CAIFI/［年/（户·年）］、平均供电可用率 ASAI（%）和平均电量不足 AENSI/［kWh/（户·年）］。

9-9 电网电能质量有哪几个主要指标?

答: 电力系统的基本任务就是要保证不间断地供给各种用户以优质而又经济的电能。通常衡量电能质量的基本指标如下:

（1）电压。电力系统供给用户的电压正常应维持额定电压水平,偏离值不应超过规定的容许范围。

（2）频率。电力系统供电频率正常为 50Hz,偏离值不应超过规定的容许范围。

（3）波形。电力系统供电电压（或电流）的波形应为正弦波,谐波成分不应超过规定的容许范围。

9-10 何谓发电机电频率及电力系统频率?

答:（1）交流电在 1s 内正弦参量交变的次数为频率,其单位为 Hz。

发电机的电频率与机组转速相对应,其关系式为

$$f = \frac{PN}{60}$$

式中　P——发电机极对数;

　　　　N——机组每分钟转数。

（2）电力系统频率,即交流电的频率,亦即该系统内电源发电机的电频率。

1）同一电网内,非振荡情况下,频率相同。

2）同一电网内,所有同步并列运行的发电机电频率相同。

3）电钟为交流单相同步电动机,故电钟快慢反映电力系统频率高低,且同一电网内电钟快慢相同。

9-11 电网频率指标有何具体要求? 频率偏离额定水平时有何危害?

答:（1）电网频率指标具体要求如下:

1）正常频率:装机容量在 3000MW 及以上电力系统,规定系统频率正常为 50 ± 0.2Hz;装机容量在 3000MW 以下电力系统,规定系统频率正常为 50 ± 0.5Hz。

2）电钟偏差:装机容量在 3000MW 及以上电力系统,电钟偏差不应大于 ± 30s;装机容量在 3000MW 以下电力系统,电钟偏差不应大于 ± 60s。

（2）频率偏离额定水平时的主要危害如下:

1）对用户带来危害。频率下降,将使用户的电动机转速下降,出力降低;频率升高,将使电动机转速上升,增加功率损耗。频率下降或升高时,均影响用户产品的产量和质量及电动机的寿命,还将引起电子仪器误差增大,电钟走时不准,严重时甚至导致自动装置及继电保护误动作等。

2）严重影响发电厂厂用电运行。频率偏差对发电厂本身将造成更为严重的影响。例如,对锅炉的给水泵和风机之类的离心式机械,当频率降低时其出力将急剧下降,从而迫使锅炉的出力大大减少,甚至紧急停炉。对于核能电厂,其反应堆冷却介质泵对供电频率有严格要

求，如果不能满足，这些泵将自动断开，使反应堆停止运行。这样就进一步减少系统电源的出力，导致系统频率进一步下降。因此，如果系统频率下降的趋势不能及时被制止，将造成恶性循环以致整个系统发生崩溃。

3）使汽轮机叶片受到损伤。在低频率状态下运行时，汽轮机末级叶片可能发生共振或接近于共振，从而使叶片振动应力大大增加，如时间过长，叶片将受到损伤，严重时甚至断裂。

9 – 12　电网电压指标有何具体要求？电压偏离额定水平时有何危害？

答：（1）电网电压指标具体要求，供电电压允许偏差为：

1）35kV 及以上供电电压正、负偏差的绝对值之和不超过额定电压的 10%。

2）10kV 及以下三相供电电压允许偏差为额定电压的 ±7%。

3）220V 单相供电电压允许偏差为额定电压的 +7%、– 10%。

$$电压偏差（\%）= \frac{实测电压 - 额定电压}{额定电压} \times 100\%$$

（2）电压偏离额定水平时的主要危害如下：

1）对照明设备的影响。照明常用的白炽灯、荧光灯的发光效率、光通量和使用寿命均与电压有关。当电压较额定电压降低 5% 时，白炽灯的光通量减少 18%；当电压降低 10% 时，光通量减少 30%，使照度显著降低。当电压比额定电压升高 5% 时，白炽灯的寿命减少 30%；当电压升高 10% 时，寿命减少一半。

2）对交流电动机的影响。异步电动机占交流电动机的 90% 以上，在电网总负荷中占 60% 以上。异步电动机的运行特性对电压的变化很敏感。当端电压降低时，定子电流增加很快。这是由于异步电动机的最大转矩与其端电压的平方成正比的缘故。当电压降低时，电机转矩将显著减小，以致转差增大，从而使得定子、转子电流都显著增大，导致电动机的温度上升，甚至可能烧毁电动机。反之，当电压过高时，将使电机过热，降低效率，缩短寿命。

3）对电力变压器的影响。变压器高电压运行时，会使电场增强，加剧局部放电，加快电老化。电压升高时，变压器空载损耗增大。在传输同样功率的条件下，变压器电压降低，会使电流增大，变压器绕组的损耗增大。当传输功率比较大时，低电压运行会使变压器过电流。

4）对电力电容器的影响。当电压下降时，由于电容器向电网提供的无功与电压平方成正比，因此将下降很多。如电容器上的电压太高，会严重影响电容器的使用寿命。

5）对电网经济运行的影响。输电线路和变压器在输送相同功率的条件下，其电流大小与运行电压成反比。电网低电压运行，会使线路和变压器电流增大。而线路和变压器绕组的有功损耗与电流平方成正比。故低电压运行会使电网有功功率损耗和无功功率损耗大大增加，增大了供电成本。

6）对家用电器的影响。对电热装置来说，功率与电压的平方成正比，显然过高的电压将损伤设备，过低的电压则达不到所需的温度。许多家用电器内都装有动力装置，如空调机、电冰箱、洗衣机、电风扇、抽油烟机等，动力装置包括直流电动机、交流异步电动机及交流同步电动机等，但约 85％ 用的是单相异步电动机。对单相异步电动机而言，若电压过低将影响电动机的起动，使转速降低，电流增大，甚至造成绕组烧毁。电压过高，有可能损坏绝缘或由于励磁过大而过电流。电视机的显像管在电源电压过低时，运行不正常，图像模糊，甚至无法收看。电压过高，会大大缩短显像管的使用寿命。

7）此外，电力系统维持同步运行的能力，与电网电压水平有很大的关系。若电压大幅度下降到极限电压时，系统微小的变化将引起静态稳定的破坏，而发生电压崩溃。

9－13　电力系统负荷有哪几种类型？各类负荷的频率特性、电压特性如何？

答：电力系统的负荷大致分为：同步电动机负荷；异步电动机负荷；电炉、电热负荷；整流负荷；照明用电负荷；网络损耗负荷等类型。

（1）有功负荷的频率特性。

1）与频率变化无关的负荷：如照明、电弧炉、电阻炉、整流负荷等。

2）与频率的一次方成正比的负荷：如球磨机、切削机床、往复式水泵、压缩机、卷扬机等。

3）与频率的二次方成正比的负荷：如网损等。

4）与频率的三次方成正比的负荷：如通风机、静水头阻力不大的循环水泵等。

5）与频率的更高次方成正比的负荷：如静水头阻力很大的给水泵。

（2）有功负荷的电压特性。

1）同步电动机负荷与电压无关，异步电动机负荷基本上与电压无关（由于滑差的变化很小）。

2）照明用电负荷与电压的 1.6 次方成正比，电热、电炉、整流负荷与电压的平方成正比，为了简化计算，近似地将这类负荷都看做与电压的平方成正比。

3）电力线路损失在输送功率不变的条件下，与电压的平方成反比（变压器的铁损与电压的平方成正比，因其占总网损的一小部分，故忽略不计）。

（3）无功负荷的电压特性。

1）异步电动机和变压器是系统中无功功率的主要消耗者，决定着系统的无功负荷的电压特性。其无功损耗分为两部分：励磁无功功率与漏抗中消耗的无功功率。励磁无功功率随着电压的降低而减小，漏抗中的无功损耗与电压的平方成反比，随着电压的降低而增加。

2）输电线路中的无功损耗与电压的平方成反比，而充电功率却与电压的平方成正比。

3）照明、电阻炉等因为不消耗无功，所以与电压的变化无关。

9－14　母线接线有哪几种主要方式？3/2 断路器接线有何优点？

答：（1）母线接线主要有以下几种方式：

1）单母线：单母线，单母线分段，单母线加旁路和单分线分段加旁路。

2）双母线：双母线，双母线分段，双母线加旁路和双母线分段加旁路。

3）三母线：三母线，三母线分段，三母线分段加旁路。

4）3/2 接线，3/2 接线母线分段。

5）4/3 接线。

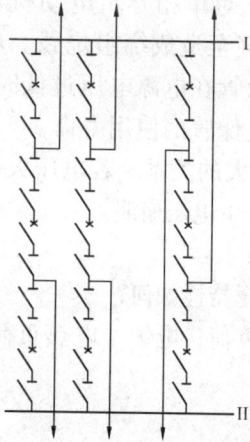

图 9-1 一个半断
路器接线

6）母线—变压器—发电机组单元接线。

7）角形接线（或称环形）：三角形接线、四角形接线、多角形接线。

8）桥形接线：内桥接线、外桥接线。

（2）3/2 断路器接线方式的优点。

每两个元件（出线或电源）用三台断路器构成一串接至两组母线，称为一个半断路器接线，又称 3/2 断路器接线，如图 9-1 所示。在一串中，两个元件（进线或出线）各自经一台断路器接至不同母线，两回路之间的断路器称为联络断路器。

运行时，两组母线和同一串的三个断路器都投入工作，称为完整串运行，形成多环路状供电，具有很高的可靠性。其主要特点是，任一母线故障或检修，任一断路器检修，甚至于两组母线同时故障（或一组母线检修另一组母线故障）的极端情况下，功率仍能继续输送。一串中任何一台断路器退出或检修的运行方式称为不完整串运行，此时仍不影响任何一个元件的运行。这种接线运行方便，操作简单，隔离开关只在检修时作为隔离电器。

在大型发电厂和变电所中，广泛采用 3/2 接线。在大型发电厂第一期工程中，一般是机组和出线较少，例如，只有两台发电机和两回出线，只构成两串的 3/2 接线。在此情况下，电源（进线）和出线的接入点可采用两种方式：一种是交叉接线，如图 9-2（a）所示，将两个同名元件（电源或出线）分别布置在不同串上，并且分别靠近不同母线接入，即电源（变压器）和出线相互交叉配置；另一组是非交叉接线（或称常规接线），如图 9-2（b）所示，它也将同名元件分别布置在不同串上，但

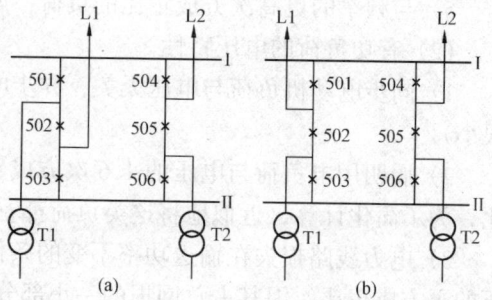

图 9-2 $\frac{3}{2}$ 接线配置方式

（a）交叉接线；（b）非交叉接线

所有同名元件都靠近某一母线一侧（进线都靠近一组母线，出线都靠近另一组母线）。

通过分析可知，3/2 交叉接线比 3/2 非交叉接线具有更高的运行可靠性，可减少特殊运行方式下的事故扩大。例如，一串中的联络断路器（设 502）在检修或停用，当另一串的联络断路器发生异常跳闸或事故跳闸（出线 L2 故障或进线 T2 回路故障）时，对非交叉接线将造成切除两个电源，相应的两台发电机甩负荷至零，电厂与系统完全解列；而对交叉接线而言，至少还有一个电源（发电机——变压器组）可向系统送电，L2 故障时 T2 向 L1 送电，T2 故障时 T1 向 L2 送电，即使联络断路器 505 异常跳开时也不破坏两台发电机向系统送电。交叉接线的配电装置的布置比较复杂，需增加一个间隔。

应当指出，当 3/2 接线的串数多于两串时，由于接线本身构成的闭环回路不止一个，一个串中的联络断路器检修或停用时，仍然还有闭环回路，因此不存在上述差异。

9-15 在电力系统中无功管理的最基本要求是什么？电力系统有哪些主要无功补偿设

备?

答：（1）电力系统中无功管理的最基本要求是：电力系统的无功电源与无功负荷，在高峰或低谷时都应采用分（电压）层、分（供电）区就近平衡的原则进行配置和运行，保证系统各枢纽点的电压，在正常和事故后均能满足规定的要求，避免经长距离线路或多级变压器传送无功功率。

（2）电力系统主要的无功补偿设备有：并联电容器，并联电抗器，同期调相机和静止无功补偿装置等。

9－16　电力系统频率与电压之间的关系如何?

答：发电机电动势按励磁系统不同，随着频率的平方或三次方成正比变化。当系统频率下降时，发电机的无功出力将减小，用户需要的励磁功率将增加。此时若系统无功电源不足，频率下降将促使电压随之降低。经验表明，频率下降 1% 时，电压相应下降 0.8% ~ 2%。电压下降，又反过来使负荷的有功功率减小，阻滞频率下降。在无功电源充足的情况下，发电机的自动励磁调节系统将提高发电机的无功出力，防止电压的下降。即发电机的无功出力将因系统频率的下降而增大。当系统频率上升时，发电机的无功出力将增加，负荷的无功功率将减少，使系统电压上升，但发电机的自动励磁调节系统将阻止其上升，即发电机的无功出力在频率上升时下降。

9－17　发电厂在调整系统频率工作中，如何进行分工和实现分级调整?

答：整个电力系统的频率调整过程要比一台机的频率调整过程复杂得多。因为它与全系统有调整能力的发电机均有关系。在大型电力系统，除了调频外，还要调整联络线上的功率及实行经济调度，因而现代电网应实现自动发电控制（AGC）。

一般而言，为了避免在频率调整过程中出现过调或频率长时间不能稳定的现象，频率的调整工作须进行分工和分级调整，即将所有电厂分为主调频厂、辅助调频厂、非调频厂三类。所谓主调频厂是负责全系统的频率调整工作，一般由 1 ~ 2 个电厂担任。所谓辅助调频厂只当系统频率超过了某一规定的偏移范围后才参加频率的调整工作，一般由少数几个厂担任。所谓非调频厂是指系统正常运行情况下均带固定负荷。

9－18　何谓逆调压、顺调压和恒调压?

答：（1）逆调压：控制点供电电压的调整使其在高峰负荷时的电压高于低谷负荷时的电压，一般高峰负荷保持电压比系统标称电压高 5%，低谷负荷保持电压为标称电压。

（2）顺调压：指控制点的电压调整为高峰负荷时的电压低于低谷负荷时的电压。一般高峰负荷电压不低于标称电压的 102.5%，低谷负荷电压不高于标称电压的 107.5%。

（3）恒调压：任何负荷时控制点电压基本保持不变的调压方式，一般保持电压高于标称电压的 2% ~ 5%。

9－19　什么是系统电压监测点、中枢点? 电压监测点、中枢点设置的原则是什么?

答：（1）监测电力系统电压值和考核电压质量的节点，称为电压监测点。电力系统中重要的电压支撑节点，称为电压中枢点。因此，电压中枢点一定是电压监测点，而电压监测点不一定是电压中枢点。

（2）电压监测点的设置原则为：

1）与主网（220kV 及以上电压电网）直接连接的发电厂高压母线电压。

2）各级调度"界面"处的330kV 及以上变电所的一、二次母线电压；220kV 变电所的二次母线电压或一次母线电压。

3）所有变电所和带地区供电负荷发电厂 10（6）kV 母线是中压配电网的电压监测点。

4）供电局选定一批有代表性的用户作为电压质量考核点。

（3）电压中枢点的设置原则为：

1）区域性水、火电厂的高压母线（高压母线有多回出线）。

2）分区选择母线短路容量较大的 220kV 变电所母线。

3）有大量地方负荷的发电厂母线。

9－20 简述电压质量考核点的设置原则及电压合格率的计算方法。

答：电力系统设置有电压质量考核点，这些点均装有电压自动记录仪，用以统计、分析电压合格率。电压质量考核点的设置原则为：

（1）城市变电所（含城市直配负荷的发电厂），（6～10）kV 母线（A 类电压监测点）。

（2）供电局选定一批有代表性的用户作为电压质量考核点。其中包括：

1）110kV 及以上供电的和 35（63）kV 专线供电的用户（B 类电压监测点）。

2）其他 35（63）kV 用户和 10（6）kV 的用户每一万千瓦负荷至少设一个电压监测点，应包括对电压有较高要求的重要用户和每个变电所 10（6）kV 母线所带有代表性线路的末端用户（C 类电压监测点）。

3）低压（380/220V）用户至少每百台配电变压器设一个电压监测点，应考虑有代表性的首末端和部分重要用户（D 类电压监测点）。

4）此外，供电局应对所辖电网的 10kV 用户和公用配电变压器，小区配电室以及有代表性的低压配电网线路首末端用户的电压进行巡回检测。检测周期不应少于每年一次，每次连续检测时间不应少于 24h。

电压偏差以电压合格率为统计及考核指标。电压合格率是指实际运行电压在允许电压偏差范围内累计运行时间与对应的总运行统计时间之比的百分值。即

$$主网节点电压合格率 U = \left[1 - \frac{月电压超限时间总分（min）}{月电压监测总时间（min）} \right] \times 100\%$$

$$主网电压合格率 U = \frac{\sum_{i=1}^{n} U_i（主网节点电压合格率）}{n}$$

式中 n——主网电压监测点数。

$$供电综合电压合格率 U = 0.5A + 0.5 \frac{(B + C + D)}{3}。$$

式中，A、B、C、D 分别为四种类型电压监测点的供电电压合格率。

国家明确提出一流供电企业必备条件之一是供电综合电压合格率大于或等于 98%，其中 A 类电压合格率大于或等于 99%。

9－21 何谓频率崩溃？

答： 如图9－3所示：B和A（即A1～A4）分别为发电机和负荷的有功频率特性曲线。在某一时刻，发电机和负荷的有功负荷在点0达到平衡，系统频率为f_0。随着有功负荷的增长，由于发电机调速器的作用，发电机和负荷的有功负荷在点1达到平衡，系统频率为f_1。当有功负荷继续增加时（经过点2后），由于发电厂的气压、供水量、水头等随频率的变化而下降，所以出力不仅不可能增大，反而随着频率的下降而下降。即发电机的实际出力特性是沿曲线2—3—4变化的。当有功负荷的增加使发电机和负荷的有功频率特性曲线相切时（对应点3），此切点$dP/df=0$，运行于临界频率f_{LJ}。

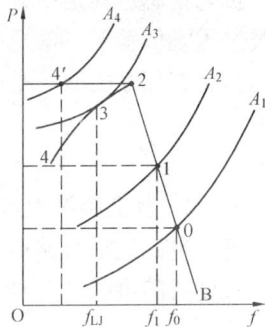

图9－3 题9－21图

电力系统运行频率如果等于（或低于）临界频率，那么，如扰动使系统频率下降，将迫使发电机出力减少，从而使系统频率进一步下降，有功不平衡加剧，形成恶性循环，导致频率不断下降最终到零（如果有功负荷增加很多或大机组低频保护动作掉闸，以致使A不能和B曲线相交时，系统频率会迅速下降至零）。这种频率不断下降最终到零的现象称为频率崩溃，或者叫做电力系统频率不稳定。

9－22 何谓电压崩溃？有何危害？

答： 如图9－4所示：Q_S和Q_L分别为系统内某点的无功电源与无功负荷的电压特性曲线。假设这时所有的无功电源容量都已调至最大。在某一时刻，无功电源和无功负荷在点1达到平衡，运行电压为U_1。随着无功负荷的增长（增加值为ΔQ_{L1}），由于无功电源已不能增加，实际运行点不是Q_{L2}上对应U_1的点，而是在Q_{L2}与Q_S的交点2处，运行电压为U_2。同理，当无功负荷继续增加ΔQ_{L2}时，实际运行点是Q_{L3}与Q_S的切点3处，此点$dQ/dU=0$，运行于临界电压U_{LJ}。

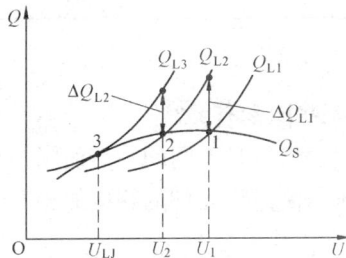

图9－4 题9－22图

电力系统运行电压如果等于（或低于）临界电压，那么，如扰动使负荷点的电压下降，将使无功电源永远小于无功负荷，从而导致电压不断下降最终到零（如果无功负荷增加很多，以致使Q_L不能和Q_S曲线相交时，电压会迅速下降至零）。这种电压不断下降最终到零的现象称为电压崩溃，或者叫做电力系统电压不稳定。

电压降落的持续时间一般较长，从几秒到几十分钟不等，电压崩溃会导致系统损失大量负荷，甚至大面积停电或使系统（局部电网）瓦解。

9－23 电力系统暂态过程有几种形式？各有何特点？

答： 电力系统的暂态过程有三种：波过程、电磁暂态过程和机电暂态过程。

波过程是运行操作或雷击过电压引起的过程。这类过程最短暂（微秒级），涉及电流、电压波的传播。波过程的计算不能用集中参数，而要用分布参数。

电磁暂态过程是由短路引起的电流、电压突变及其后在电感、电容型储能元件及电阻型耗能元件中引起的过渡过程。这类过程持续时间较波过程长（毫秒级）。电磁暂态过程的计算要应用磁链守恒原理，引出暂态、次暂态电势、电抗及时间常数等参数，据此算出各阶段短路的起始值及衰减时间特性。

机电暂态过程是由大干扰引起的发电机输出电功率突变所造成的转子摇摆、振荡过程。这类过程既依赖于发电机的电气参数，也依赖于发电机的机械参数，并且电气运行状态与机械运行状态相互关联，是一种机电联合的一体化的动态过程。这类过程的持续时间最长（秒级）。

9－24　什么叫波阻抗?

答：电磁波沿线路单方向传播时，行波电压与行波电流绝对值之比称为波阻抗。其值为单位长度线路电感 L_0 与电容 C_0 之比的平方根。

$$Z_C = \sqrt{\frac{L_0}{C_0}}$$

式中　Z_C——该线路的波阻抗或称特征阻抗。

不同输电线路的波阻抗参考值如表 9－1 所示。

表 9－1　　　　　　　　　　输 电 线 路 波 阻 抗

电压（kV）	分裂数	波阻抗（Ω）	电压（kV）	分裂数	波阻抗（Ω）
220	1	375	500	3	290
220	2	310	500	4	260
330	2	309	750	4	260

9－25　什么是电力系统序参数? 零序参数有何特点? 与哪些因素有关?

答：对称的三相电路中，流过不同相序的电流时，所遇到的阻抗是不同的，然而同一相序的电压和电流间仍符合欧姆定律。任一元件两端的相序电压与流过该元件的相应的相序电流之比，称为该元件的序参数（阻抗）。

负序电抗是由于发电机转子运行反向的旋转磁场所产生的电抗，对于静止元件（变压器、线路、电抗器、电容器等）不论旋转磁场是正向还是反向，其产生的电抗是没有区别的，所以它们的负序电抗等于正序电抗。但对于发电机，其正向与反向旋转磁场引起的电枢反应是不同的，反向旋转磁场是以两倍同步频率轮换切割转子纵轴与横轴磁路，因此发电机的负序电抗是一介于 X''_d 及 X''_q 的电抗值，远远小于正序电抗 X_d。

零序参数（阻抗）与网络结构，特别是和变压器的接线方式及中性点接地方式有关。一般情况下，零序参数（阻抗）及零序网络结构与正、负序网络不一样。

对于变压器，零序电抗则与其结构（三个单相变压器组还是三柱变压器）、绕组的连接（△或 Y）和接地与否等有关。

当三相变压器的一侧接成三角形或中性点不接地的星形时，从这一侧来看，变压器的零序电抗总是无穷大的。因为不管另一侧的接法如何，在这一侧加以零序电压时，总不能把零序电流送入变压器。所以只有当变压器的绕组接成星形，并且中性点接地时，从星形侧来看变压器，零序电抗才是有限的。

对于输电线路，零序电抗与平行线路的回路数、有无架空地线及地线的导电性能等因素有关。零序电流在三相线路中是同相的，互感很大，因而零序电抗要比正序电抗大，而且零序电流将通过地及架空地线返回，架空地线对三相导线起屏蔽作用，使零序磁链减少，即使零序电抗减小。

平行架设的两回三相架空输电线路中通过方向相同的零序电流时，不仅第一回路的任意两相对第三相的互感产生助磁作用，而且第二回路的所有三相对第一回路的第三相的互感也产生助磁作用，反过来也一样，这就使这种线路的零序阻抗进一步增大。

9-26 影响供电可靠性的主要因素有哪些?

答：（1）系统接线的灵活、可靠性。主要在规划设计时考虑。

（2）设备可用率。它又可分以下影响因素：

1）设备因素：包括设备的制造质量，安装质量和检修质量。

2）人为因素：包括计划安排的科学合理性，工作效率和工作质量等因素。应减少重复性停电工作，缩短停用时间，提高工艺质量，减少临检次数，加强运行管理，及时消除缺陷。

3）外界影响因素。

（3）运行方式的合理性。应加强调度管理和运行方式分析，充分利用系统设备和接线提供的条件，优化运行方式。

（4）电力是否充足或备用容量是否足够。

9-27 电力系统在运行中对静态稳定储备有什么规定? 如何计算静态稳定储备系数?

答：（1）电力系统在运行中对静态稳定储备的要求如下：

1）在正常运行方式（包括正常检修方式）下，按功角判据计算的静态稳定储备系数 $K_p\% \geqslant 15\% \sim 20\%$，按无功电压判据计算的静态稳定储备系数 $K_u\% \geqslant 10\% \sim 15\%$。

2）在事故后运行方式和特殊运行方式下，$K_p\% \geqslant 10\%$，$K_u\% \geqslant 8\%$。

（2）静态稳定储备系数的计算公式如下：

1）用 $dP/d\sigma$ 判据和用小振荡法判别静态稳定时，静态稳定储备系数为

$$K_p\% = \frac{P_{lim} - P}{P} \times 100\%$$

式中　P_{lim}——极限功率，kW。

2）用 dQ/dU 判据判别静态稳定时，静态稳定储备系数为

$$K_u\% = \frac{U - U_1}{U_1} \times 100\%$$

式中　U_1——临界电压，kV。

9-28 电力系统发生大扰动时，安全稳定标准是如何划分的?

答：根据电网结构和故障性质不同，电力系统发生大扰动时的安全稳定标准分为四类：

（1）保持稳定运行和电网的正常供电。

（2）保持稳定运行，但允许损失部分负荷。

（3）当系统不能保持稳定运行时，必须防止系统崩溃，并尽量减少负荷损失。

（4）在满足规定的条件下，允许局部系统作短时间的非同步运行。

9-29 确定电力系统有功功率备用容量的原则是什么?

答：规划、设计和运行的电力系统，均应备有必要的有功功率备用容量，以保持系统在额定频率下运行。备用容量包括：

（1）负荷备用容量：为最大发电负荷的 2%~5%，低值适用于大电力系统，高值适用于小电力系统。

（2）事故备用容量：为最大发电负荷的 10% 左右，但不小于系统内一台最大机组的容量。

（3）检修备用容量：一般应结合系统负荷特点、水火电比重、设备质量、检修水平等情况确定，以满足运行机组的检修要求，一般宜为最大发电负荷的 8%~15%。

9-30 列出发电厂和变电所的母线电压允许偏差值。

答：（1）500/330kV 母线：正常运行方式时，最高运行电压不得超过系统额定电压的 +110%；最低运行电压不应影响电力系统同步稳定、电压稳定、厂用电的正常使用及下一级电压的调节。

向空载线路充电，在暂态过程衰减后线路末端电压不应超过系统额定电压的 1.15 倍，持续时间不应大于 20min。

（2）发电厂和变电所的 220kV 母线：正常运行方式时，电压允许偏差为系统额定电压的 0~+10%；事故运行方式时为系统额定电压的 -5%~+10%。

（3）发电厂和变电所的（110~35）kV 母线：正常运行方式时，为相应系统额定电压的 -3%~+7%；事故后为系统额定电压的 ±10%。

（4）发电厂和变电所的 10（6）kV 母线：应使所带线路的全部高压用户和经配电变压器供电的低压用户的电压，均符合用户受电端的电压允许偏差值。

9-31 一次电气设备备用状态是如何划分的?

答：一次电气设备备用状态通常分为以下四种：

（1）旋转备用：特指运行正常的发电机组维持额定转速，随时可以并网，或已并网但仅带一部分负荷，随时可以加出力至额定容量的发电机组。

（2）热备用：特指线路、母线、变压器、发电机等电气设备的断路器断开，断路器两侧隔离开关处于接通位置，相关接地开关断开，随时可接指令投入运行，发电机可启动，按规定带负荷。

（3）冷备用：特指线路、母线、变压器、发电机等电气设备的断路器断开，断路器两侧隔离开关和相关接地开关处于断开位置，接指令经过一定时间的操作可投入运行；

（4）紧急备用：设备停止运行，隔离开关断开，有安全措施，但设备具备运行条件（包括有较大缺陷可短期投入运行的设备），接指令可在短暂时间内投入运行。

9-32 电网电气设备的状态分为哪几种?

答：电气设备的状态分为以下 4 种：

（1）运行状态：是指设备的隔离开关及断路器都在合闸位置，将电源至受电端间的电路接通（包括辅助设备，如仪表变压器、避雷器等）。

（2）热备用状态：是指设备只断开了断路器而隔离开关仍在合闸位置。

（3）冷备用状态：是指设备的断路器及隔离开关都在断开位置。

（4）检修状态：是指设备所有的断路器、隔离开关已断开，并挂好了工作牌、装好了临时遮栏及保护接地线（或合上了接地开关）。

9-33 电力系统的调频方式有几种？特点如何？

答：电力系统的调频方式分为一次调频和二次调频。

（1）一次调频是指发电机组调速系统的频率特性所固有的能力，随频率变化而自动进行频率调整。其特点是频率调整速度快，但调整量随发电机组不同而不同，且调整量有限，值班调度员难以控制。

（2）二次调频是指当电力系统负荷或发电出力发生较大变化时，一次调频不能恢复频率至规定范围时采用的调频方式。二次调频分为手动调频及自动调频。

1）手动调频。在调频厂，由运行人员根据系统频率的变动来调节发电机的出力，使频率保持在规定范围内。手动调频的特点是反映速度慢，在调整幅度较大时，往往不能满足频率质量的要求，同时值班人员操作频繁，劳动强度大。

2）自动调频。这是现代电力系统采用的调频方式，自动调频是通过装在发电厂和调度中心的自动装置随系统频率的变化自动增减发电机的发电出力，保持系统频率在较小的范围内波动。自动调频是电力系统调度自动化的组成部分，它具有完成调频、系统间联络线交换功率控制和经济调度等综合功能。

9-34 什么叫自然功率？

答：输电线路既能产生无功功率（由于分布电容）又消耗无功功率（由于串联阻抗）。当沿线路传送某一固定有功功率，线路上的这两种无功功率适能相互平衡时，这个有功功率叫做线路的"自然功率"或"波阻抗功率"，因为这种情况相当于在线路末端接入了一个线路波阻抗值的负荷。若传输的有功功率低于此值，线路将向系统送出无功功率，而高于此值时，则将吸收系统的无功功率。

各电压等级线路的自然功率参考值如表 9-2 所示：

表 9-2　　　　　　　　　　　　输 电 线 路 自 然 功 率

电压（kV）	分裂数	自然功率（MW）	电压（kV）	分裂数	自然功率（MW）
220	1	130	500	3	925
220	2	157	500	4	1000
330	2	350	750	4	2150

9-35 什么叫功率分布和功率总和？

答：功率分布又称潮流分布，指电力网中电压、电流、功率的分布情况。通过潮流分布可以分析电力网的运行状况。潮流分布总是符合欧姆定律和基尔霍夫定律。

功率分布又分自然分布和强行分布两种：

（1）功率自然分布：不采取任何调节、控制手段时、两端供电网或环形网络中的功率的自然分布。功率的自然分布取决于网络各线段的阻抗及各结点的注入功率。

（2）功率强行分布：在两端供电网及环形网络中采取一定的控制调节手段，使潮流不按自然分布规律，而按一定方式（如使网损最小等）重新进行分布。强制功率分布的主要方法之一是在网络中接入附加串联加（调）压器，调节电压的辐值和相位，在网络中叠加循环功率，以达到强制分布功率的目的。

功率总和是运行装置计算数值和的一种功能，可用于将若干台机组的发电功率相加成电厂的总发电功率，或计算某一地区的发电或受送电总功率等。

9-36　何谓电磁环网？有何特点？

答：电磁环网是指不同电压等级运行的线路，通过变压器电磁回路的连接而构成的环路。

电磁环网对电网运行主要有下列弊端：

（1）易造成系统热稳定破坏。如果在主要的负荷中心，用高低压电磁环网供电而又带重负荷时，当高一级电压线路断开后，原来带的全部负荷将通过低一级电压线路（虽然可能不止一回）送出，容易出现超过导线热稳定电流的问题。

（2）易造成系统动稳定破坏。正常情况下，两侧系统间的联络阻抗将略小于高压线路的阻抗。而一旦高压线路因故障断开，系统间的联络阻抗将突然显著地增大（突变为两端变压器阻抗与低压线路阻抗之和，而线路阻抗的标么值又与运行电压的平方成正比），因而极易超过该联络线的暂态稳定极限，可能发生系统振荡。

（3）不利于经济运行。500kV 与 220kV 线路的自然功率值相差极大，同时 500kV 线路的电阻值（多为 $4 \times 400mm^2$ 导线）也远小于 220kV 线路（多为 $2 \times 240mm^2$ 或 $1 \times 400mm^2$ 导线）的电阻值。在 500/220kV 环网运行情况下，许多系统潮流分配难于达到最经济。

（4）需要装设高压线路因故障停运后连锁切机、切负荷等安全自动装置。但实践说明，安全自动装置本身拒动、误动影响电网的安全运行。

一般情况下，往往在高一级电压线路投入运行初期，由于高一级电压网络尚未形成或网络尚不坚强，需要保证输电能力或重要负荷而不得不电磁环网运行。

9-37　电晕对电力系统有何影响？

答：电晕是带电导体附近电场强度很大，导致空气局部放电的一种现象。在 110kV 以上电力系统设备上普遍发生。

电晕的强弱和气候条件有密切关系，如大气的温度、压力、湿度、光照以及污染状况都直接影响着气体放电特性。

电力系统中的电晕，其影响很多，大致有：

（1）损耗电功率。330kV 线路损耗可达 4.3kW/km；500kV 线路损耗可达 10kW/km；750kV 线路损耗可达 20kW/km。

（2）对线路参数的影响。由于电晕放电，改变了导线周围的电位，从而加大了其等效半径，对地、相间电容数值也相应地变大了。

（3）电晕放电产生高频电磁波，对通信有相当大的影响。

（4）电晕放电时，使空气中氧游离而变成臭氧，在室内对电器腐蚀加重。

9-38 交流电频率为什么定为50Hz或60Hz?

答：交流电频率高或低，各有利弊。频率高，可使电机及变压器的用铜及用铁量减少，所以重量轻，成本低，电灯因电流交变而产生的闪烁也不易为人的肉眼所感觉。然而，它会使输电线路和电气设备的电抗压降、能量损耗增大，造成电压调整率及效率变低。

频率过低，会使电机及变压器的重量增加，消耗有色金属多，成本增高，也会使电灯的闪烁显著，影响工作效率和人们的眼睛健康。

考虑上述各种因素，交流电频率定为50或60Hz较为合适。

9-39 对电能质量有危害的负荷有哪些?

答：有非线性负荷、不对称负荷和冲击性负荷。

正弦电压加在非线性负荷上（如整流、换流设备、电弧炼钢、轧钢机、电力机车、高压直流输电；在低压系统中电视机、调光灯等也都是谐波源），流过非线性负荷的电流发生畸变而不再是正弦波形，将产生高次谐波。

不对称负荷是指三相负荷不平衡。在三相供电系统中，由于某些设备仅适于单相用电，这样的电气设备接于电网上，如安排不合理等就会造成三相电流不平衡，不平衡的电流将在系统各相中产生不同的电压降落，导致电网电压三相不平衡，破坏了电流和电压的对称性，因而会出现负序电流。当变压器的中性点接地时，将会产生零序电流。

冲击性负荷也会影响频率和电压质量。

例如目前国内电气列车的牵引动力，是采用单相交流电，牵引的三相负荷也是不平衡的。其负荷特点是：三相负荷不对称；负荷在时间上是冲击型的；波动大，其电流波含谐波分量大。谐波大和负荷不对称，主要是对发电机及保护有影响。不对称负荷中的负序分量和谐波分量，使发电机转子产生感性电流，若其值过大则会造成转子烧坏事故。负荷不对称引起电压不对称，对用户电动机也有危害，轻则损失加大，重则被烧坏。对于供电网的容量很小时，必须要足够大的系统来承担冲击性负荷。一般说来，冲击性负荷占电源容量5%以下时，其影响很小。

另外，对于其邻近地区，由于出现负序电压、电流而且有突变性，这对于采用负序和负序增量起动的距离保护来说是相当不利的。

综上所述，以上三种负荷对电能质量危害极大。

9-40 什么叫电力系统的稳定运行? 电力系统稳定分几类?

答：当电力系统受到扰动后，能自动地恢复到原来的运行状态，或者凭借控制设备的作用过渡到新的稳定状态运行，即电力系统稳定运行。

电力系统的稳定从广义角度来讲，可分为：

（1）发电机同步运行的稳定性问题（根据电力系统所承受的扰动大小的不同，又可分为静态稳定、暂态稳定、动态稳定三大类）。

（2）电力系统无功不足引起的电压稳定性问题。

(3) 电力系统有功功率不足引起的频率稳定性问题。

9-41　电力系统运行中各类稳定的具体含义是什么?

答: 各类稳定的具体含义是:

(1) 电力系统的静态稳定是指电力系统受到小干扰后不发生非同期性失步,自动恢复到起始运行状态。

(2) 电力系统的暂态稳定是指系统在某种运行方式下突然受到大的扰动后,经过一个机电暂态过程达到新的稳定运行状态或回到原来的稳定状态。

(3) 电力系统的动态稳定是指电力系统受到干扰后不发生振幅不断增大的振荡而失步。主要有:电力系统的低频振荡、机电耦合的次同步振荡、同步电机的自激等。

(4) 电力系统的电压稳定是指电力系统维持负荷电压于某一规定的运行极限之内的能力。它与电力系统中的电源配置、网络结构及运行方式、负荷特性等因素有关。当发生电压不稳定时,将导致电压崩溃,造成大面积停电。

(5) 频率稳定是指电力系统维持系统频率于某一规定的运行极限内的能力。当频率低于某一临界频率,电源与负荷的平衡将遭到彻底破坏,一些机组相继退出运行,造成大面积停电,也就是频率崩溃。

9-42　什么叫等值电网?

答: 等值电网也称等效电网。由电力系统中各元件的等值电路连接起来构成的网络图。各元件的等值电路由能反映该元件电气特性的集中参数如等值阻抗或导纳连接而成。等值电网概括了电力系统的接线方式和各元件的特性参数值,是建立电力网数学模型的前提。为计算方便,所有参数值一般都用标幺值表示,同时三相回路用单相等值电路来代表。用对称分量法分析计算不对称短路或非全相运行状态时,还要建立正、负、零序的等值电网,同步发电机和电动机用等值电势和次暂态或暂态正、负、零序等值电抗表示。

9-43　何谓电网自然无功负荷系数? 怎样计算?

答: (1) K 值的确定原则。电网自然无功负荷系数 K,为电网自然无功负荷 Q 与有功负荷 P 的比值。此值与电网结构,电压层次,用电器的无功负荷特性和电压负荷特性等因素有关。计算电网最大无功负荷的 K 值,应按全年不同季节及不同运行方式下,相应的最大无功负荷时所计算出的 K 的平均值确定。同时应记录被测电网的供电电压 U,发电机有功出力 P_G 和无功出力 Q_G,邻网输入(或输出)的有功功率 P_R 和无功功率 Q_R,电网中实际投运的无功补偿设备总出力 Q_C 和线路充电功率 Q_L。

(2) K 值的计算公式

$$K = \frac{Q_G + Q_R + Q_C + Q_L}{P_G + P_R} \times \left(\frac{1.05 U_n}{U}\right)^{\beta - \alpha}$$

式中　α——电压有功负荷系数;

　　　β——电压无功负荷系数;

　　　U_n——系统额定电压,kV。

(3) K 值的简化计算公式

经测定，目前我国几大电网的数值为：$\alpha = 0.3 \sim 0.9$；$\beta = 2.0 \sim 3.0$。一般可取 $\alpha = 0.5$；$\beta = 2.5$。

此时计算公式

$$K = \frac{1.1(Q_G + Q_R + Q_C + Q_L)}{P_G + P_R} \times \left(\frac{U_n}{U}\right)^2$$

9-44 什么叫不对称运行？产生的原因及影响是什么？

答：任何原因引起电力系统三相对称（正常运行状况）性的破坏，均称为不对称运行。如各相阻抗对称性的破坏，负荷对称性的破坏，电压对称性的破坏等情况下的工作状态。非全相运行是不对称运行的特殊情况。

不对称运行产生的负序、零序电流会带来许多不利影响。

电力系统三相阻抗对称性的破坏，将导致电流和电压对称性的破坏，因而会出现负序电流，当变压器的中性点接地时，还会出现零序电流。

当负序电流流过发电机时，将产生负序旋转磁场，这个磁场将对发电机产生下列影响：

1）发电机转子发热；

2）机组振动增大；

3）定子绕组由于负荷不平衡出现个别相绕组过热。

不对称运行时，变压器三相电流不平衡，每相绕组发热不一致，可能个别相绕组已经过热，因此必须按发热条件来决定变压器的可用容量。

不对称运行时，将引起系统电压的不对称，使电能质量变坏，对用户产生不良影响。对于异步电动机，一般情况下虽不致于破坏其正常工作，但也会引起出力减小，寿命降低。例如负序电压达5%时，电动机出力将降低10%～15%；负序电压达7%时，则出力降低达20%～25%。

当高压输电线一相断开时，较大的零序电流可能在沿输电线平行架设的通信线路中产生危险的对地电压，危及通信设备和人员的安全，影响通信质量。当输电线与铁路平行时，也可能影响铁道自动闭锁装置的正常工作。因此，电力系统不对称运行对通信设备的电磁影响，应当进行计算，必要时应采取措施，减少干扰，或在通信设备中采用保护装置。

继电保护也必须认真考虑。在严重的情况下，如输电线非全相运行时，负序电流和零序电流可以在非全相运行的线路中流通，也可以在与之相连接的线路中流通，可能影响这些线路的继电保护的工作状态，甚至引起误动作。此外，在长时间非全相运行时，网络中还可能同时发生短路（包括非全相运行的区内和区外），这时，很可能使系统的继电保护误动作。

此外，电力系统在不对称和非全相运行情况下，零序电流长期通过大地，接地装置的电位升高，跨步电压与接触电压也升高，故接地装置应按不对称状态下保证对运行人员的安全来加以检验。

不对称运行时，各相电流大小不等，使系统损耗增大。同时，系统潮流不能按经济分配，也将影响运行的经济性。

9-45 为什么220kV及以上变电所的母线，所选截面比按长期允许工作电流算出的大得多？

答：选择母线的截面，不仅要考虑最大长期允许的工作电流，而更重要的是要按电晕临界电压的条件来考虑。电晕不仅损失一部分电能，而且当导线发生电晕时，将使附近空气游离，降低绝缘强度，容易造成瓷瓶或相间闪络，并在电晕范围内产生臭氧和硝酸，对金属和有机绝缘起破坏作用。另外，电晕发出的特殊响声，也影响变电所运行人员对设备故障的判断。而增大导线直径可以提高电晕临界电压，因此，220kV 及以上变电所的母线直径都较大，比按长期允许工作电流算出的大得多。

9-46　电力系统稳定的扰动形式通常有哪些？

答：短路、断线、开关重合于故障、切除线路或机组、发电机失磁、切除联络线解网、大功率冲击负荷的影响以及非同期并网（包括发电机非同期并列）等。

9-47　试比较静止无功补偿器（SVC）、电容器补偿和调相机三者在电力系统中的作用及优缺点。

答：SVC：既可吸收无功也可发出无功。由于响应速度快，它对电力系统的稳定有明显效果。但当 SVC 运行在容性边界上时，暂态过程中 SVC 将与电容器的作用相似。此外 SVC 的冷却系统较复杂。

电容器补偿：仅可发出无功。在暂态过程中发出无功按电压的平方下降。因此，对电力系统的稳定不利，但运行维护简单。

调相机：可吸收无功也可发出无功。在暂态过程中，对于具有常规励磁系统的调相机，由于响应速度较慢，对暂态稳定的效果不明显；具有快速励磁的调相机在暂态过程中有迅速支撑电压的作用，但容易出现负阻尼，如发生振荡反而有害。由于其结构与旋转发电机相似，故较复杂。

9-48　减少（35~220）kV 输电线路雷害事故率的技术措施有哪些？

答：（1）保持线路具有正常的绝缘水平：

按过电压与绝缘相配合的要求，输电线路应按不同电压等级保持相应的绝缘水平，即具有足够的绝缘子串长和空气间隙距离，沿线绝缘应均等，尽量不出现显著的绝缘弱点。对高杆塔、大跨越和交叉档，一般应加强绝缘或采取适当的保护措施。

（2）架设避雷线：

在一般雷电活动区，110kV 及以上输电线路均应架设 1~2 根避雷线，其保护角 $\alpha < 30°$。35kV 及以下或西北等我国少雷区的输电线路，通常可以不架设避雷线。

（3）降低杆塔的接地电阻：

在一般土壤电阻率的地区，输电线路杆塔的接地电阻应不大于 10Ω。但过份降低接地电阻，并不能起到事半功倍的作用。

（4）广泛采用自动重合闸：

实践证明，输电线路的雷害故障大多是非永久性的。（35~220）kV 线路出线断路器配备自动重合闸装置能显著降低线路雷害事故率。

（5）系统中性点采用消弧线圈接地方式：

35kV 及以下中性点不接地系统，当单相接地电容电流超过规定值时，其中性点应装设消弧线圈，从而使雷雨季节中的雷害事故发生率大大减少。

9－49　雷电是如何产生的？雷电有哪些危害？

答：雷电是一种大气中带有大量电荷的雷云放电的结果。大气中饱和的水蒸气的水滴在强烈的上升气流的作用下，不断分裂而形成了雷云。试验证明，水滴在分裂过程中，形成的小水滴是带负电的，而其余大的水滴则是带正电的。带负电的水滴随气流的运动而移动，于是云就被分离成带有正、负不同电荷的两部分。当带电的云块临近地面的时候，对大地就会感应出与雷云的极性相反的电荷，二者之间形成了一个巨大的"电容器"。

雷云中电荷的分布是不均匀的，当云层对地的电场强度达到（25～30）kV/cm 时，就会使它们的空气绝缘被击穿，雷云对地便发生先导放电，当先导放电的通道到达地面时，大地就和雷云产生了强烈的"中和"出现强大的雷电流（可达数十至数百千安），这一过程称为主放电。雷电流的波形如图 9－5 所示，其波前时间为（1～4）μs，主放电时间约为（30～50）μs，陡度在 7.5kA/μs 左右。主放电的温度可达 20000℃，使周围的空气猛烈地膨胀，并出现耀眼的闪光和巨响，我们称这种现象为雷电。

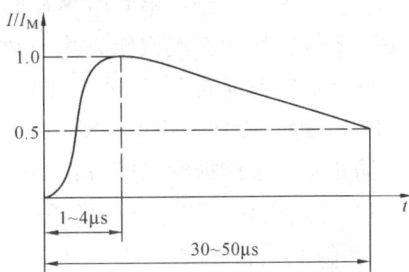

图 9－5　雷电流波形图

雷电放电过程中，呈现出电磁效应、热效应以及机械效应，对于建筑物和电气设备有很大的危害性。

（1）雷电的电磁效应：雷云对地放电时，在雷击点主放电的过程中，位于雷击点附近的导线上，将产生感应过电压。过电压的幅值一般可达几十万伏，它会使电气设备绝缘发生闪络或击穿，甚至引起火灾和爆炸，造成人身伤亡。

（2）雷电的热效应：雷电流通过导体时，会产生很大的热量。实践证明，在雷电流的作用下，导体会熔化。在实际运行中观察到的送电线路避雷线的断股现象，与雷电流的热效应有关。

（3）雷电的机械效应：雷云对地放电时，强大的雷电流的机械效应表现为击毁杆塔和建筑物，劈裂电力线路的电杆和横担等。

由于雷电流的幅值很大，所以雷电流流过接地装置时，所造成的电压降可能达到数十万伏至数百万伏。此外，接地装置相接的电气设备外壳、杆塔及架构等处于很高的电位，从而使电气设备的绝缘发生闪络，通常称为反击。

为了防止雷电带来的危害，我们应对电气设备和建筑物采取必要的防雷措施。

9－50　电力系统过电压有哪些类型？并简述其产生的原因及特点。

答：电力系统过电压分以下几种类型：

（1）大气过电压。由直击雷引起，特点是持续时间短暂，冲击性强，与雷击活动强度有直接关系，与设备电压等级无关。因此，220kV 以下系统的绝缘水平往往由防止大气过电压决定。

（2）工频过电压。由长线路的电容效应及电网运行方式的突然改变引起，特点是持续时间长，过电压倍数不高，一般对设备绝缘危险性不大，但在超高压、远距离输电确定绝缘水平时起重要作用。

（3）操作过电压。由电网内开关设备操作引起，特点是具有随机性，但最不利情况下过电压倍数较高。因此，330kV及以上超高压系统的绝缘水平往往由防止操作过电压决定。

（4）谐振过电压。由系统电容及电感回路组成谐振回路时引起，特点是过电压倍数高、持续时间长。

9-51 什么叫次同步振荡？产生的原因是什么？如何防止？

答：当发电机经由串联电容补偿的线路接入系统时，如果串联补偿度较高，网络的电气谐振频率较容易和大型汽轮发电机轴系的自然扭振频率产生谐振，造成发电机大轴扭振破坏。此谐振频率通常低于同步（50Hz）频率，称之为次同步振荡。对高压直流输电线路（HVDC）、静止无功补偿器（SVC），当其控制参数选择不当时，也可能激发次同步振荡。

防止次同步谐振的措施有：

1）通过附加或改造一次设备；

2）降低串联补偿度；

3）通过二次设备提供对扭振模式的阻尼（类似于PSS的原理）。

9-52 架空线路上的感应过电压是如何产生的？怎样计算？

答：在发生雷击先导放电的过程中，在附近的杆塔、避雷线和架空线上，会由于静电感应积聚大量与雷云极性相反的束缚电荷。当先导放电发展到主放电阶段而对地放电时，线路上的束缚电荷被释放而形成自由电荷，开始以光的速度向线路两侧移动，形成很高的电压，称之为感应过电压，其幅值可能达到（300~500）kV左右。这对供电系统的危害是很大的，尤其是对35kV及以下的送电线路，由于本身的绝缘水平较低，则更为危险。所以，变电所除了要有防止直击雷保护之外，还应有防止感应雷的保护。

当线路距离雷击点大于65m时，感应过电压幅值的近似值 U_G 可按下式计算

$$U_G \approx 25 I h_{av}/S$$

式中　I——雷云对地放电电流幅值，kA，一般取 $I \le 100$kA；

　　　h_{av}——导线对地的平均高度，m；

　　　S——线路对直接雷击点的水平距离，m。

从上式可以看出，感应过电压幅值的大小与雷云对地放电电流幅值、线路导线对地的平均高度以及线路距雷击点的距离等有关。

9-53 什么是谐振过电压？有哪些类型？如何防范？

答：电力系统中一些电感、电容元件在系统进行操作或发生故障时可形成各种振荡回路，在一定的能源作用下，会产生串联谐振现象，导致系统某些元件出现严重的过电压。

（1）谐振过电压的种类有：

1）线性谐振过电压。谐振回路由不带铁芯的电感元件（如输电线路的电感，变压器的漏感）或励磁特性接近线性的带铁芯的电感元件（如消弧线圈）和系统中的电容元件所组成。

2）铁磁谐振过电压。谐振回路由带铁芯的电感元件（如空载变压路、电压互感器）和系统的电容元件组成。因铁芯电感元件的饱和现象，使回路的电感参数是非线性的，这种含

有非线性电感元件的回路在满足一定的谐振条件时，会产生铁磁谐振。

3）参数谐振过电压。由电感参数作周期性变化的电感元件（如凸极发电机的同步电抗在 $X_d \sim X_q$ 间周期变化）和系统电容元件（如空载线路）组成回路，当参数配合时，通过电感的周期性变化，不断向谐振系统输送能量，造成参数谐振过电压。

（2）限制谐振过电压的主要措施有：

1）提高断路器动作的同期性。由于许多谐振过电压是在非全相运行条件下引起的，因此提高断路器动作的同期性，防止非全相运行，可以有效防止谐振过电压的发生。

2）在并联高压电抗器中性点加装小电抗。用这个措施可以阻断非全相运行时工频电压传递及串联谐振。

3）破坏发电机产生自励磁的条件，防止参数谐振过电压。

9-54 电磁式电压互感器引起谐振的原因是什么？

答： 在中性点不接地系统中装设的电磁式电压互感器经常发生谐振过电压，其原因如下：

电压互感器每相对地的电感和线路对地的电容在一定条件下发生谐振。当系统三相电压正常时，三相对地的阻抗呈三个等效电容，电源中性点对地电位为零；当其一相发生瞬时接地时，其他两相电压升高 $\sqrt{3}$ 倍，接地相对地保持一个等效电容，其他两相对地阻抗变为等效电感。当电压互感器铁芯饱和，其电感逐渐减小使感抗和容抗相当时，则产生谐振。

产生谐振时，在电感和电容两端产生高电压，电路中励磁电流会增加几十倍，引起电压互感器一次侧熔断器熔断，甚至烧毁电压互感器。

9-55 何谓分频谐振、基频谐振及高频谐振？从表面现象上如何区别？

答： 在电力系统中，不同频率的谐振与系统中导线对地的分布电容的容抗 X_{CO} 及电压互感器并联运行的综合电感的感抗值 X_m 有关：

（1）当 X_{CO}/X_m 的比值较小，发生的谐振是分频谐振。因为在这种情况下，电容比较大，则电容、电感振荡时能量交换的时间比较长。如果在一秒之内能量交换的次数是电源频率的分数倍，如 50Hz 的 1/2、1/3、1/4 等，即分频谐振。

其表面现象为：

1）分频谐振过电压的倍数较低，一般不超过 2.5 倍的相电压。

2）三只相电压表的指示数同时升高，而且有周期性的摆动；线电压表的指示数基本不变。

（2）当 X_{CO}/X_m 的比值较大，发生的谐振是高频谐振。因为在这种情况下，系统导线的对地电容比较小，则电容、电感振荡时的能量交换的时间就短，如果在一秒钟之内能量交换的次数是电源频率的整数倍，如为 50Hz 的 3、5、7 倍等，即高频谐振。

其表面现象为：

1）高频谐振过电压的倍数较高。

2）三只相电压表的指示数同时升高，而且要比分频谐振时高得多，线电压表的指示数和分频谐振时相同。

3）高频谐振过电流较小。

（3）当 X_{C0}/X_m 的比值在分频与高频之间，接近 50Hz 时，则发生的谐振为基频谐振。发生基频谐振时，在 1s 之内电感、电容的能量交换次数正好和电源频率相等。

其表面现象为：

1）三只相电压表中的二相指示数升高，一相降低，线电压基本不变。

2）谐振时，过电流很大，电压互感器有响声。

3）发生基频谐振时，过电压一般不超过 3.2 倍的相电压。

4）基频谐振与系统单相接地时的现象很相似（假接地现象）。

5）往往导致设备绝缘击穿、避雷器损坏、电压互感器熔断器的熔丝熔断。

9-56 铁磁谐振有哪些特点？

答：（1）产生铁磁谐振的必要条件是铁芯电感的起始值和电感两端的等效电容组成的自振频率必须小于并接近于谐振频率。

（2）回路参数平滑地变化时，谐振电压、电流会产生跃变。

（3）谐振时产生反倾现象，即谐振后电感上的电压降由原来与电源电势相同变为相反，电容上的电压降由原来与电源电势反向变为同向。

（4）谐振频率必须是电源频率基波和它的简单分数倍分频或整数倍高频。

（5）谐振后可保持在一种稳定状态。

（6）谐振一般在经受到足够强烈的扰动时外激产生，在一定条件下，也可以自激产生。

9-57 简述（110~220）kV 系统备用母线产生铁磁谐振过电压的原因、现象及危害。从运行操作方面如何防止 TV 因铁磁谐振而损坏？

产生的原因：（110~220）kV 断路器装有均压电容，若母线上装的是电磁式电压互感器，当母线经一台或多台断路器处于备用状态时，均压电容和母线上电磁式 TV 形成串联回路，在外部条件的"激励"下，可能发生串联铁磁谐振过电压。

现象及危害：（110~220）kV 母线由运行转备用或由检修转备用时，若发生铁磁谐振则母线电压表指示有较高数值（最高过电压可达 1.65~3 倍额定电压），TV 中过电流最高可达 80 倍额定电流，处理不及时 TV 将很快过热烧坏，甚至爆炸着火，造成变电所失压。

预防措施：（110~220）kV 变电所应通过试验观察备用母线有无产生铁磁谐振过电压的可能性并装设有效的防谐振装置。当母线转为备用时，运行人员要特别注意监视电压表指示，发现谐振过电压时可迅速将备用母线加入运行；若发现不及时，可采取投入备用中的旁母、线路及备用中的变压器。当条件不具备时，应立即拉备用开关的隔离开关。有些单位采取停母线前先拉 TV 隔离开关，备用中的母线 TV 隔离开关不合，这种经常带电拉合 TV 隔离开关的操作方法，对人身安全有威胁。

9-58 什么叫操作过电压？如何防范？

答：操作过电压是由于电网内断路器操作或故障跳闸引起的过电压。

（1）引起操作过电压的情况：

1）切除空载线路引起的过电压；

2）空载线路合闸时的过电压；

3）切除空载变压器引起的过电压；

4）间隙性电弧接地引起的过电压；

5）解合大环路引起的过电压。

（2）限制操作过电压的措施有：

1）选用灭弧能力强的高压断路器；

2）提高断路器动作的同期性；

3）断路器断口加装并联电阻；

4）采用性能良好的避雷器，如氧化锌避雷器；

5）使电网的中性点直接接地运行。

9-59 超高压输电线路采取哪些措施限制操作过电压？

答：限制操作过电压的措施，不外乎都是从发生操作过电压的原因和影响因素两方面着手，大体有：

（1）开关加分、合闸电阻。

（2）装并联电抗器（饱和型和电抗可控型）。

（3）并联电抗器中性点加装小电抗，以破坏谐振条件，使其不致发生操作过电压。

（4）线路中增设开关站，将线路长度减短。

（5）改变系统运行接线。

9-60 电力系统工频过电压产生的原因是什么？如何限制？

答：（1）电力系统工频过电压的原因主要有以下几点：

1）空载长线路的电容效应；

2）不对称短路引起的非故障相电压升高；

3）甩负荷引起的工频电压升高。

（2）限制工频过电压的措施有：

1）利用并联高压电抗器补偿空载线路的电容效应；

2）利用静止无功补偿器 SVC 也能起到补偿空载线路电容效应的作用；

3）变压器中性点直接接地可降低由于不对称接地故障引起的工频电压升高；

4）发电机配置性能良好的励磁调节器或调压装置，使发电机突然甩负荷时能抑制容性电流对发电机的助磁电枢反应，从而防止过电压的产生和发展；

5）发电机配置反应灵敏的调速系统，使得突然甩负荷时能有效限制发电机转速上升造成的工频过电压。

9-61 简述区域电网因空载长线路电容效应引起的工频过电压的计算方法及其保护措施。

答：若系统通过 220kV 及以上输电线路对区域电网供电（如图 9-6 所示），则当该线路靠系统侧断路器 QF2 因某种原因断开时，将导致区域电网工频电压升高，表现为明显的电容效应。这是因为 QF2 断开后使线路处于空载运行状态，而线路为电容性负载（对地电容及相间电容），此电容电流在导线电感和区域电网电源等值电感上的压降，使线路电压高于电源电压，而愈接近线路终端，电压升高愈严重。

（1）工频电压升高的计算方法。

1）按照过渡过程推导的计算公式。接线如图9-7所示。图上 X_H 为区域电网归算到母线 A 的等效电抗，其中发电机的电抗为暂态电抗 X'_d；L 为线路的长度；X 为线路上某点至线路终端（系统侧）的长度。

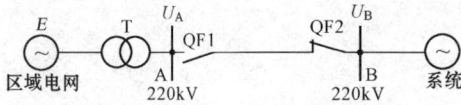

图9-6 区域电网与系统连接图　　　　　图9-7 区域电网等效电路图

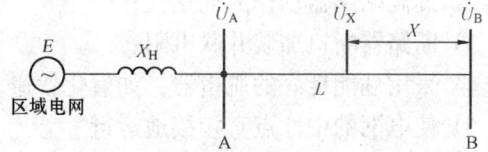

在近似计算中，当忽略损耗的作用时，沿线路的稳态电压分布可用下式表示

$$U_X = \frac{E\cos\eta}{\cos\lambda - \dfrac{X_H}{Z_B}\sin\lambda} \tag{1}$$

$$\eta = \frac{\omega X}{V}$$

式中　$V = \dfrac{1}{\sqrt{L_0 C_0}}$——电磁波的传播速度；

L_0，C_0——单位长度（1km）导线的电感和电容；

$\lambda = \dfrac{\omega L}{V}$——导线的电的波长（弧度），即电磁波在距离 L 内所需走的同步时间。

如将 λ 以度数表示，则得

$$\lambda = \frac{\omega L}{V} \times \frac{180°}{\pi} = \frac{100\pi L}{3 \times 10^5} \times \frac{180°}{\pi} = \frac{6°}{100}L$$

此外，$Z_B = \sqrt{\dfrac{L_0}{C_0}}$——导线的波阻抗。

那么，根据式（1），将 $X = L$ 代入，则得线路首端，母线 A 处的电压为

$$U_A = \frac{E\cos\dfrac{\omega L}{V}}{\cos\lambda - \dfrac{X_H}{Z_B}\sin\lambda} = \frac{E\cos\lambda}{\cos\lambda - \dfrac{X_H}{Z_B}\sin\lambda} = \frac{E}{1 - \dfrac{X_H}{Z_B}\mathrm{tg}\lambda}$$

$$= \frac{E}{1 - \dfrac{X_H}{Z_B}\mathrm{tg}\dfrac{6°}{100}L} \tag{2}$$

线路终端，母线 B 处的电压为

$$U_B = \frac{E\cos 0°}{\cos\lambda - \dfrac{X_H}{Z_B}\sin\lambda} = \frac{E}{\cos\lambda - \dfrac{X_H}{Z_B}\sin\lambda} \tag{3}$$

在实际运算中，为简化计算，可将 X_H、Z_B 换算为 100MVA 基准容量下的标么电抗值 X_{H*}、Z_{B*}。

2）按照线路电容电流对发电机助磁电枢反应推导的计算公式。

图 9-8 是输电线路系统侧断路器 QF2 突然断开时的接线图，图 9-9 是其等值电路图。

当断路器 QF2 跳闸时，空载输电线路呈容性，容性电流对发电机起助磁的电枢反应，于是线路首端、母线 A 处的电压为

$$U_A = \frac{E'_d X_c}{X_c - (X'_d + X_B)} \tag{4}$$

令 $X_H = (X'_d + X_B)$ ——区域电网归算到母线 A 的等效电抗，其中发电机的电抗为暂态电抗 X'_d。则

$$U_A = \frac{E'_d X_C}{X_C - X_H} = \frac{E'_d}{1 - \dfrac{X_H}{X_C}} \tag{5}$$

实用中，为简化计算，可将 X_H、X_C 换算为 100MVA 基准容量下的标幺电抗值 X_{H*}、X_{C*}。

公式（1）为线路上任一点工频电压升高时的计算公式。公式（2）和（5）为线路首端、母线 A 处的工频电压升高计算公式，两个公式计算结果基本相同。公式（3）为线路末端、母线 B 处的工频电压升高计算公式。

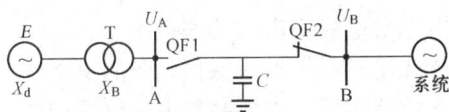

图 9-8　系统侧断路器跳闸时接线情况

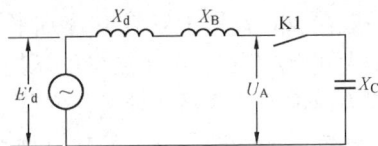

图 9-9　图 9-8 的等值电路图

（2）推论。

由公式 $U_A = \dfrac{E'_d}{1 - \dfrac{X_H}{X_C}}$ 推知：

1）区域电网容量愈小（即 X_H 值大），则工频电压升高现象愈为严重（即 U_A 值大）。

2）输电线路愈长（即 X_C 值小），则工频电压升高现象愈为严重（即 U_A 值大）。

3）考虑大地及避雷线影响时，单回水平排列线路，其中相的正序电容约比边相高 6.8%，因此工频电压升高值中相高于边相。

4）高压及超高压线路充电时，应选择大系统侧的线路断路器作充电端，因其有相对较大的能力吸收空载充电线路的过剩无功，而不致使充电端电压因空充线路的投入而过高。线路进行停电操作时，应先断开区域电网侧的线路断路器，后断开大系统侧的线路断路器。

（3）工频电压升高的防护措施。

为防护区域电网工频电压升高危及系统安全运行，可在 220kV（或以上电压级）联络线所属的区域电网侧的 220kV 变电所安装过电压保护装置。

由于过电压三相基本对称，因此可用一只过电压继电器接于 220kV 母线电压互感器的二次侧电压回路上，继电器动作电压按下式整定

$$U_{dzj} = \frac{U_{dz}}{N_y} = \frac{1.3 U_n}{N_y} = \frac{1.3 \times 220000}{\dfrac{220000}{100}} = 130V$$

保护的动作时限可取 0.5s（躲过大气过电压时限），跳闸方式有下列两种：

1）当区域电网侧 220kV 母线上仅有一条与大系统联络的 220kV 线路时，保护动作于断开变压器 220kV 侧断路器，即同时切除输电线路容性负荷和 220kV 母线电压互感器感性负载。

2）当区域电网侧 220kV 母线上有两条及以上 220kV 线路时，保护动作于断开与大系统联络的 220kV 联络线路断路器。

9-62 消雷器的作用原理及应用方法是什么？

答： 从避雷针到消雷器经历了很长的发展时期，避雷针原意是避免雷击，但实际上，它是将雷电引向自身，从而保护了附近的设施。而消雷器则是基于避免大多数的雷击而设计的，其基本原理是利用消雷器的多针发散系统向雷云放出大量的电荷，以中和雷云的电荷，降低雷云的电场强度，同时由于消雷器的多针系统面积较大（直径或达 10m 以上），所放出的电荷在消雷器上空形成一个屏障，与雷云电荷形成电场。由于上空的电场比较均匀，使雷云的放电电压大大提高，也就是把雷云放电推到消雷器保护区之外，该保护区比普通避雷针的保护区大得多。一般在 30m 高塔上安装 19 只针长为 7m 的消雷器，可使保护区直径达 600m 左右，其保护角也增大到 80°左右。由于放电电压提高，消雷器本身遭受雷击的几率极小。

因为消雷器的价格比较贵，安装不方便，故选用时要根据所保护设备的重要性和范围来考虑。如重要的油库、高大的建筑物可采用独立的消雷器，重要的变电所可采用独立的消雷器，也可以利用所内构架装设避雷针群，使其针尖在一个平面上，每只避雷针还可以分几个叉，使整个变电所上空形成一个较大的均匀电场。线路杆塔则可以采用阵列式消雷器，使杆塔上空形成一个小范围的均匀电场，杆塔就可以免受雷击之灾。

9-63 放电间隙的工作原理是什么？

答： 放电间隙的工作原理：

在正常情况下，带电部分与大地被间隙隔开。当线路落雷时，间隙被击穿后，雷电流被泄入大地，使线路绝缘子或其他的电气设备的绝缘不致于发生闪络。放电间隙是最简单的防雷保护装置。它构造简单，成本低，容易维护，但保护特性较差。由于放电间隙熄弧能力差，当雷击时往往引起线路掉闸，所以，一般情况下变电所需要靠自动重合闸来进行补救。

放电间隙按照结构形式的不同，分为棒形、球形和角形等。其中角形间隙最常用，这种放电间隙在放电时，由于电动力和热的作用，电弧在角形间隙的上部被迅速拉长，在电弧不很大时，较易于自动熄灭，从而保证下一次正确动作。

为了防止间隙发生误动作，（3~35）kV 的保护间隙，可在其接地引下线中串接一个辅助间隙。

9-64 简述微电脑消谐装置的工作过程。

答： 微电脑消谐装置是一种利用微型计算机进行谐波判断、监测、治理和报告结果的新型产品。它借助于微电脑的智能分析能力，可以准确地判断出发生谐振的频率、地点及谐振的程度，并以此为依据来决定加入阻尼量的多少。该装置具有抗干扰能力强、消谐频率范围宽、调试维护简单方便等优点，是消除谐振（主要是铁磁谐振）过电压的较好产品。微电脑消谐装置的核心部件是单片微机即 CPU。由 CPU 来控制并联在电压互感器二次侧开口三角形绕组上的晶闸管的运行状态。也就是说，该装置是利用了计算机的快速、准确的数据处理分析能力，对电压互感器的运行状态进行循环监测，不断地对电网的有关参数进行适时采集，并实现快速的傅氏分析。因此，它能够在极短的时间内准确无误地判断出故障的类型（是单相接地、过渡过程还是电网谐振等），然后才决定投入其执行元件—晶闸管。在正常情况下，电压互感器开口三角形绕组输出的零序电压为零或接近于零，这时晶闸管处于阻断状态，对电力系统不造成任何影响。但是当该电压不为零时，则说明电网发生故障或处于不对称运行状态，这时 CPU 则会根据它所采集到的零序电压的大小和频率的高低，来进行计算、分析和判断。如果是单相接地故障，那么，消谐器便会给出接地故障报警显示；如果是系统谐振的话，则装置在发出声光信号的同时，起动执行元件晶闸管，并使之在瞬间短路进行强阻尼，而谐振频率会在这一强阻尼下迅速消失。当谐振消除后，装置能够作出相应的记录和显示，以便进行事故分析与处理。至此，消谐装置便完成了一个巡检周期，又重新回到了初始状态，继续对互感器的运行情况执行下一个周期的循环监测。

9-65 电力系统中性点的接地方式有哪几种？

答：我国电力系统中性点接地方式主要有两种，即：

1）中性点直接接地方式。

2）中性点非直接接地方式（包括中性点经消弧线圈接地方式）。

中性点直接接地系统，发生单相接地故障时，接地短路电流很大，这种系统亦称为大接地电流系统。

中性点不接地系统（包括中性点经消弧线圈接地系统），发生单相接地故障时，由于不构成短路回路，接地故障电流往往比负荷电流小得多，故称其为小接地电流系统。

9-66 大、小接地电流系统发生单相接地故障时各有何特点？两种接地系统各用于什么电压等级？

答：中性点运行方式主要分两类，即直接接地和不接地。直接接地系统供电可靠性低。这种系统中发生单相接地故障时，出现了除中性点外的另一个接地点，构成了短路回路，接地相电流很大，为了防止损坏设备，必须迅速切除接地相甚至三相。不接地系统供电可靠性高，但对绝缘水平的要求也高。因这种系统中发生单相接地故障时，不构成短路回路，接地相电流不大，不必立即切除接地相，但这时非接地相的对地电压却升高为相电压的$\sqrt{3}$倍。在电压等级较高的系统中，绝缘费用在设备总价格中占相当大比重，降低绝缘水平带来的经济效益非常显著，一般采用中性点直接接地方式，而以其它措施提高供电可靠性。反之，在电压等级较低的系统中，一般采用中性点不接地方式以提高供电可靠性。在我国，110kV 及以上的系统采用中性点直接接地方式，66kV 及以下系统采用中性点不直接接地方式。

9-67 对220kV末端变电所辐射供电，若主变压器中性点不接地，线路电源端重合闸方式如何选择?

答: 自动重合闸的采用是系统运行的实际需要。从系统运行出发，使用重合闸有两个目的: 一是为了保证系统稳定; 二是为了自动恢复瞬时故障线路的运行，从而自动恢复整个系统的正常运行状态。

自动重合闸运行有三种方式: 单相、三相、综合。

一般来说，220kV线路线间距离较宽，出现相间故障的几率较少，多采用单相或综合重合闸方式。这使得系统发生单相瞬间故障时不影响对用户供电，对系统稳定也有利。

但对于末端变电所，主变压器中性点不接地的情况就不同了。这是因为:

(1) 线路单相接地故障，电源侧开关跳开故障相，末端变电所若主变设置零序电压保护也将故障相跳开，这就相当于线路单相断线。若参数配合不当，将可能出现过电压危及设备绝缘，故不能选择单相重合闸，也不能采用综合重合闸。

(2) 若采用三相重合闸，在电源侧线路出口处发生相间短路 (发生几率很小)，只要可以保持系统稳定，就可以采用。如系统稳定不能满足要求，三相重合闸也不能选用，则重合闸取消。

9-68 电力系统安全、经济运行的支柱是什么?

答: (1) 继电保护安全自动装置和安全稳定控制系统。220kV及以上线路切除故障时间应在0.1s以内，远故障点应在0.1~0.15s以内，这是提高电网稳定水平的重要一环。自动重合闸、远方切机、远方跳闸、自动解列和低频减载等也很关键。安全稳定控制系统是大系统必须认真考虑的，对防止大面积停电有重要的意义。

(2) 电网调度自动化系统。

(3) 电力专用通信网系统。该系统为调度自动化系统和安全稳定控制系统提供基本通道。

9-69 怎样对电力系统进行电压管理? 为使电压满足要求常用哪些调压措施?

答: 电力系统的电压管理可归结为对电力系统中枢点的电压管理。

调压措施有:

(1) 调节发电机、调相机的励磁电流以改变发电机的端电压;

(2) 适当改变升压或降压变压器的变比;

(3) 改变网络参数进行调压。如投、退并列运行的变压器，投、退无负荷的电网联络线以减少充电无功，线路串联电容器等;

(4) 在系统或用户添置无功补偿容量，以减少无功功率造成的电压损耗，投退电容器或电抗器;

(5) 装设电压无功功率自动控制装置;

(6) 改变静止无功补偿装置的控制规律及电压给定参考值。

9-70 电力系统无功补偿的原则是什么? 无功补偿优化有哪两种类型?

答: (1) 无功补偿的原则。无功补偿应按国家有关规定执行，主要内容有:

1）电力系统的无功电源和无功负荷，在高峰和低谷时都应采用分（电压）层和分（供电）区基本平衡的原则进行配置，并应具有灵活的无功调节能力和检修备用。

2）电力系统应有事故无功电力备用，以保证负荷集中区在正常运行方式下，突然失去一回线路，或一台最大容量无功补偿设备，或本地区一台最大容量发电机（包括发电机失磁）时，能保持电压稳定和正常供电，而不致出现电压崩溃。

3）无功补偿设备的配置与设备类型选择，应进行技术经济比较。220kV及以上电网，应考虑提高电力系统稳定的作用。

4）（330~500）kV电网，应按无功电力分层就地平衡的基本要求配置高低压并联电抗器，以补偿超高压线路的充电功率。一般情况下，高低压并联电抗器的总容量不宜低于线路充电功率的90%，其容量分配应按系统的条件和各自的特点全面研究决定。

5）（330~500）kV电网的受端系统，应按输入有功容量相应配套安装无功补偿设备。其容量（kvar）宜按输入容量（kW）的40%~50%计算。分别安装在由其供电的220kV及以下变电所中。

6）220kV及以下电网的最大自然无功负荷，可按下式计算

$$Q_{L.max} = KP_{L.max}$$

式中　$Q_{L.max}$——电网最大自然无功负荷，kvar；

　　　$P_{L.max}$——电网最大有功负荷（发电负荷和外网送入负荷），kW；

　　　　　　K——自然无功负荷系数。K值大小与负荷构成、电网结构、运行电压水平有关，一般为1~1.3，可采取实测的方法或负荷统计分析的方法求得近似值。

7）安装并联无功补偿电容组总的指导思想是无功就地平衡，其具体原则为：①高压补偿与低压补偿相结合，以低压补偿为主；②集中补偿与分散补偿相结合，以分散补偿为主；③低压补偿以随机（电动机）和随器（变压器）补偿为主；④变电所安装的电容器，主要是补偿主变压器对无功的要求。

8）水轮发电机调相。远离负荷中心的水电厂，一般可不考虑调相。处在受端系统内的，经技术经济比较认为合理时，应配备有关调相运行的设施进行调相运行。

9）220kV及以下变电所的电容器安装容量，应根据本地区电网无功规划及有关标准、规定计算后确定。当不具备设计计算条件时，电容器安装容量一般可按变压器容量的10%~30%确定。

10）无功电源中的事故备用容量，应主要储备于运行中的发电机、调相机和静止型动态无功补偿装置中，以便在电网发生因无功不足导致电压崩溃事故时，能快速增加无功电源容量，保持电力系统的稳定运行。

（2）无功补偿优化。

经济合理地配置无功补偿设备，是电力系统经济运行和节省电力建设投资的重要方面。但要做出最佳补偿容量和配置方案，其计算工作量很大。目前现代计算机工具已给进行无功补偿优化工作提供了物质基础。

在满足电压和其他安全约束条件下，无功补偿优化的目标函数一般有两种选择：

1）以达到全系统网损最小为目标。

运行的电力系统，无功总补偿量可视为常数，而负荷潮流却在不断变化，要使系统运行网损最小，对各补偿点的无功配置量应根据各种运行方式不断修正，即不断调节其出力才能

收到效果。以全系统网损最小为目标的无功补偿优化，可提出大负荷、小负荷等各种运行方式的无功补偿最优配置方案，以满足运行部门调整无功补偿量的需要。

2）以经济效益最大为目标。

在合理补偿的前提下，电网增加补偿容量后，电压质量提高，网损降低，但增加补偿容量需投入资金。因此，降低网损和节省投资两者有一综合经济效益。优化的结果是经济效益最大，年费用支出最少。以经济效益最大为目标的无功补偿优化，适合无功规划配置设计，以确定无功补偿量和分布地点。

9-71　采取哪些措施来提高电力系统运行的可靠性？

答：（1）系统内火电机组容量的选择，应根据系统容量、负荷增长速度和系统结构等具体情况确定，并应满足供电可靠性要求。

（2）系统内主网的电压应与系统内主网的容量和最大机组容量相适应，并应根据系统的发展情况和负荷增长进行经济技术比较来确定。积极简化电压等级，以减少变电重复容量和线损。

（3）系统内无功功率应基本上就地平衡。在一定的网络结构和无功配置的条件下，每一供电点均应有最经济的无功负荷值，当实际无功负荷超过此值时，应加以补偿。系统内应根据具体情况选用必要的无功补偿和调压设备。

（4）电力系统应有足够的调峰容量（如水电机组、燃油机组等）。

（5）应加强电网结构，形成坚强的网架，避免超高压线路长期单回送电。

9-72　超高压系统中，限制内过电压的主要措施是什么？

答：（1）采用"两道防线"的绝缘配合原则，即以断路器并联电阻作防护过电压的第一道防线，以氧化锌避雷器作第二道防线的原则。

（2）用断路器的分闸电阻和合闸电阻限制操作过电压。

（3）用氧化锌避雷器限制操作过电压。

（4）用正确选择参数，改进断路器性能等措施避开谐振过电压。

（5）用并联电抗器限制工频过电压。

9-73　10kV 配电系统经常发生电磁式 TV 高压保险熔断的现象，为什么？如何解决？

答：10kV 配电系统属于中性点不接地系统。其 10kV 母线上安装有电磁式 TV，由于接地故障及其他因素的激发，极易产生谐振过电压，一般约为 $2\sim3.5U_{ph}$。如图 9-10 所示，设每相对地电容为 C，每相 TV 的电感为 L，其 L、C 是并联的。在正常运行电压下，TV 铁芯未饱和，$\omega L > 1/\omega C$ 亦即 $X_L > X_C$ 和 $I_C > I_L$。一旦发生单相接地故障，非故障相电压上升 $\sqrt{3}$ 倍。在切除故障或由于其他因素激发操作过电压时，由于 TV 伏安特性差，铁芯趋于饱和，X_L 下降，致使 $X_L \leqslant X_C$ 达到了铁磁谐振条件，于是电路中出现高电压，励磁电流急剧上升，引起 TV 保险烧断，甚至烧毁 TV。

应采取的消除措施有：在 TV 开口三角绕组中串接电阻、TV

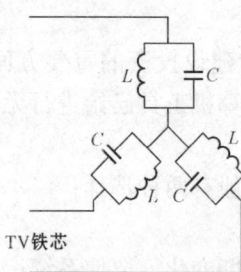

图 9-10　10kV 配电系统

开口三角绕组串接 500W 灯泡、加装消谐器等，或采用 TV 一次侧中性点再串接一台单相 TV 和串接阻尼电阻等方式使励磁阻抗提高，从而消除上述 TV 保险熔断或 TV 烧毁的现象。

9－74　试简述弧光接地过电压产生的原因及危害？对此应采取哪些主要措施予以限制？

答：单相接地是电网的主要故障形式，这种接地绝大多数属于弧光接地。在中性点不接地系统中，随着电网的扩大，电容电流也不断增加，使接地电弧不能自熄。但电容电流不是很大，不能形成稳定电弧，于是形成电弧熄灭和重燃的相互交替的不稳定工作状态，称为间隙性电弧接地。这种现象将导致电网中电磁能的强烈振荡，并在健全相与主故障相中产生很高的过渡过程过电压。据传统理论，在不接地系统中，健全相的过电压可达 $3.5U_{ph}$，故障相可达 $2U_{ph}$，且故障相与健全相的过电压极性相反（即相位相差 180°），则相间过电压可达 $5.5U_{ph}$。据近几年来的试验研究，曾出现健全相过电压达 $5U_{ph}$，相间过电压达 $(7\sim8)$ U_{ph}，而且母线侧的过电压往往最高，因而常常引起母线的某些部位对地或相间放电短路，造成母线停电事故。

限制措施：①装设消弧线圈，使接地电弧容易自熄。②装设相间电容，其电容量应大于每相电容量的 1/2，用以吸收过电压能量，降低过电压水平，保护母线设备。③装设四星形氧化锌避雷器，降低相间过电压，防止相间闪络。④在长期停用的刀闸带电触头上加装绝缘护套或相间隔板，提高耐过电压的能力。

9－75　绝缘子串的污闪电压与哪些因素有关？

答：绝缘子串的污闪电压首先随泄漏距离的增大而提高，对于短串，即与绝缘子串长度呈线性关系，对 500kV 及以下电压等级所用绝缘子串，这种线性关系误差不大。

绝缘子串的污闪与绝缘表面污秽程度有很大关系。一般地，表面污秽越严重，越易污闪。绝缘串的污闪电压与其安装方式也有关。对于悬垂绝缘子串，当污闪放电时，在钢脚处产生的电弧紧贴绝缘子下表面，这是有利的一方面；但另一方面电离气体不易离去，绝缘子表面的积污不易被水冲刷干净，这对提高污闪电压是不利的。对耐张绝缘子串，在钢脚处产生的电弧因热作用上升，相应地缩短了泄漏距离，使得放电容易，但另一方面电离气体能自由离去，限制了放电发展。而且耐张串绝缘子表面积污易被雨水冲刷干净，因此污闪电压比悬垂高 18% 左右。对 V 形绝缘子串而言，由于兼有以上两类绝缘子串的优点，其污闪电压比悬垂提高 25%～30%。

绝缘串的污闪电压还与覆冰、露、雾等自然条件有关。当绝缘子表面出现覆冰时，闪络电压明显下降。这是因为冰层在电压作用下会缓慢融化，形成绝缘子间的冰柱，当气温升高时，造成绝缘子串两端绝缘子的冰先融化，使得电压分布更加不均匀，并出现白色电弧，在几分钟的时间内造成绝缘子闪络。

运行在一般地区的绝缘子，尽管表面仅有少量的积污，在暖湿的空气中，由于绝缘子的表面有水凝结（在雾、露的作用下），在工频电压作用下也可能发生污闪（最易在清晨发生）。既使表面清洁的绝缘子，在有露时闪络电压为干闪电压的 60%～70%，有雾时为 30%～60%。

9-76　提高电力系统静态稳定的措施有哪些?

答: 电力系统的静态稳定性是电力系统正常运行时的稳定性。电力系统静态稳定性的基本性质说明,静态储备越大则静态稳定性越高。提高静态稳定性的措施很多,但是根本性措施是缩短"电气距离"。主要措施有:

1) 减少系统各元件的电抗:减小发电机和变压器的电抗,减少线路电抗(采用分裂导线);

2) 提高系统电压水平;

3) 改善电力系统的结构;

4) 采用串联电容器补偿;

5) 采用自动调节装置;

6) 采用直流输电。

在电力系统正常运行中,维持和控制母线电压是调度部门保证电力系统稳定运行的主要和日常工作。维持、控制变电所、发电厂高压母线电压恒定,特别是枢纽厂(站)高压母线电压恒定,相当于输电系统等值分割为若干段,这样每段电气距离将远小于整个输电系统的电气距离,从而保证和提高了电力系统的稳定性。

9-77　提高电力系统暂态稳定性的措施有哪些?

答: 提高静态稳定性的措施也可以提高暂态稳定性,不过提高暂态稳定性的措施比提高静态稳定性的措施更多。提高暂态稳定性的措施可分成三大类:一是缩短电气距离,使系统在电气结构上更加紧密;二是减小机械与电磁、负荷与电源的功率或能量的差额并使之达到新的平衡;三是稳定破坏时,为了限制事故进一步扩大而必须采取的措施,如系统解列。提高暂态稳定的具体措施有:

1) 继电保护实现快速切除故障;

2) 线路采用自动重合闸;

3) 采用快速励磁系统;

4) 发电机增加强励倍数;

5) 汽轮机快速关闭汽门;

6) 发电机电气制动;

7) 变压器中性点经小电阻接地;

8) 长线路中间设置开关站;

9) 线路采用强行串联电容器补偿;

10) 采用发电机—线路单元接线方式;

11) 实现连锁切机;

12) 采用静止无功补偿装置;

13) 系统设置解列点;

14) 系统稳定破坏后,必要且条件许可时,可以让发电机短期异步运行,尽快投入系统备用电源,然后增加励磁,实现机组再同步。

9-78　为什么采用单相重合闸可以提高暂态稳定性?

答: 采用单相重合闸后,由于故障时切除的是故障相而不是三相,在切除故障相后至重合闸前的一段时间里，送电端和受电端没有完全失去联系（电气距离与切除三相相比，要小得多），如图 9 – 11 所示：这就可以减少加速面积，增加减速面积，提高暂态稳定性。

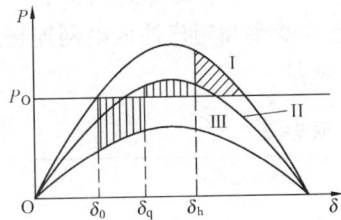

图 9 – 11　功角特性曲线

Ⅰ—故障前的功角特性曲线；Ⅱ—切除一相后的功角特性曲线；Ⅲ——相故障后的功角特性曲线；δ_0、δ_q 和 δ_h—故障开始时刻，故障切除时刻和单相重合时刻的功角

9 – 79　试述电力系统谐波产生的原因及其影响，电力系统谐波管理有何具体规定？

答： (1) 谐波产生的原因。

高次谐波产生的根本原因是由于电力系统中某些设备和负荷的非线性特性，即所加的电压与产生的电流不成线性（正比）关系而造成的波形畸变。

当电力系统向非线性设备及负荷供电时，这些设备或负荷在传递（如变压器）、变换（如交直流换流器）、吸收（如电弧炉）系统发电机所供给的基波能量的同时，又把部分基波能量转换为谐波能量，向系统倒送大量的高次谐波，使电力系统的正弦波形畸变，电能质量降低。当前，电力系统的谐波源主要有三大类。

1) 铁磁饱和型：各种铁芯设备，如变压器、电抗器等，其铁磁饱和特性呈非线性。

2) 电子开关型：主要为各种交直流换流装置（整流器、逆变器）以及双向晶闸管可控开关设备等，在化工、冶金、矿山、电气铁道等大量工矿企业以及家用电器中广泛使用，并正在蓬勃发展；在系统内部，如直流输电中的整流阀和逆变阀等。

3) 电弧型：各种冶炼电弧炉在熔化期间以及交流电弧焊机在焊接期间，其电弧的点燃和剧烈变动形成的高度非线性，使电流不规则的波动。其非线性呈现电弧电压与电弧电流之间不规则的、随机变化的伏安特性。

对于电力系统三相供电来说，有三相平衡和三相不平衡的非线性特性。后者，如电气铁道、电弧炉以及由低压供电的单相家用电器等，而电气铁道是当前中压供电系统中典型的三相不平衡谐波源。

(2) 谐波对电网的影响。

谐波对旋转电机和变压器的主要危害是引起附加损耗和发热增加，此外谐波还会引起旋转电机和变压器振动并发出噪声，长时间的振动会造成金属疲劳和机械损坏。

谐波可引起系统的电感、电容发生谐振，使谐波放大。当谐波引起系统谐振时，谐波电压升高，谐波电流增大，引起继电保护及自动装置误动，损坏系统设备（如电力电容器、电缆、电动机等），引发系统事故，威胁电力系统的安全运行。

谐波可干扰通信设备，增加电力系统的功率损耗（如线损），使无功补偿设备不能正常运行等，给系统和用户带来危害。

限制电网谐波的主要措施有：增加换流装置的脉动数；加装交流滤波器、有源电力滤波器；加强谐波管理。

(3) 电力系统关于谐波管理的具体规定。

鉴于电网中的谐波对系统中的电机、电器设备、自动化装置、继电保护和测量设备、通信设备都会产生不良影响，因此，我国原水电部颁布了《电力系统谐波管理暂行规定》

（1984），后来能源部又颁布了《公用电网谐波》GB 14549—1993，对公用电网中电压的正弦波形畸变率和用户注入电网连接点的各种谐波电流允许值均作了规定，分别如表9-3、表9-4所示。

表9-3 公用电网谐波电压限值（相电压）

电网额定电压（kV）	电压总谐波畸变率（%）	各次谐波电压含有率（%）	
		奇　次	偶　次
0.38	5.0	4.0	2.0
10（6）	4.0	3.2	1.6
35（63）	3.0	2.4	1.2
110	2.0	1.6	0.8

表9-4 注入公共连接点的谐波电流允许值

额定电压（kV）	各次谐波电流允许值（A）											
	I_2	I_3	I_4	I_5	I_6	I_7	I_8	I_9	I_{10}	I_{11}	I_{12}	I_{13}
0.38	84	64	42	64	28	46	21	19	17	29	14	25
10（6）	26	21	13	21	8.7	15	6.5	5.8	5.2	9.4	4.3	8
35（63）	16	13	8.2	13	5.5	9.4	4.1	3.7	3.3	6.0	2.7	5.1
110	12	9.4	5.9	9.4	3.9	6.7	3.0	2.6	2.4	4.3	2.0	3.6
额定电压（kV）	各次谐波电流允许值（A）											
	I_{14}	I_{15}	I_{16}	I_{17}	I_{18}	I_{19}	I_{20}	I_{21}	I_{22}	I_{23}	I_{24}	I_{25}
0.38	12	11	10	19	9.3	17	8.4	8.0	7.6	14	7.0	13
10（6）	3.7	3.5	3.2	6.1	2.9	5.5	2.6	2.5	2.4	4.5	2.2	4.2
35（63）	2.4	2.2	2.1	3.9	1.8	3.5	1.6	1.6	1.5	2.9	1.4	2.6
110	1.7	1.6	1.5	2.8	1.3	2.5	1.2	1.1	1.1	2.1	1.0	1.9

注　* 自20次谐波以后《电力系统谐波管理暂行规定》没有规定值。

电压正弦波形的畸变率 *DFU* 及第 *n* 次谐波电压正弦波形畸变率 DFU_n 可分别按下式计算

$$DFU = \frac{100\sqrt{\sum_{n=2}^{\infty} U_n^2}}{U_1} \times 100$$

$$DFU_n = \frac{U_n}{U_1} \times 100$$

式中　U_n——第 *n* 次谐波电压有效值；

　　　U_1——额定基波电压有效值。

9-80　在变电所，对电压和无功的自动控制，主要有哪几种方式？

答：在变电所中，对电压和无功的自动控制，主要是自动调节有载调压变压器的分接头位置和自动控制无功补偿设备（电容器、电抗器、调相机等）的投、切或控制其运行工况。其控制方式有如下三种。

（1）集中控制。集中控制是指在调度中心对各个变电所的主变压器的分接头位置和无功补偿设备进行统一的控制。理论上，这种控制方式是维持系统电压正常，实现无功优化控制，提高系统运行可靠性和经济性的最佳方案。但它要求调度中心必须具有符合实际的电压和无功实时优化控制软件，而且对各变电所有可靠性高的通道；在各变电所最好具有智能执行单元。但在我国目前各变电所的基础自动化水平层次不一的情况下，实现全系统的集中优化控制尚有一定的难度。

（2）分散控制。这是我国当前进行电压、无功综合控制的主要方式。分散控制是指在各个变电所或发电厂中，自动调节有载调压变压器的分接头位置或其他调压设备，以控制地区的电压和无功功率在规定的范围内。分散控制是在各厂、所独立进行的，但它必须遵守电网调度的有关规定。

（3）关联分散控制。所谓关联分散控制，是指电力系统正常运行时，由分散安装在各厂、所的分散控制装置或控制软件进行自动调控，调控范围和定值是从整个系统的安全、稳定和经济运行出发，事先由电压、无功优化程序计算好的，而在系统负荷变化较大或紧急情况或系统运行方式发生大的变动时，可由调度中心直接操作控制，或由调度中心修改下属变电所所应维持的母线电压和无功功率的定值，以满足系统运行方式变化后的新要求。因此，关联分散控制最大的优点是，在系统正常运行时，各关联分散控制器自动执行对各受控变电所的电压、无功调控，做到责任分散，控制分散，危险分散；紧急情况下，执行应急程序，因而可以从根本上提高全系统的可靠性和经济性。为达此目的，执行关联分散控制任务的装置，除了要具有齐全的对受控所的分析、判断和控制功能外，还必须具有强的通信能力。一旦系统需要时，各受控厂、所能及时接受上级调度指令，自动修改和调整整定值或停止执行自己的控制规律，而作为调度下达调控命令的智能执行单元进行运行。

9-81 避雷器有哪些类型？对避雷器有哪些基本要求？并简述氧化锌避雷器的结构、工作原理、主要电气参数及型号含义。

答：（1）避雷器类型。

避雷器是变电所内保护电气设备免遭雷电冲击波袭击的设备。当雷电冲击波沿线路传入变电所，超过避雷器保护水平时，避雷器首先放电，将雷电压幅值限制在被保护设备雷电冲击水平以下，使电气设备受到保护。

按发展的先后，目前使用的避雷器有五种，即保护间隙、管型避雷器、阀型避雷器、磁吹阀式避雷器和氧化锌避雷器。保护间隙是最简单的避雷器；管型避雷器也是一个保护间隙，但它在放电后能自行灭弧；为进一步改善避雷器的放电特性和保护效果，将原来的单个放电间隙分成许多短的串联间隙，同时增加了非线性电阻（这种非线性电阻阀片是用金刚砂SiC和结合剂烧结而成，称为碳化硅阀片），发展成为阀型避雷器；磁吹阀式避雷器因利用了磁吹式火花间隙，间隙的去游离作用增强，提高了灭弧能力，从而改进了它的保护作用；70年代又出现了一种新型避雷器——氧化锌避雷器，它具有无间隙、无续流、残压低等优点。磁吹阀式避雷器和氧化锌避雷器除能限制雷电过电压外，还具有限制电力系统内部过电压的能力。氧化锌避雷器具有一系列突出的优点，已经成为取代阀型避雷器、磁吹阀式避雷器的新一代产品，在电力系统中被广泛采用。

（2）对避雷器的基本要求。

为了可靠地保护电气设备，保障电力系统安全运行，任何避雷器均必须满足下列要求：

1）避雷器的伏秒特性与被保护设备的伏秒特性正确配合，即避雷器的冲击放电电压任何时刻都要低于被保护设备的冲击放电电压。

2）避雷器的伏安特性与被保护的电气设备的伏安特性正确配合，即避雷器动作后的残压要比被保护设备通过同样电流时所能耐受的电压低。

3）避雷器的灭弧电压与安装地点的最高工频相电压正确配合，使系统发生一相接地的故障情况下，避雷器也能可靠地熄灭工频续流电弧，从而避免避雷器发生爆炸。

（3）氧化锌避雷器的结构、工作原理及主要优点。

氧化锌阀片具有理想的伏安特性，在雷冲击电流作用下迅速动作，呈现小电阻使其残压足够低，从而使被保护电气设备不受雷电过电压损坏。而当冲击电流过后，工频电压作用下，避雷器阀片呈现大电阻，使工频续流趋于零。

无间隙氧化锌避雷器的主要元件是氧化锌阀片，它是以氧化锌（ZnO）为主要材料，加入少量金属氧化物，在高温下烧结而成。其伏安特性具有极高的非线性，在大电流时呈低电阻特性，限制了避雷器上的电压，在正常工频电压下呈高阻性，相当于一个绝缘体。对500kV氧化锌避雷器而言，由于器身较高，杂散电容大，若不采取措施，避雷器整体电位将分布不均匀。因此，在避雷器顶端装设均压环，多节避雷器各节并联装设不同数值的电容器，以改善其电位分布。为防止避雷器发生爆炸，避雷器均设有压力释放装置。

氧化锌避雷器具有如下优点：

1）结构简单，造价低廉，性能稳定；

2）串联火花间隙放电需要一定的时延，而氧化锌避雷器没有串联火花间隙，因而有效地改善了避雷器在陡波下的保护性能；

3）在雷电过压下动作后，无工频续流，使通过避雷器的能量大为减少，从而延长了工作寿命；

4）氧化锌阀片通流能力大，提高了避雷器的动作负载能力和电流耐受能力；

5）无串联间隙，可直接将阀片置于六氟化硫组合电器中或充油设备中。

由于上述特点，氧化锌避雷器广泛用于高压和超高压电网中，正逐渐取代阀型避雷器和磁吹阀式避雷器。

（4）氧化锌避雷器的主要电气参数。

1）持续运行电压：它是允许长时间加在避雷器两端的工频电压，应等于或大于系统的最高相电压。在此电压下，避雷器可长期持续运行。

2）额定电压：它是允许短时施加到避雷器端子间的最大允许工频电压。在此电压下，避雷器可以成功地动作，由动作负载试验验证。额定电压是氧化锌避雷器的基本参数，避雷器是按此设计的。

3）工频参考电流和参考电压：工频参考电流是设计时规定的一个工频阻性电流，它所对应的工频电压应等于或大于避雷器的工频参考电压。

4）荷电率：它是指避雷器的持续运行电压对工频参考电压的比值。荷电率降低，表示持续运行电压比工频参考电压低得多，流过氧化锌避雷器的持续电流比工频参考电流小得多。避雷器长期工作的电流越小，工作稳定性就越高，中性点直接接地系统中的荷电率约为75%～80%。

5）工频耐受特性：它是指避雷器耐受工频暂态过电压与所对应的最大持续时间的关系曲线。

6）冲击电流耐受特性：它是避雷器耐受雷电和操作电流的能力，包括以下三部分：①标称冲击电流耐受特性：8/20μs电流波，电流幅值为该避雷器的标称放电电流，此特性相当于耐受雷电过压的能力。②长持续时间冲击电流的耐受特性：将冲了电的长线路模型向避雷器放电，形成长（2000～3200）μs的方波电流。该特性相当于耐受最严重的操作电压能力。

③大冲击电流耐受特性：4/10μs 冲击电流，电流幅值 65kA 或 40kA，此特性相当于耐受大幅值短波雷电流的能力。

7）氧化锌避雷器的保护特性：即残压特性，它分为如下三个类型：①雷电冲击残压特性。在雷电流为 8/20μs 波和标称放电电流（5，10kA 或 20kA）下避雷器的残压。②操作冲击残压特性。在操作冲击电流波为波头 30μs，波尾半值时间为波头的 2 倍以上，波幅为 0.5、1.0、3.0kA 作用下的残压。③陡波残压特性。电流波形 1/5μs 作用下的残压。因氧化锌的残压幅值不仅与冲击电流幅值有关，而且与电流波头长度有关，陡波电流下的残压较高。

（5）氧化锌避雷器型号及其含义。氧化锌避雷器型号的含义如下：

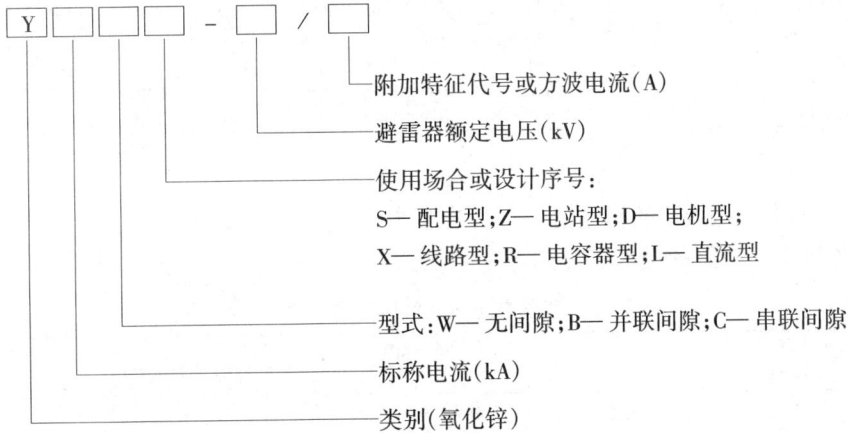

```
Y □ □ □ □ - □ / □
```

附加特征代号或方波电流（A）

避雷器额定电压（kV）

使用场合或设计序号：
S— 配电型；Z— 电站型；D— 电机型；
X— 线路型；R— 电容器型；L— 直流型

型式：W— 无间隙；B— 并联间隙；C— 串联间隙

标称电流（kA）

类别（氧化锌）

表 9-5 给出 Y5WZ 型电站用无间隙氧化锌避雷器的技术数据，表 9-6 给出 Y10W5 系列中部分氧化锌避雷器的技术数据。

表 9-5　　　　　　　Y5WZ 型电站用无间隙氧化锌避雷器的技术数据

型　号		避雷器额定电压（有效值，kV）	系统额定电压（有效值，kV）	持续运行电压（有效值，kV）	标称电流下最大残压（kV）		通流容量		
新型号	旧型号				陡波	雷电波	8/20μs波	2000μs方波	4/10μs波
Y5WZ - 3.8	FYZ - 3	3.8	3	2	15.5	13.5			
Y5WZ - 7.6	FYZ - 6	7.6	6	4	31.0	27.0	5kA	150A	40kA
Y5WZ - 12.7	FYZ - 10	12.7	10	6.6	51.0	45			
Y5WZ - 41	FYZ - 35	41	35	23.4	154	134			

注　本避雷器适用于和真空断路器配套防止操作过电压和大气过电压对各种变压器的危害。

表 9-6　　　　　　　Y10W5 系列氧化锌避雷器的技术数据（A 类产品）

型　号	系统标称电压（有效值，kV）	避雷器额定电压（有效值，kV）	持续运行电压（有效值，kV）	工频参考电压（峰值，kV）	8/20μs 最大雷电冲击残压（峰值，kV）			30/60μs24kA 最大操作冲击残压（峰值，kV）	1/5μs 10kA 最大陡波冲击残压（峰值，kV）	外绝缘耐受电压			高度（mm）
					5kA	10kA	20kA			工频干、湿（有效值，kV）	1.2/50μs 标准雷电波（峰值，kV）	250/2500μs 操作冲击波（峰值，kV）	
Y10W5 - 45/135	35	45		64	124	135				100	231		795
Y10W5 - 100/248	110	100	73	142		248	266		273	206	500		1375
Y10W5 - 192/476	220	192		272		476	510	414	524	395	950		

型　号	系统标称电压(有效值,kV)	避雷器额定电压(有效值,kV)	持续运行电压(有效值,kV)	工频参考电压(峰值,kV)	8/20μs 最大雷电冲击残压(峰值,kV)			30/60μs24kA 最大操作冲击残压(峰值,kV)	1/5μs 10kA 最大陡波冲击残压(峰值,kV)	外绝缘耐受电压			高度(mm)
					5kA	10kA	20kA			工频干、湿(有效值,kV)	1.2/50μs 标准雷电波(峰值,kV)	250/2500μs 操作冲击波(峰值,kV)	
Y10W5－200/496	220	200	146	283	496	532	431	546	395	950		2690
Y10W5－228/565	220	228		323	565	606	491	622	395	950		
Y10W5－300/693	330	300	210	425	693	740	602	755	460	1050	850	2936
Y10W5－396/896	500	396	318	560	896	967	788	986	740	1675	1175	5040
Y10W5－420/950		420		594	950	1026	826	1045	740	1675	1175	
Y10W5－444/995		444		628	995	1075	875	1095	740	1675	1175	
Y10W5－468/1058		468		662	1058	1143	920	1165	740	1675	1175	

9－82　各级电压线路的输送能力大致为多少?

答：各级电压线路的送电能力如表9－7所示。

表9－7　　　　　　　　　我国各级电压线路送电能力

输电电压（kV）	输送容量（MW）	传输距离（km）
0.38	0.1以下	0.6及以下
3	0.1~1.0	1~3
6	0.1~1.2	4~15
10	0.2~2.0	6~20
35	2~10	20~50
110	10~50	50~150
220	100~500	100~300
330	200~1000	200~600
500	600~1500	400~1000

9－83　电网运行主要有哪些经济指标?经济运行的主要措施是什么?

答：（1）电网经济运行，主要由三个经济指标来反映：

1）标准煤耗量。即生产1kWh电能所消耗的标准煤量。标准煤耗量又分发电标准煤耗量和供电标准煤耗量。前者是电厂发出1kWh电能（含厂用电）所消耗的标准煤量，后者是电厂供出1kWh电能（不含厂用电）所消耗的标准煤量。

2）厂用电率。发电厂在生产电能的过程中耗用的电量与发电量的百分比。

3）线路损耗率。电能在各级电网输送中的损耗量占供电量的百分比。

（2）电网经济运行的主要措施如下：

1）提高火电机组运行经济性。其主要措施是：

（a）同一厂内运行机组按煤耗等微增率分配负荷。

（b）燃煤锅炉调峰减负荷尽量避免投油稳燃。

（c）在高于烟气酸露点的前提下尽量降低排烟温度。

（d）汽轮机运行在经济真空值（通常是偏低运行，因此要提高真空度）。

（e）当机组负荷在一定值以上，主再热汽温，压力保持在额定值运行，即"压红线"。

（f）改善燃烧，保持合适氧量，降低灰渣中的可燃物含量。

（g）投入高、低压加热器运行，提高循环效率。

（h）采取降低厂用电的措施，如采用变频调速技术。

（i）尽可能减少不必要的机组启停操作。

（j）严守规程，保障安全生产，是经济运行的前提和基础。

2）降低线损。其主要措施是：

（a）减少变压器级次。由于每经一次变压，约要消耗 1% ~ 2% 的有功功率，变压级次越多，损失就越大。因此，应尽量减少变压级次，如可直接从（110 ~ 220）kV 降至（10 ~ 35）kV。

（b）就地平衡无功，避免经长距离线路或多级变压器传送无功功率。

（c）提高电力网运行的电压水平。如果线路电压提高 5%，线路中的能量损耗将降低 9%，因此，在可能的条件下，应尽量提高电网运行电压水平。

（d）实行经济调度。即采用计算机实现电网有功和无功负荷的最佳潮流分配。变电所装设电压无功功率自动控制装置，供电区配置无功优化控制系统。

（e）合理规划电网，适当改造线路。结合规划，对某些不合理的送配电线路，如负荷过重或迂回曲折及延伸很长的线路，应适当进行改造或升压，必要时增建第二回线。

（f）合理地选择电气设备并使其经济运行。包括正确地选择异步电动机的容量和规格，避免"大马拉小车"现象，限制电动机和变压器的轻负载运行，采用低损耗变压器等。

（g）高压电网深入城镇市区和工业负荷中心。

9 – 84　电网低频减负荷装置有哪些基本要求？其整定原则如何？

答：（1）对低频减负荷装置有下列基本要求：

1）能在各种运行方式且功率缺额的情况下，有计划地切除负荷，有效地防止系统频率下降至危险点以下。

2）切除的负荷应尽可能少，应防止超调和悬停现象。

3）变电所的馈电线路故障或变压器跳闸造成失压时，低频减负荷装置应可靠闭锁，不应误动。

4）电力系统发生低频振荡时，不应误动。

5）电力系统受谐波干扰时，不应误动。

为满足以上要求，关键是要有原理先进、准确度高、抗干扰能力强的测频电路。此外，在低频减负荷装置中，必须增加一些闭锁措施。常用的闭锁条件有：①带时限的低电压闭锁；②低电流闭锁；③滑差闭锁，也即频率变化率闭锁；④双测频回路串联闭锁；⑤低频减负荷装置故障闭锁。因低频减负荷装置动作跳闸的供电线路，禁止自动重合闸。因此，供电线路自动重合闸回路中都装有低频减负荷闭锁。

（2）整定原则。电网低频减负荷装置，根据供电线路所供负荷的重要程度，分为基本级和特殊级两大类。把一般负荷的馈电线路放在基本级里，供给重要负荷的线路划在特殊级里，基本级可以设定 5 轮或 8 轮。当系统发生功率严重缺额造成频率下降至第 1 轮的启动值且延时时限已到时，低频减负荷装置动作出口，切除第 1 轮的线路，此时如果频率恢复，则动作成功。若频率还不能恢复，说明功率仍缺额。当频率低于或等于第 2 轮的整定值，且第 2 轮的动作时延已到，则低频减负荷装置再次启动切除第 2 轮的负荷。如此反复对频率进行采样、计算和判断，直至频率恢复正常或基本级的1~8轮（多数变电所只分为3轮或5轮）的负荷全部切完。

当基本级的线路全部切除后，如果频率仍停留在较低的水平上，则经过一定的时间延时后，启动切除特殊轮负荷。

一般第1轮的频率整定为47.5~48.5Hz，最末轮的频率整定为46~46.5Hz。若采用常规的低频继电器，则相邻两轮间的整定频率差为0.5Hz，动作时限差为0.5s；若采用微机低频减负荷装置，则相邻两轮间的整定频率差可以减少，时间差也可减少。特殊轮的动作频率可取47.5~48.5Hz，动作时限可取15~25s。

至于特别重要的用户，则设为0轮，即低频减负荷装置不会对它发切负荷的指令。

9-85 电气设备的接地分为哪几类？

答：接地装置是由埋入土中的金属接地体（角钢、扁钢、钢管等）和连接用的接地线构成。

按接地的目的，电气设备的接地可分为：工作接地、防雷接地、保护接地和仪控接地。

（1）工作接地：是为了保证电力系统正常运行所需要的接地。例如中性点直接接地系统的变压器中性点接地，其作用是稳定电网对地电位，从而使对地绝缘降低。

（2）防雷接地：是针对防雷保护的需要而设置的接地。例如：避雷针（线）、避雷器的接地，目的是使雷电流顺利导入大地，以利于降低雷击过电压，故又称为过电压保护接地。

（3）保护接地：也称安全接地，是为了人身安全而设置的接地，即电气设备的外壳（包括电缆皮）必须接地，以防外壳带电危及人身安全。

（4）仪控接地：发电厂的热力控制系统、发电厂和变电所及调度中心的数据采集系统、计算机监控系统、晶体管或微机型继电保护系统和远动通信系统等，为了稳定电位，防止干扰而设置的接地。仪控接地亦称电子系统接地。

9-86 变电所接地网的接地电阻是多少？避雷针的接地电阻是多少？接地网能否与避雷针连接在一起？为什么？

答：（1）大电流接地系统的接地电阻，应符合 $R \leqslant 2000/I$，当 $I > 4000A$ 时，可取 $R < 0.5\Omega$；

小电流接地系统当用于1000V以下设备时，接地电阻应符合 $R \leqslant 125/I$，当用于1000V以上设备时，接地电阻 $R \leqslant 250/I$，但任何情况下都不应大于10Ω。

其中　　R——考虑到季节变化的最大接地电阻，Ω；

　　　　　I——计算用的接地短路电流，A。

（2）独立避雷针的接地电阻一般不大于25Ω；安装在架构上的避雷针，其集中接地电阻一般不大于10Ω。

（3）110V及以上的屋外配电装置，可将避雷针装在配电装置的构架上，构架除了应与接地网连接以外，还应附近加装集中接地装置，其接地电阻不得大于10Ω。构架与接地网连接点至变压器与接地网连接点沿接地网接地体的距离不得小于15m。构架的接地部分与导电部分之间的空间距离不得小于绝缘子串的长度。在变压器的门型构架上不得安装避雷针。在土壤电阻率大于1000Ωm时，宜用独立避雷针。

对 35kV 的变电所，由于绝缘水平很低，构架上避雷针落雷后感应过电压的幅值对绝缘有发生闪络的危险，因此，宜采用独立避雷针。

9-87 避雷器和避雷针在运行中应注意哪些事项？

答： 避雷器是用来保护变电所电气设备的绝缘免受大气过电压及操作过电压危害的保护设备。对运行中的避雷器应做下列工作：

（1）每年应对投运的避雷器进行一次特性试验，并对接地网的接地电阻进行一次测量，电阻值应符合接地规程的要求，一般不应超过 5Ω。

（2）（6~35）kV 的避雷器应于每年 3 月底投入运行，10 月底退出运行；110kV 以上的避雷器应常年投入运行。

（3）应保持避雷器瓷套的清洁。低式布置时，遮栏内应无杂草，以防止避雷器表面的电压分布不均或引起瓷套短接。

（4）在装拆动作记录器时，应首先用导线将避雷器直接接地，然后再拆下动作记录器。检修完毕装好后，再拆去临时接地线。

（5）（6~10）kV 系统为中性点不接地系统。当（6~10）kV 的避雷器发生爆炸时，如引线未造成接地，则应将引线解开或加以支持，以防造成相间短路。

（6）对避雷针应注意有否倾斜、锈蚀的情形，以防避雷针倾倒。避雷针的接地引下线应可靠，无断落和锈蚀现象，并定期测量其接地电阻值。

9-88 线路侧带电时，可能经常断开的开关在防雷上有什么要求？

答： 为了防止进行波对运行设备造成反射过电压，在雷雨季节中，可能经常断开的开关外侧应装设一组管形避雷器，并且应尽可能地靠近被保护设备。当整定有困难或缺乏适当参数的管型避雷器时，可用阀型避雷器或保护间隙来代替。停用的开关应拉开线路侧隔离开关。

9-89 什么叫反击？对设备有何危害？怎样避免？

答： 当雷电击到避雷针时，雷电流通过接地装置进入大地。若接地装置的接地电阻过大，那么，它通过雷电流时电位将很高，因此与接地装置相连的杆塔、构架或设备外壳将处于很高的地电位。这很高的地电位同样也作用于线路或设备的绝缘上，可使绝缘发生击穿。由此可见，接地导体由于地电位升高可以反过来向带电导体放电，这种现象就叫做"反击"。

为了限制防雷接地装置上的地电位升高，防止避雷针通过雷电流的反击现象，避雷针必须具有良好的接地，并使避雷针与电气设备之间保持一定的距离。对于独立避雷针，避雷针与配电装置的空间距离，不得小于 5m（条件许可时，这个距离可以适当加大）；避雷针的接地装置与变电所最近的接地网之间的地中距离，应大于 3m；避雷针与经常通行的道路的距离，应大于 3m。对于连接到接地网上的避雷针，避雷针在接地网上的引入点与变压器在接地网上的连接点沿地线的距离不得小于 15m。这是考虑到避雷针在落雷时，其引入点的电位较高，雷电流经 15m 地线散流之后，到变压器处的地电位一般可保证变压器不发生反击。

9-90 电气上的"地"是指什么？

答： 电气设备在运行中，如果发生接地短路，则短路电流将通过接体并以半球面的形

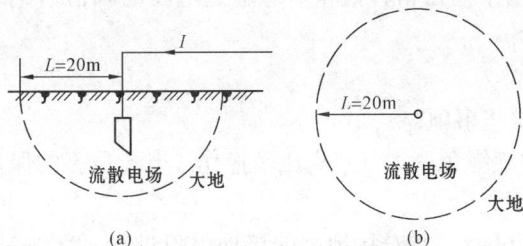

图 9－12　半球面流散电场示意图试验证明

（a）半球面流散电场剖面图；（b）半球面流散电场平面图

状向地中流散，如图 9－12 所示。由于半球面越小，散流电阻越大，接地短路电流流经此处的电压降就越大。所以，在靠近接地体的地方，半球面小，电阻大，此处的电位就高。反之，在远离接地体的地方，由于半球面大，电阻小，其电位就低。

试验证明，在离开单根接地体或接地极 20m 以外的地方，球面已经相当大，其电阻等于零，于是该处的电位也就为零。我们把电位等于零的地方，称作电气上的"地"。

9－91　各种防雷接地装置工频接地电阻的最大允许值是多少？

答： 各种防雷接地装置的工频接地电阻值，一般不大于下列值：

（1）独立避雷针为 10Ω。

（2）电力架空线路的避雷线，根据土壤电阻率的不同，分别为 10～30Ω。

（3）变、配电所母线上的阀形避雷器为 5Ω。

（4）变电所架空进线段上的管形避雷器为 10Ω。

（5）低压进户线的绝缘子铁角接地电阻值为 30Ω。

（6）烟囱或水塔上避雷针的接地电阻值为 10～30Ω。

9－92　备用电源自动投入装置有哪几种典型方式？有何优点和基本要求？

答：（1）典型方式。

备用电源自动投入装置是当工作电源因故障被断开以后，能迅速自动地将备用电源投入工作的装置，简称 AAT 装置（备自投）。

在变电所中，AAT 主要有四种典型方式，即桥开关备自投、进线备自投、变压器备自投、分段开关备自投。

（2）采用 AAT 装置后，有如下优点：

1）提高供电的可靠性，节省建设投资；

2）简化继电保护，因为采用了 AAT 装置后，环形网络可以开环运行、变压器可以分列运行等，这样可以采用简单的继电保护装置；

3）限制短路电流、提高母线残余电压。

由于 AAT 装置简单，费用低，而且可以大大提高供电的可靠性和连续性，因此广泛应用在变电所中。

（3）对备自投装置的基本要求。

1）只有当工作电源断开以后，备用电源才能投入。假如工作电源发生故障，断路器尚未断开时，备用电源投入将扩大事故。

2）工作母线上不论任何原因失去电压时，AAT 装置都应动作。因此 AAT 装置必须具备独立的低电压启动功能。为了防止工作电源电压互感器二次侧熔断器熔断引起 AAT 误动作，AAT 装置还应具有 TV 断线闭锁功能。

3）备用电源自动投入装置只允许将备用电源投入一次，当工作母线发生持续性短路故障或引出线故障，断路器拒动时，备用电源多次投入会扩大事故。

4）备用电源自动投入装置的动作时间，应使负荷停电的时间尽可能短。但停电时间过短，电动机残余电压可能较高，当 AAT 装置动作时，会产生过大的电流和冲击力矩，导致电动机的损伤。因此，装有高压大容量电动机的厂用电母线，中断电源的时间应在 1s 以上。对于低压电动机，因转子电流衰减极快，这种问题并不突出。同时为使 AAT 装置动作成功，故障点应有一定的电弧熄灭去游离时间。在一般情况下，备用电源的合闸时间大于故障点的去游离时间，因而不考虑故障点的去游离时间。运行经验证明，AAT 装置的动作时间以 1 ~ 1.5s 为宜。

5）当备用电源无电压时，AAT 装置不应动作。正常工作情况下，备用母线无电压时，AAT 装置应退出工作，以避免不必要的动作。当供电电源消失或系统发生故障造成工作母线与备用母线同时失去电压时，AAT 装置也不应动作，以便当电源恢复时仍由工作电源供电。为此，备用电源必须具有电压鉴定功能。

6）应校验备用电源的过负荷和电动机自启动情况。如备用电源过负荷超过允许限度或不能保证电动机自启动时，应在 AAT 装置动作时自动减负荷。

7）如果备用电源投入故障，一般应使其保护加速动作。

9-93 电压无功自动控制装置主要功能应满足哪些要求？

答： 无论采用何种形式的自动控制装置，主要功能应满足以下要求：

1）自动控制装置应能随时监测变电所指定的母线电压和通过变压器的无功功率，并根据监测的结果发出调节指令，动作于变电所的电压无功的调节设备，使变电所指定的母线电压和通过变压器的无功功率保持在给定的范围内。并根据系统调度的要求和变电所的日负荷曲线的变化，自动控制装置自动地改变其动作值。

2）在系统故障或某些非正常运行情况下，变电所的电压无功调节设备的容量难以使母线电压和通过变压器的无功功率均保持在合理的范围时，自动控制装置应能优先保持变电所指定母线电压的稳定。

3）自动调节装置是根据被测量的稳态值的变化而发出调节指令的，在系统的各种暂态工况下自动调节装置不应动作，从而防止对无功和电压的调节设备的频繁操作。为此，自动调节装置内部应设一个"认可时间"，即只有在被测量值偏离正常值超过"认可时间"时，装置才发出调节命令。

4）要考虑对无功功率补偿设备的等概率操作，目前国产的静止型无功功率补偿设备，都是采用成组投切的电力电容器和电抗器。为防止某一组电力电容器或电抗器操作次数过多，负担过重，在操作指令的程序编制上应考虑能实现对各组电容器和电抗器等概率操作。

5）在有关的一次设备故障、继电保护动作、自动调节装置本身故障以及出现某些禁止自动调节装置动作的情况时，应将自动调节装置闭锁，并发出相应的预报信号。

6）在实际运行中，变电所的电压无功调节设备需要直接由运行人员或调度控制时，自动调节装置应被闭锁。

9 – 94 电网自动重合闸装置有何作用？其基本要求是什么？

答： 在电力系统中，输电线路是发生故障最多的设备，而且它发生的故障大都属于暂时性的，因此，自动重合闸装置（简称 ARC）在高压输电线路上得到极其广泛的应用。在高压输电线路上装设自动重合闸，对于提高供电的可靠性无疑会带来极大的好处，但由于ARC 本身不能判断故障是暂时性还是永久性的，因此在重合之后，可能成功（恢复供电），也可能不成功。根据我国运行资料统计，ARC 的动作成功率相当高，在 60% ～ 90% 之间。

（1）自动重合闸的作用。

1）在输电线路发生暂时性故障时，可迅速恢复供电，从而能提高供电的可靠性；

2）对于双侧电源的高压输电线路，可以提高系统并列运行的可靠性，从而提高线路的输送容量；

3）可以纠正由于断路器或继电保护误动作引起的误跳闸。

由于 ARC 本身投资低，工作可靠，采用 ARC 后可避免因暂时性故障停电而造成的损失。因此规程规定，在 1kV 及以上电压的架空线路或电缆与架空线路的混合线路上，只要装有断路器，一般应装设 ARC。但是，采用 ARC 后，当重合于永久性故障时，电力系统将再次受到短路电流的冲击，可能引起电力系统振荡。继电保护应再次使断路器断开。断路器在短时间内连续两次切断短路电流，这就恶化了断路器的工作条件。

（2）自动重合闸的基本要求。

1）运作迅速。在满足故障点去游离（即介质恢复绝缘能力）时间和断路器消弧室与断路器的传动机构准备好再次动作所必须的时间条件下，ARC 的动作时间应尽可能短，从而减轻故障对用户和电力系统带来的不良影响。ARC 的动作时间，一般采用 0.5 ～ 1.5s。

2）不允许任意多次重合。ARC 动作的次数应符合预先的规定。如一次重合闸只能重合一次。当重合于永久性故障而断路器再次跳闸时，就不应重合。

3）动作后应能自动复归。当 ARC 成功动作一次后，应能自动复归，准备好再次动作。对于受雷击机会较多的线路，为了发挥 ARC 的作用，这一要求更是必要的。

4）手动跳闸时不应重合。当运行人员手动操作或遥控操作使断路器跳开时，ARC 不应重合。

5）手动合闸于故障线路时不重合。

6）电容器装置及电缆线路禁止使用重合闸装置。

7）因低频减负荷装置动作跳闸的线路，禁止自动重合闸。因此，线路自动重合闸回路中应装设低频减负荷闭锁。

9 – 95 电网自动重合闸装置分哪几种类型？各有何特点？在电网运行中如何配置使用？

答： 电网自动重合闸有三相重合闸、单相重合闸和综合重合闸等三种类型。

（1）三相重合闸：

1）单侧电源线路的三相一次自动重合闸。

2）双侧电源线路的三相一次自动重合闸。重合闸方式有下列几种：

（a）快速自动重合闸方式。即当线路上发生故障时，继电保护以极短的时限使线路两侧断路器断开并接着进行自动重合。由于从短路开始到重新合上，线路两侧断路器所需时间很短，两侧电动势角摆开不大，系统还不可能失步。即使两侧电源电动势角摆开较大，由于重合闸周期很短，断路器重合后，系统也很快拉入同步。

（b）非同期重合闸方式。即不考虑两系统是否同步而进行自动重合闸方式。也就是说，当线路断路器断开后，即使两侧电源已失去同步，也自动重新合上断路器，期待系统自动拉入同步。

（c）检查双回路另一回路电流的重合闸方式。在没有其他旁路联系的双回线上，可采用另一回路有电流的重合闸方式。因为当另一回线路上有电流时，即表示线路两侧电源仍有联系并同步运行，因此可以进行重合闸。

（d）自动解列重合闸方式。

（e）检查线路无压及检查同期重合闸方式。

线路一侧的断路器投入检查线路无压重合闸（检查同期重合闸亦同时投入），另一侧的断路器只投入检查同期重合闸。

当线路故障，两侧断路器跳开后，一侧的断路器检查线路无电压后自动合上，另一侧断路器检查两侧电源同期后自动重合。

3）自动重合闸与继电保护的配合。有如下两种方式：

（a）自动重合闸前加速保护动作方式，简称前加速。其优点是能快速切除故障，使暂时性故障来不及发展成永久性故障，而且设备少，只需一套 ARC 装置。其缺点是重合于永久性故障时，再切除故障的时间会延长。装有重合闸的断路器动作次数较多，若此断路器的重合闸拒动，就会扩大停电范围，甚至在最后一级线路上故障时，也可能造成全部停电。因此，在实际中前加速方式只用于 35kV 以下的网络。

（b）自动重合闸后加速保护动作方式，简称后加速。采用这种方式时，如在线路上发生故障，保护将有选择的跳闸。若重合于永久性故障，则加速保护动作，瞬时切除故障。其优点是第一次跳闸是有选择性的，不会扩大事故。同时，这种方式使再次断开永久性故障的时间缩短，有利于系统并联运行的稳定性。其缺点是第一次切除故障可能带时限，当主保护拒动，而由后备保护来跳闸时，时间可能较长。

在 35kV 以上电压的高压网络中，通常都装有性能较好的保护（如距离保护等），所以第一次有选择性的跳闸时限不会很长，故后加速方式在这种网络中被广泛采用。

（2）单相自动重合闸。在 110kV 及以上电压的大接地电流系统中，架空线路的线间距离较大，相间故障的机会较少，而单相接地的机会却较多。如果在三相线路上装设三个单相断路器，当发生单相接地故障时只将故障相的断路器跳开，而未发生故障的其余两相将继续运行。这样，不仅可以提高供电的可靠性和系统并联运行的稳定性，而且也可以减少相间故障的发生几率。

所谓单相重合闸，就是线路发生单相接地故障时，保护只跳开故障相的断路器，然后进行单相重合。如故障是暂时性的，则重合闸后便恢复三相供电；如故障是永久性的，系统又不允许长期非全相运行时，则重合闸后保护跳开三相断路器，不再进行重合。

当采用单相重合闸时，如线路发生相间短路，一般都跳开三相断路器，不再进行重合；如因其他原因断开三相断路器时，也不进行重合。

（3）综合重合闸。实际上，在设计超高压线路重合闸装置时，单相重合闸和三相重合闸都是综合在一起考虑的，即当线路上发生单相接地故障时，采用单相重合闸方式；发生相间故障时，采用三相重合闸方式。综合考虑这两种重合闸方式的装置称为综合重合闸装置。在我国 220kV 及以上的高压电力系统中，综合重合闸得到了广泛的应用。

9-96　试简述静止补偿器的工作原理和类型。

答：由于我国超高压大容量长距离输电系统的不断出现，稳定运行问题也更加突出。因此在考虑超高压系统的无功补偿时，不仅要考虑无功功率平衡和电压调整问题，也要求同时考虑超高压电力系统的静态和暂态稳定运行问题。静止补偿装置（简称静补 SVC）能较好解决上述问题，它是国外 70 年代发展起来的一种快速调节无功功率的新型成套补偿装置。与调相机比较，它的调压速度快（1~2Hz），并能抑制过电压、系统功率振荡和电压突变，吸收谐波，改善不平衡度等，且运行可靠、维护方便、投资少。因此，调相机已有被逐步替代的趋势。我国各超高压电网也早已采用了静补装置。如华中系统 1982 年投入运行的两套相控静补装置，多年运行经验证明效果良好，基本上满足了附近地区峰、谷负荷的结点电压要求。又如武汉钢铁公司装了四套可控饱和静补装置后，便解决了大型轧钢机、电弧炉冲击负荷引起的电压闪变问题。静补装置还能够平衡随时间变化的非对称负荷，提高事故后无功紧急备用能力，以保持故障后短路瞬间的关键母线电压水平。总之，静补装置具有调相机，并联电容器所没有的许多优点。静补装置是由并联电容器、电抗器及检测与控制系统组成。它具有多种组合形式，可根据系统需要进行选择，现简要说明如下。

（1）直流励磁饱和电抗器静止补偿装置。

图 9-13 为直流励磁饱和电抗器型静补装置原理接线图。它由直流励磁饱和电抗器（ZHBK）、滤波器 GL、LB 和检测与控制系统三部分组成。ZHBK 每相由交直流两个绕组组成，通过改变直流励磁电流大小控制电抗器的饱和程度以达到调节感性无功功率的目的。LB 与 GL 由电容器与限流电抗器组成，它不仅是无功电源，也是谐波滤波器。检测与控制系统由无功功率检测器、调节器、移相触发及可控硅整流器等组成。控制方式有按进线无功功率不变或母线电压不变进行调节等几种方式。例如当母线电压降低时，检测与控制系统便自动减少直流绕组的励磁电流，使铁芯饱和程度降低，交流绕组感抗增大，吸收电容器的无功功率减少，此时电容器组供

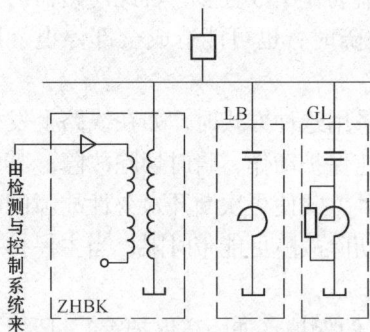

图 9-13　直流励磁饱和电抗器型静补装置

ZHBK—直流励磁饱和电抗器；GL—高通交流滤波器；LB—单通交流滤波器

给负荷的无功功率增加，而由系统来的无功功率则减少，因而达到了提高母线电压的目的。需要指出，三相共体的 ZHBK 装置只适用于三相平衡无功补偿系统，单相△形接线的 ZHBK 装置则可用于三相不平衡无功补偿系统。

（2）自饱和电抗器型静补装置。

图 9-14 为自饱和电抗器型静补装置的原理接线图，它由自饱和电抗器 ZBK 及滤波器组成。它通过自饱和电抗器上电压变化改变电抗器的饱和程度，使感性无功功率发生变化达到调压目的。此装置主要用于稳定母线电压。例如当母线电压低于额定值时，铁芯不饱和，电抗器与串联电容器组合回路的总感抗很大，基本上不消耗无功功率，并联电容器组的无功功率使母线电压上升。当母线电压高于额定值时，电抗器饱和使感抗减小，吸收无功功率增大，使母线电压下降，从而达到使母线电压维持在额定值附近。ZBK 静补装置为 Y 接三相共

体型，只适于三相平衡负荷，但具有一定的过负荷能力。

（3）相控电抗器型静补装置。

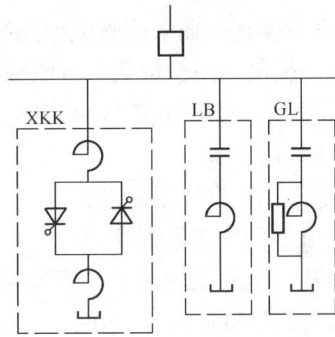

图9-15为相控电抗器型静补装置的原理接线图，它由相控电抗器XKK、滤波器、可控开关及控制器等组成。它通过可控硅开关瞬时导通和截止来控制感性无功功率的变化达到调节容性无功功率的目的。当可控硅开关全断时，电抗器开路相当于空载，此时仅耗用少量感性无功功率，静补送出最大无功功率。当可控硅开关全导通时，电抗器短路，吸收大量感性无功功率，此时静补送出无功最少，甚至可能从电网吸收无功功率。由此可见，通过可控硅开关触发相角的调节，可平滑地改变静补的无功功率以达到调压的目的。由单相组成的接线有Y接及△接线两种，Y接只适用于三相平衡无功负荷补偿，△接可用于补偿三相不平衡无功负荷。

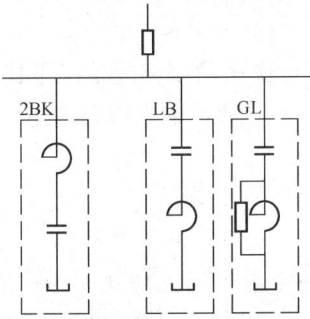

图9-14　自饱和电抗器型静补装置　　　　图9-15　相控电抗器型静补装置

9-97　试简述超高压直流输电系统的主要特点及500kV直流输电系统的主要接线方式。

答：（1）超高压直流输电系统的主要特点。

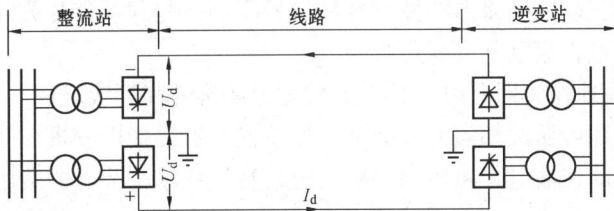

图9-16　直流输电系统接线图

直流输电是将发电厂发出的交流电经整流器变换成直流输送到受端，然后再经逆变器将直流电变换成交流向受端系统供电。直流输电系统原理接线图如图9-16所示。

采用直流输电主要有以下优点：

1）没有系统稳定问题。通过直流输电线连接两端交流系统，两个交流系统之间不需要保持同步运行。输电距离和容量不受两端电力系统同步运行稳定性限制。

2）直流输电调节灵活。直流输电系统的功率调节比较容易而且迅速，因此直流输电能够保证稳定地输送功率，并且在一端系统事故情况下，可由正常运行系统对事故系统进行紧急支援。在交流、直流输电线并联运行时，当交流线路发生故障，可以短时增大直流输送功率，提高系统稳定性。

3）实现交流系统的异步连接。频率不同或相同的交流系统可以通过直流输电线或"交流——直流——交流型"的"背靠背"换流站实现异步联网运行，既得到联网运行的经济效益，又避免交流联网在发生事故时的互相影响。

若两个大容量交流系统互联，而需要交换的功率较小时，如果采用交流线路联网，由于两端交流系统的电压或频率运行情况的变化，交流联络线路很容易过负荷或发生跳闸，而通过直流输电连接两个大容量交流系统，就能够实现交换功率较小的电网互联。

4）限制短路电流。直流输电连接两个交流系统时，直流输电的快速调节能够很快地将短路电流限制到额定电流水平，因此，直流输电有利于限制暂态电流。

5）适宜海底电缆输电。由于电缆线路的电容比架空线路大得多，因此较长的海底电缆交流输电很难实现，而采用直流电缆线路就比较容易。

6）直流输电线路造价低。直流输电采用两根导线，在输送功率相同情况下比交流电六根导线造价经济，并且直流线路走廊较窄，线路损耗率较小，直流输电线路的运行费用及塔材也较交流线路节省。

直流输电也存在以下缺点：

1）换流器设备造价较贵。

2）消耗一定的无功功率。直流输电换流器要消耗一定数量的无功功率，一般情况下，约为输送直流功率的 50% ~ 60%，因此换流站的交流侧需要安装一定数量的无功补偿设备。一般是利用具有电容性的交流滤波器提供无功功率。

3）产生谐波影响。换流器运行中，在交流侧和直流侧都将产生谐波电流和电压，使电容器和发电机发热，换流器控制不稳定，对通信系统产生干扰。为了限制谐波影响，一般在交流侧安装滤波器，交流滤波器的电容兼做无功补偿。对于直流架空线路，在直流侧也需要装设直流滤波器。

4）缺乏高压直流开关。由于直流不存在零点，以致熄弧比较困难，因此目前尚无适用的高压直流开关。现在是把换流器的控制脉冲信号闭锁，起到部分开关的作用。但是缺乏高压直流开关对发展多端直流电网有一定影响。

5）直流输电以大地作为回路时，会引起沿途金属构件和管线腐蚀。

在输送功率相等和可靠性相当的情况下，虽然换流器的费用较贵，但是直流输电线路的单位造价比较低，因此在输电距离增加到一定时，直流线路所节省的费用可以抵偿换流站增加的费用，这个距离称为交、直流输电等价距离。在 80 年代，在美国等价距离约为 400 ~ 700km。

因此，一个输电工程究竟应该采用直流输电或交流输电，完全取决于技术上和经济上的比较。

根据以上分析，直流输电的主要用途是：

1）远距离大功率输电；

2）交流系统的互联线；

3）海底电缆输电；

4）用于地下电缆向城市供电；

5）作为限制短路电流的措施。

1954年瑞典在本土和果特兰岛之间建成世界上第一条高压直流输电线。60年代以来，由于可控硅换流器的应用，直流输电容量逐年增加，目前多端直流输电系统已经出现。1988年浙江省宁波与舟山岛之间建成海底电缆直流输电，这是我国的第一条直流输电线路。1989～1990年湖北省葛洲坝至上海市南桥±500kV直流输电工程建成，它是我国第一条超高压远距离直流输电线路。随着我国大型水电站和大容量火电站、核电站的建设，及全国联网工程的实施，我国的超高压直流输电工程将会有更大的发展。

（2）500kV直流系统接线方式。

目前世界上已投入运行的直流输电系统，大多是两端直流输电。葛洲坝至上海南桥双极直流输电是我国第一个超高压远距离直流输电工程，现对葛南直流系统的接线方式作简要介绍。

葛南直流输电线路，双极额定电压为±500kV，输送容量1200MW，线路电流1200A，线路全长1045.56km。双极直流线路水平排列，输电线型号为$4 \times LGJQ - 300$四分裂导线。两根地线型号为GJ－70钢铰线。直流线路在20℃时的电阻率为$0.0994\Omega \cdot km$（设计值），单极四分裂导线的电阻为25.96Ω。

葛南直流输电系统为单回双极直流输电系统，因此有双极接线和单极接线两种基本接线方式。利用直流旁路母线及刀闸，可以实现三种单极接线方式。因此葛南直流输电系统共有以下四种接线方式。

1）双极接线方式。其接线原理图如9－17所示。整流站和逆变站的中性点均经过接地极引线接至地极。双极高压直流母线对地电压为$+ U_d$、$- U_d$，电压相等，极性相反。双极的直流电流平衡，大约有1%的不平衡电流流入地极。

双极直流母线电压极性是不固定的，当从葛洲坝向上海送电时，正方向传输，葛洲坝换流站极Ⅰ母线电压为正极性，极Ⅱ为负极性；而反向送电，葛洲坝换流站极Ⅰ母线电压为负极性，极Ⅱ为正极性。双极系统运行时，每极输送一半功率。二个极运行相对独立，当一极直流系统故障闭锁，另一极仍可按2h过负荷能力继续送电。双极系统同时故障闭锁的概率很小，因此双极系统运行有较高的可靠性。

2）单极大地回线接线方式。其接线原理图如9－18所示。单极大地回线接线为利用一根直流线输电，以大地作为回路组成的输电系统。

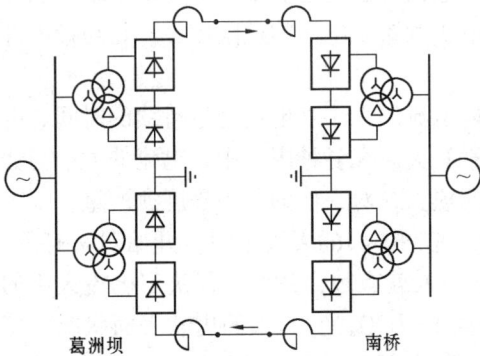

图9－17　双极方式简化图

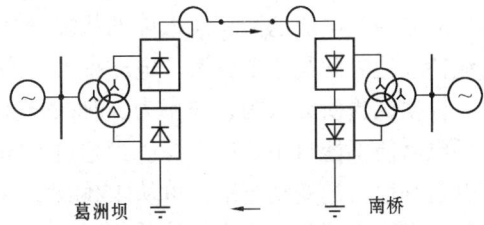

图9－18　单极大地回线方式简化图

3）单极双导线并联大地回线接线方式。其接线原理图如图9－19所示。这种接线为利用两根直流导线输电，以大地作为回线的输电系统，此接线方式的输电损耗最低。

以上两种接线方式均以大地作为回线。但是直流电流流入大地，会造成埋在地下的金属接地极及管线构件产生腐蚀。直流电流入地的地极为正极性，从负极性接地极流出，正极性接地极要比负极性腐蚀严重。因此，一般直流输电要限制大地回路运行方式。葛南直流输电双极系统分期建成投运，投产的第一极在从葛洲坝向南桥送电时，直流线极为正极性。双极系统投运后，根据接地极的设计寿命，大地回线运行时间限制为 800000Ah/年。

4）单极金属回线接线方式。其原理接线图如 9-20 所示。这种方式是利用另一极导线作为回路构成的输电系统。此时仅南桥站中性点一点接地钳制电位,无直流电流流入大地。两根导线构成直流回路,输电线的电阻远大于大地回路电阻,因此单极金属回路运行输电损耗最高。

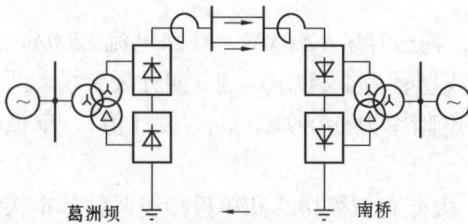

图 9-19　单极双极线大地回线方式简化图　　　图 9-20　单极金属回线方式简化图

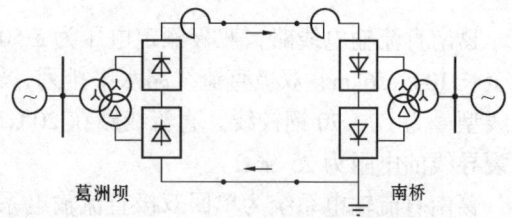

当一极直流系统停运后，根据接地极的状况，可以选择单极系统接线方式。在大地回路允许时间内，选择单极双极线并联大地回路方式，以提高直流输电的经济性。在大地回路受限制或接地极故障时，采用单极金属回线接线运行。

9-98　何谓保护接地和接零，有何作用？保护接地和接零有哪几种方式？应用范围如何？运行中有何具体规定？

答：（1）保护接地及其作用。

所谓保护接地，就是将电气设备在正常情况下不带电的金属外壳、金属构件或互感器的二次侧等接地，防备由于绝缘损坏而使外壳带危险电压，以保护工作人员在触及外壳时的安全。

人体触电分三类：一是与带电部分直接接触，包括带感应电、带静电和由于绝缘损坏使金属部件带电等；二是接地故障时，人处于接触电压和跨步电压的危险区；三是与带电部分间隔在安全距离之内。

人触电时对人体伤害的严重程度，与通过人体电流的大小、电流通过持续的时间、电流通过的路径、电流的频率及人体的状况等多种因素有关。在各种因素中，电流的大小与通过电流持续的时间是主要因素。电流愈大，通过时间愈长，对人体的伤害程度愈严重。

根据试验研究认为，频率为 50Hz 的交流电流，在 10～16mA 以上时，开始对人有危害，人触电后便不能自主摆脱电源。当超过 50mA 时，对人就有致命危险。但决定电流大小的人体电阻有很大的变动范围，可从 1500Ω 到几万乃至 10 万 Ω，它与人的皮肤表面状况、接触面积、电流作用时间和人的体质等因素有关。当皮肤表面破损或处于潮湿脏污状态时，人体电阻的最小值可达 800～1000Ω 以下。因此，在最恶劣的情况下，人所接触的电压只要达到 0.05×（800～1000）=40～50（V），就有致命危险。

图 9-21 表示不接地系统安装保护接地的作用，当人触及绝缘损坏而带电的外壳时，流过人体的电流

$$I_{\text{man}} = I_{\text{E}} \frac{R_{\text{E}}}{R_{\text{man}} + R_{\text{t}} + R_{\text{E}}}$$

式中　I_{E}——单相接地电流，A；

　　　R_{E}——保护接地电阻，Ω；

　　　R_{man}——人体电阻，Ω；

　　　R_{t}——脚与地面的接触电阻，Ω。

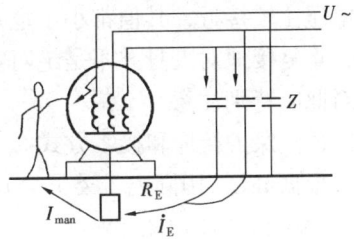

图 9-21　不接地系统保护接地作用的示意图

由上式可以看出，接地装置的电阻 R_{E} 愈小，通过人体的电流 I_{man} 就愈小。通常 $R_{\text{E}} \ll (R_{\text{man}} + R_{\text{t}})$。因此，适当选择接地装置的接地电阻值，使通过人体的电流足够小，就可以保证人身的安全。

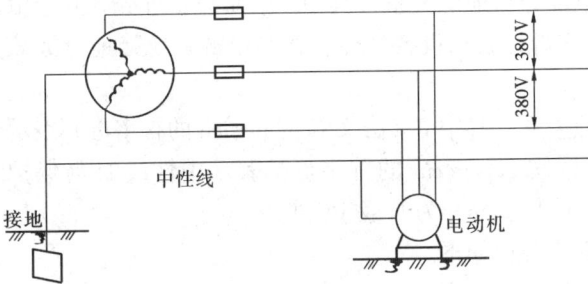

图 9-22　保护接零

(2) 保护接零及其作用。

在中性点直接接地的 380/220V 三相四线制电网中，为了保证人身安全，采用保护接零，如图 9-22 所示。所谓保护接零就是将用电设备的金属外壳，与变压器或发电机的电源接地中性线作金属连接，并要求在供电线路上装熔断器或空气自动开关，在用电设备一相碰壳时，能以最短的时间自动断开电路，以消除触电危险。同时，由于电路的电阻远小于人体电阻，在电路未断开前的短时间内，短路电流几乎全部通过接零电路，而通过人体的电流接近于零。

在中性点直接接地的三相四线制系统中，有时还需要作零线的重复接地。所谓零线的重复接地，是将零线的数点分别接地，如图 9-23 所示。

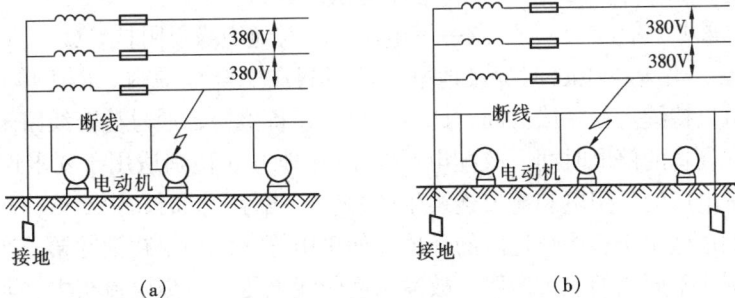

(a)　　　　　　　　　　　(b)

图 9-23　零线的重复接地

(a) 无重复接地情况；(b) 有重复接地情况

图 9-23 (a) 所示为无重复接地的情况。当零线发生断线的同时，某电动机一相绝缘损坏碰壳，这时断线处前的电动机外壳上的电压接近于零，而断线处后的电动机外壳上的电压接近于相电压值。有重复接地时，如图 9-23 (b) 所示，在断线处前后的电动机外壳上

的电压比较接近，其值都小于危及人身安全的电压值，所以有效地提高了安全性。但需要指出，重复接地对人身并不是绝对安全的，最重要的在于尽可能不使零线断线，在施工和运行中对此应特别注意。

（3）保护接地和接零方式。

根据 IEC（国际电工委员会）和我国国标 GB 4776 规定，配电系统按接地制式划分有 IT、TT、TN－S、TN－C、TN－C－S 等五种方式。

各种方式文字代号一般由两个字母组成，必要时加后续字母。因为 IEC 以法文作为正式文件，因此所用的字母为相应法文文字的首字母。文字代号的含义如下：

第一个字母表示电源中性点对地的关系：其中 T（法文 Terre 的首字母）表示电源中性点直接接地，I（法文 Isolant 的首字母）表示电源中性点不接地（包括所有带电部分与地隔离）或通过高阻抗与大地相连。

第二个字母表示电气设备的外露导电部分与地的关系：其中 T 表示设备外壳独立于电源接地点的直接接地，N（法文 Neutre 的首字母）表示设备外壳直接与电源系统接地点或该点引出导体相连接。

后续字母表示中性线与保护线之间的关系：其中 C（法文 Combinasion 的首字母）表示中性线 N 与保护线 PE 合并为 PEN 线，S（法文 Separateur 的首字母）表示中性线 N 与保护线 PE 分开，C－S 表示在电源侧为 PEN 线，从某点分开为 N 及 PE 线。

现对配电系统五种保护接地和接零方式分述如下。

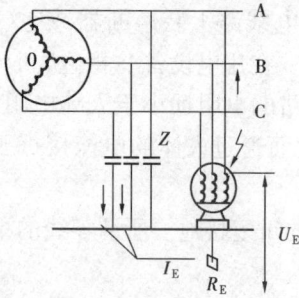

图 9－24　IT 接地方式

1）IT 接地方式。

IT 接地方式又称保护接地。该方式为电源中性点不接地或经高阻抗接地，而设备的金属外壳接地，如图 9－24 所示。这种保护方式的实质，是通过降低接地电阻 R_E，限制故障设备外壳（图中 A 相接地后）的接地电压 U_E 的值，近似计算可得

$$U_E = \frac{3U_\phi R_E}{3R_E + Z};\ I_E = \frac{3U_\phi}{3R_E + Z}$$

式中　　U_ϕ——相电压，kV；

　　　　Z——电网每相对地绝缘复阻抗，Ω。

由于 $R_E \ll Z$，当 $R_E < 10\Omega$ 时，接地电压可限制在安全范围内。由于单相接地电流小，发生接地后还可以持续运行一段时间。此时，报警设备报警，通过检查线路来消除故障，可减少或消除电气设备的停电时间。故配电系统 IT 接地方式特别适用于要求连续工作的电气设备，如大型发电厂的厂用电和需要连续生产的生产线等。同时，由于第一次故障时的故障电流很小，因此也适用于有爆炸危险的环境，如矿山等。但如果在消除第一次故障前又发生第二次故障，例如不同相的双重短路，故障点遭受线电压，故障电流很大，非常危险，因此必须具有可靠而且易于检测故障点的单相接地报警设备。

2）TT 接地方式。

TT 接地方式亦称保护接地。该方式为电源中性点直接接地，设备外壳亦直接接地（独立于电源接地点），如图 9－25 所示。这种方式高压系统普遍采用，而当低压系统中有较大容量的电器时则不妥，理由如下

$$U_{\mathrm{E}} = \frac{U_\phi R_{\mathrm{E}}}{R_0 + R_{\mathrm{E}}} ; I_{\mathrm{E}} = \frac{U_\phi}{R_0 + R_{\mathrm{E}}}$$

若相电压 $U_\phi = 220$V，$R_0 = R_{\mathrm{E}} = 4\Omega$，接地电流 $I_{\mathrm{E}} = 27.5$A，电压 $U_0 = U_{\mathrm{E}} = 110$V，可见接地电流不大。对较大容量的电气设备，接地电流可能小于负荷电流，当发生金属外壳接地时，由于保护整定值较大，熔断器或保护装置是不能正确选择动作的。对地电压将长期存在，对人身不安全。而在高压电网中，由于电压高，接地电流大，外壳接地保护装置能快速将故障切除。

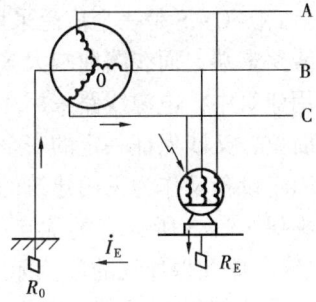

图 9 – 25　TT 接地方式

3）TN 接地方式。

TN 接地方式又称保护接零。该方式为电源中性点直接接地，电气设备的外露导电部分接在保护线上，与配电系统的接地点相连接。

根据中性线 N 与保护线 PE 是否合并的情况，TN 系统又分为 TN – S、TN – C、TN – C – S 三种方式。

（a）TN – S 系统。字母 S 表示 N 与 PE 分开，设备金属外壳与 PE 相连接，设备中性点与 N 连接，即采用五线制供电，如图 9 – 26（a）所示。其优点是 PE 中没有电流，故设备金属外壳对地电位为零。主要用于数据处理、精密检测、高层建筑的供电系统，也可用于有爆炸危险的环境中。

（b）TN – C 系统。字母 C 表示 N 与 PE 合并成为 PEN，实际上是四线制供电方式。设备中性点和金属外壳都与 N 连接，如图 9 – 26（b）所示。由于 N 正常时流通三相不平衡电流和谐波电流，故设备金属外壳正常对地带有一定电压，对敏感性的电子设备不利。另外 PEN 线上的微弱电流在爆炸危险环境也可能引起爆炸，因此我国《爆炸和火灾危险环境电力设计规范》中明确规定：在 1 和 10 区爆炸危险环境中不能采用 TN – C 系统。同时由于 PEN 在同一建筑物中往往相互有电气连接，因此当 PEN 线断线或相线直接与大地短路时，都将呈现相当高的对地故障电压，这就可能扩大事故范围。TN – C 系统通常用于一般供电场所。

（c）TN – C – S 系统。一部分 N 与 PE 合并（靠电源侧），一部分 N 与 PE 分开，是四线半制供电方式，如图 9 – 26（c）所示。当 N 与 PE 分开后不允许再合并，否则将丧失分开后形成的 TN – S 系统的优点。

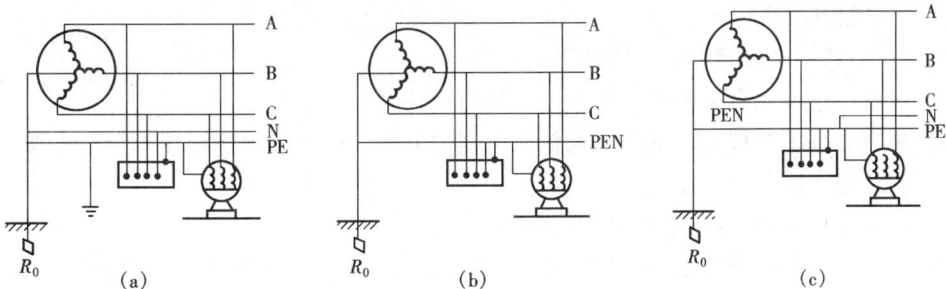

图 9 – 26　TN 接地方式
(a) TN – S 方式；(b) TN – C 方式；(c) TN – C – S 方式

TN－C－S 是一个广泛采用的配电系统。在工矿企业中对电位敏感的电气设备往往设置在线路末端，而线路前端大多数为固定设备，因此到了末端改为 TN－S 系统十分有利。在民用建筑中，电源线路采用 TN－C 系统，进入建筑物内改为 TN－S 系统。这种系统线路结构简单，又能保证一定的安全水平。在电源侧 PEN 线上难免有一定电压降，但对工矿企业的固定设备及作为民用建筑的电源线路都没有影响，而 PEN 分开后即有专用的保护线，可以确保 TN－S 所具有的优点。为了防止分开后的 PE 线和 N 线混淆，应按 GB 7947—1987《绝缘导体和裸导线的颜色标志》的规定，给 PE 线和 PEN 线涂以黄绿相间的色标，给 N 线涂以浅蓝色色标。

TN 接地方式，若电气设备发生碰壳故障，就形成火线（电源相线）、金属外壳和 N 或 PE（当引自电源中性点时）的一个金属闭合回路，短路电流较大，能使保护装置迅速将故障切除。

(4) 保护接地、接零方式应用范围。

1) 应用范围：

(a) 电压在 1000V 以上的电气装置中，在各种情况下，均应采取保护接地。

(b) 电压在 1000V 及以下的电气装置，若电源中性点直接接地时，应采用保护接零；若电源中性点不接地时，应采用保护接地。

2) 电气装置中必须接地或接零的部分：

(a) 电机、变压器、电器、携带式及移动式用电器具等的底座和外壳；

(b) 电力设备传动装置；

(c) 互感器的二次绕组；

(d) 配电屏和控制屏的框架；

(e) 屋内外配电装置的金属构架和钢筋混凝土构架，靠近带电部分的金属围栏和金属门；

(f) 交直流电力电缆接线盒和终端盒的外壳、电缆的外皮、穿线的钢管等；

(g) 装有避雷线的电力线路杆塔；

(h) 在非沥青地面的居民区内，无避雷线的小接地短路电流系统中，架空电力线路的金属杆塔和钢筋混凝土杆塔；

(i) 控制电缆的金属外皮；

(j) 装在配电线路构架上的开关设备、电容器等电力设备。

3) 电气装置中不需接地、不需接零的部分：

(a) 安装在已接地金属构架上电气设备的金属外壳；

(b) 装在屏框上的仪表、继电器及低压电器的外壳，以及因绝缘损坏不会在支架上引起危险电压的绝缘子附件；

(c) 额定电压 220V 及以下蓄电池的金属支架；

(d) 在干燥场所、交流 127V 及以下，直流 110V 及以下设备外壳，但爆炸场所除外；

(e) 在木质、沥青等不良导体地面的干燥房间内，交流 380V 及以下，直流 440V 及以下设备的外壳，但在工作人员可能同时触及设备外壳和已接地物件者除外；

(f) 发电厂、变电所区域的铁路轨道；

(g) 与已接地的机床底座之间有可靠电气接触的电动机和电器的外壳，但爆炸危险场所除外。

（5）保护接零系统（TN）运行规定：

1）为防止零线断开引起的危险，零线上不允许安装保护装置和熔断器。

2）实行重复接地。在架空线和分支线的终端和沿线每 1km 处，电缆和架空线在引入变电所或大型建筑物外，以及室内配电屏和控制屏等，均应将零线重复接地，这样万一发生 PEN 断开的情况时，可以转化为 TT 方式，减轻触电的危险程度。

3）在同一台变压器、同一台发电机或同一段母线供电的电网中，不允许 TT 和 TN 方式混用，因为 TT 方式碰壳故障后，引起中性线电位升高，若故障不能及时切除，TN 方式的外壳有触电的危险，否则 TT 须安装灵敏的漏电保护装置。

9－99　现代电网运行对大机组有哪些影响？

答：大电网、大机组对可靠性提出了更高的要求，二者在运行安全上既相互有利又相互矛盾。规模日益庞大的现代大电网的运行，对大机组带来一系列影响。

（1）电网正常操作。

电网正常操作时，特别是大型发电机差角度并网，或处于大环状电网的电厂，当在高压母线差角度下并环时，将引起大机组有功功率突变，也会造成轴的扭振而产生疲劳损耗。

（2）发电机变压器出口短路。

在电力系统中发电机附近，特别是在发电机出口发生短路故障时，将出现很大的短路电流和冲击转矩。在各种短路故障中，发电机出口两相短路和三相短路对轴系的影响较为严重。两相短路与三相短路相比，两相短路在不利相角时刻发生时，将产生更大的电磁转矩。研究表明，机端两相不对称短路的电磁转矩比三相短路时的电磁转矩约高 30%，在汽轮机和发电机之间的轴段上的机械扭矩比三相短路时的高。

（3）线路故障并采用重合闸。

系统中发生短路时发电机的电磁力矩突变，作为轴系的激振力矩使发生扭转振荡。由于电气阻尼作用，电磁力矩振荡衰减很快。但机械阻尼小，轴系扭振的衰减时间常数很长（2.5～10s，个别达 20s），扭振仍在继续。故障切除后重合闸，特别在重合不成功时，发电机将承受 3 次或 4 次冲击，由此引起扭振的叠加，最严重时会对轴系造成极危险的扭矩而使其疲劳寿命耗尽。

国内外大量研究表明，三相故障以后的三相重合闸甚至会造成轴系一次性疲劳破坏。大量计算分析表明，故障线所联母线出线数越少、故障点距母线越近、故障切除和重合闸时间间隔越短、所造成的轴系扭转越严重。

我国 20 世纪 60 年代开始，单相重合闸得到广泛使用，目前 500kV 线路全部使用单相重合闸，火电厂 220kV 出线考虑系统稳定问题也主要采用单相重合闸，为简化保护、加速故障切除时间，也采用三相慢动重合闸。电力系统技术导则特别指出了应避免大机组电厂的出线重合于永久性故障的方式。

（4）误并列。

误并列是对机组最危险的单一冲击，相角差 120°并列对轴系扭应力最严重，而相角差 180°并列对电机定子端部绕组的应力最严重。

由于继电保护失灵或误动、人员误操作等，可能出现误并列，给机组轴系造成冲击而产生扭振。1973年原西德一台630MW机组在相角差130°下并列，造成靠背轮局部变形、螺栓出现裂缝。因此，设计中必须考虑防误并列的设计原则与措施。如国外有些电网采用两套自动准同期装置互锁或增加一些半闭锁装置。

（5）系统振荡。

大机组的发展，结构复杂，设计上提高了有效材料的利用率。系统振荡对大机组（包括汽轮机组轴系）带来很大机械应力和电磁应力，相当于更多次冲击，对大机组不利。国际上对短时间允许失步的条件尚无具体规定。

应特别指出：由于电网等外部原因，使大型汽轮发电机组突然解列是难以避免的，但要求解列后能带厂用电（或包括部分直配负荷）稳定运行，并迅速恢复并网，这对机组和电网都是极为有利的。

（6）不对称运行。

为保证发电机安全运行，规程规定了长时间允许的负序电流一般为5%～10%（额定值），制造厂提供短时承受负序电流的能力，以 $I_2^2 t \leqslant A$ 为判据，I_2 为标么值。一般参考美国国家标准，间接冷却的汽轮发电机 A 值为30，直接冷却的800MW以下发电机 A 值为10，而800～1600MW的发电机 A 值按下式计算

$$A = 10 - 0.00625 \, (S_N - 800)$$

据综合分析，转子损坏的原因大都是断路器造成不对称运行引起，个别是不对称故障切除时间长所致。

为了防止不对称运行给大机组带来的损害，电网应采取一定的防范措施。如防止断路器失灵造成非全相运行，首先要从制造及运行维护上提高断路器的可靠性，选用升压变压器高压侧断路器时，三相联动操作比单相操作出现非全相问题大为减少。特别是调峰水电机组，每日开停次数多，尤应选用三相联动的。另外，随着核电大机组出现，由于各方面安全要求，总的趋势是大机组出口装断路器。近年来，不仅核电机组出口大多装断路器，且常规火电水电大机组也按这一趋势发展。

（7）运行频率异常。

运行频率的异常变化，对大电网和大机组运行安全尤为重要。主要考虑的是：一是防止频率异常变化损坏发电设备；二是防止频率异常变化引起连锁反应而导致电网瓦解和大面积停电。

对发电机的影响，主要是汽轮机叶片在异常频率下可能发生机械谐振。它所承受的应力可能比正常时大许多倍，极易损坏。

现代大机组为了自身的安全都装设了频率保护。如宝钢的日本350MW机组在48.5Hz时0s发信号，47.5Hz时30s跳闸，47.0Hz时0s跳闸；元宝山电厂的600MW机组在47.5Hz时9s跳闸，52.0Hz时0.25s跳闸。

频率的降低将严重影响发电厂的厂用电，特别是影响锅炉给水泵、循环水泵等正常运行，还影响发电机的冷却通风，因而应降低出力。

核电机组对电网频率还有特殊要求，频率降低时，冷却介质泵的出力降低，导致蒸汽系统冷却剂流速降低，而压水堆要求冷却剂流速与反应堆产生的热量成正比，冷却介质流速降低，将可能引起核燃料棒损坏。一般采用低频继电器，当频率低于一定值时将反应堆自动退出运行。

在现代电网中，要特别重视在系统中配置足够的自动低频减载装置，就地或远方连切负荷装置。正确地实现自动低频减载必须与大机组的低频保护有选择地配合，防止配合不当使运行的大机组无选择地跳闸，使功率缺额扩大造成连锁反应。另一方面还要防止负荷过切而产生频率过调，或重载联络线跳闸，使送端系统频率过高。目前已在系统中应用的远方快切水电机组和快速关火电机组汽门，实践说明是行之有效的。

第十章 运 行 操 作

10-1　高压隔离开关允许进行哪些操作？不允许进行哪些操作？

答： 高压隔离开关没有灭弧能力，故严禁带负荷进行拉闸和合闸操作，必须在断路器切断负荷以后，才能拉开隔离开关。反之，在合闸时，应先合隔离开关，再接通断路器。

应用隔离开关，可以进行以下各项操作：

(1) 拉、合闭路断路器的旁路电流；

(2) 拉、合变压器中性点的接地线，但当中性点上接有消弧线圈时，只有在系统无故障的情况下方可操作；

(3) 拉、合电压互感器和避雷器；

(4) 拉、合母线及直接连接在母线上设备的电容电流；

(5) 用室外35kV带消弧角的三联隔离开关，可以拉、合励磁电流不超过2A的空载变压器；

(6) 拉、合电容电流不超过5A的空载线路，但在20kV及以下者应使用三联隔离开关；

(7) 用室外三联隔离开关，可以拉合电压在10kV及以下，电流在15A以下的负荷；

(8) 进行倒母线操作；

(9) 拉、合10kV及以下，70A以下的环路的均衡电流（或称转移电流），但所有室内型式的三联隔离开关，严禁拉、合系统环路电流。

必须指出的是，由于500kV空载母线充电容量大，因此不允许用隔离开关拉、合500kV空载母线，也不允许用隔离开关拉、合电容式电压互感器。

10-2　高压隔离开关和断路器之间为什么要加装闭锁装置？

答： 高压隔离开关只能接通或切断空载电路，而严禁接通和切断负荷电流，因此它只能在断路器合闸之前接通，或在断路器分闸之后切断。如果发生误操作，将对设备、人身和系统运行造成严重危害，因此要严防误操作事故的发生。为达到这一目的，往往在断路器与隔离开关之间加装闭锁装置（电动式或机械式），即闭锁装置能使断路器在合闸位置时，隔离开关拉不开；而当隔离开关在分闸位置时，断路器合不上。以防止造成隔离开关带负荷拉闸或合闸误操作。

闭锁装置有电动闭锁，电磁闭锁及机械闭锁微机闭锁等。

10-3　为什么线路停电操作时，在断开断路器之后，先断开线路侧隔离开关？而线路进行送电操作时要先合上母线侧隔离开关？

答： 这种顺序操作，是为了当发生误操作时，可借助线路本身断路器的保护作用于跳闸，将故障消除，从而避免发生母线故障停电事故。

对线路进行停电操作时，在断开断路器之后，应先断开线路侧隔离开关。因为如发生断路器实际未断开的情况，先拉线路侧隔离开关造成带负荷拉闸事故，但由于弧光短路点在断路器外侧，可由线路本身断路器保护装置动作跳闸切除故障。反之，如先断开母线侧隔离开关造成带负荷拉闸事故，则由于弧光短路点在母线侧，从而导致母线短路故障，造成母线设备全部停电。

对线路进行送电操作时，在合断路器操作之前，应先合上母线侧隔离开关。假设由于某种原因，发生断路器实际未断开的情况，那么先合上母线侧隔离开关并无异状，接着再合线路侧隔离开关时，便造成带负荷合闸事故，但由于弧光短路点在断路器外侧，可由线路本身断路器保护装置动作跳闸切除故障。反之，如后合母线侧隔离开关时，则由于造成弧光短路点在母线侧，导致母线短路故障，造成母线设备全部停电。

10-4　油断路器在合闸送电时，用千斤顶慢合闸有什么危害性？

答：当用千斤顶慢合闸时，动触头运动速度缓慢，在动、静触头接近到一定距离时，由于全电压的强电场作用，可将油层击穿而产生电弧，这样会造成触头严重烧损。如果开关带着线路故障合闸，而且由于脱扣机构失灵或掉闸辅助触点尚未接通（即先投入接点），使得情况变得更为严重，甚至可能造成开关爆炸和越级掉闸，引起长时间停电事故。因此不能在合闸送电时采用这种方法。

10-5　检修断路器时，除做好一次部分的安全措施外，在二次回路中还应做好哪些措施？

答：检修高压断路器时，除做好一次部分的安全措施外，还应将二次回路可能来电或带电的回路全部断开，取下有关熔丝或断开控制刀闸，以防止断路器误动作，造成人身事故。

检修断路器时，下列回路应断开：①控制回路电源；②遥控操作电源；③合闸电源；④重合闸回路电源；⑤自投装置回路电源；⑥信号回路电源；⑦指示灯回路电源；⑧周波保护回路电源；⑨保护闭锁回路电源；⑩断路器电热装置电源。

10-6　电网定相包括哪些内容？如何测定单回线路及环网线路的相位？如何测定相序？

答：（1）电网定相包括如下内容：

1）单回线路定相。它实质上是测量线路一侧的端子与另一侧的哪一个端子属于同一根导线。

2）环网线路（变压器元件等）定相。它是测定合环点两侧的相位。相位相同是电网合环操作的必备条件之一。

3）测定相序。相序相同是电力系统同期并列及发电机同期并列必备的条件之一。

（2）单回线路两侧端子是否属于同一根导线的测定方法。

1）摇表测量法。先将线路一侧三个端子中的一个接地，另一侧分别对三个端子用摇表测绝缘，指示为零者表明与接地侧的端子为同一个相位，即属于同一根导线。

2）加低电压法。将低电压（100～3000V）加于一侧的某个端子与地之间，在另一侧任一端子与地之间接电压表测量电压，测得有电压的端子为同一个相位，即属同一根导线。

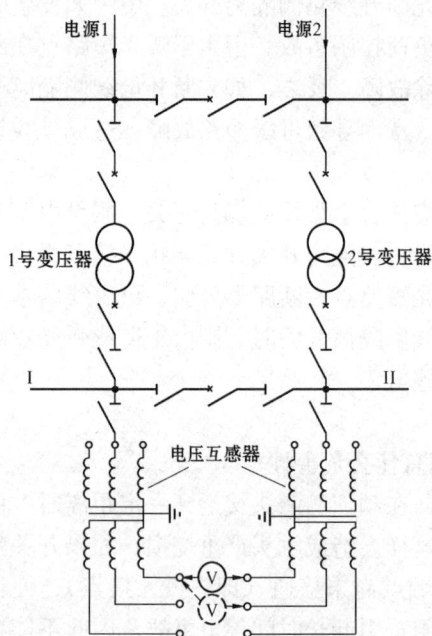

图 10-1 用电压互感器进行核相接线

上述两种方法常用在单回线路上,若有其他运行线路与被测线路平行,被测线路可能有感应电压,易损坏测量仪表和威胁人身安全,则不宜采用。

(3) 环网线路(变压器元件等)相位测定法。一般用母线电压互感器进行相位测定,如图 10-1 所示。对 1 号、2 号主变压器进行相位测定,操作步骤如下:

1) 先核对两段母线电压互感器相位是否对应(即接线组别相同,二次回路接线正确)。其方法是:将 1 号主变压器送电,2 号主变压器停电,并将 I、II 段母线联络断路器合闸,从而使两段母线由一台变压器供电,即使两段母线电压互感器由同一个电源供电。然后用电压表分别测量两段母线电压互感器的对应相,当测定电压为零时,是对应的同名相;当测定电压为 100V 左右时,是不对应的异名相。

2) 测定 1 号、2 号主变压器的相位。其方法是,将 I、II 段母线联络断路器分闸,并将 1 号、2 号主变压器送电。然后用电压表分别测量两段母线电压互感器的同名相及异名相之间的电压,若同名相之间电压接近于零,而异名相之间电压为 100V 左右,则表明 1 号、2 号主变压器相位相同,可以通过 I、II 段母线并列运行。

此外,测定 10kV 及以下环网线路相位时,可用核相杆。即在可以承受 10kV 及以上电压等级的绝缘杆上安装一只电压表(或采用专用核相杆),在一次高压系统上直接核相(如图 10-2 所示)。

(4) 测定相序的方法。

1) 相序表法。将相序表的 A、B、C 端子接于电压互感器的对应端子上,观察相序表的旋转方向与表上标出的旋转方向是否一致来判断相序,或比较线路、设备检修前后的旋转方向,判断相序有无变化。

2) 电动机法。将被测电源或线路接一电动机代替相序表,由其旋转方向判断相序。

3) 同步灯或电压表法。本法应用于未并列的二电源之间。将一电源三个端子与另一电源三个相应端子之间(经二次绕组中性点接地的电压互感器)接三个灯泡或电压表,若三个灯泡同时亮、同时暗,或三电压表每一瞬间指示相同时,则此二电源相序相同。

10-7 电源向空载线路充电时,要注意些什么?

答:空载线路一般具有电容效应,在充电操作中要注意以下几点:

(1) 避免发生发电机的自励磁现象。

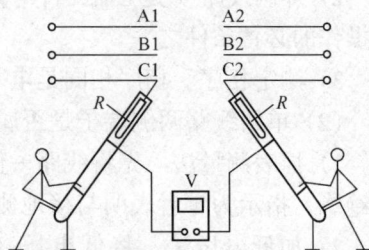

图 10-2 用核相杆进行高压核相
V—电压表;R—电阻

（2）避免线路受端电压超过允许值。

（3）避免因充电功率的变化引起系统电压产生过大的波动。

（4）要考虑充电线路处于短路故障状态时，对系统稳定的影响，必要时要适当降低有关联络线的输送潮流。

（5）在中性点经消弧线圈接地的系统中，要避免因充电线路加大而造成补偿度近于零的补偿状态。即要先将消弧线圈分头调到适当位置后再进行线路充电操作。

（6）为防止被充电线路带有短路故障，而应将其所属保护定值进行必要的调整（对于有手动合闸后加速接线的装置可不必调其定值）。

10－8　高压隔离开关允许切合的电感或电容电流很小，而切合并列线路、母线或变压器时的均衡电流却可以很大，为什么？

答：电感或电容电流分别落后或超前于电压90°相位角，都是不容易切断的。因为交流电弧的切断是利用电流通过"零点"的瞬间熄灭的，而这时加在触头间的电压正是瞬时最大值，所以电弧又容易重燃起来，因此不能用普通隔离开关断开10A以上的电感或电容电流。但电流很小时，电弧波及扩散的范围不大，在空间造成的电离作用较弱，当刀片移开一定距离后，电压就不能维持电弧重燃而终于熄灭。

对于10kV以下的并列线路、母线或变压器的均衡电流（由电压差产生）允许切合值可达70A。当触头分离瞬间，由于负荷电流在重新分配过程中回路间有一定的电压差，所以总会引起电弧。但这电压差只有线电压的百分之几，加在触点两端不能维持电弧继续燃烧而使电弧自动熄灭。因为一般隔离开关自然电动力的灭弧作用在70A以下较为有效，如电流过大将会造成触头严重烧损，甚至形成相间短路，所以允许切合值取为70A。

10－9　为什么隔离开关最大只允许切断2A的电感电流，而允许切断5A的电容电流？

答：由于隔离开关没有特殊装设灭弧设施，刀闸断流是靠电极距离加大而实现的，故所能切断的电流值是不能建弧的最小电流数。

由于电感电流是在感性电路中发生的，要切断它，就是切断带有电感的电路。由电工原理中得知，电感的磁场能量不能突变，即电路中的电流不能突变，故电感性电流的电弧比其他性质电路（阻性和容性）电弧要难以切断，故隔离开关若允许切断电容电流5A，则它只允许切断2A的电感电流。

10－10　隔离开关和断路器的作用有哪些？

答：隔离开关的用途主要是造成可以看得见的空气绝缘间隙，即与带电部分造成明显的断开点，以便在检验设备和线路停电时隔离电路保证安全。另外，也可以用隔离开关与断路器相配合，来改变运行接线方式，达到安全、经济运行之目的。

断路器是发电厂及变电所的主要设备，它不仅可以切断与闭合高压电路的空载电流、负荷电流，而且系统发生故障时，它和保护自动装置相配合，迅速切断故障电流，从而减少停电范围，保证系统安全供电。

10－11　如何利用带同期检定的自动重合闸装置进行并列操作？

答：该操作的应用范围：对原并列运行的系统，因为事故等原因，地方小网与系统解列当需重新并入网内时，若地方电厂与系统设有直接联络线，则并列的操作步骤：

(1) 将联络线对侧断路器先行断开。

(2) 将联络线本侧待合断路器的合闸电源拉开，检查自动重合闸投入检定同期位置。

(3) 将本侧待合断路器操作把手置于合闸后位置；断路器位置不对应，恢复事故音响信号，重合闸电容器开始充电（$\geq 25s$）。

(4) 恢复本侧断路器合闸电源。

(5) 合上联络线对侧断路器，同期继电器开始检定同期情况。

(6) 调度可令地方电厂运行参数向系统"靠拢"，在两侧电源摆开角度不超过整定值（一般为40°）时，只要时间大于1.0s（重合闸固有动作时间，可以调整），重合闸即动作送出合闸脉冲。将本侧断路器合闸，完成并列操作。

10-12 在中性点直接接地系统中，进行变压器投入或退出运行操作时，为何要将其中性点接地？

答：主要是为了防止过电压损坏被投退的变压器。

(1) 对于一侧有电源的受电变压器，当其开关非全相拉、合时，若其中性点不接地，存在如下危险：

1) 当一相接通时，变压器电源侧中点对地电压最大可达相电压，而当变压器的中性点绝缘为半绝缘时，在高电压作用下，可能使绝缘损坏。

2) 变压器高低压绕组间存在耦合电容，会造成高压对低压的"传递过电压"。当高低压绕组间的耦合电容 C_{12} 较低压绕组对地电容 C_0 不大时，将使低压绕组受到很高的电压，而将其损坏。

3) 由于电容 C_{12} 的耦合，低压侧会有一个电压，如低压侧电容和电压互感器的电感参数落在谐振区内时，可能会出现谐振过电压而损坏绝缘。

(2) 对于低压侧有电源的送电变压器：

1) 由于低压有电源，在并入系统前，变压器高压侧出线端发生单相接地，若变压器中性点未接地，其中性点对地将是相电压，可能使变压器绝缘损坏。

2) 当非全相并入系统，在一相与系统相联时，由于发电机和系统频率不同，变压器中性点又未接地，该变压器中点对地电压最高可达两倍的相电压，未合相电压最高可达2.73倍的相电压。这样高的电压会造成绝缘损坏事故。

鉴于以上原因，在变压器投退操作过程中要求将其中性点临时性接地。

10-13 高压断路器分、合闸不同期对电力系统运行有何影响？

答：合闸不同期，将使系统在短时间内处于非全相运行，其影响是：

(1) 中性点电压位移，产生零序电流。为此必须加大零序保护的整定值，使保护灵敏度降低，对电力系统设备的动、热稳定提出更高要求。

(2) 引起过电压，在先合一相情况下比先合两相更为严重。对双侧电源供电的变压器在一侧出现非全相合闸时，会严重威胁中性点不接地系统的分级绝缘变压器中性点绝缘，可能引起中性点避雷器爆炸。

(3) 非同期合闸将加长重合闸时间，对系统稳定不利。

（4）断路器合闸于三相短路时，如果两相先合，则使未合闸相的电压升高，增大了击穿长度，加重了对合闸能量的要求。同时对灭弧室机械也提出更高要求。

分闸不同期，将延长断路器的燃弧时间，使灭弧室压力增高，加重断路器负担。

分合闸不同期所产生的负序电流对发电机的安全运行构成危害，负序分量及零序分量可能会造成有关保护误动作。

10－14　电气设备检修时，为何将停电设备三相短路接地？如只将其三相短路而不接地，或将三相分别单独进行接地（不短路）会产生什么后果？

答：将停电设备三相短路接地，是保证工作人员免遭触电伤害最直接的保护措施。在检修设备上装三相短路接地线的作用，是使工作地点始终在"地电位"的保护之中，同时还可将停电设备上剩余电荷放尽，另外当发生电源侧误送电时，还可作用断路器迅速切除电源。

如果只将三相短路而不接地，则当发生"单相电源侵入"（例如上方一相带电导线掉落在停电设备上，或邻近带电设备流过不对称电流而在检修设备上产生较高的感应电压等情况）时，均将在检修设备的三相上产生危险电压，危及检修人员的安全。

如果三相分别单独进行接地，则当发生电源侧突然合闸送电时，三相短路电流 $I_k^{(3)}$ 将流过接地电阻 R，而在其上产生电压降 U_k，此 U_k 即为加到检修设备上的对地电压。U_k 的大小决定于 $I_k^{(3)}$ 和 R 的乘积，显然其可能达到相当大的数值而危及安全。由此可见，采用以上两种保护方式均不能起到预期的保护作用。如采用三相短路后再接地的保护措施，情况则不然。此时当发生"单相电源侵入"时，由于已将检修设备进行了接地，故可以有效地限制检修设备的对地电位而起到较好保护作用。另一方面发生电源侧三相同时合闸送电时（即对称性三相短路故障），此时，故障点的电位等于零，这就实现了对工作地段零电位保护。而此时，接地处无电流流过，接地线只是起了重复接零的作用。前面分析的是对称性三相短路，但实际上这种完全对称的情况是不存在的，因此实现接地还可进一步限制不完全对称短路情况下短路处所出现的对地电位。

由此可见，采用三相短路接地线是保护工作人员免受触电伤害最有效的措施。装设三相短路接地线必须在验明设备确无电压以后立即进行。如果相隔时间较长，则应在装接地线前重新验电，这是考虑到在较长时间间隔中，可能发生停电设备突然来电的意外情况。

10－15　何谓电网操作、调度指令及操作指令？

答：电力系统的设备一般处于运行、热备用、冷备用和检修四种状态。这些设备运行状态的改变，现场运行人员需在系统调度人员的统一指挥之下按照值班调度员发布的调度指令，通过操作来完成。

所谓操作，是指变更电网设备状态的行为。

所谓调度指令，是指上级值班人员对调度系统下级值班人员发布的必须强制执行的决定，亦称调度命令。包括值班调度人员有权发布的一切正常操作、调整和事故处理的指令。如电网送变电设备的倒闸操作指令，开停发电机、调相机或增减出力的指令，投切继电保护或安全自动装置或更改其整定值的指令，拉闸限电的指令。指令形式可以是单项令、逐项令或综合令。有关设备操作的调度指令亦称做操作指令。

10-16 电网操作指令有哪几种主要类型?

答:(1)单项操作指令。是指调度员只对一个单位发布一项操作指令,由下级调度或现场运行人员完成后汇报调度。

(2)综合操作指令。是一个操作任务只涉及一个单位的操作,调度员只发给操作任务,由现场运行人员自行操作,在得到调度员允许之后即可开始执行,完毕后再向调度员汇报。如变电所倒母线和变压器停送电等。

(3)逐项操作指令。是指调度员逐项下达操作指令,受令单位按指令的顺序逐项执行。一般涉及两个及两个以上单位的操作,调度员必须事先按操作原则编写好操作票。操作时由调度员逐项下达操作指令,现场按指令逐项操作完后汇报调度。如线路的停送电等。

10-17 电网操作必须遵循哪些主要原则?

答:(1)电力系统的操作,应按其所属调度指挥关系,在调度的指挥下进行。非调度管辖设备方式变更或操作影响系统安全稳定水平时,应经上级值班调度员许可后进行。上级调度所管辖的设备,经操作后对下级调度管辖设备的系统有影响时,上级值班调度员应在操作前通知有关下级调度值班人员。

(2)操作前要充分考虑操作变更后系统接线方式的正确性,并应特别注意对重要用户供电的可靠性。

(3)操作前要对系统的有功功率和无功功率加以平衡,保证操作变更后系统的稳定性,并应考虑备用容量。

(4)操作时注意系统变更后引起潮流、电压及频率的变化,并应将改变的运行接线及潮流变化及时通知有关现场。由于变更系统使潮流增加,应通知有关现场加强监视及时检查,特别是触点可能发热、过载、超稳定情况。

(5)继电保护及自动装置应配合协调。500kV、220kV系统变压器中性点直接接地数目应重新考虑,并应防止操作过程引起内部过电压。

(6)由于检修、扩建有可能造成相序或相位紊乱者,送电前注意进行试验。环状网络中变压器的操作,可能引起电磁环网中接线角度发生变化时,应及时通知有关单位。

(7)带电作业要按检修申请制度提前向所属调度提出申请,批准后方允许作业。严禁约时强送。

(8)系统变更后,事故处理措施应重新考虑。必要时事先拟好事故预想,并与有关现场联系好,包括调度通信和自动化部门。系统变更后的解列点应重新考虑。

10-18 电网操作必须遵循哪些制度和注意事项?

答:(1)调度员在指挥操作前必须对检修票做到五查:①内容;②时间;③单位;④停电范围;⑤检修运行方式(接线、保护、潮流分布等)。检修票虽然经过审核、批准,但为了保证操作的正确性,调度员还应把好操作前的最后一关。

(2)对于逐项操作指令,调度员在操作前要填写好操作票。填写操作票要做到"四对照"：①对照现场；②对照检修票；③对照实际系统运行方式；④对照典型操作票。

操作票填写要严密而明确，文字清晰，术语标准化、规范化，不得修改、倒项。设备必须用双重名称，即设备名称和编号，缺一不可。为保证有关现场操作中协调配合，设备停、送电必须填写统一步骤的操作票，不允许写成各单位分开各自顺序的操作票。停电和送电的操作票应分别编制，不允许写在一张操作票上。操作项目中的注意事项，应记在该项目之后，不得记在操作票最后的备注中。

（3）对于一个操作要由一个调度员统一指挥，操作过程中必须严格贯彻复诵、录音、记录和监护制度。

调度员指挥操作时，除采用专用的调度术语外，还应采用复诵制度。所谓复诵，系指调度员发布执行操作的指令或现场运行人员汇报执行操作的结果时双方均应重复一遍。严格贯彻复诵制度可以及时纠正由于听错而造成的误操作。

调度员在操作时要彼此通报全名，逐项记录发令时间及操作完上报时间。调度员在指挥操作过程中必须录音。录音的作用在于录下操作的真实对话情况，提高工作的严肃性，还可以在录音中检查调度员的工作质量和纪律性。当发现不正常情况时，便于正确判断，吸取教训。

负责操作的调度员在整个指挥操作过程中应由另一名有监护权的调度员负责监护，当发现调度员下令不正确或混乱时应及时提出纠正。当操作任务全部完成后，监护人还应审查一遍操作票，避免有遗漏或不妥之处。

（4）按操作票执行的操作必须逐项进行，不允许跳项操作。在操作中更不允许不按操作票而凭经验和记忆进行操作。遇有临时变更，必须经调度长同意，修改操作票后，才能继续操作。

（5）操作时应利用现有的调度自动化设备，检查开关位置及潮流变化，检查操作的正确性，并及时变更调度模拟盘，使其符合实际情况。

（6）对于操作中的保护与自动装置，不应只考虑时间短而忽视配合问题。凡因运行方式变化，需要变更的保护及自动装置，均应及时变更。

（7）电力系统的一切倒闸操作应避免在雷雨、大风等恶劣天气和交接班或高峰负荷时进行。除必须送电的线路送电操作和系统事故情况下操作外，一般操作均应尽量在负荷较小时进行。如果正在交接班时遇到必须进行的操作，只有当操作全部结束或告一段落后，方可进行交接班。因为调度员在交接班或系统高峰负荷时工作比较紧张，在此时间内指挥操作很容易考虑不周。同时，如果在高峰时出现事故，对系统的影响和对用户造成的损失也是较严重的。

（8）当电力系统进行复杂操作和重大试验时，应制定详细计划和试验方案。必须事先对运行方式、继电保护以及操作步骤做周密安排。

10-19 何谓假同期试验？如何进行假同期试验？

答：假同期试验，就是手动或自动准同期装置发出的合闸脉冲，将待并发电机断路器合闸时，发电机并非真的并入了系统，而是一种用模拟的方法进行的假的并列操作。

假同期试验方法：进行假同期试验时，应将发电机母线隔离开关断开，人为地将其辅助触点放在其合闸后的状态（辅助触点接通），这时，系统电压就通过这对辅助触点进入同期回路。另外,待并发电机的电压也进入同期回路中。这两个电压进行同期并列条件的比较,若采用手动准同期并列方式,运行人员可通过对发电机电压、频率的调整,待满足同期并列的条件时,手动将待并发电机出口断路器合上,完成假同期并列操作;若采用自动准同期并列方式,则自动准同期装置就自动地对发电机进行调速、调压,待满足同期并列的条件后,自动发出合闸脉冲,将其出口断路器合上。很显然,若同期回路的接线有错误,其表计将指示异常,无论手动准同期或者是自动准同期都无法捕捉到同期点,而不能将待并发电机出口断路器合上。因此,假同期试验是查验并列点同期回路接线正确与否的有效方法,新设备或新线路的并列点试运行时,均应进行假同期试验。

10-20 电气设备倒闸操作有哪些注意事项?

答:(1)倒闸操作前,必须了解系统的运行方式、继电保护及自动装置等情况,并应考虑电源及负荷的合理分布以及系统运行方式的调整情况。

(2)在电气设备送电前,必须收回并检查有关工作票,拆除安全措施,如拉开接地隔离开关或拆除临时接地线及警告牌,然后测量绝缘电阻。在测量绝缘电阻时,必须隔离电源,进行放电。此外,还应检查隔离开关和断路器是否在断开位置。

(3)倒闸操作前,应考虑继电保护及自动装置整定值的调整,以适应新的运行方式的需要,防止因继电保护及自动装置误动或拒动而造成事故。

(4)备用电源自动投入装置及重合闸装置,必须在所属主设备停运前退出运行;在所属主设备送电后,再投入运行。

(5)在进行电源切换或倒母线电源时,必须先切换备用电源自动投入装置。操作完毕后,再进行调整。

(6)在倒闸操作中,应注意分析表计的指示。倒母线时,应注意将电源分布平衡,并尽量减少母联断路器的电流,使之不超过限额,以免因设备过负荷而跳闸。

(7)在下列情况下,应将断路器的操作电源切断(即取下直流操作保险):

1)断路器在检修。

2)二次回路及保护装置上有人工作。

3)在倒母线过程中,拉合母线隔离开关、旁路断路器、旁路隔离开关及母线分段隔离开关时,必须取下母联断路器、分段断路器及旁路断路器的直流操作保险,以防止带负荷拉合隔离开关。

4)在操作隔离开关前,应检查断路器确在断开位置,并取下直流操作保险,以防止在操作隔离开关的过程中,出现因误跳或误合断路器而造成带负荷拉合隔离开关的事故。

5)在继电保护故障的情况下,应取下断路器的直流操作保险,以防止因断路器误合或误跳而造成的停电事故。

6)油断路器缺油或无油时,应取下断路器的直流操作保险,以防系统发生故障而跳开该断路器时,发生断路器爆炸事故。这是因为断路器缺油时其灭弧能力减弱,不能切断故障电流。此时,可由旁路断路器代替其工作。

7)倒闸操作必须由两人进行,其中对设备熟悉者作监护。操作中应使用合格的安全工具,如验电笔、绝缘手套等。雨天或雾天在室外操作高压设备时,应穿绝缘靴或站在绝缘台上。高峰负荷时，避免操作。倒闸操作时，不进行交接班。变电所上空有雷电活动时，禁止进行户外设备倒闸操作。

10-21 用母联断路器向空母线充电后发生了谐振，应如何处理？送电时如何避免发生谐振？

答： 应立即拉开母联断路器使母线停电，以消除谐振。

送电时可采用线路及母线一起充电的方式或者对母线充电前退出电压互感器，充电正常后再投入电压互感器。

10-22 对超高压输电线路进行操作必须注意哪些问题？

答： 根据计算得出，单根导线的 220kV 线路，每 100km 充电无功功率约为 13Mvar；相分裂为 2 根导线的 220kV 线路，每 100km 充电无功功率约为 15.6Mvar；500kV 线路，每 100km 的充电无功功率为 100Mvar。

因此，在操作高压线路时，必须注意：

(1) 空载时勿使受端电压升高至允许值以上。

(2) 投入或切除空载线路，应防止由于充电功率的影响而使系统电压产生过大的波动。

(3) 避免发电机带空载线路时产生自励磁。

10-23 试简述超高压输电线路操作的主要步骤。

答： 220kV（特别是较长距离）和 500kV 的线路停送电时，必须考虑可能产生操作过电压和线路充电无功对电压波动的影响，因此应在操作前调整电压，防止线路末端电压升高和产生操作过电压。

(1) 无电源的单回线路停送电操作（见图 10-3）。

线路停电前，受端须先切除负荷或倒负荷至其他线路，使线路单带空载变压器。线路停电时，先断开 QF1，然后再断开 QF2，这样由于变压器为感性阻抗，可以减小由于线路的容性阻抗所产生的线路末端电压过高。送电时，受端可先无电压合上 QF2，然后再合 QF1，受端变压器与线路同时充电。

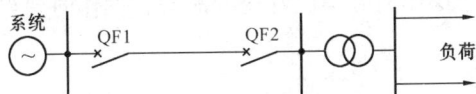

图 10-3　无电源单回线路停送电操作　　　图 10-4　有电源单回线路的停送电操作

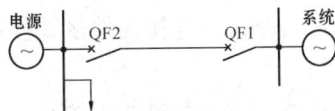

(2) 有电源单回线的停送电操作（见图 10-4）。

单回线停电时，可调整电源侧出力，使在 QF2 功率为零时断开 QF2，然后再断开 QF1，与系统解列后电源侧单独运行。为防止切断充电线路产生过大的电压波动，一般常由容量小的那侧先断开开关，容量大的一侧后断开开关。送电时，先合 QF1 向线路充电，在 QF2 找同期并列。

(3) 双回线中任一回线停送电的操作（见图 10-5）。

双回线中一回线停电时，先断开送端开关 QF1，然后再断开受端 QF2。送电时，先合受端 QF2，后合送端开关 QF1。这样做可以减少双回线解列和并列时开关两侧的电压差。送端如果连接有发电机，这样操作还可以避免发电机突然带上一条空载线路的电容负荷所产生的电压过分升高。

对于稳定储备较低的双回线，在线路停电之前，必须将双回线送电功率降低至一回线按稳定条件所允许的数值，然后再进行操作。

在断开或合上受端开关 QF2 时，应注意调整电压，防止操作时受端电压由于无功功率的变化产生过大的波动。通常是先将受端电压调整至上限值再断开开关 QF2，调整至下限值再合上开关 QF2。

此外，还要估计到线路上可能存在有严重短路故障，合上开关 QF2 会使稳定受到破坏。故常将运行中的一回线的输送电力适当降低之后，再合开关 QF2。

（4）环状网中任一线停送电的操作（见图 10-6）。

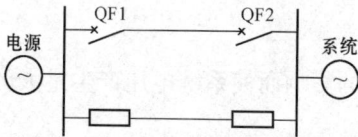

图 10-5 双回线中任一回线停送电操作

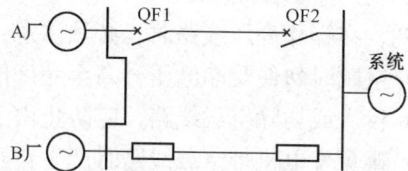

图 10-6 环网中任一回线停送电操作

环状网络中其中一回线停电时，主要考虑解环后稳定条件的限制，一般先降低 A、B 两厂的出力使之至允许值，然后先断开开关 QF1，后断开开关 QF2。送电时，先合上开关 QF2 线路充电，后合开关 QF1 并环。

（5）500kV 线路由于充电容量更大，往往采用电抗器来补偿充电容量过剩，防止空载线路末端电压值升高超过允许值。所以在停送电操作时，一定要保持空载线路上有电抗器，当线路停电后，再断开电抗器开关；送电时，先合上电抗器的开关，再对线路充电。

10-24 试简述母线操作的方法和应注意的问题。

答：母线的操作是指母线的送电和停电以及母线上的设备在两条母线间的倒换等。母线是设备的汇合场所，连接元件多，操作工作量大，操作前必须做好充分准备，操作时要严格按次序进行。

母线操作的方法和要注意的问题如下：

（1）备用母线的充电，有母联断路器时，应使用母联开关向母线充电。母联断路器的充电保护应在投入状态，必要时要将保护整定时间调整到零。这样，如果备用母线存在故障，可由母联断路器快速切除，防止事故扩大。如无母联断路器，确认备用母线处于完好状态，也可用隔离开关充电，但在选择隔离开关和编制操作顺序时，应注意不要出现过负荷。

（2）在母线倒闸过程中，母联断路器的操作电源应拉开，防止母联断路器误跳闸，造成带负荷拉刀闸事故。

（3）一条母线上所有元件须全部倒换至另一母线时，有两种倒换次序，一种是将某一元件的隔离开关合于一母线之后，随即拉开另一母线隔离开关；另一种是全部元件都合于一母线之后，再将另一母线的所有隔离开关拉开。这要根据操作机构位置（两母线隔离开关在一个走廊上或两个走廊上）和现场习惯决定。

（4）由于设备倒换至另一母线或母线上的电压互感器停电，继电保护及自动装置的电压回路需要转换由另一电压互感器供电时，应注意勿使继电保护及自动装置因失去电压而误动作。避免电压回路接触不良以及通过电压互感器二次向不带电母线反充电，而引起电压回路熔断器熔断，造成继电保护误动等情况的出现。

（5）进行母线操作时应注意对母差保护的影响，要根据母差保护运行规程作相应的变更。在倒母线操作过程中无特殊情况下，母差保护应投入使用。母线装有自动重合闸，倒母线后如有必要，重合闸方式也应相应改变。

（6）作为国产 SW2.6.7 – 220 少油断路器停送仅带有电感式电压互感器的空母线时，为避免开关触头间的并联电容与电感式电压互感器感抗形成串联谐振，母线停送电操作前应将电压互感器隔离开关拉开或在电压互感器的二次回路内并（串）适当电阻。

（7）由于 500kV 空载母线充电容量大，因此不允许用隔离开关拉合 500kV 空载母线，也不允许用刀闸拉合电容式电压互感器。

（8）进行母线倒闸操作前要做好事故预想，防止因操作中出现如隔离开关瓷柱断裂等意外情况，而引起事故的扩大。

10 – 25　试简述变压器操作应注意的问题。
答： 变压器的操作通常包括向变压器充电、带负荷、并列、解列、切断空载变压器等项。

（1）变压器的空载电压升高。

一般降压变压器分接头调整在 5% ~ 10% 上，而超高电压长距离线路空载末端电压比送端电压高 5% ~ 7%，同时送电端电压往往比额定电压高些，因此如果变压器空载，尤其是变压器送电单元接线低压侧电压常会比额定电压高 15% ~ 20%。由于铁芯饱和，过高的运行电压将产生高次谐波电压，其中的三次谐波成分较大，畸变为尖顶波，将使变压器绝缘受到损坏，并很容易在绝缘薄弱处击穿而造成事故。

因此，调度员在指挥操作时应当设法避免上述电压过分升高，如投入电抗器、调相机带感性负荷以及改变有载调压变压器的分接头等以降低受端电压。此外，也可以适当地降低送端电压。送端如果是单独向一变电所供电的发电厂，可以按照设备要求较大幅度地降低发电厂的电压。如果发电厂还有其他负荷时，在有可能的条件下，可将发电厂的母线解列，以一部分电源单独按设备要求调整电压。

（2）变压器的励磁涌流。

变压器充电时会产生励磁涌流，对大型变压器来说，励磁涌流中的直流分量衰减得比较慢，有时长达 20s。尽管此涌流对变压器本身不会造成危害，但在某些情况下能造成电压波动，如不采取措施，可能使过流、差动保护误动作。

为避免空载变压器合闸时由于励磁涌流产生较大的电压波动，在其两端都有电源的情况下，一般采用离负载较远的高压侧充电，然后在低压侧并列的操作方法。尤其是低压母线上具有对电压波动反应灵敏的负荷时更应注意。

（3）变压器的中性点。

在 220kV 及 500kV 系统中，均采用中性点直接接地方式，变压器中性点接地数量和在网络中的位置是综合变压器的绝缘安全、降低短路电流、继电保护可靠动作等要求决定的。

1）若数台变压器并列于不同的母线上运行时，则每一条母线至少需有一台变压器中性点直接接地，以防止母联断路器跳开后使某一母线成为不接地系统。

2）若变压器低压侧有电源，则变压器中性点必须直接接地，以防止高压侧断路器跳闸，变压器成为中性点绝缘系统。

3）若数台变压器并列运行，正常时只允许一台或两台变压器中性点直接接地。在变压器操作时，应始终至少保持原有的中性点直接接地个数。例如两台变压器并列运行，1 号变压器中性点直接接地，2 号变压器中性点间隙接地。1 号变压器停运之前，必须首先合上 2 号变压器的中性点隔离开关；同样地必须在 1 号变压器（中性点直接接地）充电以后，才允许拉开 2 号变压器中性点刀闸。

4）变压器停电或充电前，为防止开关三相不同期或非同期投入而产生过电压影响变压器绝缘，停电或充电前，必须将变压器中性点直接接地。变压器充电后的中性点接地方式应按正常运行方式考虑。变压器的中性点保护要根据其接地方式做相应的改变。

（4）变压器的停送电。

一般变压器充电时，应具有完备的继电保护，防止变压器本身故障而无保护跳开，损坏变压器。在变压器发生故障跳闸后，为保证系统稳定，充电前应先降低有关线路的有功功率。

变压器充电端的确定：①一般情况，220kV 变压器高低压侧均有电源，送电时应先由高压侧充电，低压侧并列。停电时先在低压侧解列，再由高压侧停电。②环状系统中的变压器操作时，由于变压器分接头的固定，应正确选取充电端，以减少并列处的电压差。

10-26　双母线完全电流差动保护，在母线倒闸操作过程中应怎样操作?

答： 在母线配出元件倒闸操作过程中，配出元件的两组隔离开关双跨两组母线，配出元件和母联断路器的一部分电流将通过新合上的隔离开关流入（或流出）该隔离开关所在母线，破坏了母线差动保护选择元件差流回路的平衡，而流过新合上的隔离开关的这一部分电流，正是它们共同的差电流。此时，如果发生区外故障，两组选择元件都将失去选择性，全靠总差动元件来防止整套母线保护的误动作。

在母线倒闸操作过程中，为了保证在发生母线故障时母线差动保护能可靠动作，需将保护切换成由启动元件直接切除双母线的方式。但对隔离开关为就地操作的变电所，为了确保人身安全，一般需将母联断路器的跳闸回路断开。

10-27　电流相位比较式母线差动保护，在母线倒闸过程中应怎样操作?

答： 母线倒闸时，电流相位比较式母线差动保护应操作如下：

（1）倒闸过程中不退出母线差动保护。

（2）对于出口回路不自动切换的装置，倒闸后将被操作元件的跳闸压板及重合闸放电压板切换至与所接母线对应的比相出口回路。

（3）母联断路器兼旁路作旁路断路器带线路运行时，倒闸后将母线的比相出口压板和跳母联断路器压板断开。因为此时所带线路的穿越性故障即相当于停用母线的内部故障。

10-28　电力环形网络合环操作必须满足哪些条件？注意哪些问题？

答：（1）电网合环运行应具备下列条件：

1）相位应一致。如首次合环或检修后可能引起相位变化，必须经测定证明合环点两侧相位一致。

2）如属于电磁环网，则环网内的变压器接线组别之差为零。特殊情况下，经计算校验继电保护不会误动作及有关环路设备不过载，允许变压器接线差30°进行合环操作。

3）合环后环网内各元件不致过载。

4）各母线电压不应超过规定值。

5）继电保护与安全自动装置应适应环网运行方式。

6）稳定性符合规定的要求。

（2）电网合环操作应注意如下问题：

必须相位相同，电压差、相位角应符合规定，应确保合环网络内，潮流变化不超过电网稳定、设备容量等方面的限制，对于比较复杂环网的操作，应先进行计算或校验，操作前后要与有关方面联系。

10-29　两个电力系统同期并列应满足哪些条件？解列应考虑哪些问题？

答：（1）两个电力系统同期并列必须满足如下条件。

1）频率一致，最大允许差为0.5Hz。调整每个电力系统的频率时，首先调整容量较小的电力系统频率，主系统保持正常。只有当容量较小的电力系统无法调整时，才考虑改变主系统的频率，必要时允许降低频率较高系统的频率进行同期并列，但不得低于49.5Hz。若并列时，两系统的频率不一致，将使并列处产生一定的有功功率流动（其方向是频率高的系统向频率低的系统）和系统频率的变化。

2）电压相同，最大允许电压差为20%。若并列时两侧有电压差，将产生无功功率的流动及电压变动。

3）并列开关两侧电压的相角相同。若相角不一致，将使电力系统产生非周期冲击电流，引起系统电压波动。若相角差较大时，电力系统将产生长时间振荡，可能使振荡中心附近的用户因电压下降而甩负荷，某些送电元件继电保护（如过流，低电压等保护）误动作。

并列装置都毫无例外地安装有同期角度闭锁装置，相角差超过允许范围时，自动闭锁并列合闸回路。

4）相序相同。测定相序，并使之相同的工作，应在新设备投产试验时完成。因此正常同期并列操作时不存在检测并列开关两侧系统相序的问题。

（2）两个系统解列时，要考虑解列后各自系统的发供电平衡，潮流电压的变化，以及保护和安全自动装置的改变，同时也要考虑再并列时易于找同期等因素。解列时，将解列点有功调至零，电流调至最小，如调整有困难，可使小电网向大电网输送少量功率，避免解列后小电网频率和电压较大幅度变化。

10－30　在什么情况下采用发电机向空载线路从零加压？其主要操作步骤如何？

答：与发电厂直接连接的输电线路常在下述情况下用发电机从零起加压：

（1）较长线路由于电容较大，若以全电压送出，则受端电压过高不能并列和带负荷；

（2）检查线路事故跳闸后或检修后是否存在故障；

（3）防止全电压投入到故障线路上，引起过大的系统冲击和稳定破坏。

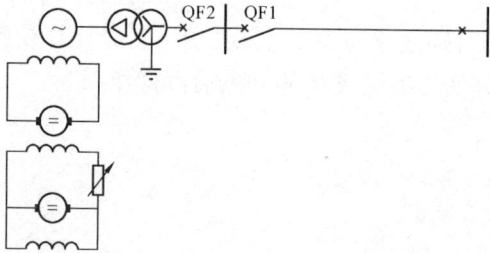

图10－7　发电机向空载线路从零起升压

进行加压前应检验发电机能否产生自励磁。如线路较长、电容较大，一般常采取降低发电机频率的加压方法。

在进行加压时操作步骤如下（图10－7）：

（1）将发电机和线路的继电保护全部投入。发电机的自动励磁调整装置、强行励磁和线路重合闸停用。

（2）对于中性点直接接地的系统，发电机的升压变压器中性点必须直接接地。对于消弧线圈接地系统，则升压变压器中性点应尽量带有恰当分接头的消弧线圈。

（3）发电机的励磁调整电阻应放至最大。

（4）开关的操作顺序是：在加压发电机准备好之后，先将线路开关QF1合上，利用母线电压互感器检查线路确无电压，待发电机转速稳定后，合发电机变压器组开关QF2及自动灭磁开关，开始加压。

（5）逐渐增大励磁电流，提升电压。这时要监视定子电流和电压的变化。如果三相电压及电流平衡，且随励磁电流的增加一齐增加时，则可渐渐提高电压至额定值或其他规定的数值。如加励磁时，只是三相电流增加而电压不升高，说明线路有三相短路；如各相电流电压不平衡，则说明有不对称短路或接地，应立即停止加压。

（6）如加压良好需要停电时，则先将电压降至最低，然后切断线路QF1，最后切断QF2。

（7）加压良好，与受端系统并列后发电机开始带负荷时，必须保持励磁电流与发电机出力的相应增长，防止因发电机内部电势过低与系统失步。如东北某水电厂一台机向长线路加压，励磁电流仅为空载励磁电流的15％，受端电压已达额定值。与受端系统并列后，发电机很快就带上30％的额定负荷，随后稳定即遭破坏。经立即采取增加励磁及减低出力后，才拖入同步。以后该厂规定有功功率每增加14％额定出力，励磁电流相应地增加空载励磁电流的17％，以保证足够的稳定贮备。

10－31　对500kV断路器控制回路有哪些具体要求？

答：500kV断路器的重要性极高，其控制回路的设计和运行应满足以下各项要求：

（1）满足双重化的要求。要准确可靠地切除电力系统中的故障，除了继电保护装置要准确可靠的动作外，作为继电保护的执行元件——断路器能否可靠地动作，对于切除故障是至关重要的。断路器的可靠工作与消弧机构（断口部分）、操动机构、控制回路和控制电源有关。其中，消弧机构和操动机构的可靠性取决于断路器的制造技术水平，而控制回路和控制电源这两部分的可靠性的提高主要取决于断路器二次回路的设计。在187kV以上系统中，断路器的拒动率为1.8×10^{-3}，其中72%是由控制回路不良引起的。控制电缆和断路器的跳闸线圈采用双重化措施以后，拒动率降低到5×10^{-4}，即采用双重化后拒动率降到原来的1/3.6。所以，为了保证可靠地切除故障，500kV断路器采用双重化的跳闸回路是非常必要的。通常500kV断路器的操动机构都配有两个独立的跳闸回路，两跳闸回路的控制电缆也分开。

（2）跳、合闸命令应保持足够长的时间。为确保断路器可靠地跳、合闸，即一旦操作命令发出，就应保证整个跳闸或合闸过程执行完成。所以，在跳、合闸回路中应设有命令的保持环节。在合闸回路中，一般可利用合闸继电器的电流自保持线圈来保持合闸脉冲，直到三相全部合好后才由断路器的辅助触点来断开合闸回路。在跳闸回路中保持跳闸脉冲的方式和"防跳"接线有关。当采用串联"防跳"接线时，可利用"防跳"继电器的电流线圈及其常开触点来保持跳闸脉冲；在采用并联"防跳"接线时，一般在保护的出口继电器和跳闸继电器的触点回路中加电流自保持。跳闸回路是由断路器的辅助触点，在完全跳开后断开。

（3）防止多次跳合闸的闭锁措施，即断路器的"防跳"措施，在500kV断路器的控制接线中，常用的有串联"防跳"和并联"防跳"两种接线方式。

（4）对跳合闸回路的完好性要经常监视。在500kV断路器的控制回路中，一般用跳闸和合闸位置继电器来监视跳合闸回路的完好性。

（5）能实现液压、气压和SF_6浓度低等状态的闭锁。在空气断路器、SF_6气体绝缘断路器以及其他采用液压机构的断路器中，这些工作的气体及液压的压力只有在规定的范围内时，断路器才能正常运行。否则，应闭锁断路器的控制回路，禁止操作。

反应气体或液体压力的电触点压力表或压力继电器的触点容量一般较小，不能直接接到断路器的跳、合闸回路中，需经中间继电器控制断路器的跳、合闸。断路器在操作过程中必然要引起气压或液压的降低，此时闭锁触点不应断开跳闸或合闸回路，否则会导致断路器的损坏。一般可采用带延时返回或带有电流自保持的中间继电器作为闭锁继电器，以确保在断路器的操作过程中闭锁触点不断开。

此外，SF_6断路器当SF_6气体密度低到一定值时，应闭锁跳、合闸回路。

（6）应设有断路器的非全相运行保护。在500kV系统中断路器出现非全相运行的情况下，因出现零序电流，有可能引起网络相邻段零序过电流保护的后备段动作，而导致网络的无选择性跳闸。所以，当断路器出现非全相状态时，应使断路器三相跳开。

（7）断路器两端隔离开关拉合操作时，应闭锁操作回路。

第十一章 电网调度自动化及变电所综合自动化

11-1 电网调度自动化系统包含的主要内容有哪些?

答:（1）远动技术。

远动技术是对物体或各种过程进行远距离测量和控制的综合技术。远距离的本意是表示不直接接触，并不一定是相距遥远。我们日常生活中使用的家用电器的遥控器可以称为一种远动技术；大的方面，卫星、火箭的控制也是一种远动技术。

（2）调度自动化。

调度自动化是以电子计算机技术为核心，综合现代电子技术、数据采集技术、自动控制技术、通信技术，形成现代电网调度管理的技术支持部分。

调度自动化系统是一个不断发展完善的高级信息传输与处理系统。它主要包含下列五种技术。

1）遥测技术（YC）。

遥测是对被测对象进行远距离测量。这些被测对象往往是模拟电气量，模拟非电气量可以通过各种传感器转换为电气量。

常见的 YC 对象有有功功率（P）、无功功率（Q）、电压（U）、电流（I），另外还有一些非电气量，如压力、温度、湿度等。这些模拟量一般通过各种变换器进入远动装置，经过标度变换计算，编码形成遥测代码，通过通信设备送到调度端进行处理，遥测信息简称 AI（Analog Information）。

2）遥信技术（YX）。

遥信是对远方具有两极状态的信号进行测量。该信号的特征可以用二进制数的"0"和"1"表示其状态。

常见的遥信对象主要有各种保护信号、断路器位置信号、隔离开关位置信号以及各种自动装置的状态信号。有载调压变压器的档位信号可以用多位二进制数表示，也应当作为遥信信号来处理。遥信信息一般用 DI（Digital Information）表示。

3）遥控技术（YK）。

遥控是对远方可控对象进行远距离操作。遥控对象具有以下特征：①具有二极状态；②不能接受连续相同性质的指令序列。

遥控对象的操作内容主要有发电机组的启停、自动装置的投退、断路器的开合等。当它处于"闭合"状态时，只能接收"开断"指令；当处于"开断"状态时，只能接收"闭合"指令。为了提高遥控操作的可靠性，遥控信息必须附加返送校核功能，只有在校核无误后才能执行遥控指令的具体操作。

4）遥调技术（YT）。

遥调是对远方能接收连续指令的被控对象进行操作。就其本质而言，仍然是一种遥控技术。

在实际中有的直接利用遥控技术来操纵有载调压控制器，有的设计专门的遥调软件接口，在厂站端配合专门的遥调电路来实现。

5）遥脉技术（YM）。

遥脉是对远方脉冲量进行测量，它的主要对象是各种各样的脉冲电能表，这里测量的含义是对脉冲信号进行计数、运算和存储。

11-2 我国电网调度自动化系统的功能一般应包含哪些内容？高、中、低怎样分档？

答：（1）调度自动化系统功能主要应包括：

数据收集与监视（SCADA）：电网主设备运行参数和接线监视及越限告警、事件记录及打印、功率总加、运行统计及运行报表。

联络线供受电量计算测量（SCADA）。

事故追忆及分析等实用的安全分析功能（SCADA）。

自动发电控制和经济调度（AGC/EDC）。

进行远方调整控制（EDC），调控对象有：110kV 以下开关；带负荷调整变压器分头；电力电容器投切；调相机出力；水轮发电机启、停、调节；火电厂机组调功。

根据现代管理要求，它还具有离线或在线负荷预计、运行方式编制及其他有关电网安全、经济运行功能（SA 等）。

（2）电网调度自动化功能分为高、中、低三档。

低档：SCADA；

中档：SCADA + AGC/EDC；

高档：SCADA + AGC/EDC + SA。

11-3 对接入 110kV 系统的地方电厂，远动信息范围有哪些？远动装置的功能有哪些？

答：（1）范围：

1）发电机有功功率、无功功率遥测；

2）发电机有功电度量遥测；

3）主变压器高压侧有功功率、无功功率遥测；

4）110kV 母线电压遥测；

5）110kV 线路有功功率、无功功率遥测；

6）110kV 线路有功电度量遥测；

7）全厂发电机有功功率总加遥测；

8）发电机出口断路器位置遥信；

9）110kV 电压等级所有断路器位置遥信；

10）高压厂变高压侧断路器位置遥信；

11）110kV 线路继电保护和重合闸动作遥信；

12）全厂事故总信号遥信。

（2）功能：

1) 具备遥测模拟量、电度脉冲量、遥信开关量等远动信息的采集、处理和远传功能。

2) 具备事件顺序记录并将其远传的功能。

3) 能同时以 CDT 式规约向两级调度所分别直接传送远动信息。

4) 能进行通道的自动监视和切换。

5) 具有当地功能系统的接口，配以微机、CRT、打印机等设备后可组成当地实时监测系统，实现电厂内的实时运行状态的显示和打印。

11-4　变电所内装设自动装置的主要作用是什么? 常用的自动装置有哪几种?

答: 在变电所内装设自动装置是十分必要的，其主要作用有以下几点:

(1) 保证电力系统可靠、经济运行，消除运行人员在执行某项操作时可能发生的误动作。

(2) 减轻运行人员的劳动强度，提高劳动生产率。

(3) 保证电气设备的安全可靠运行，使运行人员及时、准确地判断运行中的异常情况，并及时地进行处理。

变电所内常用的自动装置有以下几种:

(1) 备用电源自动投入装置。

(2) 馈线和母线的自动重合闸装置。

(3) 自动准同步装置。

(4) 电力系统的无功自动补偿装置和频率自动调整装置。

(5) 自动按频率减负荷装置。

11-5　何谓无人值班变电所?

答: 无人值班(守)变电所，是指没有经常性运行值班人员的变电所，该所的运行状态(包括必须的各种量值、潮流方向、开关电器的位置、变压器调压分接头的位置、补偿电容器投切组数等)经本站的微机远动终端装置 RTU 处理后，再经远动通道转送至上一级电业主管部门的计算机系统，并在显示器 CRT 和系统模拟屏上显示出来，亦可打印制表，供调度值班人员随时监视查询，然后作出相应的处理。在电力调度综合自动化系统中，可由计算机直接进行计算判断，并自动处理。反之，调度人员也可以通过远动监控系统对无人值班变电所内的可控设备进行遥控操作，在电力调度综合自动化系统中，则可由计算机直接发出控制指令。由于在上一级调度部门即可完成原有变电所运行值班人员的职责，变电所内不需专门的运行值班人员，所以将这种变电所称之为无人值班变电所。

无人值班变电所的各种电气设备的检修和调试等工作，仍需电业部门的专业人员承担，另外变电所的治安保卫人员也不能撤除。

11-6　无人值班变电所应具备的基本条件是什么?

答: 无人值班变电所应具备以下基本条件:

(1) 电力变压器应装设能够自动调节调压分接头的装置，并在它的周围和开关室内装设自动灭火报警装置。

(2) 各种受控电器必须装设电动操作机构，以便实现遥控功能。

（3）各种电量和非电量变送器或传感器的测量精度和可靠性应在允许范围内，防止误差超限。

（4）各种开关的位置信号和补偿电容器组的投切数目等，均应准确采集出来。

（5）变电所应装设功能足够的远动终端装置 RTU，能够准确发送、接受和转送各种远动信号。

（6）在变电所和调度中心之间架设具有抗干扰性能和质量优良的远动通道，确保远动通信系统安全可靠的运行。

（7）上一级调度中心必须具有功能比较齐全的计算机自动监控系统，而且远动通信系统的质量优良。

（8）具备一支精干的工程技术人员队伍，熟练掌握有关的安装调试和运行管理技能。

11 - 7　为什么要实现变电所无人值班？

答： 根据已建成投运的无人值班变电所的实际情况看，这种变电所具有以下优点：

（1）提高了运行的可靠性：由于运行人员素质和管理水平的差异，由调度端直接进行分析判断并操作控制，可以纵观全局，使遥控的误动率降至万分之一左右，减少了由于运行人员的误操作和事故处理不当所造成的经济损失。

（2）减少了运行值班人员，提高了劳动生产率：无人值班变电所不仅减少了运行值班人员的各项开支，而且提高了调度值班人员的素质，为实现电力调度综合自动化奠定了良好的基础。

（3）降低了变电所的综合投资：由于实现了全盘自动化，可大大减少变电所的建筑面积，新建的无人值班变电所的综合造价实际上有所减少。

（4）促进了电力工业的科技进步，提高了整体管理水平：常规远动和综合自动化系统，是依托高新技术才形成的，无人值班变电所是顺应科技发展和电业部门的需要而产生的，也是提高电力调度部门生产技术和管理水平的有效步骤。

11 - 8　无人值班变电所要求实现的"四遥"功能指什么？

答： 变电所无人值班既是一种新的管理模式，也是技术进步的体现。变电所无人值班的基本要求就是通过 RTU 来实现"四遥"，即遥测、遥信、遥控和遥调。

（1）遥测（YC）：采集并发送模拟量、脉冲量、数字量信息。

（2）遥信（YX）：采集并发送状态量信息，遥信变位优先传送。

（3）遥控（YK）：接收并执行主站端（调度端或集控站）发来的遥控命令。

（4）遥调（YT）：接收并执行主站端发来的调整主变压器有载分接头的命令。

11 - 9　变电所远动终端 RTU 应具备什么功能？

答： RTU 是变电所自动化设备的核心部件，所有的远动功能都是靠它来实现的，称之为远动终端。它除了应具备"四遥"的基本功能外，还应具备以下功能：

（1）具有转发信息的功能，即除向一个调度终端发送信息之外，还可向另一个调度终端或集控站发送信息，但同一被控设备不允许执行两个及以上调度或集控站发给的遥控、遥调命令。

（2）当地功能指当地选测、当地控制和调整，当地 CRT 显示，当地制表打印等功能。

（3）装置内部功能包括程序自恢复，装置自调、自检、单端运行，装置自诊断，设置日历（年、月、日）及时钟（时、分、秒）。

（4）事件顺序记录（SOE）。

（5）内存 24h（48h）整点数据和异常状态数据。

11 – 10 变电所综合自动化发展的趋势是什么？

答： 变电所综合自动化技术发展趋势是向计算机化，网络化，智能化，保护、控制、测量和数据通信一体化的方向发展。

（1）计算机化。

随着计算机硬件的迅猛发展，微机保护硬件也在不断发展。现已发展到以 32 位微处理器为基础的微机型变电所综合自动化系统。

随着电力系统对微机保护的要求不断提高，除了要求具有保护的基本功能外，还应具有大容量故障信息和数据的长期存放空间，快速的数据处理功能，强大的通信能力，与其他保护、控制装置和调度联网以共享全系统数据、信息和网络资源的能力，高级语言编程等。这就要求微机保护装置具有相当于一台 PC 机的功能。

继电保护装置的微机化、计算机化是发展趋势。

（2）网络化。

计算机网络作为信息和数据通信工具已成为信息时代的技术支柱，使人类在生产和社会生活的面貌发生了根本变化。到目前为止，除了差动保护和纵联保护外，所有继电保护装置都只能反应保护安装处的电气量，继电保护的作用也只限于切除故障元件，缩小事故影响范围。这主要是由于缺乏强有力的数据通信手段。国外早已提出过系统保护的概念，这在当时主要指安全自动装置。因为继电保护的作用不只限于切除故障元件和限制事故影响范围（这是首要任务），还要保证全系统的安全稳定运行。这就要求每个保护单元都能共享全系统的运行和故障信息的数据，各个保护单元与重合闸装置在分析这些信息和数据的基础上能协调动作，确保系统的安全稳定运行。显然，实现这种系统保护的基本条件是将全系统各主要设备的保护装置用计算机网络连接起来，实现微机保护装置的网络化。

对于一般的非系统保护，实现保护装置的计算机联网也有很大的好处。继电保护装置得到的系统故障信息愈多，则对故障性质、故障位置的判断和故障距离的检测愈准确，这就是自适应。要真正实现保护对系统运行方式和故障状态的自适应，必须获得更多的系统运行和故障信息。只有实现保护的计算机网络化，才能做到这一点。

由上述可知，微机保护装置网络化可大大提高保护性能和可靠性，这是微机保护发展的必然趋势。

（3）保护、控制、测量、数据通信一体化。

在实现继电保护的计算机化和网络化的条件下，保护装置实际上就是一台高性能、多功能的计算机，是整个电力系统计算机网络上的一个智能终端。它可从网上获取电力系统运行和故障的任何信息和数据，也可将它所获得的被保护元件的任何信息和数据传送给网络控制中心或任一终端。因此，每个微机保护装置不但可完成继电保护功能，而且在无故障正常运行情况下还可完成测量、控制、数据通信功能，以及实现保护、控制、测量、数据通信一体化。

目前，为了测量、保护和控制的需要，室外变电所的所有设备，如变压器、线路等的二次电压、电流都必须用控制电缆引到主控室；所敷设的大量控制电缆不但要大量投资，而且使二次回路非常复杂。但是如果将上述的保护、控制、测量、数据通信一体化的计算机装置就地安装在室外变电所的被保护设备旁，将被保护设备的电压、电流量在此装置内转换成数字量后，通过计算机网络送到主控室，则可免除使用大量的控制电缆。如果用光纤作为网络的传输介质，还可免除电磁干扰。现在光电流互感器（OTA）和光电压互感器（OTV）已在研究试验阶段，将来必然在电力系统中得到应用。在采用 OTA 和 OTV 的情况下，保护装置应放在距 OTA 和 OTV 最近的地方，即应放在被保护设备附近。OTA 和 OTV 的光信号输入到此一体化装置中并转换成电信号后，一方面用作保护的计算判断，另一方面作为测量，通过网络送到主控室。从主控室通过网络可将对被保护设备的操作控制命令送到此一体化装置，由此一体化装置执行断路器的操作。

（4）智能化。

近年来，人工智能技术如神经网络、遗传算法、进化规划、模糊逻辑等在电力系统各个领域都得到了应用，在继电保护领域应用的研究也已开始。神经网络是一种非线性映射的方法，很多难以列出方程式或难以求解的复杂的非线性问题，应用神经网络方法则可迎刃而解。例如在输电线两侧系统电势角度摆开情况下发生经过渡电阻的短路就是一非线性问题，距离保护很难正确作出故障位置的判别，从而造成保护误动或拒动。如果用神经网络方法，经过大量故障样本的训练，只要样本充分考虑了各种情况，则在发生任何故障时都可正确判别。其他如遗传算法、进化规划等也都有其独特的求解复杂问题的能力。将这些人工智能方法适当结合可使求解速度更快。

总之，随着电力系统的高速发展和计算机技术、通信技术、自动控制技术的进步，变电所综合自动化技术正面临着进一步发展的趋势。

11-11 变电所实现综合自动化有哪些优越性？

答：变电所实现综合自动化有下述优越性。

（1）提高供电质量和电压合格率。由于在变电所综合自动化系统中包括有电压无功自动控制功能，故对于具备有载调压变压器和无功补偿电容器的变电所，可以大大提高电压合格率，保证电力系统主要设备和各种电器设备的安全，使无功潮流合理，降低网损，节约电能损耗。

（2）提高变电所的安全可靠运行水平。变电所综合自动化系统中的各子系统，绝大多数都是由微机组成的，它们多数具有故障诊断功能。除了微机保护能迅速发现被保护对象的故障并切除故障外，有的自控装置并兼有监视其控制对象工作是否正常的功能，发现其工作不正常及时发出告警信息。更为重要的是，微机保护装置和微机型自动装置具有故障自诊断功能，这是当今的综合自动化系统比其常规的自动装置或四遥装置突出的特点。这使得采用综合自动化系统的变电所一、二次设备的可靠性大大提高。

（3）提高电力系统的运行管理水平。变电所实现自动化后，监视、测量、记录、抄表等工作都由计算机自动进行，既提高了测量的精度，又避免了人为的主观干预，运行人员只要通过观看 CRT 屏幕，变电所主要设备和各输、配电线路的运行工况和运行参数便一目了然。

综合自动化系统具有与上级调度通信功能，可将检测到的数据及时送往调度中心，使调度员能及时掌握各变电所的运行情况，也能对它进行必要的调节与控制，且各种操作都有事件顺序记录可供查阅，大大提高运行管理水平。

(4) 缩小变电所占地面积，降低造价，减少总投资。变电所综合自动化系统，由于采用微计算机和通信技术，可以实现资源共享和信息共享，同时由于硬件电路多数采用大规模集成电路，结构紧凑体积小，功能强，与常规的二次设备相比，可以大大缩小变电所的占地面积。而且随着微处理器和大规模集成电路的不断降价，微计算机性能价格比逐步上升，因而可以减少变电所的总投资。

(5) 减少维护工作量，实现减人增效。由于综合自动化系统中，各子系统有故障自诊断功能，系统内部有故障时能自检出故障部位，缩短了维修时间。微机保护和自动装置的定值又可在线读出检查，可节约定期核对定值的时间。而监控系统的抄表，记录自动化，值班员可不必定时抄表记录，可实现少人值班，如果配置了与上级调度的通信功能，能实现遥测、遥信、遥控、遥调，则完全可实现无人值班，达到减人增效的目的。

11-12 变电所综合自动化系统有哪些基本功能？一般有哪几个主要的子系统？

答： (1) 变电所综合自动化是多专业性的综合技术，它以微机为基础，实现了对变电所传统的继电保护、控制方式、测量手段、通信和管理模式的全面技术改造，实现了电网运行管理的一次变革，国际大电网会议 WG 一个工作组在研究变电所的数据流时，分析了变电所自动化需要完成的功能大概有 63 种之多。归纳起来大致可分为以下几种功能组：

1) 控制、监视功能；2) 自动控制功能；3) 测量表计功能；4) 继电保护功能；5) 与继电保护有关的功能；6) 接口功能；7) 系统功能。

(2) 变电所综合自动化系统一般有如下五个主要的子系统：1) 监控子系统。2) 微机保护子系统。3) 电压无功综合控制子系统。4) 电力系统的低频减负荷控制子系统。5) 备用电源自投控制子系统。

11-13 试简述变电所综合自动化系统中监控子系统的基本功能。

答： 变电所综合自动化系统中监控子系统应取代常规的测量系统，取代指针式仪表；改变常规的操作机构和模拟盘，取代常规的告警、报警、中央信号、光字牌等；取代常规的远动装置等等。它具有以下基本功能：

(1) 数据采集。变电所的数据包括模拟量、开关量和电能量。

1) 模拟量的采集。变电所需采集的模拟量有：各段母线电压、线路电压、电流、有功功率、无功功率、主变压器电流、有功功率和无功功率；电容器的电流、无功功率；馈出线的电流、电压、功率以及频率、相位、功率因数等。此外，模拟量还有主变压器油温、直流电源电压、站用变压器电压等。对模拟量的采集，有直流采样和交流采样两种方式。

直流采样即将交流电压、电流等信号经变送器转换为适合于 A/D 转换器输入电平的直流信号；交流采样则是指输入给 A/D 转换器的是与变电所的电压、电流成比例关系的交流电压信号。

2) 开关量的采集。变电所的开关量有：断路器的状态、隔离开关状态、有载调压变压器分接头的位置、同期检测状态、继电保护动作信号、运行告警信号等。这些信号都以开关量的形式，通过光电隔离电路输入至计算机。

3）电能计量。电能计量即指对电能量（包括有功电能和无功电能）的采集。众所周知，对电能量的采集，传统的方法是采用机械式的电能表，由电能表盘转动的圈数来反映电能量的大小。这类机械式的电能表无法和计算机直接接口。

为了使计算机能够对电能量进行计量，采用两种方法。一是电能脉冲计量法。这种方法的实质是传统的感应式的电能表与电子技术相结合的产物。即对原来感应式的电能表加以改造，使电能表转盘每转一圈便输出一个或两个脉冲，用输出的脉冲数代替转盘转动的圈数，计算机可以对这个输出脉冲进行计数，将脉冲数乘以标度系数（与电能常数 – r/kWh，电压互感器和电流互感器的变比有关），便得到电能量。这种脉冲计量法采用脉冲电能表或机电一体化电能仪表。二是软件计算方法。软件计算方法并不需要任何硬件设备，其实质是数据采集系统利用交流采样得到的电流、电压值，通过软件计算出有功电能和无功电能。目前软件计算电能有两种途径：①在监控系统或数据采集系统中计算；②用微机电能仪表计算。微机电能仪表从功能、准确度和性能价格比上都大大优于脉冲电能表，是今后的发展方向。

（2）事件顺序记录 SOE。它包括断路器跳合闸记录，保护动作顺序记录。微机保护或监控系统采集环节必须有足够的内存，能存放足够数量和足够长时间段的事件顺序记录，确保当后台监控系统或远方集中控制主站通信中断时，不丢失事件信息，并应记录事件发生的时间（应精确至毫秒级）。

（3）故障记录、故障录波和测距。

1）故障录波与测距。110kV 及以上的重要输电线路距离长，发生故障影响大，必须尽快查找出故障点，以便缩短修复时间，尽快恢复供电。设置故障录波和故障测距是解决此问题的最好途径。变电所的故障录波和测距可采用两种方法实现，一是由微机保护装置兼作故障记录和测距，再将记录和测距的结果，送监控机存储及打印输出或直接送调度主站，这种方法可节约投资，减少硬件设备，但故障记录量有限；另一种方法是采用专用的微机故障录波器，且应具有串行通信功能，可以与监控系统通信。

2）故障记录。35kV、10kV 和 6kV 的配电线路很少专门设置故障录波器，为了分析故障的方便，可设置简单故障记录功能。

故障记录是记录继电保护动作前后与故障有关的电流量和母线电压。记录时间一般可考虑保护启动前 2 个电压周期（即发现故障前 2 个电压周期）和保护启动后 10 个电压周期以及保护动作和重合闸等全过程的情况。

（4）操作控制功能。无论是无人值班还是少人值班变电所，操作人员都可通过 CRT 屏幕对断路器和隔离开关（如果允许电动操作的话）进行分、合操作，对变压器分接开关位置进行调节控制，对电容器进行投、切控制，同时要能接受遥控操作命令，进行远方操作。为防止计算机系统故障时无法操作被控设备，在设计时应保留人工直接跳、合闸手段。

断路器操作应有闭锁功能，操作闭锁应包括以下内容：

1）断路器操作时应闭锁自动重合闸。

2）当地进行操作和远方控制操作要互相闭锁，保证只能一处操作，避免互相干扰。

3）根据实时信息自动实现断路器与隔离开关间的闭锁操作。

4）无论当地操作或远方操作都应有防误操作的闭锁措施，即要收到返校信号后，才能执行下一项；必须有对象校核、操作性质校核和命令执行三步，以保证操作的正确性。

（5）安全监视功能。监控系统在运行过程中，对采集的电流、电压、主变压器温度、频率等量，要不断进行越限监视，如发现越限，立刻发出告警信号，同时记录和显示越限时间和越限值。另外，还要监视保护装置是否失电，自控装置工作是否正常等。

（6）人机联系功能。特别要强调指出的是，对无人值班变电所也必须设置必要的人机联系功能，以便当巡视或检修人员到现场时，能通过液晶显示、七段显示器、CRT 显示器或便携机观察到站内各设备的运行状况和运行参数，对断路器等的控制应具有人工当地紧急操作的设施。

（7）打印功能。

（8）数据处理与记录功能。

（9）谐波分析与监视功能。

11－14 变电所综合自动化系统有哪些主要特点?

答: 变电所综合自动化系统具有如下主要特点:

（1）功能综合化。变电所综合自动化系统是个技术密集、多种专业技术相互交叉、相互配合的系统。它是建立在计算机硬件和软件技术、数据通信技术的基础上的。它综合了变电所内除一次设备和交直流电源以外的全部二次设备。微机监控子系统综合了原来的仪表屏、操作屏、模拟屏和变送器柜、远动装置、中央信号系统等功能。微机保护子系统代替了电磁式或晶体管式的保护装置。根据用户的需要，微机保护子系统和监控子系统还可以相结合，综合故障录波、故障测距和小电流接地等子系统的功能。

（2）分级分布式，微机化的系统结构。综合自动化系统内各子系统和各功能模块由不同配置的单片机或微型计算机组成，采用分布式结构，通过网络、总线将微机保护、数据采集、控制等各子系统联接起来，构成一个分级分布式的系统。一个综合自动化系统可以有十几个甚至几十个微处理器同时并行工作，实现各种功能。

（3）测量显示数字化。长期以来，变电所采用指针式仪表作为测量仪器，其准确度低，读数不方便。采用微机监控系统后，彻底改变了原来的测量手段。常规指针式仪表全被 CRT 显示器上的数字显示所代替，直观、明了。而原来的人工抄表记录则完全由打印机打印报表所代替。这不仅减轻了值班员的劳动，而且提高了测量精度和管理的科学性。

（4）操作监视屏幕化。变电所实现综合自动化后，不论是有人值班，还是无人值班，操作人员可在变电所、主控站或调度室内，面对彩色屏幕显示器，对变电所的设备和输电线路进行全方位的监视与操作。常规庞大的模拟屏被 CRT 屏幕上的实时主接线画面取代；常规在断路器安装处或控制屏上进行的跳、合闸操作，被 CRT 屏幕上的鼠标操作或键盘操作所代替；常规的光字牌报警信号，被 CRT 屏幕画面闪烁和文字提示或语言报警所取代。

（5）运行管理智能化。变电所综合自动化的另一个最大特点是运行管理智能化。智能化的含义不仅能实现许多自动化的功能，例如：电压、无功自动调节、不完全接地系统单相接地自动选线、自动事故判别与事故记录、事件顺序记录、制表打印、自动报警等等，更重要的是能实现故障分析与故障恢复操作智能化，而且能实现自动化系统本身的故障自诊断、自闭锁和自恢复等功能。这对于提高变电所的运行管理水平和安全可靠性是非常重要的，也是常规的二次系统所无法实现的。常规的二次设备只能监视一次设备。而本身不具备自诊断能力。

总之，变电所实现综合自动化可以全面地提高变电所的技术水平和运行管理水平，使其能适应现代化大电力系统运营的需要。

11-15 配电网自动化包括哪几个主要系统？各有哪些基本功能？

答： 为了实现配电网自动化，需要对配电网上的设备进行远方实时监视、自动控制、协调处理和数据统计与管理，其内容包括配电网安全监控和数据采集（SCADA）配电地理信息系统（GIS）和需方管理（DSM）几部分，是配电管理系统中最主要的内容。配电网自动化计算机系统是由计算机硬件系统、软件系统组成的，其主要作用在于对大量的数据进行处理，对配电网运行状态进行监视，对不同的配电网运行能够提供优化的切换操作方式。

（1）配电安全监控和数据采集系统（SCADA）。在配电自动化系统中，从为配电网供电的 110kV 或 35kV 变电所的 10kV 部分监视，到 10kV 馈线自动化及 10kV 开闭所，配电变电所和配变的自动化，称为配电 SCADA 系统。由于该系统的测控对象既包括大量的开闭所和小区变，又包括数量极多的但单位容量很小的户外分段开关，因此将分散的户外分段开关控制器集结成若干的点（称作区域站）后上传至控制中心，若分散的点数太多，则可以作多次集结。配电 SCADA 系统的功能如下：

1）远方网络监控。在控制中心可以了解断路器状态，所有的电网切合操作可以在控制中心进行。

2）设备失灵报警。

3）采用接地故障指示进行事后故障分析。

4）通过图形进行网络监视。

5）线路负荷的趋向及归档。不断监视所有线路的负荷并记录每天、每月的最高及最低实际负荷。另外，可在设定的天数内任何线路的负荷在 5min 间隔内存档。

6）馈线维修的标记识别。对线路设备进行维修时，可以将其标出以表明处于维修状态。

（2）配电地理系统（GIS）。因为配电网节点多，设备分散，运行管理工作经常与地理位置有关，引入地理信息系统，可以更加直观地进行运行管理。配电网地理信息系统，应以站内自动化、馈线自动化、负荷控制与管理、用户抄表与自动计费等系统的地理信息管理为目标，并将相关的管理信息系统和实时信息管理结合在一起，实现图形和属性的双重管理功能。配电网地理信息系统主要包括以下各功能。

1）数据预处理功能。

（a）图形数据的录入、转换和编辑。图形数据包括道路图、建筑物分布图、行政区规划图、地形图、配电网设备分布图及其他已有的数字化图形（CAD 格式）。

（b）属性数据的录入、转换和编辑。属性数据，是指对图形相关要素的描述信息。如配电网线路的长度、型号、线路编号、额定电流，配电变压器的型号、编号、名称、安装位置、投运时间、检修情况、额定电流、实验报告等。对于已在管理信息网 MIS 中录入和使用的部分属性数据，可通过共享途径直接获取，未录入的数据则必须在 GIS 中进行录入和编辑。

（c）属性数据与图形数据的挂接。

（d）与配电网 SCADA 系统的实时信息接口。

2）图形操作与制图输出。

3）所内自动化子系统地理信息管理。包括：①配电网中配电设备的信息查询；②所内运行方式分析；③配电所供电范围分析与显示；④故障区域分析与显示；⑤配电变电所优化选址决策等。

4）馈线自动化子系统的地理信息管理。包括：①供电线路系统图的信息查询；②配电线供电范围的分析与显示；③区域分析与显示；④线路运行辅助管理。如确定最合理的巡检路线，特别当供电线路发生故障时，及时进行分析、定位和辅助抢修指挥；⑤沿线追踪显示；⑥资源分配。对主干线进行优化分析，目标是使整个电网投资最小；⑦设备缺陷管理；⑧实时信息处理；⑨线损计算；⑩动态组编辑。可将配电网中不同层的要素（如电杆、变压器、线路等）组成一个动态组，在进行动态调整时，例如对电杆移位时，使该电杆上所有的线路和设备同时自动移位，并保持原有的拓扑关系不变。

5）负荷控制子系统的地理信息管理。包括：①信息元的创建和删除；②终端信息查询；③实时数据的显示；④高负荷区域显示；⑤负荷密度分析；⑥负荷转移决策；⑦与用电管理部门接口。

6）用户抄表与自动计费子系统的地理信息管理。远方抄表与自动计费子系统，应向配电地理信息系统传送用户地址、用户名称、用电负荷等信息，以便地理信息系统可以显示抄表区域和区域负荷情况，使数据更加直观。

（3）需方管理系统（DSM）。配电网自动化系统中的需方管理，实际上是供需双方共同对用电市场进行管理，以达到提高供电可靠性，减少能源消耗和供需双方的费用支出的目的。其内容主要包括负荷控制和管理，远方抄表和计费自动化两方面。

1）负荷控制和管理。该系统具有下列功能：①管理功能。编制负荷控制实施方案，以及日、月、年各种报表的打印。②负荷控制功能。③数据处理功能。④系统自诊断自恢复功能。⑤通信功能。⑥其他功能。如调试时与终端通话功能，对配电网中各种电气设备分、合闸操作及运行情况监视的功能。

2）远方抄表与计费自动化。它是指通过各种通信手段读取远方用户电表数据，在控制中心进行数据处理，自动生成电量、电费报表和曲线等。

第十二章 电网异常及事故处理

12-1 发电机—变压器组开关非全相事故的判断和处理原则是什么?

答:（1）判断原则:

1）发电机三相电流中有两相电流相等或近似相等且为另一相电流的 1/2 左右,应判断为开关的一相断开。

2）发电机的三相电流中有两相电流相等或近似相等而另一相电流为零或近似为零,应判断为两相断开。

（2）处理原则:

1）立即切发电机励磁调压器至"手动"位置。

2）立即减发—变组有功输出为零。

3）维持发电机转速为额定值。

4）立即减发电机转子电流为空载额定值。

5）监视发电机负序电流表,其值应小于发电机长期允许的负序电流值。

6）尽快使发—变组开关三相全断开。

7）发—变组开关在非全相过程中,不得拉开励磁开关,也不得打闸停机。

8）发—变组开关在非全相的过程中,如果因励磁开关跳闸（但主汽门未关闭）造成发电机失磁,从系统中吸收大量无功而进入异步不对称运行状态,发电机的电流表大幅度摆动,这时应立即减发电机有功输出为零,合上励磁开关,增加励磁,使发电机拉入同步,再减小发电机转子电流至空载电流值。重复第 5）和 6）项操作,如励磁开关合不上或发电机不能拉入同步,则应断开发—变组所接母线上所有开关（包括母联开关）。

9）发—变组开关在非全相过程中,如励磁开关跳闸且主汽门关闭,发电机从系统中吸收有功及大量无功而进入异步不对称运行状态,负序电流很大。这时,应立即拉开发—变组所接母线上所有开关（包括母联开关）。

10）在发—变组开关非全相过程中,应作好电流变化、时间、操作、信号等记录,以备事故分析。

11）在认定发电机受损时,应对发电机各部位（尤其是转子）进行仔细的检查和修复,否则不能并网运行。

12-2 简述发电机主要故障类型和异常运行状态。

答:发电机主要故障类型和异常运行状态如下:

（1）定子绕组及其引出线短路;

（2）定子绕组单相接地;

（3）定子绕组同一相的匝间短路;

（4）励磁回路一点接地;

（5）励磁回路两点接地；

（6）励磁回路励磁电流消失；

（7）由于外部短路引起的对称过电流和非对称过电流；

（8）由于外部短路或单相负荷，非全相运行等引起发电机对称过负荷或非对称过负荷；

（9）由于励磁系统故障或强励时间过长而引起的励磁绕组过负荷；

（10）由于突然甩负荷而引起定子电压异常升高；

（11）主汽门误关闭或机炉保护动作关闭主汽门而出口断路器未跳闸，发电机变电动机运行；

（12）系统振荡影响机组安全运行；

（13）汽轮机低频运行造成机械振动，叶片损伤对汽轮机危害极大；

（14）水冷却发电机断水。

12-3　若主变压器仅差动保护动作后怎样判断、处理和检查？

答：主变压器的差动保护动作的原因有：

（1）主变及其套管引出线故障。

（2）保护的二次线故障。

（3）电流互感器开路或短路。

（4）主变压器内部故障。

当差动保护动作以后，首先根据主变压器及其套管和引出线有无故障痕迹或异常现象进行判断。如无发现，可回忆本站的直流系统是否有不稳定接地的隐患，或是否曾经带接地运行。如果有的话，可再看一下差动保护动作以后继电器的接点是否打开，如接点全部打开，这时可用万用表的直流电压档检查保护用出口继电器线圈两端是否有电压，如果有，就是直流两点双接地引起的误动。

如果本站的直流绝缘良好，而保护用出口继电器线圈两端有电压，同时差动的触点已返回，则为差动跳闸回路和保护二次回路短路造成的差动误动作。

另外，高低压电流互感器开路或端子接触不良也会造成差动保护误动作，可详细检查。

如经上述检查，电流互感器没有开路，保护用出口继电器两端没有电压，变压器的外部也没有发现故障的痕迹，则可初步判断为主变内部故障，因此，需要经过高压试验、油化验予以鉴定。若经检查确属变压器内部故障，则要同时检查、分析瓦斯保护拒动原因，并加以消除。

差动保护动作以后的处理：

（1）故障明显可见：

1）变压器故障，停止运行。

2）引出线故障，应及时更换。

（2）故障不明显，按上述检查保护用出口继电器线圈两端没有电压，可能是变压器内部故障，要停运待试。

（3）如为直流两点接地造成保护的误动作，应及时地消除接地点。

（4）如为保护二次回路短路造成的误动，应及时的消除短路点。

12-4　差动保护与气体保护均为变压器主保护，它们的作用有哪些区别？如果变压器内部故障，两种保护是否都能反映出来？

答： 主变压器的差动保护是按循环电流原理设计制造的，而气体保护则是根据变压器内部故障时会产生或分解气体这一特点设计制造的。由于两种保护的基本原理不同，因而在保护装置的作用和保护范围上也是有所区别的。差动保护是变压器的主保护，气体保护为变压器内部故障时的主保护。

差动保护的保护范围为主变压器各侧差动电流互感器之间的一次电气部分，包括：

（1）主变压器的引出线及变压器线圈间发生的多相短路。

（2）严重的单相匝间短路。

（3）在大电流接地系统中，保护线圈及引出线上的接地故障。

气体保护的保护范围是变压器内部的故障，包括：

（1）变压器内部的多相短路。

（2）匝间短路，匝间与铁芯或外皮短路。

（3）铁芯故障（因发热而烧损）。

（4）油面下降或漏油。

（5）分接开关接触不良或导线焊接不良。

另一个区别是差动保护可装在变压器、发电机、分段母线或线路上，而气体保护则只能装在变压器上，它为变压器所独有的保护。

差动保护的优缺点：

它能够迅速而有选择性地切除保护范围内的故障，接线正确、调试得当的话，是不会发生误动作的。但是，其缺点是对变压器内部不太严重的匝间短路的反应不够灵敏。

气体保护的优缺点：

气体保护不仅能够反应变压器油箱内部的各种故障，而且还能够反应出差动保护反应不出来的不严重的匝间短路、铁芯或变压器内部进入空气等故障，因此它是一种灵敏度高、接线简单、动作迅速的保护。但是，气体保护却有如下缺点：

（1）它不能反应变压器套管和引出线等外部故障，因此，气体保护不能作为变压器的唯一的主保护。

（2）气体保护在地震时容易造成误动作。为此，大容量变压器专门装设一种名为皮托管式气体继电器，它能防止由于地震而引起的误动作。同时，变压器运行规程规定，地震裂度七级及以上地区，变压器应装设地震时能防止误动的专用气体继电器。

（3）如果在安装气体继电器电缆时不能很好地进行防油、防水处理，就有可能因漏油腐蚀电缆绝缘或漏水造成误动作。

（4）相对于差动保护瞬时动作而言，气体保护动作时间较长。

差动保护与气体保护一般是相互配合来完成保护任务的。实践证明，在变压器内部故障（除不严重的匝间短路）时，差动保护和气体保护都能反应出来。因为变压器内故障（如层间短路）时，油的流速和反应一次电流的增加，就有可能使两种保护同时起动。至于哪一种保护动作，还须由故障的性质来决定。

12-5　电力变压器铁芯多点接地故障如何判断？怎样查找接地部位？

答：变压器铁芯多点接地后，必然有涡流通过，使铁芯过热。对此可利用气相色谱法进行分析。如果气体中甲烷和烯烃组织成分增加很快，而一氧化碳和二氧化碳气体相对变化较少时，则变压器可能存在铁芯多点接地故障。如变压器铁芯有外引接地套管，则可测其接地电流。如果超过 0.5A，而当变压器停运后，测量铁芯对地绝缘电阻为零值时，则判为铁芯多点接地。

判定接地部位有两种方法：

(1) 直流法：将铁芯接地片打开，在铁轭两侧的硅钢片上加 6V 直流，然后用直流电压表测各硅钢片对地电压。电压指示最小或反向指示时，则为接地故障部位。

(2) 交流法：将铁芯接地片打开，变压器低压绕组接入 220V 交流电，用毫安表测铁芯各硅钢片对地电流。当电流为零时，则为故障接地部位。

12-6 当主变压器的分接开关错位时，如何判别与纠正?

答： 当主变压器的分接开关错位时，顺序测出的各档直流电阻值不是有规律地递增（或递减），而是时高时低的错乱（见图 12-1）。这时判别方法如下：

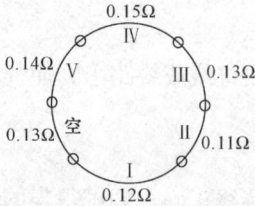

图 12-1 主变压器分接
开关错位电阻值

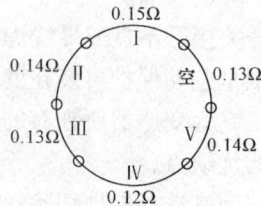

图 12-2 判别方法之一

(1) 最大电阻值为第 1 档。

(2) 相同的两个电阻值为额定档和空档。

(3) 空档与第 1 是相邻档（见图 12-2）。

12-7 试述频率突然下降的处理基本原则。

答： 电力系统频率突然大幅度的下降，说明发生了电源事故（包括电厂内部或电源线路事故）或系统解列事故，电源与负荷不能保持平衡。通常系统内都布置有一定容量的旋转备用和低频率减负荷装置。事故时，旋转备用迅速投入和低频率减负荷装置动作切除部分负荷，常能防止频率的进一步下降。频率的大幅度下降，说明功率缺额太大或上述措施未能发挥作用。一般从频率开始下降至电源与负荷重新维持平衡，频率稳定于新的数值的全过程不过几秒至几十秒钟。

频率不能迅速恢复，电力系统在低频率下运行是很危险的。这是因为电源与负荷在低频率下重新平衡的稳定性很差，很有可能再度失去平衡，频率又重新下降，甚至产生频率崩溃，使系统瓦解。

低频运行时火电厂的情况尤为严重。火电厂的某些辅助设备（特别是高压给水泵）因频率下降引起的电力不足要影响到发电厂出力的降低，进一步使系统频率下降，形成恶性循环。

频率下降除影响厂用设备出力之外，有时还会引起厂用机械和主机的故障和跳闸。例如某些汽轮机的离心式主油泵当频率降至 45Hz/s 以下时，油压显著下降，能使汽轮机主汽门自动关闭，造成汽轮机停机、发电机不能发电。这又加剧了上述的恶性循环。

频率下降的另一不良后果是要引起电压降低。发电机由于转速的下降，电势减小，无功功率降低，而用户需要的无功功率反而增加，这在频率过分降低（43~45Hz/s）时，容易产生电压崩溃。

综上所述，当频率突然大幅度下降时，迅速恢复频率是非常重要的。当出现这类事故时，系统内运行人员要采取一切措施恢复频率。如：

（1）投入旋转备用。

各发电厂应不待调度员命令，迅速增加出力，使频率恢复正常或加至最大功率为止。

（2）迅速启动备用机组。

水轮发电机启动迅速，便于实现自动化。因此将备用水轮发电机迅速投入系统是恢复频率的有效措施。目前，我国水电厂装设的发电机低频率自启动装置能在 40s 将发电机与系统并列。频率严重降低时，还可以按频率偏差程序启动一台以上的机组。

同样，系统内有其他能迅速启动的发电机，如燃气轮发电机组，亦应立即启动投入系统。

（3）切除负荷。

当频率严重下降而采取前述或低频减负荷装置动作自动切除部分负荷办法仍不能恢复至正常频率时，应迅速采取切断部分用户负荷的办法。一般常采取下列三种形式：

1）上级调度下令由地区调度员下令拉掉配电线路和大用户内切除次要用电设备；

2）调度员命令变电所切除大负荷线路；

3）由变电所按事先规定的顺序自行切断负荷线路。

采取上述三种限电措施的频率数值以及他们之间的配合要根据系统内的具体情况决定。

（4）当频率降至威胁火电厂厂用系统的正常运行且不能迅速恢复时，火电厂首先应该将汽动厂用设备投入，如出力仍不足时，应采取下述方法分离厂用电。

1）有专供厂用的发电机的，可以将发电机连同某些厂用电母线自系统解列。

2）发电机电压母线上有用户时，则解列一台或数台发电机带厂用电和部分用户负荷，但选择该部分用户时应使解列的发电机能带稳定的出力运行。

3）发电机—变压器单元接线的发电厂，则只能解列一个单元，一个或两个厂用分支线。这时厂用分支线上所有设备可能要产生较长时间的过负荷。应停掉暂时不影响发电厂继续运行的厂用设备，如原煤斗中有足够存煤时的上煤设备，煤粉仓中有足够煤粉时的磨煤系统，汽动给水泵已能满足锅炉供水时的电动给水泵等。此时，对于没有解列的厂用电应做好特殊的监视工作。

4）当频率严重降低或由于机组本身的原因致使濒临机组有全停的危险时（如锅炉给水停止，汽压、汽温严重下降，汽机真空下降等），应立即减负荷将机组连同由它供电的厂用电和用户负荷一起自系统解列，尽量防止全停。现场规程中应明确规定解列时蒸汽及给水的压力温度、真空等参数的数值。

各地区厂站在事故时切除负荷的顺序表，应定期制定。发电厂低频解列发电机保厂用电的方案应事先制定。上述顺序表及发电厂低频解列保厂用电的方案应上报有关调度。

12-8　试述电网电压突然下降的处理基本原则。

答：应采取如下措施：

(1) 迅速增加发电机无功出力。

(2) 投无功补偿电容器。

(3) 设法改变系统无功潮流分布。

(4) 条件允许则降低发电机有功出力，增加无功出力。

(5) 必要时启动备用机组调压。

(6) 切除并联电抗器。

(7) 确无调压能力时拉闸限电。

12-9　电力系统频率偏差超出什么范围则构成一类障碍？

答：电力系统频率偏差超出以下数值则构成一类障碍：

装机容量在 3000MW 及以上电力系统，频率偏差超出 50±0.2Hz，延续时间 30min 以上，或频率偏差超出 50±1Hz，延续时间 10min 以上。

装机容量在 3000MW 以下电力系统，频率偏差超出 50±0.5Hz，延续时间 30min 以上，或频率偏差超出 50±1Hz，延续时间 10min 以上。

12-10　电力系统频率偏差超出什么范围则构成事故？

答：装机容量在 3000MW 及以上电力系统，频率偏差超出 50±0.2Hz，延续时间 1h 以上，或频率偏差超出 50±1Hz，延续时间 15min 以上构成电力系统频率事故。

装机容量在 3000MW 以下电力系统，频率偏差超出 50±0.5Hz，延续时间 1h 以上，或频率偏差超出 50±1Hz，延续时间 15min 以上构成电力系统频率事故。

12-11　电力系统监视控制点电压偏差超出什么范围则构成一类障碍？

答：电力系统监视控制点电压超过电力系统调度规定的电压曲线数值的 ±5%，且延续时间超过 1h，或超过规定数值的 ±10%，且延续时间超过 30min。

12-12　电力系统监视控制点电压偏差超过什么范围则构成事故？

答：电力系统监视控制点电压超过了电力系统调度规定的电压曲数数值的 ±5%，且延续时间超过 2h，或超过规定数值的 ±10%，且延续时间超过 1h。

12-13　在电气设备操作中发生什么情况则构成事故？

答：发生下列情况则构成事故：带负荷拉、合隔离开关；带电挂接地线（合接地开关）；带接地线（接地开关）合断路器（隔离开关）。

12-14　简述高压断路器控制回路断线信号回路的构成方法。发生控制回路断线故障有何危害？怎样检查和处理？

答：(1) 控制回路断线信号的构成。在开关跳闸和合闸回路熔断器分开装设的情况下，一般应用跳闸、合闸位置继电器的常闭接点串联，构成控制回路断线信号。

典型接线简图如图 12-3 所示。送出控制回路断线信号脉冲的唯一条件是，合闸位置继电器 KCC 和跳闸位置继电器 KCT 同时失压，致使两者常闭接点同时闭合。显然，仅当开关跳闸或合闸回路的完整性被破坏时，才会出现这种异常情况。

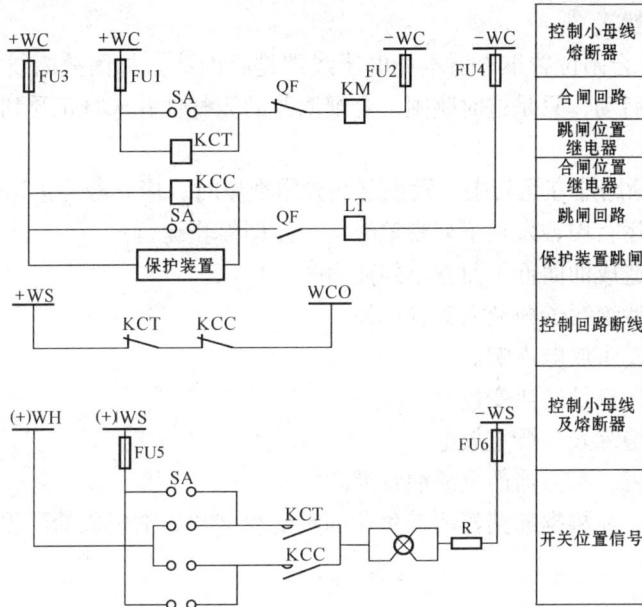

图 12-3　开关控制回路断线信号回路图

这种接线的优点在于可以同时监视跳闸、合闸回路的完整性。

必须指出：当开关在合闸状态、合闸回路的完整性被破坏时，或开关在跳闸状态、跳闸回路的完整性被破坏时，不能报出控制回路断线信号。

(2) 控制回路断线的危害。

1) 处于分闸状态的开关，若出现控制回路断线时，则表明合闸回路的完整性被破坏，不能电动合闸。

2) 处于合闸状态的开关，若出现控制回路断线时，则表明跳闸回路的完整性被破坏，不能实现电动分闸及保护装置自动跳闸，这种危害最为严重。

(3) 控制回路断线的检查处理。开关控制回路断线时，中央预告系统发出下列信号："控制回路断线"光字牌亮，同时音响装置（所有开关共用一套）发出音响。

由中央预告信号系统的光字牌及音响得知开关控制回路断线后，应立即进行检查处理。熟悉所在发电厂、变电所诸开关控制回路接线及控制回路断线信号的构成方法，是迅速处理开关控制回路断线故障的重要环节。

对于按图 12-3 方法接线的开关控制回路，出现断线信号时，大体可按下列方法检查处理。

1) 先检查哪个开关位置灯熄灭。位置灯熄灭的开关，即控制回路断线的开关。

2) 必要情况下，进一步检查跳、合闸位置继电器励磁状态，若均已失压，则表明该开关确已发生控制回路断线。

3) 检查熔断器是否熔断，跳闸或合闸线圈（合闸接触器）是否烧坏，开关辅助接点是否接触良好或正确，上述诸元件的连接部分是否松脱或断线，直流母线是否失压等。

4) 当开关有防跳装置及弹簧储能机构时，还应检查有关线圈及接点是否正常。

5) 跳闸或合闸线圈（合闸接触器）烧断时，线圈两引线端子电压应为额定直流电压值。其他元件断线时亦然。

6) 检查跳闸、合闸位置继电器本身电压线圈是否断线。如因故断线时，同样引起控制回路断线信号装置启动，只是这时跳闸、合闸回路的完整性并未真正受到破坏。

12-15 高压断路器在运行中，发现哪些异常现象时，应立即停止运行？

答：断路器在运行中，发现下列现象时，应立即停止运行：

(1) 严重漏油造成油面低下而看不到油面时。

(2) 断路器支持绝缘子断裂或套管炸裂。

(3) 断路器内发生放电声响。

(4) 断路器连接点处过热变色。

(5) 断路器瓷绝缘表面严重放电。

(6) 故障掉闸后，断路器严重喷油冒烟。

在停止运行前，应根据断路器所带负荷的重要程度和异常现象的严重程度，采取适当措施将负荷倒出。

12-16 隔离开关在运行中发现哪些异常现象时，需做紧急处理？

答：隔离开关在运行中，发生了下列异常现象时，应采取紧急措施：

(1) 接触部分过热，当温度超过 +75℃ 时。

(2) 绝缘子破裂，接触头在胶合处脱落。

(3) 绝缘子表面严重放电。

遇上述情况，应立即采取措施，迅速减少负荷，利用适当的断路器或经旁路备用母线上的开关设备转移负荷，以减轻发热，在停止运行后进行检修。

12-17 隔离开关发生了带负荷拉合的错误操作时，应如何处理？

答：发生了带负荷拉、合隔离开关时，应遵守下述规定：

(1) 如错拉隔离开关，在刀口发现电弧时应急速合上；如已拉开，则不许再合上，并将情况及时上报有关部门。

(2) 如错合隔离开关时，无论是否造成事故，均不许再拉开，应迅速报告有关部门，以采取必须措施。

12-18 电力系统振荡和短路在电气量上有哪些区别？

答：系统发生振荡时，电气量的变化是来回摆动的，幅度相对较小，电网任意点的电压与电流的相位角有不同数值。此时，系统的对称性未被破坏，故没有负序和零序分量。

系统发生短路时，电气量的变化是突然的，变化速度快，这时电压与电流的相位是不变的。对于不对称短路，由于系统对称性受到破坏，故会产生负序和零序分量。

12-19　电力系统失去同步后，再同步成功的判据是什么?

答: 电力系统再同步成功的判据:

系统中任二个同步电机失去同步，经过若干非同步振荡周期，相对滑差逐渐减少并过零，然后相对角度逐渐过渡到某一稳定点就是再同步成功。

12-20　在什么条件下，允许电网局部系统短时间的非同步运行，而后再同步?

答: (1) 非同步运行时，通过发电机、调相机的振荡电流应在允许范围内，不致损坏系统重要设备。

(2) 在非同步运行过程中，电网中枢变电所或重要负荷变电所的母线电压波动最低值不低于额定值的 75%，不致甩掉大量负荷。

(3) 系统只在两个部分之间失去同步，通过预定的手动或自动装置的调节，能使之迅速恢复同步运行。若调整无效 (最长不得超过 3~4min)，则应在事先规定的适当地点解列。

12-21　试述输电线路跳闸事故处理的基本原则。

答: 运行经验表明，线路故障大都是暂时的，多数情况下，线路跳闸后经过很短时间故障能够自行消失，这就是所谓的瞬时性故障。由于线路上普遍采用自动重合闸，线路发生瞬时故障时，开关跳闸后经过一延时自动重合，使线路在极短时间之内恢复运行。这大大提高了供电可靠性，但是由于某些故障的特殊性，如重复雷击等熄弧时间较长的故障或开关和重合闸装置的缺陷，都使重合闸在瞬时故障时不能保证全部成功。线路故障后手动强送 (即不须查明故障原因向故障后的设备加全电压) 的成功率是很高的。因此，线路故障跳闸后，自动重合闸动作了但未重合成功或者未动作，或者无自动重合闸，都要手动强送一次。在特殊情况下根据设备和继电保护动作情况亦可以多于一次，有条件时则利用发电机递升加压。

当进行强送时，有可能遇到下述情况:

(1) 线路上故障仍然存在，即遇到"永久性故障";

(2) 由于开关性能不佳而拒绝跳闸，使上一级开关跳闸，也可能由于绝缘劣化或机构故障造成慢分闸，进而引起开关爆炸;

(3) 电压波动过大，甩掉用户负荷;

(4) 系统较薄弱。强送时，应防止系统经受不了严重故障的冲击，使稳定破坏。为此，强送时应考虑:

1) 正确选取强送端，一般采用大电源侧进行强送。在强送前，检查有关主干线路的输送功率在规定的范围之内，必要时应降低有关主干线路的送电电力至允许值并采取提高系统稳定度的措施。

2) 强送的开关及其速动保护应完好，系统保护的配合应协调，中性点接地方式应符合要求，即直接接地系统应防止无中性点接地运行。

3) 改变接线，使对电压波动反应灵敏的用户远离强送电端。

4) 超高压长线路为防止末端电压升高而降低强送端电压，如果线路上有电抗器时应带电抗器强送。

5) 装有故障滤波器的变电所、发电厂可根据这些装置判明故障地点和故障性质。线路故障时，如伴有明显的故障现象，如火花、爆炸声、系统振荡等，需检查设备并消除振荡后再考虑强送。

6) 凡是有带电作业的线路跳闸，调度必须与作业组的负责人联系，取得允许后方可强送。

12－22 试述变压器跳闸事故处理的基本原则。

答：变压器跳闸可能造成用户停电，并使其他变压器过负荷或系统解列。若跳闸的变压器不能很快恢复送电，应设法用其他电源恢复用户供电；有其他变压器过负荷时，应将过负荷值控制在允许范围之内；有系统解列时，应设法经其他途径恢复系统并列。变压器跳闸的原因多见以下几种：

（1）变压器内部故障；

（2）变压器的有关设备故障引起的，如差动保护范围内的电流互感器、开关、刀闸、连接线等故障；

（3）送出线路故障，保护或开关拒动等引起的越级跳闸；

（4）继电保护误动作，人员误碰或误操作等。

变压器跳闸时，应根据跳闸时的继电保护动作和事故当时的外部现象判断故障原因。变压器内部故障时禁止向其强送。若为有关设备故障则应将故障排除后再送电，若为送出线路故障越级跳闸，则将该线路隔离后，即可恢复变压器送电。一般处理原则是：

（1）凡变压器的主保护（气体、差动等）动作或虽未动作但跳闸时有明显的事故现象（爆炸声、火光、烟等），未消除故障前不得送电。

（2）若只是后备保护动作，厂、所内没有事故现象，排除故障元件后则可迅速恢复供电。

（3）装有重合闸的变压器，跳闸后重合不成功，应排除故障后再送电。

（4）有备用变压器或备用电源自动投入的变电所，当运行变压器跳闸时应先启用备用变压器或备用电源，然后再检查跳闸变压器。

（5）中性点直接接地电网中，高压开关三相分合闸不同期或非全相合闸，变压器停送电操作都有可能引起过电压，包括传送到低压侧的过电压，故变压器停送电操作时应保持中性点直接接地。

（6）变压器事故过负荷时，应立即采取措施在规定时间内降低负荷，或投入备用变压器倒负荷，改变运行接线或按规定限制负荷等。

（7）当变压器跳闸不能马上送电时，应对系统中变压器中性点进行重新安排，以满足保护的要求。

12－23 试述线路过负荷处理的基本原则。

答：电源间联络线（包括发电厂与系统间的联络线以及系统与系统间的联络线）过负荷主要表现为两种形式：

（1）超过联络线（或联络变压器包括其相关元件）本身允许电流值；

（2）超过静态、动态稳定规定的数值。

线路过负荷的原因可能有以下几种：

（1）受端系统的发电厂减负荷或机组事故跳闸；

（2）联络线并联回路的切除；

（3）发电厂日负荷曲线分配不当（包括运行方式安排不当）；

（4）调度人员调整不当等。

当出现设备本身规定的过负荷时，调度员应立即做如下工作：

（1）受端系统的发电厂迅速增加出力，快速起动受端水电厂的备用机组，包括调相的发电机快速改为发电运行。

（2）送端系统的发电厂降低有功出力并提高电压，必要时可适当降低频率以降低线路的过负荷程度。

（3）有条件时，改变系统接线，使潮流强迫分配。

（4）当联络线已达到规定极限负荷时，在采取上述措施仍过负荷时，受端切除部分负荷（或由专用的自动装置切除负荷）。

至于系统稳定的极限，对一条线路而言有动态稳定极限和静态稳定极限两类：

当系统在规定的静态稳定极限值（离理论静态极限尚有一定的储备系数）运行时，说明系统已经承受不住较大的冲击，负荷较大幅度的增长和系统内其他地方故障都能使稳定破坏。为此，应当尽快调整使线路的潮流在静态稳定极限以内运行。为保证系统安全，一般应采取下列措施。

（1）提高全系统特别是联络线附近的电压水平。

由单机对无穷大系统的关系式 $P = (EU\sin\delta)/X$ 可知，输送功率与发电机电动势和系统电压成比例，提高系统的电压可使静态输送功率极限增大或在输送一定的功率时使相对角减小，因而提高了静态稳定和动态稳定的储备。

（2）保持同步电机自动励磁调节装置投入运行。

自动励磁装置可在发电机增加出力时增大它的励磁电流，从而限制发电机相对角度的增大和系统电压的下降。按比例调节的无失灵区的自动励磁调节装置能使发电机在接近 E'_d 等于常数所决定的功率极限内运行，而按一次微分和二次微分调节的强力式自动励磁调节装置能使发电机在端电压为常数决定的功率极限内运行。

（3）系统有"弱联络线"时，若发电机或用户负荷变化大时，都可能发生过负荷。为防止扩大事故，可在"弱联络线"的受端，装设联络线过负荷自动切除部分用户负荷。

（4）限制负荷。

当联络线负荷超过动态稳定极限时，可根据系统备用情况、天气情况、可能的运行时间等因素决定是否限制负荷，除极特殊情况均不能按静态稳定极限运行。

12－24　试述发电厂或变电所母线故障处理的基本原则。

答：发生下列情况时，发电厂或变电所的母线可能停电或全厂、全所停电。

（1）母线短路或母线保护拒动、误动作；

（2）送出线故障引起的越级跳闸；

（3）发电厂厂内事故全停引起系统联络线跳闸，或者系统联络线跳闸引起全厂停电；

（4）单电源供电的降压变电所受电线路故障。

母线事故或全厂、全所停电常能造成系统的解列和频率、电压的变化。调度人员要准确判断是否全厂（全所）停电，防止因所用电源消失而误判断成全所停电。

具有多电源联系的变电所，发现母线无电压或全所停电时，为防止突然来电造成非同期合闸，需立即将多电源间可能联系的开关拉开，双母线应首先拉开母联开关。但每组母线上应保留一个主要电源线路开关在投入状态，或检查有电压抽取装置的电源线路，以便及早判明来电时间，向用户供电（对侧无电源）的线路开关不必拉开。

现场运行人员应根据仪表指示、信号位置、继电保护和自动装置动作情况以及事故现象（如火光、爆炸声等）判断事故地点及原因，并立即报告调度值班人员。

当发电厂母线电压消失时，设法恢复受影响的厂用电，有条件时，可利用本厂发电机向母线进行零起升压，成功后设法恢复与系统同期并列。如对停电母线进行强送电，应尽可能避免使用母联开关向故障母线充电。

T接变电所母线电压消失，应自行将受电主变压器一次开关拉开，迅速倒出所带负荷，等待从系统受电。

当母线电压消失，并伴有爆炸声、火光等异常现象时，全电压强送容易使设备再次受到损害，运行人员应该迅速前去故障地点检查，并自行拉开故障母线上所有开关，找到故障点并迅速隔离，人员已离开现场之后再强送母线。若故障点短时不能排除时，故障母线上元件倒至完好母线上恢复送电，此时应注意防止将故障点带至母线。

事故时母线处无明显的短路现象，事故后强送不成功但强送时仍无明显短路现象，则事故很可能是线路故障越级跳闸引起的。这时应拉开涉及越级跳闸的故障线路开关后对母线进行恢复送电。

当变电所全停而又与调度联系不通时，现场人员应将各电源线路轮流接入有电压互感器（即有电压指示）的母线上，试探是否来电。调度员在判明该变电所处于全停状态时，可分别用一个或几个电源向该变电所送电。变电所发现来电后即可送出负荷。这些处理程序事先应安排妥当，特别要防止发生非同期合闸。

12-25 高压开关非全相运行有哪些后果？应如何处理？

答： 开关一相切不断相当于两相断线，两相切不断相当于一相断线，要产生零序和负序电压、电流，可能出现下述后果。

（1）零序电压形成的中性点位移使各相对地电压不平衡，个别相对地电压升高，容易产生绝缘击穿事故；

（2）零序电流在系统内产生电磁干扰，威胁通信线路安全。零序电流也可能引起零序保护动作。

（3）系统两部分间连接阻抗增大，造成异步运行。

发电厂、变电所值班人员发现运行中的开关发生非全相运行时，应立即向上级调度汇报。如果是两相断开，调度员应立即命令现场运行人员将未断开相的开关拉开，如果开关是一相断开，可命令现场运行人员试合闸一次，试合闸仍不能恢复全相运行时，应尽快采取措施将该开关停电。

当再合闸仍不能恢复全相开关运行且潮流很大，立即拉开运行相开关可能引起电网稳定破坏、解列、损失负荷或引起其他设备严重过载扩大事故时，则应立即采取如下措施：

（1）调整非全相开关两侧电源的出力，使非全相运行开关元件的潮流最小，并及时消除非全相运行。

(2) 用旁路开关代送非全相开关，用非全相开关的刀闸解环，使非全相开关停电。

(3) 用母联开关与非全相开关串联，操作母联开关使非全相开关停电。

(4) 如果非全相开关所带元件（线路、变压器等）有条件停电，则可先将对端开关拉开，再按上述方法将非全相运行开关停电。

(5) 非全相开关所带元件为发电机时，应迅速降低该发电机有功和无功出力至零，再按上述方法处理。

12-26　试述开关分、合闸闭锁异常处理的基本原则。

答：开关操作机构渗漏油，各种操作机构的机械箱锈蚀及进水，各橡皮密封衬垫泄漏或严重龟裂都会引起开关的分合闸闭锁。如果此时发生线路、母线或变压器、发电机故障将导致发电厂、变电所全停，甚至系统瓦解。所以应立即采取措施将该开关停电。

(1) 如果旁路开关备用，用旁路开关代送闭锁的开关。

(2) 如果没有旁路开关或旁路已占用时，双母线运行的厂、站用母联开关串送，母联没有合适保护时，立即将闭锁的开关停电。

(3) 如果旁路不备用且单母线运行的厂、站，应将变电所的负荷倒出，发电厂安排好厂用电，调整好机组出力，使变电所、发电厂全停，排除异常的开关，再将其他线路及变压器、发电机恢复送电。

当运行中的开关发生分合闸闭锁等异常现象时，应根据当时的系统运行方式，采取相应的措施，尽快将该开关停电，避免事故扩大。

12-27　电网单相接地故障处理的一般原则是什么?

答：中性点直接接地系统发生单相接地时，会形成单相接地短路。此时接地电流很大，继电保护将动作于跳闸，并发出接地信号。对中性点不接地或经消弧线圈接地的小电流接地系统发生单相接地后，允许短时间继续运行。

(1) 寻找接地故障点的步骤。

1) 寻找故障点一般采用分割电网法，即把电网分成电气上不直接连接的几个部分。分网时，应注意分网后各部分的功率平衡、保护配合、电能质量和消弧线圈的调谐等情况。

2) 电网分开后，可利用重合闸进行线路断路器的短时分、合闸试验（即依次将各线路断路器拉开，并通过重合闸装置随即合上）。若在断开断路器时，绝缘监察与仪表恢复正常，即证明断开的这条线路发生了接地。

3) 拉合试验的顺序如下：①首先是双回路或有其他电源的线路；②分支最多、最长、负荷轻或次要用户的线路；③分支较少、较短、负荷较重要的线路；④双母线时，可用倒换备用母线的方法，检查母线系统、双台变压器及其配电装置；⑤单母线、单台变压器及其配电装置。上述顺序应结合具体情况灵活应用。

(2) 处理接地故障时的注意事项。

1) 发生接地故障时，应严密监视电压互感器，防止其发热严重。

2) 当发生不稳定性接地，并危及系统设备的安全时，可将故障相的断路器人工接地，然后再进行寻找处理。

3) 不得用隔离开关断开接地点，如必须用隔离开关断开接地点（如接地故障发生在母线隔离开关与断路器之间）时，可给故障相经断路器作一辅助接地，然后再用隔离开关断开接地点。

4）值班员在短时选切联络线或环状线路时，两侧断路器均应切除。在切除之前，应注意不使其他线路过负荷。

12－28　变压器一般有哪些非正常运行现象？如何处理？

答：（1）变压器内部发出不均匀的异声。变压器在正常运行中发出的声音应是均匀的"嗡嗡"声，这是由于交流电通过变压器绕组时，在铁芯内产生周期性的交变磁通，随着磁通的变化，引起铁芯的振动而发出的响声。如果产生其他异声都属于不正常现象，应查明原因。

（2）变压器油色、油位异常。油枕的正常油色应是透明带黄色，如呈现红棕色则表明出现油质劣化现象，应进行油化验，并根据化验结果决定进行油处理或更换新油。变压器运行中，一般油位应在油枕上表计的 ±35℃ 中间的零位附近。

（3）过负荷运行。正常过负荷及事故过负荷应按现场规程的有关规定执行。

（4）不对称运行。

在变压器运行中，造成不对称运行，其主要原因如下：

1）由于三相负荷值差别较大，造成不对称运行。例如变压器带有大功率的单相电炉、电气机车及电焊变压器等。

2）由 3 台单相变压器组成三相变压器，当 1 台损坏而用不同参数的变压器来代替时，造成电流和电压的不对称。

3）由于某种原因使变压器两相运行时，引起不对称运行。例如，中性点直接接地的系统中，当一相线路故障，暂时两相运行；三相变压器组中一相变压器故障暂时以两相变压器运行；三相变压器一相绕组故障；变压器某侧断路器的一相断开；变压器的分接头接触不良等等。

变压器不对称运行造成的后果是：变压器的容量要降低，即可用容量小于仍在运行的两相变压器的额定容量之和，并且可用容量的大小与电流的不对称度有关。

变压器发生不对称运行时，不仅对变压器本身有一定的危害，而且使用户的工作受到影响。另外它对沿线通信线路的干扰，对电力系统继电保护工作条件的影响等，都不容忽视。因此，在运行中出现变压器不对称运行时，应迅速查明原因，予以消除。

（5）变压器冷却系统异常运行。对于油浸风冷式变压器，风扇因故停运后，要按现场规程规定降低容量运行；对强迫油循环变压器，如冷却装置电源、电扇、潜油泵故障和冷却水中断等，使冷却系统停止运行时，变压器不准继续运行。

（6）变压器轻瓦斯保护动作。当变压器仅轻瓦斯动作时，一般原因如下：

1）因滤油、加油和冷却系统不严密使空气进入变压器或因温度下降、漏油，使油位降低。

2）变压器内部轻微故障，而产生微量气体。

3）发生穿越性短路，保护的二次回路故障引起的误动。

当发生上述现象，经变压器外部检查未发现任何异常时，应对气体继电器中的气体进行鉴别。

鉴别瓦斯的判断方法如下：

1）瓦斯中不含可燃性成分，且无色无味，说明聚集的气体为空气，此时变压器仍可运行，继续观察。

2）如果气体有可燃性，则说明变压器内部有故障，应停止变压器运行。并根据气体性质来鉴定变压器内部故障的性质。如气体颜色为黄色可燃的，即为木质故障；若为淡灰色强烈臭味可燃性气体，即为绝缘纸或纸板故障；若为灰色和黑色易燃气体，即为短路后油被烧灼分解的气体。

轻瓦斯信号动作后，经上述查找，还不能作出正确判断时，应对油进行色谱分析，并结合电气试验做出综合判断。

12-29 变压器出现哪些异状时应立即停电处理？

答： 变压器有下列情况之一者，应立即停电进行处理：

(1) 内部音响很大，很不均匀，有爆裂声。

(2) 在正常负荷和冷却条件下，变压器温度不正常且不断上升。

(3) 油枕或防爆管喷油。

(4) 漏油致使油面下降，低于油位指示计的指示限度。

(5) 油色变化过甚，油内出现碳质等。

(6) 套管有严重的破损和放电现象。

12-30 发电厂全厂停电事故应如何处理？

答： 全厂停电后，如有可能应尽量保持一台机带厂用电运行，使该机、炉的辅机由该机组供电，等待与系统并列或带上负荷。

如果全厂停电原因是由于厂用电、热力系统或油系统故障，值班调度员应迅速从系统恢复联络线送电，电厂应迅速隔离厂内故障系统。在联络线来电后迅速恢复主要厂用电。如有一台机带厂用电运行，则应该将机组并网运行，使其带上部分负荷（包括厂用电）正常运行，然后逐步起动其他机、炉。如无空载运行的机组，有可能则利用本厂锅炉剩汽起动一台容量较小的厂用机组。起动成功后，即恢复厂用电，并设法让该机组稳定运行，尽快与主网并列，根据地区负荷情况，逐步起动其他机炉。

12-31 变电所全所停电事故应如何处理？

答： 当发生变电所全停事故，变电所与调度间能保持通信联系时，则由值班调度员下令处理事故恢复供电。变电所在全所停电后，运行值班人员按照规程规定可自行将高压母线母联断路器断开，并操作至每一条高压母线上保留一电源线路断路器，其他电源线路断路器全部切除。

当变电所全停而又与调度失去联系时，现场运行值班人员应将各电源线路轮流接入有电压互感器的母线上，检测是否来电。调度员在判明该变电所处于全停状态时，可分别用一个或几个电源向该变电所送电。变电所发现来电后即可按规程规定送出负荷。

12-32 防止频率崩溃有哪些措施？

答：（1）电力系统运行应保证有足够的、合理分布的旋转备用容量和事故备用容量。

（2）水电机组采用低频自启动装置和抽水蓄能机组装设低频切泵及低频自动发电的装置。

（3）采用重要电源事故联切负荷装置。

（4）电力系统应装设并投入足够容量的低频率自动减负荷装置。

（5）制定保证发电厂厂用电及对近区重要负荷供电的措施。

（6）制定系统事故拉电序位表，在需要时紧急手动切除负荷。

12-33　防止电压崩溃有哪些措施？

答： 防止电压崩溃的措施主要有：

（1）依照无功分层分区就地平衡的原则，安装足够容量的无功补偿设备，这是做好电压调整、防止电压崩溃的基础。

（2）在正常运行中要备有一定的可以瞬时自动调出的无功功率备有容量，如新型无功发生器 ASVG。

（3）正确使用有载调压变压器。

（4）避免远距离、大容量的无功功率输送。

（5）超高压线路的充电功率不宜作补偿容量使用，防止跳闸后电压大幅度波动。

（6）高电压、远距离、大容量输电系统，在中途短路容量较小的受电端，设置静补、调相机等作为电压支撑。

（7）在必要的地区安装低电压自动减负荷装置，配置低电压自动联切负荷装置。

（8）建立电压安全监视系统，向调度员提供电网中有关地区的电压稳定裕度及应采取的措施等信息。

12-34　二次设备常见的异常和事故有哪些？

答： 二次设备常见异常和事故主要有：

（1）直流系统异常、故障。

（2）二次接线异常、故障。

（3）电流互感器、电压互感器等异常、故障。

（4）继电保护及安全自动装置异常、故障。

12-35　运行中电流互感器的二次侧为什么不允许开路？电压互感器二次侧为什么不允许短路？如果发生上述现象时如何处理？

答： 电流互感器二次侧开路将造成二次侧感应出过电压（峰值几千伏），威胁人身安全、仪表、保护装置运行，造成二次绝缘击穿，并使电流互感器磁路过饱和，铁芯发热，烧坏电流互感器。处理时，可将二次负荷减小为零，停用有关保护和自动装置。

电压互感器二次侧如果短路将造成电压互感器电流急剧增大过负荷而损坏，并且绝缘击穿使高压串至二次侧，影响人身安全和设备安全。处理时，应先将二次负荷尽快切除和隔离。

12-36 交流回路断线主要影响哪些保护?

答：凡是接入交流回路的保护均受影响，主要有：距离保护，相差高频保护，方向高频保护，高频闭锁保护，母差保护，变压器低阻抗保护，失磁保护，失灵保护，零序保护，电流速断，过流保护，发电机、变压器纵差保护，零序横差保护等。

12-37 什么情况下应同时退出线路两侧的高频保护?

答：遇有下列情况时应立即停用线路两侧高频保护：

(1) 高频保护装置故障；

(2) 通道检修或故障。

12-38 什么情况下应停用线路重合闸装置?

答：遇有下列情况应立即停用有关线路重合闸装置：

(1) 装置不能正常工作；

(2) 不能满足重合闸要求的检查测量条件；

(3) 可能造成非同期合闸；

(4) 长期对线路充电；

(5) 断路器遮断容量不允许重合；

(6) 线路上有带电作业要求；

(7) 系统有稳定要求；

(8) 超过断路器跳合闸次数。

12-39 与电压回路有关的安全自动装置主要有哪几类? 什么情况下应停用此类装置?

答：与电压回路有关的安全自动装置主要有如下几类：振荡解列、高低频解列、高低压解列、低压切负荷等。

遇到下列情况可能失去电压时，及时停用与电压回路有关的安全自动装置：

(1) 电压互感器退出运行；

(2) 交流电压回路断线；

(3) 交流电压回路上有工作；

(4) 装置直流电源故障。

12-40 电力系统发生解列事故的主要原因有哪些? 不及时处理有何危害?

答：系统发生解列的主要原因有：

(1) 系统联络线、联络变压器或母线发生事故、过负荷跳闸或保护误动作跳闸。

(2) 为消除系统振荡，自动或手动将系统解列。

(3) 低频、低压解列装置动作将系统解列。

由于系统解列事故常常要使系统的一部分呈现功率不足，另一部分频率偏高，引起系统频率和电压的较大变化，如不迅速处理，可能使事故扩大。

12-41 如何处理系统解列事故?

答：处理系统解列事故必须进行以下操作：

（1）迅速恢复频率、电压至正常数值；

（2）迅速恢复系统并列；

（3）恢复已停电的设备。

当发生系统事故时，有同期并列装置的变电所在可能出现非同期电源来电时，应主动将同期并列装置接入，检验是否真正同期。发现符合并列条件时，应立即主动进行并列，而不必等待值班调度员命令。值班调度员应调整并列系统间的频率差和电压差，尽快使系统恢复并列。当需要进行母线倒闸操作才能并列时，值班调度员要让现场提前做好倒闸操作，以便系统频率、电压调整完毕立即进行并列。总之，发生系统解列事故时迅速恢复并列是非常重要的。在选择母线接线方式时应考虑到同期并列的方便性。

12－42　什么叫系统瓦解？系统瓦解事故处理的原则是什么？

答：电力系统瓦解系指由于各种原因引起的电力系统非正常解列成几个独立系统。

电力系统瓦解事故处理原则如下：

（1）维持各独立运行系统的正常运行，防止事故进一步扩大，有条件时尽快恢复对用户的供电、供热。

（2）尽快恢复全停电厂的厂用供电，使机组安全快速地与系统并列。

（3）尽快使解列的系统恢复同期并列，并迅速恢复向用户供电。

（4）尽快调整系统运行方式，恢复主网架正常运行方式。

（5）做好事故后的负荷预测，合理安排电源。

12－43　电网产生非同步振荡的主要原因是什么？有何现象？如何处理？

答：（1）产生非同步振荡的主要原因有：

1）电厂经高压长距离线路（即联系阻抗较大）送电到系统中去，当送电电力超过规定时，易引起静稳定破坏而失去同步。

2）系统中发生事故特别是邻近重负荷长送电线路的地方发生短路事故时，易引起动稳定破坏而失去同步。

3）环状系统（或并列双回线）突然开环，使两部分系统联系阻抗突然增大，引起动稳定破坏而失去同步。

4）大容量机组跳闸或失磁，使系统联络线负荷增大或使系统电压严重下降，造成联络线稳定极限降低，易引起稳定破坏。

5）电源间非同步合闸未能拖入同步。

（2）振荡时的现象。

1）发电机、变压器、线路的电压表、电流表及功率表周期性的剧烈摆动，发电机和变压器发出有节奏的轰鸣声。

2）连接失去同步的发电机或系统的联络线上的电流表和功率表摆动得最大。电压振荡最激烈的地方是系统振荡中心，每一周期约降低至零值一次。随着离振荡中心距离的增加，电压波动逐渐减少。如果联络线的阻抗较大，两侧电厂的容量也很大，则线路两端的电压振荡是较小的。

3）失去同期的电网，虽有电气联系，但仍有频率差出现，送端频率高，受端频率低，并略有摆动。

（3）处理方法。

系统振荡的处理方法一般有两种：人工再同步和系统解列。

1）人工再同步。

系统振荡后，如果失去同步的系统之间在某一瞬间频率相同，即滑差为零，就说明该瞬间两系统内发电机是同步的，如果其他条件（例如发电机的相对角度）合适，系统就能不再失步。使滑差为零的办法有：

（a）使失去同步的系统频率相同，即设法减少滑差的平均值（平均滑差）；

（b）增大滑差的脉动振幅，使滑差瞬时值经过零值。

使频率相等的措施是：降低频率升高的送端系统发电机出力，增加频率降低的受端系统发电机的出力。降低送端频率时，应不低于系统内低频减负荷的最高一级的定值并留有一定裕度。当受端没有备用容量而无法提高频率时，可限制部分负荷使频率升高。降低送端发电机的出力也就是使平均滑差减少。因为滑差瞬时值是脉动的，在平均滑差减少至接近于零时，就有了恢复同步的条件。

增大滑差脉动振幅的措施是：增加发电机的励磁电流和提高系统电压。发电机励磁电流（即发电机电势 E）和系统 U 的增加，使发电机的同步功率的振幅增大，也就是使机组的加速和减速转矩的最大值变大，这促使机组的加速度的正负范围变大，最后导致滑差瞬时值的振幅增加。当最小值为零时就有了恢复同步的条件。应当指出，增加滑差瞬时值的振幅只有在平均滑差即频率差比较小时才能起到作用。若频率差较大，增加滑差瞬时值振幅能使瞬间同步，之后多半会脱出同步。因此在处理系统振荡事故时首先是使频率相等，再辅以提高发电机励磁和提高系统输送电力的措施。

在频率差接近于零时总是会获得再同步的成功机会，不会较长时间停电在异步状态。可见，采取上述措施，进行人工再同步是处理系统振荡事故的一种有效方法。

2）系统解列。

处理系统振荡的第二种方法是在适当的地点将系统解列，使振荡的系统之间失去联系，然后再经过并列操作恢复系统。

解列点设置的原则如下：

（a）应尽量保持解列后各部分系统的功率平衡以防止频率、电压大幅度变化。这种过大的变化有时会导致解列后的电厂间的失步或发生过负荷跳闸等事故。因此，解列点应选择在易于振荡的系统部分之间交换功率最小处。

（b）应使解列后的系统容量足够大，即尽量使解列后的独立系统的数目较少，设置的振荡解列点应尽量少，因为大的系统容量抗干扰的能力也大。因此只在振荡的系统之间设置少量的解列点，发电机出口不应设置解列点。

（c）适当地考虑操作方便，例如解列后的系统能进行恢复同步并列操作（如解列点具有同期装置等）。

3）解列系统与人工再同步的具体运用：

（a）远区水电厂与大容量受端系统失步时宜采取人工再同步的方法，因为水电厂增减出力快，可以将频率迅速调整至与受端频率相等。

（b）无恰当的功率分界点可作为解列点，或因系统经多路联络线且分布在各个变电所时，宜采取人工再同步的方法。因为用解列的方法时，前者要损失负荷，后者在解列操作中容易产生新的事故。

（c）系统内容易发生失步的电厂较多时，宜采取人工再同步的方法。在这种系统内，难分清同步机群，不知道应该解列哪一部分，调度员也只有在了解到系统内各主要地点频率数值之后，才能做出判断，下令解列，这要拖延时间。

（d）由大系统受电的小地区系统，即所谓"大送端—小受端"系统发生振荡时，"小受端"常无足够的备用容量提高频率，"大受端"又不易降下频率，人工再同步常常难以实现。此外对于这种系统，振荡中心都位于受端内部，振荡时负荷点电压变化非常大，应迅速消除振荡，防止过多地甩掉负荷。因此，宜采用系统解列的方法消除振荡事故，并应采用自动解列的方式。

（e）采取人工再同步方法做为消除系统振荡事故措施时，还应以系统解列作为辅助措施。实践证明，在顺利的条件下，仅需 $1\sim2$min 甚至几十秒钟就可以实现人工再同步，因此一般规定 $3\sim4$min，如仍未实现人工再同步时应即在解列点解列。

某些距离保护在系统振荡时，开关操作产生的负序电压、电流会解除振荡闭锁而误动作，解列系统时应予注意。

参 考 文 献

[1]   东北电业管理局调度局，《电力系统运行操作和计算》，水利电力出版社，1977.10.
[2]   能源部西北电力设计院编，《电力工程电气设计手册》，水利电力出版社，1991.8.
[3]   何仰赞、温增银、汪馥英、周勤慧编，《电力系统分析（上）》，华中工学院出版社，1984.6.
[4]   西安交通大学主编，《电力工程》，电力工业出版社，1981.12.
[5]   柳春生主编，《实用供配电技术问答》，机械工业出版社，2000.1.
[6]   刘强、黄克勇主编，《电工实用技术问答》，华南理工大学出版社，1998.6.
[7]   王新超、杨永康、张聪敏等，《电力工程技术实用试题选编》，河南省电力工业局，1995.4.
[8]   南京工学院陈珩编，《电力系统稳态分析》，水利电力出版社，1994.6.
[9]   国家电力调度通信中心编，《电网调度运行实用技术问答》，中国电力出版社，2000.3.
[10]   国家电力公司农电工作部编，《农村电网技术》，中国电力出版社，2000.7.
[11]   山西省电力工业局编，《电气设备运行》，中国电力出版社，1997.5.
[12]   中国电力企业家协会供电分会编，《变电运行》，中国电力出版社，1999.4.
[13]   王梅义、蒙定中、郑奎璋、谢葆炎、王大从编，《高压电网继电保护运行技术》，水利电力出版
       社，1981.6.
[14]   华中工学院编，《电力系统继电保护原理与运行》，水利电力出版社，1992.6.
[15]   《中国电力百科全书》编辑委员会，《中国电力百科全书，电力系统卷》，中国电力出版社，
       1995.4.
[16]   乔家昌、周恭夫编，《继电保护自动装置问答 500 题》，水利电力出版社，1993.11.
[17]   国家电力调度通信中心，《电力系统继电保护实用技术问答》，中国电力出版社，1997.5.
[18]   陈德树、张哲、尹项根编著，《微机继电保护》，中国电力出版社，2000.7.
[19]   东北电业管理局组编，《变电运行技术问答》，中国电力出版社，2001.9.
[20]   华东电业管理局编，《电气运行技术问答》，中国电力出版社，2001.2.
[21]   四川省电力工业局、四川省电力教育协会编，《500kV 变电所》，中国电力出版社，2000.9.
[22]   华东六省一市电机工程（电力）学会编，《电气设备及其系统》，中国电力出版社，2000.3.
[23]   王世祯主编，《电网调度运行技术》，东北大学出版社，2000.2.
[24]   电力工业部电力规划设计总院编，《电力系统设计手册》，中国电力出版社，2000.8.
[25]   周振山编《高压架空送电线路机械计算》，水利电力出版社，1984.10.
[26]   华中工学院主编，《发电厂电气部分》，电力工业出版社，1982.12.
[27]   黄益庄编著，《变电站综合自动化技术》，中国电力出版社，2000.3.
[28]   马维新编著，《电力系统电压》，中国电力出版社，1998.4.
[29]   蔡邠编著，《电力系统频率》，中国电力出版社，1998.5.
[30]   孙树勤编著，《电压波动与闪变》，中国电力出版社，1998.4.
[31]   全国电力工人技术教育供电委员会编，《变电运行岗位技能培训教材》（110kV），中国电力出版
       社，2002.4.
[32]   全国电力工人技术教育供电委员会编，《变电运行岗位技能培训教材》（220kV），中国电力出版
       社，2002.2.
[33]   全国电力工人技术教育供电委员会编，《变电运行岗位技能培训教材》（500kV），中国电力出版
       社，2002.1.

[34]　潘龙德主编,《电气运行》,中国电力出版社,2001.7.

[35]　纪建伟等主编,《电力系统分析》,中国水利水电出版社,2002.8.

[36]　黑龙江省电力有限公司调度中心编,《现场运行人员继电保护知识实用技术与问答》,中国电力出版社,2001.8.

[37]　杨新民、杨隽琳编著,《电力系统微机保护培训教材》,中国电力出版社,2004.1.

[38]　熊信银、张步涵主编,《电力系统工程基础》,华中科技大学出版社,2003.2.